Bonten
Kunststofftechnik

Christian Bonten

Kunststofftechnik

Einführung und Grundlagen

3., aktualisierte Auflage

HANSER

Der Autor:

Prof. Christian Bonten,
Universität Stuttgart, Institut für Kunststofftechnik (IKT),
Pfaffenwaldring 32, 70569 Stuttgart

MIX
Papier aus verantwortungsvollen Quellen
FSC® C016439
www.fsc.org

Bibliografische Information der Deutschen Nationalbibliothek:

Die Deutsche Nationalbibliothek verzeichnet diese Publikation in der Deutschen Nationalbibliografie; detaillierte bibliografische Daten sind im Internet über <http://dnb.ddb.de> abrufbar.

www.hanser-fachbuch.de
Lektorat: Ulrike Wittmann
Herstellung: Jörg Strohbach
Coverconcept: Marc Müller-Bremer, www.rebranding.de, München
Coverrealisierung: Max Kostopoulos
Satz: Kösel Media GmbH, Krugzell
Druck und Bindung: Druckerei Hubert & Co GmbH und Co KG BuchPartner, Göttingen
Printed in Germany

ISBN: 978-3-446-46471-1
E-Book-ISBN: 978-3-446-46538-1

Vorwort

Vorwort zur 3. Auflage

Während der Arbeit an dieser Auflage standen Kunststoffe – ähnlich wie in den 1980er Jahren – wieder sehr heftig in der Kritik. Gerne lege ich Ihnen daher das Kapitel 6 „Kunststoffe und Umwelt" besonders ans Herz. Es soll der sachlichen Aufklärung dienen und stellt manche in diesen Jahren durch die Tagesmedien verbreiteten Zusammenhänge klarer dar.

Kunststoffabfälle in der Umwelt schaden dem Ansehen der gesamten Werkstoffklasse. Aus meiner Sicht ist jedoch nicht der Werkstoff, sondern der Mensch alleine für die Umweltverschmutzung verantwortlich. Unsere derzeitigen Lebensgewohnheiten helfen dabei jedoch wenig: denn wir leben in einer – nein wir sind eine – Wegwerfgesellschaft!

Wenn wir daran festhalten, sind Einwegprodukte aus anderen Werkstoffen interessanterweise meist schlechter für die Umwelt als diejenigen aus Kunststoff. Zahlreiche Ökobilanzen beweisen, dass Produkte aus Kunststoff, seien es die kurzlebigen oder auch die langlebigen, die Umwelt weniger schädigen als diejenigen aus anderen Werkstoffen. Grundsätzlich zeigen Produkte, die lange im Einsatz sind, die bessere Ökobilanz. Es gilt, die Wegwerfgesellschaft zu verteufeln, nicht Kunststoffe! Vielleicht sollten Produkte und Dienstleistungen zukünftig auf Basis von Ökobilanzen besteuert werden? Eventuell mit einem Quotienten „Umweltverbrauch pro Nutzungsdauer"? Der Verbraucher würde sich meist automatisch für das weniger umweltschädlichere, weil kostengünstigere Produkt entscheiden und die Hersteller sind raus aus der Zwickmühle.

Aber bei aller Kritik: auch Einwegprodukte können einen wichtigen Nutzen darstellen, wenn es um Hygiene z.B. bei Lebensmitteln und in der Medizintechnik geht. In Angesicht des Corona-Virus COVID-19 wird bevorzugt wieder zu eingeschweißten Nahrungsmitteln gegriffen und viele infizierte Menschen in der Notfallmedizin sind glücklich, nicht mit wiederverwendeten, ausgekochten Spritzen, durchgespülten Schläuchen und Tropfkammern versorgt zu werden.

Abfälle in der Umwelt – egal welchen Werkstoffs – entstehen aufgrund von mangelnder Disziplin. Umweltschutz fängt bei jedem Einzelnen von uns an! In der dritten Auflage habe ich oben erwähntes Kapitel „Kunststoffe und Umwelt“ ausgebaut und weitere Fehler in Text und Bildern beseitigt.

Stuttgart im April 2020

Vorwort zur 1. Auflage

Direkt nach meinem Dienstantritt am Institut für Kunststofftechnik in Stuttgart im Spätsommer 2010, überarbeitete ich gleich mit Hilfe der mir anvertrauten wissenschaftlichen Mitarbeiter die Vorlesung „Grundlagen der Kunststofftechnik“. Diese wichtige Vorlesung wurde bereits seit langer Zeit unverändert in Stuttgart gehalten. Wir aktualisierten bei der Überarbeitung nicht nur Bilder und Inhalte, sondern gaben der Vorlesung eine neue Struktur, die ich – inspiriert durch didaktische Seminare des Deutschen Hochschulverbands – für zeitgemäßer halte. Zahlreiche in den Vorlesungen genutzte Filmsequenzen ermöglichten den Studenten, die Inhalte schneller zu verstehen. Ich bin mir sicher, die Studenten für das bevorstehende Berufsleben mit umfassendem grundlegendem Kunststoffwissen auszustatten. Wer das Fach vertiefen möchte, kann dies jeweils in den drei Hauptgebieten „Werkstofftechnik“, „Verarbeitungstechnik“ und „Produktentwicklung“ tun.

Diese einführende und grundlegende Vorlesung bedient als sogenanntes Wahlfach mit vier Unterrichtsstunden pro Woche Masterstudenten der Verfahrenstechnik, des Maschinenbaus (u. ä. wie Produktionstechnik, Kraftfahrzeugtechnik), der Materialwissenschaften und des Technologiemanagements. Die Vorlesung ist eigentlich auf technisch vorgebildete Studenten ausgerichtet, dennoch wählen sie inzwischen auch nichttechnische Studenten. Während nach dem Wintersemester 2010 etwa 100 Studenten dieses Fach prüfen ließen, wurden es nach den Wintersemestern 2011, 2012 und 2013 jeweils etwa 100 Studenten mehr. Die wachsende Menge höchst interessierter und disziplinierter Masterstudenten verleitete mich dazu, die Bilder mit Fließtext zu ergänzen und in Buchform herauszugeben.

Studenten des Winters 2012/13 sprachen mich auf die kritischen Themen an, die man „in den Medien so hört“. Ich beschloss daraufhin, den Themen „Umweltverschmutzung“, „Gifte in Kunststoffen“ und „Biokunststoffe“ bis hin zur Urquelle auf den Grund zu gehen und dies ebenfalls als Vorlesungsteil aufzubereiten. Diese Themen bilden in diesem Buch das Abschlusskapitel und ich habe den Eindruck, dass sachliche Information das beste Mittel zur Aufklärung ist. Der Leser möge entscheiden, ob mir ein sachlicher Umgang mit den Themen gelungen ist.

Ich danke dem Verlag herzlich, dieses Buch in Farbe und mit Hardcover für einen Preis anzubieten, der es für Studenten noch erschwinglich macht. Auch danke ich den unterstützenden Mitarbeitern (s. u.), denn ohne sie wäre das Buch nicht „rund" geworden. Jeder wissenschaftliche Mitarbeiter hat mindestens ein Unterkapitel aufmerksam durchgearbeitet und wertvolle Hinweise auf Fehler und zur Verständlichkeit des Textes gegeben. Technische Mitarbeiter haben mich mit Bildern aus ihrem Arbeitsalltag unterstützt. Besonders hervorheben möchte ich die Herren Dipl.-Ing. Stefan Epple (Gesamtkoordination), Dipl.-Wirt.-Ing. Oliver Kast („roter Faden" und Schlagworte), M. Eng. Tristan Koslowski und Manuel Hodrius (Bilder) sowie Dipl.-Phys. Nikolai Gulnizkij (Filme).

Ich bin sicher, jedem Leser/Studenten mit dem Wissen des Buches die Möglichkeit zu geben, schnell in der Kunststoffbranche Fuß zu fassen und ihn früh zur Entscheidung zu befähigen, in welcher Anwendung Kunststoffe Großartiges leisten.

Stuttgart, im Mai 2014

Univ.-Prof. Dr.-Ing. Christian Bonten

Bedanken möchte ich mich weiterhin bei den Mitarbeitern die an der ersten Auflage beteiligt waren:

- Dipl.-Ing. W. Adebahr
- M.Sc. J.A. Avila
- Dipl.-Ing. O. Celik
- Dipl.-Ing. S. Epple
- Dipl.-Ing. T. Erb
- Dipl.-Phys. P. Fey
- Dipl.-Ing. B. Formisano
- M.Sc. L. Goebel
- M.Sc. S. Göttermann
- Dipl.-Phys. N. Gulnizkij
- Dipl.-Ing. J. Heyn
- Dipl.-Ing. N. Holtmann
- Dipl.-Ing. O. Kast
- G. Keck
- M. Eng. T. Koslowski
- Dr.-Ing. M. Kroh
- S. Liebert
- A. Mason
- Dr. J. Mauri
- U. Müller
- M.Sc. M. Musialek
- Dipl.-Ing. B. Neubig
- S. Osterloh
- Dipl.-Ing. M. Poindl
- Dipl.-Ing. M. Rahammer
- M. Simmet
- M.Sc. O. Skrabala
- Dr. rer. nat. S. Weinmann
- M. Eng. F. Willems

Der Autor: Prof. Christian Bonten

Univ.-Prof. Dr.-Ing. Christian Bonten leitet das Institut für Kunststofftechnik (IKT) in Stuttgart, eines der führenden deutschen Forschungsinstitute auf dem Gebiet der Kunststofftechnik. Nach Studium des Maschinenbaus in Duisburg und der Kunststoffverarbeitung an der RWTH in Aachen promovierte Prof. Bonten bei Univ.-Prof. Dr.-Ing. Ernst Schmachtenberg auf dem Fachgebiet Kunststofftechnik. Nach mehreren Jahren technischer Verantwortung und später Geschäftsverantwortung bei der BASF sowie dem Biokunststoffhersteller FKuR wurde er 2010 von der Universität Stuttgart zum Direktor und Leiter des IKT berufen. Das Institut arbeitet auf allen Gebieten der Kunststofftechnik: der Werkstofftechnik, der Verarbeitungstechnik und der Produktentwicklung.

Hinweise zur Benutzung des Buches

Die Besonderheit dieses Buches ist die Verwendung sogenannter Quick-responsecodes (kurz QR-Codes), welche im Jahr 1994 in Japan entwickelt wurden. Sie werden in diesem Buch genutzt, um das Smartphone mit dem Youtube-Kanal des IKT zu verbinden und einen zum Thema passenden Film oder eine passende Animation ablaufen zu lassen. Den Nutzern dieses Buches bietet dies die Verschmelzung des „erstarrten“ gedruckten Buches mit den höchst beweglichen Möglichkeiten der neuen Medien.

QR-Codes ermöglichen – ganz ähnlich wie die aus dem Lebensmittelhandel bekannten Strichcodes – durch das Abscannen die Übertragung einer Information. Sie sind eine quadratische Matrix aus schwarzen und weißen Punkten, welche die kodierten Daten im Binärcode darstellen. Heutzutage benötigt man keinen besonderen Scanner mehr, sondern scannt den Code einfach mit geeigneter Software („App“) auf seinem Smartphone.

Für die Nutzung der Barcodes muss eine entsprechende App (zu finden z. B. unter den Suchbegriffen „QR Code Reader“ oder „QR Code Scanner“) auf dem Smartphone installiert sein. Nun muss das Smartphone noch Internetzugang haben, um den Youtube-Kanal des IKT im Internet zu erreichen. Nach Starten der App sollte der QR-Code im Suchfeld anvisiert werden: die Information wird meist schnell erkannt und schon läuft der passende Youtube-Film automatisch ab. Wer die Filme nacheinander anschauen möchte, tippt bei Youtube einfach „Institut für Kunststofftechnik“ ein. Manche der Filme haben eine Tonspur, daher: Lautsprecher an!

Hier kann ein Video abgespielt werden.

http://www.ikt.uni-stuttgart.de/links/Videolinks/Hinweis

Sollten Lehrkräfte an Schulen o. ä. die in diesem Buch verwendeten Bilder für ihre nicht kommerziellen Unterrichtszwecke verwenden wollen, senden wir diese gerne zu. Wir bitten, darauf zu achten, dass die „Quelle: C. Bonten, Kunststofftechnik, 2020, Carl Hanser Verlag“ stets genannt wird.

Inhalt

1 Einleitung

„An was denken Sie, wenn Sie das Wort ‚Kunststoff‘ hören?“ ist oft die erste Frage an meine Stuttgarter Studierende. Interessanterweise denken sie meist zunächst an Einsatzgebiete (Leichtbau, Automobil, Flugzeuge, aber auch Verpackungen und Wärmedämmung), dann an die Unterteilung in Thermoplaste, Elastomere und Duromere, die sie vielleicht aus der Schule in Erinnerung haben. Manchmal fallen ihnen noch Begriffe zur Verarbeitung wie Spritzgießen oder Extrusion ein und immer öfter kommen wieder die Themen Weichmacher, Recycling und Umweltverschmutzung auf.

Kunststoffe scheinen bereits ein so fester Bestandteil des Alltags zu sein, dass jeder Studierende damit etwas Nützliches verbindet und darauf nicht zwangsläufig ein Billig-Image lastet. In dieser Einleitung soll zunächst ein Blick in die junge Geschichte der Kunststoffe und die aktuellen Einsatzgebiete geworfen werden, bevor die besondere Bedeutung der Kunststoffe für designgeprägte Produkte dargestellt wird.

1.1 Kunststoff – Werkstoff der Moderne

Die Erde ist vermutlich 4,54 Milliarden Jahre alt, Pflanzen (Flora) entstanden erst vor 540 Mio. Jahren, Pilze, Flechten und erste Tiere (Fauna) etwa vor 440 Mio. Jahren. Der Homo sapiens sapiens, also der intelligente, moderne Mensch, existiert seit etwa 40 000 Jahren und in diesem – weltgeschichtlich gesehen – kurzen Zeitraum hat er Erstaunliches geschaffen.

Während seine Vettern und Basen, die Menschenaffen, in der Steinzeit verharrten, also gefundene Steine bearbeiten und als Werkzeug benutzen, erfand der moderne Mensch immerhin den Werkstoff Glas, welches bereits 4000 Jahre v. Chr. in Ägypten bekannt war.

Auf die Kupfersteinzeit, die letzte Phase der Steinzeit, folgte die Bronzezeit (Bild 1.1). Mit Bronze bezeichnet man Legierungen, die mindestens zu 60 % aus Kupfer bestehen und Zinn beinhalten. Bronze gilt damit als erste, gezielt von Menschen erstellte und genutzte Legierung, eine Leistung, die bereits metallurgische Kenntnisse voraussetzte. Abgelöst wurde die Bronzezeit schließlich allmählich von der frühen Eisenzeit (Hallstattzeit). Eisen und seine Legierungen erfordern noch mehr metallurgische Kenntnisse und höhere Temperaturen, welche schließlich noch überlegenere Waffen und Werkzeuge wie z. B. die der Römer ermöglichten.

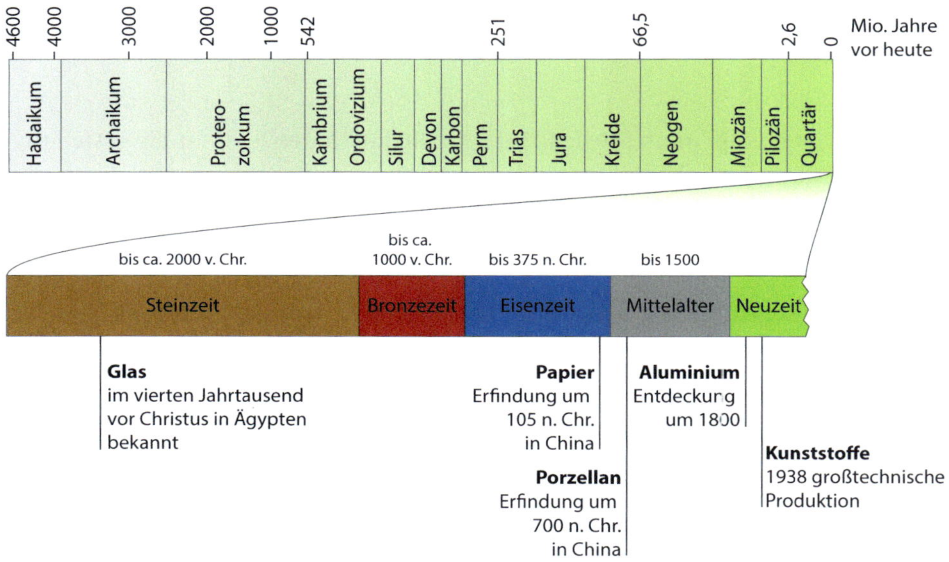

Bild 1.1 Zeitliche Abfolge verschiedener entwickelter Werkstoffe in der menschlichen Entwicklung

Über 1000 Jahre lang gab es dann in der „bekannten" Welt eigentlich keinen neuen Werkstoff. Erst Anfang des 18. Jahrhunderts wurde durch J. F. Böttger und E. W. von Tschirnhaus das europäische Porzellan möglich (welches in China bereits rund 1000 Jahre existierte). Anfang des 19. Jahrhunderts wurde Aluminium erfunden und Mitte des 19. Jahrhunderts dann die frühen Kunststoffe (ab Mitte des 20. Jahrhunderts allerdings erst großtechnisch umgesetzt).

Wegen des starken und zunehmenden Einsatzes von Kunststoffen gibt es Historiker, die bereits jetzt von der „Kunststoffzeit" sprechen. Erstmals überstieg 1983 der weltweite Verbrauch von Kunststoff mit 125 000 000 m^3 den von Eisen [1]. In der Geschichte der Kunststoffe werden nach Waentig vier Epochen unterschieden [2]:

- Ursprünge (bis 1839),
- Epoche der Imitationsstoffe (1839 bis 1914),
- Epoche der Ersatzstoffe (ab ca. 1914 bis ca. 1950),
- Epoche der Werkstoffe mit neuen Eigenschaften (ab ca. 1950).

Epoche der Imitationsstoffe

Am Anfang der Geschichte der Kunststoffe stand ein ökologisches Problem, das uns auch heute nicht fremd ist. Aufgrund der starken Nachfrage nach Elfenbein für Kugeln des in den USA beliebt gewordenen Billardspiels standen die Elefanten in Ceylon, dem heutigen Sri Lanka, schon in der zweiten Hälfte des 19. Jahrhunderts kurz vor dem Aussterben.

Einem amerikanischen Tüftler, J. W. Hyatt, gelang 1867 die Synthese eines Ersatzstoffes, des Celluloid. Aber Celluloid war nicht nur reizvoll für Billardkugeln, sondern auch für die preisgünstige Nachahmung von Luxusprodukten aus Elfenbein, Schildpatt, Perlmutt oder Horn für alle möglichen Gegenstände des Alltags (Bild 1.2). Eine noch epochalere Bedeutung kommt der Erfindung von G. Eastman, dem Chef des Kodak-Konzerns, zu, der 1884 den fotografischen Film patentieren ließ: dünne Streifen aus Celluloid als Träger für eine lichtempfindliche Schicht [1].

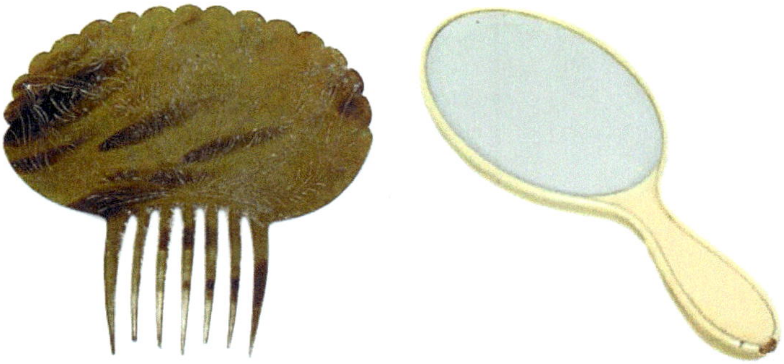

Bild 1.2 Celluloid, Ersatz für teure Naturwerkstoffe [Bildquelle: Deutsches Kunststoffmuseum]

Ähnlich war es bei der Entwicklung des Bakelit®, des ersten vollsynthetischen Kunststoffs auf Phenolharzbasis, durch den Belgier Leo Hendrik Baekeland zu Beginn des 20. Jahrhunderts. Der wärmeformbeständige, elektrisch isolierende und leichte Werkstoff war für die noch junge Elektrotechnik ideal für den Einsatz als Gehäusewerkstoff von Radios und Telefonen (Bild 1.3) und für noch komplexere Geometrien von Schaltern und Lampenfassungen (Bild 1.4). Elektrische Geräte verbreiteten sich zu dieser Zeit rasend schnell.

Epoche der Ersatzstoffe

Noch vor dem 1. Weltkrieg unternahm Fritz Klatte die ersten Schritte zur industriellen Produktion eines der wichtigsten Massenkunststoffe des 20. Jahrhunderts: Polyvinylchlorid (PVC), welches vom Franzosen Henri Victor Regnault erfunden wurde, aber bis dahin nicht in großen Mengen produziert werden konnte.

Bild 1.3
Fernsprecher-Gehäuse aus Bakelit
[Bildquelle: Deutsches Kunststoffmuseum]

Bild 1.4
Klingelknopf zum Rufen von Hausangestellten
[Bildquelle: Deutsches Kunststoffmuseum]

Die mechanischen Eigenschaften und die Beständigkeit dieses Werkstoffs gegenüber Chemikalien und Umwelteinflüssen sowie seine preisgünstige Herstellung machten ihn universell einsetzbar: Von säureresistenten Arbeitsschutzhandschuhen bis hin zu Taschen und Koffern aus Kunstleder. Die Schallplatte aus dem sogenannten Vinyl ersetzte jene aus Schellack, einem Sekret von speziellen Läusen, und drehte sich bis weit in die 1980er Jahre auf jedem Plattenteller [1].

Epoche der Werkstoffe mit neuen Eigenschaften

Auch vor dem 1. Weltkrieg waren diese Pioniere oft nur auf Empirie, also auf Idee und Experiment, angewiesen, um neue Erfindungen auf dem Gebiet der Kunststoffe zu machen. Dies änderte sich, als der Freiburger Professor Hermann Staudinger 1922 durch seine Theorie der Makromoleküle die Vorgänge bei der Bildung von Polymeren und Kunststoffen erklärbar machte (Nobelpreis 1953).

Es ist daher nicht verwunderlich, dass in den 1930er Jahren zahlreiche neue Stoffe entwickelt wurden: Polymethylmethacrylat (PMMA; „Plexiglas®") von Röhm, Polystyrol® (PS) von BASF (heute Styrolution), Polyethylen (PE) von Imperial Chemical Indutries (heute Akzo Nobel) und die Polyamid (PA), Nylon® von DuPont und Perlon® von dem Stuttgarter Chemiker Paul Schlack [1].

Nach einer Stagnation während des 2. Weltkriegs war der Siegeszug der Kunststoffe nicht mehr aufzuhalten. Schon gegen Ende der 1930er Jahre hatte Otto Bayer das Polyurethan entwickelt. In den 1950er Jahren gab es zahlreiche Anwendungsmöglichkeiten von Weich- und Hartschäumen aus Polyurethan (PUR), meist Polstermöbel und Sportartikel.

Im Jahr 1949 erschuf Fritz Stastny von der BASF durch sein Verfahren, Polystyrol aufzuschäumen, mit expandiertem Polystyrol (EPS; Styropor®) einen sehr leichten Werkstoff. Es wurde sofort für die stoßabsorbierende Verpackung von empfindlichen Gütern und zur Wärmedämmung eingesetzt. Karl Ziegler ließ 1953 ein gefahrloses und preisgünstiges Verfahren zur Herstellung von Polyethylen (PE) patentieren, das diesen Kunststoff erst richtig marktfähig machte (Nobelpreis 1963 gemeinsam mit Giulio Natta). Bis heute gehört es mit dem Polypropylen (PP) zu den am meisten verbreiteten Werkstoffen [1].

Hermann Schnell bei Bayer gelang 1953 die Synthese des Polycarbonats (PC). Es verbindet Transparenz mit sehr guten mechanischen Eigenschaften. Der Werkstoff wird geschätzt als Alternative für Glas in der Bauindustrie und als Gehäuse für Elektrogeräte, meist auch gemischt mit ABS. Splitterfeste Scheinwerfer-Streuscheiben aus Polycarbonat sorgen heute für mehr Sicherheit und weniger Gewicht im Auto. Ab ca. 1982 wurde es massenhaft für die Herstellung optischer Datenträger eingesetzt. Die Compact Disc (CD) verdrängte die bewährte Schallplatte aus PVC fast vollständig, es folgten DVD und Blu-Ray-Disc [1]. Diese werden heute allerdings durch Solid State Discs (SSD) verdrängt, die wenig Kunststoff beinhalten.

1.2 Einsatzgebiete von Kunststoffen

Für den Personentransport werden Kunststoffe immer häufiger eingesetzt, weil sie mit ihren geringen Massenkräften auch die Massenträgheit reduzieren (sogenannter Leichtbau, obwohl Trägheit nicht gleich Gewicht ist). Wird die Massenträgheit reduziert, erlaubt vorhandene Motorleistung sportlichere Fahrweisen oder es können Motorleistung und damit auch der Ressourceneinsatz reduziert werden.

Das Bild 1.5 zeigt ausgewählte Beispiele von Fahr- und Flugzeugen, deren Kunststoffanteil immer größer wird. Z. B. unten rechts ist die Baureihe A 350 von Airbus gezeigt, die inzwischen aus über 50 M.-% kohlenstofffaserverstärkten Kunststoffen besteht.

Bild 1.5 Anwendung von Kunststoffen im Personentransport [Bildquellen: Deutsche Bahn AG/ Pablo Castagnola, BMW Group, Honda Motor ltd., Airbus AG]

Das größte Einsatzgebiet für Kunststoffe sind die leichten Lebensmittelverpackungen, in Bild 1.6 dargestellt am Beispiel von Folien und Kunststoffflaschen. Für viele Menschen ist nicht auf den ersten Blick erkennbar, welche Leistungen von Verpackungen erbracht werden. Bei genauerem Hinschauen wird deutlich, dass Verpackungen aus Kunststoff mit minimalsten Einsatzmengen einen „Schirm“ über das zu schützende Gut entfalten, dessen stoffliche oder energetische Effizienz durch andere Verpackungsstoffe nicht erreicht werden kann. Wir kommen in Abschnitt 6.3 noch näher darauf zu sprechen.

Bild 1.6 Verpackungen aus Kunststoff

Am Beispiel des europäischen Kunststoffverbrauchs wird in Bild 1.7 gezeigt, dass Verpackungen ein sehr wichtiges Einsatzgebiet von Kunststoffen sind, gefolgt vom Einsatz im Bauwesen, z. B. als Dämmmaterial, für Rohrleitungen oder als wärmedämmende Fensterrahmen. Danach erst folgen Fahrzeuge und Elektrotechnikanwendungen.

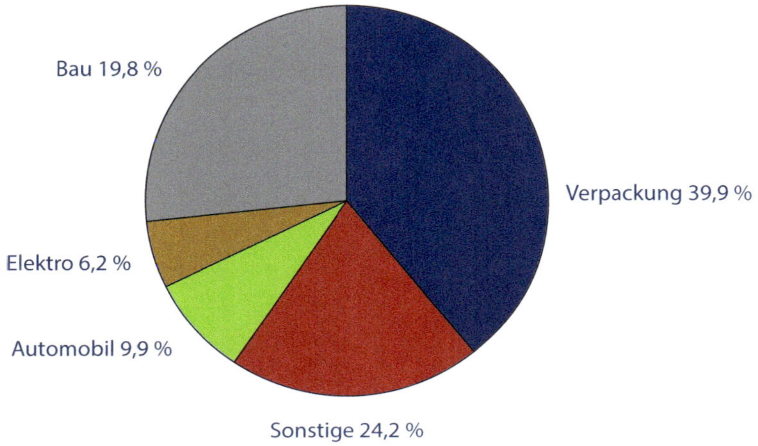

Bild 1.7 Kunststoffeinsatz in Europa 2018 [3]

Besonders auffällig ist, dass Verpackungen eher kurzlebige Anwendungen von Kunststoffen sind, hingegen Anwendungen im Baubereich am besten 50 Jahre oder länger halten sollen. Hier bemerkt man bereits das Dilemma, unter welchem diese Werkstoffklasse leidet. Zum einen soll das Produkt möglichst schnell nach Gebrauch wieder verschwinden (Verpackung), zum anderen soll es so lange wie möglich gebrauchstauglich sein (Bauwesen).

Unter „Sonstige" versteht man z. B. die Einsatzgebiete: Sport und Freizeit (Bild 1.8), Möbel, Spielzeuge und Medizintechnik. Es wird deutlich, dass es eigentlich keine Branche gibt, in der Kunststoffe nicht eingesetzt werden!

Bild 1.8 Anwendungen im Sportbereich

■ 1.3 Kunststoffe und Design

Viele konsumnahe Produkte nutzen Design als Alleinstellungsmerkmal (z. B. Apple®, Loewe®, aber auch z. B. Gardena® und Rimowa®). In einigen Fällen kann über die Technik und Qualität allein keine deutliche Differenzierung mehr gegenüber dem Wettbewerb geschehen. Kunststoffe sind das „Chamäleon der Werkstoffe" und daher ein von Designern gern genutzter Werkstoff. Mit den frühen Kunststoffen war es möglich, kostbare Naturstoffe wie Horn, Schildpatt, Perlmutt und Elfenbein zu imitieren (s. o.), und auch mit modernen Kunststoffen ist es möglich, viele andere hochwertige Werkstoffe optisch und teils auch haptisch zu imitieren und hieraus kostengünstig Produkte herzustellen.

Was Kunststoffbauteile außerdem so attraktiv macht, ist nicht nur das geringere Gewicht, sondern auch die meist geringeren Bauteilkosten. Die kostengünstige und ressourcenschonende Urformung, die wir in Kapitel 4 „Verarbeitungstechnik" noch kennenlernen werden, erlaubt eine hohe Formgebungsvielfalt und dadurch Gestaltungsfreiheit (siehe auch Kapitel 5 „Produktentwicklung"). Beides ist besonders attraktiv für Ingenieure und Industriedesigner.

Der Aspekt „kostengünstig“ hat sicherlich dazu geführt, dass auf Kunststoffen lange Zeit ein Billig-Image gegenüber anderen Werkstoffen haftete und sich das – eigentlich falsche – Wort „Plastik“ einbürgerte. Heute werden Kunststoffprodukte zunehmend zu hochwertigen Designprodukten verarbeitet, ohne ihre werkstoffliche Identität zu verlieren. Kunststoffe sind immer weniger Ersatzstoffe für andere Werkstoffe, als ein bislang „nicht existenter Innovationsstoff“ [4].

Die Formgebung eines Fahrzeuginnenraums, die aufeinander abgestimmte Farbgebung, die Haptik und Akustik sind ein Erlebnis, welches kaum ein „billig“ assoziieren lässt (Bild 1.9): Hier ist so ziemlich alles aus Kunststoff.

Bild 1.9 Hochwertiger Fahrzeuginnenraum aus verschiedenen Kunststoffen [Bildquelle: BMW Group]

Designer mögen besonders, dass Kunststoffe sich einfärben lassen (Bild 1.10), was mit kaum einem anderen Werkstoff möglich ist. Brotdosen, Kugelschreiber, Duschgelflaschen und viele andere Kunststoffprodukte gibt es in vielfältigen Farben und Farbkombinationen.

Mit der Einfärbung kann zum einen der teurere Lackierschritt eingespart werden, zum anderen behält das Bauteil seine Farbe, auch wenn die Oberfläche beschädigt wird. Dies ist ein Vorteil, den z. B. japanische Motorradhersteller nutzen und von lackierten Blechteilen – wo es technisch geht – zu UV-stabil eingefärbten Kunststoffbauteilen hinüberwechseln. Es ergeben sich nicht nur die o. g. ästhetischen Vorteile nach Kratzern, sondern auch ein weit geringeres Bauteilgewicht bei geringeren Herstellkosten.

Bild 1.10 Alltagsbauteile mit verschiedenen Farben, Formen und Oberflächen

Die Formgebungsvielfalt inspirierte schon immer Designer und Künstler. In Bild 1.11 ist „La Chaise“ vom Ingenieur- und Künstlerpaar Charles und Ray Eames aus dem Jahre 1948 abgebildet, welches jahrzehntelang nur als Modell existierte und in Museen ausgestellt wurde. Anfang der 1990er Jahre traute sich der deutsch-schweizerische Möbelhersteller Vitra in dessen Serienfertigung mit modernen Werkstoffen zu investieren und bereut es heute sicherlich nicht.

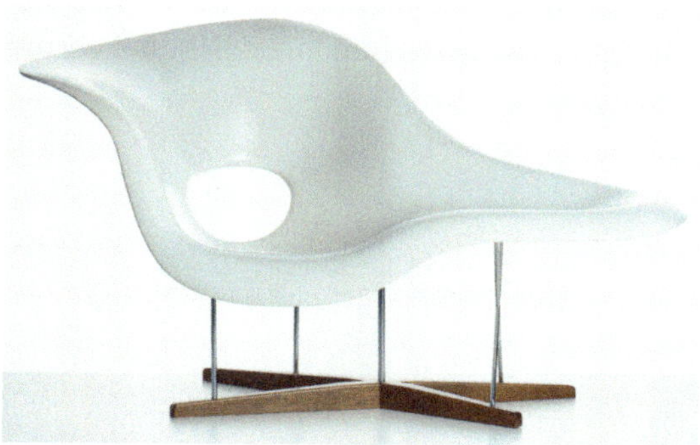

Bild 1.11
Ästhetische Form des „La Chaise“
[Bildquelle: Vitra AG]

Das Bild 1.12 zeigt den weltberühmten Freischwinger-Stuhl des Dänen Verner Panton. Zunächst hat er ihn als Prototyp aus glasfaserverstärktem Kunststoff (GFK) manuell auf einer einseitigen Holzform gefertigt und seinen Freunden gezeigt. Deren Zuspruch ermutigte ihn zu einer Serienfertigung und er fand in der Vitra AG ein wagemutiges Unternehmen, welches ihn mit Unterstützung der Bayer AG aus Polyurethan verwirklichte (Abschnitt 4.3.4). Er musste nachträglich noch geschliffen, gespachtelt und lackiert werden. Der Stuhl fand dermaßen Anklang, dass in noch größeren Stückzahlen gedacht wurde und sich das Spritzgießverfahren (siehe Abschnitt 4.2) lohnte.

Es musste zwar viel Geld für die Spritzgießform investiert werden, jedoch war keine Nacharbeit mehr erforderlich, auch die Farbe war bereits im Werkstoff enthalten. Nun unterstützte die BASF mit ihrem UV-beständigen Acrylester-Styrol-Acrylnitril (ASA) die Realisierung. Ende der 90er Jahre – im Rahmen einer Retro-Welle – wurden die Stühle erneut aufgelegt, jetzt aber spritzgegossen aus langglasfaserverstärktem Polypropylen (PP-LGF) mit matter Oberfläche.

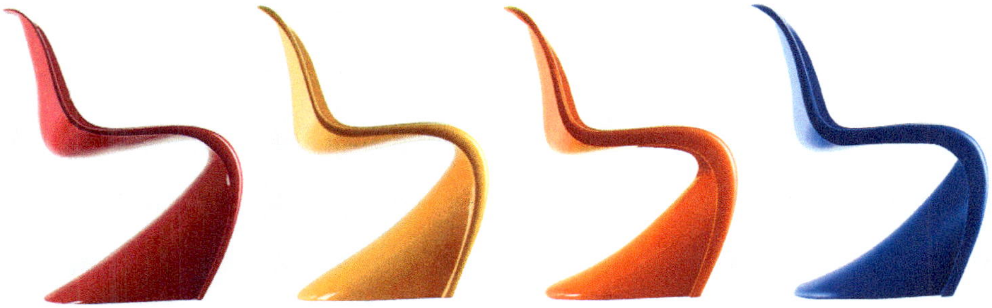

Bild 1.12 Verschiedene Stadien des Panton-Stuhls [Bildquelle: Vitra AG]

■ 1.4 Literaturverzeichnis

[1] N. N., *„http://www.deutsches-kunststoff-museum.de"*, 2014. [Online]. Available: *http://www.deutsches-kunststoff-museum.de/rund-um-kunststoff/zeittafel-zur-geschichte/*. [Zugriff am 08. April 2014].

[2] F. Waentig, „Konservieren und Restaurieren von gealterten Kunststoffen," Restaurator im Handwerk, Nr. 2, 2013.

[3] PlasticsEurope, „Plastics – the Facts 2019" Brüssel, 2019.

[4] G. Klein, „Design für Innovationsstoffe," Kunststoffe, Nr. 9, 2000.

2 Grundlagen

Für den mit Kunststoffen arbeitenden Ingenieur ist eine Einführung in die Polymerchemie eine notwendige Grundlage, denn die Eigenschaften als Werkstoff, während der Verarbeitung und im fertigen Bauteil hängen stark von Aufbau und Molekülgestalt der Polymere ab.

In diesem Kapitel werden auch einige für das Verständnis dieser Werkstoffklasse notwendige Grundlagen der Werkstoffmechanik aufgefrischt, um die Besonderheiten dieser Werkstoffklasse z. B. bei Zeit- und Temperatureinfluss besser verstehen und vorhersagen zu können.

2.1 Von Monomer zu Polymer – Grundlagen der Polymerchemie

Wir werden die Herkunft der Monomere und die drei wichtigsten Polyreaktionen kennenlernen, uns die Molmasse und Molmassenverteilung von Polymeren verdeutlichen und die wirkenden Bindungskräfte besser verstehen. Hiernach soll noch auf die sogenannte Primär-, Sekundär- und Tertiärstruktur von Polymeren eingegangen werden, da nicht nur die Atome der Polymerkette, sondern vor allem deren Anordnung die späteren Werkstoffeigenschaften stark beeinflussen.

2.1.1 Herkunft der Monomere

Seit Ende des 2. Weltkriegs, also zu Beginn der modernen Epoche der Kunststoffe, wird Erdöl als Ausgangsstoff für die Polymerchemie verwendet. In einer Raffinerie wird Rohöl destilliert (nach Molekülgröße sortiert), gecrackt (kleingespalten), reformiert (Moleküle teilweise umgebaut) und raffiniert (aufgereinigt). Es entstehen Stoffe wie Gase, Benzine, Heizöl, Bitumen, Schmieröl und Koks (Kettenlänge ansteigend) sowie – je nach Fundort des Öls mehr oder weniger – Schwefel.

Aus dem Rohbenzin namens Naphtha können u. a. Ethen und Propen – zwei leichtflüchtige Gase – gewonnen werden. Diese Gase hießen früher Ethylen und Propylen, Namen, die sich in der Kunststofftechnik und Polymerchemie bis heute gehalten haben, und waren zunächst Abfallstoffe, welche ohne Energiegewinnung verbrannt wurden. Seit langer Zeit jedoch nutzt man Naphta zur Herstellung von Polymeren.

Synthetische Polymere werden aus kleineren Molekülen, den sogenannten Monomeren („mono"; griech.: eins, eine, einer, allein, „mer", griech.: Teil, Anteil), fadenförmig gebildet. Werden nur wenige (z. B. 10) kleinere Moleküle aneinandergereiht, so bilden sich sogenannte Oligomere von wachsartiger, teils klebriger Konsistenz. Werden mindestens 1000 Atome über chemische Bindungen miteinander verknüpft, spricht man von Polymeren („poly"; griech.: viel). Diese sehr langen Moleküle nennt man auch Makromoleküle („makros"; griech.: groß, weit, lang).

In Bild 2.1 ist eine Darstellung der BASF zu sehen. Sie zeigt, dass nicht nur Ethylen und Propylen, sondern auch andere Chemikalien aus Rohöl gewonnen werden, welche u. a. Rohstoffe für andere Polymere sind. Mit wenigen Rohstoffen (Erdöl, Erdgas, Steinsalz, Schwefel, Wasser, Luft) kann ein Chemieunternehmen ca. 30 bedeutende Monomere herstellen, aus denen Polymere verschiedenster Art und unterschiedlichsten Eigenschaftsspektrums hergestellt werden. Die BASF hat inzwischen das Geschäft mit einigen der dargestellten Polymere in Tochterfirmen ausgegliedert oder verkauft: das heißt aber nicht, dass sie nicht noch die Rohstoffe für diese Polymere liefert.

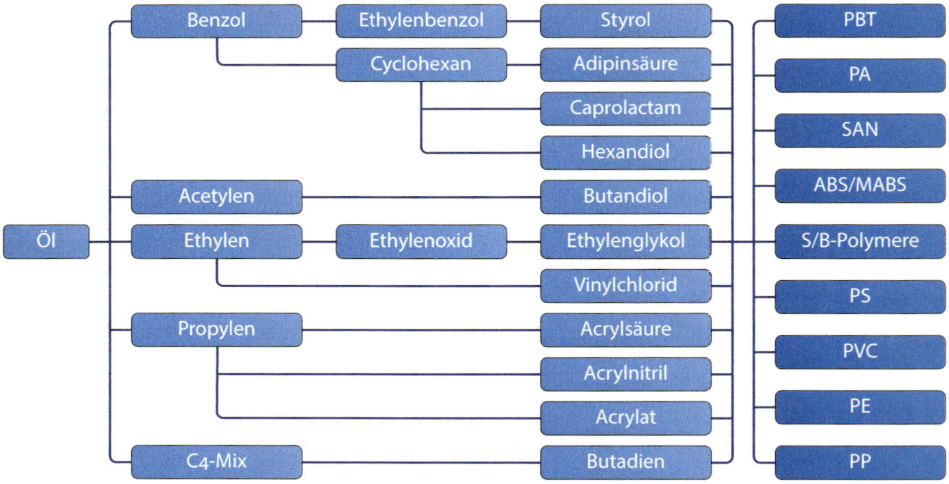

Bild 2.1 Polymerherstellungsrouten [Bildquelle: BASF SE]

Da die Ölvorräte langfristig knapper und teurer werden, ist es sinnvoll, zunehmend Polymere aus nachwachsenden Rohstoffen auszuprobieren (Bild 2.2). Die Biosynthese läuft entweder in der Natur selbst ab (Beispiele für natürliche Polymere sind Proteine, Zellulose, Spinnenseide) oder sie wird in Bioreaktoren bewusst herbeigeführt:

- Biopolymere aus Pflanzen (z. B. Gummibaum)
- Biopolymere aus Tieren (z. B. Chitin, Kasein)
- Biopolymere aus Mikroorganismen (z. B. Biosynthese von PHA als Energiespeicher spezieller Bakterien)
- Biomonomere aus Mikroorganismen (z. B. Fermentation von Stärke zu Milchsäure und spätere synthetische Polymerisation zu Polymilchsäure PLA)
- Biomonomere aus Pflanzen (z. B. Polymerisation von aus Bioalkohol gewonnenem Bio-Ethen zu Bio-Polyethylen)

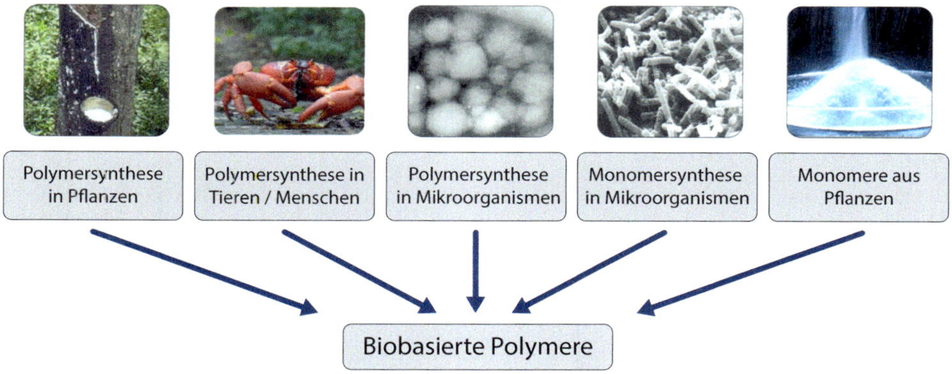

Bild 2.2 Synthese von biobasierten Polymeren [Bildquelle: IGVP, Univ. Stuttgart]

Am Beispiel von fünf möglichen Routen in Bild 2.3 wird deutlich, welche biobasierten Chemikalien und Polymere allein aus Glukose, einem Einfachzucker, hergestellt werden können. Glukose wird hauptsächlich von Pflanzen mithilfe von Fotosynthese aus Sonnenlicht, Wasser und CO_2 produziert und kann von allen Lebewesen als Energie- und Kohlenstofflieferant verwertet werden.

Normalerweise kommt Glukose aber nicht frei, sondern als Disaccharid (Milchzucker, Rübenzucker) oder in ihrer langkettigen, polymeren Form (wie Stärke, Cellulose u. a.) vor, die in Pflanzen sowohl Reservestoffe als auch Bestandteil der Zellstruktur sind. Die langkettigen Saccharide werden bei der Nahrungsaufnahme durch Menschen, Tiere, Pilze und Bakterien mithilfe von Enzymen erst wieder zum Einfachzucker Glukose abgebaut, bevor sie verstoffwechselt werden.

Wir werden in Abschnitt 6.3 noch näher auf biobasierte Polymere und biobasierte Kunststoffe eingehen.

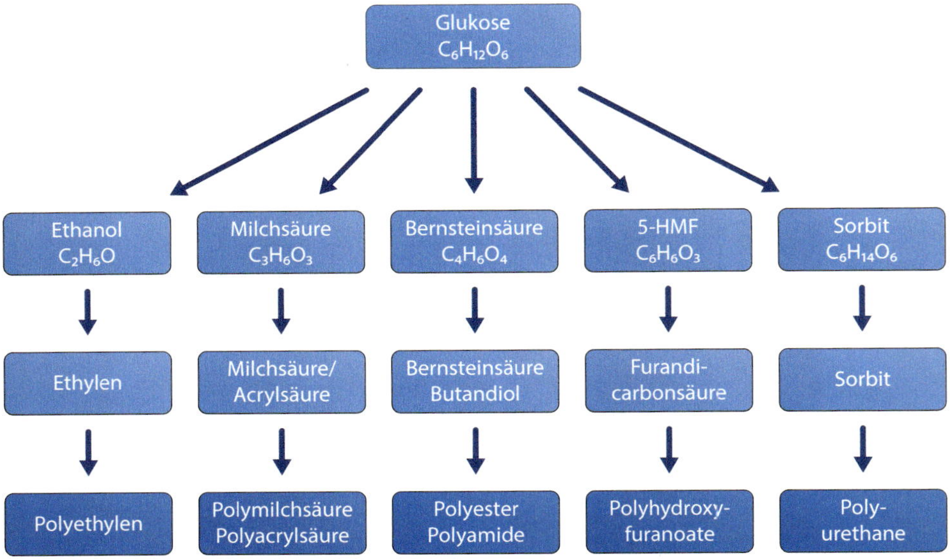

Bild 2.3 Glukosebasierte Polymere [Bildquelle: IGVP, Univ. Stuttgart]

2.1.2 Polymersynthese

Die drei wichtigsten chemischen Reaktionen (Polyreaktionen), welche Monomere zu Polymeren reagieren lassen, sind die Polymerisation, die Polykondensation und die Polyaddition. Während die Polymerisation eine Kettenwachstumsreaktion ist, bei der ungesättigte Monomere zu Polymeren verknüpft werden, sind die Polykondensation und Polyaddition Stufenwachstumsreaktionen, bei denen unterschiedliche Moleküle im Wechsel miteinander reagieren und eine lange Molekülkette bilden. Beide Stufenwachstumsreaktionen sind ähnlich, aber während bei der Polyaddition keine Nebenprodukte abgespalten werden, entstehen bei der Polykondensation Nebenprodukte wie Wasser, Chlorwasserstoff, Ammoniak und Alkohole, die abgeführt werden müssen, um die Reaktion fortzuführen.

2.1.2.1 Polymerisation

Die Polymerisation soll hier am Beispiel einer radikalischen Polymerisation erläutert werden (Bild 2.4). Bei der radikalischen Polymerisation liefert ein Radikalbildner, der sog. Initiator, Radikale, d. h. Moleküle mit freiem/ungepaartem Elektron, welche die C=C-Doppelbindung in den Monomeren, wie z. B. dem Ethen, angreifen. Der Initiator „schnappt" sich ein Elektron dieser Doppelbindung und geht eine Bindung mit dem Monomer ein. Dieser Schritt wird als Kettenstart bezeichnet.

Das Monomer wird durch die Bindung an den Initiator nun selbst zum Radikal und geht deshalb mit einem benachbarten Monomer eine Bindung ein. Dieses wird dadurch wiederum zum Radikal und sucht sich einen nächsten Partner. Die Molekülkette wird immer länger, was als Kettenwachstumsreaktion bezeichnet wird. Das Wachstum der Ketten wird durch Rekombination beendet, d. h. die Radikale zweier Molekülketten gehen eine chemische Bindung ein.

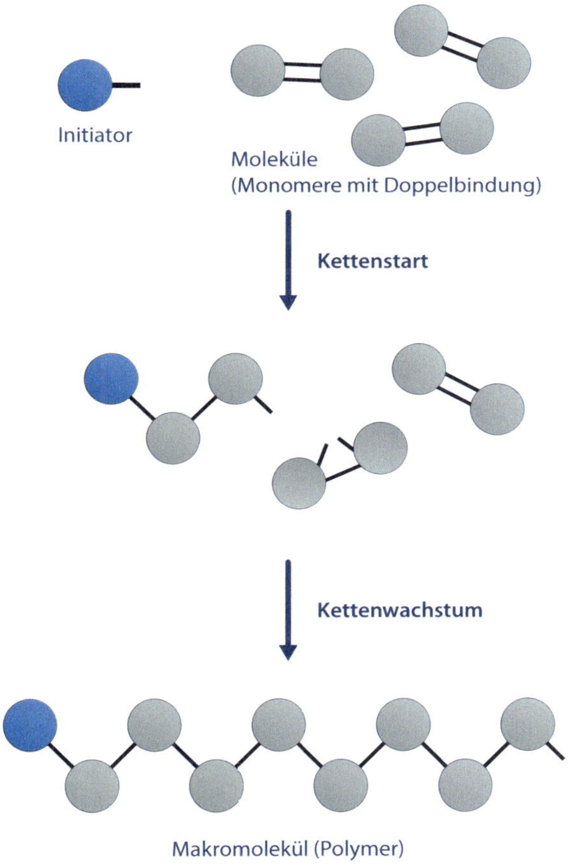

Bild 2.4
Schematischer Ablauf der radikalischen Polymerisation

QR-Code 2-1

Am Beispiel der radikalischen Polymerisation wird die Herstellung von Polyethylen ausgehend von Ethen gezeigt.

http://www.ikt.uni-stuttgart.de/links/Videolinks/Radikalische_Polymerisation

Die Länge der Molekülketten wird hier durch die Konzentration des Initiators bestimmt. Je höher die Initiatorkonzentration, desto mehr Ketten werden zu Beginn der Polymerisation gestartet und desto weniger Monomere stehen pro Kette zur Verfügung. Die Molekülketten bleiben also kürzer bei Hinzugabe von mehr Initiator.

Aus *n* Monomeren wird ein Polymer mit *n* Wiederholungseinheiten gebildet (Bild 2.5). Das Monomer ist in der Regel eine Kohlenwasserstoffverbindung. Die einfachste Verbindung ist das Ethen (früher: Ethylen).

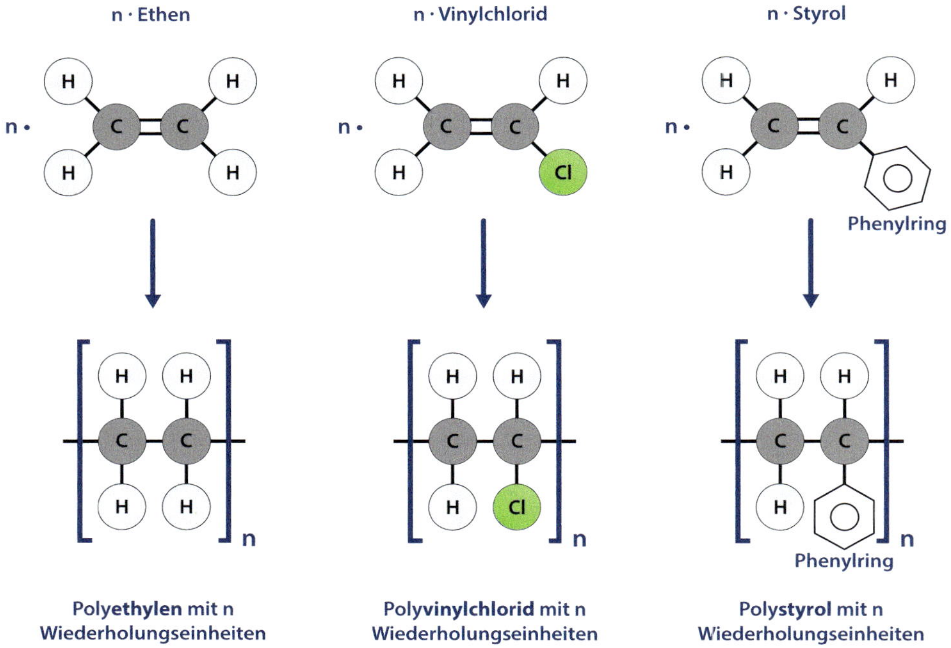

Bild 2.5 Strukturformeln verschiedener Monomere und daraus gebildeter Polymere

Häufig wird ein Wasserstoffatom durch ein charakteristisches Atom oder eine charakteristische Atomgruppe, dem sogenannten Substituenten, ausgetauscht, wodurch sich die chemische Bezeichnung des Monomers ändert. Bei dem Austausch (Substitution) eines H-Atoms an Ethen durch ein Cl-Atom entsteht das Monomer Chlorethen (Trivialname: Vinylchlorid). Die Substitution durch einen Phenylring ergibt das Phenylethen (Trivialname: Styrol). Hieraus wird jeweils durch die radikalische Polymerisation Polyethylen (PE), Polyvinylchlorid (PVC) und Polystyrol (PS) hergestellt.

Für einige Polymerisationsreaktionen existieren spezielle Katalysatoren, sog. metallorganische Verbindungen, welche ein Polymer mit besonders regelmäßiger Struktur erzeugen. Das Monomer kann nur in einer ganz bestimmten Weise an die Kette angekoppelt werden. Man nennt die Art der Bindung zwischen Katalysator und Kette eine koordinative Bindung und spricht deshalb von einer koordinativen Polymerisation. Wichtige metallorganische Verbindungen sind Ziegler-Natta-Katalysatoren und Metallocen-Katalysatoren.

Die Wissenschaftler Karl Ziegler und Giulio Natta erhielten für ihre Arbeiten 1963 den Nobelpreis.

2.1.2.2 Copolymerisation (Sonderform der Polymerisation)

Werden Polymerisate in ihrer Kettenreaktion nicht aus einer Sorte Monomer, sondern aus verschiedenen Monomeren aufgebaut, wird dies als Copolymerisation bezeichnet. Die Makromoleküle sind dann Copolymere. Der Einbau zweier (seltener dreier) verschiedener Monomere beeinflusst die Eigenschaften des Polymers sehr. Die Aneinanderreihung der Monomerbausteine in der Kette kann statistisch, alternierend oder blockweise (sogenannte Blockcopolymere) erfolgen (Bild 2.6). Eine spezielle Form der Copolymere sind die Pfropfcopolymere. Dies sind Polymere mit einer homogenen Hauptkette, auf die kürzere Seitenketten einer anderen Monomersorte aufgepfropft sind.

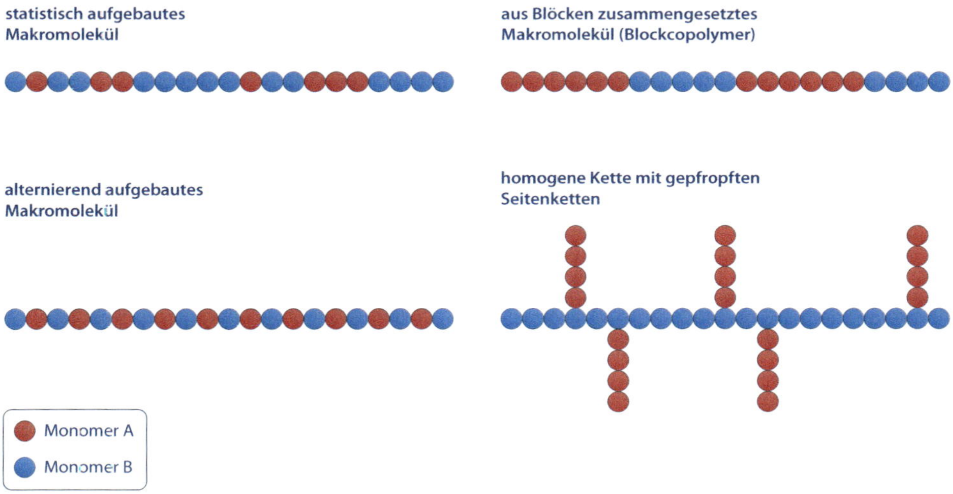

Bild 2.6 Formen der Copolymerisation

Es soll nicht der Eindruck entstehen, dass es sich um eine Stufenwachstumsreaktion zweier verschiedener Monomere handelt. Bei der Copolymerisation handelt es sich ebenso um eine Kettenwachstumsreaktion, lediglich mit zwei unterschiedlichen Monomeren. Zudem soll hier darauf hingewiesen werden, dass die physikalische (nicht chemische!) Mischung verschiedener Polymere nicht das gleiche ist wie ein Copolymer. Bei Polymermischungen spricht man auch von Polymerblends, gelegentlich auch von Polymergemischen oder Polymerlegierungen. Diese werden in Abschnitt 3.3.2.3 behandelt.

2.1.2.3 Polykondensation

Die Polykondensation ist eine Stufenwachstumsreaktion von mehrfunktionellen Molekülbausteinen. In Bild 2.7 reagieren zwei bifunktionelle Moleküle zu einem Polymer und bilden ein Spaltprodukt, welches abgeführt werden muss, um die Reaktion nicht zu bremsen. Es entstehen niedermolekulare Nebenprodukte wie z. B. Wasser, Ammoniak und Chlorwasserstoff. Werden die Nebenprodukte nicht abgeführt, wird der Reaktionsablauf unterbrochen.

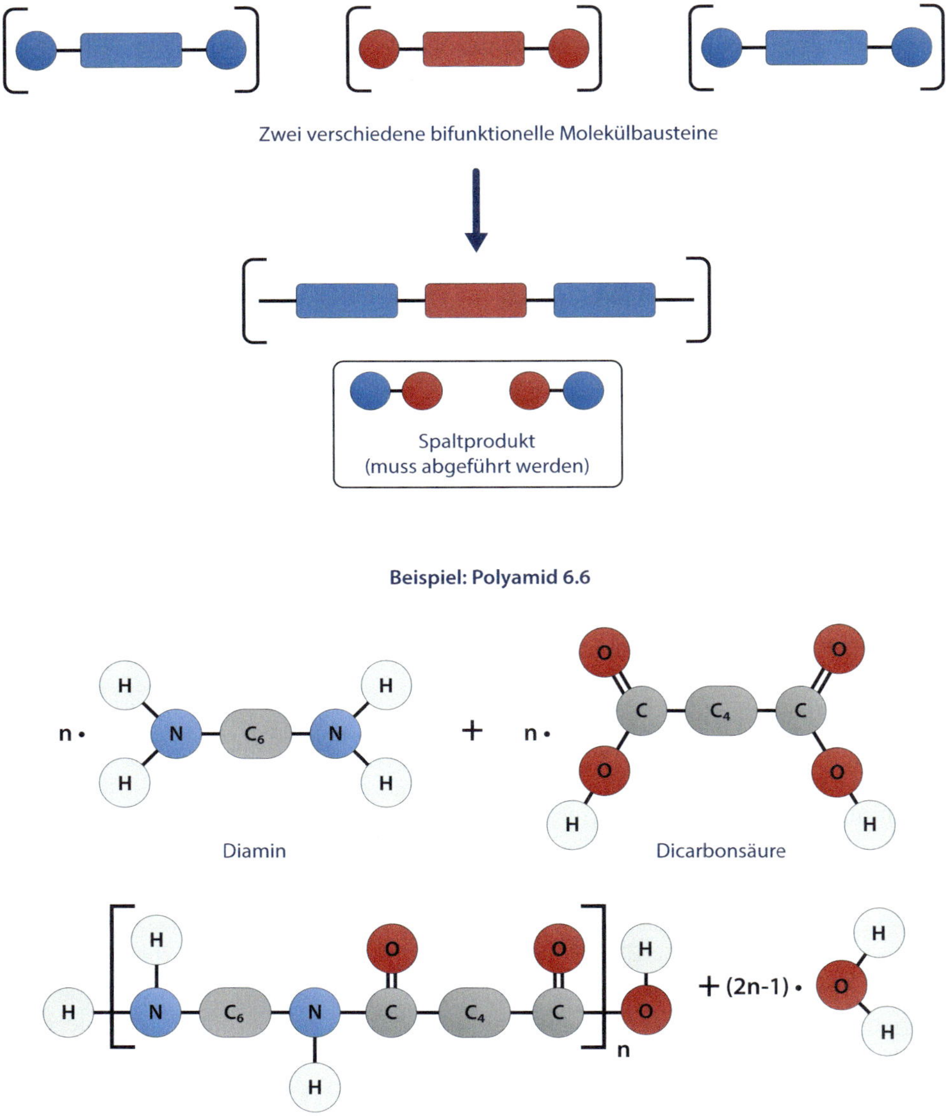

Bild 2.7 Polykondensation

Auf diese Weise wird beispielsweise Polyamid 6.6 (PA66) aus einem bifunktionellen Amin (1,6-Diaminohexan) und einer bifunktionellen Carbonsäure (z. B. Adipinsäure) hergestellt. Es entsteht ein Makromolekül mit einer Amid-Gruppe (CONH) und es wird Wasser als Spaltprodukt abgeführt.

Wie oben unterschieden, handelt es sich bei der Polykondensation um eine Stufenwachstumsrektion, da neben der Reaktion von einzelnen bifunktionellen Monomeren an eine bestehende Kette auch zwei beliebig lange Ketten miteinander zu einer noch längeren Kette reagieren können. Im Vergleich zur radikalischen Polymerisation führt dies nicht zum Abbruch des Kettenwachstums, da die Kettenenden immer noch funktionelle Gruppen aufweisen und somit weiterhin mit bifunktionellen Monomeren, Oligomeren und Polymeren reagieren können.

QR-Code 2-2

Am Beispiel der Reaktion von Phenol und Formaldehyd wird ein nicht nur fadenartiges, sondern ein dreidimensionales vernetztes Polymer, ein Phenol-Formaldehyd-Harz, dargestellt.

http://www.ikt.uni-stuttgart.de/links/Videolinks/Polykondensation

2.1.2.4 Polyaddition

Auch bei der Stufenwachstumsreaktion Polyaddition reagieren zwei verschiedene multifunktionelle Molekülbausteine (Bild 2.8, hier bifunktionell) miteinander. Dabei entsteht aber kein Spaltprodukt. Die Kopplung der reaktiven Monomere entsteht durch den Platzwechsel eines oder mehrerer Atome, vorzugsweise von Wasserstoffatomen, die sich relativ leicht aus ihrer jeweiligen Endgruppe (-OH, -NH_2, -COOH) lösen. Als Beispiel dient hier die Polyaddition von bifunktionellem Isocyanat mit einem bifunktionellen Alkohol zu Polyurethan. Polyurethan wird in Abschnitt 3.5.5 „Schäumen von Kunststoffen“ noch detaillierter behandelt.

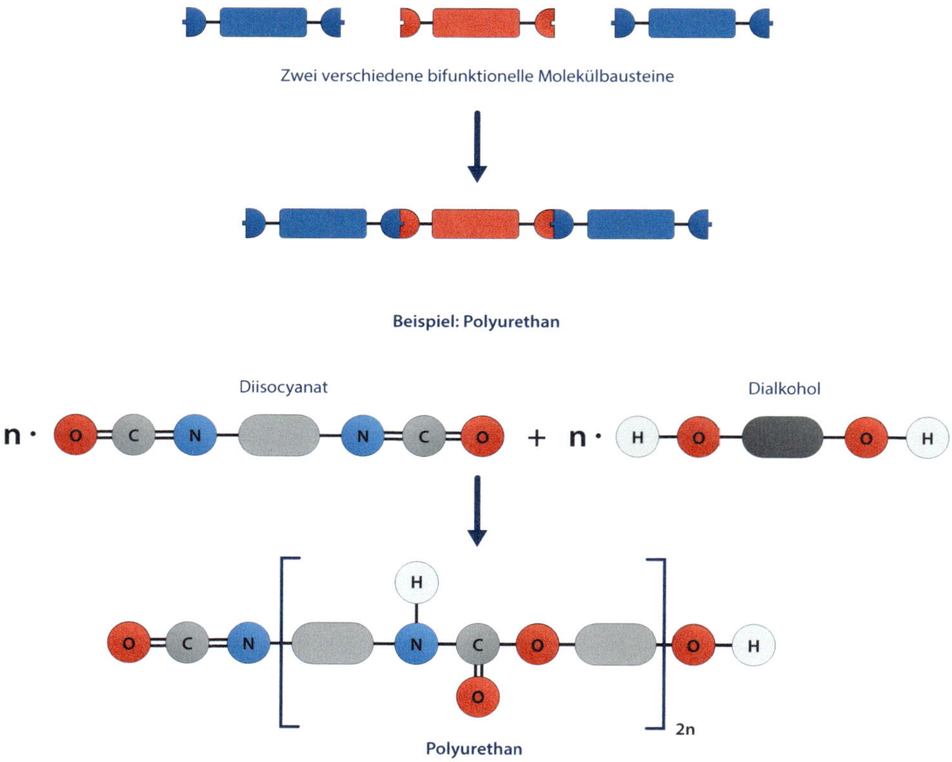

Bild 2.8 Polyaddition

> *QR-Code 2-3*
>
> Am Beispiel eines Epoxidharzes wird die Polyaddition erläutert.
>
> *http://www.ikt.uni-stuttgart.de/links/Videolinks/Polyaddition*

2.1.3 Die Molmasse von Polymeren

Aus dem Schulunterricht ist eventuell noch bekannt, dass die Molmasse, früher Molekulargewicht genannt, aus den Massen der einzelnen Atome zusammenaddiert werden kann. Nun gilt auch, dass die Molmasse eines Makromoleküls aus den Molmassen der einzelnen Monomereinheiten zusammengerechnet werden kann. Dafür muss aber bekannt sein, wie oft die Monomereinheiten in der Polymerkette enthalten sind. Diese Anzahl wird Polymerisationsgrad n genannt. Da nicht alle Ketten der Polymere gleich lang sind, ist n stets nur ein Mittelwert.

Da die Kettenlänge nur ein gemittelter Wert sein kann, kann auch die Molmasse eines Polymers nur ein Mittelwert sein. In Wahrheit liegt eine Molmassenverteilung vor, also kürzere Ketten, mittellange Ketten und längere Ketten. Ein Beispiel für solch eine Molmassenverteilung ist in Bild 2.9 dargestellt.

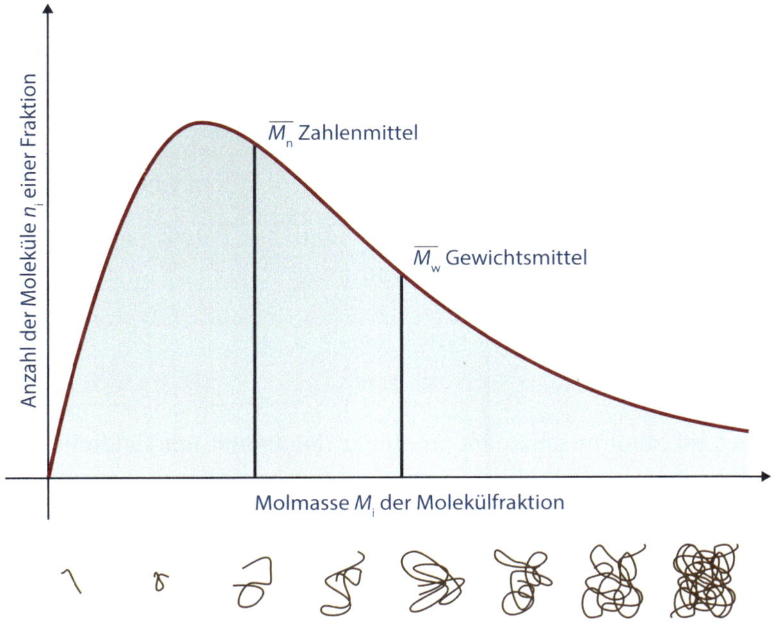

Bild 2.9 Beispiel einer Molmassenverteilung eines Polymers

Es gibt also wenige Moleküle mit sehr geringer Molmasse (siehe Koordinatenursprung) und wenige mit sehr hoher Molmasse (nach rechts verlaufend). Dazwischen gibt es eine charakteristische Verteilung, die an einer Stelle ihr Maximum hat. Da einige Eigenschaften der Polymere und der daraus hergestellten Kunststoffe mit der Molmasse korrelieren, ist deren Kenntnis sehr hilfreich.

Doch wie fasst man eine solche Verteilung in eine einzige Zahl? Es hat sich herausgestellt, dass einige Eigenschaften vom sogenannten Zahlenmittel $\overline{M}_n$ abhängen und andere vom sogenannten Gewichtsmittel $\overline{M}_w$. Das Zahlenmittel ist einfach die Summe des mathematischen Produkts aus Anzahl der vorhandenen Einzelmoleküle n_i mal der Molmasse M_i, geteilt durch die Summe der Anzahl der Einzelmoleküle n_i.

$$\overline{M_n} = \frac{\sum_{i=1}^{k} n_i M_i}{\sum_{i=1}^{k} n_i} \tag{2.1}$$

Das Gewichtsmittel berücksichtigt zusätzlich das Gewicht der gezählten Moleküllängen und definiert sich über den Massenanteil m_i der Makromoleküle mit der Molmasse M_i.

$$\overline{M_w} = \frac{\sum_{i=1}^{k} m_i M_i}{\sum_{i=1}^{k} m_i} \tag{2.2}$$

Je breiter eine Molmassenverteilung, desto weiter voneinander entfernt liegen auch die Werte von Gewichts- und Zahlenmittel. Aus dem Quotienten der beiden Mittelwerte ergibt sich die Polydispersität. Statt der Polydispersität $\left(\frac{\overline{M_w}}{\overline{M_n}}\right)$ wird auch oft die Uneinheitlichkeit U angegeben.

$$U = \frac{\overline{M_w}}{\overline{M_n}} - 1 \tag{2.3}$$

Der Unterschied kann anschaulich an einem Geldbeutel mit Geldmünzen erklärt werden (Bild 2.10). Die 2 €-Münzen entsprechen besonders langen Ketten (hohe Molmassen) und das 1 Cent-Stück ganz kurzen Ketten (geringe Molmassen). Das Zahlenmittel ist der mittlere Wert einer Münze und errechnet sich aus der Gesamtwert der Münzen, geteilt durch die Gesamtzahl der Münzen:

$$\overline{M_n} = \frac{\sum_{i=1}^{k} n_i M_i}{\sum_{i=1}^{k} n_i} = \frac{\sum_{i=1}^{k} m_i}{\sum_{i=1}^{k} n_i} = \frac{5 \cdot 0{,}01 + 15 \cdot 0{,}02 + 27 \cdot 0{,}05 + 32 \cdot 0{,}1 + \ldots}{5 + 15 + 27 + 32 + \ldots}$$

$$= \frac{50}{159} = 0{,}31 \tag{2.4}$$

Der zahlenmittlere Wert einer jeden Münze ist also 0,31 €.

Das Gewichtsmittel lässt sich errechnen, indem man die einzelnen Münzstapel an der Bildung der Gesamtsumme nicht im Verhältnis der effektiv vorliegenden Teilchenzahlen (Anzahl der Münzen) teilnehmen lässt, sondern eine Gewichtung der Münzstapel durchführt. Das heißt, es wird das Verhältnis aus der Summe aller Stapelwerte durch die Gesamtsumme (Wert) der Münzen gebildet.

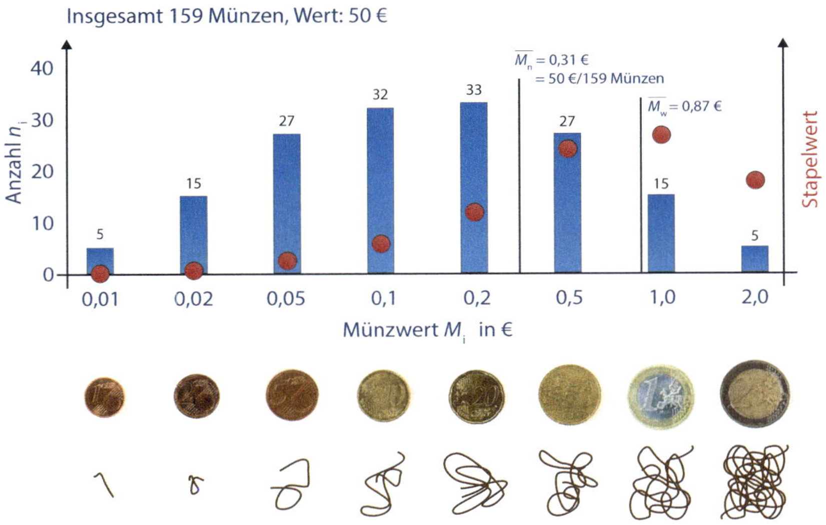

Bild 2.10 Mittelwerte und Verteilungen anschaulich erklärt

Man nimmt also an, im Geldbeutel sind nicht:

Tabelle 2.1 Ermittlung m_i am Beispiel Münzen

n_i	M_i	m_i
5 Münzen zu	0,01	0,05
15 Münzen zu	0,02	0,30
27 Münzen zu	0,05	1,35
32 Münzen zu	0,10	3,20
usw.		

sondern,

$m_i \cdot M_i$	m_{F1}
0,05 · 0,01	0,0005
0,30 · 0,02	0,0060
1,35 · 0,05	0,0675
3,20 · 0,10	0,3200
usw.	

m_{F}: Stapelwert

Für das Gewichtsmittel gilt dann:

$$\overline{M_w} = \frac{\sum_{i=1}^{k} m_i M_i}{\sum_{i=1}^{K} m_i} = \frac{\sum_{i=1}^{k} m_{F^I}}{\sum_{i=1}^{k} m_i} = \frac{0,0005 + 0,0060 + 0,0675 + 0,3200 + \ldots}{50}$$
$$= \frac{43,46}{50} = 0,87 \quad (2.5)$$

Der gewichtsmittlere Wert einer jeden Münze beträgt also 0,87 €.

Da die Molmasse des Polymers ein wichtiges Kriterium für verschiedene Eigenschaften des späteren Kunststoffes ist, sollen hier kurz die wichtigsten Verfahren zu deren Bestimmung vorgestellt werden.

Messung mit dem Kapillarviskosimeter

Die Molmasse des Polymeren kann mittels Kapillarviskosimeter, z. B. dem Ubbelohde-Viskosimeter, ermittelt werden (Bild 2.11). Dazu muss das Polymer zuerst durch ein geeignetes Lösungsmittel in Lösung gebracht werden. Nun lässt man ein definiertes Volumen dieser Lösung durch eine Kapillare des Viskosimeters strömen und misst die dazu benötigte Zeit.

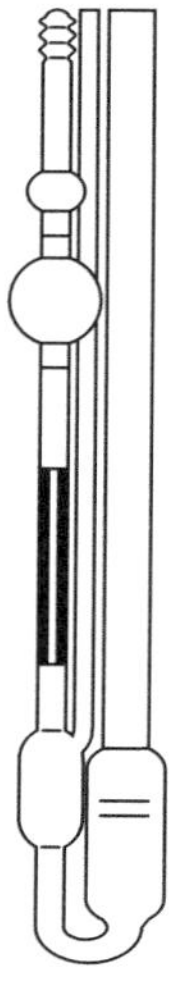

Bild 2.11 Ubbelohde-Viskosimeter

Mithilfe physikalischer Zusammenhänge und mathematischer Beziehungen lässt sich letztendlich die sog. Grenzviskositätszahl („Staudinger-Index" $[\eta]$) berechnen. Für reale Makromoleküle gilt die Mark-Houwink-Beziehung, mit der sich die zahlenmittlere molare Masse $\overline{M_n}$ errechnet:

$$[\eta] = K \cdot \overline{M_n}^{\alpha} \tag{2.6}$$

Dabei sind K und α charakteristische Größen, die für eine große Zahl von Polymer-Lösungsmittel-Systemen bei verschiedenen Temperaturen in der Literatur aufgeführt sind. Für lineare, unverzweigte Moleküle (siehe unten „Sekundärstruktur") nimmt α Werte zwischen $0{,}5 < \alpha < 1$ an.

Bei dieser Methode handelt es sich um eine Relativmethode. Die Güte der Bestimmung von $\overline{M_n}$ hängt u. a. von der Übereinstimmung der Versuchsbedingungen und der Molmassenverteilung (Polydispersität) des jeweiligen Polymers ab.

Darüber hinaus kann das Polymer statt in Lösung auch in Schmelze gebracht und ebenfalls durch eine Kapillare gedrückt werden. Zur Ermittlung dieses sogenannten Schmelzeindex (MFI = Melt Flow Index) reicht allerdings die Schwerkraft nicht aus und es wird mit der Kraft einiger Gewichtsscheiben nachgeholfen. Die Ergebnisse sind recht schnell zu ermitteln, ergeben aber keinen Wert für eine Molmasse, sondern nur eine indirekte Aussage. Näheres wird im Abschnitt 3.1.6 „Messung der Fließeigenschaften" erläutert.

Messung mit der Gelpermeationschromatographie

Die Messung mittels Gelpermeationschromatographie (GPC; engl.: SEC = size exclusion chromatography) liefert eine exakte Molmassenverteilung und kann mittels Lichtstreudetektoren auch absolute Molekülmassen bestimmen. Das zu messende Polymer wird in Lösung auf eine Trennsäule mit poröser Struktur aufgebracht und passiert diese sequentiell (Bild 2.12).

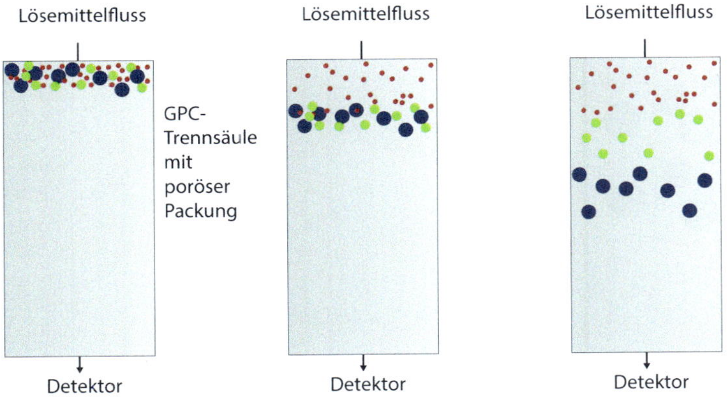

Bild 2.12 Gelpermeationschromatographie (GPC)

Das Prinzip der Gelpermeationschromatographie: Großen Makromolekülen stehen nur wenige Poren zur Verfügung, in die sie sich einlagern können. Deshalb werden sie relativ schnell vom kontinuierlichen Lösungsmittelstrom erfasst und als erstes aus der Trennsäule gespült. Je kleiner ein Makromolekül ist, desto öfter kann es sich auf seinem Weg durch die Trennsäule in einer Pore (quasi im „Windschatten“) festsetzen. Das heißt, je kleiner die Makromoleküle, desto später - also zeitlich verzögert - treten sie aus der Säule aus.

2.1.4 Bindungskräfte und Brown'sche Molekularbewegung

Damit die molekularen Bindungskräfte in Polymeren verstanden werden können, ist es nötig, die verschiedenen Bindungskräfte zwischen Atomen aufzufrischen:

2.1.4.1 Innermolekulare chemische Bindungen

Metallische Bindung

In der metallischen Bindung sind die Elektronen in einem Metallgitter (Atomgitter) frei beweglich (Bild 2.13). Die Valenzelektronen (Außenelektronen) der Metallatome können leicht vom Atom abgetrennt werden, da sie nur schwach gebunden sind. Im Metall bildet sich ein Gitter aus positiv geladenen Metall-Ionen, den sogenannten Atomrümpfen. Das nach dem Physiker Enrico Fermi benannte „Elektronengas“ besteht aus freien Außenelektronen. Durch die freie Beweglichkeit kommen die hohe elektrische Leitfähigkeit, der Magnetismus und auch die hohe Wärmeleitfähigkeit von Metallen zustande.

Bild 2.13 Metallische Bindungen

Atombindung

Die Atombindung ist eine chemische Bindung und wird auch Hauptvalenzbindung genannt. Atombindungen bilden sich besonders zwischen Nichtmetallen aus und teilen sich mindestens ein bindendes Elektronenpaar der Außenelektronen (Valenzelektronen) (Bild 2.14). Die Atome in Makromolekülen von Polymeren sind über Hauptvalenzbindungen miteinander verknüpft.

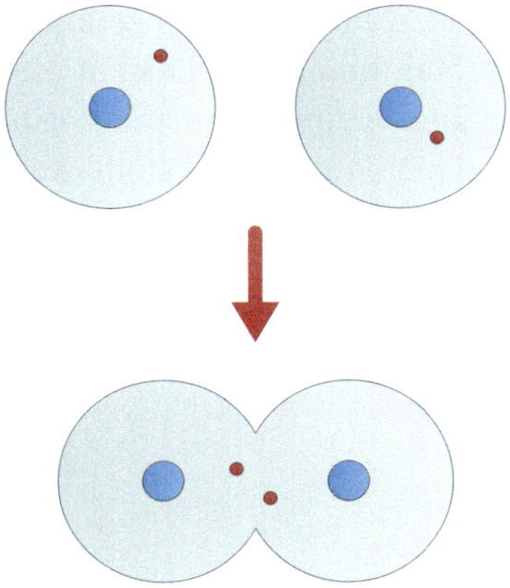

Bild 2.14
Atombindung am Beispiel des Wasserstoffmoleküls H_2 (auch: kovalente Bindung, Hauptvalenzbindung)

Weitere Bezeichnungen für Atombindungen oder Hauptvalenzbindungen sind: kovalente Bindung, homöopolare Bindung und Elektronenpaarbindung. Eine Atombindung hat eine bestimmte Wirkungsrichtung, ist also eine gerichtete Bindung und bestimmt damit die geometrische Struktur einer Verbindung (im Gegensatz zum Elektronengas). Die Festigkeit einer Bindung wird durch die Bindungsenergie beschrieben. Das Knüpfen oder Trennen einer Atombindung wird chemische Reaktion genannt.

Ebenfalls zur Wiederholung von Schulinhalten soll bei diesen oft eingesetzten Elementen noch an deren Bindigkeit erinnert werden. Ganz allgemein gilt, dass die Atome (Elemente) bei der Ausbildung einer chemischen Bindung bestrebt sind, Edelgaskonfiguration einzunehmen (Schalenmodell: acht Außenelektronen/Valenzelektronen; Ausnahme Wasserstoff: zwei). Elektronen ordnen sich dabei immer paarweise an. Ungebundene Außenelektronen eines Atoms gehen daher eine „Partnerschaft" mit denen eines anderen Atoms ein – es entsteht ein Molekül. Die Bindungsenergie von Hauptvalenzbindungen können Werte von 40 bis zu 800 kJ/mol annehmen.

Die Anzahl der Atombindungen, die ein Atom eingehen kann, nennt man Bindigkeit. Sie ist abhängig von der Zahl der Außenelektronen. Für die Bindigkeit eines kovalent gebundenen Atoms der IV. – VII. Hauptgruppe des Periodensystems gilt die (8-„minus"-N)-Regel, mit N gleich der Außenelektronenzahl des entsprechenden Atoms. Bei Chlor (Cl), Sauerstoff (O), Stickstoff (N) bzw. Kohlenstoff (C) mit sieben, sechs, fünf bzw. vier Außenelektronen berechnet sich somit eine Bindigkeit von 1, 2, 3 bzw. 4. Das Wasserstoffatom strebt die Konfiguration von Helium (Edelgas) mit zwei Außenelektronen an und kann somit ein Elektron innerhalb einer chemischen Bindung aufnehmen. Das heißt, Wasserstoff ist einbindig. Da der Schwefel (S) in der VI. Hauptgruppe der dritten Periode steht, kann dieser zusätzlich noch sechsbinding sein.

Die Makromoleküle eines Polymers werden durch solche Atombindungen gebildet. Das in Bild 2.15 gezeigte Teilstück eines Polyethylen-Makromoleküls besteht aus etwa 70 Ethylen-Monomereinheiten. Polyethylene haben eigentlich meist sogar 100 000 Wiederholungseinheiten. Diese können aber hier nicht dargestellt werden.

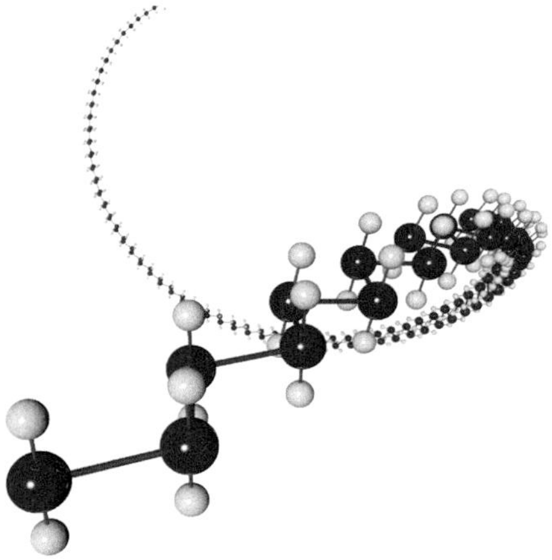

Bild 2.15
Teilstück eines Polyethylen-Makromoleküls

Polymere sind organische Verbindungen, da sie – wie alles Leben auf der Erde – auf Kohlenstoff basieren. Wichtige Bestandteile organischer Verbindungen sind neben Kohlenstoff (C) noch Wasserstoff (H), Sauerstoff (O) und Stickstoff (N). Bei Polymeren werden gelegentlich noch die Heteroatome Chlor (Cl), Fluor (F), Schwefel (S) und Silizium (Si) eingesetzt.

2.1.4.2 Intermolekulare physikalische Bindungen

Physikalische Bindungen sind Nebenvalenzbindungen. Sie beschreiben Art und Größe der zwischen den Polymerketten bestehenden Anziehungskräfte. Weitere Bezeichnungen für Nebenvalenzbindungen sind: zwischenmolekulare Kraft, Nebenvalenzkraft und Sekundärbindung. Diese Anziehungskräfte sind stark abstandsabhängig und im Verhältnis zu den Hauptvalenzbindungen 2- bis 2000-mal schwächer.

Dipol-Dipol-Kräfte

Eine sehr starke Nebenvalenzbindung sind Dipol-Dipol-Kräfte. Sie treten zwischen Molekülen mit permanenten Dipolmomenten auf. Ihre Ursache ist in der unterschiedlichen Elektronegativität der chemischen Elemente begründet. Beispielhaft ist im Polyvinylchlorid (PVC) das Chlor-Atom elektronegativer als das Kohlenstoff- und das Wasserstoff-Atom (Bild 2.16, links) und zieht deshalb dessen Elektronen zu sich (Im Orbitalmodell entspricht dies einer unsymmetrischen Elektronenwolke.).

Hierdurch wird ein permanenter Dipol erzeugt: Zwischen den Dipolen benachbarter Polymerketten entstehen Anziehungskräfte, die sogenannten Dipol-Dipol-Kräfte. Deren Bindungsenergie beträgt 1/50 bis 1/200 einer Hauptvalenzbindung.

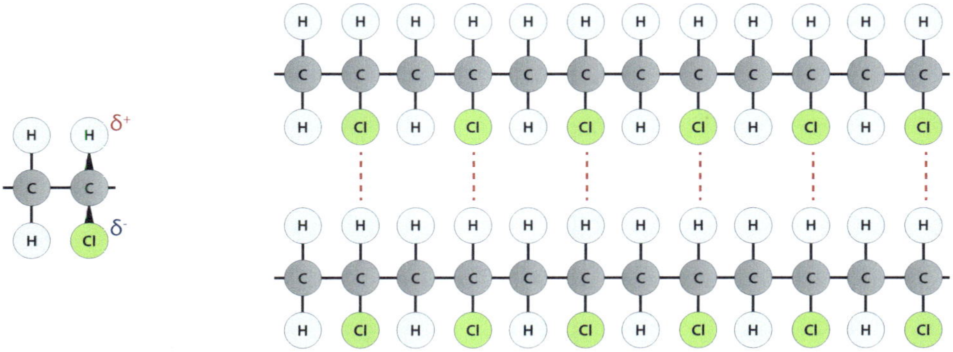

Bild 2.16 Dipol-Dipol-Kräfte

Wasserstoffbrückenbindungen

Wasserstoffbrückenbindungen sind eine spezielle Form der Dipol-Dipol-Bindung und entstehen über ein Wasserstoffatom, das kovalent an ein elektronegativeres Atom (z. B. O, N, F) gebunden ist und dessen gemeinsame Elektronen in Richtung dieses Atoms verschoben werden (Bild 2.17).

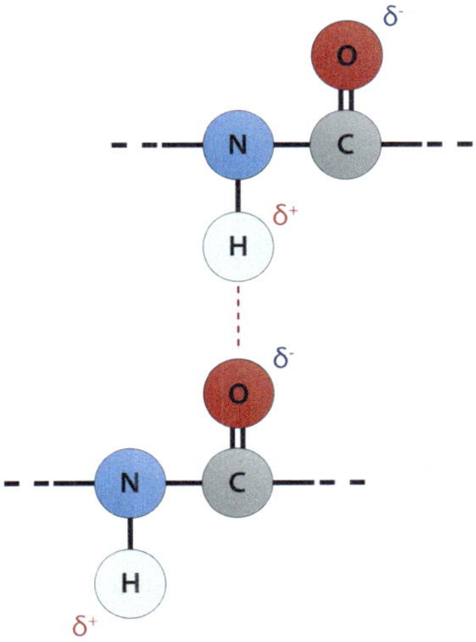

Bild 2.17 Wasserstoffbrückenbindungen

An ein weiteres elektronegatives Atom eines zweiten Makromoleküls ist das durch die Elektronenverschiebung partiell positiv geladene Wasserstoffatom dann stärker gebunden und wirkt somit als „Wasserstoffbrücke“ zwischen den beiden Molekülketten. Diese stärkste Nebenvalenzbindung gelangt mit ~ 20 kJ/mol in die Größenordnung von schwachen Hauptvalenzbindungen. In Bild 2.18 sind Wasserstoffbrückenbindungen in Polyurethan (PUR) und Polyamid (PA) verdeutlicht.

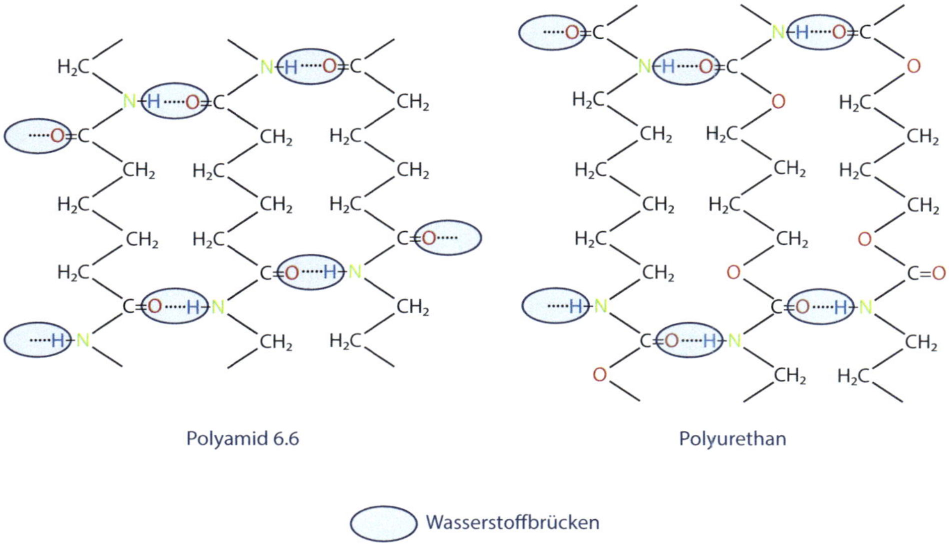

Bild 2.18 Wasserstoffbrückenbildungen am Beispiel von PA66 und PUR

Induktionskräfte

Sehr schwache Nebenvalenzbindungen sind die Induktionskräfte. Moleküle mit permanenten Dipolen können in benachbarten unpolaren Molekülen Elektronenverschiebungen hervorrufen und somit Dipolmomente induzieren. Die Bindungsenergie beträgt nur 1/500 bis 1/2000 einer Hauptvalenzbindung.

Zusammenfassend für die bereits aufgezählten Nebenvalenzkräfte gilt: Voraussetzung für das Auftreten von Dipol-Dipol-Kräften und/oder Induktionskräften ist das Vorhandensein von permanenten Dipolen.

Dispersionskräfte

Mit Bindungsenergien von 1/500 bis 1/1000 einer Hauptvalenzbindung sind Dispersionskräfte (auch Van-der-Waals-Kräfte, London’sche Kräfte) ebenfalls sehr schwach. Durch zufällige Bewegung der Elektronen und der daraus resultierenden Verformungen der Elektronenwolke entstehen auch in unpolaren Molekülen momentane Dipole. Diese schnell variierenden Dipole, die sich im zeitlichen Mittel zu

Null kompensieren, induzieren in den Nachbarmolekülen im Takt ihrer eigenen Frequenzen ebenfalls Dipole, die allerdings nicht permanent sind.

Zur Verdeutlichung sind in Bild 2.19 aneinandergereihte Kugeln als Atome dargestellt, die untereinander durch Hauptvalenzbindungen verbunden sind und Polymerketten bilden. Zwischen den Polymerketten bestehen Nebenvalenzkräfte verschiedener Art, je nach Atomen der Polymerkette.

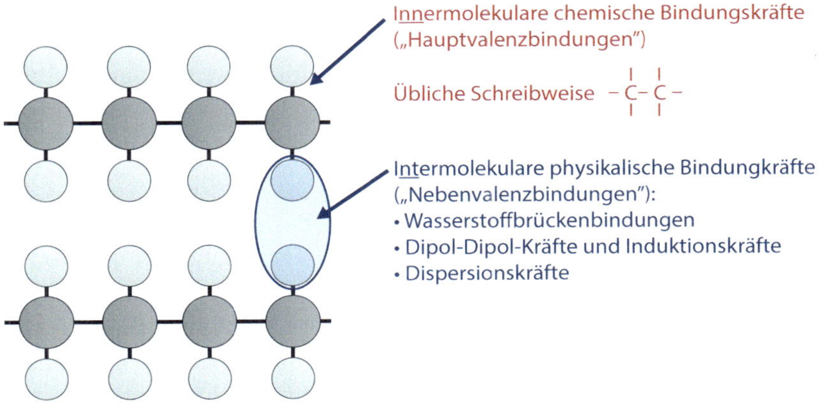

Bild 2.19 Verdeutlichung von chemischen und physikalischen Bindungskräften

2.1.4.3 Brown'sche Molekularbewegung – Beweglichkeit der Polymerketten

QR-Code 2-4

Hier wird die Brown'sche Molekularbewegung beim Betrachten der Fetttröpfchen in Milch demonstriert.

http://www.ikt.uni-stuttgart.de/links/Videolinks/Brownsche_Molekularbewegung

Physikalische Bindungskräfte korrelieren mit dem Abstand der Polymerketten untereinander und dieser Abstand der Polymerketten ist temperaturabhängig. Der Effekt beruht auf der Brown'schen Molekularbewegung.

Nicht nur Atome und niedermolekulare Moleküle schwingen stärker mit jedem Kelvin oberhalb des absoluten Nullpunkts, sondern auch Makromoleküle. Bei tiefen Temperaturen liegen die Ketten eng aneinander und miteinander verschlauft vor, die Brown'sche Molekularbewegung ist gehemmt. Dennoch erhöht sich mit steigender Temperatur die mittlere Schwingungsamplitude der Ketten, zunächst ohne die Verschlaufungen zu lösen.

Die zunehmende Abstandsvergrößerung bei der Erwärmung bewirkt eine Schwächung der Nebenvalenzkräfte und somit deren „Haftung" zur benachbarten Polymerkette. Beim Erwärmen kommt es zunächst zu Mikro-Brown'schen Bewegungsvorgängen. Es handelt sich um intramolekulare Bewegungen von Kettensegmenten und Seitenketten. Rotation und Umlagerung treten auf, wodurch nach und nach Konformationsänderungen beginnen, d. h. die räumliche Ausrichtung kann sich ändern. Steigt die Temperatur weiter an, werden die Polymerketten immer beweglicher. Bei weiterer Temperaturerhöhung können die Molekülketten sogar voneinander abgleiten, so dass die Moleküle noch freier beweglich sind und sich entschlaufen (Makro-Brown'sche Bewegung). Das Material ist nun nachgiebig und verformbar.

Mit der Länge der einzelnen Polymerketten (Stichwort: Polymerisationsgrad) wächst auch die Zahl der Verschlaufungen der Polymerketten untereinander. Je länger die Polymerketten, desto mehr Brown'sche Bewegung ist für Entschlaufungen erforderlich.

Bei sinkender Temperatur hingegen nimmt die Beweglichkeit mit jedem Kelvin wieder ab, bis zu einer (polymerspezifischen) Temperatur, bei der die Brown'schen Molekularbewegungen sehr klein sind, die Ketten wieder sehr nah aneinander liegen und die Nebenvalenzkräfte wieder besonders erstarken. Diese Temperatur wird als Glasübergangstemperatur T_g bezeichnet, da das Gefüge unterhalb dieser Temperatur glasartig erstarrt ist (siehe auch Abschnitt 2.2.2 „Zustandsbereiche").

2.1.5 Mechanismen der Erstarrung und Unterteilung der Polymere

In der Regel werden Kunststoffe im fließfähigen Zustand zu einem Bauteil verarbeitet und sollen dann erstarren. Laut Brockhaus [1] ist die Erstarrung der „Übergang vom flüssigen in den festen Aggregatzustand. Dieser erfolgt bei chemisch einheitlichen Werkstoffen beim Unterschreiten der druckabhängigen Erstarrungstemperatur. Das Erstarren von Stoffen, die unter Normbedingungen flüssig sind, nennt man Gefrieren." Die Erstarrung ist bei manchen Polymeren irreversibel.

Unterteilung der Polymere: Thermoplast, Duromer und Elastomer

Beim Abkühlen von Stoffen verringert sich deren Brown'sche Molekularbewegung, so dass das Erstarren bei den sogenannten Thermoplasten (von griechisch „thermós" = „warm" und „plasso" = „formen") leicht verständlich ist. Bei schmelzeförmigen **Thermoplasten** gelangen die Polymerketten während der Abkühlung derart nah aneinander, dass sich die Nebenvalenzkräfte zwischen den Ketten wieder stärker ausbilden. Ist ein Thermoplast strukturell günstig aufgebaut (siehe Abschnitt 2.1.6 „Primärstruktur von Polymeren"), gelangen die Makromoleküle sogar so dicht aneinander, dass diese besondere geordnete Strukturen (Kristalle) mit hoher Packungsdichte ausbilden (siehe Abschnitt 2.1.7 „Sekundär- und Tertiärstrukturen von Polymeren"). Ein Thermoplast ist grundsätzlich löslich, d. h. ein geeignetes Lösungsmittel kann zwischen die Ketten diffundieren, deren Abstand weiten und somit die Nebenvalenzkräfte schwächen.

Es gibt auch Polymere, deren Molekülketten keine rein fadenförmigen Strukturen bilden, sondern in der Lage sind, untereinander chemische Bindungen aufzubauen. Dies ist dann ein Hauptvalenz-Netzwerk und die Polymere sind „vernetzt". Die Vernetzungsreaktion geschieht meist während der Polymerisation, wenn trifunktionelle Monomere eingesetzt werden. Man unterscheidet je nach Vernetzungsdichte zwischen **Elastomeren** (weitmaschiges Netzwerk, Bild 2.20, links) und **Duromeren** (engmaschiges Netzwerk, Bild 2.20, rechts). In Bild 2.20 werden die Vernetzungspunkte (chemische Bindungen) rot bzw. blau dargestellt.

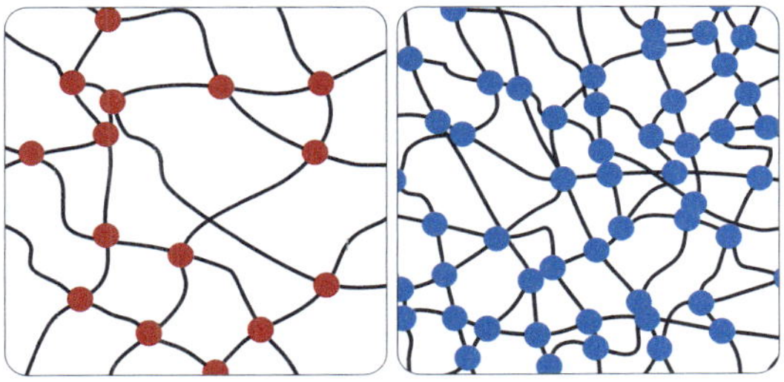

Bild 2.20
Hauptvalenz-Netzwerke von Elastomeren und Duromeren

Die Netzwerkstruktur bei Elastomeren ist derart weitmaschig, dass sie sehr dehnfähig sein kann und noch „molekular passende" Medien aufnimmt (quillt). Die stark vernetzte Struktur eines Duromeren (veraltet: Duroplasten) ist kaum mehr dehnbar und ebenfalls nicht mehr schmelzbar. Sie ist derart engmaschig, dass kaum ein Medium eindringen kann und gilt daher als nicht quellbar.

Für die Unterteilung der Kunststoffe in ihre Hauptgruppen werden aus didaktischen Gründen die folgenden Vergleiche verwendet (Bild 2.21):

- Ein **Thermoplast** ist etwa wie Schokolade. Sie kann man aufschmelzen, in verschiedenste Formen bringen und wieder erstarren lassen. Macht man dies zu oft, leidet die Qualität.
- Ein **Elastomer** ist hier mit Gummibärchen versinnbildlicht. Obwohl der Vergleich hinkt, sollen die Bärchen an die hohe Dehnbarkeit von Elastomeren erinnern. Elastomere werden landläufig Gummi genannt. Das unvernetzte Vorprodukt heißt Kautschuk.
- Ein **Duromer** kann gut mit einem Keks oder Kuchen verglichen werden. Sobald das Vorprodukt, der Keksteig, gebacken ist, also chemisch reagiert hat, ist er nicht mehr aufschmelzbar.

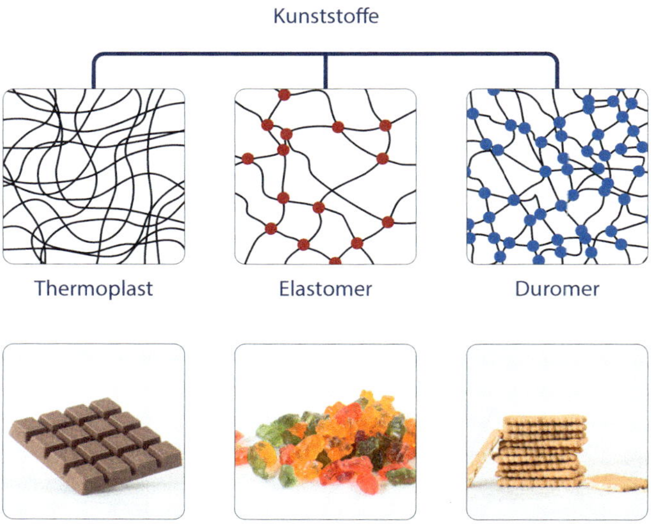

Bild 2.21 Unterteilung der Kunststoffe

Vernetzung von Elastomeren

Die Vernetzung zu Elastomeren heißt Vulkanisation und wurde von Charles Goodyear 1839 entdeckt. Es wird eine Mischung, bestehend aus (unvernetztem) Kautschuk, Schwefel, Katalysatoren und Füllstoffen erhitzt und dabei die bereits langkettigen Kautschukmoleküle durch Schwefelbrücken vernetzt. Hierdurch wird der Stoff vom plastischen Kautschuk in ein elastisches Elastomer überführt. Der Begriff Vulkanisation stammt daher, dass die Vernetzung mithilfe von Schwefel oder Schwefelverbindungen stattfindet und dieser Geruch nur von Vulkanen her bekannt war.

Die Elastizität (Rückstellfähigkeit) des Elastomers ist abhängig von der Anzahl der Schwefelbrücken. Je mehr Schwefelbrücken vorhanden sind, desto härter wird auch das Elastomer. Die Anzahl der Schwefelbrücken ist wiederum abhängig von der zugesetzten Schwefelmenge und der Vulkanisationsdauer. Bei Alterung des Elastomers werden diese Schwefelbrücken nach und nach durch Sauerstoffbrücken ersetzt und es verliert seine Dehnfähigkeit und Elastizität (Rückstellfähigkeit).

Nachträgliche Vernetzung von Thermoplasten

Thermoplaste sind lineare Moleküle und nicht vernetzt. Sie können aber dennoch nach der Synthese noch begrenzt vernetzt werden. Nach der eigentlichen Polymerisation zum Thermoplasten können z. B. mit energiereicher Strahlung Radikale an den Polymerketten gebildet werden, die sich verbinden und somit zur Vernetzung der Polymerketten untereinander führen. Die Bestrahlung durch einen Elektronenstrahl erfolgt dabei i. d. R. nach der Formgebung, d. h. beispielsweise nach dem Extrudieren oder Spritzgießen (siehe Kapitel 4). Bei teilkristallinen Thermoplasten gelingt die Vernetzung nur in den amorphen Bereichen.

Eine weitere Variante zur nachträglichen Vernetzung von Thermoplasten ist die gezielte Einbringung von Peroxiden, die während des Verarbeitungsprozesses zerfallen (zeitverzögerter Prozess mit Hilfe von Temperatur und Druck) und Radikale bilden. Die Radikale greifen die Polymerkette an, wodurch reaktive Stellen entstehen, die sich chemisch verbinden können. Hierbei wird in der Schmelze bereits vernetzt. Bei teilkristallinen Thermoplasten bilden sich die Kristallite nur um diese Vernetzungsstellen herum. Die nachträgliche Vernetzung von Thermoplasten gilt jedoch als kostenaufwendig und wird eher selten angewandt, z. B. um die Wärmeformbeständigkeit zu erhöhen.

Thermoplastische Elastomere

Eine Untergruppe, die es erst seit den 1960er Jahren gibt, sind die thermoplastischen Elastomere (TPE). Sie sind sehr dehnfähig (nicht so stark wie Elastomere) nur bis zu einer gewissen Dehnung rückstellfähig, aber thermoplastisch verarbeitbar. Hierdurch sind sie schweißbar und besser recyclebar. Nachteil gegenüber Elastomeren ist die geringere Formbeständigkeit unter Wärme.

Einerseits können thermoplastische Elastomere aus geschickt aufgebauten Blockcopolymeren bestehen (Bild 2.22, links) oder andererseits aus Mischungen (Blends) festerer, steiferer Mischungspartner und weicherer, dehnfähiger Mischungspartner (Bild 2.22, rechts).

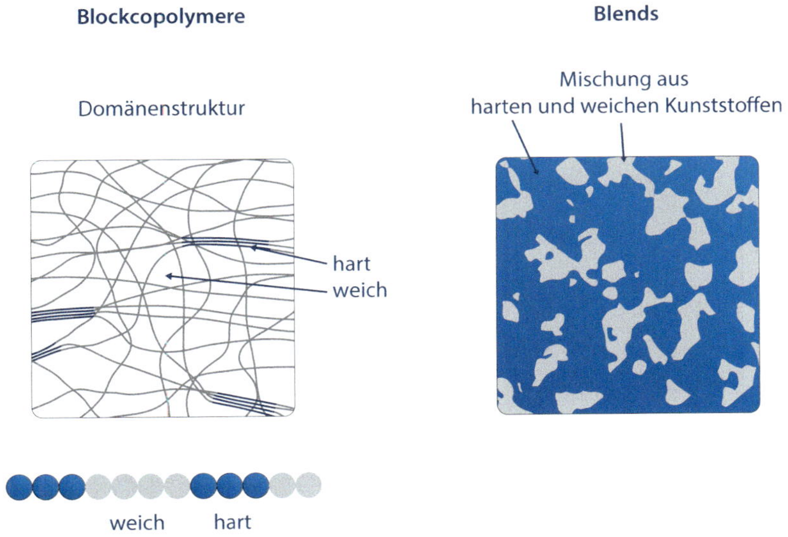

Bild 2.22 Morphologie der Thermoplastischen Elastomere

Diese Blockcopolymere sind aufgebaut aus unverträglichen Hart- und Weichsegmenten. Infolge der Unverträglichkeit dieser unterschiedlichen Segmente kommt es lokal zu Entmischungen. Die Hartsegmente kristallisieren teilweise, bilden eine sogenannte Domäne und ein physikalisches Netzwerk. Die Weichsegmente dazwischen sind besonders dehnfähig.

2.1.6 Primärstruktur von Polymeren: Konstitution und Konfiguration

Anhand von Thermoplasten sollen die Begriffe der Primärstruktur erklärt werden:

- die Konstitution und
- die Konfiguration.

Die **Konstitution** beschreibt das chemische Aufbauprinzip eines Moleküls aus den Atomen. Bei Polymeren ist dies die Art der Kettenatome, deren Länge (Molekülmasse) und deren Art der Aneinanderreihung. Dazu gehört die Art der Endgruppen und Substituenten und die Häufigkeit und Länge der Verzweigungen (Bild 2.23).

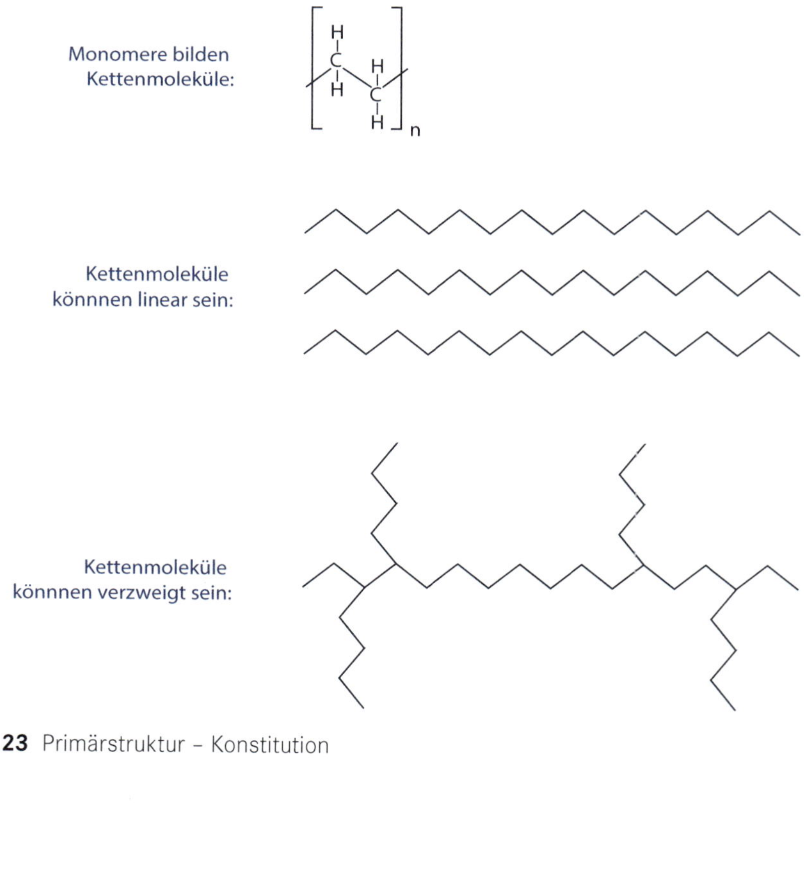

Bild 2.23 Primärstruktur – Konstitution

Die **Konfiguration** hingegen beschreibt die räumliche Anordnung der Atome und Atomgruppen im Molekül der gleichen Konstitution. Die räumliche Anordnung von Polymerketten wird insbesondere durch die Taktizität beschrieben. Isotaktisch geordnete Polymerketten, ordnen ihre Substitutenten stets auf derselben Seite an (d.h. alle Substituenten haben dieselbe Ausrichtung), syndiotaktische jeweils wechselseitig und ataktische haben kein Ordnungsmuster (Bild 2.24) [2, 3].

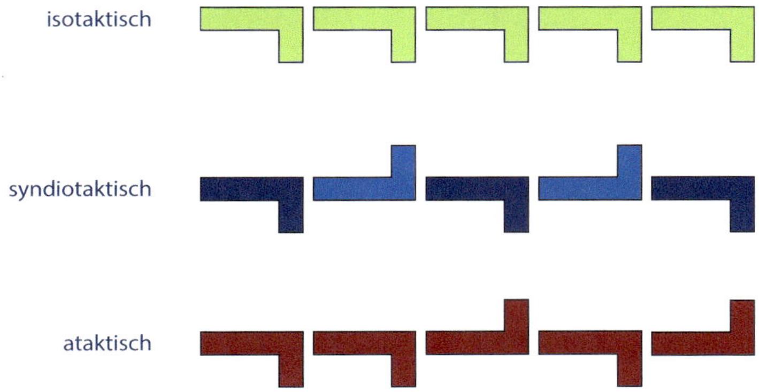

Bild 2.24 Primärstruktur – Konfiguration

Die Primärstruktur beschreibt somit also den strukturellen Aufbau einer Polymerkette und beeinflusst dadurch die chemischen, mechanischen und thermischen Eigenschaften. Die Primärstruktur beeinflusst aber vor allem die Bildung sog. Sekundär- und Tertiärstrukturen, die ebenfalls sehr großen Einfluss auf die Eigenschaften haben.

2.1.7 Sekundär- und Tertiärstrukturen von Polymeren: Konformation

Die Sekundärstruktur beschreibt die Anordnung von Kettensequenzen und die geometrische Form eines einzelnen Makromoleküls. Beschrieben werden kann die Sekundärstruktur über die Konformation. Sie gibt die genaue räumliche Anordnung von Molekülen mit definierter Konstitution und Konfiguration wieder. Unterschiedliche Konformationen entstehen dabei durch Rotationen um Einfachbindungen des Polymergerüstes.

Entgegen mancher bildlichen Darstellung, liegen die Ketten nicht linear aneinandergereiht vor, sondern die Einfachbindungen zwischen zwei C-Atomen haben einen sogenannten Valenzwinkel von 109,5° (siehe Bild 2.25).

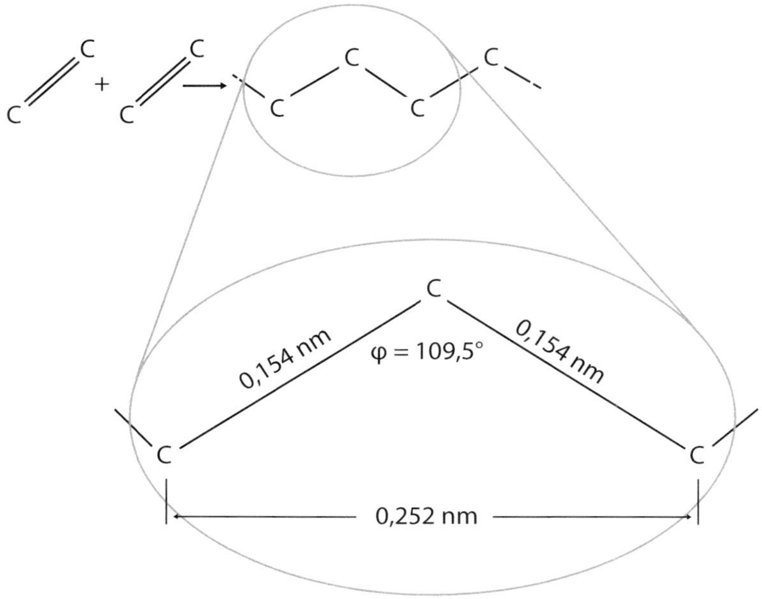

Bild 2.25 Bindungsabstand und Bindungswinkel bei Polyolefinen; nach [3]

Es scheint erwiesen, dass um die Achse einer C-C-Einfachbindung weitestgehend freie Drehbarkeit besteht, noch besser, wenn ein Sauerstoffatom in der Hauptkette enthalten ist. Bei Doppel- oder Dreifach-Bindungen ist das nicht möglich. Sind Doppelbindungen in der Hauptachse einer Polymerkette enthalten, ist diese eher steif. Auch aromatische Ringe in der Hauptkette gelten als Steifigkeit, jedoch auch Temperaturbeständigkeit erhöhend. Eine Polymerkette mit durchgehend Einfachbindungen ist demnach eher nachgiebig, also weniger steif.

Trotz der freien Drehbarkeit soll am Beispiel des Polyethylens gezeigt werden, dass benachbarte C-Atome mit ihren Substituenten (beim Polyethylen sind die Substituenten ein H-Atom) manchmal eine energetisch ungünstige Stellung einnehmen (Bild 2.26). Bei Polyethylen ist diese Schwelle mit 12,6 kJ/mol recht schwach ausgeprägt, so dass bereits bei Raumtemperatur von einer sehr freien Drehbarkeit ausgegangen werden kann. Aber, je größer und sperriger der Substituent ist, desto größer die Behinderung (sog. Sterische Hinderung). Beispiele sind das Polystyrol mit seinem Ring-Substituenten und das Polypropylen mit CH_3 als Substituent (siehe auch Bild 2.30).

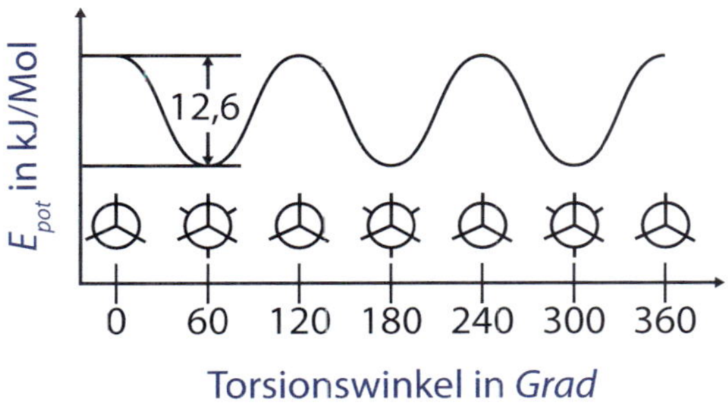

Bild 2.26 Verlauf der potenziellen Energie bei der inneren Rotation eines Ethenmoleküls [3]

Bei amorphen Polymeren dominiert das ungeordnete, statistische Knäuel (Bild 2.27), während bei teilkristallinen Polymeren häufig eine gefaltete Kette vorliegt (Bild 2.28) [2, 3].

Zu den Sekundärstrukturen von Polymeren gehören:

- die gestreckte Kette,
- das ungeordnete Knäuel,
- die gefaltete Kette sowie
- die Helix.

2.1.7.1 Amorphe Strukturen

Bei den sogenannten amorphen Polymeren liegen die Makromoleküle ungeordnet nebeneinander bzw. ineinander verschlungen vor, ähnlich wie die Fasern in einem Wattebausch. Amorphe Polymere besitzen aufgrund ihrer unregelmäßigen Struktur keine Fernordnung, sondern lediglich eine Nahordnung, also eine Ordnung nur zu den nächsten Nachbaratomen.

Duromere und Elastomere sowie Thermoplaste mit „sperrigen" Seitenketten oder Substituenten, die eine Aneinanderlagerung behindern, erstarren amorph. Der aus amorphen Polymeren hergestellte Kunststoff erscheint transparent, sofern keine lichtbrechenden oder farbigen Zusatzstoffe hinzugefügt werden.

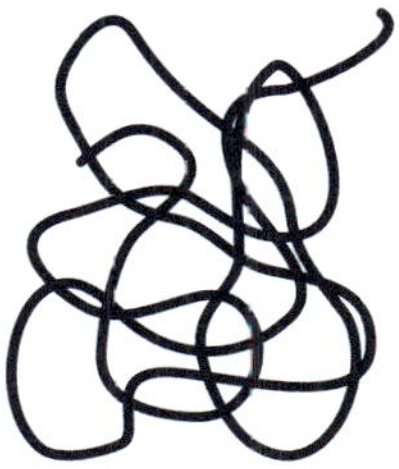

Bild 2.27 Sekundärstruktur – Statistisches Knäuel

2.1.7.2 Kristalline Strukturen

Bei den teilkristallinen Polymeren sind die Makromoleküle in der Lage, sich an vielen Stellen nah aneinanderzulagern; sie „kristallisieren". Die Struktur der Makromoleküle muss hierzu über einen großen Bereich regelmäßig aufgebaut sein. Voraussetzung ist außerdem, dass keine „sperrigen" Substituenten vorhanden sind, die das Aneinanderlagern verhindern.

Die Makromoleküle eines kristallisationsfähigen Polymers können sich aufgrund ihres regelmäßigen Aufbaus so nah aneinander lagern, sodass eine dichte Packung entsteht und die Nebenvalenzkräfte sehr stark wirken können. Jedoch können nicht alle Bereiche kristallisieren und es gibt daneben noch ungeordnete, amorphe Bereiche. Man nennt diese Polymere daher teilkristallin.

Teilkristalline Polymere sind im Gegensatz zu amorphen Polymeren opak bis trüb, da die Phasengrenzen zwischen amorpher und kristalliner Phase das Licht brechen.

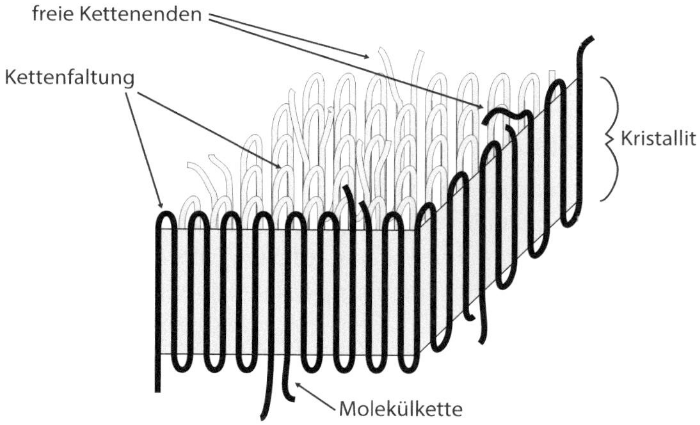

Bild 2.28 Sekundärstruktur – Gefaltete Kette

2.1.7.3 Einfluss der Primärstruktur

Die Primärstruktur hat großen Einfluss auf die Sekundär- und Tertiärstrukturen und damit auf die Eigenschaften. Dies soll anhand veränderter Konfiguration, der Taktizität, mit Hilfe von Bild 2.29 erläutert werden. Bei isotaktischem Polypropylen (i-PP, Bild 2.29, oben) weisen die Substituenten auf eine Seite, weshalb sich die Hauptketten des Polypropylens gut und dicht aneinander lagern können. Dadurch besitzt das i-PP einen hohen Schmelzpunkt von etwa 184 °C und einen Kristallisationsgrad von bis zu 60 % (d. h. 40 % bleiben amorph). Die Kristallbildung wird weiter unten vertieft.

Die Substituenten des syndiotaktischen Polypropylens (Bild 2.29, Mitte) sind wechselseitig angeordnet und lagern sich daher nicht so gut aneinander (die Packungsdichte ist hier geringer). Dies führt zu einer geringeren Kristallinität im Vergleich zum i-PP und zu einem geringeren Schmelzpunkt (T_m ~ 160 °C).

Liegen die Substitutenten ataktisch, also ohne Regel angeordnet vor (Bild 2.29, unten), können sich die Hauptketten kaum aneinander lagern und nicht kristallisieren. Dies ist der Fall beim ataktischen Polypropylen (a-PP). Es bleibt bei Raumtemperatur amorph, wachsartig klebrig und ist kaum kommerziell einsetzbar [4].

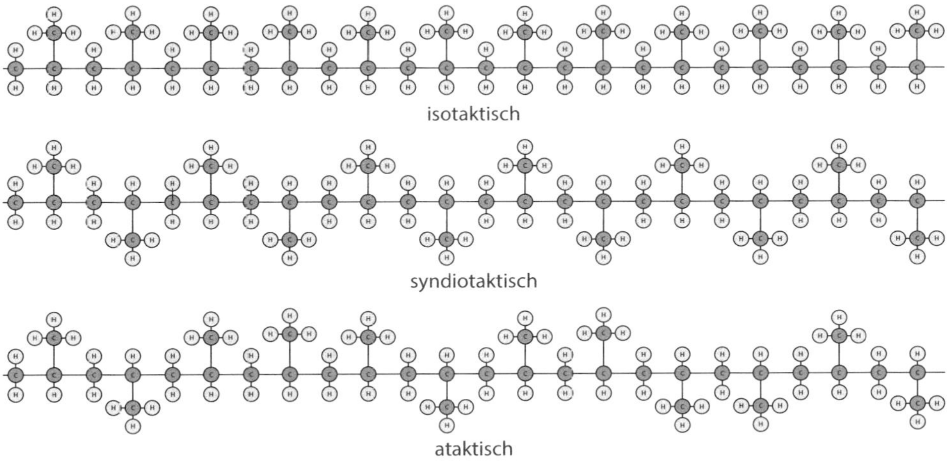

Bild 2.29 Primärstruktur beeinflusst Sekundär- und Tertiärstrukturen

Ein anderer Einfluss der Primärstruktur auf die Kristallbildung, die sterische Hinderung, soll am Beispiel von Polypropylen (PP) und Polystyrol (PS) (Bild 2.30) verdeutlicht werden. Die sterische Hinderung des aromatischen Rings in Polystyrol verhindert das dichte Aneinanderlegen der Molekülketten, während die relativ kleinen CH_3-Substituenten des Polypropylens eine helikale Struktur der Ketten mit Ausbildung einer dichten Packung erlaubt.

Je weniger „sperrig“ die Fadenmoleküle aufgebaut sind und je geordneter die Struktur ist, desto größer ist der kristalline Bereich und desto höher ist der Kristallisationsgrad. Mit zunehmendem Kristallisationsgrad steigen Eigenschaften wie z. B. Dichte, Steifigkeit, Festigkeit, Wärmeformbeständigkeit und chemische Beständigkeit an.

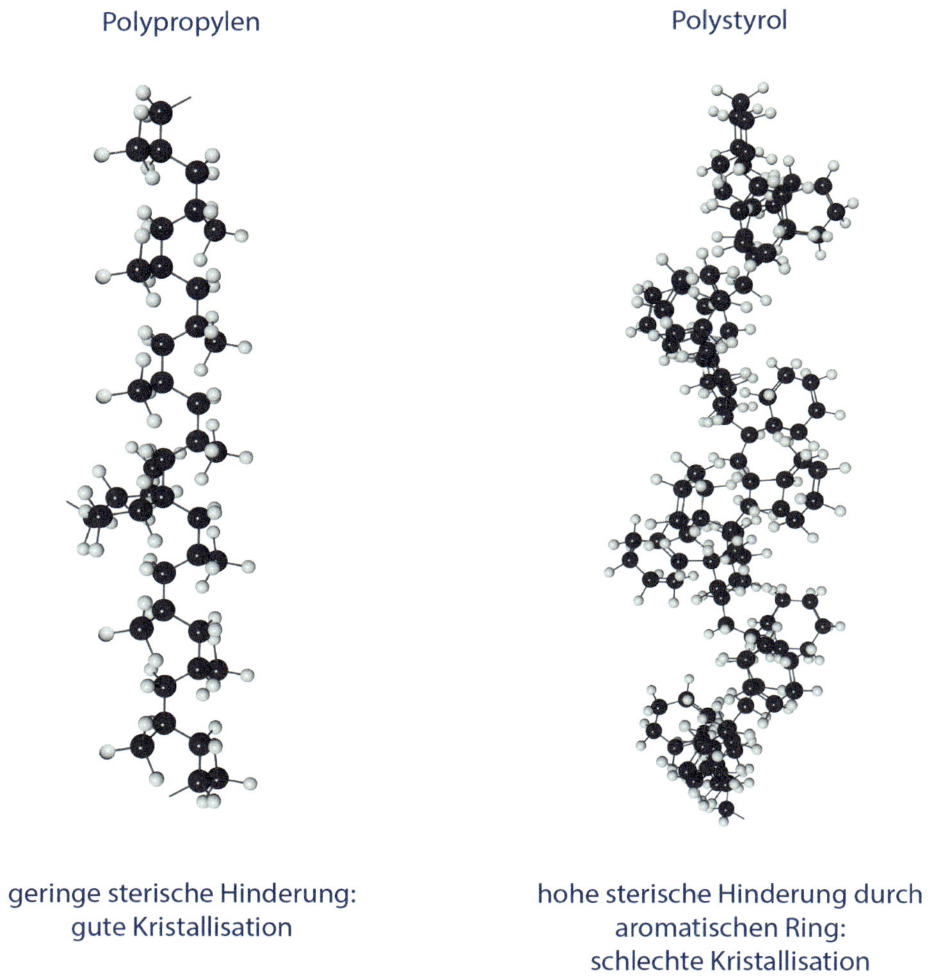

Bild 2.30 Einfluss der Primärstruktur auf die Sekundär- und Tertiärstruktur; nach [2]

Auch Änderungen der Konstitution sind Änderungen der Primärstrukturen, welche die Kristallinität und damit auch die Eigenschaften beeinflussen (Bild 2.31). Dies soll nachfolgend am Beispiel Polyethylen näher erläutert werden:

- Als lineares Fadenmolekül mit wenigen kurzen Seitenketten (1 bis 10 C-Atome lang pro 1000 C-Atome) kann das Polymer sehr gut kristallisieren (bis zu 80 %) und eine für Polyethylen hohe Dichte (0,94 bis 0,97 g/cm^3) erlangen. Daher wird es Polyethylen hoher Dichte (PE-HD) genannt.
- Mehrere kurze Seitenketten (15 bis 30 kurze Ketten mit einer Länge bis zu 6 C-Atomen pro 1000 C-Atome) stören allerdings wiederum die Kristallisation (55 bis max. 65 %) und führen zu geringerer Dichte (0,92–0,94 g/cm^3). Dieses Poly-

ethylen ist sehr linear aufgebaut und hat eine geringere Dichte (linear low density: PE-LLD).

- Lässt man viele (20 bis 40 Verzweigungen pro 1000 C-Atome) mittellange Seitenketten wachsen, entstehen „sperrige" Abzweigungen, die nicht in den Kristall eingebaut werden können. Diese Störung wirkt sich auch auf den Kristallisationsgrad aus, der in diesem Fall nur zwischen 40 bis 50 % beträgt. Dieses Polyethylen besitzt eine noch niedrigere Dichte (PE-LD) mit Werten von 0,915 bis 0,935 g/cm³.

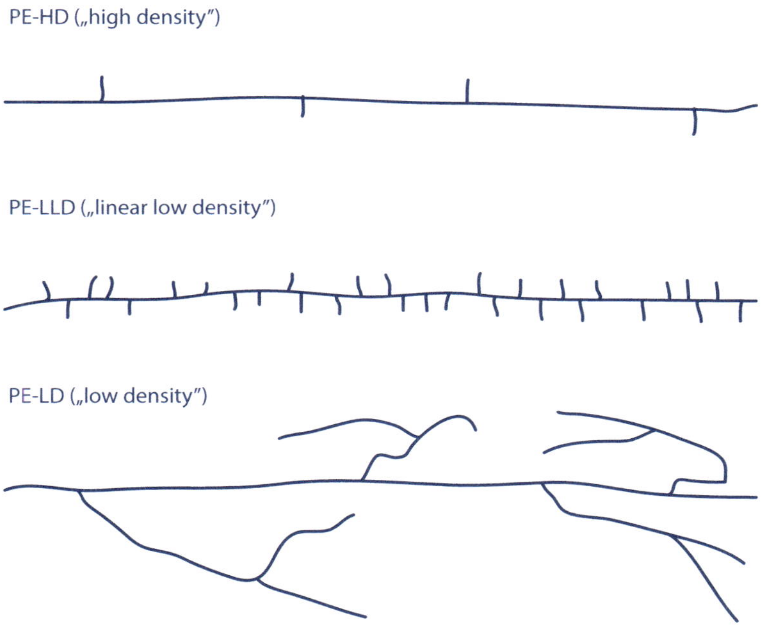

Bild 2.31 Unterschiedliche Konstitution beeinflusst Kristallinität

2.1.7.4 Überstrukturen

Schaut man sich kristalline Strukturen etwas genauer an (Bild 2.32), erkennt man mit dem Lichtmikroskop im Dünnschnitt durchgeschnittene kugelförmige Überstrukturen, die man Sphärolithe nennt. Deren Größe kann abhängig vom molekularen Aufbau, von Zusatzstoffen und von den Abkühlbedingungen ca. 50 bis zu 500 µm annehmen.

Diese Sphärolithe sind eine Fernordnung und Teil der Tertiärstruktur. Sie bestehen aus radial ausgerichteten Kristalllamellen, die selbst nur 20 bis 60 nm dick sind. Die Fadenmoleküle in den Lamellen sind dabei tangential angeordnet. Innerhalb der Lamellen geht man davon aus – man kann es bislang nur indirekt beweisen – dass die Molekülketten eng zueinander gepackt sind und hohe Nebenvalenzkräfte walten.

Die Kristallisation erfolgt an Grenzflächen in der abkühlenden Schmelze (sog. Keime), da die Brown'sche Bewegung der Polymerketten an diesen – anders schwingenden – Grenzflächen abgebremst wird. Bei langsamer Abkühlung haben kristallisationsfähige Makromoleküle mehr Zeit, sich gleichmäßiger zu ordnen, also gleichmäßiger zu kristallisieren. Dadurch steigt auch der Grad der Kristallisation. Im Gegensatz dazu kann bei sehr hohen Abkühlgeschwindigkeiten die Kristallisation sogar unterdrückt werden (z. B. bei einer Getränkeflasche aus kristallisationsfähigem Polyethylentherephtalat (PET)).

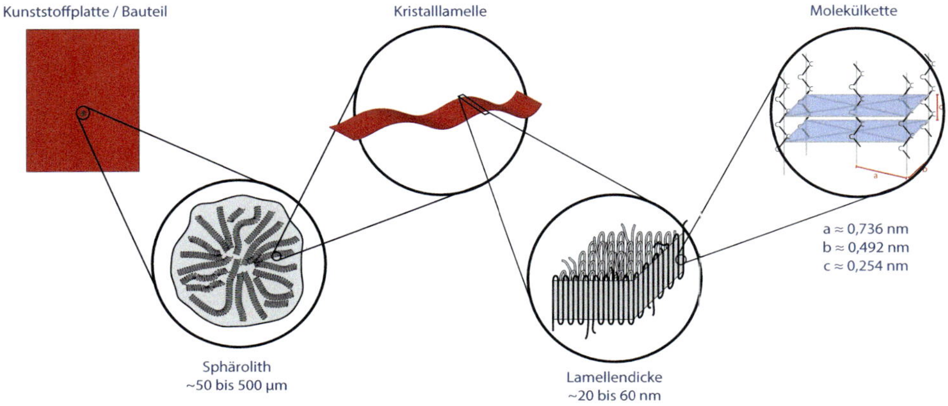

Bild 2.32 Kristalline Strukturen; nach [5]

Zudem: je geordneter die amorphen Makromoleküle in der Schmelze vorliegen (Orientierung), desto besser können die Makromoleküle kristallisieren. Eine geordnete Ausrichtung in der Schmelze entsteht dabei durch eine Geschwindigkeitsverteilung bei der Verarbeitung und resultierender Scherung (siehe Abschnitt 3.1.1). In Bild 2.33 sind eine Kristallstruktur, mit einer Vergrößerung von 500 µm, und ein vergrößerter Sphärolith (50 µm) dargestellt. Es handelt sich um eine lichtmikroskopische Aufnahme mit Polarisationsfilter an einem Dünnschnitt aus Polypropylen.

Dünnstschnitte aus Polyamid 6 (PA6) können im Transmissions-Elektronenmikroskop (TEM) durchstrahlt werden (Bild 2.34). Die schwarzen Hilfslinien sollen den inneren Kern eines Sphärolithen kenntlich machen. Mit dem Schemabild daneben soll verdeutlicht werden, dass die Kristalllamellen nicht stets von jeweils zurückgefalteten eigenen Molekülketten gebildet werden, sondern Molekülketten Bestandteil verschiedener Lamellen sind und immer wieder die amorphe Phase durchlaufen.

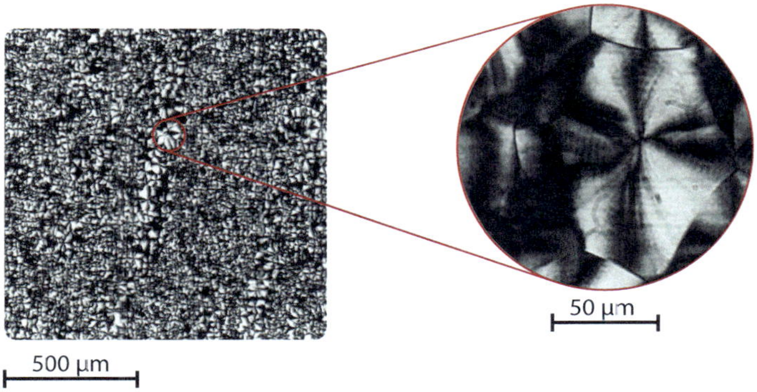

Bild 2.33
Sphärolithstruktur

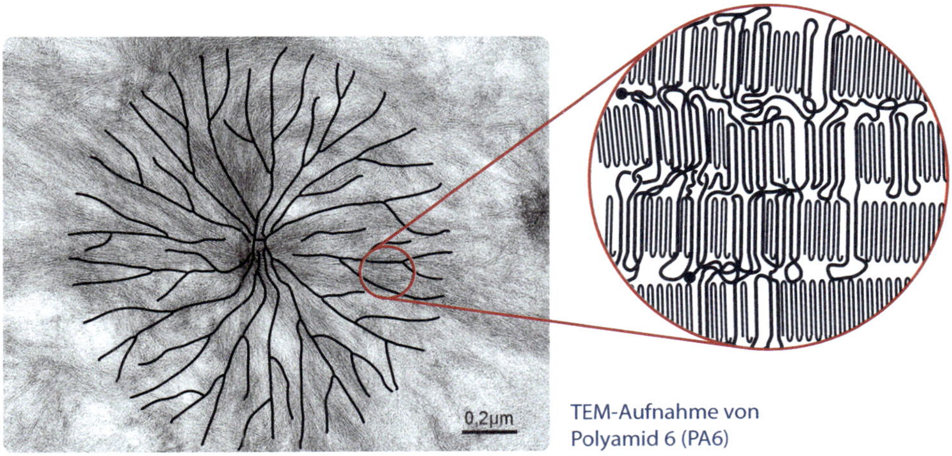

Bild 2.34 Sphärolith mit Lamellen und Erläuterung von Verbindungsmolekülen

Weiter ist anhand der Abbildung zu erkennen, dass es Molekülketten gibt, die verschiedene Lamellen miteinander verbinden. Diese Moleküle werden Verbindungsmoleküle oder „tie molecules" genannt und sind jeweils in mindestens zwei Lamellen eingebunden. Die Verbindungsmoleküle nehmen bei einer Verformung eine wichtige Rolle ein. Während Lamellen selbst große Kräfte übertragen, bevor sie deformiert werden, wird die Last zwischen den Lamellen durch diese Verbindungsmoleküle übertragen.

Liegen viele Verbindungsmoleküle vor, die sich bei einer Belastung zugleich straffen, können hohe Kräfte und mehr Energie übertragen werden (Bild 2.35). Es hat sich bei vielen Untersuchungen herausgestellt, dass kleine Sphärolithe über mehr Verbindungsmoleküle verfügen müssen als große.

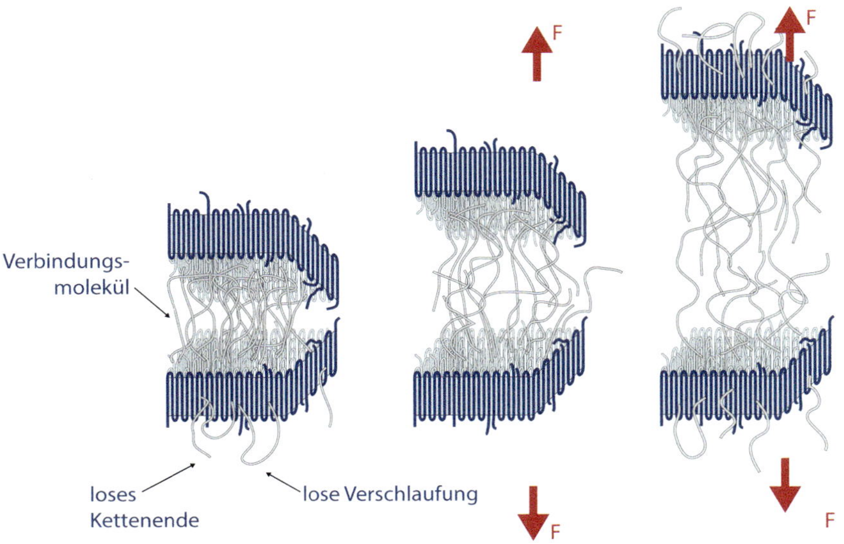

Bild 2.35 Belastete Lamellen und amorpher Bereich; nach [6]

Unter Deformation, z. B. im Randbereich von Spritzgießbauteilen oder auch in Schweißnähten, bilden sich während der Kristallisation keine Sphärolite aus, sondern sogenannte Shish-Kebab-Strukturen, die aus einem stabförmigen Whisker bestehen und davon seitlich weggewachsenen flachen Kristallitstrukturen (Bild 2.36).

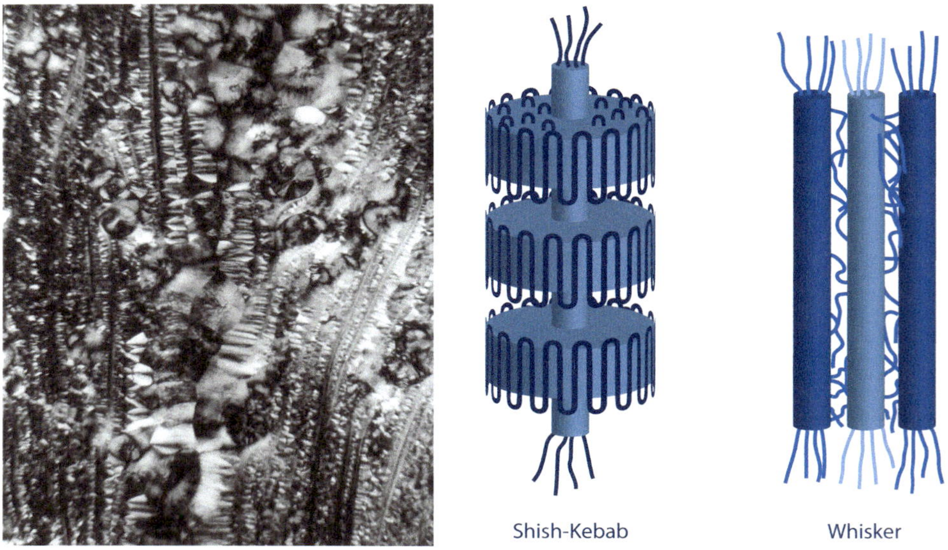

Bild 2.36 Aus der Schadensanalyse des IKT (links): Isotaktisches Polypropylen verarbeitet im Gegentaktspritzguss mit Whisker-Strukturen; polarisiertes Durchlicht, Dünnschnitt 10 µm; rechts: Whisker- und Shish-Kebab-Strukturen, schematisch nach [3]

2.1.8 Polymere – Rohstoff nicht nur für Kunststoffe

Am Ende dieser Grundlagen der Polymerchemie muss noch verdeutlicht werden, dass Polymere nicht zwangsläufig Rohstoffe für Kunststoffe sein müssen. Polymere kommen z. B. in vielfältiger Form in der Natur vor. So sind, wie bereits erläutert, Proteine, Spinnenseide, Baumwolle, Haare, aber auch die komplexe Desoxyribonukleinsäure (DNS) Polymere, wie auch die komplexen Kohlenhydrate Zellulose, Stärke, Chitin und Holz (Hemizellulose). Diese natürlichen Polymere werden großtechnisch nicht für die Herstellung von Kunststoffen eingesetzt.

Polymere sind zudem nicht nur Rohstoffe für Kunststoffe, sondern auch für viele andere Stoffe (Bild 2.37): Sie sind beispielsweise ebenso Rohstoffe für Chemiefasern (Polyamid-, Polyesterfaser) und für Naturfasern (Baumwoll- oder Seidenfaser aus natürlichen Polymeren). Die chemischen Grundlagen einiger Polymere für Kunststoffe und Chemiefasern mögen gleich sein, aber für Fasern werden die Molekülketten besonders ausgerichtet und angeordnet. Chemiefasern sind Bestandteil der Textiltechnik, nicht der Kunststofftechnik. Im Abschnitt Faserkunststoffverbunde werden Aspekte der Textiltechnik – wo erforderlich – in Kombination mit Kunststoffen noch einmal spezifisch aufgegriffen.

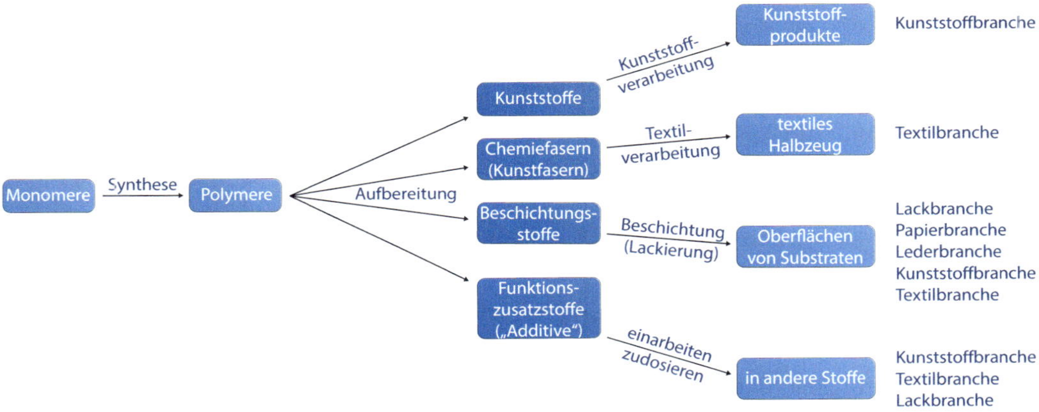

Bild 2.37 Polymere – Rohstoffe nicht nur für Kunststoffe

Polymere werden in großer Menge für Beschichtungen von Oberflächen eingesetzt. Es handelt sich hierbei nicht immer, aber oft um Lacke (auch sog. Pulverlacke); auch Klebstoffe können als ganz besondere Beschichtung angesehen werden. Als Funktionszusatzstoff („Additiv“) werden Polymere für die Verbesserung von Eigenschaften von Beschichtungen/Lacken, von Chemiefasern/Textilien, von Lebensmitteln und Kosmetika sowie von Kunststoffen benötigt. Sie selber sind aber keine Kunststoffe. Teilweise wird hierfür der Begriff „Funktionspolymer“ verwendet. Man spricht jedoch nicht von „Funktionskunststoffen“.

2.2 Grundlagen der Kraftübertragung

Anforderungen an Produkte eines Ingenieurs werden selten ohne Begriffe der Kraftübertragung und resultierender Verformung beschrieben. Die wichtigsten Begriffe der Kraftübertragung sollen in diesem Kapitel aufgefrischt werden.

Das Verhalten der Polymere bei steigender Temperatur und der sich daraus ergebende Einfluss auf die Kraftübertragung werden ebenfalls behandelt. Mechanische Ersatzmodelle, welche das Verhalten von Polymeren in Schmelze und im Festkörper bei verschiedenen Temperaturen beschreiben können, werden erläutert, um diese für die Vorhersage des Werkstoffverhaltens nutzen zu können.

2.2.1 Wichtige Begriffe

Die sich recht ähnlich anhörenden Begriffe Festigkeit, Steifigkeit und Zähigkeit sollen hier auf eingängige Weise erläutert werden, um besser im Gedächtnis haften zu bleiben.

2.2.1.1 Festigkeit

Die Festigkeit eines Materials und eines Werkstoffes ist dessen innerer Zusammenhalt gegen eine entgegen wirkende Kraft und kann daher vereinfacht mit „Widerstand gegen Rissbildung“ beschrieben werden. Aufgrund von Primär-, Sekundär- und Tertiärstruktur der Polymerketten sowie durch Beimischung und Ausrichtung von Zusatzstoffen kann ein Kunststoff mehr oder weniger Kraft übertragen. Je höher der Widerstand gegen Rissbildung, desto „fester“ der Werkstoff. (Physiker nennen den inneren Zusammenhalt oft „Kohäsion“; lat. von cohaerere = zusammenhängen).

2.2.1.2 Steifigkeit

Die Steifigkeit eines Werkstoffes beschreibt dessen Widerstand gegen Verformung. Auch hier gilt: aufgrund der Primär-, Sekundär- und Tertiärstruktur der Polymerketten und der Art und Ausrichtung von Zusatzstoffen geben Kunststoffe einer aufgeprägten Beanspruchung mehr oder weniger nach. Ist der Widerstand gegen Verformung hoch, ist der Werkstoff „steif“. Ist der Widerstand niedrig, ist der Werkstoff „nachgiebig“ (umgangssprachlich: „weich“).

2.2.1.3 Zähigkeit

Die Zähigkeit ist ein Begriff der Energieaufnahmefähigkeit eines Werkstoffes. Auch hier gilt: aufgrund Primär-, Sekundär- und Tertiärstruktur sowie durch Art und Ausrichtung von Zusatzstoffen kann ein Werkstoff höhere Energie durch hohe Kraftaufnahme und/oder durch hohe Verformbarkeit aufnehmen.

Die Kraftübertragung eines Werkstoffes wird von Ingenieuren meist mit Hilfe des einachsigen Zugversuchs ermittelt. Ein Prüfkörper, in Bild 2.38 mit quadratischem Querschnitt A_0 und Länge l_0 dargestellt, wird längs seiner Hauptachse um Δl gedehnt.

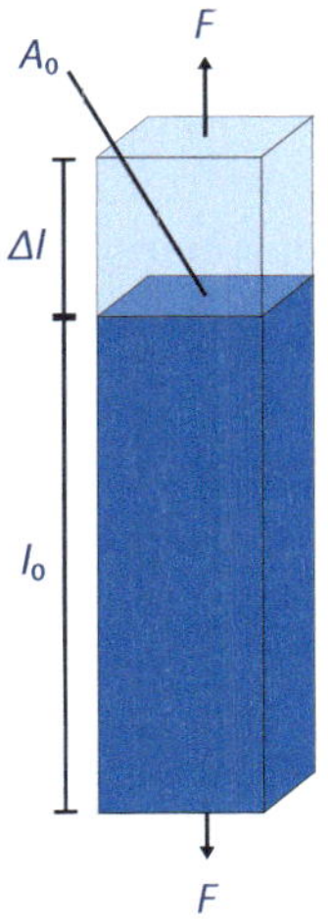

Spannung $\sigma = \frac{F}{A_0}$

Dehnung $\varepsilon = \frac{\Delta l}{l_0}$

Steifigkeit $E = \frac{\sigma}{\varepsilon}$

Bild 2.38
Bestimmung der Kraftübertragung und Begriffe der Mechanik

Durch die erzwungene Dehnung wird eine Kraft aufgeprägt. Diese Kraft wird während der Messung auf den senkrecht dazu stehenden Querschnitt des Prüfkörpers bezogen. Diese geometrieunabhängige Kraft heißt Spannung und wird mit σ („Sigma") abgekürzt. Damit die Längenänderung Δl ebenfalls geometrieunabhängig ist – also unabhängig von der Ursprungslänge l_0 –, wird sie auf l_0 bezogen. Der Quotient $\Delta l/l_0$ heißt Dehnung ε („Epsilon").

2.2.1.4 Spannungs-Dehnungs-Diagramme

Nun ist es möglich, den Widerstand gegen Verformung, die sogenannte Steifigkeit des Werkstoffes, aus diesem Zugversuch zu ermitteln. Bezieht man die sich einstellende Spannung σ auf die vorgegebene Verformung ε, ergibt sich der Quotient „Elastizitätsmodul".

Zur Beschreibung der Dehnfähigkeit von Werkstoffen gehört das Begriffspaar „spröde" und „duktil" (nicht etwa „spröde" und „zäh"). Den Begriff „spröde" verwendet man für Werkstoffe mit einer geringen Dehnfähigkeit, den Begriff „duktil" für stark dehnbare Werkstoffe.

Seltsamerweise wird in mancher Literatur der Begriff „duktil" mit „zäh" gleichgesetzt. Wie oben beschrieben, steigt die Zähigkeit bzw. die Energieaufnahme aber entweder durch eine stärkere Deformation („duktil") oder durch eine höhere Kraftaufnahme („fest") an. Somit kann also eine hohe Zähigkeit auch durch eine hohe Kraftaufnahme ohne starke Verformung („spröde") erzielt werden.

QR-Code 2-5

Simulation eines Zugversuchs mit der Software ARAMIS.

http://www.ikt.uni-stuttgart.de/links/Videolinks/Aramis

Anhand von mehreren Spannungs-Dehnungs-Diagrammen (Bild 2.39) werden Bezeichnungen nach DIN EN ISO 527-1 „Kunststoffe – Bestimmung der Zugeigenschaften – Teil 1: Allgemeine Grundsätze" (Ausgabe 2012) erläutert. Auf der Abszisse wird die Dehnung ε aufgetragen, mit der der Prüfkörper deformiert wird. Auf der Ordinate wird zugleich die sich auf die erzwungene Dehnung einstellende Spannung σ aufgetragen.

Die Kennwerte aus dem Zugversuch werden nach [7] wie folgt beschrieben: Für Werkstoffe ohne Streckgrenze (Kurve a) heißt die maximale Spannung „Zugfestigkeit" σ_{m} und die dazugehörige Dehnung „Dehnung bei Zugfestigkeit" ε_{m}. Hierbei sind Bruchspannung σ_{b} und Bruchdehnung ε_{b} mit diesen Werten identisch.

Für Werkstoffe mit Streckgrenze (Kurve b und c) wird das erste Maximum „Streckgrenze" σ_{y} genannt und die dazugehörige Dehnung „Streckdehnung" ε_{y}. Die Spannung bei Bruch wird „Bruchspannung" σ_{b} und die Dehnung „nominelle Bruchdehnung" $\varepsilon_{\mathrm{tb}}$ genannt. Die Streckgrenze wird seit Neuerem auch Zugfestigkeit genannt, egal ob die Bruchspannung größer ist (Kurve b) oder nicht (Kurve c).

Neben den Werkstoffen ohne Streckgrenze und mit sprödem Verhalten (Kurve a), gibt es auch Werkstoffe ohne Streckgrenze und mit duktilem Verhalten (Kurve d). Auch hier sind Zugfestigkeit bzw. Dehnung bei Zugfestigkeit und Bruchspannung bzw. Bruchdehnung per Definition identisch.

Durch Bild 2.39 soll noch einmal daran erinnert werden, dass die durch ein Diagramm eines Werkstoffs eingeschlossene Fläche die Energieaufnahme (Zähigkeit) repräsentiert (Kraft mal Weg = Energie). Die Steigung im Ursprung (hier rote gestrichelte Gerade) ist ein Maß für den E-Modul.

Die mechanische Beanspruchung von Festkörpern sowie Fluiden kann grundsätzlich durch Normalspannungen (Zug/Druck) und Schubspannungen beschrieben werden (Bild 2.40). Bestehen Zugspannungen, antwortet der Körper mit „Dehnung". Bestehen Druckspannungen, nennt man die Antwort „Stauchung". Bestehen Schubspannungen, heißt die Antwort „Scherung".

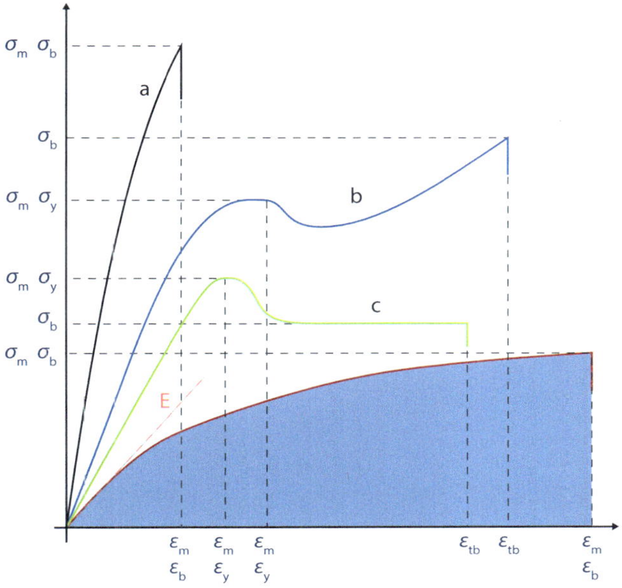

Bild 2.39 Spannungs-Dehnungs-Diagramm [7]

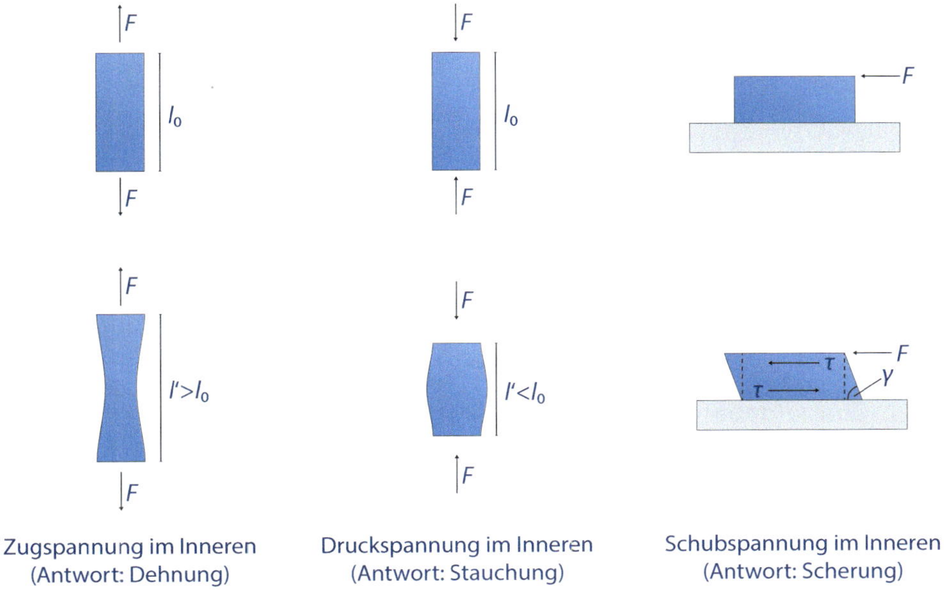

Bild 2.40 Typische Beanspruchungen und deren Antworten

In Bild 2.41 sind einige, häufig vorkommende Überlagerungen von Beanspruchungen aufgeführt: Das „Schälen" geht nur bei nachgiebigen (weichen) Bauteilen. Die Rissfortschrittsfront ist zugleich immer wieder Hauptkraftangriffspunkt, daher gilt die schälende Beanspruchung als sehr anspruchsvoll. Eine Biegebeanspruchung, z. B. in dem hier dargestellten Balken, erzeugt eine Druckbeanspruchung (mit Stauchung) auf der Unterseite sowie eine Zugbeanspruchung (mit Dehnung) auf der Oberseite. Die virtuelle „neutrale Faser“ wird weder gedehnt, noch gestaucht. Eine Torsionsbeanspruchung erzeugt Schub-, Zug- und Druckspannungen mit ihren jeweiligen Antworten Scherung, Dehnung und Stauchung im tordierten Bauteil. Auch hier gibt es keine Beanspruchung in der neutralen Faser, welche hier im Bild identisch mit der Torsionsachse ist.

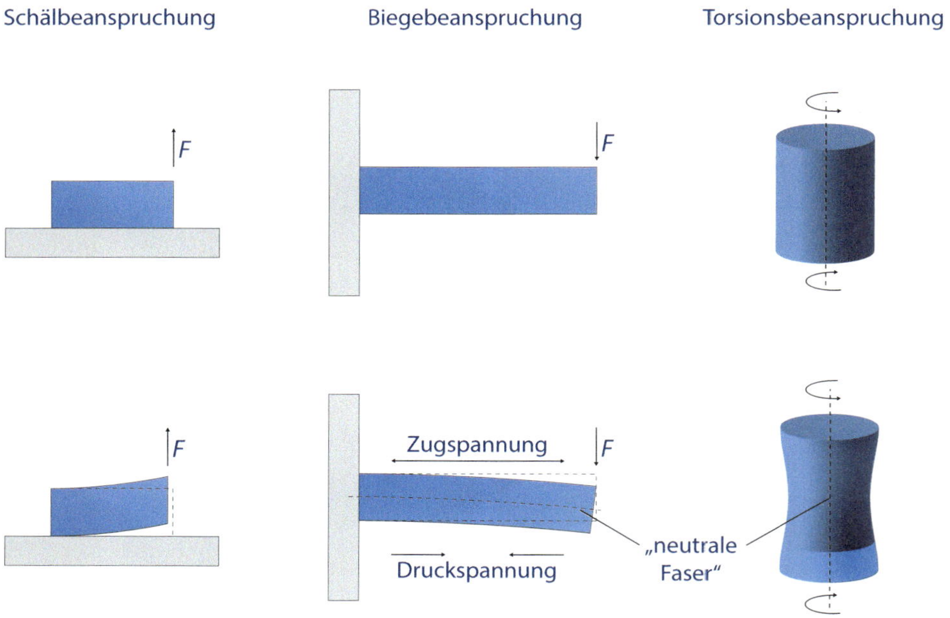

Bild 2.41 Überlagerte Beanspruchungen

2.2.2 Zustandsbereiche von Kunststoffen

Für das mechanische Verhalten von Kunststoffen bei Temperaturänderung erinnern wir uns daran, dass auch die Molekülbewegung der langen Polymerketten mit der absoluten Temperatur korreliert. Sie „schwingen“ stärker bei höheren Temperaturen, so dass sich deren mittlerer Schwingungsabstand erhöht. Ein größerer Schwingungsabstand im zeitlichen Mittel bedeutet zugleich geringere Nebenvalenzkräfte und somit die Möglichkeit, dass die Molekülketten bei geringerer Krafteinwirkung aneinander abgleiten und sich der Werkstoff dehnt.

2.2.2.1 Glasübergangstemperatur T_g

Als Glasübergang wird das Erweichen der amorphen Molekülstrukturen aufgrund zunehmender Brown'scher Molekülbewegung bei Erwärmung bezeichnet. Der Thermoplast geht von einem spröd-steifen in einen elastisch-nachgiebigen („thermoelastischen") Zustand über (Bild 2.42). Amorphe Thermoplaste gehen bei weiterer Temperaturerhöhung kontinuierlich in den plastisch-nachgiebigen („thermoplastischen") Bereich über.

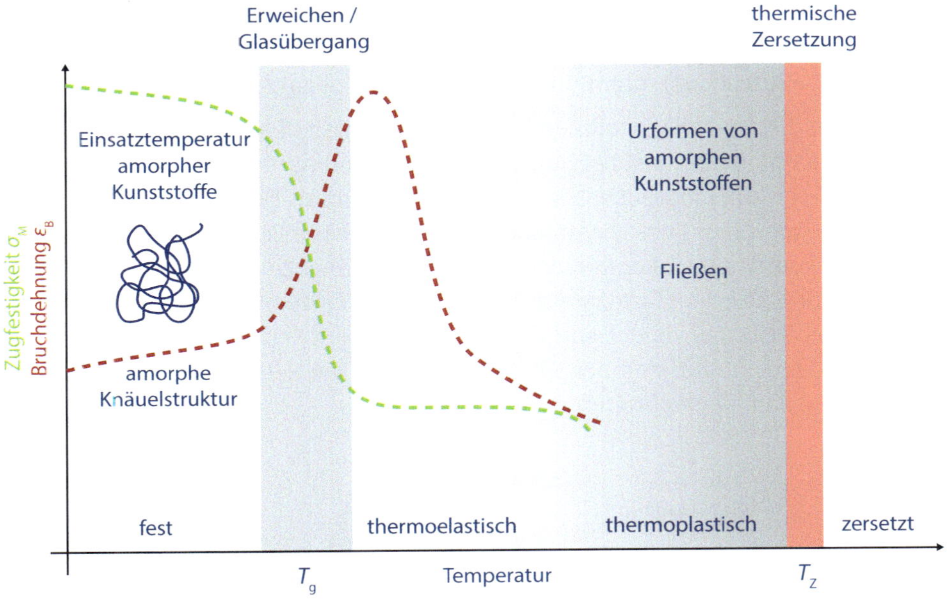

Bild 2.42 Zustandsbereiche amorpher Kunststoffe

Kunststoffe, die aus amorphen Polymeren hergestellt wurden, werden in der Regel unterhalb ihrer Glasübergangstemperatur eingesetzt, da sie nur dort über gebrauchstaugliche Festigkeiten verfügen. Das Urformen (siehe Kapitel 4 „Verarbeitung") findet allerdings weit oberhalb dieser Erweichungstemperatur statt, in dem das amorphe Polymer mit möglichst geringem Widerstand fließt.

Je höher die Temperatur, desto weniger Fließwiderstand (Viskosität) ist auch von der Schmelze zu erwarten. Jedoch ist zu bedenken, dass auch Hauptvalenzbindungen durch zu hohe Temperatur getrennt werden können. Die sogenannte Zersetzungstemperatur T_Z ist auf keinen Fall zu überschreiten.

2.2.2.2 Kristallitschmelztemperatur T_m

Kunststoffe, die aus teilkristallinen Polymeren hergestellt werden, besitzen – wie bereits erläutert – amorphe und kristalline Bereiche. Die amorphen Bereiche verhalten sich dabei wie zuvor beschrieben und erweichen beim Überschreiten von T_g. Die kristallinen Bereiche ermöglichen aber ein hohes Festigkeitsniveau über den Glasübergang hinaus.

Bei Überschreiten eines noch höheren Energieniveaus ist die Brown'sche Molekülbewegung dann derart groß, dass auch die eng gepackten, kristallinen Bereiche eines teilkristallinen Thermoplasten beweglich werden und aneinander abgleiten. Bei Überschreiten dieser sogenannten Kristallitschmelztemperatur T_m gehen feste, teilkristalline Kunststoffe unmittelbar in den Schmelzezustand über (Bild 2.43).

Kunststoffe, die aus teilkristallinen Polymeren hergestellt wurden, werden in der Regel oberhalb ihrer Glasübergangstemperatur und unterhalb ihrer Kristallitschmelztemperatur eingesetzt. Sie erhalten eine höhere Dehnfähigkeit dank der erweichten amorphen Bereiche und haben noch die hohe Festigkeit der Kristallite. Eine hohe Dehnfähigkeit kombiniert mit Festigkeit führt zu hohen Zähigkeiten der teilkristallinen Thermoplaste, wenn sie in diesem Temperaturbereich eingesetzt werden. Das Urformen findet natürlich oberhalb der Kristallitschmelztemperatur T_m statt. Auch bei teilkristallinen Thermoplasten ist die Zersetzungstemperatur T_Z auf keinen Fall zu überschreiten.

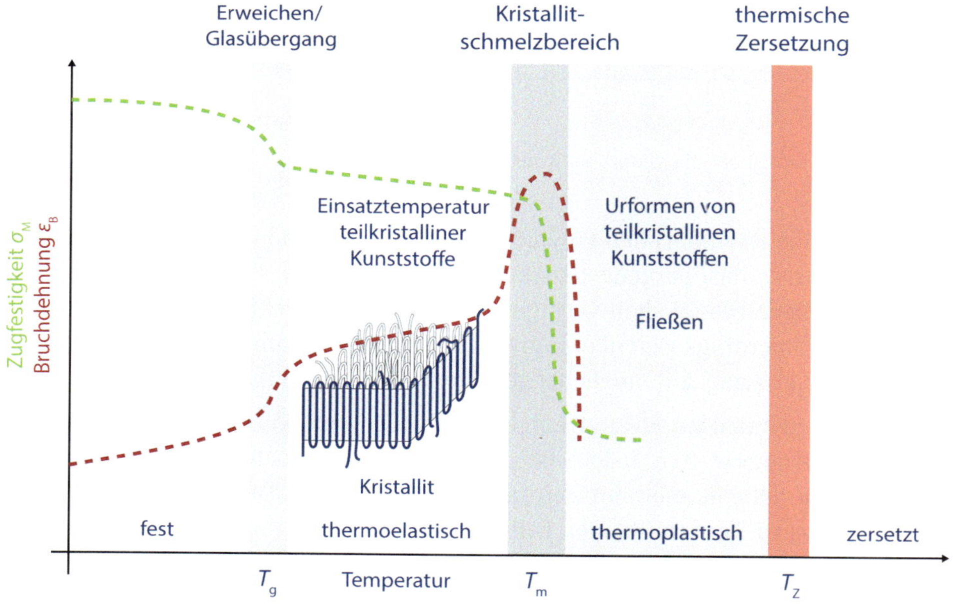

Bild 2.43 Zustandsbereiche teilkristalliner Kunststoffe

2.2.2.3 Zustandsbereiche vernetzter Polymere

Elastomere sind vernetzte Polymere, deren Kraftübertragung nicht nur über Nebenvalenzen, sondern vor allem über Hauptvalenzen stattfindet. Somit beeinflusst die Temperatur die mechanischen Eigenschaften weniger. Zwischen den Vernetzungsstellen sind amorphe Bereiche, die oberhalb von der Glasübergangstemperatur T_g größere Dehnfähigkeit zulassen, daher werden Elastomere möglichst oberhalb von T_g – im thermoelastischen Bereich – eingesetzt.

In Bild 2.44 ist der Einsatztemperaturbereich nur qualitativ darstellbar. Er gilt als sehr groß. Da Elastomere aufgrund der chemischen Vernetzung nicht schmelzbar sind, liegen sie bis zur Zersetzungstemperatur im festen Zustand vor und weisen keinen thermoplastischen Bereich auf.

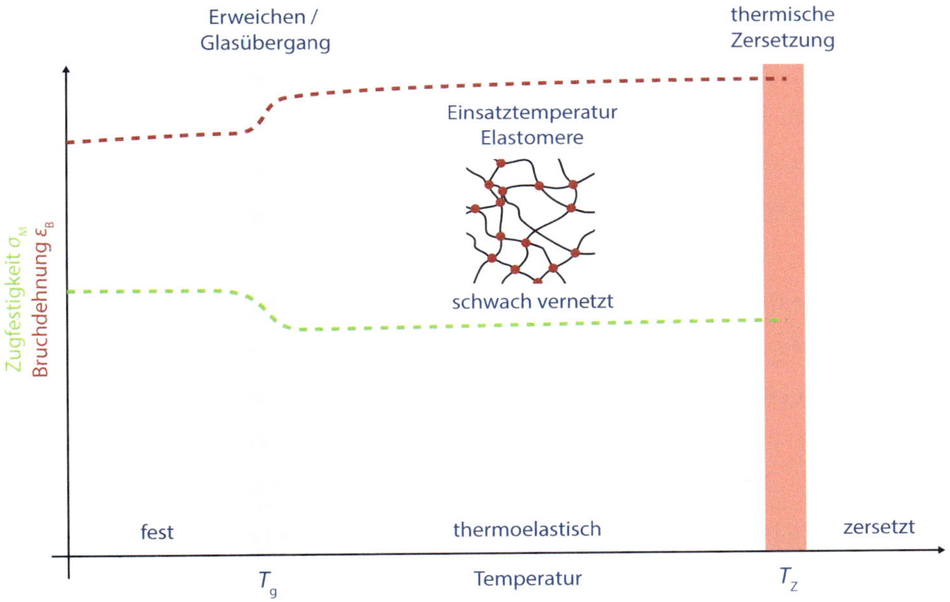

Bild 2.44 Zustandsbereiche Elastomere

Auch vernetzte Duromere besitzen noch einige bewegliche, regellos geordnete Polymerketten zwischen den Vernetzungsstellen, die bei Übersteigen der Glasübergangstemperatur T_g höhere Beweglichkeit zulassen (Bild 2.45). Der T_g ist jedoch wegen der Engmaschigkeit bei deutlich höheren Temperaturen als bei Elastomeren. Auch bei den Duromeren steigt die Dehnfähigkeit oberhalb von T_g an, allerdings nur wenig. Die Festigkeit unter und oberhalb von T_g liegt oft auf hohem Niveau. Da Duromere wenig dehnfähig sind, wäre ein Einsatz oberhalb von T_g sinnvoll, allerdings wird dieses Temperaturniveau nicht immer erreicht. Auch Duromere können ohne starke Eigenschaftsänderungen über einen sehr weiten Temperaturbereich eingesetzt werden und liegen bis zur Zersetzung im festen Zustand vor.

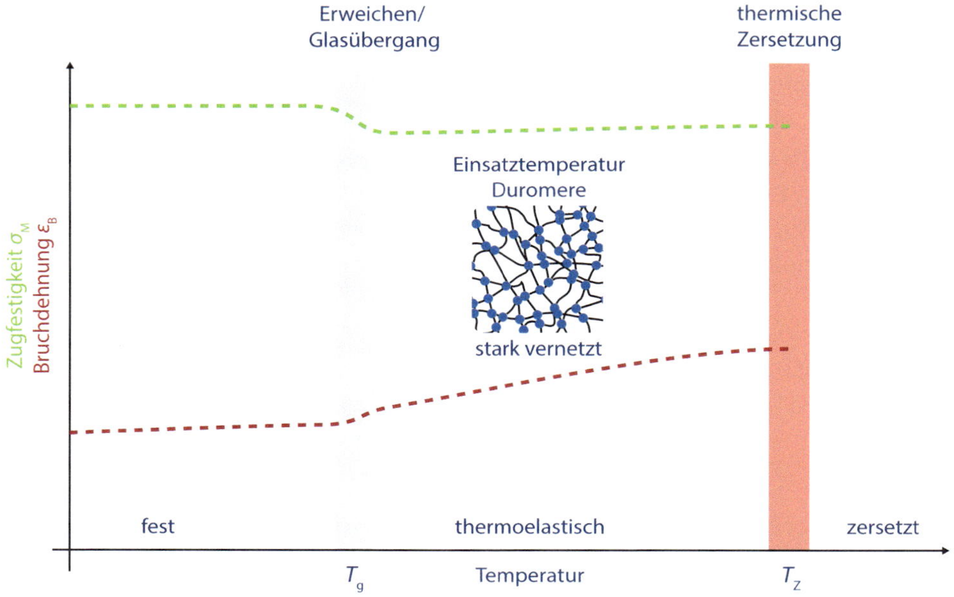

Bild 2.45 Zustandsbereiche Duromere

2.2.3 Mechanische Ersatzmodelle

Um das mechanische Verhalten grundlegend zu verstehen, werden in diesem Abschnitt Grundmuster des Stoffverhaltens unter mechanischer Beanspruchung genauer vorgestellt. Werden polymere Schmelzen oder polymere Festkörper mechanisch belastet, antworten sie mit einer Verformung. Wir unterscheiden zwischen elastischem, plastischem und viskosem Verhalten, welches meist zugleich auftritt.

Elastisches Verhalten

Wichtig: *elastisch* heißt **nicht** *dehnfähig!* Elastisch wird im allgemeinen Sprachgebrauch meist falsch angewandt. Es bedeutet im mechanischen Zusammenhang „zurückstellend". Das elastische Verhalten (Bild 2.46) ist besonders von metallischen Werkstoffen her bekannt: jeder Spannung ist eine entsprechende Dehnungsantwort eindeutig zugeordnet. Wenn dies direkt proportional ist, nennt man das Verhalten ideal-elastisch und das mechanische Ersatzmodell ist eine Feder. Die Dehnungshöhe wird durch den Proportionalitätsfaktor, genannt Elastizitätsmodul E (in Analogie zur Federsteifigkeit), bestimmt.

Das elastische Verhalten wird mit Streckung von Valenzwinkeln der Polymerkette unter Belastung und deren spontanes Zurückschnappen bei Entlastung erklärt. Bei Thermoplasten ist der Anteil der rein elastischen Dehnung gegenüber der plastischen und viskosen eher gering. Ein Elastomer zeigt nicht nur hohe Dehnbarkeit, sondern auch hohen elastischen Anteil, aber auch ein Duromer hat in seiner geringen Dehnbarkeit einen recht hohen elastischen Anteil.

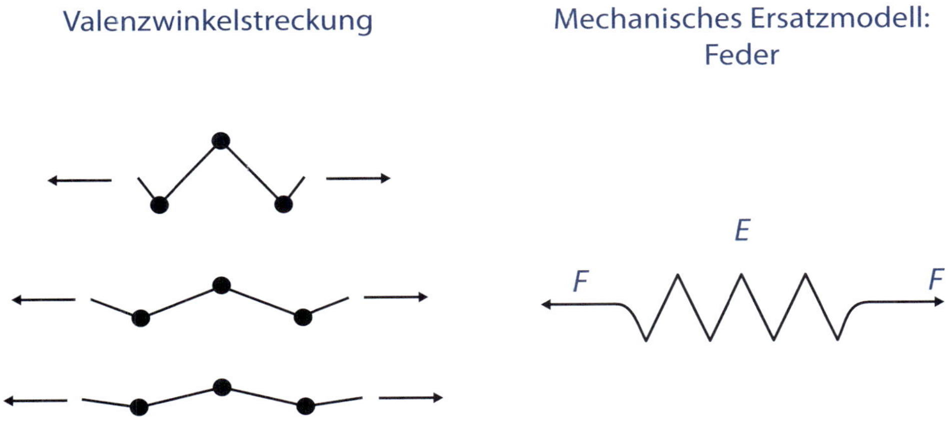

Bild 2.46 Elastisches Verhalten von Kunststoffen

Viskoses Verhalten

Das Wort *viskos* beschreibt das mechanische Grundmuster einer bleibenden, irreversiblen Verformung nach einer Belastung, Dabei gleiten während einer Belastung Polymerketten aneinander ab bzw. sie fließen aneinander vorbei (Bild 2.47). Nach der Belastung verbleiben die Ketten im neuen Zustand, es findet keine Rückstellung statt. Das mechanische Ersatzmodell ist ein Dämpfer. Die sich einstellende Dehngeschwindigkeit $\dot{\varepsilon}$ wird durch den Fließwiderstand η („eta", Viskosität) bestimmt.

Aufgrund der Vernetzungen können Polymerketten von Duromeren und Elastomeren eigentlich nur in Teilbereichen aneinander abgleiten, sie zeigen lediglich vernachlässigbares viskoses Verhalten. Thermoplaste hingegen weisen ein ausgeprägtes viskoses Verhalten auf, da die Nebenvalenzbindungen die Polymerketten weit weniger aneinander binden als Hauptvalenzbindungen. Bei erhöhten Temperaturen und stärkerer Brown'scher Molekularbewegung ist wegen der noch schwächeren Nebenvalenzbindungen das viskose Verhalten entsprechend ausgeprägter.

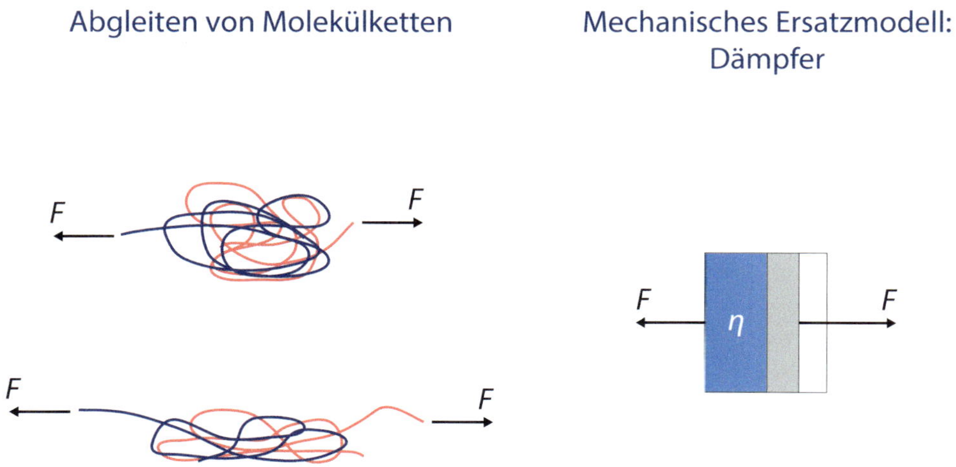

Bild 2.47 Viskoses Verhalten von Kunststoffen

Das Wort *plastisch* heißt im Prinzip nur „bleibend verformt" und könnte auch den Zustand *nach* viskosem Fließen beschreiben. In der Mechanik jedoch werden dem plastischen Verhalten bleibende Veränderungen zugeschrieben, bei denen starke Bindungen zwischen den Atomen verändert werden (Bild 2.48), z. B. sind Versetzungen in metallischen Werkstoffen Verschiebungen von Atomen, die dabei ihre vorherigen Bindungspartner wechseln.

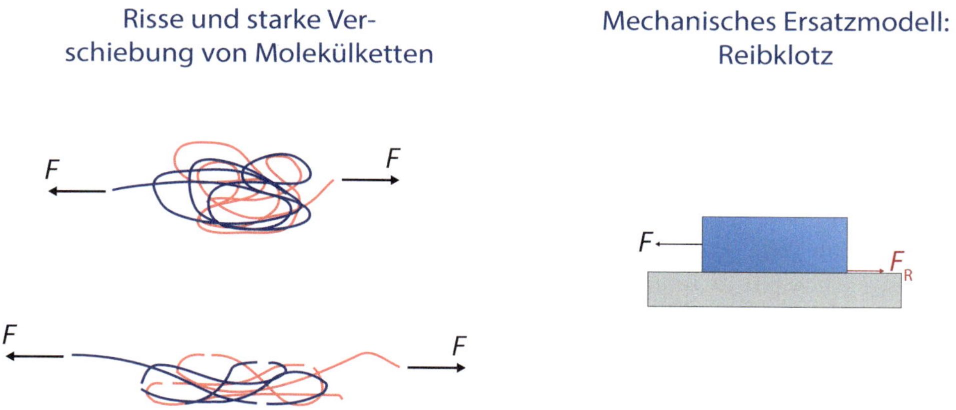

Bild 2.48 Plastisches Verhalten von Kunststoffen

Bei polymeren Werkstoffen wird plastisches Verhalten nicht nur durch aneinander Abgleiten und Entschlaufen verursacht, sondern auch durch Crazes und Risse, also Reißen von kovalenten Bindungen. Rein viskoses Verhalten geht der Anschauung nach nicht mit einer Schädigung einher.

Das mechanische Ersatzmodell ist ein Reibklotz. Nach Überwindung eines Widerstands, der Haftreibungskraft (entspricht dem Reißen erster kovalenter Bindungen oder dem Beginn von Entschlaufungen), ist an dieser Stelle weitere bleibende Deformation auf einem niedrigeren Kraftniveau möglich.

Viskoelastisches Verhalten von Kunststoffen

In Kunststoffen treten diese Verhaltensformen nicht einzeln, sondern überlagert auf. Zwar haben Duromere und Elastomere wegen ihrer Vernetzungen ein weitestgehend elastisches (zurückstellendes) Verhalten, sie sind aber je nach Belastungshöhe und Temperatur nicht frei von viskosen und plastischen Anteilen. Auch eine (unvernetzte) Polymerschmelze verhält sich, egal ob sie geschert und/oder gedehnt wird, aufgrund der vielen Verschlaufungen nicht rein irreversibel plastisch, sondern teilweise elastisch, also zurückstellend. Dieses Verhalten wird Viskoelastizität genannt, weil fließende (viskose) und rückstellende (elastische) Vorgänge gleichzeitig ablaufen.

Thermoplaste haben auch im festen Zustand ein ausgeprägtes viskoelastisches Verhalten. Wird eine Belastung aufgeprägt, gibt es zum einen eine spontane Dehnungsantwort aus der Valenzwinkeländerung und dann eine zeitverzögerte Dehnung durch das Abgleiten der Ketten unter Last. Um zumindest die fließenden (viskosen) Anteile und die elastischen Anteile gemeinsam modellhaft abzubilden, werden die mechanischen Ersatzmodelle Feder und Dämpfer auf verschiedene Weise verknüpft.

Das einfachste Ersatzmodell ist hierbei das *Maxwell-Modell* (Bild 2.49, Mitte), eine Reihenschaltung von Feder und Dämpfer. Die spontane Dehnungsantwort ergibt sich aus dem Elastizitätsmodell E der Feder und die überlagerte – je nach Viskosität η – zeitverzögerte Dehnungsantwort resultiert aus dem Dämpfer. Diese zeitverzögerte Dehnungsantwort wird nach Entlastung nicht zurückgestellt und ist irreversibel.

Das *Burger-Modell* (Bild 2.49, rechts) kann das viskoelastische Verformungsverhalten von Polymeren besonders gut darstellen und ist analytisch auch noch gut beschreibbar. Bei diesem Modell wird das Maxwell-Modell mit einer Parallelschaltung von Feder und Dämpfer in Reihe geschaltet. Wird dieses beansprucht, stellt sich – wie im Maxwell-Modell – ein Teil der Dehnung spontan, ein anderer Teil zeitverzögert ein. Ein zusätzlicher Dehnungsteil wird durch die parallelgeschaltete Feder-/Dämpferkombination zeitverzögert hinzukommen. Dieser Dehnungsanteil jedoch wird realitätsnah bei Entlastung durch die parallelgeschaltete Feder auch wieder zurückgestellt, jedoch zeitverzögert.

Leider kann das plastische Fließen nicht analytisch dargestellt werden. Zwar ist das Ersatzmodell „Reibklotz“ hilfreich für das Verständnis, aber es kann nicht vorausberechnet werden, wann die ersten Crazes oder Mikrorisse entstehen. Dieses nicht vorausberechenbare Verhalten wird als „nichtlinear“ bezeichnet, weil hier der Zusammenhang, doppelte Belastung → doppelte Antwort, nicht mehr gilt. Somit verhalten sich Kunststoffe, besonders Thermoplaste, nichtlinear-viskoelastisch. In Abschnitt 3.2.1.4 „Der Zeitstandversuch“ werden diese Aspekte erneut aufgegriffen.

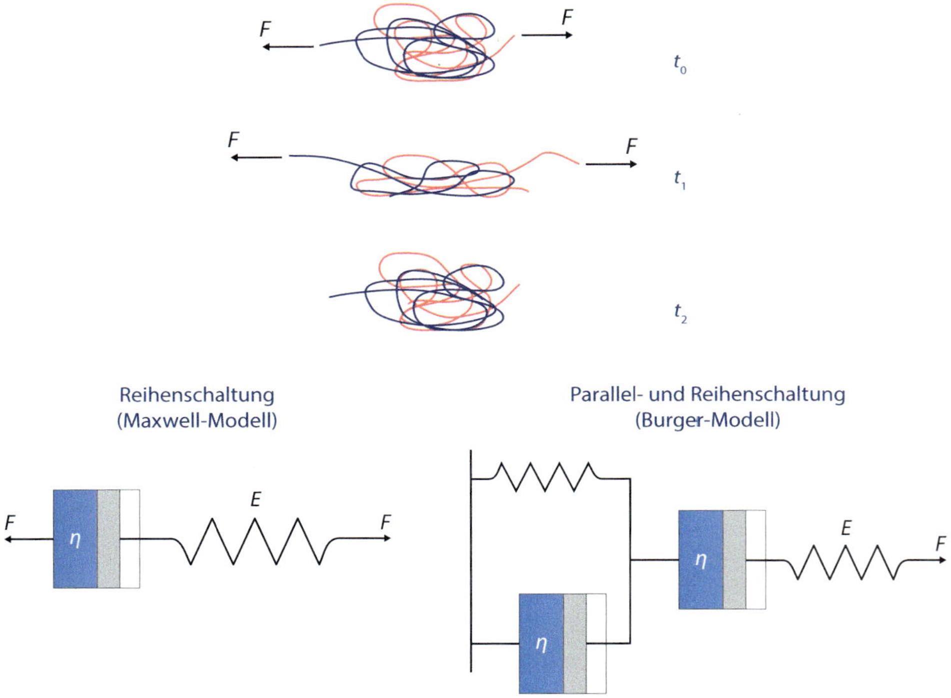

Bild 2.49 Mechanische Ersatzmodelle zur Beschreibung des viskoelastischen Verhaltens

■ 2.3 Kunststoff und Kunststofftechnik – Begriffsbestimmung

Kunststoff

Nun wenden wir uns dem Begriff *Kunststoff* zu. Er ist nicht genormt, auch wenn sich der Fachnormungsausschuss Kunststoffe (FNK) des Deutschen Instituts für Normung (DIN) damit jahrelang befasst hat.

Der deutsche Begriff wurde durch die von Dr. Richard Escales bereits 1911 gegründete Fachzeitschrift „Kunststoffe“ geprägt. Dies wurde dann von wenigen anderen Sprachen übernommen: so heißt es kunststof (niederl.) und konstmaterial (schwed.), während in den meisten Sprachen Kunststoffe aufgrund ihrer Formbarkeit als plastics (engl.), matèries plastiques (fr.), materiales plásticos (span.) oder plastik (türk.) bezeichnet werden. In der deutschen Fachsprache wird der Begriff „Plastik" nicht benutzt, es sei denn metaphorisch für ein schlecht entwickeltes Bauteil.

Zur Verdeutlichung: Polymer ist nicht mit Kunststoff gleichzusetzen, sondern beschreibt den Rohstoff, welcher erst in Kombination mit geschickt gewählten und geeignet eingebrachten Zusatzstoffen zu Kunststoff wird. Der Autor definiert daher Kunststoffe so:

„Kunststoffe sind Werkstoffe, die aus Polymeren und Zusatzstoffen bestehen. Polymere sind Makromoleküle natürlichen oder petrochemischen Ursprungs."

Fasern, Beschichtungsstoffe und Polymere als Additive sind aus Sicht des Autors in unverarbeiteter Form keine Werkstoffe und sind daher keine Kunststoffe.

Kunststofftechnik

Laut Definition des Wissenschaftlichen Arbeitskreises Kunststofftechnik (WAK) ist die Kunststofftechnik auf das Kunststoffprodukt mit seinen spezifischen Anwendungsmerkmalen gerichtet. Die notwendigen Gebrauchseigenschaften eines Produktes sollen bei geringstmöglichem Ressourceneinsatz erreicht werden. Dafür werden technisch-naturwissenschaftliche Erkenntnisse und Fertigkeiten im Bereich der Werkstoffkunde und Werkstofftechnik der Kunststoffe, der Kunststoffverarbeitung und des Konstruierens mit Kunststoffen synergistisch herangezogen [8].

Im Fokus der Kunststofftechnik stehen nicht nur die Erzeugnisse aus Kunststoff und der Kunststoff selbst, sondern auch die Prozesse der Aufbereitung zu Kunststoffen, der Verarbeitung zu Kunststoffprodukten, des Recyclings sowie die hierfür erforderlichen Maschinen und Werkzeuge. Damit sind Aspekte der Kreislaufführung („Circular Economy") von Kunststoffen wesentlicher, integraler Bestandteil der Kunststofftechnik. [8]

Die Kunststofftechnik verwendet neben Erkenntnissen der Naturwissenschaften auch die Erfahrungssystematik, Intuition und die schöpferische Kraft des Ingenieurs, um zu technisch neuen und ressourcenschonenden Lösungen zu kommen. Die stete Rückkopplung von Vorhersagemethoden durch experimentelle Beweisführung ist dabei besonderes Merkmal technikwissenschaftlicher Forschung. [8]

Verarbeitungstechnik und Konstruktionstechnik gilt eigentlich für alle Werkstoffklassen, scheint aber nur in der Kunststofftechnik derart gelebt zu werden. Sie wird durch den WAK mit Bild 2.50 verdeutlicht [8]. Das Institut für Kunststofftechnik (IKT), in dem der Autor forscht und lehrt, hat seine Abteilungen hieran ausgerichtet und auch dieses Buch ist in die drei ineinandergreifenden Bereiche „Kunststoff-Werkstofftechnik", „Kunststoff-Verarbeitungstechnik" und „Produktentwicklung mit Kunststoffen" untergliedert.

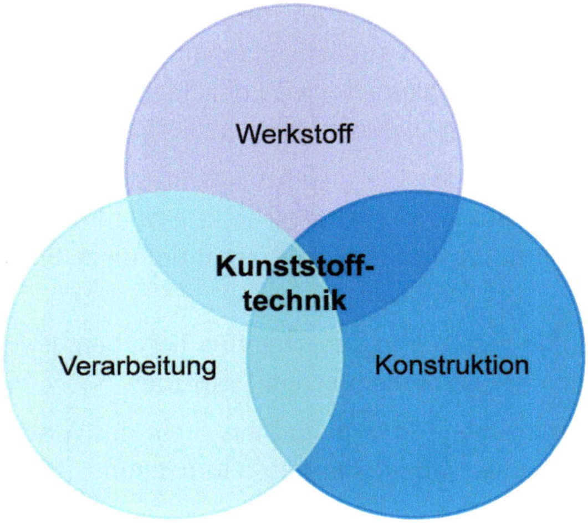

Bild 2.50
Ausprägungen der Kunststofftechnik [Bildquelle: WAK]

2.4 Literaturverzeichnis

[1] N. N., Brockhaus Enzyklopädie Online, Datenbank-Infosystem Universität Stuttgart, 2013.

[2] G. W. Ehrenstein, Polymer Werkstoffe: Struktur – Eigenschaften – Anwendung, München: Carl Hanser Verlag, 2011.

[3] G. Menges, Werkstoffkunde Kunststoffe, München: Carl Hanser Verlag, 2011.

[4] W. Kaiser, Kunststoffchemie für Ingenieure: von der Synthese bis zur Anwendung, München: Carl Hanser Verlag, 2020.

[5] C. Bonten, Kunststofftechnik für Designer, München: Carl Hanser Verlag, 2002.

[6] A. Lustiger und R. Markham, Importance of tie molecules in preventing polyethylene fracture under long-term loading conditions, Polymer, Nr. 24, 1983.

[7] DIN EN ISO 527-1: 2012.

[8] N. N., Website des Wissenschaftlichen Arbeitskreises Kunststofftechnik (WAK), Zugriff am 20. 04. 2020.

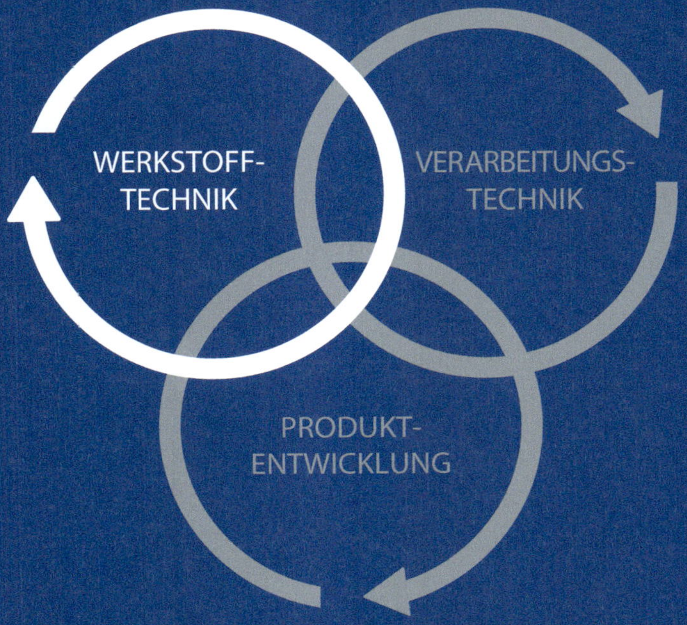

Werkstofftechnik

3 Kunststoff-Werkstofftechnik

Zunächst müssen wir den Unterschied zwischen „Werkstoff“ und „Material“ präzisieren. Die deutsche Sprache erlaubt eine Differenzierung wie kaum eine andere. Während das altdeutsche Wort „werken“ darauf hindeutet, dass man mit dem „Werkstoff“ arbeiten kann, ist der Begriff „Material“ näher an dem der Materie, also den Elementen. Aus den Elementen entstehen Materialien oder werden gezielt hergestellt, und diese Materialien werden durch Aufbereitung zu Werkstoffen gemacht, welche wiederum zu „Werkstücken“ (Produkten/Bauteilen) verarbeitet werden.

So wird durch einen Aufbereitungsschritt, die sogenannte Verhüttung, das Erz erst zu einem reinen Metall, welches durch weitere Schritte mit Zusatzstoffen und Legierungspartnern sowie durch gezielte Gefügeänderung zu einem metallischen Werkstoff verändert wird. Bei keramischen Werkstoffen werden Mischungen aus natürlichen oder synthetischen Rohstoffen in einer Suspension („Schlicker“) formbar gehalten und erhalten erst durch den Sinterprozess die Endeigenschaften des Werkstoffs.

Übertragen auf Kunststoffe bedeutet dies, dass aus den Elementen Kohlenstoff, Wasserstoff, Sauerstoff und Stickstoff, seltener anderen, die in Abschnitt 2.1 eingeführten Monomere gemacht werden und dann daraus das Material „Polymer“ synthetisiert wird (Abschnitt 2.1.2). Durch **Auf**bereitung von Polymeren (Abschnitt 3.4) entsteht erst der fertige Werkstoff „Kunststoff“. Mit Hilfe eines weiteren Verfahrensschrittes, der sog. **Ver**arbeitung (Kapitel 4), werden dann Werkstücke (Produkte/Bauteile) aus Kunststoff hergestellt (Bild 3.1).

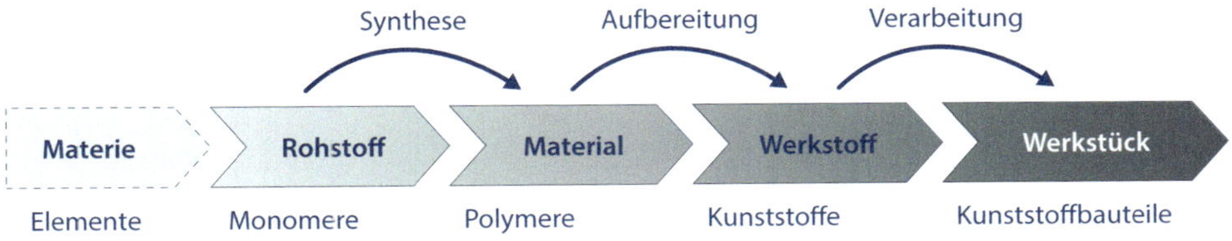

Bild 3.1 Prozessschritte von der Materie bis zum Werkstück

Meist ist das Ziel einer Werkstoffentwicklung, bestimmte Festkörpereigenschaften zu erreichen. Die Eigenschaften werden in Abschnitt 3.2 vorgestellt und deren Beeinflussung in den Abschnitten 3.3 bis 3.6. Jedoch nicht diese Eigenschaften, sondern der kostengünstige Verarbeitungsprozess ist meist Schlüssel für den Erfolg von Kunststoffprodukten.

Da die Prozesse der Aufbereitung und Verarbeitung stets im schmelzeförmigen Zustand stattfinden, sollen zunächst die Fließeigenschaften der Polymer- und der Kunststoffschmelze sowie deren Beeinflussbarkeit vorgestellt werden.

3.1 Verhalten in der Schmelze – Fließeigenschaften und deren Messung

Die Rheologie ist die Lehre vom Verformungs- und Fließverhalten von Stoffen. Der Begriff stammt vom Griechischen ‘ρεῖ (rhei) „fließen“ und λόγος (logos) „Lehre“. Kenntnisse des Fließverhaltens, der Rheologie, sind daher ein wesentlicher Teil der Kunststofftechnik und erlauben, die Formgebungswerkzeuge geeignet auszulegen, den Druckbedarf der Maschinen anzupassen und Orientierungszustände der Polymerketten abzuschätzen.

Da Duromere und Elastomere nicht wieder aufschmelzbar sind, verlaufen bei ihnen der Aufbereitungsschritt (Mischen und Hinzugabe von Zusatzstoffen, die die Eigenschaften maßschneidern) sowie der Verarbeitungsschritt zu einem Bauteil direkt, also vom fließfähigen Monomer zum fertigen Bauteil. Dünnflüssige Monomere sind Newton’sche Flüssigkeiten (s. u.) mit geringer Viskosität (geringem Fließwiderstand), welche erst bei der Reaktion zum Polymer stark ansteigt und „strukturviskos“ (s. u.) wird. Wir werden das Fließverhalten während der chemischen Reaktionen in diesem Abschnitt jedoch nicht detailliert betrachten. Erst in Abschnitt 4.3 „Verarbeitung vernetzender Formmassen“ soll hierauf eingegangen werden.

In diesem Abschnitt werden unabdingbar notwendige rheologische Grundlagen vermittelt und das besondere Fließverhalten thermoplastischer Schmelze dargelegt. Es werden Auswirkungen und Folgen der Fließprozesse auf das Fertigteil kurz erläutert und die Messtechnik zur Erlangung rheologischer Stoffwertfunktionen („Rheometrie“) vorgestellt.

3.1.1 Strömungsmechanische Grundlagen

Unvernetzte Polymere sind ohne chemische Änderung der Struktur (Konstitution und Konfiguration) bei höheren Temperaturen leicht deformierbar. Thermoplastische Polymerketten gleiten bei höheren Temperaturen unter Krafteinwirkung voneinander ab und bauen die Belastung unter Scherung, Dehnung und Stauchung wieder ab.

Typische eindimensionale Strömungen von Kunststoffschmelzen sind in Bild 3.2 dargestellt. Die Spaltströmung in Richtung z mit einer qualitativen Geschwindigkeitsverteilung v_z ist hier im Querschnitt dargestellt, daneben die Rohrströmung. Eine Schleppströmung ist schließlich rechts dargestellt. Die untere Platte steht, während die obere bewegt wird und mit v_p die Schmelze in z-Richtung „schleppt". Die Geschwindigkeit steigt linear mit Abstand y zur stehenden Platte, bis es bei y = H den größten Wert annimmt.

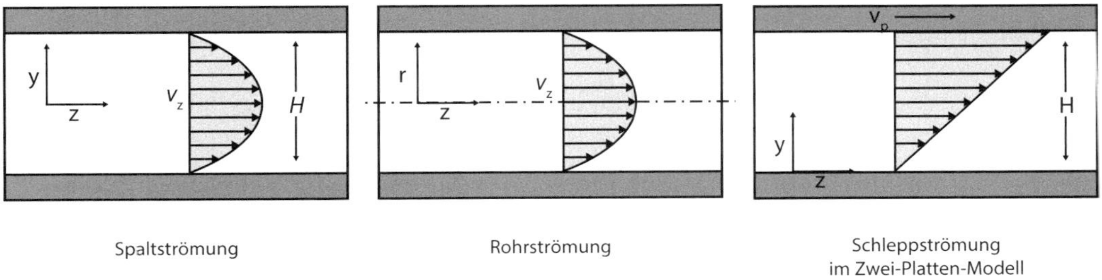

Bild 3.2 Geschwindigkeitsprofile typischer Strömungen

Polymer- und Kunststoffschmelzen werden während der Kunststoffverarbeitung meist geschert, z. B. in der Rohrströmung eines Fließkanals oder in der Schleppströmung einer Verarbeitungsschnecke. Aufgrund der Wandhaftung bildet sich über einem Kanalquerschnitt ein Geschwindigkeitsprofil aus, wie in Bild 3.2 dargestellt.

Ein Volumenelement in der Schmelze (Bild 3.3) wird durch den Geschwindigkeitsunterschied geschert. Bei der Rohrströmung ist durch das parabelförmige Geschwindigkeitsprofil die Schergeschwindigkeit an der Kanalwand am größten und in der Kanalmitte Null. Bei einer Schleppströmung mit linearem Geschwindigkeitsprofil ist die Schergeschwindigkeit über der Kanalhöhe konstant.

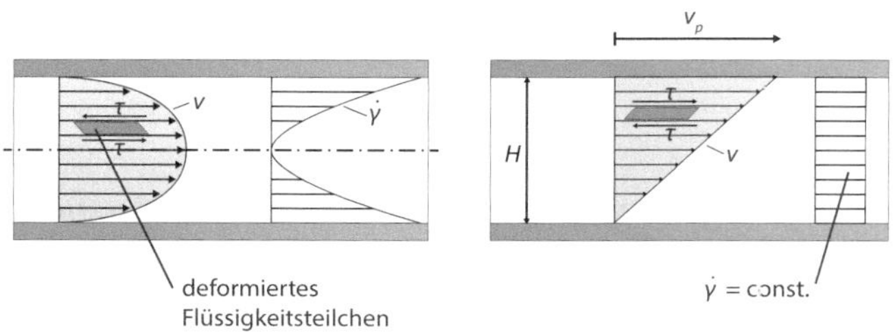

Bild 3.3 Volumenelement in Scherströmung und Schleppströmung

Einige strömungsmechanische Grundlagen sollen hier an dem Zwei-Platten-Modell mit Schleppströmung (Bild 3.4) in Erinnerung gerufen werden:

Die durch die Platte der Fläche A induzierte Schubspannung τ wird einfach mit Kraft F geteilt durch Fläche A berechnet:

$$\tau = \frac{F}{A} \tag{3.1}$$

Die sich einstellende Schergeschwindigkeit, also die Geschwindigkeit, mit denen die deformierten Flüssigkeitsteilchen voneinander abscheren, ist die Ableitung der Geschwindigkeit über der Spalthöhe, hier also das Verhältnis aus v_p und dem Abstand der beiden Platten H. Sie hat in der Regel die Einheit 1/s:

$$\dot{\gamma} = \frac{\partial \nu}{\partial y} = \frac{\nu_p}{H} \tag{3.2}$$

Der Widerstand gegen das Fließen, die sogenannte Viskosität η kann durch den Quotienten „aufgeprägte Belastung" τ geteilt durch „Belastungsantwort" $\dot{\gamma}$ errechnet werden. Sie hat in der Regel die Einheit Pa s.

$$\eta = \frac{\tau}{\dot{\gamma}} \tag{3.3}$$

(Übrigens: Ganz analog erfolgt die Berechnung des Widerstands gegen Festkörper-Verformung, des E-Moduls, welcher ebenfalls durch „aufgeprägte Belastung" σ geteilt durch „Belastungsantwort" ε ermittelt wird.)

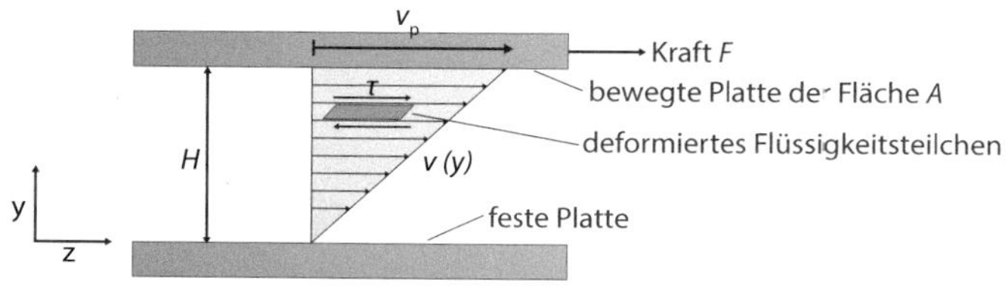

Bild 3.4 Zwei-Platten-Modell mit Schleppströmung

Strukturviskosität

Am Wettlauf zweier Flüssigkeiten wollen wir die Besonderheiten einer sog. strukturviskosen Flüssigkeit (z. B. von Polymerschmelzen) darstellen (Bild 3.5). Es wurde hier eine Newton'sche Flüssigkeit blau eingefärbt (Wasser-Glyzerin-Gemisch) und eine strukturviskose Flüssigkeit (Polyacrylamid in Wasser gelöst) grün eingefärbt. Die Kreiskapillare und alle Abmessungen sind identisch.

QR-Code 3-1

Wettlauf zweier Flüssigkeiten: Die blaue verhält sich Newton'sch, die grüne verhält sich strukturviskos.

http://www.ikt.uni-stuttgart.de/links/Videolinks/Strukturviskose_Fluessigkeit

Auf beiden Flüssigkeiten lastet zu Beginn die gleiche Flüssigkeitssäule, so dass von gleich hohen Schubspannungen τ in den Kreiskapillaren ausgegangen werden kann. Während die grüne, strukturviskose Flüssigkeit bei hoher Schubspannung und hoher Schergeschwindigkeit einen geringen Fließwiderstand (Viskosität) η aufweist, behält das blaue, Newton'sche Fluid seine Viskosität bei, egal wie hoch die Schubspannung τ ist.

Bei sinkender Flüssigkeitssäule (und damit Schubspannung τ in den Kreiskapillaren) sinkt auch die Schergeschwindigkeit und der Fließwiderstand η des grünen, strukturviskosen Mediums steigt an. Somit wird das grüne Medium überproportional langsamer, während das Newton'sche Medium immer den gleichen Fließwiderstand überwindet und nur proportional zur geringer werdenden Flüssigkeitssäule langsamer durchläuft.

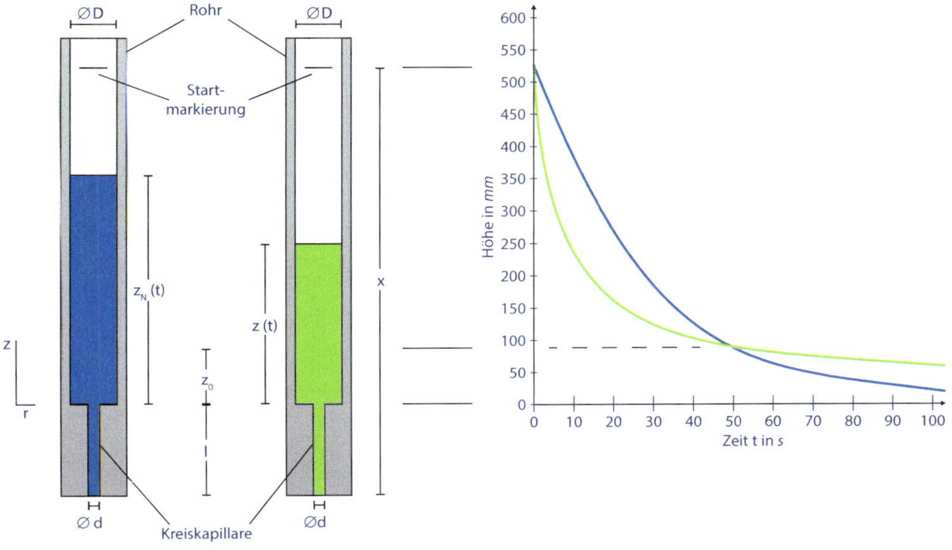

Bild 3.5 Wettlauf der Flüssigkeiten

Bei Fluiden wird – anders als bei Spannungs-Dehnungskurven – die aufgeprägte Spannung logarithmisch auf der Abszisse und die Antwort Schergeschwindigkeit logarithmisch auf der Ordinate aufgetragen. Bei Newton'schen Flüssigkeiten (Bild 3.6) wie Wasser oder Honig ist die Steigung linear, so dass die Viskosität η aus Formel (3.3) hier ein konstantes Verhältnis ergibt. Eine typische Darstellung ist auch Viskosität η über Schergeschwindigkeit $\dot{\gamma}$, die bei konstanter Viskosität eine Parallele zur Abszisse ist.

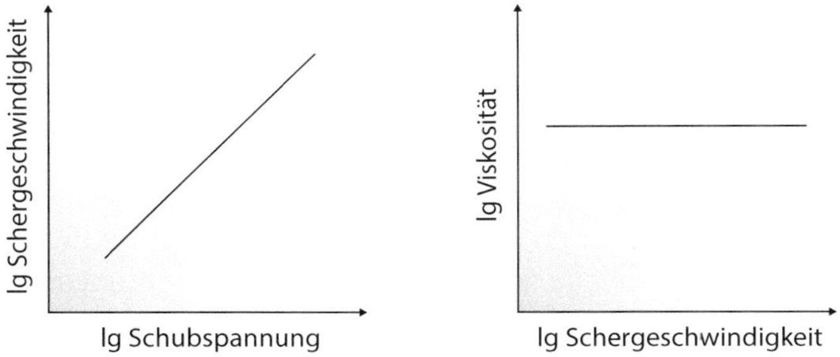

Bild 3.6 Newton'sches Verhalten einer Flüssigkeit

Bei strukturviskosen Fluiden – wie z. B. Blut und Polymerschmelzen – verhalten sich Schergeschwindigkeit und Schubspannung nicht linear zueinander. Bei steigender Schubspannung τ steigt die Schergeschwindigkeit $\dot{\gamma}$ überproportional stark an (Bild 3.7, links). Das strukturviskose Fluid wird also dünnflüssiger bei hoher Schergeschwindigkeit. Somit nimmt der Quotient η, die Viskosität, mit steigender Schergeschwindigkeit ab (Bild 3.7, rechts).

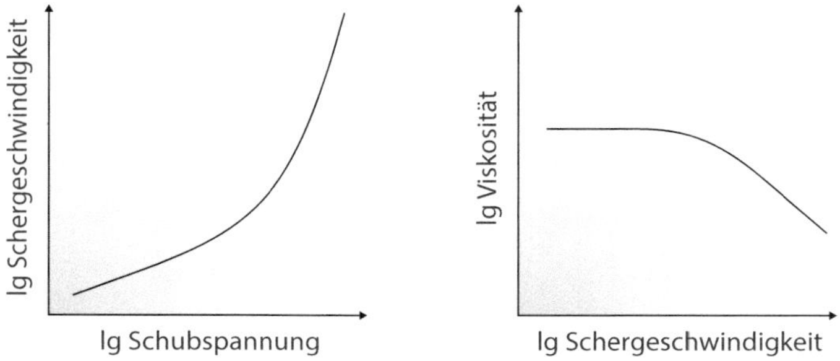

Bild 3.7 Strukturviskoses Verhalten eines Fluids

Wir versuchen, das Phänomen Strukturviskosität molekular zu erklären: Zum einen sind Polymerketten in der Schmelze ungeordnet und ineinander verschlauft etwa wie ein Kabelgewirr (Bild 3.8). Das Kabelgewirr ähnelt verschlauften Polymerketten; je rutschiger das Kabel, desto geringere Nebenvalenzkräfte walten.

Und: je mehr und größere „Substituenten" (hier: Leuchten der Lichterkette), desto schwieriger das Abgleiten.

Bild 3.8 Kabelgewirr (Lichterkette)

Stellen wir uns nun eine Polymerkette zwischen vielen vor. In Bild 3.9 ist sie in Rot vereinfacht ohne Seitenketten und ohne sperrigen Substituenten dargestellt.

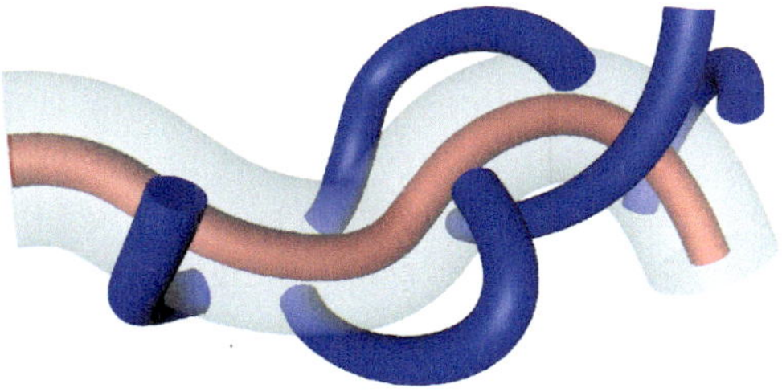

Bild 3.9 Reptationsmodell nach [1]

Die Bewegungsmöglichkeiten der Polymerkette sind durch die sie umgebenden Verschlaufungen beschränkt. Diese geben ihr einen gewissen Bewegungsfreiraum (hier ideal röhrenförmig dargestellt), in dem und entlang dem sie sich relativ leicht bewegen kann. Dies ist Basis der Anschauung des Reptationsmodells von de Gennes (Nobelpreis 1991) [1].

Zum einen wird an dieser Veranschaulichung deutlich, dass mit zunehmender Temperatur, also zunehmender Bronwn'scher Molekularbewegung, nicht nur die rote Polymerkette, sondern auch alle umgebenden Ketten weit mehr schwingen und damit der Röhrenradius des Bewegungsraums der roten Kette zunimmt. Zum anderen ist anhand dieser Modellvorstellung leicht nachvollziehbar, dass mit zunehmender Deformation einer Schmelze zusätzlich Entschlaufungen auftreten, die den Röhrenradius/Bewegungspielraum verändern und vergrößern können. Im Extremfall sind alle Polymerketten in Bewegungsrichtung ausgerichtet (orientiert) und gar nicht mehr verschlauft. Dann würde dem Abgleiten noch weniger Widerstand (Viskosität) entgegengesetzt werden. Bild 3.10 soll das Orientieren und Abgleiten bei höherer Schergeschwindigkeit noch mehr verdeutlichen.

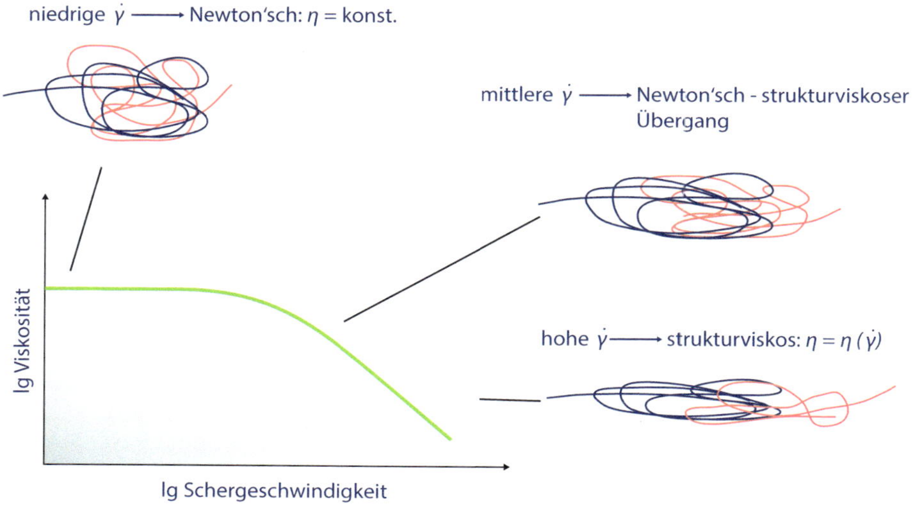

Bild 3.10 Anschauliche Erläuterung der Strukturviskosität

In der Kunststofftechnik nutzen wir meist die Darstellung (Bild 3.7, rechts) der Viskosität über der Schergeschwindigkeit, um das strukturviskose Schmelzeverhalten eines Kunststoffes beschreiben zu können. Charakteristisch sind hierbei die sogenannte Nullviskosität η_0 (Viskosität bei kleinen Schergeschwindigkeiten → 0) sowie die Schergeschwindigkeit, ab der die Viskosität stark absinkt („Übergangs-Schergeschwindigkeit").

Zwei mathematische Ansätze haben sich etabliert, welche dieses Fließverhalten von Kunststoffschmelzen der analytischen Betrachtung zugänglich machen: der Potenzansatz und der Carreau-Ansatz.

Potenzansatz

Der Potenzansatz (Bild 3.11) beschreibt den Verlauf der Viskosität im strukturviskosen Bereich der Fließkurve. Der Newton'sche Bereich inklusive Nullviskosität wird hierbei nicht erfasst.

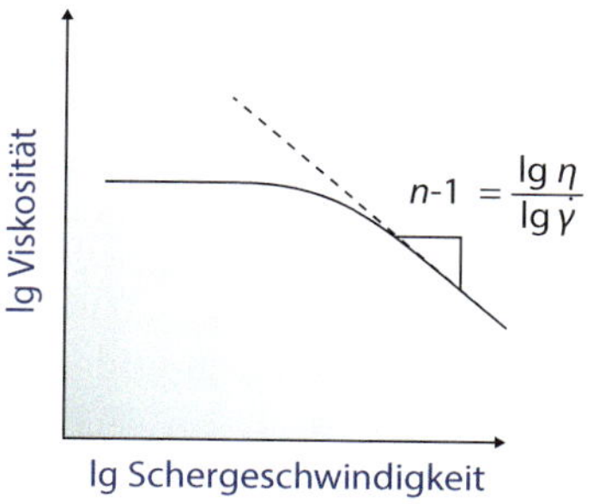

Bild 3.11 Potenzansatz

Der Potenzansatz wird durch die Formel:

$$\dot{\gamma} = \Phi \cdot \tau^{m} \tag{3.4}$$

beschrieben. Dabei ist Φ die Fluidität und m der Fließexponent, der die Steigung im strukturviskosen Bereich angibt. Aus Formel (3.4) und Formel (3.3) folgt:

$$\eta = \Phi^{\frac{-1}{m}} \cdot \dot{\gamma}^{\frac{1}{m}-1} \tag{3.5}$$

Mit dem Konsistenzfaktor k:

$$k = \Phi^{\frac{-1}{m}} \tag{3.6}$$

und

$$n = \frac{1}{m} \tag{3.7}$$

folgt:

$$\eta = k \cdot \dot{\gamma}^{n-1} \tag{3.8}$$

Carreau-Ansatz

Ein Stoffmodell, das sowohl den strukturviskosen als auch den Newton'schen Bereich beschreiben kann, ist der dreiparametrige Ansatz von Carreau (Bild 3.12):

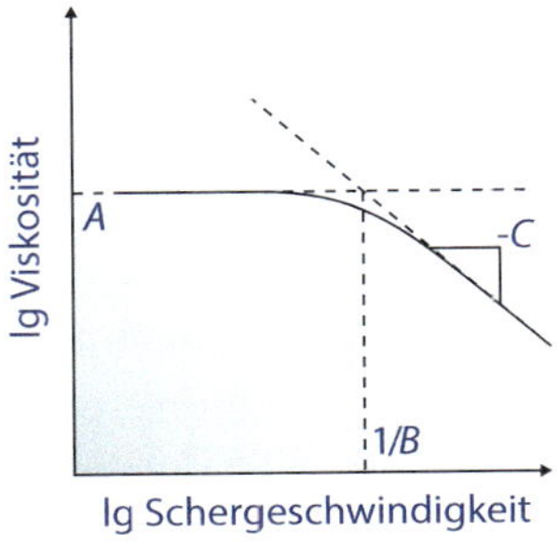

Bild 3.12 Carreau-Ansatz

Der Carreau-Ansatz wird durch die Formel:

$$\eta = \frac{A}{(1 + B \cdot \dot{\gamma})^C} \tag{3.9}$$

beschrieben. Hierbei bedeuten die Werte:

- *A*: Nullviskosität (bei Schergeschwindigkeiten → 0)
- *B*: Kehrwert der Übergangsschergeschwindigkeit (am Schnittpunkt der Asymptoten von Newton'schem und strukturviskosem Bereich)
- *C*: Steigung der Kurve im strukturviskosen Bereich

Tabelle 3.1 Vor- und Nachteile des Potenzansatzes

Vorteile	Nachteile
mathematisch sehr einfach zu handhabender Ansatz	Viskosität geht für geringe Schergeschwindigkeiten fälschlicherweise gegen Unendlich
gut geeignet für die Beschreibung des strukturviskosen Bereiches	Fluidität hängt von *m* ab → Parameter der Funktion sind keine physikalischen Größen
analytische Berechnung von Strömungen in vielen Fällen möglich	

Tabelle 3.2 Vor- und Nachteile des Carreau-Ansatzes

Vorteile	Nachteile
für den gesamten Schergeschwindigkeitsbereich gültig	ungeeignet für Polymere ohne Newton'sches Plateau
Parameter *A*, *B*, *C* stellen physikalische Größen und somit reale Stoffwerte dar	für gute Approximationen sind ausreichend Messpunkte in allen Bereichen der Kurve erforderlich
	nicht-lineare Approximationsverfahren sind erforderlich

3.1.2 Einflüsse auf das Fließverhalten

Druck und Temperatur

Der Widerstand gegen das Fließen, die Viskosität von thermoplastischen Schmelzen, hängt von verschiedenen Randbedingungen ab. Gemäß der Anschauung, dass die Brown'sche Molekularbewegung auch Makromoleküle in stärkere Schwingung bringt, ist selbsterklärend, dass eine höhere Temperatur die Polymerketten leichter aneinander abgleiten lässt. Somit verschiebt sich der charakteristische Viskositätsverlauf einer Schmelze zum einen zu geringeren Werten, zum anderen verschiebt sich der Übergang von Newton'schem zu strukturviskosem Verhalten zu höheren Schergeschwindigkeiten. Insgesamt wird die Kurve um −45 ° verschoben (Bild 3.13).

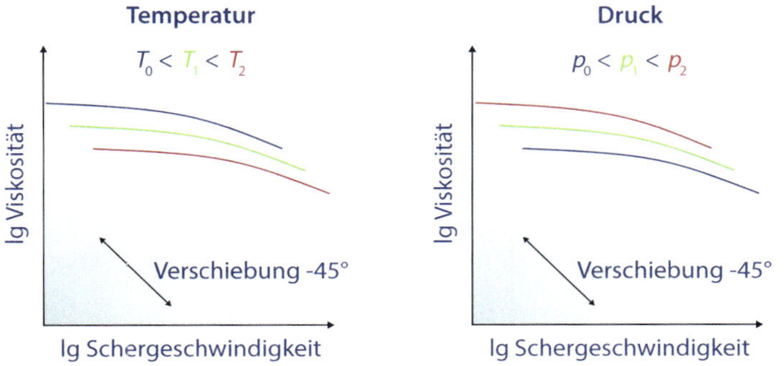

Bild 3.13 Einfluss von Temperatur und Druck auf den Viskositätsverlauf

Ähnliches gilt auch bei höherem Druck. Unterliegt die (kompressible) Schmelze einem höheren Druck, werden die Molekülketten trotz Brown'scher Molekülbewegung enger aneinander gedrückt. Somit fließt die thermoplastische Schmelze bei höherem Druck schlechter und die Viskosität steigt. Auch hier stellt sich eine −45 °-Verschiebung der Viskositätskurven ein. Der Effekt durch eine Druckerhöhung auf das Fließverhalten ist wesentlich kleiner im Vergleich zu einer Temperaturreduzierung.

An real gemessenen Kurven eines Polyethylens hoher Dichte (PE-HD) soll dieser Zusammenhang verdeutlicht werden (Bild 3.14). Im linken Diagramm sind aufgezwungene Schubspannungen auf eine Schmelze und deren Reaktion in Form der sich einstellenden Schergeschwindigkeit dargestellt. Nach Messungen bei 180 °C wurde der gleiche Werkstoff mit 210 und 240 °C durch die Kapillare eines Hochdruck-Kapillarrheometers gedrückt. (Die Messverfahren werden in Abschnitt 3.1.7 näher erläutert.)

Die sich hieraus ergebenden Viskositätskurven η über Schergeschwindigkeit $\dot{\gamma}$ (im rechten Diagramm) zeigen unterschiedliche Viskositätsniveaus (insbesondere bei kleinen Schergeschwindigkeiten). Der verschobene Übergang von Newton'sch zu strukturviskos ist hier nicht so gut zu erkennen. Vorteilhaft ist, dass wir – wenn wir einen Viskositätsverlauf einer thermoplastischen Schmelze bei einer Temperatur kennen – auf den Verlauf bei höheren oder tieferen Temperaturen schließen können. Das einzige, was wir brauchen, ist der Temperaturverschiebungsfaktor a_T, den wir anhand von drei Nullviskositäten bei drei Temperaturen bestimmen müssen. Der oben beschriebene Carreau-Ansatz kann durch die Formel:

$$a_T = \frac{\eta_0\ (T)}{\eta_0\ (T_0)} \qquad (3.10)$$

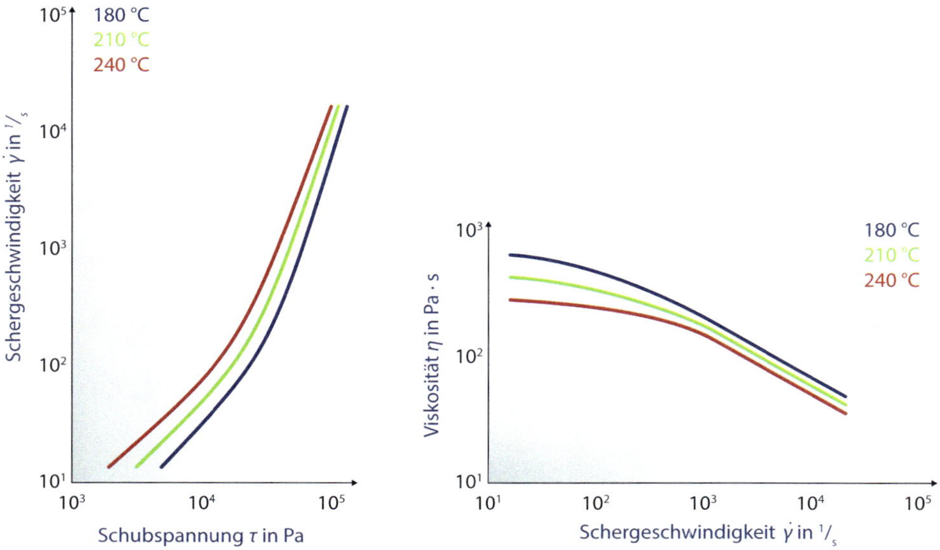

Bild 3.14 Fließ- (links) und Viskositätskurve (rechts) eines PE-HD

ergänzt werden und die Viskositätskurve für verschiedene Temperaturen verschieben, wobei T_0 die Bezugstemperatur ist und T die Temperatur, auf die die Kurve verschoben wird:

$$\eta = \frac{a_T \cdot A}{\left(1 + a_T \cdot B \cdot \dot{\gamma}\right)^C} \tag{3.11}$$

Für die Berechnung des Temperaturverschiebungsfaktors a_T haben sich zwei Ansätze durchgesetzt.

Für teilkristalline Thermoplaste wird der Ansatz nach Arrhenius genutzt:

$$\log a_T = \frac{E_0}{R} \cdot \left(\frac{1}{T} - \frac{1}{T_0}\right) \tag{3.12}$$

mit der Fließaktivierungsenergie E_0 und der universellen Gaskonstante R = 8,314 J/mol. (Die Bezugstemperatur T_0 sollte mindestens 100 K über T_G liegen.)

Für amorphe Thermoplaste wird der Ansatz von William, Landel und Ferry (WLF) eingesetzt:

$$\log a_T = -\frac{C_1 \cdot \left(T - T_S\right)}{C_2 + T - T_S} \tag{3.13}$$

C_1 und C_2 sind Stoffkonstanten (Standardempfehlung für viele Kunststoffe: C_1 = 8,86, C_2 = 101,6 K) und T_S ist die materialspezifische Standardtemperatur (meist etwa 50 K über T_g).

Molmasse

Es gibt natürlich noch weitere Einflussparameter auf die Viskosität. So hat auch die Molmasse (Bild 2.09) einen Einfluss auf das Fließverhalten. Sofern die Polymerkette lang genug ist, also ein wirkliches Makromolekül ist („kritische Molmasse"), wird die Viskositätskurve ebenfalls um −45° verschoben (Bild 3.15).

Dahinter steckt die Anschauung, dass, je länger die Molekülkette ist, desto größer auch ihr Fließwiderstand η. Je kürzer die Molekülkette (allerdings ohne eine kritische Grenze M_c zu unterschreiten), desto geringer ist der Fließwiderstand. Das rechte Diagramm zeigt, dass die Nullviskosität etwa mit dem Gewichtsmittel $\bar{M}_w$ korreliert und, sobald M_c überschritten wird, mit $\bar{M}_w^{3,5}$. Das heißt, dass sich oberhalb M_c die Viskosität mit doppelter Molmasse (z. B. 20 000 statt 10 000 g/mol) in etwa verzehnfacht!

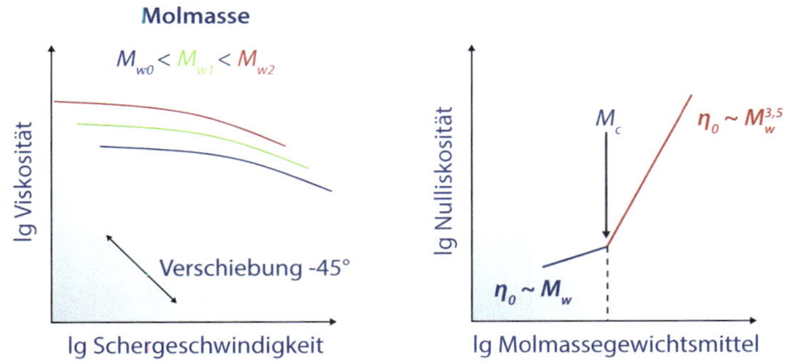

Bild 3.15 Viskositätsabhängigkeit von der Molmasse

In Bild 3.16 wird deutlich, dass „schmale" Molmassenverteilungen (also alle Polymerketten ähnlich lang) einen schärferen Übergang von Newton'sch zu strukturviskos zeigen, als die gleiche thermoplastische Schmelze mit uneinheitlicherer Molmassenverteilung. Hier liegt zugrunde, dass kürzere Ketten sich erst bei höheren Schergeschwindigkeiten ausrichten als längere Ketten. Somit ist der Übergang „verschmiert".

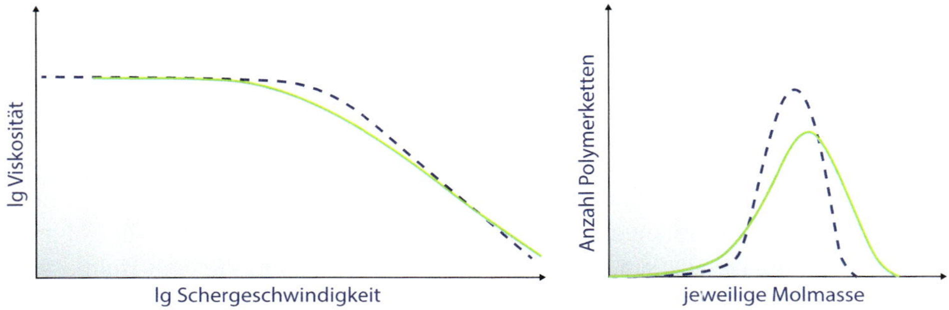

Bild 3.16 Molmassenverteilung beeinflusst Viskositätsverlauf

Zusatzstoffe

Zuletzt wollen wir im Vorgriff auf Abschnitt 3.3 bereits den Einfluss von Zusatzstoffen auf die Fließeigenschaften näher betrachten. Nehmen wir zwei Extreme: Weichmacher haben die Aufgabe, sich zwischen die Polymerketten zu setzen und somit die Nebenvalenzkräfte zu schwächen. Dadurch wird nicht nur der Festkörper nachgiebiger und dehnfähiger, sondern auch die Schmelze. Die Ketten gleiten bei zunehmendem Weichmacheranteil besser aneinander ab und verschieben die Viskositätskurven um 90 ° nach unten (Bild 3.17).

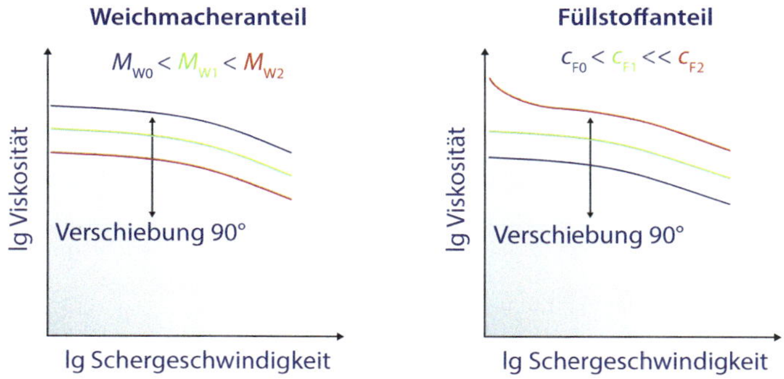

Bild 3.17 Einfluss von Zusatzstoffen auf die Viskositätskurve

Ein steigender Füllstoffanteil hingegen reduziert die Fließfähigkeit, da der Füllstoff selbst nicht fließt und das Abgleiten der Ketten zusätzlich behindert. Hier gilt auch eine Verschiebung der Viskositätskurven um 90 °, allerdings zu höheren Viskositäten mit steigendem Füllstoffanteil. Ein besonderer Zustand tritt ein, wenn der Füllstoffanteil sehr hoch wird. Dann kann bei geringer Schergeschwindigkeit der Fließwiderstand extrem ansteigen und ein Fließen blockieren (sogenannte Fließgrenze; Beispiel: Zahnpasta tropft nicht aus der Tube).

Im folgenden Beispiel (Bild 3.18) ist der Biokunststoff Polylactid mit einem Zusatzstoff modifiziert. Bei dem Zusatzstoff handelt es sich um Elastomerpartikel. Die

Partikel dienen der Verbesserung der Schlagzähigkeit (siehe hierzu Abschnitt 3.3.2). Im Bild sind zwei Viskositätskurven dargestellt.

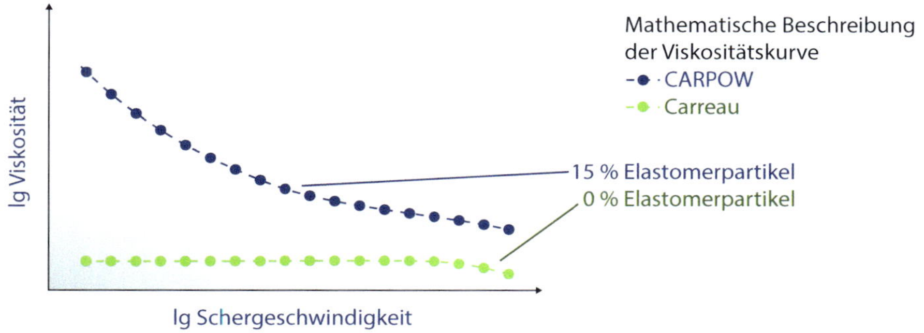

Bild 3.18 Viskositätsverlauf hochgefüllter Polymerschmelzen und deren Beschreibung

Die ungefüllte Polylactidschmelze zeigt das typische Verhalten einer Polymerschmelze (grüne Kurve), die mit dem Carreau-Ansatz beschrieben werden kann. Dagegen besitzt der modifizierte Werkstoff mit Anteil von 15 M.-% Elastomerpartikeln eine Fließbehinderung (blaue Kurve). Die Viskosität steigt bei niedriger Schergeschwindigkeit stark an. Dieser Verlauf lässt sich mathematisch durch einen Ansatz beschreiben, der erstmals durch Dr.-Ing. Kalman Geiger am IKT entwickelt wurde.

Der sogenannte CARPOW-Ansatz besteht aus dem CARreau- und dem Potenzansatz („POWer Law") und ist in Formel (3.14) wiedergegeben. Der Potenzansatz beschreibt hier nicht den strukturviskosen Bereich bei hoher Schergeschwindigkeit, sondern die Erhöhung der Viskosität durch den Füllstoff bei geringen Schergeschwindigkeiten. Die Übereinstimmung von Messung und Berechnung ist beachtlich.

$$\eta(\dot{\gamma}) = \frac{d}{\dot{\gamma}^n} + \frac{A}{(1 + B \cdot \dot{\gamma})^C} \tag{3.14}$$

Mit Hilfe des CARPOW-Ansatzes lassen sich der Druckbedarf der Verarbeitungsmaschine bestimmen und die Verarbeitungswerkzeuge exakt auslegen, sobald hochgefüllte Formmassen verarbeitet werden sollen.

3.1.3 Das Konzept der repräsentativen Viskosität

Bei strukturviskosen Fluiden ist der Verlauf der Schergeschwindigkeit über dem Fließkanal nicht linear, so dass die Strömung eigentlich nicht mehr analytisch berechnet werden kann. Die Nutzung analytischer Berechnungsansätze ist allerdings wünschenswert, weil sie schnell sind und wenig Rechenaufwand bedeuten.

Für Newton'sche Fluide gibt das Hagen-Poisseuille-Gesetz den analytischen Zusammenhang zwischen Volumenstrom und Druckgradienten einer laminaren Strömung an. Werden Fließeigenschaften von Polymerschmelzen mit Formeln für Newton'sche Fluide berechnet, führt dies zu einer abweichenden Fließkurve (sogenannte „scheinbare Viskositätskurve"), die korrigiert werden muss. Bild 3.19 zeigt dies anhand von am IKT ermittelten Viskositätskurven für ein Polypropylen. Die wahre Fließkurve lässt sich dann über eine aufwendige Differentiation der scheinbaren ermitteln (Weißenberg-Rabinowitsch-Korrektur). Durch die Korrektur ergibt sich dann ein verschobener Verlauf für die wahre Viskositätskurve.

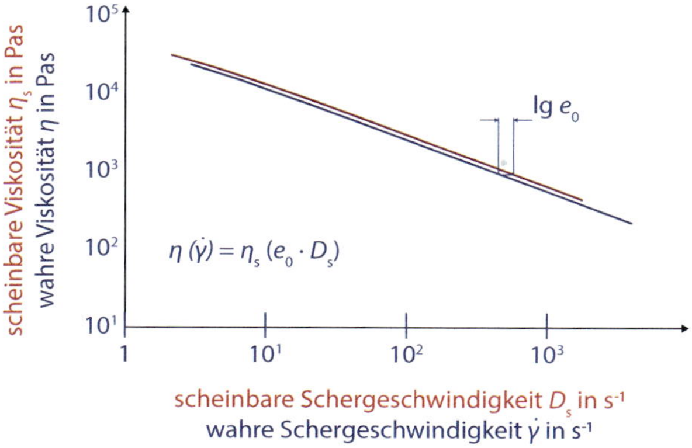

Bild 3.19
Die wahre und die scheinbare Fließkurve

Das Konzept der repräsentativen Viskosität nach Schümmer erlaubt eine Korrektur der scheinbaren Fließkurve, die bei vergleichbarer Genauigkeit wesentlich einfacher ist. Da sich die strukturviskose Schergeschwindigkeit zur Wand hin parabelförmig ändert, muss sie an einer anderen Stelle als in der Kanalmitte noch einmal den gleichen Wert wie die Newton'sche Schergeschwindigkeit annehmen (Bild 3.20).

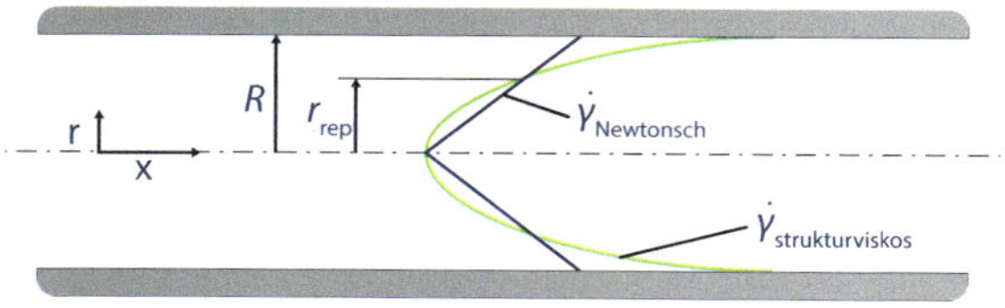

Bild 3.20
Schergeschwindigkeitsverläufe

Diese Stelle ist in der Praxis für fast alle Thermoplaste in etwa gleich und liefert einen Korrekturfaktor e, der empirisch ermittelt wurde:

$$e_0 = \frac{r_{rep}}{R} \approx 0{,}815 \tag{3.15}$$

für Rohre und

$$e = \frac{h_{rep}}{H} \approx 0{,}7222 \tag{3.16}$$

für Schlitze.

Durch Multiplikation mit diesem Korrekturfaktor können für Schlitz- und Rohrströmungen die herkömmlichen analytischen Formeln verwendet werden. Die Schergeschwindigkeit in einem Rohrquerschnitt berechnet sich zu:

$$\dot{\gamma}_{rep} = \frac{4 \cdot \dot{V}}{\pi \cdot R^3} \cdot e_0 \tag{3.17}$$

Die Viskosität lässt sich aus:

$$\eta_{rep} = \frac{a_T \cdot \mathrm{A}}{\left(1 + a_T \cdot B \cdot \dot{\gamma}_{rep}\right)^C} \tag{3.18}$$

berechnen. Der Druckverlust ergibt sich zu:

$$\Delta p = \frac{8 \cdot \eta_{rep} \cdot \dot{V}}{\pi \cdot R^4} \cdot \Delta l \tag{3.19}$$

und die Schubspannung zu:

$$\tau = \frac{\Delta p}{2 \cdot \Delta l} \cdot R \cdot e_0 \tag{3.20}$$

Für einen Schlitz berechnet sich die Schergeschwindigkeit zu:

$$\dot{\gamma}_{rep} = \frac{6 \cdot \dot{V}}{B \cdot H^2} \cdot e \tag{3.21}$$

Die Viskosität berechnet sich zu:

$$\eta_{rep} = \frac{a_T \cdot A}{\left(1 + a_T \cdot B \cdot \dot{\gamma}_{rep}\right)^C} \tag{3.22}$$

Der Druckverlust ergibt sich zu:

$$\Delta p = \frac{12 \cdot \eta_{rep} \cdot \dot{V}}{B \cdot H^3} \cdot \Delta l \tag{3.23}$$

Und die Schubspannung zu:

$$\tau = \frac{\Delta p}{2 \cdot \Delta l} \cdot H \cdot e \tag{3.24}$$

3.1.4 Dehnung von Schmelze

Bei reinen Fließvorgängen durch einen Spalt oder einen Kanal und bei Schleppströmungen (z. B. zwischen zwei Platten, s. o.) wird die Schmelze meist auf Scherung (Bild 3.21, links) beansprucht. Jedoch wird sie in Mischvorgängen, wie z. B. in einer Aufbereitungsschnecke (siehe Abschnitt 3.4), geschert und zugleich gedehnt (Bild 3.21, rechts).

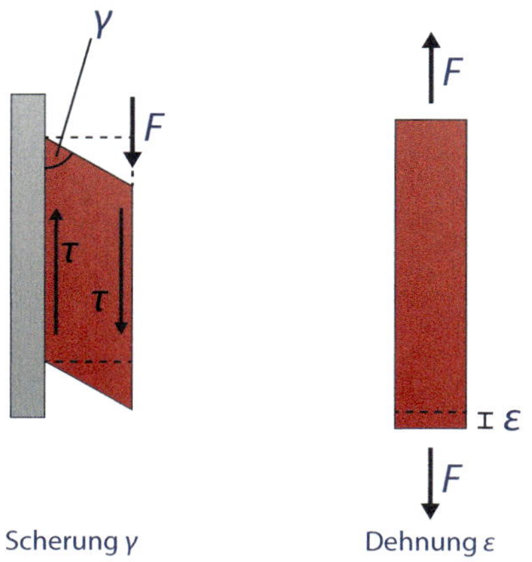

Bild 3.21 Unterschied Dehnung und Scherung

Außerdem gibt es Kunststoffverarbeitungsverfahren, in denen die Schmelze recht stark gedehnt wird, z. B. beim Schäumen von Kunststoffen (siehe Bild 3.22, links, und Abschnitt 3.5.5) dehnt die Blasenbildung die umgebende Schmelze mehr, als dass sie geschert wird. Auch beim Folienblasen (siehe Bild 3.22, Mitte, und Abschnitt 4.1.5) wird die Schmelze nach Düsenaustritt in Extrusionsrichtung und in Umfangsrichtung gedehnt. Letztendlich auch beim Thermoformen (siehe Bild 3.22, rechts, und Abschnitt 4.5.1) wird das sehr warme Kunststoffhalbzeug im thermoelastischen Zustand zu einem Bauteil mehr gedehnt als geschert.

Das Beschichten von z. B. Papier ist zwar keine Kunststoffverarbeitung, jedoch wird auch hier Schmelze auf das sehr schnelle Papier extrudiert und enorm gedehnt. Ein anderes Thema ist das Faserspinnen, welches zur Textiltechnik gehört: Hier wird die Schmelze extrem in die Hauptausrichtung gedehnt und dadurch die Moleküle orientiert.

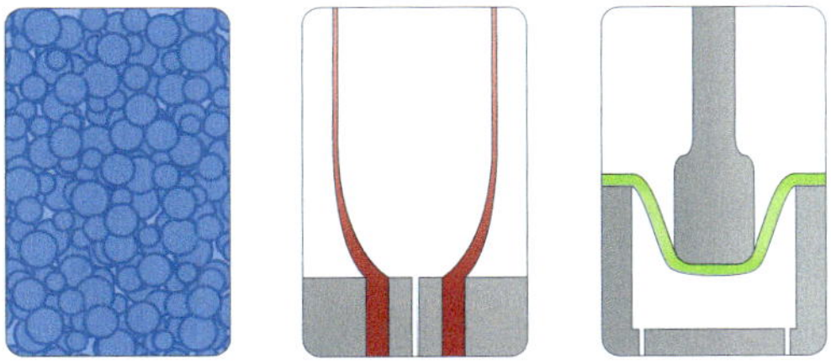

Bild 3.22
Dehnvorgänge in Kunststoffverarbeitungsprozessen

Die Dehnviskosität μ wird ganz ähnlich der mechanischen Werkstoffsteifigkeit definiert. Der Widerstand gegen Schmelzedehnung ist hier allerdings der Quotient aus der Zugspannung σ (nicht Schubspannung!) und der sich einstellenden Dehngeschwindigkeit $\dot{\varepsilon}$:

$$\mu = \frac{\sigma}{\dot{\varepsilon}} \tag{3.25}$$

Das Bild 3.23 zeigt die Fließkurven für Scherung (grün) und Dehnung (blau) derselben Schmelze aus Polyethylen niedriger Dichte (PE-LD).

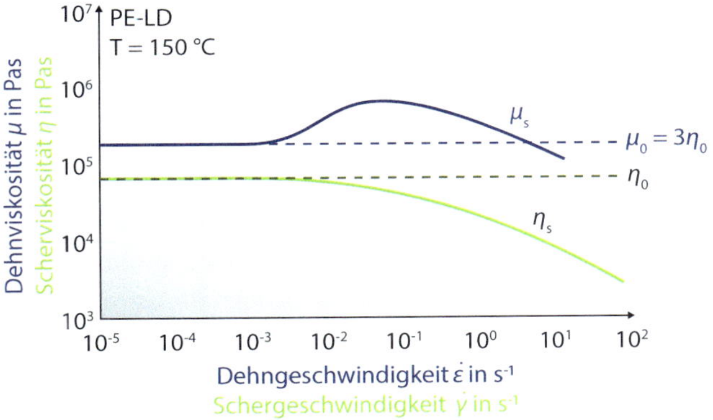

Bild 3.23
Scher- und Dehnviskosität bei PE-LD

Im Newton'schen Bereich ist der Widerstand gegen Dehndeformation etwa dreimal so hoch wie die Scherviskosität: diese Beziehung nennt sich auch Trouton-Beziehung oder Trouton-Gesetz. Das heißt, die Schmelze hat einen größeren Widerstand gegen dehnende Verformung als gegen scherende Verformung. Wir können uns vorstellen, dass bei Dehnung die Schmelze nicht in eine Fließrichtung bewegt wird, sondern von mindestens zwei Seiten gezogen wird, was das Abgleiten erschwert. Bei niedrigen Schergeschwindigkeiten kann man davon ausgehen, dass die Moleküle entlang ihrer Reptationsröhren aus den umgebenden Verschlaufungen gezogen werden. Sind die Makromoleküle sehr linear, dann steigt der Widerstand mit steigender Dehngeschwindigkeit $\dot{\varepsilon}$ nicht an, er verläuft parallel zur Scherviskosität.

Sind sie aber verzweigt, insbesondere langkettenverzweigt, steigt der Widerstand stark an. Dieser Vorgang ist als Buckel in der blauen Kurve in Bild 3.23 erkennbar und wird Dehnverfestigung genannt, obwohl dies wohl weniger an einer ansteigenden Festigkeit, sondern an geringer werdender Verformbarkeit liegt: Die Langketten-Verzweigung der Molekülketten können während der Deformation bei höheren Dehngeschwindigkeiten wohl nicht mehr gut entlang ihrer Reptationsröhren gleiten, sondern zerren auch an den Röhrengrenzen.

Dass dies zu einem größeren Verhaken führen kann, zeigt anschaulich oben das Foto des Kabelgewirrs (Bild 3.8). Wer schon einmal Kabel entwirren musste, weiß, dass ruckartiges Ziehen (= hohe Dehngeschwindigkeit) die Kabel nur noch fester verzurrt.

Bei noch höheren Dehngeschwindigkeiten kann man davon ausgehen, dass die Polymerketten nun ausgerichtet sind und besser aneinander abgleiten. Die Dehnviskosität nimmt wieder ab. Eine höhere Dehnviskosität bedeutet zwar einen höheren Widerstand gegen die Dehndeformation (erfordert höhere Kräfte/Drücke), aber auch einem höheren Widerstand gegen drohenden Schmelzebruch während der Verarbeitung (Folienriss, Schaumblasenkollaps, u. a.). Je nach Anwendungsfall und Art der Kunststoffverarbeitung ist eine hohe Dehnviskosität wünschenswert oder gerade nicht.

3.1.5 Strangaufweitung und Schrumpf

Bereits im Grundlagenabschnitt 2.2.3 wurde der Unterschied zwischen viskosem und elastischem Materialverhalten erläutert und damit auch das Phänomen der Viskoelastizität. Auf der Basis des viskoelastischen Materialverhaltens von Polymeren ergeben sich wichtige Phänomene für die Verarbeitung von Polymeren in der Praxis. Diese machen sich beispielsweise durch den Einlaufdruckverlust, die Strangaufweitung und den Schrumpf durch Orientierung bemerkbar. Der Einlaufdruckverlust wird in 3.1.6 später näher behandelt.

Wird eine Schmelze durch eine Verengung gedrückt (z. B. durch eine Düse), werden die Polymerketten in der Kapillare beschleunigt (Kontinuitätsgleichung) und dabei in Fließrichtung geschert. Diese Ausrichtung wurde teilweise durch Valenzwinkeländerungen (elastisch), teilweise durch Platzwechsel der Polymerketten (plastisch) ermöglicht. Während die plastisch deformierten Anteile sich nicht zurückstellen, werden die elastischen nach Austritt aus der Düse zurückgestellt. Es gibt eine sogenannte Strangaufweitung (Bild 3.24).

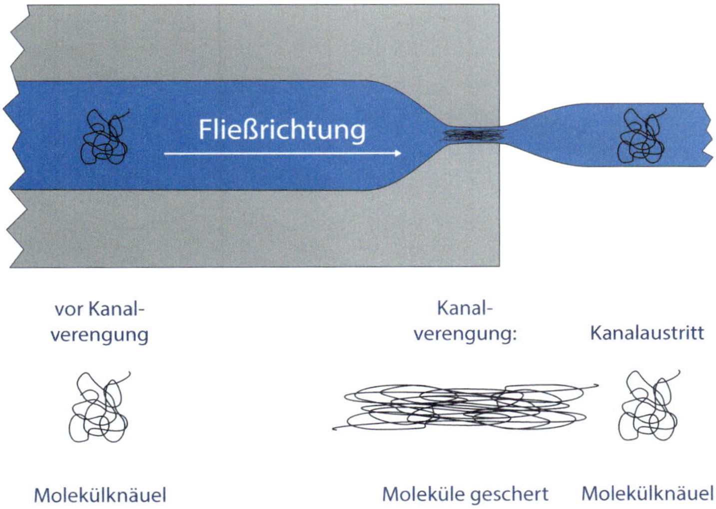

Bild 3.24 Strangaufweitung

Betrachten wir statt einer Extruderdüse nun einen Werkzeugspalt eines Spritzgießwerkzeuges (siehe Abschnitt 4.2); hier laufen recht ähnliche Deformationsmechanismen ab. Beim Einspritzen werden einige Molekülketten ebenfalls elastisch und plastisch deformiert und dadurch orientiert.

Dieser Zustand wird im Spritzgießwerkzeug jedoch – besonders bei dünnwandigen Bauteilen – recht schnell eingefroren. Sie können bei transparenten Kunststoffen im polarisierten Licht sichtbar gemacht werden (Bild 3.25, links). Um polarisiertes Licht zu erhalten, werden sogenannte Polarisationsfilter eingesetzt. Das sind Filter aus anisotropen und damit optisch doppelbrechenden Platten, die nur eine Schwingungsrichtung des Lichtes durchlassen. Stellt man diese Filter so gegeneinander, dass die jeweils durchgelassenen Schwingungsebenen senkrecht aufeinander stehen, so ist das System (Polariskop) lichtundurchlässig.

CD-Hülle in polarisiertem Licht (Originalteil)

CD-Hülle nach Warmhaltung bei 100 °C

Bild 3.25 Orientierung und Schrumpf

Amorphe, transparente Kunststoffe wie PC, PS oder PMMA erscheinen, wenn sie isotrop, also spannungs- und orientierungsfrei sind, zwischen gekreuzten Polarisatoren eines Polariskops schwarz. Mechanisch belastete oder durch das Herstellverfahren mit Spannungen behaftete Bauteile zeigen optische Spannungsdoppelbrechung, die dem Betrachter als Isochromate (Linien gleicher Farbe) erscheinen. Die Farbe und der Abstand der Linien sind ein Maß für die Doppelbrechung und somit für die vorliegenden Orientierungs- und Spannungszustände.

Gibt man den in diesem orientierten Zustand eingefrorenen Polymerketten wieder mehr Bewegungsspielraum (höhere Temperatur und genügend Zeit), stellen sich die elastisch deformierten Ketten rasch wieder zurück z. B. in Bild 3.25 rechts. Man nennt diese Rückstellung auch Memory-Effekt. Er wird bei Schrumpffolien ganz bewusst eingesetzt; bei den meisten Bauteilen jedoch ist eine zu starke Orientierung unerwünscht und kann zu vorzeitigem Versagen durch Rissbildung (zwischen Orientierungen) oder zu ungewollter Deformation führen. Die Messung des Schrumpfs dient bei teilkristallinen Polymeren und Kunststoffen der Abschätzung des Orientierungsgrades.

Es ist an dieser Stelle wichtig, den Unterschied zwischen Schwindung und Schrumpf besonders herauszustellen. Schwindung beschreibt den Effekt dichterer Molekülanordnung während des Erstarrens (z. B. beim Kristallisieren eines Thermoplasten oder während des Vernetzens eines Duromeren) und somit eindeutig eine Volumenänderung. Schrumpf geschieht ausschließlich durch Rückstellung von Orientierungen. Die Form mag dadurch geändert werden, nicht aber das Volumen.

3.1.6 Rheometrie – die Messung der Fließeigenschaften

Zur Auslegung von Verarbeitungsmaschinen und Formgebungswerkzeugen werden Stoffdaten benötigt, die das Fließverhalten hinreichend charakterisieren. Rheometrie beschäftigt sich mit dem Messen und Beschreiben dieser Fließeigenschaften. Die rheologischen Stoffdaten handelsüblicher Werkstoffe werden in öffentlichen Datenbanken wie z. B. „Campus“ abgelegt (Bild 3.26).

QR-Code 3-2

Dies ist ein Link auf die öffentliche Kunststoffdatenbank CAMPUS

http://www.ikt.uni-stuttgart.de/links/Videolinks/Campus

Die rheologischen Stoffwerte einer Substanz hängen ab von:

- der Art der Belastung (Scherung, Dehnung),
- der Höhe der Belastung,
- der Dauer der Belastung und
- der Temperatur.

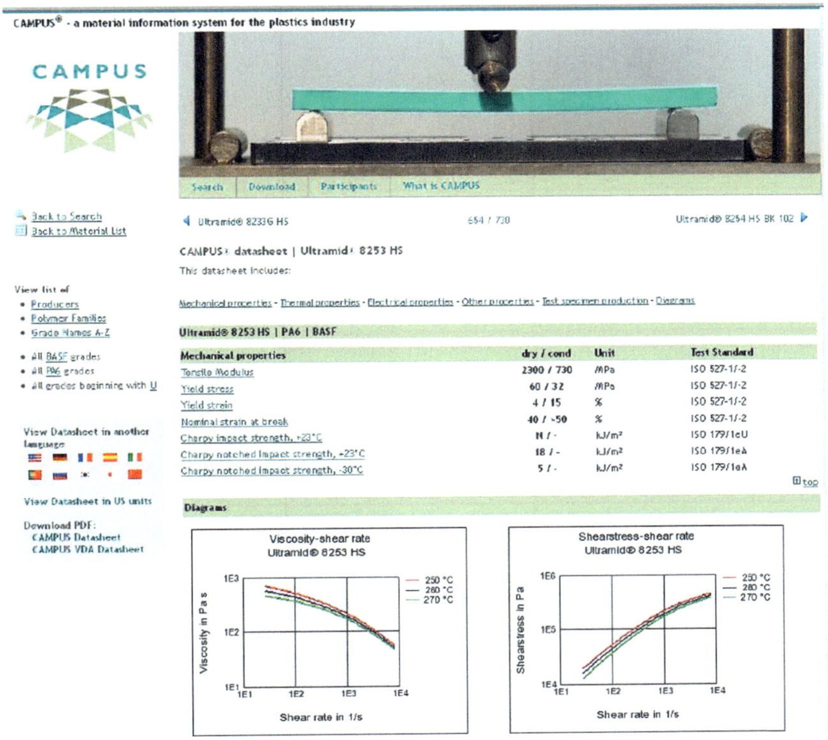

Bild 3.26 Rheologische Stoffdaten in der öffentlichen Datenbank CAMPUS

3.1.6.1 Die Messung des Schmelzemassefließrate MFR

Die Schmelzemassefließrate oder Schmelzevolumenfließrate (engl. „melt flow index“, MFI, oder „melt flow rate“, MFR) ist eine weit verbreitete rheologische Kenngröße. Hier wird die Schmelzedurchflussmenge pro Zeit durch eine genormte Kapillare unter Belastung gemessen (Bild 3.27) und auf die Messzeit von 10 min bezogen. Gemessen wird meist die durchgeflossene Masse. Hieraus kann auch das Volumen gemessen werden (sogenannter „Melt-Volume-Index“, MVI), wenn die Dichte bei der Messtemperatur bekannt ist. Zur Vergleichbarkeit werden Messtemperatur und Belastungsgewicht angegeben, z. B. „MFR 190/5“ steht für 190 °C und 5 kg.

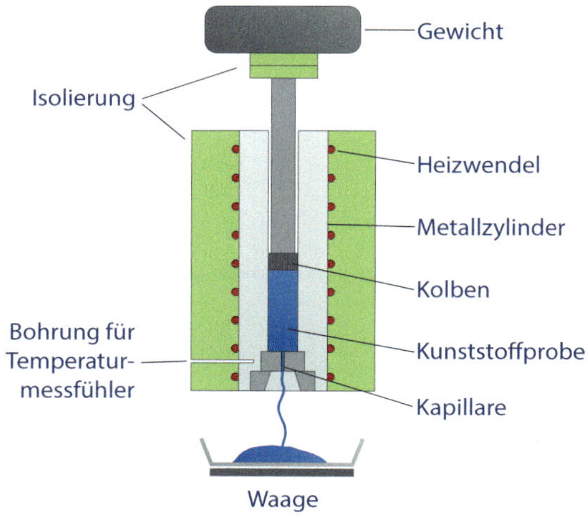

Bild 3.27 Messung des Schmelzeindex

Dieses Messverfahren ist einfach, schnell durchführbar und benötigt nur eine kleine Probenmenge. Dadurch ist es besonders zur Wareneingangskontrolle geeignet. Leider ist das Ergebnis nur ein Punktwert (Bild 3.28) und beschreibt nicht die gesamte Viskositätskurve, da nur bei einer Schubspannung, hervorgerufen durch das aufgebrachte Gewicht die sich einstellende Schergeschwindigkeit gemessen wird.

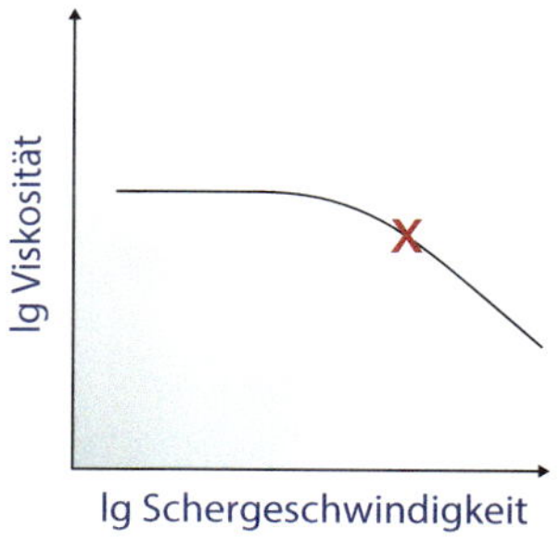

Bild 3.28 MFR-Wert ist nur ein Punkt auf der Viskositätskurve

Darüber hinaus werden die Prüfparameter Gewicht und Temperatur an den zu messenden Werkstoff angepasst, so dass sinnvolle Werte gemessen werden. Hierunter leidet allerdings die Vergleichbarkeit untereinander. So reichen z. B. für Polyethylen (PE) 190 °C (bei einem Gewicht von 2,16 kg), bei Polypropylen werden 230 °C (bei gleichem Gewicht) verwendet. Je höher der MFR-Wert, desto mehr Schmelze ist in 10 Minuten durch die Kapillare gedrückt worden. Somit ist ein hoher MFR-Wert ein Hinweis auf eine geringe Schmelzeviskosität.

3.1.6.2 Das Hochdruck-Kapillarrheometer

Das Hochdruck-Kapillarrheometer (Bild 3.29) ist ein Prüfgerät zur exakten Bestimmung der stationären Scherviskosität in Abhängigkeit von Schergeschwindigkeit $\dot{\gamma}$ und Temperatur ϑ. Das Funktionsprinzip dieses Rheometers ist dem MFR-Prüfgerät ähnlich, allerdings wird der Kolben mit definierter Geschwindigkeit statt durch eine definierte Belastung verfahren. Es erfolgt also ein geschwindigkeitsgeregeltes Durchpressen der Schmelze durch einen temperierten Flachschlitz mit definierter Geometrie.

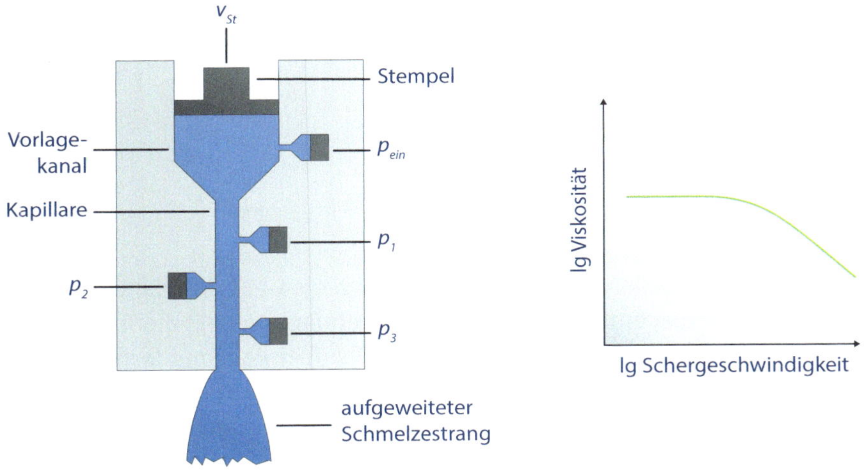

Bild 3.29 Hochdruck-Kapillarrheometer

Der Druckabfall entlang der Kapillare wird für jeweils eine bestimmte Schergeschwindigkeit $\dot{\gamma}$ gemessen. Aus Druckabfall Δp und Flachschlitzgeometrie kann die Schubspannung τ errechnet werden. Diese, geteilt durch die mit Kolbengeschwindigkeit eingestellte Schergeschwindigkeit $\dot{\gamma}$, ergibt die Viskosität η des jeweiligen Fließzustands. Durch Erhöhen der Kolbengeschwindigkeit wird die Schergeschwindigkeit verändert und es stellt sich ein anderer Druckabfall ein, welcher erneut die Viskosität errechnen lässt. Wie in Abschnitt 3.1.4 erläutert, muss bei dieser Rechnung die ermittelte scheinbare Viskositätskurve in eine wahre umgerechnet werden.

Aufgrund der Viskoelastizität der Schmelze kommt es beim Hochdruck-Kapillarrheometer zu einem „Einlaufdruckverlust“, d. h., es gibt bereits einen Druckabfall durch das Zusammenstauchen der Polymerkette in der Kapillare. Da dieser Druckabfall polymerspezifisch ist, müssen ggf. die gemessenen Druckverluste um diesen korrigiert werden. Wendet man Kreiskapillaren an, so muss die sog. Bagley-Korrektur durchgeführt werden.

Hierzu wird das gleiche Polymer nacheinander durch verschiedene Kapillaren unterschiedlicher L/D-Verhältnisse und gleicher Einlaufgeometrie geschickt und der sich jeweils einstellende Druck gemessen. Die jeweilig gemessenen Druckverluste werden auf ein $\frac{L}{D} = 0$ extrapoliert (Bild 3.30). Der dortige Wert ist der Einlaufdruckverlust, der nun vom gemessenen Druckverlust abgezogen werden muss.

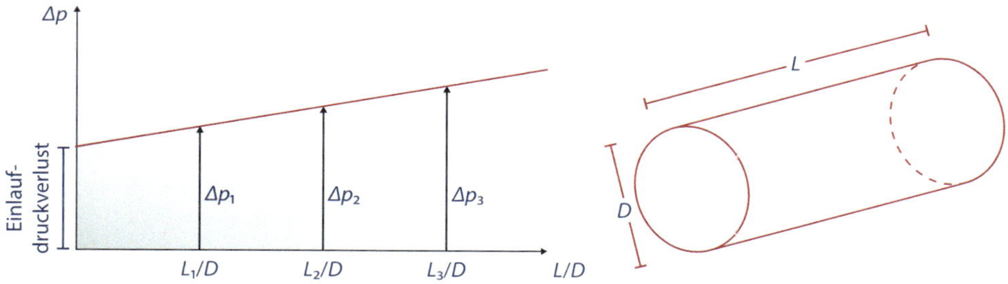

Bild 3.30 Viskositätsmessung mit dem Hochdruck-Kapillarrheometer

Die Vorteile des Hochdruck-Kapillarrheometers liegen auf der Hand: Die Ermittlung der Wandschubspannung τ_W gelingt recht einfach, sobald die Bagley-Korrektur durchgeführt wurde, anhand des Druckabfalls über der Kapillare. Es kann mit dem Stempelvorschub ein breiter Messbereich realisiert werden, der den gesamten verarbeitungsrelevanten Schergeschwindigkeitsbereich (Kapitel 4: z. B. Extrusion und Spritzgießen) abdeckt. Die Strömungsform ist vergleichbar mit der der Verarbeitung, es sind On- oder Inline-Messungen möglich und bei druckgesteuertem Betrieb ist sogar die Ermittlung der Schergeschwindigkeit bei jeweilig eingestellter Schubspannung möglich.

Der größte Nachteil ist der Zeitaufwand, welcher für eine schnelle Wareneingangskontrolle zu groß ist. Des Weiteren sind für die vielen Messpunkte, die angefahren werden, mehrere 100 g Granulat erforderlich.

3.1.6.3 Rotationsrheometer

Apparativ weniger aufwendig als das Hochdruck-Kapillarrheometer sind Rotationsrheometer. Sie erlauben die Messung anhand einer reinen Schleppströmung, welche z. B. in Verarbeitungsschnecken auftreten. Das Messprinzip ist jeweils gleich: ein bewegter Messkörper rotiert oder oszilliert mit der Kunststoffschmelze gegen einen feststehenden Messkörper. Es kann eine definierte Winkelgeschwindigkeit eingestellt werden und die sehr präzise Messung des Drehmoments erlaubt insbesondere die Ermittlung des komplexen Schubmoduls und seiner Anteile Speicher- und Verlustmodul.

Der Schubmodul G ist – äquivalent zum E-Modul für Zugspannungen (siehe Abschnitt 2.2.1) – das Verhältnis von Schubspannung zu Scherung. Der Speichermodul G' enthält dabei den elastischen Anteil der Verformung, ist also ein Maß für die elastisch gespeicherte Energie, während der Verlustmodul G'' den viskosen Anteil enthält, also die bei der Scherung durch Umordnungsprozesse „verlorene" Energie. Die beiden Größen dienen also der Beschreibung des viskoelastischen Verhaltens. Den Quotienten aus G'' und G' nennt man mechanischen Verlustfaktor tan δ. Aus Speicher- und Verlustmodul wird auch die Viskosität abgeleitet.

Es gibt verschiedene Arten von Rotationsrheometern: das Platte-Platte-System (Bild 3.31), das Kegel-Platte-System (Bild 3.32) und das Couette-System (Bild 3.33). Diese werden im Folgenden näher betrachtet:

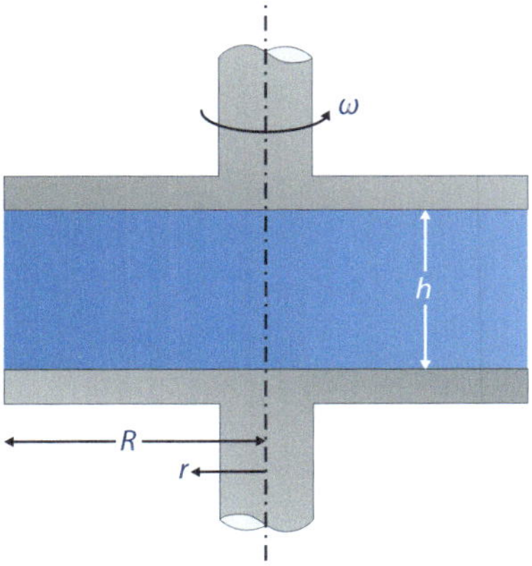

Bild 3.31 Platte-Platte-Rheometer

Beim **Platte-Platte-Rheometer** wie in Bild 3.31 dargestellt, wird die obere ebene Platte (h = konst.) drehend gegen die untere stehende bewegt (rotatorisch oder oszillierend). Die Schergeschwindigkeit der sich einstellenden Schleppströmung bildet sich auch hier als Quotient der Umlaufgeschwindigkeit der bewegten Platte und des Abstandes der Platten:

$$\dot{\gamma} = \frac{\nu}{h} \tag{3.26}$$

Da die eine Platte sich hier aber dreht, ist die Geschwindigkeit ν(r) eine Funktion der Winkelgeschwindigkeit ω:

$$\nu\left(r\right) = r \cdot \varpi \tag{3.27}$$

Somit ist die Schergeschwindigkeit:

$$\dot{\gamma} = \frac{r \cdot \varpi}{h} \tag{3.28}$$

Der Vorteil dieses Systems ist eine einfachere Prüfkörpervorbereitung und Einbau der Prüfkörper. Es werden hierzu meist Granulatkörner zu einer Prüfkörperplatte gepresst, ein runder Prüfkörper herausgesägt, zwischen die Platten des Rheometers gelegt und langsam aufgeheizt. Auch gefüllte Systeme können gemessen werden. Ein Nachteil ist sicherlich, dass es keine einheitliche Schergeschwindigkeit im Messspalt ergibt, da die Umfangsgeschwindigkeit mit dem Radius zunimmt. Somit gibt es bei Schwingversuchen nur für kleine Scherdeformationen sinnvolle Ergebnisse.

Beim **Kegel-Platte-Rheometer** (Bild 3.32) erzeugt ein sehr flacher Kegel ($\beta < 4°$) trotz zunehmendem Radius r eine annäherungsweise homogene Scherströmung, d. h. konstante Schergeschwindigkeit und Schubspannung über den gesamten Messspalt.

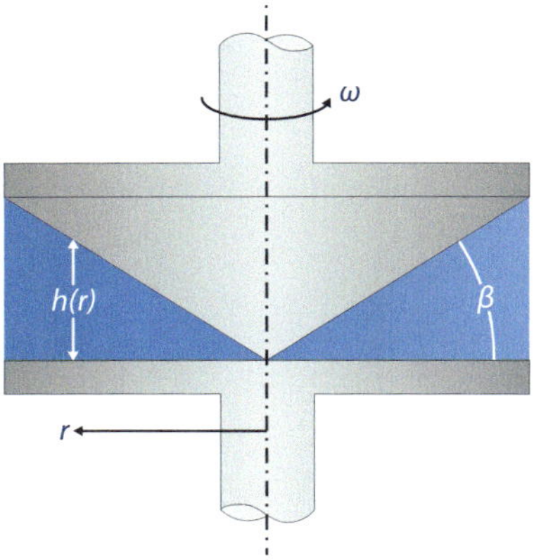

Bild 3.32 Das Kegel-Platte-Rheometer

Die Schergeschwindigkeit $\dot{\gamma}$ berechnet sich ebenfalls zu:

$$\dot{\gamma} = \frac{\nu}{h} \tag{3.29}$$

h ergibt sich dabei zu:

$$h(r) = r \cdot \tan(\beta) \approx \mathrm{r} \cdot \beta\,;\ \text{wenn r klein} \tag{3.30}$$

Durch den geringen Spaltwinkel β ist somit eine direkte Messung der Schergeschwindigkeit durch den Quotient aus Winkelgeschwindigkeit und Spaltwinkel über folgende Formel möglich:

$$\dot{\gamma} = \frac{r \cdot \overline{\omega}}{r \cdot \beta} = \frac{\overline{\omega}}{\beta} \tag{3.31}$$

Einziger Nachteil ist, dass manche gefüllte Werkstoffsysteme nicht gemessen werden können, da sich die Füllstoffe in der Mitte im Bereich geringer Spalthöhe verklemmen können. Hierbei kann es nicht nur zu Fehlmessungen kommen, sondern auch zur Schädigung des Gerätes. Messbar sind Partikel mit Größen von etwa 20 bis 50 µm.

Tabelle 3.3 Vor- und Nachteile des Platte-Platte-Rheometers und des Kegel-Platte-Rheometers

	Platte-Platte-Rheometer	Kegel-Platte-Rheometer
Vorteile	▪ Leichte Präparation des Prüfkörpers ▪ Universell einsetzbar ▪ Spalthöhe variabel ▪ Kompensation von Temperatureffekten möglich	▪ Nahezu konstante Schergeschwindigkeit
Nachteile	▪ Schergeschwindigkeit nicht konstant über Radius	▪ Präparation des Prüfkörpers nicht einfach ▪ Nicht nützlich für alle gefüllten Systeme ▪ Lange Wartezeiten beim Einbau hochviskoser Prüfkörper

Das **Couette-Rheometer** (Bild 3.33) besteht aus zwei konzentrisch angeordneten Zylindern, in denen der Prüfkörper durch Rotation eines Zylinders einer Scherströmung ausgesetzt wird. Die großen Scherflächen an den Zylinderwandungen ermöglichen große Drehmomente auch bei geringem Fließwiderstand, so dass auch niedrigviskose Substanzen wie Monomerlösungen messbar werden. Nachteilig ist allerdings, dass hochviskose Thermoplastschmelzen nicht gemessen werden können. Auch gibt es Fehlereinflüsse durch die Strömung im Bodenbereich und an der konzentrischen Kreisring-Oberfläche.

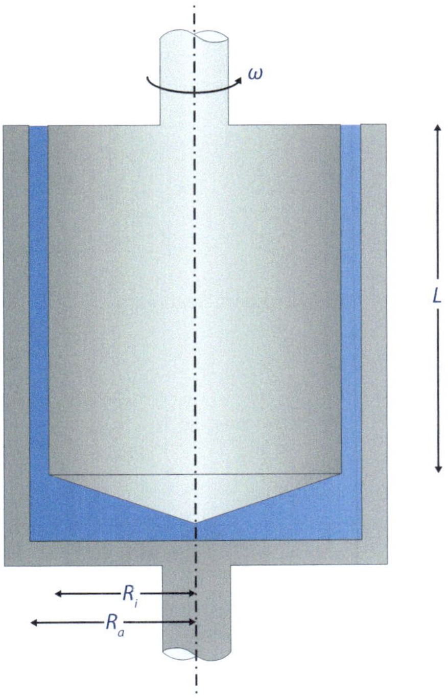

Bild 3.33 Das Couette-Rheometer

Versuchsarten mit Rotationsrheometern

Mit Rotationsrheometern können verschiedene Arten von Versuchen an Schmelzen durchgeführt werden (Bild 3.34). Mit konstanter Drehzahl und dadurch konstanter Schergeschwindigkeit kann über das sich einstellende Drehmoment die sich einstellende Schubspannung ermittelt werden. Bei diesem sogenannten **Spannversuch** lässt sich durch Variation der Drehzahl und damit der Schergeschwindigkeit die Viskositätsfunktion für kleine und mittlere Schergeschwindigkeiten ermitteln.

Mit einem Rotationsrheometer kann auch eine konstante Schubspannung aufgeprägt und die zunehmende Scherung aufgenommen werden. Dies wird als **Kriechversuch** bezeichnet. Andersherum kann im **Relaxationsversuch** eine konstante Deformation und damit Scherung induziert und die sich spontan einstellende Schubspannung mit deren Abklingen über der Zeit gemessen werden.

Im sogenannten **Schwingversuch** wird oszillierend Scherung induziert und das sich einstellende Drehmoment/Schubspannung gemessen. Der Schwingversuch gibt vor allem Auskunft über das viskoelastische Verhalten der Schmelze. Zwischen Verlauf des Scherwinkels und der Schubspannungsantwort entsteht eine Phasenverschiebung zwischen 0° (rein elastisches Verhalten) und 90° (rein viskoses Verhalten), anhand derer sich die viskoelastischen Eigenschaften der Kunststoffschmelze charakterisieren lassen. Es lassen sich Speicher- und Verlustmodul (G', G'') sowie die Dämpfung tan δ ermitteln.

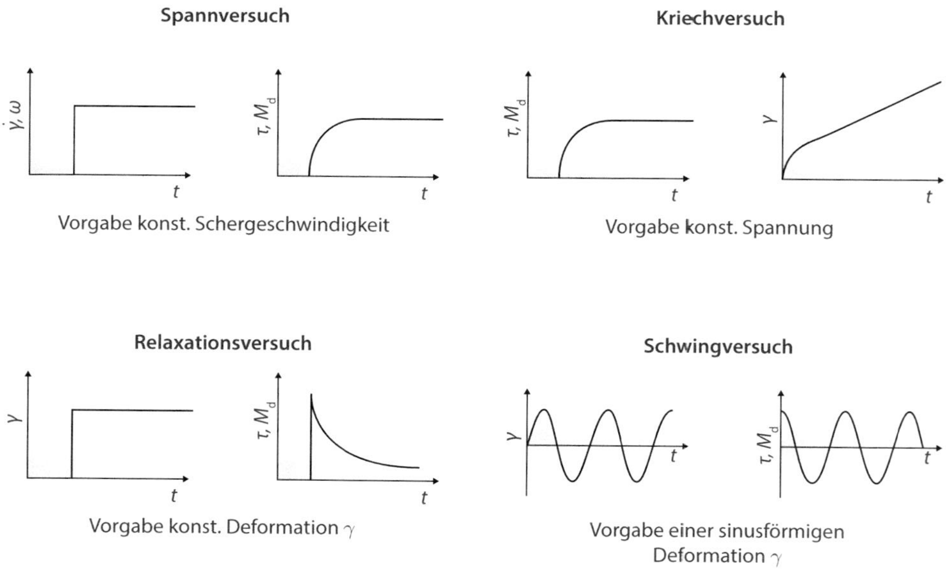

Bild 3.34 Verschiedene Versuchsarten mit Rotationsrheometern

In der in Bild 3.35 dargestellten qualitativen Viskositätskurve wird gezeigt, in welchem Schergeschwindigkeitsbereich die verschiedenen Rheometer arbeiten. Das Hochdruck-Kapillarrheometer kann zwar keine sehr kleinen Schergeschwindigkeiten realisieren, aber dafür den gesamten für die Kunststoffverarbeitung relevanten Schergeschwindigkeitsbereich abbilden: von den recht langsamen Fließprozessen beim Thermoformen, über die Extrusion, bis hin zum Spritzgießen mit sehr hohen Schergeschwindigkeiten.

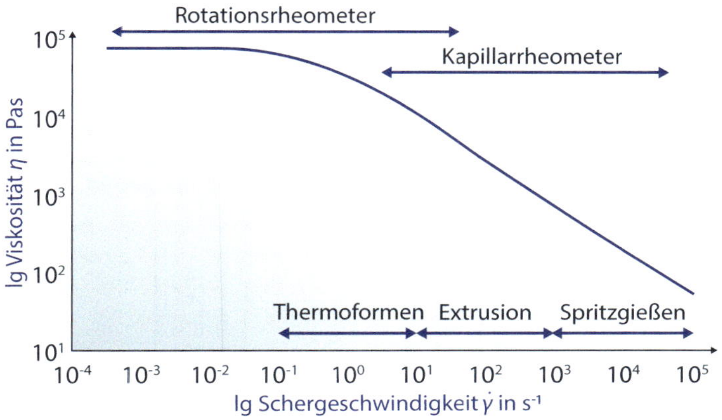

Bild 3.35 Einsatzbereich der Kapillar- und Rotationsrheometer

Die Rotationsrheometer bilden zwar eher kleine Schergeschwindigkeitsbereiche ab, dennoch können aus diesen vielfältigere Informationen über das Fließverhalten entnommen werden. Beide Arten haben also ihre Berechtigung.

Tabelle 3.4 Vor- und Nachteile von Rotationsrheometern

Vorteile	Nachteile
große Spannbreite an rheologischen Messmethoden	sensitiv gegenüber Parallelität der Platten
Viskositäten von bis zu 1 mPas messbar	thermischer Abbau bei langen Versuchszeiten möglich
kleine Probemengen	Fluidinstabilitäten limitieren die maximal mögliche Rotationsgeschwindigkeit
einfache Reinigung	

3.1.6.4 Dehnrheometer

Zu guter Letzt soll noch erläutert werden, wie eine Schmelze auf Zug belastet und somit deren Dehnverhalten ermittelt werden kann (Bild 3.36). Der Messvorgang ist vergleichbar mit einer Zugprüfung am festen Prüfkörper. Es wird eine Deformation aufgeprägt und die sich einstellende Spannung mittels Kraftaufnehmer ermittelt.

Der stabförmige Kunststoffprüfkörper wird in einem Ölbad kontinuierlich bis zur Schmelze erwärmt. Das Öl ist so gewählt, dass es bei Schmelzetemperatur die gleiche Dichte wie die Polymerschmelze hat, um Gravitations- oder Auftriebskräfte während des Versuchs zu vermeiden.

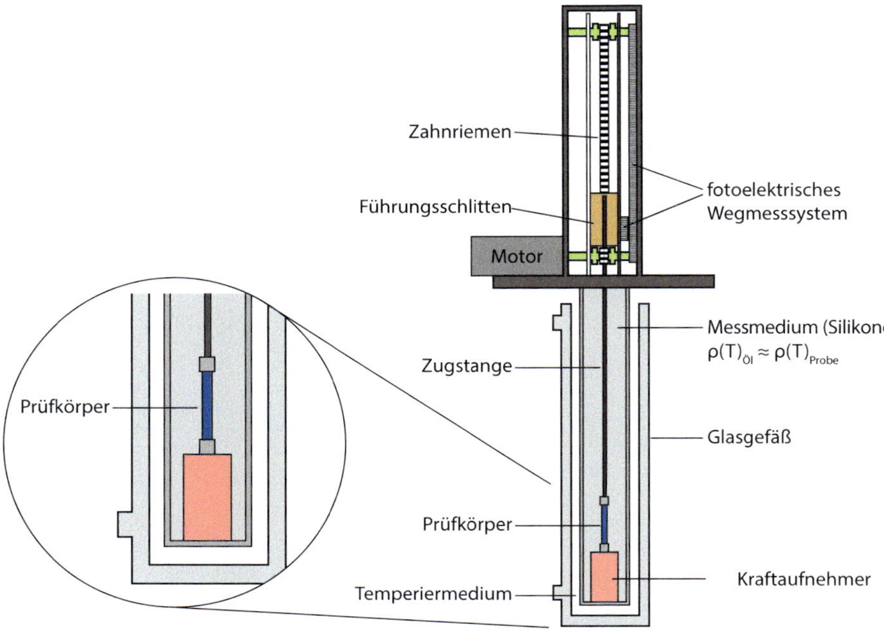

Bild 3.36 Uniaxiales Dehnrheometer nach Münstedt

■ 3.2 Verhalten als Festkörper – Festkörpereigenschaften und deren Messung

Die Festkörpereigenschaften sind immens wichtig für den bestimmungsgemäßen Gebrauch von Produkten aus Kunststoff und werden in diesem Abschnitt vorgestellt. Die endgültigen Eigenschaften des Produkts stehen erst nach der Verarbeitung zum Produkt fest, daher werden in Abschnitt 3.5.1 auch die Einflüsse der Verarbeitung auf die Eigenschaften vorgestellt.

Die Festkörpereigenschaften von Kunststoffen sind gänzlich anders als die anderer klassischer Konstruktionswerkstoffe (Bild 3.37). Schauen wir uns die Eigenschaften von thermoplastischen Kunststoffen im Vergleich zu Stahl (Wert = 1) an: Die Dichte ist ca. 10-mal geringer, die Schmelztemperatur ebenfalls. Die Schmelzwärme jedoch ist in etwa gleich bzw. etwas höher. Dies kommt daher, weil die

Wärmekapazität von Kunststoffen recht hoch ist. Die Wärmeleitfähigkeit hingegen ist um den Faktor 100 geringer.

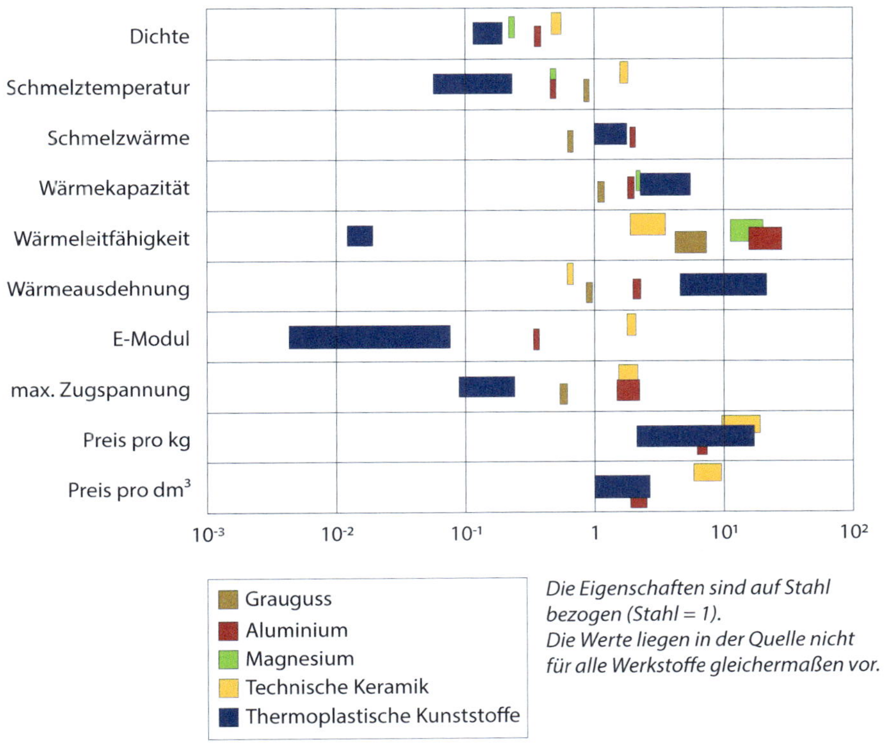

Bild 3.37 Eigenschaften thermoplastischer Kunststoffe im Vergleich; nach [2]

Die hohe Wärmeausdehnung macht Kunststoff-Metall-Hybridbauteilen oft zu schaffen. Der E-Modul ist 10- bis 100-mal geringer, kann aber durch Bauteilgestalt (Stichwort: „höheres Flächenträgheitsmoment") und in Lastrichtung ausgerichtete Fasern kompensiert werden. Die um den Faktor 10 niedrigere maximale Zugspannung ist allerdings nur mit Fasern in Belastungsrichtung zu verbessern.

Der Preis pro kg Werkstoff ist um einiges höher als der von Stahl. Kunststoff ist also alles andere als ein billiger Werkstoff. Der Preis pro Liter ist auf ähnlichem Niveau und auch eine faire Betrachtungsweise, da Kunststoffbauteile, wenn sie Stahlbauteile ersetzen, meist das gleiche Volumen, nicht aber das gleiche Gewicht aufweisen („Leichtbau").

In den folgenden Abschnitten, werden diese und andere Eigenschaften vertieft.

3.2.1 Mechanische Eigenschaften von Kunststoffen

3.2.1.1 Der Zugversuch

Die Grundlagen der Kraftübertragung wurden in Abschnitt 2.2 aufgefrischt. Die Messung der mechanischen Eigenschaften erfolgt auch bei Kunststoffen mittels Zugprüfung. Sie heißt „quasistatisch“, weil der Prüfkörper gegenüber realer Belastung eher langsam belastet wird.

In Bild 3.38 wird schematisch eine Anordnung für die Zugprüfung nach DIN EN ISO 527 „Kunststoffe - Bestimmung der Zugeigenschaften“ dargestellt. Am oberen Bildrand ist die geregelt verfahrbare Traverse der Maschine angedeutet, über welche mittels Einspannbacken auf einen Prüfkörper (etwa in der Mitte) eine Dehnung aufgeprägt wird.

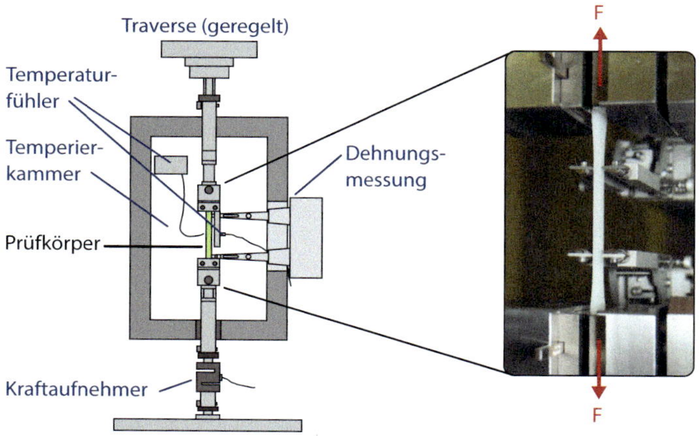

Bild 3.38 Zugprüfung - schematischer Aufbau

Die sich einstellende Kraft wird über eine Kraftmessdose (im unteren Bildbereich) erfasst. Der zu messende Prüfkörper kann von einer geregelten Temperierkammer umschlossen werden, um auch unter Temperatureinfluss zu messen. Die sich einstellende Dehnung wird über sogenannte Extensometer (siehe auch Foto im Bild 3.38) während des Versuchsablaufs sehr exakt gemessen.

Mit diesem Verfahren kann sehr präzise und für alle Kunststoffe eine Zugbeanspruchung im einachsigen Spannungszustand aufgeprägt werden. Hierdurch können Werkstoffsteifigkeit (charakterisiert durch den Ursprungs-E-Modul), Dehnungen und Festigkeiten ermittelt werden (Bild 2.36). Besonderer Vorteil dieses Verfahrens ist die weite Verbreitung und universelle Einsetzbarkeit, eventueller Nachteil die geringe Prüfgeschwindigkeit.

QR-Code 3-3

Quasistatischer Zugversuch an einem Prüfkörper im IKT-Prüflabor. Zur besseren Darstellung wurde die Temperierkammer hier nicht eingesetzt.

http://www.ikt.uni-stuttgart.de/links/Videolinks/Zugpruefung

In Bild 3.39 wird ein Eindruck vermittelt, wie unterschiedlich das Verhalten von Baustahl, dem technischen Kunststoff Polycarbonat (PC), dem Standardkunststoff Polyethylen niedriger Dichte (PE-LD) und weiterer gebräuchlicher Kunststoffe ist.

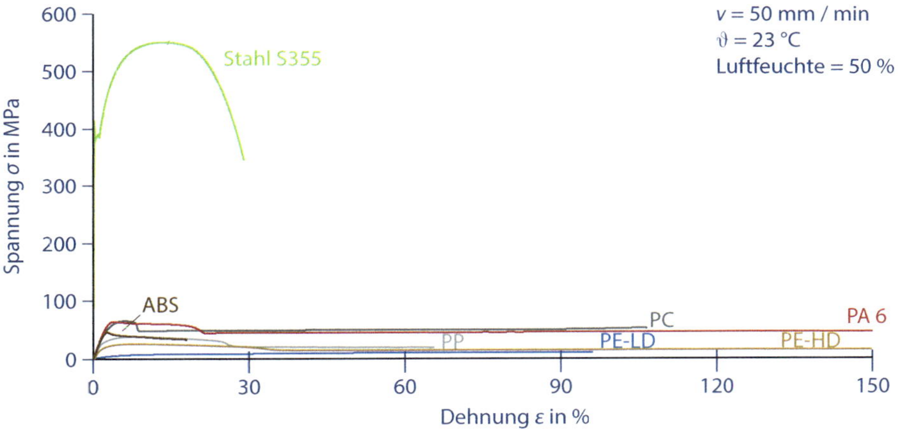

Bild 3.39 Vergleich Stahl – Kunststoff

Auch verschiedene Thermoplaste verhalten sich unterschiedlich zueinander. Die in Bild 3.40 exemplarisch gewählten amorphen Thermoplaste Polycarbonat (PC) und Polylactid (PLA) sind weit fester, aber zugleich weit weniger dehnfähig als die hier gewählten teilkristallinen Thermoplaste Polypropylen (PP) und Polyethylen hoher Dichte (PE-HD).

In Bild 3.41 ist eine typische Spannungs-Dehnungskurve eines teilkristallinen Thermoplasten qualitativ dargestellt. In der Nähe des Ursprungs, also im Bereich kleiner Dehnungen, verhalten sich Kunststoffe, auch Thermoplaste, linear-elastisch. Das heißt, sie würden sich nach geringer Deformation bei Entlastung spontan wieder auf den Ursprung zurückstellen.

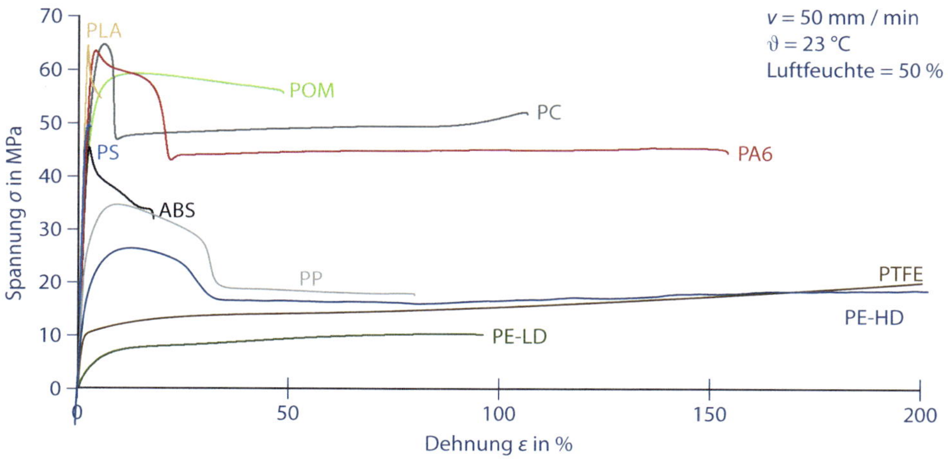

Bild 3.40 Vergleich verschiedener Thermoplaste

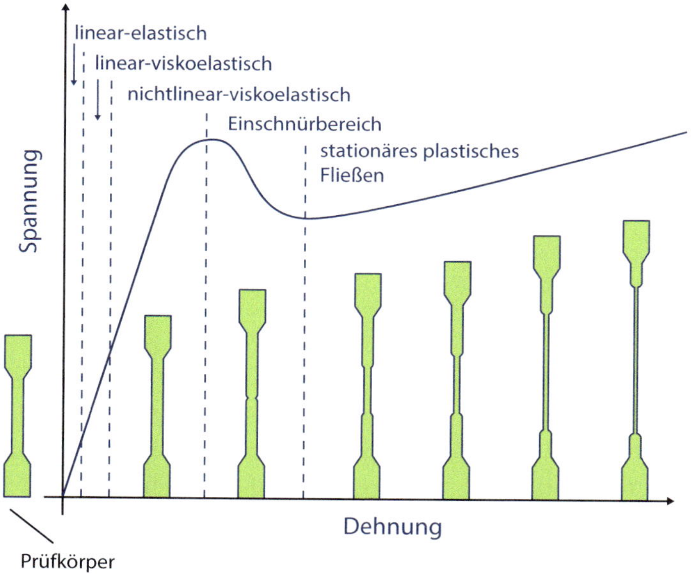

Bild 3.41 Verformungsverhalten unter Last; nach [3]

Dehnt man etwas weiter, überlagert sich ein Fließen, welches sich mit der Zeit wieder zurückstellen kann: hier verhält sich der Werkstoff linear-viskoelastisch. Im weiteren Dehnungsverlauf kommen irreversible Entschlaufungen, Crazes und Mikrorisse, also ein irreversibler plastischer Anteil, hinzu. Ab jetzt verhält sich der Werkstoff insgesamt nichtlinear-viskoelastisch, denn er stellt sich nach Entlastung immer noch teilweise zurück.

Erst nach Überschreiten der Streckgrenze dominieren das viskose Verhalten und die plastische Deformation, auch erkennbar an der Einschnürung des Prüfkörpers mit einhergehender Querschnittsveränderung. Die elastische Rückstellung ist hier sehr gering.

3.2.1.2 Der Schnellzerreißversuch

Schnellzerreißmaschinen ermöglichen Zugversuche bei sehr hohen Geschwindigkeiten. In Bild 3.42 ist die Schnellzerreißmaschine des IKT mit Prüfgeschwindigkeiten von bis zu 20 m/s dargestellt. Im Hintergrund sieht man die hier zurückgefahrene Temperierkammer, ganz ähnlich der des quasistatischen Zugversuchs (siehe oben), um den Temperatureinfluss ebenfalls erfassen zu können. Ein oberer Mitnehmer umgreift ein Querjoch, welches am oberen Teil eines Zugprüfkörpers angebracht wird. Die untere Einspannung wird hydraulisch betätigt.

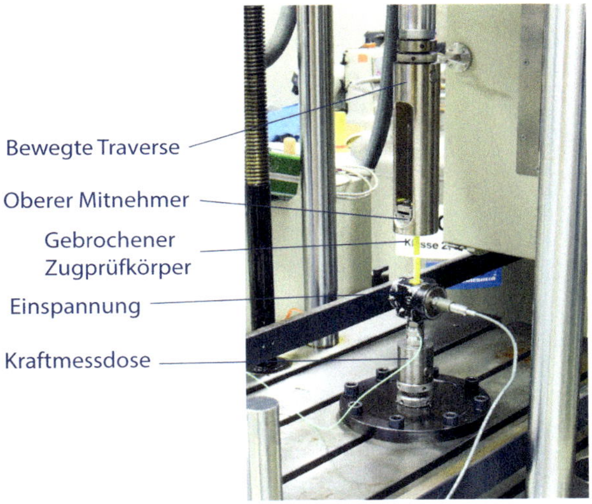

Bild 3.42 Schnellzerreißmaschine des IKT

Charakteristisch für diese Versuchsanordnung ist die uniaxiale Zugbeanspruchung mit Ermittlung eines Spannungs-Dehnung-Verlaufs wie beim quasistatischen Zugversuch, allerdings bei sehr hohen Geschwindigkeiten. Gegenüber dem Schlagzugversuch mit einem Pendelschlagwerk (siehe unten) können hier sehr hohe Belastungsgeschwindigkeiten aufgebracht und in verschiedenen Höhen eingestellt werden. Auch wird der Prüfkörper mit konstanter Geschwindigkeit deformiert, während ein Schlagpendel beim Auftreffen langsamer wird (siehe unten). Es können Spannungen und Dehnungen voll instrumentiert gemessen werden. Ein Nachteil ist sicherlich der gegenüber einem Schlagpendel weit größere apparative Aufwand.

Das Bild 3.43 zeigt das Verhalten von Polyoxymethylen (POM) bei Raumtemperatur unter Belastung mit sehr verschiedenen Dehngeschwindigkeiten. Geringere Dehngeschwindigkeit führt zu größerer Dehnfähigkeit bei weniger hoher Festigkeit, während sehr hohe Belastungsgeschwindigkeiten weniger Dehnfähigkeit bei höherer Festigkeit zeigen.

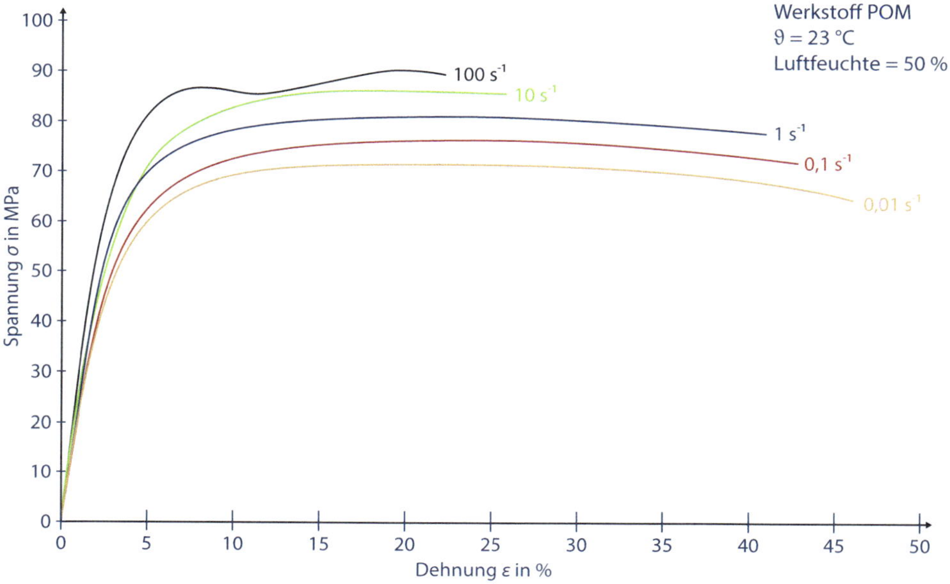

Bild 3.43 Spannungs-Dehnungs-Verläufe bei unterschiedlichen Dehnarten

QR-Code 3-4

Schnellzerreißversuch an einem Prüfkörper im IKT-Prüflabor. Zur besseren Darstellung wurde die Temperierkammer nicht eingesetzt.

http://www.ikt.uni-stuttgart.de/links/Videolinks/Schnellzerreiss

3.2.1.3 Zeit- und Temperatureinfluss auf das mechanische Verhalten

Dieses zeitabhängige Verhalten ist auch bereits im „langsamen" quasistatischen Zugversuch erkennbar. In Bild 3.44 sind Spannungs-Dehnungskurven eines Polymethylmethacrylats (PMMA) bei Raumtemperatur bei hoher und niedriger Traversenabzugsgeschwindigkeit dargestellt. Auch hier wird der Geschwindigkeits-, also Zeiteinfluss erkennbar.

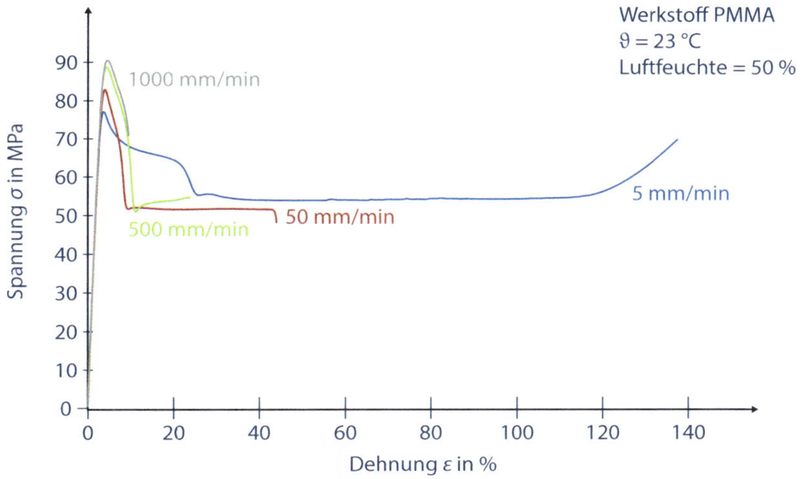

Bild 3.44 Spannungs-Dehnungs-Verläufe bei unterschiedlichen Dehnraten

Molekular ist dieses Verhalten so zu erklären, dass Polymerketten, die ja auch bei Raumtemperatur ständig unter Brown'schen Schwingungen stehen, bei geringerer Dehngeschwindigkeit mehr Zeit haben, der aufgezwungenen Dehnung durch Drehungen und Entschlaufungen der Haupt- und Seitenketten nachzugeben. Hierdurch stellt sich ein geringerer Widerstand gegen Verformung (Steifigkeit) innerhalb der Prüfkörper ein und er dehnt sich stärker bei weniger Spannungsaufbau.

Dieses zeitabhängige Verhalten ist bei Thermoplasten weit stärker ausgeprägt als bei Duromeren oder Elastomeren. Dort behindern die Vernetzungen, dass die Polymerketten aneinander abgleiten.

Ähnlich kann die starke Temperaturabhängigkeit erklärt werden. In Bild 3.45 sind die Ergebnisse von Zugversuchen mit immer gleicher Dehnrate, aber unterschiedlichen Prüftemperaturen an einem Polyethylen hoher Dichte (PE-HD) dargestellt. Man erkennt, dass eine höhere Prüftemperatur zu erhöhter Dehnbarkeit und geringerer Spannung und E-Modul führt.

Die Brown'sche Molekularbewegung der Polymerketten nimmt mit der Temperatur zu und erleichtert das Drehen und Entschlaufen von Haupt- und Seitenketten, so dass einer aufgezwungenen Verformung bei höherer Temperatur weniger Widerstand entgegengesetzt wird (nachgiebiger = weniger steif). Somit antwortet der Prüfkörper auch mit geringerer Kraft, während er sich der Verformung entgegenstemmt.

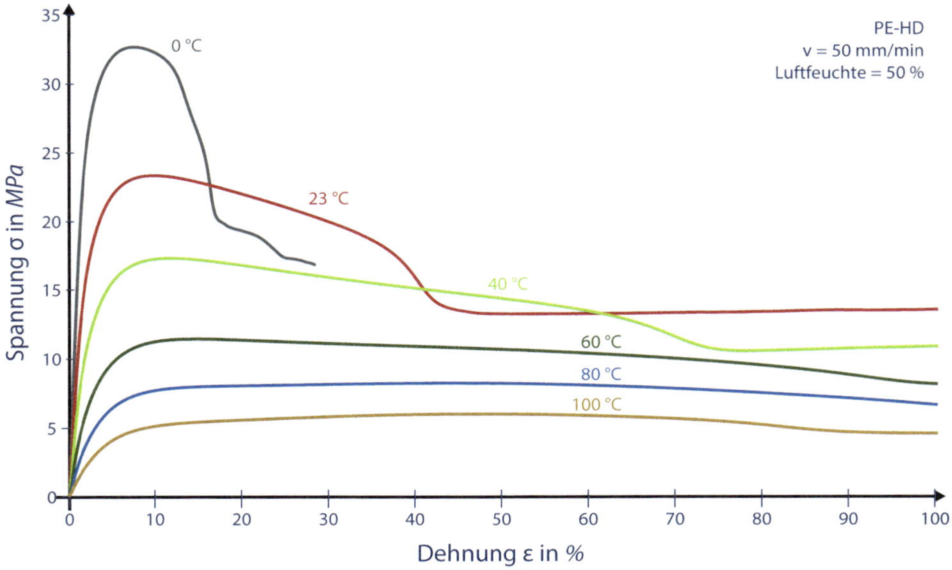

Bild 3.45 Spannungs-Dehnungs-Verläufe bei unterschiedlicher Temperatur

Das qualitative Bild 3.46 soll verdeutlichen, dass das Ergebnis eines langsamen Zugversuchs bei z. B. Raumtemperatur, einem schnellen Zugversuch bei z. B. 60 °C gleichen kann. In gewissen Grenzen sind Kurven ineinander überführbar. Es ist dabei zu beachten, dass durch Erhöhung der Temperatur die charakteristischen Temperaturen nicht überschrieben werden. So darf beispielsweise bei amorphen Thermoplasten die Erweichungstemperatur T_g nicht überschritten werden. Teilkristalline Thermoplaste dürfen im Sinne dieser Übertragbarkeit nicht in die Nähe der Kristallitschmelztemperatur gelangen und den Glasübergang nicht unterschreiten.

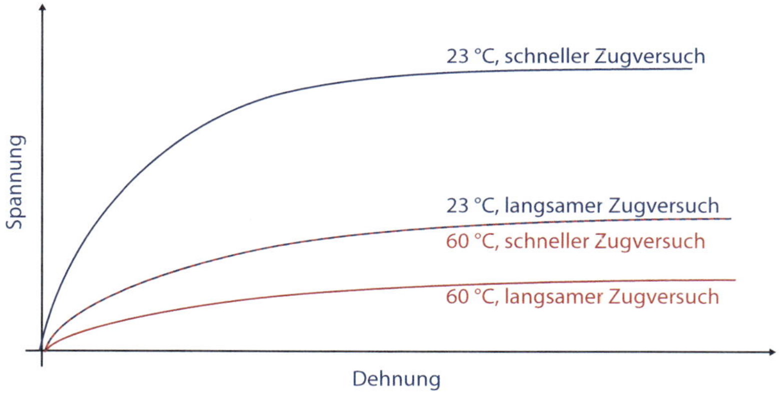

Bild 3.46 Zeit- und Temperaturverhalten lassen sich ineinander überführen

Mit Hilfe des sogenannten Zeit-Temperatur-Verschiebungsprinzips (Bild 3.47) kann das mechanische Verhalten für verschiedene Temperaturen und verschiedene Belastungsgeschwindigkeiten ineinander umgerechnet werden. Die Zusammenhänge stellt Gleichung (3.32) dar.

$$\log\left(\frac{\dot{\varepsilon}}{\dot{\varepsilon}_{ref}}\right) = k \cdot \left(\frac{1}{T} - \frac{1}{T_{ref}}\right) \tag{3.32}$$

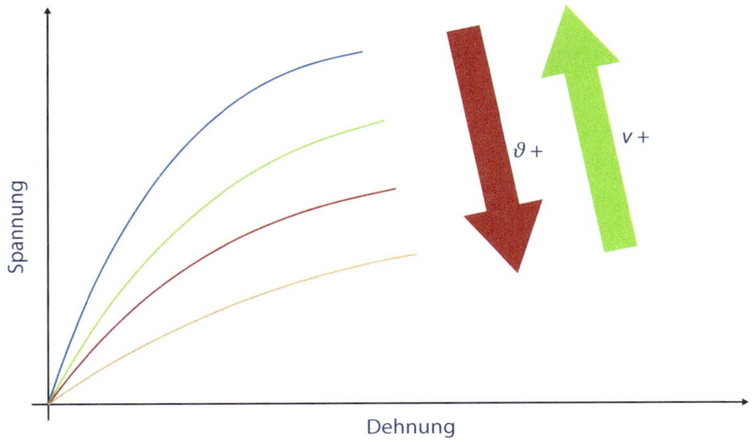

Bild 3.47 Das Zeit-Temperatur-Verschiebungsprinzip (ZTV)

Die Zeit-Temperatur-Verschiebungsgleichung (ZTV-Gleichung) stellt den Zusammenhang zwischen Dehngeschwindigkeit und Temperatur her. Um die ZTV-Gleichung anwenden zu können, ist ein Referenzzustand, z. B. eine gewisse Spannungs-Dehnungs-Kurve nötig, bei der Referenztemperatur und Referenzdehngeschwindigkeit bekannt sind. Nun kann errechnet werden, bei welcher Temperatur-Dehngeschwindigkeits-Paarung dasselbe Verhalten des Kunststoffs erreicht wird. Der Aktivierungsfaktor k ist werkstoffspezifisch.

3.2.1.4 Der Zeitstandversuch

Wenn das viskoelastische Verhalten bereits Einfluss auf die Ergebnisse des quasistatischen Zugversuch hat, wie wirkt es sich denn dann auf Langzeitbelastungen aus? Das Bild 3.48, links, bietet einen Blick auf die Zeitstandanlage des IKT. Sie hat 60 Prüfplätze, wovon 30 temperierbar sind. Im Detailbild (Mitte) ist ein Zugprüfkörper zu erkennen, der über ein Hebelwerk mit Gewichtsscheiben (siehe Bild 3.48, rechts) langzeitig einer uniaxialen Zugbeanspruchung ausgesetzt wird.

Bild 3.48 Zeitstand-Zugversuchsanlage des IKT

Schematisch ist das mechanische Langzeitverhalten in Bild 3.49 dargestellt. Der Prüfkörper mit Länge l_0 wird zu einer Zeit t_1 mit einer Kraft F_0 bzw. Spannung σ spontan beaufschlagt, die danach im zeitlichen Verlauf konstant gehalten und bei t_2 entlastet wird. Die Dehnungsantwort ist zum Teil spontan (bei t_1, elastisches Verhalten) und zum Teil zeitlich verzögert (siehe Dehnungskurve bis t_2 viskoses und plastisches Verhalten).

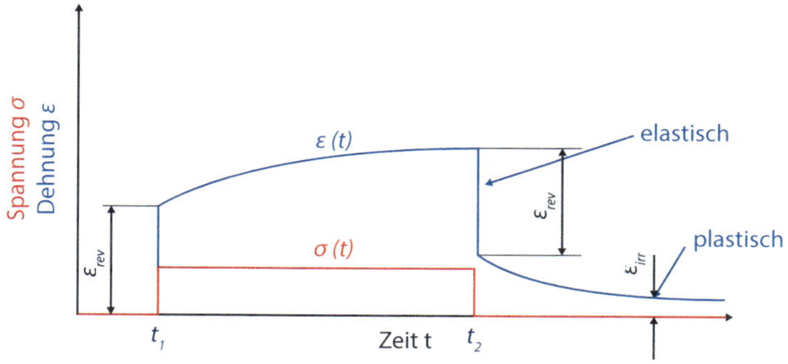

Bild 3.49 Retardation bzw. Kriechverhalten

Dieses Weiterdehnen ohne weitere Spannungserhöhung wird „Kriechen" oder „Retardation" genannt. Bei höheren Temperaturen kriecht der Werkstoff schneller bzw. bereits bei geringerer Belastung. Bei Entlastung bei t_2 reagiert der Körper teilweise elastisch und ein Teil der Dehnung stellt sich spontan zurück (ε_{rev}). Ein anderer Dehnungsanteil stellt sich zeitverzögert zurück (viskoelastisch) und ein weiterer gar nicht mehr (ε_{irr}; teils irreversibel plastisch verformt, teils irreversible Mikrorisse).

Das Kriechen ist bei amorphen Thermoplasten besonders ausgeprägt. Bei teilkristallinen Thermoplasten weit weniger, da die Kristallite stärkeren Widerstand bieten. Bei Elastomeren und Duromeren gilt das Kriechen als vernachlässigbar.

Das viskoelastische Verhalten kann auch zum Abbau von Spannungen (sog. „Relaxation“) führen (Bild 3.50). Unter konstanter Dehnung (Beispiel: eine Schraube dehnt beim Einschrauben einen Dübel) stellt sich spontan eine Spannung im Prüfkörper ein, die dann aber mit der Zeit relaxiert. Diese Relaxation läuft bei höheren Temperaturen ebenfalls schneller ab. Auch das Relaxieren läuft bei amorphen Thermoplasten in stärkerem Maße ab als in teilkristallinen Thermoplasten. Bei Duromeren und Elastomeren gilt es als vernachlässigbar.

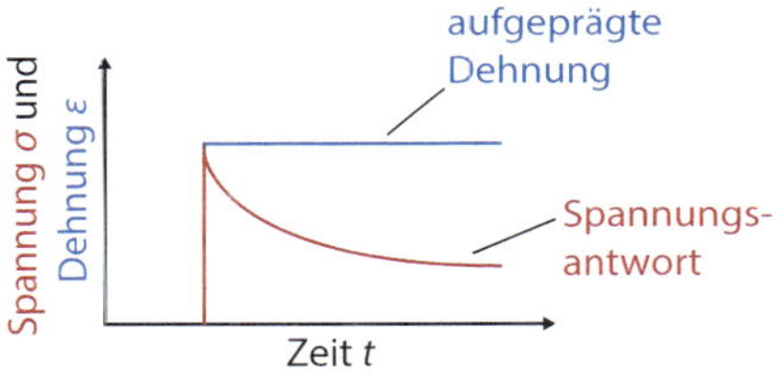

Bild 3.50 Relaxation

3.2.1.5 Der Schwingversuch

Wir wollen uns noch ein paar andere mechanische Beanspruchungen anschauen, die in Kunststoffbauteilen typischerweise auftreten. Ein Blick in den Motorraum des Sportwagens mit Verbrennungsmotor in Bild 3.51 lässt erkennen, dass die Motoraufhängungen aus Kunststoff mit schwingender Beanspruchung belastet werden.

Bild 3.51 Beispiel für eine schwingende Beanspruchung eines Kunststoffbauteils [Bildquelle: BASF SE, ContiTech AG, Porsche AG]

Derartige Belastungen können mit Hilfe von Hydropulsern (Bild 3.52) nachgestellt werden. Es ist wieder ein Prüfkörper aus dem Zugversuch zu erkennen, welcher im Bild nur in der oberen Einspannung befestigt ist. Die untere Einspannung ist auf einer Traverse, welche sinusförmige Verfahrbewegungen nach oben und unten durchführen kann.

Bild 3.52 Ein Hydropulser des IKT

QR-Code 3-5

Blick auf die dynamische Prüfung eines Prüfkörpers im IKT-Prüflabor. Zur besseren Darstellung wurde hier die Temperierkammer nicht eingesetzt.

http://www.ikt.uni-stuttgart.de/links/Videolinks/Schwingversuch

In Bild 3.53, links oben, ist eine sinusförmige Spannung dargestellt. Mit einer Maximalspannung σ_a wird ein Bauteil oder Prüfkörper um eine Mittelspannung σ_m geschwungen. Da sich der Kunststoff viskoelastisch verhält, muss davon ausgegangen werden, dass bei jedem Spannungsanstieg ein gewisses Fließen stattfindet, welches beim Spannungsabfall teilweise zurückfließt. Dieses Fließen ist zeitverzögert und eine Hysterese durch die innere Dämpfung lässt den Prüfkörper leicht erwärmen (Temperaturanstieg: siehe links unten).

Durch diesen Temperaturanstieg werden Makromoleküle ebenfalls beweglicher und gleiten leichter aneinander ab. Die Dehnungsantwort wird dadurch größer und läuft, je nach Belastungshöhe, eventuell nicht gegen einen Grenzwert (Bild 3.53, rechts). Es kommt dann zu einem Aufschaukeln der Temperatur, das zum Versagen führt. Bei dynamischen Versuchen muss die Frequenz so angepasst werden, dass sich der Prüfkörper nur geringfügig erwärmt. Sonst ist der Versuch ungültig.

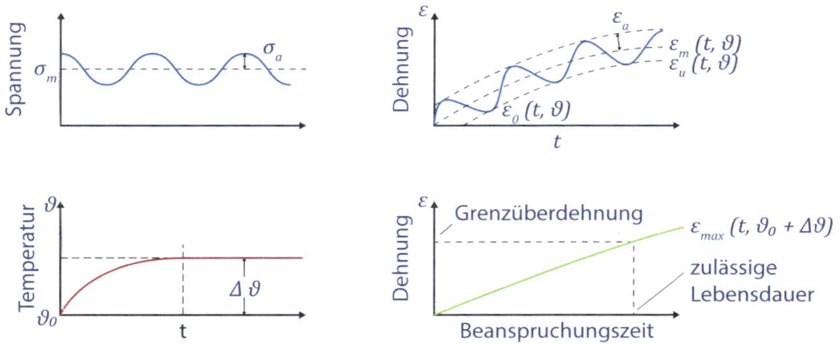

Bild 3.53 Kunststoffe unter schwingender Belastung; nach [4]

Das Bild 3.54 bietet einen kleinen Einblick in die Schadensanalyse des IKT. Am Beispiel dieser Bilder aus dem Rasterelektronenmikroskop (REM) werden u. a. typische Versagensbilder durch schwingende Beanspruchung gezeigt. Besonders im Bild links unten sind typische Schwingstreifen erkennbar. Bei den oberen beiden Bildern sind ebenfalls Schwingmuster (Rastmuster) erkennbar, einmal nahe eines Bauteilrandes (links oben), einmal eher in der Bauteilmitte (rechts oben). Das Teilbild (rechts unten) zeigt links eher sprödes Versagen und rechts eher duktiles Versagen.

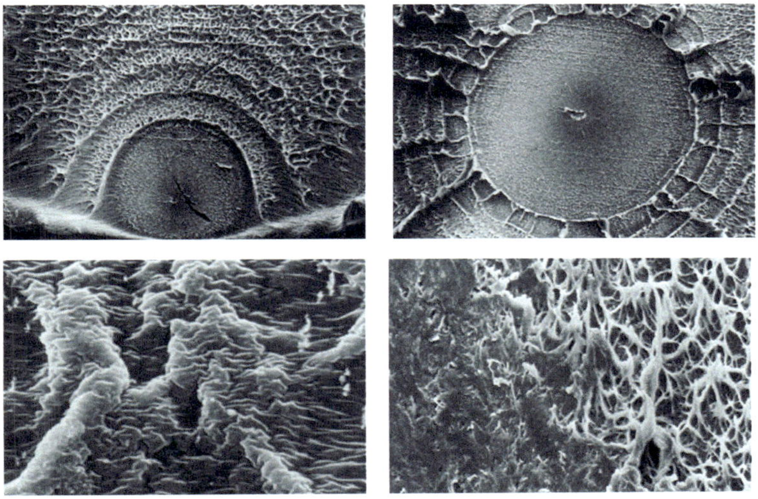

Bild 3.54 Versagensbilder aus der IKT-Schadensanalyse, hervorgerufen durch schwingende Beanspruchung

3.2.1.6 Der Biegeversuch

Ein weiterer quasistatischer Versuch ist der 3-Punkt-Biegeversuch (Bild 3.55). Hier wird ein zweiseitig aufgelagerter Prüfkörper durch die umgerüstete Zugprüfmaschine auf Biegung belastet. Die sich dabei einstellende Spannung wird über der berechneten Randfaserdehnung dargestellt. Es handelt sich um einen mehrachsigen Spannungszustand. Die Randfaserdehnung wird gemäß DIN EN ISO 178 „Kunststoffe – Bestimmung der Biegeeigenschaften" mit Formel (3.33) berechnet:

$$\varepsilon_f = \frac{6sh}{L^2} \tag{3.33}$$

Dabei sind s die Durchbiegung am Rand, h die Höhe des Prüfkörpers und L die Auflagedistanz. Ein Vorteil dieses Messverfahrens ist die Prüfung einer Biegebeanspruchung, welche näher an der Praxis ist als die einachsige Zugbeanspruchung. Ein Nachteil ist eventuell der aufwendigere Aufbau der Versuchseinrichtung. Der nach Norm vorgeschriebene Auflagerabstand ist z. B. von der Prüfkörperdicke abhängig.

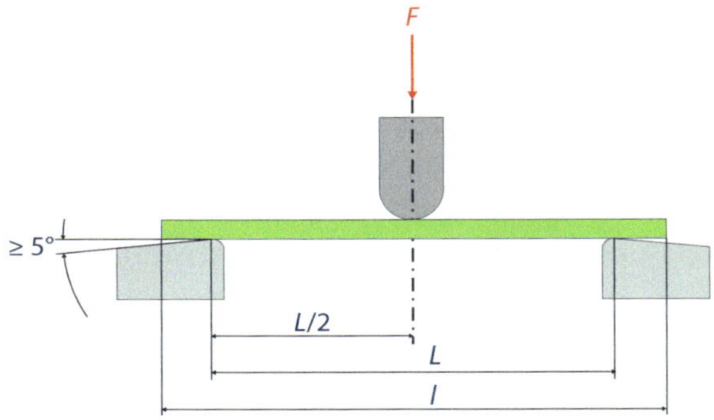

Bild 3.55 Schema zum 3-Punkt-Biegeversuch; nach ISO 178 (2011)

QR-Code 3-6

Dieses Video zeigt einen quasistatischen 3-Punkt-Biegeversuch im IKT-Prüflabor

http://www.ikt.uni-stuttgart.de/links/Videolinks/Biegeversuch

Biegebelastung und Zugbelastung im Schlagpendel

Der sogenannte Schlagbiegeversuch ermöglicht eine Biegebeanspruchung bei höherer Geschwindigkeit. Eines der Schlagpendel des IKT ist in Bild 3.56 dargestellt. Wird das Pendel ausgelöst, wird dessen potentielle Energie in kinetische umgewandelt (Gleichung (3.34)). Die beim Durchschlagen des Prüfkörpers verbrauchte Energie wird über den Pendelausschlag gemessen und als Schlagzähigkeit ausgewiesen.

$$E_{pot} = m \cdot g \cdot h = E_{kin} = m \cdot v^2 \tag{3.34}$$

Das Bild 3.56 zeigt auch das Prüfkörperauflager mit eingelegtem Prüfkörper und gerade noch nicht auftreffendem Hammer im Detail. Der Prüfkörper ist rechteckig, welcher zur Schwächung von sehr schlagzähen Werkstoffen eine definierte Kerbe aufweisen kann. Je nach Norm unterscheidet man die Verfahren nach „Charpy" und nach „Izod".

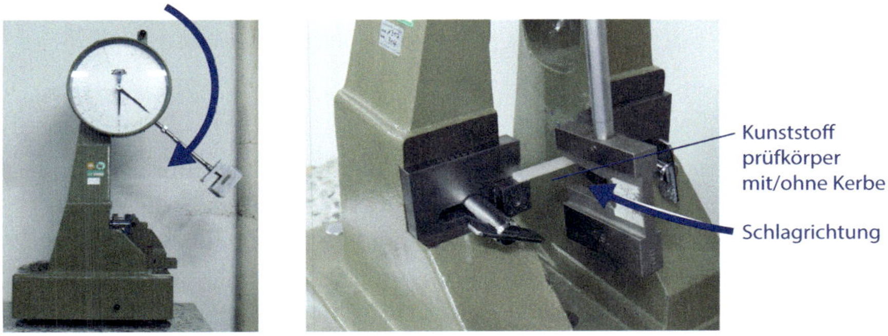

Bild 3.56 Schlagbiegeversuch nach Charpy am IKT

Vorteile dieses Verfahrens sind der sehr einfache Aufbau und die sehr einfache Bedienung. Nachteile sind die durch die Schlagpendelhöhe definierte Geschwindigkeit, die Tatsache, dass das Schlagpendel nicht mit konstanter Geschwindigkeit durch den Prüfkörper schlägt (es wird dabei abgebremst) und dass es nur selten vollinstrumentiert ausgeführt wird, also meist nur den Zähigkeitswert ausgibt.

Bei der Erläuterung des weit verbreiteten Schlagbiegeversuchs soll auch erwähnt werden, dass mit einem Schlagpendel auch schnelle Zugversuche (~ 4 m/s) durchführen lassen, wenn auch nicht mit Geschwindigkeiten, mit denen die Schnellzerreißmaschine des IKT arbeitet (~ 20 m/s). Über ein Querjoch (Bild 3.57, links) wird ein kleiner Zugprüfkörper (mit oder ohne Kerbe) so eingespannt, dass ein Pendel mit etwas anderer Geometrie darüberschwingen kann und vor das Querjoch schlägt (Bild 3.57, rechts). Der Prüfkörper wird uniaxial beansprucht und der Energiewert lässt sich sofort ablesen.

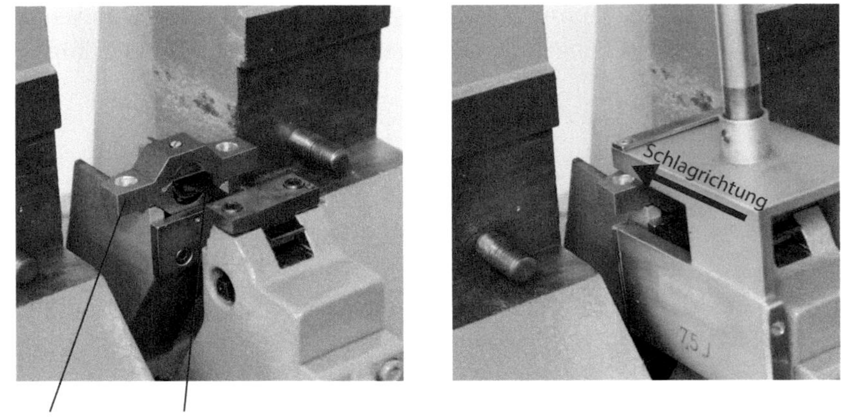

Bild 3.57 Schlagzugversuch am IKT

Der Hauptvorteil gegenüber einem schnellen Zugversuch mit Schnellzerreißmaschine oder der Universalprüfmaschine liegt im einfachen Aufbau und der einfachen Auswertung, während die gleichen Nachteile wie beim Schlagbiegeversuch gelten: Die Geschwindigkeit ist nicht frei wählbar sowie während der Prüfung nicht konstant und das Schlagpendel ist meist nicht weiter instrumentalisiert, misst also nur die Zähigkeit als integralen Wert.

3.2.2 Physikalische Eigenschaften

Die mechanischen Eigenschaften von Kunststoffen sind natürlich wichtig, gelten aber nicht als deren Stärke. Sie können mit geeigneten Zusatzstoffen verbessert werden (Abschnitt 3.3). Es sind oft die physikalischen Eigenschaften, welche Kunststoffe so besonders machen.

3.2.2.1 Elektrische Eigenschaften

Um Elektrizität nutzen zu können, wurden elektrisch isolierende Werkstoffe immer wichtiger. Zu Beginn der Elektrotechnik, bevor Kunststoffe erfunden wurden, wurden aus der Not heraus z. B. stromführende Leitungen durch mit nichtleitenden Ölen gefüllte Rinnen geführt. Die Isolationseigenschaften von Kunststoffbauteilen in Kombination mit der kostengünstigen Formgebungsvielfalt ebneten der Elektrotechnik und Elektronik den Weg.

Polymere selbst sind nicht elektrisch leitfähig, da durch die kovalente Bindungen keine freien beweglichen Ladungsträger zur Verfügung stehen. Der elektrische Widerstand von reinen Polymeren liegt im Bereich von $10^{16}\ \Omega$. Sie können zur Isolation haushaltsüblicher elektrischer Spannungen bedenkenlos eingesetzt werden (Bild 3.58). Ausnahmen bilden einige intrinsisch elektrisch leitfähige Spezialpolymere, die meist für Beschichtungen, nicht jedoch für Kunststoffe eingesetzt werden.

Bild 3.58 Isolation haushaltsüblicher elektrischer Spannungen

Enorme, haushaltsunübliche Spannungen von z. B. 10 kV können u. a. durch Ionenwanderung sogar ein Zerstören eines Kunststoffes bewirken. Die Fähigkeit, selbst hohen Spannungen zu widerstehen, wird durch die sogenannte Durchschlagfestigkeit beschrieben. Geladene Teilchen (Ionen) können dabei durch Thermoplaste besser migrieren als durch ein vernetztes Duromer.

Duromere haben die größte Durchschlagfestigkeit, auch bei hohen Temperaturen. Isolatoren für eine Hochspannungsleitung haben eine tellerstapelartige Form. Diese dient der Vergrößerung der Oberfläche, um auch Kriechströme über z. B. eine regenfeuchte Oberfläche zu verringern. Feuchte oder verstaubte Oberflächen können den sogenannten Oberflächenwiderstand erniedrigen. Insbesondere können in alternden Bauteilen abgebaute niedermolekulare Bestandteile an die Bauteiloberfläche migrieren und dort einen geringen elektrischen Strom leiten.

Die Durchschlagfestigkeit und der Oberflächenwiderstand sind zwei besonders wichtige Kenngrößen für Kunststoffe in Elektro- oder Elektronikanwendungen, die durch Verunreinigungen, Inhomogenität und die Oberflächenbeschaffenheit des Kunststoffes beeinflusst werden können.

Durch die Isolation elektrischer Ströme wird die elektrostatische Aufladung von Kunststoffprodukten begünstigt. So können Kunststoffpulver stark aneinander und auch an anderen Flächen haften, wie denen von Metallbauteilen in der Kunststoffverarbeitung. Dies ist meist hinderlich. Elektrostatische Aufladung im Untertagebau kann sogar tödlich enden, wenn die Aufladung zu Entladungsblitz und Explosion führt. Leiterplatten mit elektrischen Bauteilen, Festplatten etc. können ebenfalls durch statische Aufladung zerstört werden.

In solchen Fällen ist ein geringer elektrischer Widerstand oder sogar explizit eine gewisse Leitfähigkeit gefordert. Als Vorgriff auf Abschnitt 3.3 „Beeinflussung von Eigenschaften“ soll hier erwähnt werden, dass den Polymeren Leitruß, Graphit, aber auch leitfähige Fasern, Pulver und Plättchen z. B. aus Metall oder Kohlenstoff, zugefügt werden können. Das Bild 3.59 zeigt das Absinken des spezifischen Durchschlagswiderstandes mit steigender Rußkonzentration. Ab einer sog. Perkolationsschwelle bilden sich leitfähige Brücken, entlang derer sich Ladungsträger ungehindert bewegen können: Die Leitfähigkeit steigt sprunghaft an, der Widerstand sinkt rapide.

Ein besonderer Wert ist die Permittivität. Hierdurch wird nicht die Fähigkeit zur Elektronenwanderung, sondern die Fähigkeit zur Ausrichtung von Polaritäten der Hauptpolymerkette oder von Kettensegmenten im elektrischen Feld beschrieben. Diese sogenannten dielektrisch-leitfähigen Kunststoffe mit hoher Permittivität können im hochfrequenten elektrischen Wechselfeld stark erhitzen und somit zum Hochfrequenzschweißen von z. B. Infusionsbeuteln, Ordnerrücken und Blisterverpackungen eingesetzt werden (Bild 3.60). Ein weiteres Beispiel ist der Einsatz in Kondensatoren zur Erhöhung der Kapazität. Beispiele für dielektrisch leitfähige Polymere sind PVC, Polyacetylen und Poly-p-phenylen.

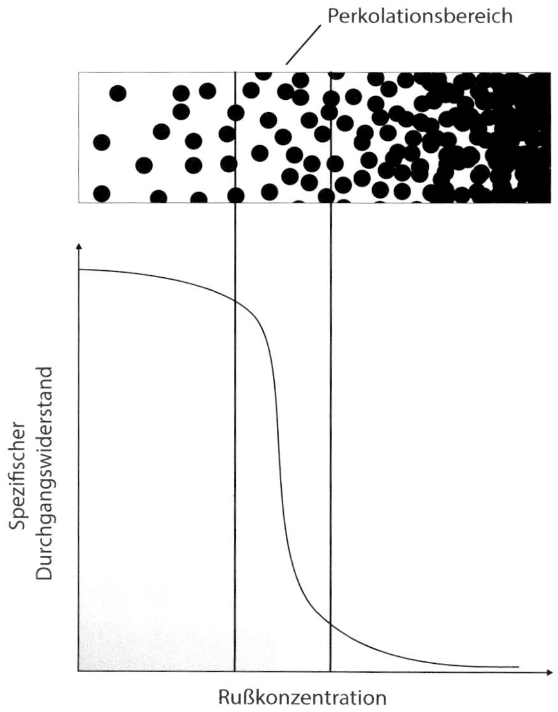

Bild 3.59
Perkolation von Leitrußpartikeln erniedrigt den spezifischen Durchgangswiderstand

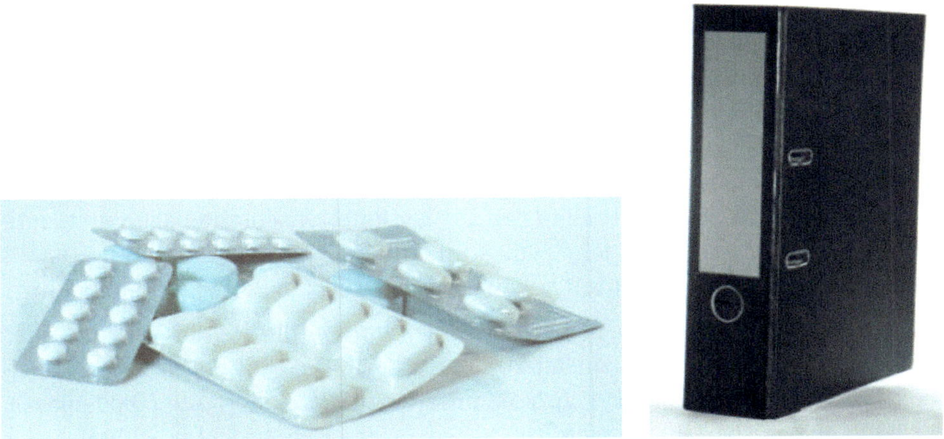

Bild 3.60 Hochfrequenzgeschweißte Bauteile

3.2.2.2 Magnetische Eigenschaften

Reine Polymere sind gering diamagnetisch, das heißt, dass ein äußeres Magnetfeld magnetische Momente induzieren kann, die dem Magnetfeld entgegenwirken. Es sind jedoch keine permanenten magnetischen Momente im Stoff vorhanden, die wie bei den ferromagnetischen Stoffen ausgerichtet werden können. In der zweiten Hälfte des 20. Jahrhunderts nutzte man Kunststoffbänder als Datenträger, die mit ferromagnetischen Partikeln beschichtet wurden (Bild 3.61).

Bild 3.61 Durch Beschichtung magnetisierbare Kunststofffolien in Datenträgern

Aufgrund des geringen Magnetismus und der geringen elektrischen Leitfähigkeit, durchdringen elektromagnetische Wellen Kunststoffbauteile ungehindert. Dies kann dazu genutzt werden, dass Antennen im Kraftfahrzeug bevorzugt unter Kunststoffkarosserieteilen angebracht werden, da sie dort wettergeschützt und platzsparend ihrer Aufgabe ungehindert nachgehen können.

In der Grundlagenforschung wird an intrinsisch ferromagnetischen Polymeren gearbeitet. Praktischen Einsatz in Kunststoffen haben diese aber noch nicht erlangt.

3.2.2.3 Optische Eigenschaften

Durch die schnell wachsende Informationstechnologie wuchs der Wunsch nach kompakten Speichermedien mit immer größeren Speichervolumen. Die Floppy Disc hatte ausgedient und wurde in den 1990er Jahren nach und nach durch optische Datenträger ersetzt. Im Jahr 1982 wurde die Compact Disc (CD) mit 700 MB Speicherplatz (gegenüber 1,4 MB auf einer Floppy Disc) in den Markt eingeführt.

Als das Datenvolumen nicht mehr ausreichte, wurden die Digital Versatile Disc (DVD) mit bis zu 8,5 GB und zuletzt 2006 die Blu-ray-disc mit bis zu 128 GB Speicherplatz entwickelt. Ein CD-Player benutzt einen Halbleiterlaser (Diodenlaser) der Wellenlänge von 780 nm (Infrarot; Schema siehe Bild 3.62). Der Blu-ray-Laser benutzt einen Indiumgalliumnitrid-Diodenlaser mit einer Wellenlänge von 405 nm (ultraviolett). Die kleinere Wellenlänge des Lasers erlaubt einen kleinen Strahldurchmesser, Fokussierung auf verschiedene Ebenen und damit eine höhere Datendichte. Alle drei Informationsebenen einer Blu-ray-disc bestehen aus Polycarbonat und müssen höchsten optischen Anforderungen genügen. Dazu gehören ein gleichmäßig verteilter Brechungsindex n und eine hohe Transparenz τ. Heute jedoch werden zunehmend Soldi-State-Discs verwendet, die mit nur wenig Polymer/Kunststoff auskommen.

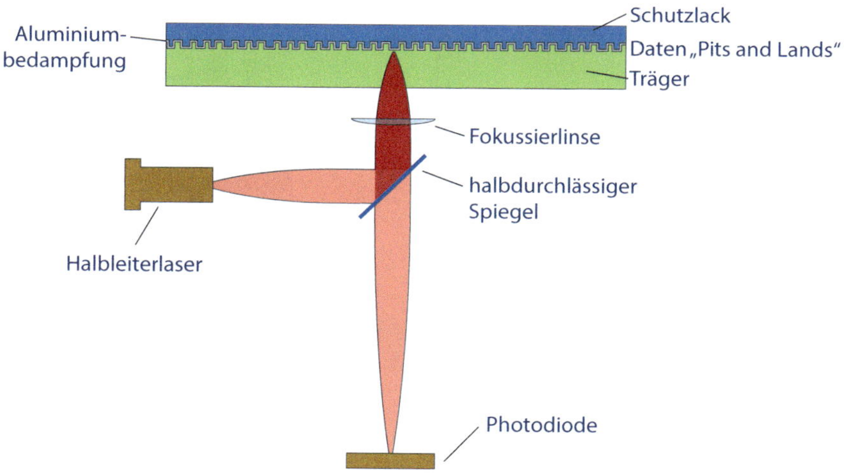

Bild 3.62 Laserabtastung eines optischen Datenträgers (CD/DVD, schematisch)

Als Transparenz wird die Fähigkeit von Materie bezeichnet, für sichtbares Licht durchlässig zu sein; der Begriff wird oft zur Vereinfachung auch auf andere Wellenlängenbereiche erweitert. Das sichtbare Licht ist lediglich ein enger Bereich des Wellenlängenspektrums elektromagnetischer Strahlung (Bild 3.63).

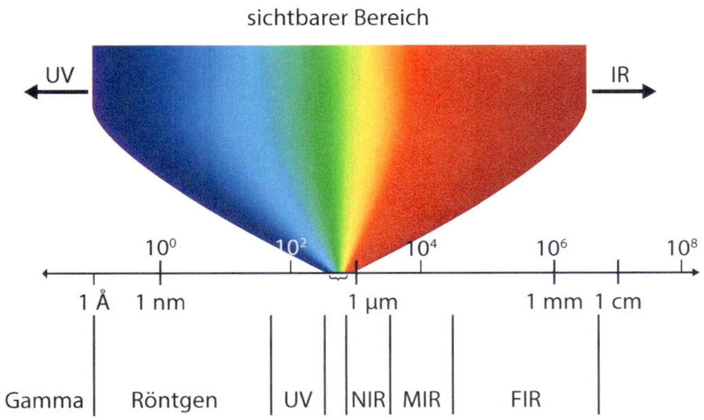

Bild 3.63 Spektrum des sichtbaren Lichts

In Bild 3.64 werden analog zur Wärmeübertragung die drei Strahlungsanteile Transmission, Reflexion und Absorption unterschieden. Ein hoher Grad an Reflexion und Absorption reduziert die Strahlungsmenge, die den Werkstoff transmittiert – die Transparenz sinkt.

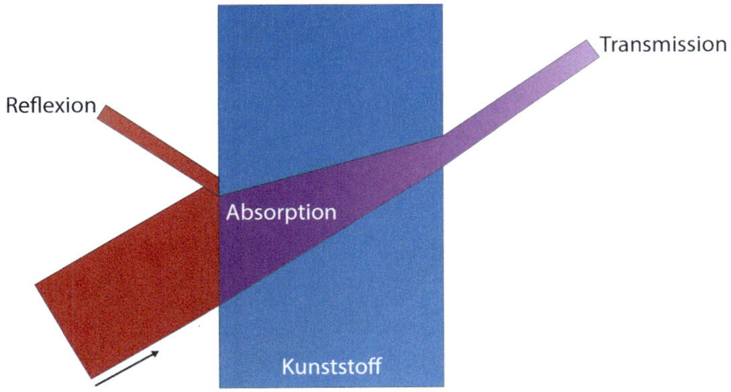

Bild 3.64 Transparenz korreliert mit hohem Anteil ungestreuter, transmittierter Strahlung

Das Bild 3.65 zeigt die Transmission τ der drei Werkstoffe Polycarbonat (PC), Polymethylmethacrylat (PMMA), Polystyrol (PS) und Polylactid (PLA) bei unterschiedlichen Wellenlängen im Vergleich zu Fensterglas. Man erkennt eine geringe UV-Durchlässigkeit aller drei Werkstoffe und eine recht hohe Durchlässigkeit (zwischen 83 und 92 %) von sichtbarem Licht. Im Infrarot-, also Wärmewellenbereich, verhalten sich die drei Werkstoffe allerdings verschieden.

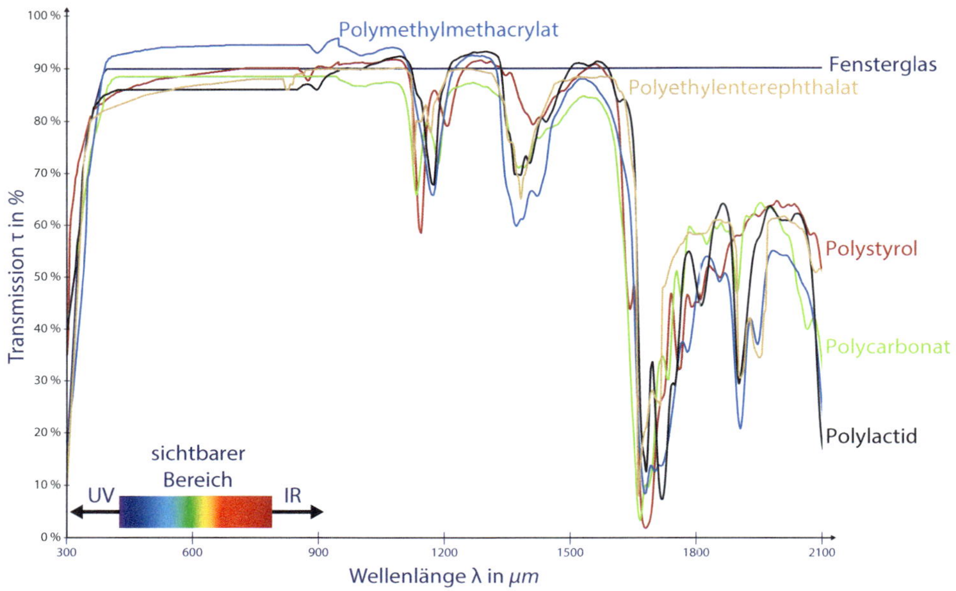

Bild 3.65 Transmission unterschiedlicher Polymere und Fensterglas bei verschiedenen Wellenlängen

Hinter Fensterglas und Verbundglas von Autofenstern kann man heutzutage nicht mehr braun werden. Fensterglas blockt Wellenlängen im sogenannten UVB-Strahlungsbereich komplett ab, lässt aber UVA-Strahlen durch. Somit wird man zwar nicht braun, aber die Haut altert und man kann eine Sonnenallergie bekommen. Moderne Verbundgläser im Automobil decken hingegen den gesamten UV-Bereich ab.

Der optische Eindruck von Transparenz ist neben der Transmission auch von der Brechung der Lichtstrahlen abhängig. Bei starker Brechung kommt es zu einer optischen „Verzerrung" oder Trübung. Der Brechungsindex n wird bei transparenten Kunststoffen genauso wie bei Gläsern ermittelt: Der Sinus des Winkels α des eintreffenden Lichts im Vakuum wird ins Verhältnis zum Sinus des durch den transparenten Kunststoff gebrochenen Strahlungswinkels β gesetzt (Bild 3.66).

Am Beispiel des PMMA wird in Bild 3.67 dargestellt, wie der Brechungsindex n sich mit der Temperatur ändert. Die steigende Temperatur lässt den mittleren Schwingungsabstand der Polymerketten vergrößern, was die Lichtbrechung beeinflusst. Besonders ab der Glasübergangstemperatur vergrößert sich der mittlere Schwingungsabstand der Polymerketten stärker und reduziert den Brechungsindex n.

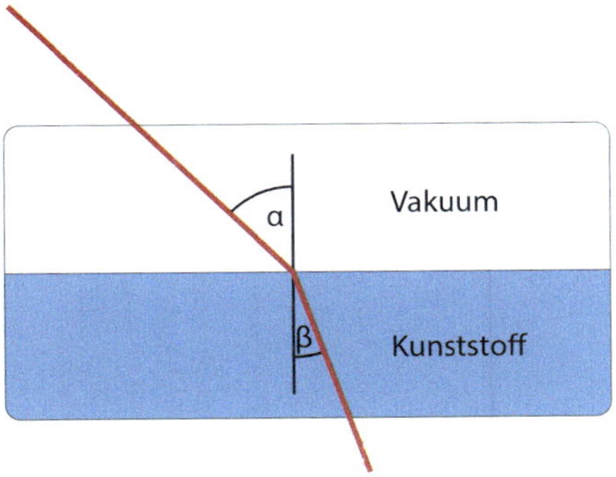

Bild 3.66 Brechungsindex *n*

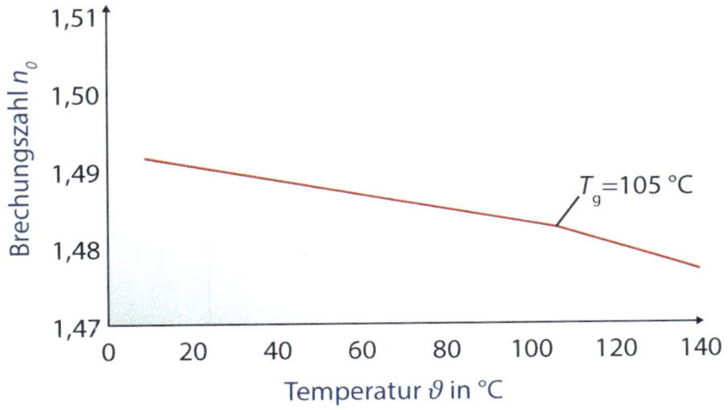

Bild 3.67 Abhängigkeit des Brechungsindex *n* von PMMA von der Temperatur [4]

Während amorphe Polymere starke Transparenz zeigen, wird das Licht in teilkristallinen Polymeren gestreut und damit getrübt. Die Trübung des einfallenden Lichts wird auch Opazität genannt. Hierbei handelt es sich um Phasengrenzen im Kunststoff, die größer sind als die Wellenlänge des eintreffenden Lichts. Diese Phasengrenzen können Kristallite, also dicht gepackte Polymerketten, kleinste Risse oder auch zugegebene Zusatzstoffe sein. Dies lässt teilkristalline Polymere im Naturzustand opak oder milchig erscheinen. Mit Einfärbungen oder anderen Zusatzstoffen können auch Kunststoffe auf Basis amorpher Polymere ihre Transparenz verlieren.

QR-Code 3-7

Am Beispiel dieses Taschenwärmers soll die zunehmende Trübung durch einsetzende Kristallisation verdeutlicht werden.

http://www.ikt.uni-stuttgart.de/links/Videolinks/Taschenwaermer

In Bild 3.68 wurde Polyamid 6.6 (PA66) über einen größeren Wellenlängenbereich auf seine Transparenz hin untersucht. Man erkennt, dass bei einigen Wellenlängen die Transmission ein Maximum erfährt, hingegen bei anderen Wellenlängen fast vollständig absorbiert wird.

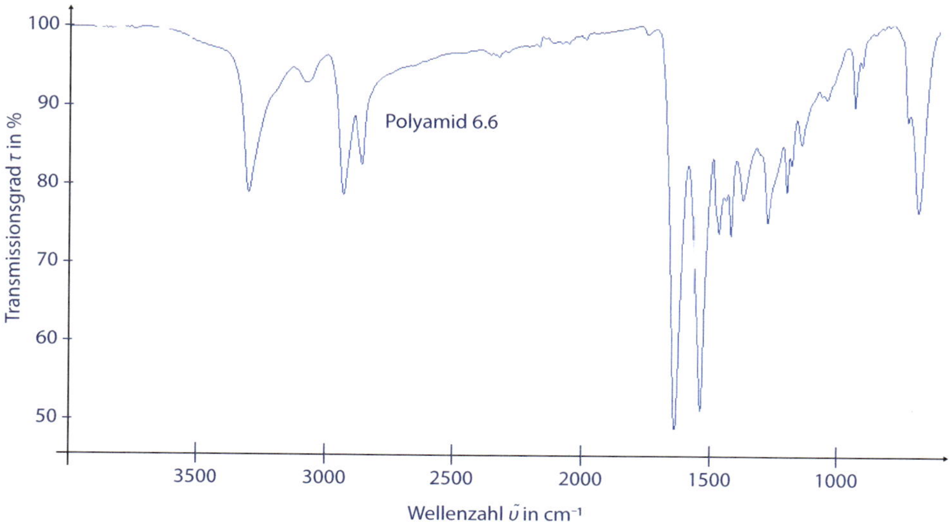

Bild 3.68 Transmissionsmessungen mittels Infrarotspektrometer

Es handelt sich um ein sogenanntes Infrarot-Spektrum. Die Infrarot-Spektroskopie nutzt die Absorption funktioneller Gruppen des Polymeren und der Zusatzstoffe und erzeugt ein eindeutiges Absorptionsmuster („Fingerabdruck“) des Werkstoffs.

Starke chemische Bindungen und Atome kleinerer Masse verursachen im IR-Spektrum Absorptionsmaxima bei großer Wellenlänge. Schwächere chemische Bindungen und Atome großer Massen verursachen Absorptionsmaxima bei niedriger Wellenlänge. Solche Infrarotspektren dienen bei der Schadensanalyse der Bestimmung des eingesetzten Werkstoffes sowie der gezielten Detektion von eventuellen Fremdeinschlüssen im Schadensteil.

Einen Brechungseffekt macht man sich bei der Betrachtung der optischen Anisotropie zunutze. Die Orientierung von Polymerketten und auch innere Spannungszustände durch Moleküldeformationen erzeugen eine unterschiedliche Brechung in die unterschiedlichen Raumrichtungen. Das Bild 3.69 zeigt den eingefrorenen Orientierungszustand von Polystyrol-Polymerketten einer CD-Hülle (viele Orientierungen, links) sowie eines unbeschichteten, allerdings leicht verkratzten CD-Rohlings aus Polycarbonat (wenig Orientierungen, rechts).

Die Orientierungen werden hier mittels eines Polarisationsfilters sichtbar gemacht. Das durchstrahlte Objekt liegt zwischen zwei gegeneinander verdrehten

Polarisationsfiltern, welche starke Orientierungen mit Regenbogenfarben sichtbar machen. Je intensiver die Färbung, desto stärker ist die Orientierung. Daher bleibt die orientierungsarme CD grau, während die hochorientierte CD-Hülle eher farbig erscheint.

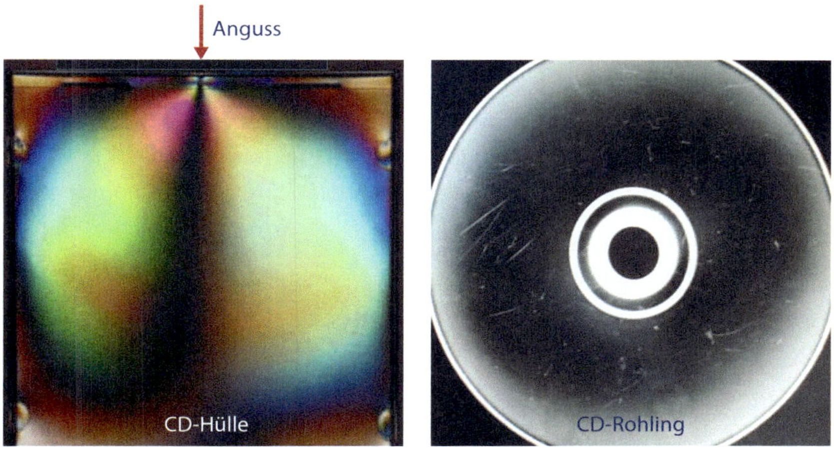

Bild 3.69 Mit Polarisationsfiltern sichtbar gemachte Orientierungen

Farbmessung

Das CIE-System (CIE = Commission internationale de l'éclairage) mit den drei Achsen *L*, *a* und *b* hat sich Mitte der 1970er Jahre als Standard für die Farbmessung normal reflektierender oder durchlässiger Prüfkörper durchgesetzt (Bild 3.70).

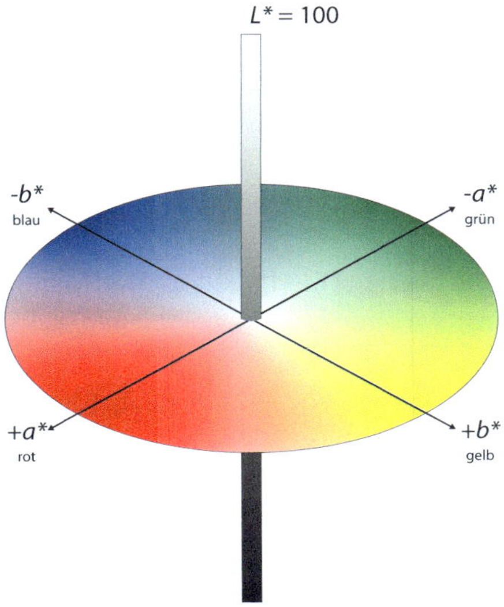

Bild 3.70 Der CIE-Lab-Farbraum

Während L die Helligkeit der Farbe von 0 (schwarz) bis 100 (weiß) beschreibt, stellt a die grün-rot-Achse und b die blau-gelb-Achse dar. Mit den drei Koordinaten können Farben seitdem recht zuverlässig gemessen und international vergleichbar gemacht werden.

Farbmittel sind Zusatzstoffe, die aufgrund ihrer farbgebenden Eigenschaften eingesetzt werden. Sie unterteilen sich zum einen in (lösliche) Farbstoffe und in (unlösliche) Pigmente. Diese Farbstoffe und Pigmente wirken als Streuzentren und reflektieren diffus mit veränderter Wellenlänge. Sind die Streuzentren ungerichtet (in der Regel bei Farbstoff und bei kugelförmigen Pigmenten), ist der Farbeindruck richtungsunabhängig. Sind die Streuzentren gerichtet (siehe Bild 3.71; meist plättchenförmige Pigmente), gibt es je einen richtungsabhängigen Farbeindruck.

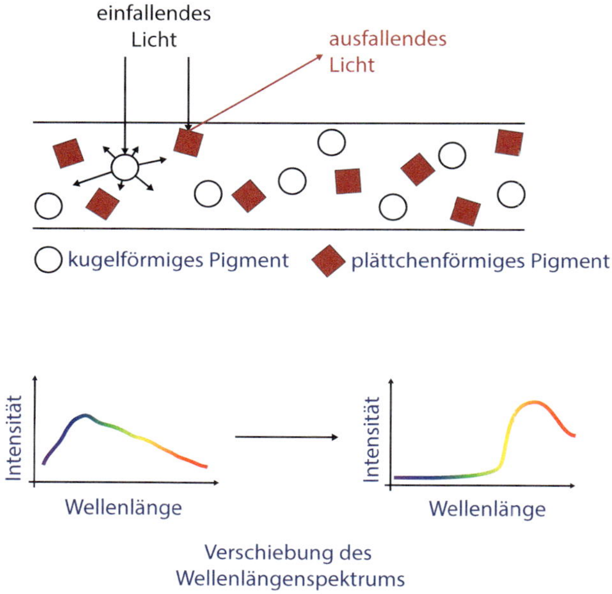

Bild 3.71 Einfärbung durch Pigmente verschiedener Gestalt; nach [4]

Der Farbeindruck hängt immer auch vom Glanz einer Oberfläche ab. Betrachtet man die Kunststoffplatte im Bild 3.72 mit drei verschiedenen Oberflächen, wird deutlich, dass die rauere Oberfläche heller erscheint als die glattere, obwohl die gesamte Platte gleich eingefärbt ist. Die raue Oberfläche reflektiert einen Teil des Lichtes diffus, was weißlich erscheint.

Der Glanz ist die Eigenschaft einer Oberfläche, Licht ganz oder teilweise spiegelnd zu reflektieren (Bild 3.73). Der Glanz ist abhängig von:

- der Richtung und Polarisation des einfallenden Lichts,
- der Richtung und Polarisation des reflektierten Lichts,

- der Wellenlänge des einfallenden Lichts,
- der Oberflächenstruktur des Gegenstandes und
- dem Beobachtungswinkel.

Bild 3.72 Oberfläche beeinflusst Helligkeitseindruck

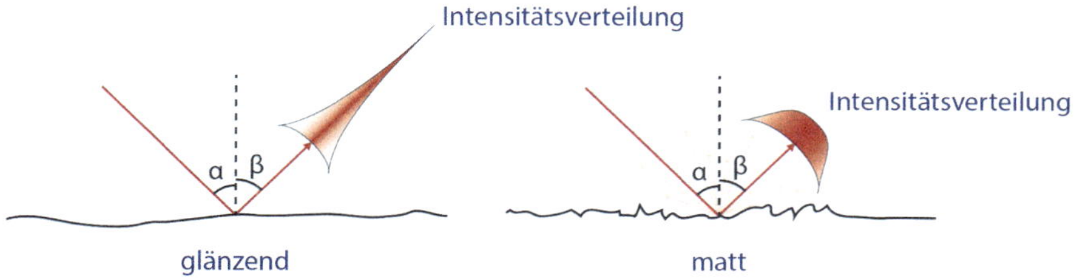

Bild 3.73 Intensitätsverteilung entscheidet über Glanz und Mattheit; nach [4]

3.2.2.4 Akustische Eigenschaften

Schall ist eine Art mechanische Schwingung eines Mediums. Das Medium kann dabei fest, flüssig oder gasförmig sein. In der Akustik wird unterschieden zwischen Infraschall (unterhalb von ca. 16 Hz), dem hörbaren Schall (zwischen 16 und 20 000 Hz) und darüber dem Ultraschall.

Schallwellen können in Festkörpern als Longitudinalwelle und auch Transversalwelle erscheinen. Longitudinalwellen sind Druckwellen, die sich durch kurzzeitige Druckschwankungen in einem Medium fortpflanzen. Dabei entspricht die Druckschwankung einer Kontraktion von Molekülen, die eine Dichteschwankung im Medium verursachen. Bei Longitudinalwellen ist die Auslenkung der Moleküle gleich der Ausbreitungsrichtung der Schallwelle. Die Moleküle werden dabei nur ein wenig gedehnt und gestaucht.

Bei Transversalwellen werden die Moleküle senkrecht zur Ausbreitungsrichtung vom Schall ausgelenkt. In Bild 3.74 ist schematisch die Wellenform für Longitudinalwellen und Transversalwellen dargestellt.

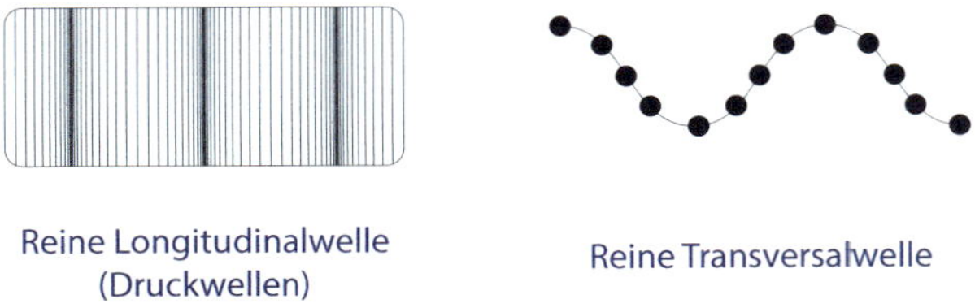

Bild 3.74 Zwei Arten von akustischen Wellen

Für Schallwellen folgt für die vereinfachte Berechnung der Schallgeschwindigkeit der Longitudinalwelle v_L und Transversalwelle v_T in einem Kunststoffstab:

$$\nu_T^{\ 2} = G/\rho \text{ und } \nu_L^{\ 2} = E/\rho \qquad (3.35)$$

G entspricht den Schubmodul des Werkstoffs, E dem Elastizitätsmodul und ρ der Dichte.

Anhand von Gleichung (3.35) wird der Zusammenhang zwischen den mechanischen Eigenschaften aus Schubmodul sowie Elastizitätsmodul und der Ausbildung von Longitudinalwellen sowie Transversallwelle ersichtlich. Neben der Schallausbreitung wird in der technischen Akustik zusätzlich unterschieden zwischen Schallreflexion (Dämmung) und Schallabsorption (Dämpfung; Bild 3.75).

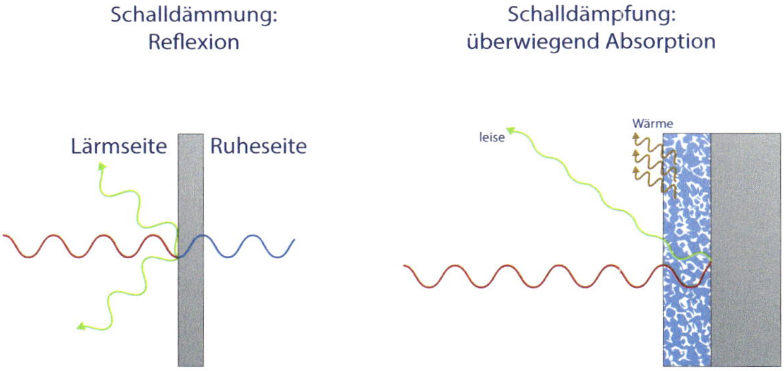

Bild 3.75 Schalldämmung und Schalldämpfung

Um Schall zu dämmen, benötigen wir steife, schwere Werkstoffe, die den Schall vom gedämmten Raum wegreflektieren. Will man die Schallausbreitung durch einen festen Körper reduzieren, sind dämpfende Schichten im festen Körper erforderlich.

Um Schall zu dämpfen, werden Werkstoffe benötigt, welche die mechanische Energie der Schallwellen in Wärme umwandeln und diese somit reduzieren (Bild 3.75, rechts). Sogenannte Schallabsorber sind offenporige Schaumstoffe, die nicht als starr angesehen werden können. Die Welle dringt in die Poren ein und mindert ihre mechanische Energie durch Reibung zwischen den Molekülen der Luft und durch die Deformation der Wände. Der Schall wird leiser.

Das akustische Verhalten der Kunststoffe hängt eng mit deren dynamisch-elastischem Verhalten zusammen. Es bestehen jedoch charakteristische Unterschiede zwischen kompakten und geschäumten Kunststoffen. Die gebräuchlichsten Kenngrößen, um das akustische Verhalten eines Kunststoffes zu charakterisieren sind:

- Elastizitätsmodul E (Tonhöhe)
- Verlustfaktor tan δ (Lautstärkeabnahme)

Man kann die Eignung eines Polymeren oder Kunststoffs als akustischer Isolator anhand der Kurve des Verlustfaktors tan δ über der Temperatur abschätzen. Der molekulare Aufbau eines Polymers und die enthaltenden Zusatzstoffe entscheiden über die Dämpfungseigenschaften eines Kunststoffes (Bild 3.76).

Bei niedrigen Temperaturen sind die Polymere starr und der Dämpfungsfaktor gering. Mit steigender Temperatur und Brown'scher Molekularbewegung durchlaufen sie unterschiedliche Zustände (siehe Abschnitt 2.2), durch die sich die Dämpfung ändert. Bei der Glastemperatur T_g ist die Änderung maximal, oberhalb von T_g nimmt die Dämpfung bis nahe der Schmelztemperatur T_m nur noch linear zu.

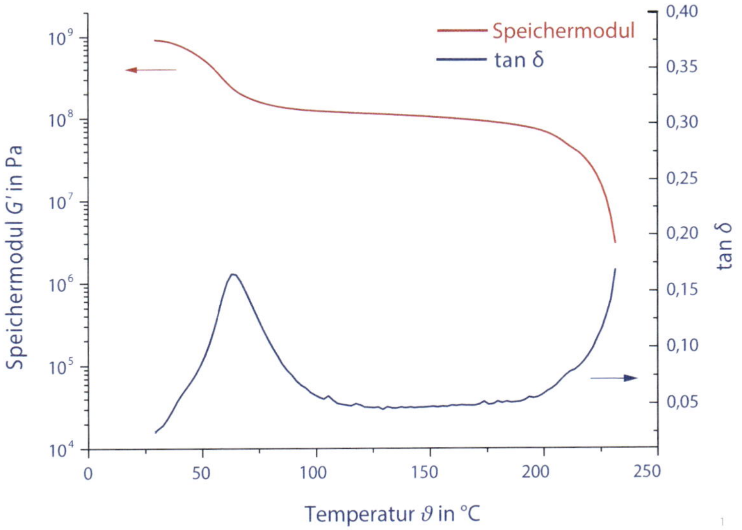

Bild 3.76 Elastischer Schubmodul G' und Verlustfaktor tan δ über der Temperatur

3.2.3 Werte für den Wärme- und Stoffaustausch

Für die Auslegung von Werkzeugen, für den Verarbeitungsprozess und auch für die Auslegung von Produkten aus Kunststoff sind thermodynamische Werte sowie Kennwerte der Wärmeübertragung und des Stofftransports wichtig.

3.2.3.1 Spezifische Enthalpie *h*

Die spezifische Enthalpie *h* von Polymeren ist stark von deren Temperatur abhängig. In Bild 3.77, oben, ist der Verlauf der spezifischen Enthalpie von gängigen amorphen Thermoplasten über der Temperatur aufgetragen. Für gängige teilkristalline Thermoplaste ist die Enthalpie in Bild 3.77, unten, über der Temperatur aufgetragen.

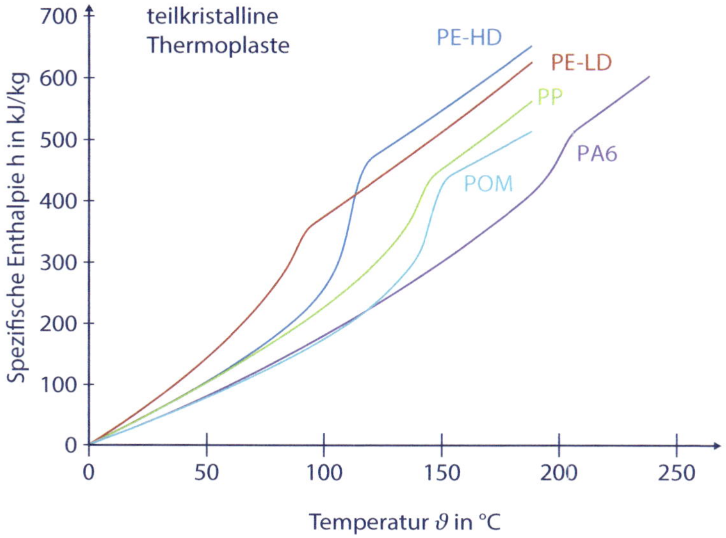

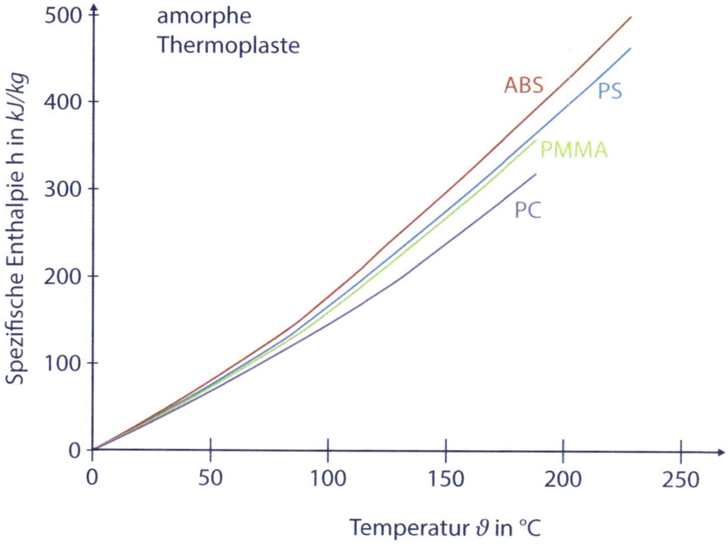

Bild 3.77 Spezifische Enthalpie h verschiedener Polymere

Am Wertebereich der Ordinate ist zu erkennen, dass teilkristalline Kunststoffe im Schmelzebereich einen weit höheren Wärmeinhalt haben, da diese Wärme benötigt wird, um die sekundären Bindungskräfte in der Kristallstruktur zu überwinden. Dies bedeutet, dass das Aufschmelzen für teilkristalline Kunststoffe etwa die doppelte Wärmeleistung benötigt, das Abkühlen in etwa die doppelte Kühlleistung.

3.2.3.2 Spezifische Wärmekapazität c_p

Die spezifische Wärmekapazität c_p entspricht der Ableitung der Enthalpiefunktion nach der Temperatur. Sie beschreibt den massenspezifischen Bedarf an Wärme in kJ zur Erhöhung der Temperatur um ein Kelvin. Die Wärmekapazität von Kunststoffen ist höher als die von vielen metallischen Werkstoffen und liegt im Bereich 0,4 bis 2,7 kJ/kgK (siehe Bild 3.78). Die hohen Werte für Ethanol und Wasser sind ebenfalls dargestellt. Die geringe Wärmekapazität von Luft ist mit 0,001 kJ/kgK hier nicht darstellbar.

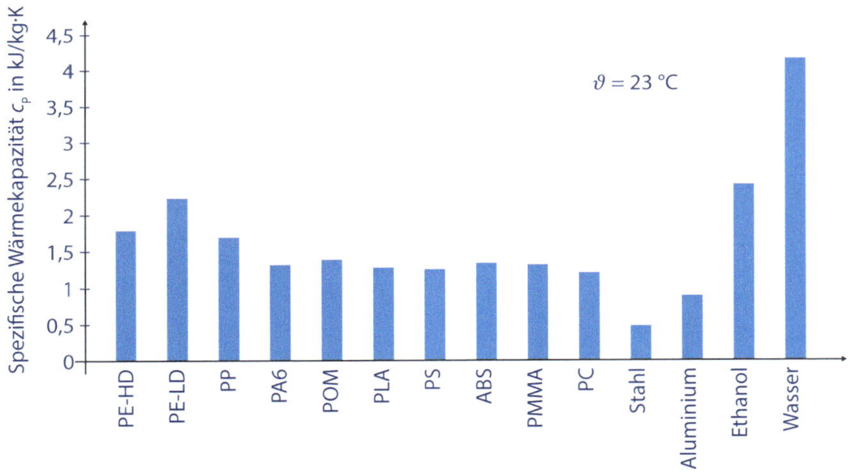

Bild 3.78 Spezifische Wärmekapazitäten c_p verschiedener Werkstoffe

Das Bild 3.79 stellt den Verlauf der spezifischen Wärmekapazität über der Temperatur dar. Während bei amorphen Thermoplasten etwa bei der Glasübergangstemperatur eine Änderung erkennbar ist, weist sie bei teilkristallinen Thermoplasten eine Unstetigkeit am Kristallitschmelzpunkt auf (im Bild mit gestrichelter Linie überbrückt). Hier wird die Wärmezufuhr nicht zur Erwärmung, sondern zur Kristallschmelze eingesetzt. Die spezifische Wärmekapazität ist daher vom Kristallisationsgrad des Kunststoffs abhängig.

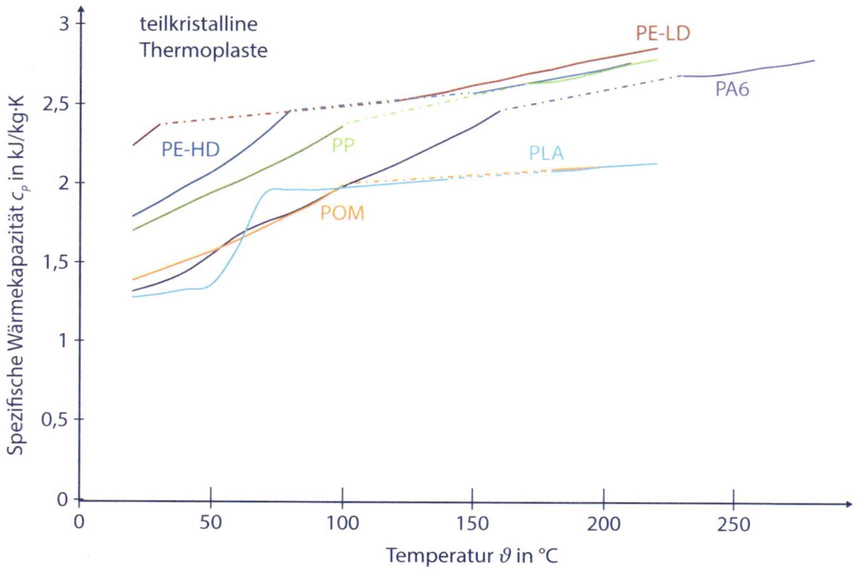

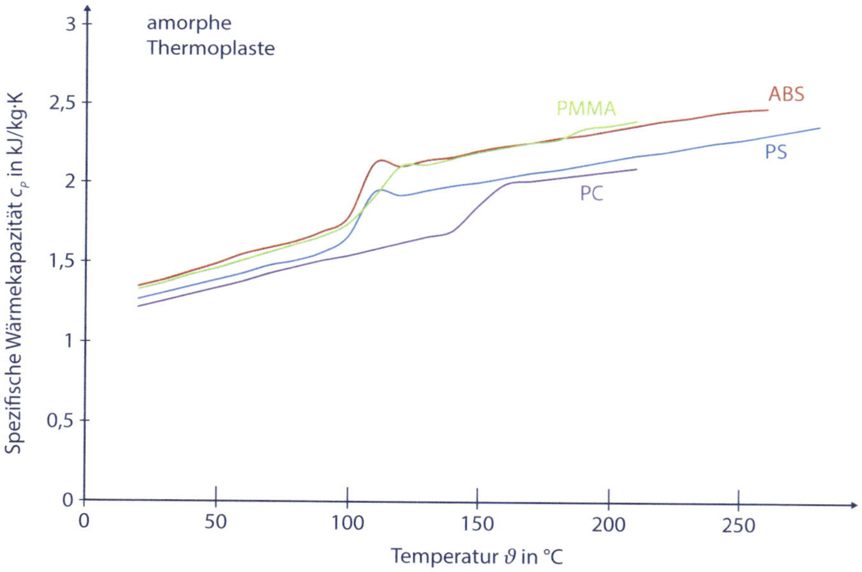

Bild 3.79 Spezifische Wärmekapazität amorpher und teilkristalliner Thermoplaste

Die Ermittlung der spezifischen Wärmekapazität erfolgt mittels der Differential-Scanning-Calorimetry (DSC). In einem beheizten Konstantan-Block werden zwei Pfännchen gleichzeitig mit gleicher Wärmemenge beaufschlagt und erwärmt (Bild

3.80). In das eine Pfännchen wird die zu messende Probe eingebracht, in die andere der Referenzstoff, dessen Eigenschaften bekannt sind. Oft reicht ein leeres Pfännchen als Vergleich. Die zu untersuchende Probe braucht bzw. darf nur wenige mg wiegen, aber es ist wichtig, dass sie repräsentativ für den Werkstoff oder das Bauteil ist.

Durch Messung des Temperaturunterschiedes der beiden Pfännchenböden wird der Wärmestrom in die unbekannte Probe in Abhängigkeit von Temperatur und/oder Zeit gemessen. Chemische oder physikalische Umwandlungen eines zu untersuchenden Stoffes führen zu höherem oder geringerem Wärmebedarf. Die DSC ermöglicht es, reine Umwandlungstemperaturen (Schmelze/Kristallisation/Vernetzung) sowie auch Umwandlungswärmemengen, Reaktionswärmemengen und die Wärmekapazität c_p zu ermitteln.

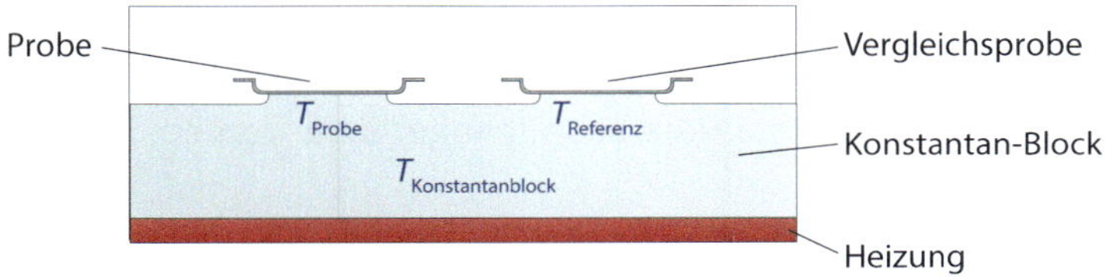

Bild 3.80 Prinzipdarstellung einer DSC-Messeinheit

Da die DSC ein wichtiges Analyseverfahren ist, soll hier noch qualitativ eine typische DSC-Kurve aus dem IKT-Prüflabor für einen teilkristallinen Thermoplasten erläutert werden (Bild 3.81). Die rote Linie zeigt die Veränderung der gewichtsbezogenen Wärmemenge bei Aufheizung der Probe. Typische Einheit ist mW/mg.

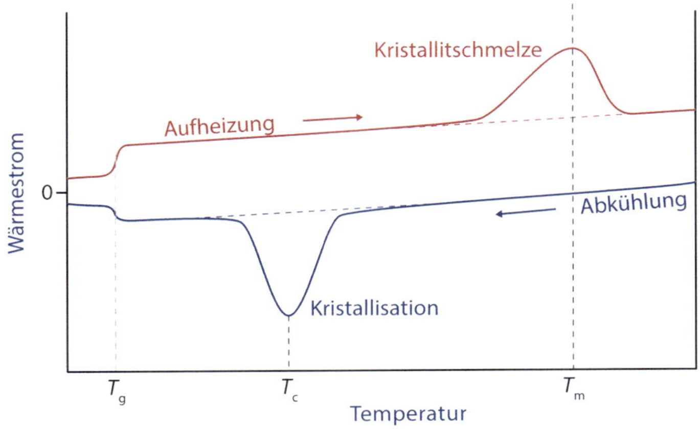

Bild 3.81 Typische DSC-Kurve mit charakteristischem Verlauf

Bei Überschreiten der Glasübergangstemperatur T_g weist die Kurve eine Stufe sowie eine Änderung in der Steigung auf. Ab einem gewissen Temperaturniveau beginnen kleine Kristallstrukturen aufzuschmelzen, dann immer größere und mit noch höherer Temperatur die größten Kristalle. Dies wird in einem höheren Wärmebedarf für die Aufheizung erkennbar. Nach der Kristallitschmelze ist der Wärmebedarf wieder auf dem vorherigen Niveau.

Da die Kristallstrukturen nicht alle gleich ausgebildet sind, verschmiert die Kristallitschmelze über einige Kelvin, u. U. bis zu 30 Kelvin und wird Kristallitschmelz„bereich“ genannt. Als Kristallitschmelztemperatur T_m wird das Maximum definiert. Bei der Abkühlung (blaue Kurve) wird bei der Kristallisation Energie frei, daher ist bei der Kristallisationstemperatur T_c ein exothermer Peak erkennbar.

Kristallitschmelzbereich und Kristallisation sind auf der Temperaturachse zueinander verschoben. Das Ausmaß dieser Verschiebung ist von der Geschwindigkeit abhängig, mit der geheizt bzw. gekühlt wird. Zur korrekten Interpretation der Messergebnisse muss stets die Heizrate mit angegeben werden.

3.2.3.3 Dichte ρ

Die Dichte ist ein wichtiger Stoffwert. Sie verändert sich mit der Brown'schen Molekularbewegung. In Bild 3.82 ist das spezifische Volumen v (Kehrwert der Dichte ρ) amorpher und teilkristalliner Thermoplaste aufgetragen. Eine typische Einheit ist m^3/kg. Bei amorphen Thermoplasten sinkt die Dichte linear mit steigender Temperatur. Ab der Glasübergangstemperatur können die Polymerketten freier schwingen und die Dichte sinkt mit steigender Temperatur weiter linear ab – allerdings mit anderer Steigung.

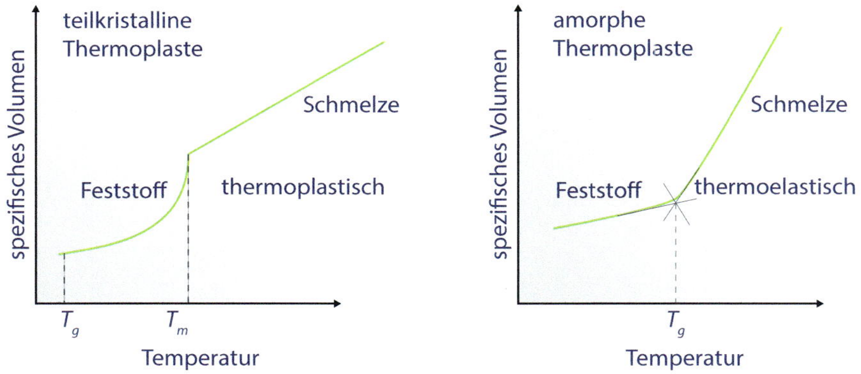

Bild 3.82 Spezifisches Volumen amorpher und teilkristalliner Thermoplaste

Bei teilkristallinen Thermoplasten gibt es unterhalb der Glasübergangstemperatur ebenfalls ein lineares Verhalten, während zwischen der Glasübergangstemperatur T_g und Schmelztemperatur T_m die Dichte nicht linear abnimmt, weil sich hier die Dichte von amorphen und teilkristallinen Bereichen unterschiedlich verändert. In der Schmelze sind alle Polymerketten regellos und die Dichte verhält sich wieder linear zur Temperaturerhöhung.

3.2.3.4 Wärmeleitfähigkeit λ

Das Bild 3.83 zeigt den Verlauf der Wärmeleitfähigkeit λ für verschiedene amorphe (PC, PS) und teilkristalline Thermoplaste (PE, PA6, PP) über der Temperatur. Polymere haben im Allgemeinen eine geringe Wärmeleitfähigkeit λ, die nur durch wenige Zusatzstoffe signifikant geändert werden kann (siehe hierzu Abschnitt 3.3.2.7). Durch die geringe Wärmeleitfähigkeit können Polymere besonders gut Wärme dämmen. Ein Nachteil ist z. B., dass die Wärme zum Aufschmelzen von Kunststoffen im Verarbeitungsprozess nur relativ langsam eingebracht werden kann und zum Abkühlen wieder recht aufwendig entzogen werden muss.

Bei Abkühlung teilkristalliner Thermoplaste (PA, PE, PP) ist eine Erhöhung der Wärmeleitfähigkeit bei Kristallbildung zu erkennen. Kristallite sind dichter gepackte Polymerketten und können Wärme stärker leiten als amorphe Polymerketten.

Während entlang der kovalenten Bindungen der Polymerketten die Brown'sche Molekularbewegung recht gut fortgepflanzt wird, geht es über die Nebenvalenzkräfte zwischen den Ketten nicht so gut. Somit ist die Wärmeleitfähigkeit von Duromeren und Elastomeren wegen der vielen kovalenten Bindungen in der Regel etwas höher als die von Thermoplasten. Fügt man wärmeleitfähige Zusatzstoffe der Polymerschmelze zu, kann die Wärmeleitfähigkeit signifikant gesteigert werden. Gleichzeitig verschlechtert sich die Fließfähigkeit und dadurch Verarbeitungsfähigkeit (siehe Abschnitt 3.3.2.7).

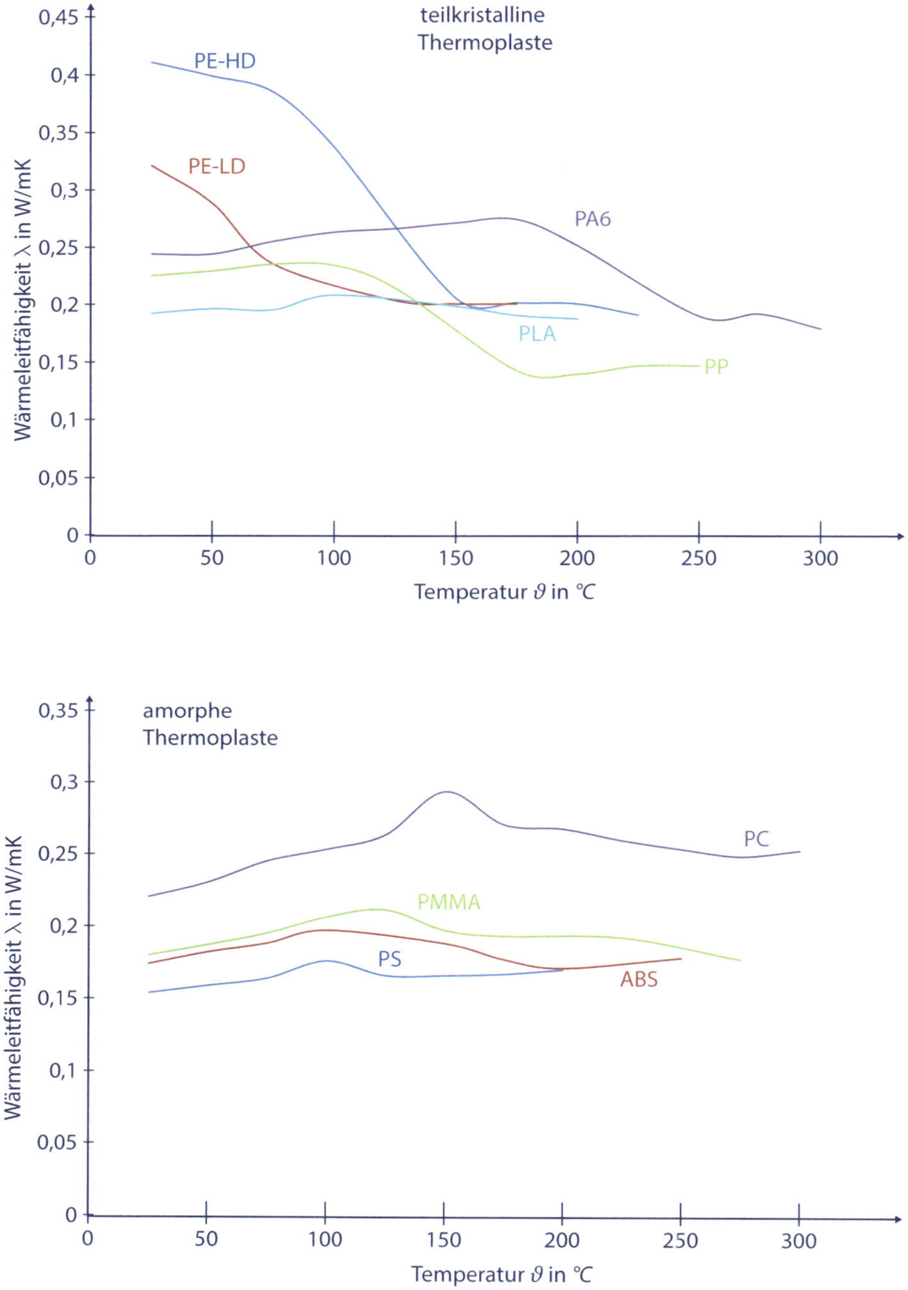

Bild 3.83 Wärmeleitfähigkeiten verschiedener Polymere

Die Bestimmung der Wärmeleitfähigkeit kann über direkte und indirekte Messverfahren erfolgen. Bei direkten Verfahren (z. B. Plattenverfahren: Bild 3.84, links; Heizdrahtverfahren: Bild 3.84, Mitte) wird eine gewisse Wärmemenge eingebracht und auf der abgewandten Seite gemessen, welche Temperatur sich einstellt.

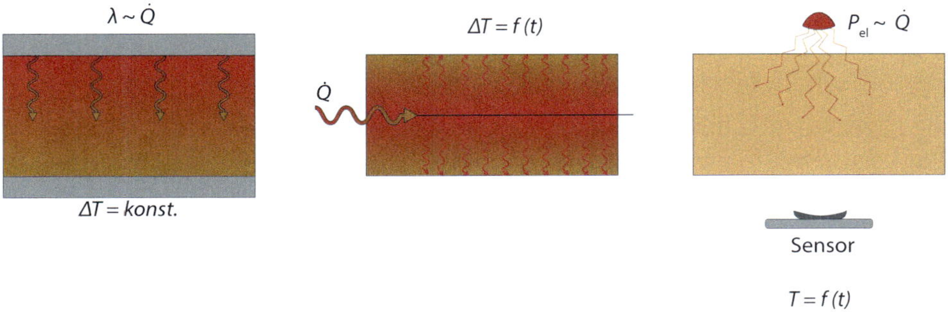

Bild 3.84 Verfahren zur Bestimmung der Wärmeleitfähigkeit

Bei indirekten Verfahren (Impulsverfahren mittels IR, Laser oder Xenonblitz; Bild 3.84, rechts) hingegen wird zunächst die Temperaturleitfähigkeit a (siehe weiter unten) ermittelt. Anschließend wird die Wärmeleitfähigkeit λ bei bekannter Wärmekapazität c_p und bekannter Dichte ρ rechnerisch nach Gleichung 3.36 ermittelt.

$$\lambda = a \cdot \rho \cdot c_p \tag{3.36}$$

Der Vorteil ist, dass die Messung richtungs- und temperaturabhängig erfolgen kann. Das Bild 3.85 zeigt das Nano-Flash-Messgerät des IKT-Prüflabors.

QR-Code 3-8

In diesem Video wird eine Nano-Flash-Messung vorgeführt.

http://www.ikt.uni-stuttgart.de/links/Videolinks/Nano-Flash

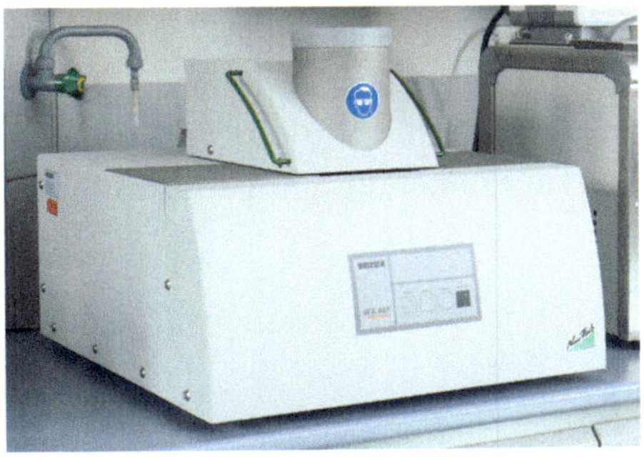

Bild 3.85 Nano-Flash-Messgerät am IKT

3.2.3.5 Wärmeausdehnungskoeffizient α

Die Wärmeausdehnung sowie die Wärmekontraktion (Schwindung) sind für den bestimmungsgemäßen Gebrauch von Kunststoffprodukten von Bedeutung. So kann zum einen die Wärmedehnung des Produktes im Gebrauchstemperaturspektrum vorausberechnet werden, um zu verhindern, dass es seine Funktion verliert oder benachbarte Produkte berührt und belastet. Darüber hinaus ist die Wärmekontraktion eine wichtige Größe zur Auslegung des Formwerkzeugs. Die Produkte werden in der Schmelze geformt und nach Abkühlung kleiner als die Form sein.

Die thermische Längenausdehnung, auch Wärmedehnung genannt, wird durch den Koeffizienten α charakterisiert. Mittels der thermisch-mechanischen Analyse wird über einen Wegaufnehmer die Ausdehnung eines Prüfkörpers bei Erwärmung gemessen. Hierzu wird der Wegaufnehmer auf den Prüfkörper gesetzt und mit einem kleinen Gewicht belastet, um guten Kontakt zu gewährleisten (Bild 3.86).

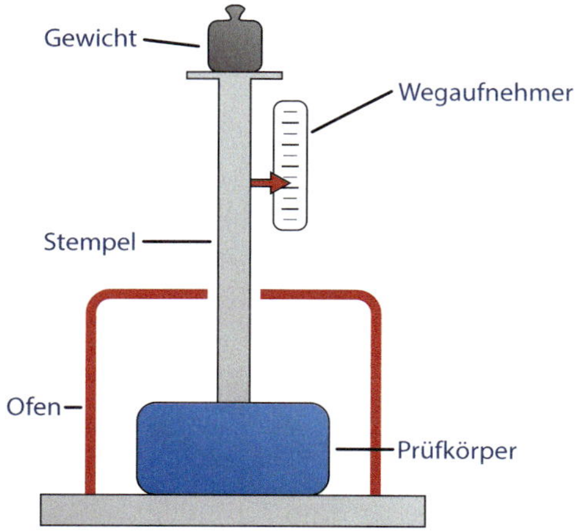

Bild 3.86
Messung der Wärmeausdehnung α

Insbesondere bei Kunststoff-Metall-Hybriden (Bild 3.87) ist die Kenntnis der Wärmeausdehnung wichtig, um die entstehenden Eigenspannungen abschätzen zu können, die durch die unterschiedliche Ausdehnung der Hybridpartner entstehen. Diese Eigenspannungen reduzieren die zusätzliche Belastbarkeit.

Faserverstärkte Kunststoffe (Abschnitt 3.3.1) haben in Faserrichtung eine geringere Wärmedehnung als quer dazu. Beispielsweise beträgt der Wärmeausdehnungskoeffizient α von unverstärktem PA6 ungefähr 70 bis $100 \cdot 10^{-6}\,K^{-1}$ und der von glasfaserverstärktem Polyamid 6 (PA6GF30) mit ungefähr $30 \cdot 10^{-6}\,K^{-1}$ nur die Hälfte.

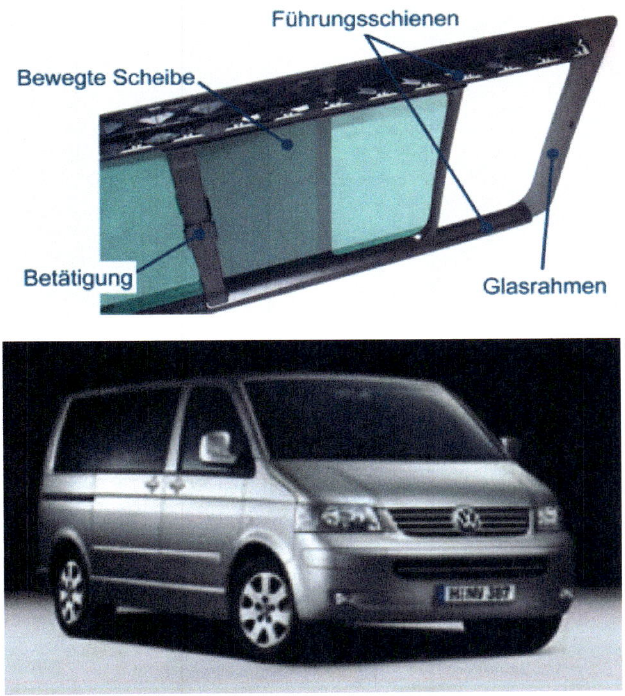

Bild 3.87 Beispiele für technische Relevanz der Wärmeausdehnung [Bildquelle: VW AG]

3.2.3.6 Temperaturleitfähigkeit a

Die Temperaturleitfähigkeit a ist ein Maß für die Geschwindigkeit, mit der sich die Temperatur zeitlich und räumlich in einem Körper verändert. Sie wird ebenfalls zur Berechnung von Wärmeleitvorgängen herangezogen. Die Temperaturleitfähigkeit a ist definiert als das Verhältnis der Wärmeleitfähigkeit λ zur Wärmespeicherfähigkeit $\rho \cdot c_p$:

$$a = \frac{\lambda}{\rho \cdot c_p} \tag{3.37}$$

Das Bild 3.88 zeigt zum Vergleich die Temperaturleitfähigkeit amorpher und teilkristalliner Thermoplaste. Die Temperaturleitfähigkeit von teilkristallinen Thermoplasten hat eine Unstetigkeit am Schmelzpunkt, die auf die Schmelzwärme der Kristallite zurückzuführen ist (siehe auch oben „Wärmekapazität".) Sie ist hier im Bild geglättet worden.

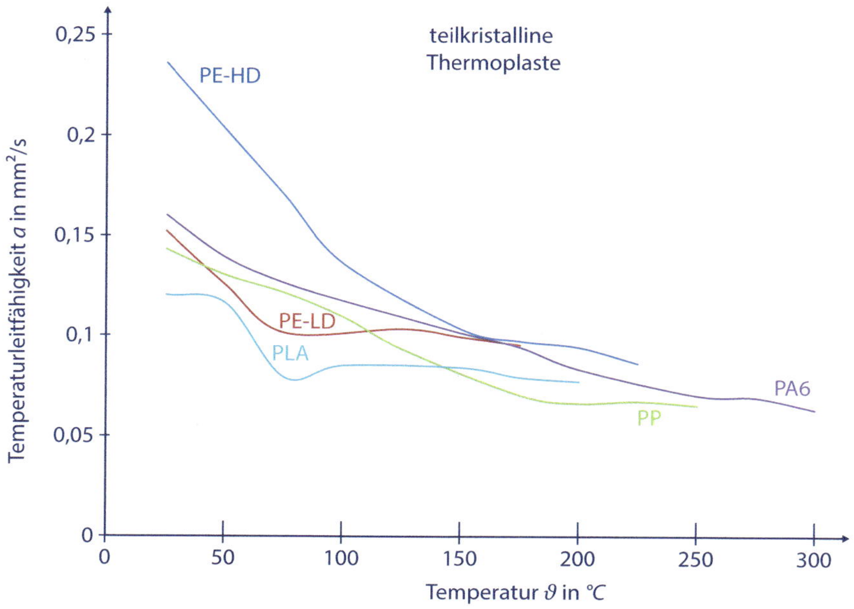

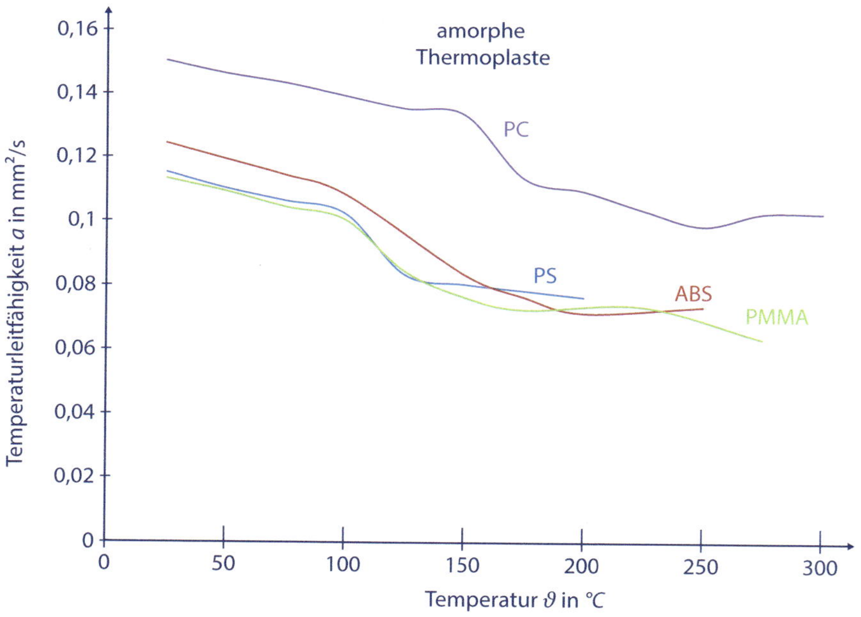

Bild 3.88 Messkurven der Temperaturleitfähigkeit verschiedener Thermoplaste

3.2.3.7 Wärmeeindringzahl *b*

Das Wissen zu diesem Unterkapitel ist wesentlich [4] entnommen. Berühren sich zwei Körper mit unterschiedlicher Temperatur, so kann die Kontakttemperatur T_k mit Hilfe der Wärmeeindringzahl *b* bestimmt werden. Somit ist die Wärmeeindringzahl ein Kennwert von eher praktischem Nutzen. Sie ergibt sich zu:

$$b = \sqrt{\lambda \cdot \rho \cdot c_p} \tag{3.38}$$

Möchte man die Kontakttemperatur bei Berührung zweier Körper A und B ermitteln, kann die folgende Formel verwendet werden:

$$T_k = \frac{b_A \cdot T_A + b_B \cdot T_B}{b_A + b_B} \tag{3.39}$$

Bei der Berührung von Gegenständen des täglichen Bedarfs, wie z. B. Griffe aus Kunststoff oder auch Trinkbechern (Bild 3.89), ist die Kenntnis der Kontakttemperatur von großem Vorteil. Kunststoffe haben in der Regel eine geringe Wärmeeindringzahl. Dadurch wird die Kontakttemperatur meist vom Zustand des Kontaktpartners bestimmt.

Bild 3.89
Kontakttemperatur entscheidet, ob Trinkbecher angefasst werden kann

3.2.3.8 Stofftransport

Gase, Flüssigkeiten und sogar Substanzen < 1000 g/mol können in gelöster Form durch Kunststoffe migrieren. Dies kann zum einen verpackte Lebensmittel ungenießbar machen oder – je nach Medium – sogar gesundheitsgefährdend sein (siehe Abschnitt 6.2). Zudem verändern gelöste Medien die Eigenschaften von Kunststoffen, so dass deren Lösungsverhalten in Kunststoffen näher betrachtet werden muss.

Aus der Lehre der Stoffübertragung werden hier die grundlegenden Vorgänge aufgefrischt (Bild 3.90).

Mit Sorption wird das Lösen eines Stoffes in einem anderen Stoff bezeichnet. Dabei werden die Moleküle des einen Stoffes im freien Volumen des anderen Stoffes bis zum Erreichen eines Gleichgewichts eingelagert. Desorption beschreibt den umgekehrten Vorgang und wird z. B. durch eine Temperaturerhöhung ausgelöst.

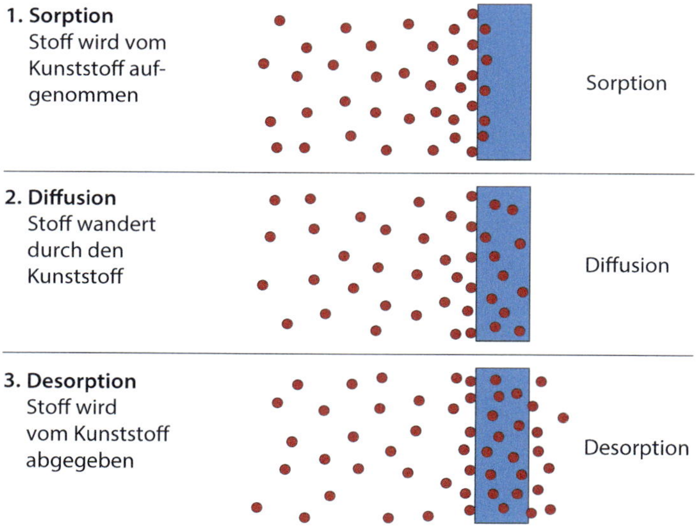

Bild 3.90 Phasen der Permeation von Stoffen durch Kunststoff

Das Lösen des einen in einem anderen Stoff wird durch das Henry'sche Gesetz beschrieben. Es drückt die direkte Proportionalität der Konzentration des gelösten Stoffes zu seinem Partialdruck aus, wobei S die Henry-Konstante darstellt.

$$p = S \cdot c \tag{3.40}$$

mit:

c: Konzentration des gelösten Stoffes

S: Henry-Konstante bzw. Löslichkeit

p: Partialdruck des gelösten Stoffes

Das Gesetz hat seine Gültigkeit, wenn sich zwischen dem Sorptions- und Desorptionsvorgang ein Gleichgewicht eingestellt hat und die Löslichkeit S unabhängig von Druck und Konzentration ist.

Nun kann ein Kunststoffbauteil ein Medium nicht nur bis zur Sättigung aufnehmen (Sorption), sondern an anderer Stelle zeitgleich wieder abgeben (Desorption). Der durch das Konzentrationsgefälle ausgelöste stationäre Stofftransport heißt Diffusion und kann durch die Fick'schen Gesetze beschrieben werden.

Im Folgenden sind die Gleichungen vereinfacht für eindimensionale Transportvorgänge dargestellt. Sie ähneln den Gleichungen der Wärmeleitung und des Wärmeübergangs.

$$I = -D \cdot \frac{\partial c}{\partial x} \tag{3.41}$$

Die Teilchenstromdichte I ist proportional zum Konzentrationsgefälle. Der Diffusionskoeffizient D stellt die Proportionalitätskonstante dar. Das 2. Fick'sche Gesetz beschreibt die zeitliche und örtliche Änderung der Konzentration. Die Fick'schen Gesetze werden z. B. angewendet, um die Diffusion von physikalischen Treibmitteln in Kunststoffschmelze vorherzuberechnen. Außerdem werden sie in medizinischen oder Lebensmittelkontakt-Zulassungen eingesetzt, um die Migration von Stoffen vorherzusagen (s. o. und Abschnitt 6.2).

$$\frac{\partial c}{\partial t} = D \cdot \frac{\partial^2 c}{\partial x^2} \tag{3.42}$$

Die Permeation (permeare, lat.: durchdringen, durchwandern) ist ein Stoffstrom und beschreibt z. B. nach EN 16523 das Durchdringen eines Stoffes durch einen Festkörper. Sie ist in der Regel durch Konzentrations- oder/und Druckdifferenzen getrieben. Der Begriff vereint die Sorption, Diffusion und Desorption. Bei manchen Medien nutzt man die räumliche Ausdehnung statt des Gewichts.

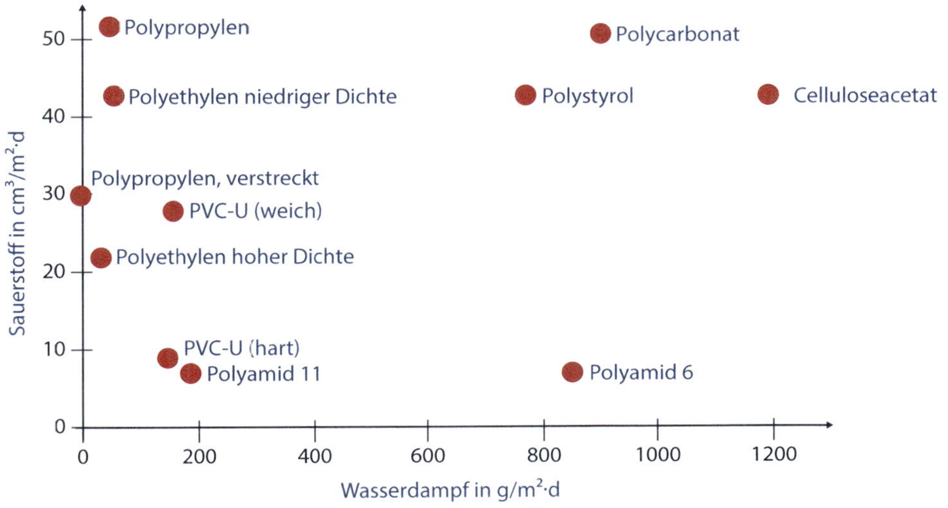

Bild 3.91 Permeation verschiedener Polymere

In Bild 3.91 sind einige Werte für die Permeation von Sauerstoff und Wasserdampf durch verschiedene Kunststoffe aufgetragen. Einige Kunststoffe wie Polypropylen und Polyethylen verfügen über eine ausgezeichnete Wasserdampfbarriere, während andere besonders wasserdampfdurchlässig sind (z. B. Polyamid 6 und Celluloseacetat). Polyamid 6 ist dabei relativ sauerstoffdicht, während z. B. Polypropylen (PP) sehr viel Sauerstoff hindurch lässt.

Maßnahmen zur Permeationsminderung

Um das Eindringen und Diffundieren zu reduzieren, sollte der gewählte Kunststoff ein möglichst geringes „freies Volumen“ (freier Platz zwischen den Molekülketten) haben. Ist der Werkstoff einmal festgelegt, kann das „freie Volumen“ noch mit Zusatzstoffen oder durch die Verarbeitung beeinflusst werden. Es ist umso geringer, je mehr Kristallinität oder Füllstoff ein Thermoplast aufweist. Auch ein höherer Vernetzungsgrad bei Duromeren oder Elastomeren senkt das „freie Volumen“ ab.

Wir greifen hier ein wenig vor: die Eigenschaften von Thermoplasten können zusätzlich durch die Verarbeitung beeinflusst werden. Die sich während der Verarbeitung einstellenden Struktureigenschaften (siehe Abschnitt 3.5), wie die Kristallisation und Orientierungen, ändern ebenfalls das freie Volumen. Darüber hinaus kann auch durch andere Werkstoffschichten (siehe Abschnitt 4.1.7 „Co-Extrusion“ und 4.5.6 „Beschichten“) die Permeation durch eine Bauteilwandung hindurch verringert werden.

Als Beispiel soll hier ein Kunststoff-Kraftstoffbehälter (Bild 3.92) dienen. Kraftstoffbehälter werden bereits seit einigen Jahrzehnten nahezu ausschließlich aus Kunststoff hergestellt. Der erste Kunststoff-Kraftstoffbehälter wurde für einen Porsche 911 S im Jahr 1968 entwickelt und spätestens 1972 im 911 RS verbaut. Er bestand noch aus einer mehrere Millimeter dicken Monoschicht Polyethylen. Erst später wurde bekannt, wie viel Kraftstoff sich in Folge von Permeation durch unbeschichtetes Polyethylen verflüchtigte.

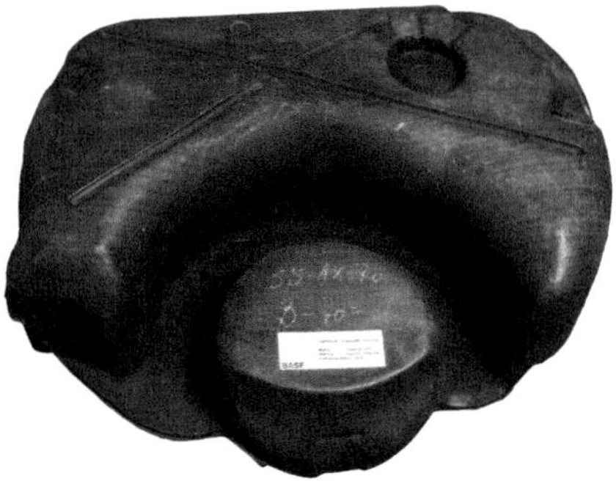

Bild 3.92
Einer der ersten Kunststofftanks, noch ohne Barriereschichten [Bildquelle: Deutsches Kunststoffmuseum]

ECE R34 ist eine einschlägige europäische Richtlinie, welche die Untersuchung der Gesamtemission aus Kunststoffkraftstoffbehältern (KKB) für den europäischen Raum regelt. Sie fordert bei einem kraftstoffgesättigten, vorgelagerten Tank und 40 °C Lagertemperatur einen Gewichtsverlust bis höchstens 20 g/d. Für die Emissionsminderung aus Gesamtfahrzeugen werden derzeit weitergehende Zielvorgaben von 0,25 g/d für das Gesamtfahrzeug und 0,08 g/d für das Kraftstoffsystem diskutiert. Alle Polyethylentanks sind heute mehrschichtig ausgeführt und erfüllen diese Richtlinie.

In Bild 3.93 sind einige Bilder aus der Schadensanalyse des IKT abgebildet: Betrachtet man im Detail die Quetschnaht eines modernen co-extrudierten Tanks aus Polyethylen hoher Dichte (PE-HD), wird der Schichtaufbau aus PE-HD, dem Regranulat sowie Haftvermittler und Ethylvinylalkohol (EVOH) erkennbar. EVOH gilt als sehr dicht gegenüber Medien. Wegen dessen Unverträglichkeit zu Polyethylen müssen zusätzlich teure Haftvermittler eingesetzt werden.

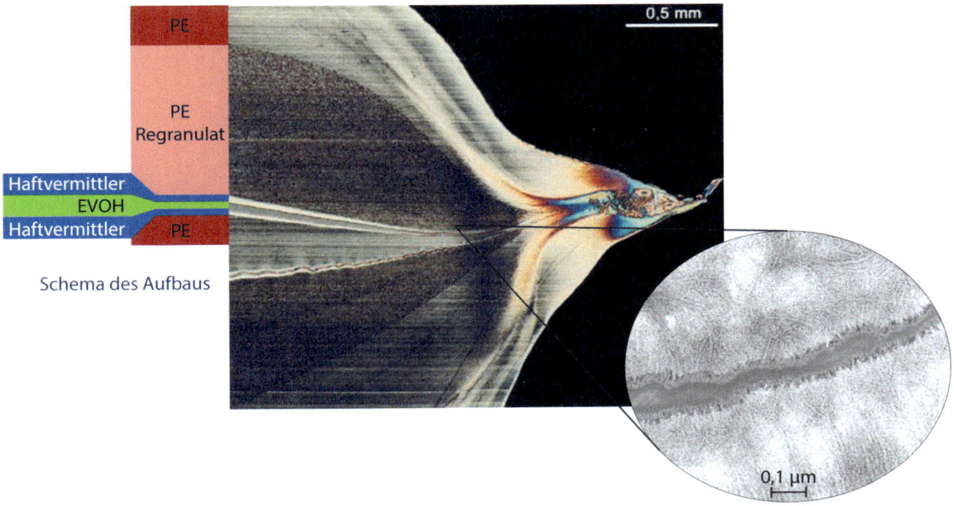

Bild 3.93 Mikroskopische Aufnahmen einer Barriereschicht

3.3 Beeinflussung der Eigenschaften durch Zusatzstoffe

Kein Polymer liegt nach der Synthese gebrauchsfertig vor. Erforderlich ist mindestens ein Schutz gegen Wärme- und Sauerstoffangriff sowie andere Umweltbedingungen, die auch z.B. schon bei der Lagerung auftreten können. Meist erfordert die jeweilige spätere Verwendung über dieses „Grundpaket" hinaus einen mehr oder weniger großen Anteil an Zusatzstoffen, welche die Eigenschaften während der Verarbeitung oder während des Gebrauchs beeinflussen.

Eigentlich steht das Wort Additiv von seiner Bedeutung her für „hinzugefügter Stoff" oder „Zusatzstoff", aber der Gebrauch unterscheidet wie folgt:

- Verstärkungsstoffe (aktive Zusatzstoffe),
- Funktions-Zusatzstoffe (hier Additive genannt),
- Füllstoffe (inaktive Zusatzstoffe).

Wegen der besonderen Bedeutung wird die Beeinflussung mit Verstärkungsstoffen gesondert behandelt, bevor auf die anderen Zusatzstoffe eingegangen wird.

3.3.1 Verstärkungsstoffe – Aktive Zusatzstoffe

Verstärkungsstoffe in Kunststoffen sind meist faserartig. Die besondere Rolle von nanoskaligen Zusatzstoffen wird in 3.3.1.5 genauer betrachtet. Charakteristisch für ausgerichtete Verstärkungsstoffe ist die dadurch eingebrachte Richtungsabhängigkeit (Anisotropie) verschiedener Eigenschaften.

Fasern werden meist gezielt zur Verbesserung von mechanischen Eigenschaften eingesetzt. So werden durch Fasern die Festigkeit und die Steifigkeit in Faserrichtung stark erhöht, die Dehnbarkeit hingegen verringert. Zugleich werden damit auch die Wärmeformbeständigkeit erhöht sowie Schwindung und Kriechneigung verringert. Durch elektrisch leitfähige Fasern kann zudem gezielt der elektrische Widerstand verringert werden. Dies soll hier aber nicht näher betrachtet werden.

Faserkunststoffverbunde haben höchste gewichtsbezogene mechanische Eigenschaften und sind bekannt für ihr Leichtbaupotenzial. So werden anspruchsvolle Faserkunststoffbauteile in der Luftfahrtindustrie in verhältnismäßig kleinen Serien von wenigen Stück pro Monat eingesetzt.

Der Verbund wird für jedes Bauteil je nach Anforderung hochspeziell ausgewählt. Der Airbus A 380 besteht bereits zu über 22 M.-% aus Faserkunststoffverbunden, der Airbus A 350 (Bild 3.94) bereits über 50 M.-%. Daneben werden auch Metall/Kunststoff-Verbunde eingesetzt. Ein Beispiel ist GLARE (engl. glass-fibre reinforced aluminium; Serieneinsatz im Airbus A 380), ein Schichtwerkstoff aus Aluminium und glasfaserverstärktem Kunststoff.

In der nachhaltigen Energieerzeugung werden Faserkunststoffverbunde mit Glasfasern (GFK) eingesetzt. In Bild 3.95 sieht man die Dimensionen moderner Windkraftanlagen. Die bis zu 60 m langen Rotorblätter werden aus endlos-glasfaserverstärkten Kunststoffen hergestellt. Die eingesetzten Fasern und Duromere sind recht kostengünstig, aber die Verarbeitung gegenüber anderen typischen Kunststoffverarbeitungsverfahren sehr aufwendig und teuer (siehe hierzu Abschnitt 4.4).

Bild 3.94 Teile der Außenhaut des A 350 sind aus Faserkunststoffverbund (grau); [Bildquelle: Airbus AG]

Bild 3.95
Rotorblätter aus Faserkunststoffverbund

Im Zuge der Elektrifizierung von Automobilen und der derzeit nicht änderbaren Tatsache, dass elektrische Akkumulatoren sehr schwer sind, wird verstärkt in Automobil-/Leichtbauforschung investiert. Faserkunststoffverbunde spielen hier zukünftig eine noch größere Rolle. An den in Bild 3.96 dargestellten Beispielen der Karosserie eines Mercedes SLR und dem Dachmodul eines BMW M wird deutlich, dass Faserkunststoffverbunde im Automobil derzeit nur für teure Kleinserien eingesetzt werden.

Dies wandelt sich gerade. Im Jahr 2009 haben BMW und der Kohlenstofffaser-Spezialist SGL Carbon (ehemals Hoechst) das Joint Venture SGL Automotive Carbon Fibers gegründet. Dies stellt BMW und ihren Tochtergesellschaften sicher, exklusiv mit Kohlenstofffaser basierten Werkstoffen und Technologien versorgt zu werden. BMW brachte auf der IAA 2013 mit dem i3 das weltweit erste Großserien-Fahrzeug mit einer Fahrgastzelle aus kohlenstofffaserverstärkten Kunststoffen (CFK) heraus. Das Fahrgestell ist noch aus Aluminium, der Elektromotor hat 125 kW (170 PS).

Bild 3.96 Anwendungen von Faserkunststoffverbunden im Automobilbau [Bildquellen: BMW Group, Daimler AG]

Faserkunststoffverbunde werden auch in Freizeitanwendungen eingesetzt. In Bild 3.97 sind ein Bootsrumpf aus glasfaserverstärktem Kunststoff (GFK) (oben), ein Fahrradrahmen aus kohlenstofffaserverstärktem Kunststoff (CFK) (Mitte) und ein vollständig aus kohlenstofffaserverstärkten Kunststoffen hergestelltes Elektroflugzeug e-Genius des Instituts für Flugzeugbau (IFB) der Universität Stuttgart (unten) dargestellt. Diese Bauteile, auch der Fahrradrahmen, werden in Kleinserien hergestellt.

Bild 3.97 Freizeitanwendungen aus Faserkunststoffverbunden [Bildquelle: IKT, IFB, Löhmann]

3.3.1.1 Die Fasern und das Prinzip der Verstärkung

Ein kleiner Einblick in die Textiltechnik ist hilfreich: eingesetzt werden meist Glasfasern, Kohlenstofffasern (anorganisch) oder Aramid- und Naturfasern (organisch). Die Einzelfäden werden Filamente genannt und haben einen Durchmesser *d* von 5 bis 50 µm. Die eingesetzten Faserbündel werden in der Kunststofftechnik in Abhängigkeit von ihrer Länge in die folgende Gruppen eingeteilt:

0,1 bis 1 mm (Kurzfasern)	$l/d > 10$
1 bis 50 mm (Langfasern)	$l/d > 1000$
> 50 mm (Endlosfasern)	$l/d = \infty$

In Bild 3.98 wird schematisch verdeutlicht wie sich Steifigkeit, Festigkeit und Schlagzähigkeit von Kunststoffen in Abhängigkeit von der Faserlänge beeinflussen lassen. Während die Steifigkeit auch bereits mit kurzen Fasern recht stark beeinflusst wird, bewirken nur Langfasern und Endlosfasern einen Festigkeits- und Schlagzähigkeitssprung.

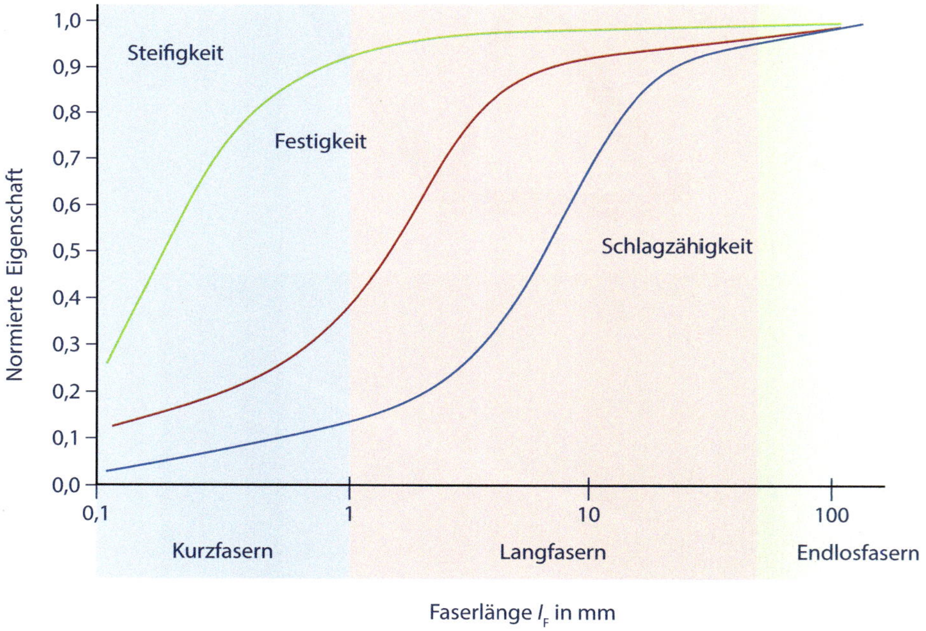

Bild 3.98 Faserlängen beeinflussen die mechanischen Eigenschaften von Faserkunststoffverbunden [5]

Fasern werden niemals einzeln verarbeitet, da dies aufgrund ihres geringen Durchmessers (siehe im Vergleich zu einem Haar in Bild 3.99) nicht praktikabel ist. Stattdessen werden Fasern immer in Faserbündeln, den sogenannten Rovings, verarbeitet. Diese reichen von Bündeln zu 1000 Einzelfilamenten (sehr teuer; Raumfahrtindustrie) bis hin zu Bündeln aus 24 000 oder mehr Filamenten (relativ kostengünstig; Anwendung in der Automobilbranche).

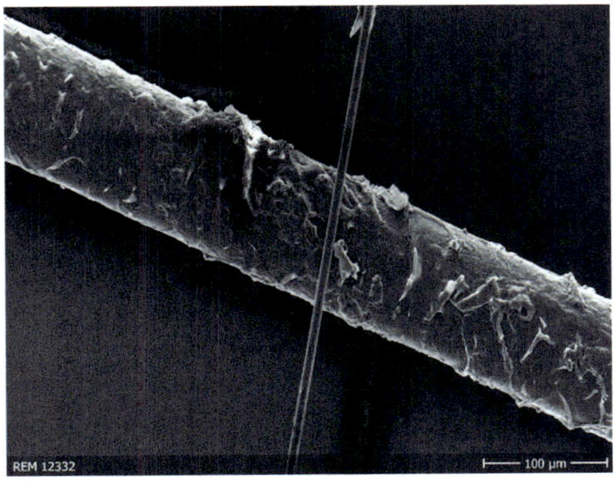

Bild 3.99
Vergleich Kohlenstoff-Filament (dünner) und menschliches Haar (dicker)

Aus Rovings werden oftmals mit Hilfe der Textiltechnik flächenförmige (seltener sogar dreidimensionale) Gebilde hergestellt, wie z. B. Vliese, Matten, Gewebe (Bild 3.100) und Gelege (sog. Faserhalbzeuge). Zur schnelleren Verarbeitung bieten Hersteller auch gestapelte, leicht vernähte Textilien an. Diese sogenannten Multi-Axial-Gelege (MAG) (Bild 3.101) bestehen in der Regel aus Einzellagen verschiedener Faserorientierung.

Bild 3.100 Kohlenstofffasergewebe

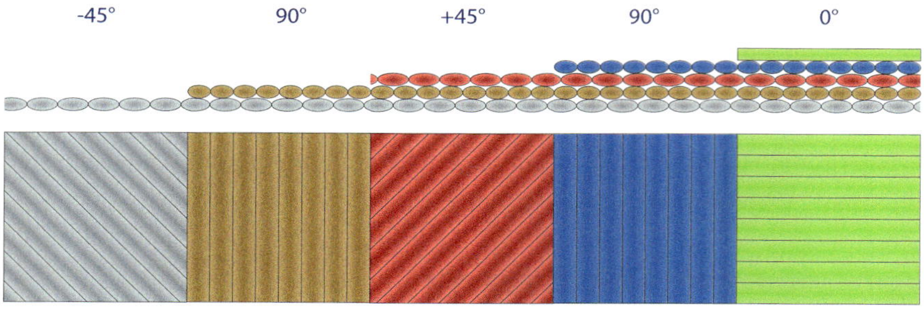

Bild 3.101 Schema eines Multi-Axial-Geleges (MAG)

Die mechanischen Eigenschaften von Fasern wirken umso mehr, je seltener unterbrochen sie in einer Matrix vorliegen. So erlauben Endlosfasern die größte Kraftübertragung, Langfasern mittlere und Kurzfasern im Vergleich geringere. Tabelle 3.5 zeigt einige Faserstoffe mit verschiedenen physikalischen und mechanischen Eigenschaften.

Tabelle 3.5 Mechanische Kennwerte typischer Faserwerkstoffe

Material	Dichte in g/cm³	E-Modul in GPa	Spezifischer E-Modul in GPa/g/cm³	Zugfestigkeit in GPa	Bruchdehnung in %	ϑ max in °C
E-Glas (2 - 3 €/kg)	2,55	70	27	3,4	4	300 - 350
Aramid	1,44	125	87	4,5	1 - 4	250 - 300
Kohlenstoff (25 - 1000 €/kg)	1,75	275 - 400	157 - 230	3 - 5,7	0,5 - 3	600
aus der Natur (0,5 €/kg)						
Hanf	1,45	70	48	0,6		200
Flachs	1,48	30	20	0,75		200
Jute	1,3 - 1,5	55	36 - 42	0,55		200
Sisal	1,45	20	14	0,6		200

Der besondere Vorteil von Glasfasern ist ihre große Verfügbarkeit bei geringem Preis. Hingegen sind Kohlenstofffasern noch teuer, aber deutlich leichter und weisen teils bessere mechanische Kennwerte auf. Naturfasern wie Hanf bieten ebenfalls interessante Eigenschaften bei niedrigem Preis. Allerdings sind Zugfestigkeit und Verarbeitungstemperaturen begrenzt.

Kohlenstofffasern gibt es in sehr vielen Variationen, welche je nach Anwendungsfall eingesetzt werden. Man unterscheidet grob in folgende Fasern:

- HM: engl.: high modulus, dt.: hochsteif
- IM: engl.: intermediate, dt.: zwischenliegend
- HT: engl.: high tensile strength, dt.: hochfest

In den letzten Jahren wurden verstärkt Versuche mit Naturfasern durchgeführt. Naturfasern sind nicht nur ein preiswerter Faserstoff, sondern dienen dank nachwachsender Rohstoffe der nachhaltigen Ressourcennutzung. Darüber hinaus sind sie thermisch bedenkenlos verwertbar und zeigen arbeitsmedizinische Vorteile gegenüber Glasfasern und Kohlenstofffasern bei Verarbeitung und Entsorgung. Aufgrund ihrer je nach Wachstumsbedingungen wechselnden mechanischen Eigenschaften finden sie aber bisher wenig Anwendung.

Das Prinzip der Faserverstärkung wird in Bild 3.102 verdeutlicht. Fasern haben in Hauptausrichtung sehr gute Festigkeit und Steifigkeit, hingegen geringe Dehnfähigkeit. Die Eigenschaften sind also richtungsabhängig (anisotrop). Fasern können wie Seile nur auf Zug belastet werden.

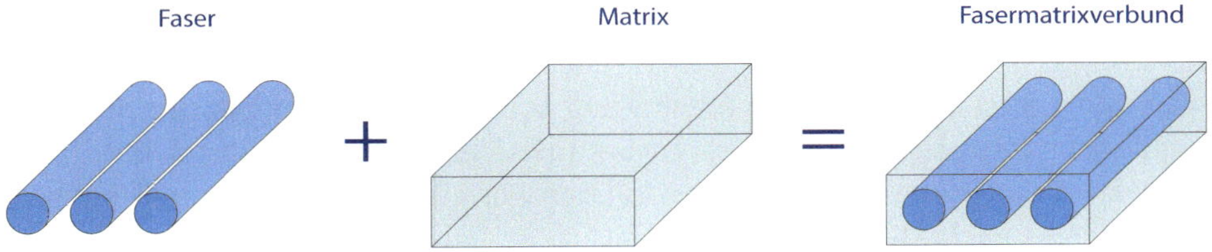

Bild 3.102 Das Prinzip der Faserverstärkung

3.3.1.2 Die Aufgaben der Matrix

Der die Fasern umgebende Kunststoff bildet die sogenannte Matrix. Egal, ob Thermoplast oder Duromer: Der gewählte Kunststoff hat weit geringere Festigkeit und Steifigkeit als die Fasern. Seine Eigenschaften sind allerdings richtungsunabhängig (isotrop), während die Fasern gerichtet sind (anisotrop). Die Matrix hat eher eine Halte- und Schutzfunktion. Der Faserkunststoffverbund hat in Summe recht gute mechanische Eigenschaften, diese werden aber dominiert von der Faserausrichtung und sind entsprechend insgesamt anisotrop. Holzwerkstoffe sind ein Beispiel für in der Natur vorkommende Fasermatrixverbunde.

Als Matrixwerkstoffe werden meist Duromere eingesetzt. Epoxidharze haben dabei die größte Verbreitung und recht gute mechanische Eigenschaften. Phenolharze sind seit ca. 100 Jahren bekannt („Bakelite®") und besonders kostengünstig sind ungesättigte Polyester- und Vinylesterharze. Spezialanwendungen bei hohen Temperaturen erfordern gelegentlich Bismaleinimidharze und Polyimidharze. Ein besonders Merkmal ist, dass die Vorprodukte der Duromere sehr dünnflüssig sind und daher die Faserbündel bis hin zur einzelnen Faser gut durchtränken können. Die Reaktion zum Duromer findet erst während der Verarbeitung statt, wenn die Fasern bereits benetzt/durchtränkt sind.

Thermoplaste werden seltener als Matrix gewählt. Meist sind es technische Thermoplaste wie Polyamid (PA), Polybutylenterephtalat (PBT), seltener Hochtemperaturthermoplaste wie Polyetheretherketon (PEEK), aber aus Kostengründen auch der Standardthermoplast Polypropylen (PP). Thermoplaste haben weniger hohe Festigkeiten und Steifigkeiten als Duromere, aber die Dehnfähigkeit erlaubt eine hohe Energieaufnahme.

Dass Thermoplaste bei der Verarbeitung als zähflüssiges Polymer vorliegen und nicht wie Duromere als dünnflüssige Monomere, ist sehr nachteilig für die Faserbenetzung und Faserbündeldurchtränkung. Die Automobilindustrie wünscht sich dennoch für die Serienfertigung thermoplastische Matrixsysteme, um zu geringeren Zykluszeiten zu gelangen sowie die Möglichkeit des Schweißens und die bessere Recyclebarkeit zu nutzen.

Am IKT wird derzeit an der In-situ-Polymerisation von PA6 während der Verarbeitung von Endlosfasern gearbeitet. Hierbei wird das Monomer ε-Caprolactam, welches eine wesentlich niedrigere Viskosität aufweist als die Thermoplastschmelze und sogar eine noch geringere Viskosität als die Monomere der o. g. Duromere, in den Prozess eingebracht, um die Fasern gut zu durchtränken. Erst nach der Polymerisation entsteht dann unter Einwirkung von Druck und Temperatur die thermoplastische Kunststoffmatrix des Faserkunststoffverbunds direkt im Halbzeug. Somit wird eine gute Durchtränkung mit den Vorteilen eines Thermoplasten verknüpft (siehe auch Abschnitt 4.4.3).

3.3.1.3 Kraftübertragung des Faserkunststoffverbunds

Mit Hilfe der Mischungsregel kann bei perfekter Haftung zwischen Faser und Matrix (siehe auch Abschnitt 3.3.2 Haftvermittler) der *E*-Modul eines Faserkunststoffverbundes (Bild 3.103, links) mit Endlosfasern wie folgt berechnet werden:

$$E_{II} = \varphi\, E_{F_{II}} + (1-\varphi)\, E_M \tag{3.43}$$

mit:

E_{II} = E-Modul des Verbunds in Faserausrichtung,

E_{FII} = E-Modul der Fasern längs der Faserausrichtung,

E_M = E-Modul der Matrix (isotrop) und

φ = Faservolumengehalt = $\frac{V_{Faser}}{V_{Matrix}}$ (typischer Wert 30 – 60 Vol.-%)

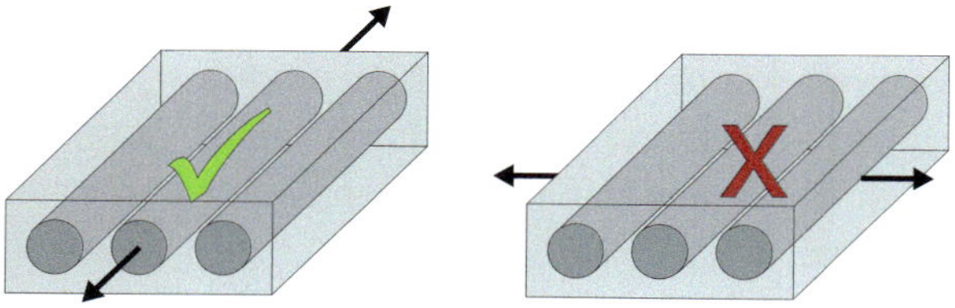

Bild 3.103
Belastung in und quer zur Faserausr chtung

Quer zur Faserrichtung haben wir eine Reihenschaltung von Faser- und Matrix-Eigenschaften (Bild 3.103, rechts). Diese drückt sich durch die Mischungsregel wie folgt aus:

$$\frac{1}{E_{\perp}} = \varphi \frac{1}{E_{F_{\perp}}} + (1-\varphi)\frac{1}{E_M} \tag{3.44}$$

mit:

$E_{\perp}$ = E-Modul des Verbundes senkrecht zur Faserausrichtung und

$E_{F_{\perp}}$ = E-Modul der Fasern senkrecht zur Faserausrichtung

Es ist wenig ratsam, einen Faserkunststoffverbund quer zur Faserausrichtung zu belasten, da die „schwache“ Matrix die mechanischen Eigenschaften dominiert. In Faserausrichtung dominieren hingegen die Fasern die mechanischen Eigenschaften. Bild 3.104 zeigt sehr eindrucksvoll die Abhängigkeit von E-Modul und Festigkeit in Hauptausrichtung von der Abweichung α von dieser Ausrichtung. Der Faservolumengehalt φ beträgt hier 60 %. Bei α = 10° Abweichung von der Hauptausrichtung sinken die Festigkeit und E-Modul bereits auf unter 30 % vom Ausgangswert. Bei sogar nur 5° Abweichung ist die Festigkeit auf einem Wert von nur noch 50 % der Ausgangsfestigkeit abgefallen.

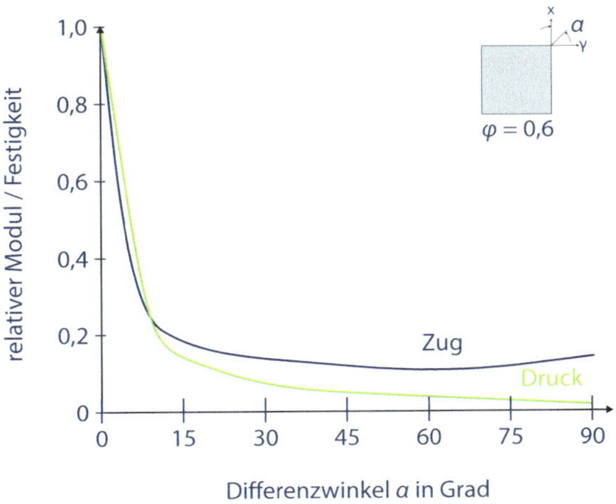

Bild 3.104 Richtungsabhängigkeit der Verbundeigenschaften [Quelle: IFB Stuttgart]

Da die Realität eigentlich nur mehrachsige Belastungsfälle kennt, müssen die Fasern auch entsprechend mehrachsig ausgerichtet werden. Die Lösung ist ein geschichteter Verbund, in dem die Fasern in jeder Schicht verschieden ausgerichtet werden (Bild 3.105).

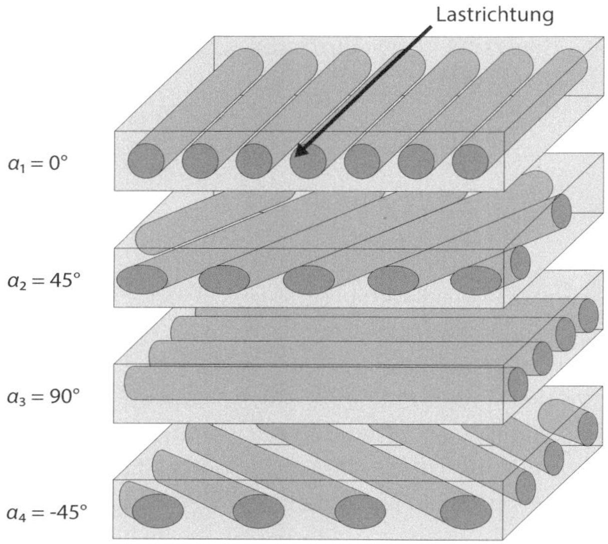

Bild 3.105 Mehrschichtverbund

Mit der vereinfachten Formel:

$$E_i = E_{II} \cos^4(\alpha_i) + E_{\perp} \sin^4(\alpha_i) \tag{3.45}$$

kann der in 0 °-Richtung wirkende Anteil des E-Moduls der i-ten Lage mit Faserorientierung α_i abgeschätzt werden. Formel (3.45) ist eine konservative Schätzung, da u. a. die Behinderung der Querkontraktion durch die anderen Schichten vernachlässigt wird.

Es werden zunächst die *E*-Moduln in Faserrichtung und quer zur Faserrichtung (Formeln (3.43) und (3.44)) für eine Einzelschicht berechnet. Anschließend schätzt man mit Formel (3.45) die tatsächlich wirkenden Anteile für jede Schicht ab. Danach wird der Gesamtverbund als Parallelschaltung der einzelnen *E*-Moduln mit ihrer jeweiligen Schichtdicke d_i betrachtet und mit:

$$E_{gesamt} = \frac{\sum E_i d_i}{d_{gesamt}} \tag{3.46}$$

berechnet.

Laminataufbauten bezeichnet man üblicherweise mit eckigen Klammern. Ähnlich wie in der Chemie werden wiederkehrende Einheiten mit einer eckigen Klammer und einer Zahl versehen. So bedeutet $[0, 90]_5$ 0, dass hier fünfmal eine 0° und 90° Lage aufeinanderfolgt und dann (rechts von der eckigen Klammer) eine 0° Lage zur Symmetrieerhaltung. Als weiteres Beispiel mit Index *S* für Symmetrie bedeutet

$[0, 45, -45, 90]_S$ einen Schichtaufbau von 0/45/−45/90/90/−45/45/0, also bei S spiegelsymmetrisch aufgebaut. Dieses Laminat ist quasi-isotrop und wird daher auch „Angsthasenlaminat" oder „Deppenlaminat" genannt, da die Vorzüge von Fasern in Belastungsrichtung ungenutzt bleiben.

Es soll hier ein konkretes Beispiel berechnet werden:

Tabelle 3.6 Rechenbeispiel zur klassischen Laminattheorie

Ultrahochmodul-Kohlenstoffaser	$E_{F_{II}} = 700$ GPa, $E_F = 16$ GPa
Epoxidharzmatrix	$E_M = 4$ GPa
Faservolumengehalt	$\varphi = 0{,}6$
Laminataufbau	$[0, 30, -30, 90]_S$
Lagendicke	$d_i = 0{,}125$ mm

Gesucht ist die Laminatsteifigkeit in 0°-Richtung. Zunächst werden die 0°-Lage und die 90°-Lage nach der Mischungsregel ausgerechnet.

$$E_{II} = \varphi\, E_{F_{II}} + (1-\varphi)\, E_M = 421{,}6 \text{ GPa}$$
$$E_{\perp} = \left(\varphi \frac{1}{E_{F_{\perp}}} + (1-\varphi) \frac{1}{E_M} \right)^{-1} = 7{,}3 \text{ GPa} \tag{3.47}$$

Die Steifigkeit einer einzelnen Lage in Faserrichtung beträgt 421,6 GPa, also weniger als die Fasern selbst. Man erkennt auch die mit 7,3 GPa weitaus geringere Steifigkeit senkrecht dazu, die kaum höher ist, als die des Matrixwerkstoffs. Der Querschnitt der Kohlenstofffasern trägt also immerhin auch senkrecht zur Faserausrichtung etwas zur Steifigkeit bei.

Die +/− 30° orientierten Lagen müssen noch auf ihren Wirkanteil in 0°-Richtung hin untersucht werden:

$$E \approx E_{II} \; \cos^4(30°) + E_{\perp} \; \sin^4(30°) = 237{,}6 \text{ GPa} \tag{3.48}$$

Aus Symmetriegründen ist der Wirkanteil für +30° und −30° identisch. Der Gesamtverbund wird jetzt über den dickenspezifischen Beitrag der Einzel-E-Moduln bestimmt:

$$E_{gesamt} = \frac{\sum E_i d_i}{d_{gesamt}} = \frac{2\, E_{0°} d + 4\, E_{30°} d + 2\, E_{90°} d}{8d} = 226 \text{ GPa} \tag{3.49}$$

Dies liegt in der Größenordnung von Stahl (210 GPa), allerdings ist das Flächengewicht (Einheit Masse pro Quadratmeter) über fünfmal geringer:

$$\frac{m}{A} = \rho \cdot d = 1500\ \frac{\text{kg}}{\text{m}^3} \cdot 8 \cdot 0{,}125\ \text{mm} = 1{,}5\ \frac{\text{kg}}{\text{m}^2} \quad (3.50)$$

Stahl besitzt im Vergleich dazu ein Flächengewicht von 7,85 kg/m². Das Leichtbaupotential wird bereits an diesem einfachen Berechnungsbeispiel deutlich.

3.3.1.4 Defekte in Faserkunststoffverbunden

In dieser Einführung in die Faserkunststoffverbunde soll noch auf besondere Defekte der Strukturen und deren zerstörungsfreie Aufdeckung eingegangen werden. Der spezielle, richtungsabhängige Aufbau von endlosfaserverstärkten Verbundwerkstoffen führt zu besonderen Fehlertypen (Bild 3.106).

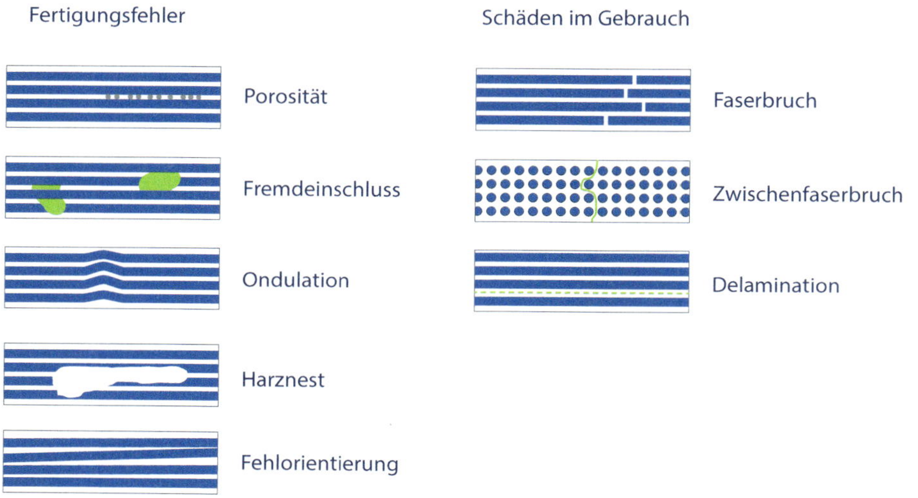

Bild 3.106 Defekte in Faserkunststoffverbunden (schematisch)

Zum einen können während der Fertigung Fehler auftreten, wie Fehlorientierungen und Harzanhäufungen („Harznester"), Fremdeinschlüsse, Porositäten und Ondulationen (Wellenbildung der Faser). Zum anderen können auch Schäden im Verbund während der Nutzung auftreten. Hierzu gehört der Faserbruch, der Zwischenfaserbruch (Matrixbruch) und die Delamination, also Abtrennung von Schichten.

Das Bild 3.107, links, aus der Röntgen-CT des IKT zeigt eine unakzeptable Ondulation der Fasern im unteren Bereich eines Stringers (Stringer„fuß"). Ein Stringer ist eine Versteifungsrippe im Faserverbundbauteil. Vergleicht man diesen Defekt mit einem guten Bauteil (rechts), wird leicht nachvollziehbar, dass die ondulierten, welligen Fasern Kräfte schlechter übertragen, als die des guten Bauteils.

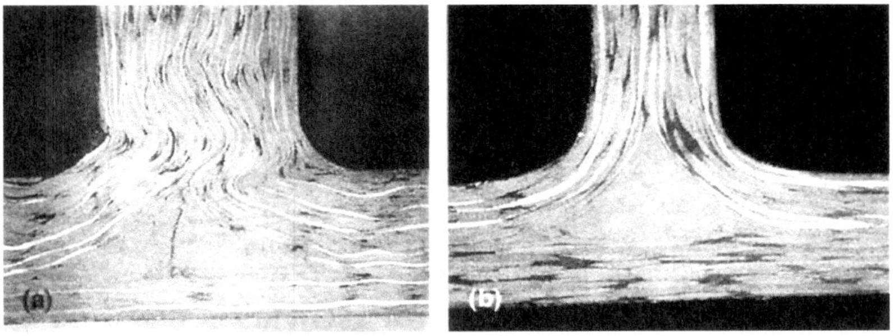

Bild 3.107 Ondulationen in einem Stringerfuß

Eine Delamination, also Trennung von Lagen im Faserkunststoffverbund-Bauteil, ist wie eine Ondulation von außen nicht erkennbar. Solch eine Delamination führt kaum zur Verringerung der Zugbelastbarkeit, aber zu totalem Verlust der Schubfestigkeit zwischen den beiden abgelösten Schichten. Meist ist eine übermäßige Biege- oder Stoßbeanspruchung Ursache solcher Delaminationen.

Mit Hilfe der Thermographie im Labor des IKT können derartige äußerlich unsichtbare Schäden in der Tiefe sichtbar gemacht werden. Die Aufnahme in Bild 3.108, links, zeigt den geringen Einfluss eines Stoßes auf eine oberflächennahe Schicht und Bild 3.108, rechts, den weit größeren Einfluss auf die oberflächenfernere Schicht. Es wird deutlich, dass das Ausmaß der Schädigung mit der Tiefe zunimmt.

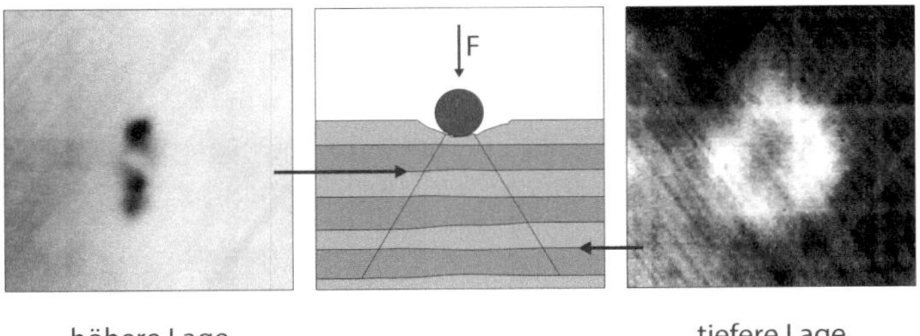

Bild 3.108 Thermographie unterscheidet Delaminationen in verschiedenen Tiefen

Die zerstörungsfreie Prüfung mittels Thermographie basiert dabei auf der Beobachtung der Oberflächentemperatur nach einer thermischen Anregung. Über das Abfließverhalten der ein- bzw. aufgebrachten Wärme lassen sich Rückschlüsse auf die inneren Strukturen ziehen. So kann an einer Delamination beispielsweise die Wärme gar nicht oder nur bedingt abfließen und wird auf der Bauteiloberfläche einen „Hot-spot" bilden. Das Bild 3.109 zeigt den Thermographie-Messaufbau im Labor des IKT am Beispiel der optischen Anregung. Hierbei wird die Oberfläche eines Bauteils mittels starker Beleuchtung erwärmt und anschließend mit der Infrarotkamera beobachtet.

Bild 3.109
Messaufbau der Thermographie am IKT mit optischer Anregung [6]

Das Bild 3.110 zeigt einen Messaufbau bei den zerstörungsfreien Prüfmethoden des IKT, die auf Interferometrie basieren. Zu nennen sind hier vor allem die elektronische Speckle-Interferometrie (ESPI) und die Shearographie. Diese Verfahren sprechen auf mechanische Eigenschaften an, indem sie Interferenzmuster auf der Prüfkörperoberfläche zu verschiedenen Zeitpunkten vergleichen. Steht der Prüfkörper zu einem Zeitpunkt unter Last, entsteht ein sichtbarer Kontrast zum unbelasteten Zustand des Prüfkörpers. Auch hier wird bevorzugt die Anregung mittels Licht angewendet, da die Erwärmung eine Wärmeausdehnung zur Folge hat. In Bild 3.110 erkennt man zusätzlich noch die Laserdioden (mit roten Kabeln), die auf einer optisch rauen Oberfläche ein Fleckenmuster („Speckle-Muster") erzeugen.

Bild 3.110
Messaufbau der Shearographie am IKT mit optischer Anregung [6]

Bereits lange in der Werkstoffprüfung etabliert sind die Verfahren, die man auch aus der Medizin kennt: Röntgen-Computertomographie (CT), herkömmliches Röntgen und Ultraschall. Letzterer kommt im IKT ohne Kopplungsmittel aus und wird stattdessen direkt über die Luft eingekoppelt. Mittels Luftultraschall-Scans lassen sich die mechanischen Eigenschaften eines Bauteils ortsgetreu abbilden. Das Bild 3.111 zeigt einen schematischen Scanaufbau und Bild 3.112 das Messergebnis einer Delamination in CFK.

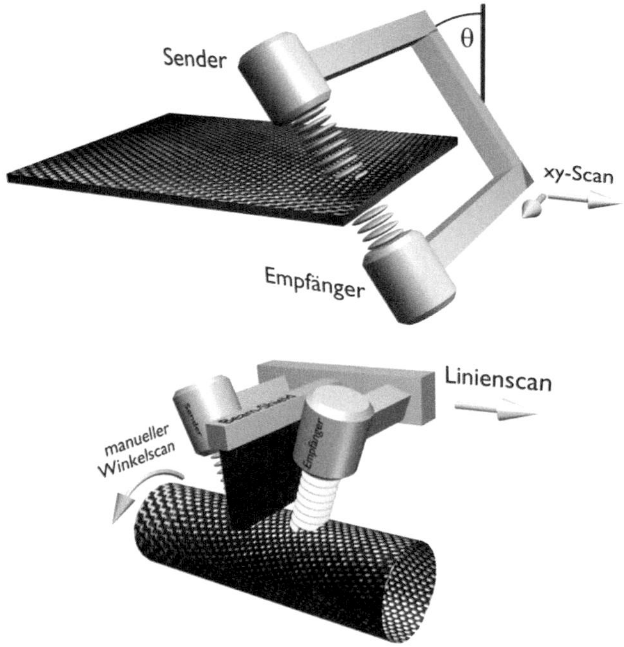

Bild 3.111 Luftultraschallscan in Transmissionsanordnung (a) (schematisch) und Reflektoranordnung (b)

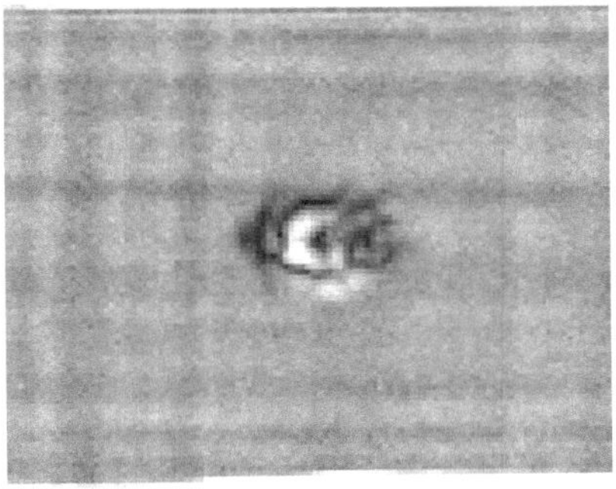

Bild 3.112
Messergebnis eines Luftultraschallscans eines CFK-Prüfkörpers am IKT mit Delamination im Innern

3.3.1.5 Nanopartikel als aktive Zusatzstoffe

Bisher haben wir ausführlich die Wirkung der aktiven Zusatzstoffe „Faserstoffe“ kennengelernt. An dieser Stelle soll eine besondere Gruppe von aktiven Zusatzstoffen, die Nanopartikel, kurz vorgestellt werden. Nanopartikel sind Zusatzstoffe mit mindestens einer charakteristischen Dimension im Größenbereich von 1 bis ca. 100 nm. Neben der Art der Ausgangsmaterie führen insbesondere Größe und Gestalt der Nanostrukturen zu neuartigen (mechanischen, optischen, magnetischen, elektrischen und chemischen) Eigenschaften. Das Ersetzen von mikroskaligen durch nanoskalige Partikel (Bild 3.113) führt zu einer deutlichen Zunahme der Rolle von Ober- und Grenzflächenwechselwirkungen.

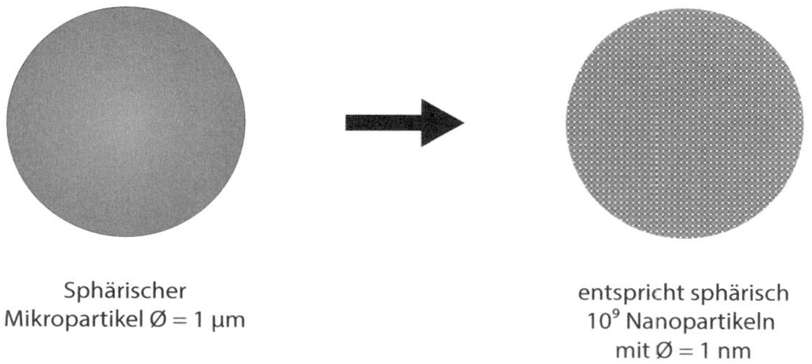

Bild 3.113 Größenordnung sphärischer Nanofüllstoffe und Mikropartikel im Vergleich

Für eine maximale Wirksamkeit von Nanopartikeln wird eine feinverteilte, sogenannte dispergierte Verteilung der Partikel angestrebt (Bild 3.114, rechts). Dies ist ein technisch sehr anspruchsvoller Aufbereitungsschritt (Abschnitt 3.4). Die Tabelle 3.7 zeigt eine Übersicht über die verschiedenen, heute bereits eingesetzten, Nanofüllstoffe und deren Wirkung.

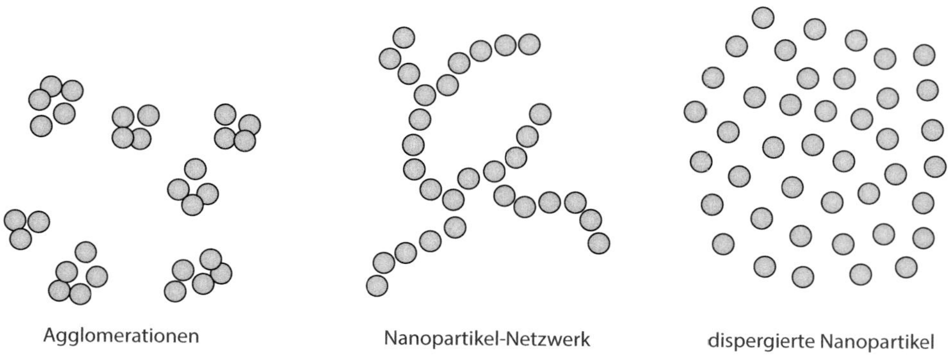

Bild 3.114 Nanofüllstoffe entfalten ihre volle Wirkung nur im feinverteilten Zustand (rechts)

Tabelle 3.7 Einfluss von Nanopartikeln als Verstärkungsstoff oder Funktionszusatzstoff

Schichtsilikate	Verbesserung des Flammschutzes, mechanischer Eigenschaften, Barriere-Eigenschaften
Kohlenstoff-Nanoröhrchen	Verbesserung der elektrischen, thermischen und mechanischen Eigenschaften
Titandioxid-Partikel	Absorption von UV-Strahlung
Silber-Partikel	Antibakterielle und fungizide Wirkung
Silizium	Erhöhung der Oberflächenhärte

Besonders Schichtsilikate werden zur mechanischen Eigenschaftsverbesserung eingesetzt. Schichtsilikate sind natürlich vorkommende Tonminerale (Montmorillonite), die eine nanoskalige Schichtstruktur aufweisen:

- Schichtdicke: ca. 1 nm
- Schichtausdehnung: ca. 50 bis 500 nm
- Aspektverhältnis (Breite zu Dicke): ca. 50 bis 500

Die einzelnen Schichten sind mittels Kationen chemisch verbunden. Während der Einarbeitung in die Schmelze (z. B. mittels Doppelschneckenextruder, siehe Abschnitt 3.4) wird durch das Eindiffundieren von Polymerketten der Schichtabstand aufgeweitet (sogenannte Interkalierung, Bild 3.115) und letztlich eine möglichst gleichmäßige räumliche Anordnung der Schichten (Exfolierung) angestrebt. Erst diese Vereinzelung führt zur dispersen Nanostruktur, welche die innere Wirkung entfaltet.

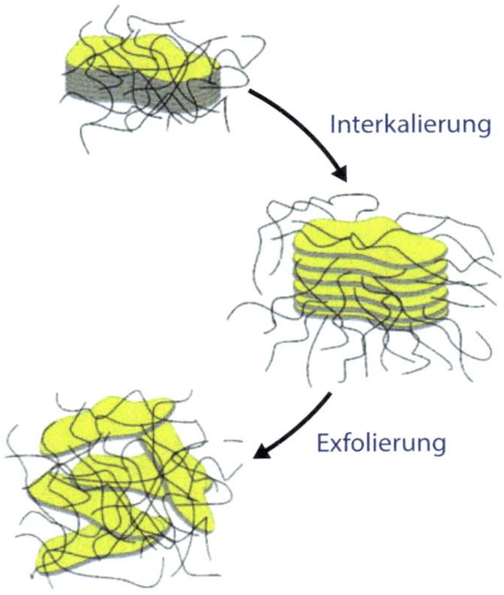

Bild 3.115
Schichtsilikate [Bildquelle: Dissertation S. Geier, IKT, 2011]

Am Beispiel der Spannungs-Dehnungs-Kurven in Bild 3.116 aus einem IKT-Forschungsprojekt wird die mechanische Eigenschaftsveränderung eines Polyamid 6 (PA6) mittels Schichtsilikaten offenkundig. Bei geringen Mengen steigen bereits Steifigkeit und Zugfestigkeit an, aber die Dehnfähigkeit und zugleich Zähigkeit wird oberhalb eines Masseanteils von etwa 10 M.-% stark reduziert. Durch 3 M.-% Nanopartikel können Effekte wie mit ca. 30 M.-% Glasfaserverstärkung erzielt werden.

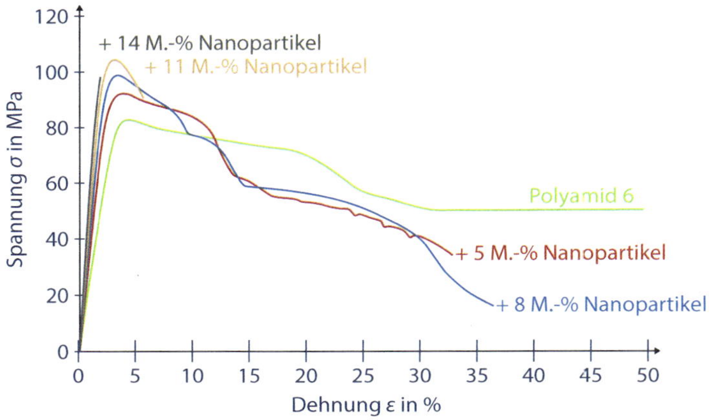

Bild 3.116 Veränderung der mechanischen Eigenschaften von PA6 mit feinverteiltem Schichtsilikat

3.3.2 Funktions-Zusatzstoffe – Additive

Allen Funktions-Zusatzstoffen gemeinsam ist, dass ihre Wirkung von der Löslichkeit und Verteilung im betreffenden Polymer abhängt. Im Folgenden sind einige Beispiele näher erläutert:

3.3.2.1 Viskositätsverändernde Zusatzstoffe – Fließhilfsmittel

Als Fließhilfsmittel werden meist viskositätserniedrigende Zusätze bezeichnet, welche den Druckbedarf der Maschine oder auch den Temperaturbedarf der Schmelze verringern. Ein geringerer Druck- und Temperaturbedarf erlaubt eine schonendere Verarbeitung. So findet auch eine geringere Kettenschädigung während der Verarbeitung statt. Bei Fließhilfsmitteln handelt es sich oft um niedermolekulare Bestandteile, welche sich zwischen die Polymerketten setzen, dadurch die Nebenvalenzkräfte der Polymerketten verringern und sie somit leichter aneinander abgleiten lassen.

Nicht vergessen werden darf, dass auch manchmal viskositätserhöhende Zusätze erforderlich sind, um das Fließen zu unterstützen. Das Bild 3.117 zeigt zwei aus

Polyamid extrudierte dickwandige Rohre. Es wurde für das Rohr im Bild links zwar bereits ein zähflüssiges Polyamid verwendet, dennoch zeigt der Rohrquerschnitt den sogenannten „Sagging"-Effekt (Runtersack-Effekt).

Bild 3.117
Einsatz viskositätserhöhender Hilfsmittel

Die Schmelze ist während der Kalibrierung und zugleich Abkühlung noch derart fließfähig, dass sie sich durch Gravitation „unten" sammelt und erst dann erstarrt. Durch Erhöhung der Viskosität mit Hilfe einer chemischen Reaktion während der Extrusion (sog. Reaktive Extrusion) konnten konzentrische, dickwandige Rohre aus Polyamid gefertigt werden (Bild 3.117, rechts). Die viskositätserhöhenden Zusätze sind hierbei reaktive Zusatzstoffe, die während des Extrusionsprozesses ein molekulares Kettenwachstum bewirken und die Molmasse steigern.

3.3.2.2 Weichmacher

Weichmacher erhöhen die Dehnfähigkeit und verringern zugleich die Steifigkeit des festen Werkstoffs. Man unterscheidet „Innere Weichmachung" und „Äußere Weichmachung". Bei der inneren Weichmachung werden schon während der Polymersynthese Blockcopolymere mit „abstandhaltenden" Seitenketten gebildet, welche die Beweglichkeit der Polymerkette vergrößern und die Nebenvalenzbindungen der Hauptkette verringern. Ein extremes Beispiel der inneren Weichmachung sind Thermoplastische Elastomere auf Blockcopolymer-Basis.

Die sog. äußere Weichmachung nutzt physikalische Effekte, keine chemischen. So wird z. B. eine physikalische Mischung mit meist niedermolekularen Stoffen gebildet, die möglichst wenig mischbar in dem Polymer sind (z. B. durch unterschiedliche Polaritäten). Sie wirken daher oft zugleich als Fließhilfsmittel während der Verarbeitung. Da keine chemische Verbindung mit dem niedermolekularen Stoff eingegangen wird, kann dieser mit der Zeit an die Oberfläche migrieren und entweichen.

Es gibt Menschen, die glauben, dass alle Kunststoffe mit Weichmachern versehen werden, dies ist aber nicht der Fall. Eigentlich gibt es Weichmacher sogar nur in sehr wenigen Kunststoffen, in großen Mengen vor allem im Polyvinylchlorid (PVC), welches früher weit stärker verbreitet war als heute. In Bild 3.118 sind der E-Modul und der elastische Schubmodul G' über der Temperatur von PVC bei verschiedenen Weichmacheranteilen aufgetragen. Je nach Elastizitätsmodul unterscheidet man zwischen Weich-PVC und Hart-PVC.

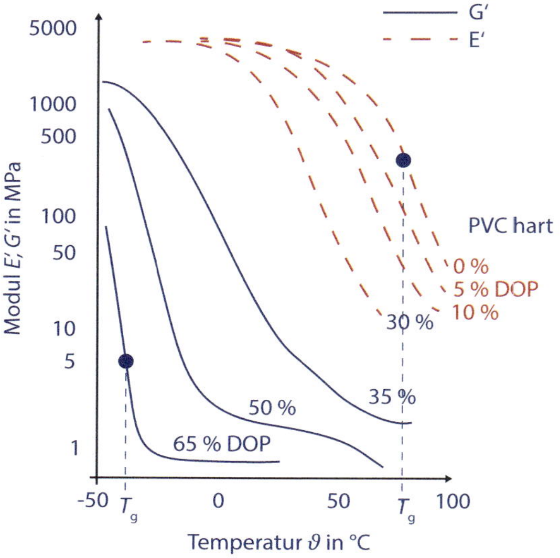

Bild 3.118 Einfluss äußerer Weichmacher auf PVC [2]

Deutlich ist die Absenkung der Steifigkeit (Weichmachung) mit zunehmendem Anteil Dioctylphtalat (DOP) zu erkennen. Hiermit wird PVC in weiten Bereichen „einstellbar". Dioctylphtalate stehen unter reproduktionstoxischem Verdacht und dürfen in Europa nicht mehr in Spielzeugen und Lebensmittelverpackungen eingesetzt werden (siehe Abschnitt 6.2). Die etwas teureren Weichmacher DINP und DIDP gelten bislang als unbedenklich, dürfen aber vorsorglich in diesen Anwendungen ebenfalls nicht verwendet werden.

Ein anderer – gesundheitlich völlig unumstrittener – Weichmacher ist Wasser bei Polyamid. Hiervon werden die äußerst polaren Carbonamid (CONH)-Gruppen der Polyamid-Ketten etwas auseinandergehalten und die Wasserstoffbrückenbindungen geschwächt. Das Bild 3.119 zeigt ein Polyamid 6 (PA6), welches einmal recht trocken (0,2 M.-%), einmal luftfeucht (3,0 M.-%) und einmal recht nass (8 M.-%) gemessen wurde. Man erkennt, dass durch das aufgenommene Wasser die Steifigkeit und Festigkeit reduziert und die Dehnfähigkeit erhöht werden. Zudem wird der Glasübergang zu niedrigeren Temperaturen hin verschoben (hier jedoch nicht erkennbar).

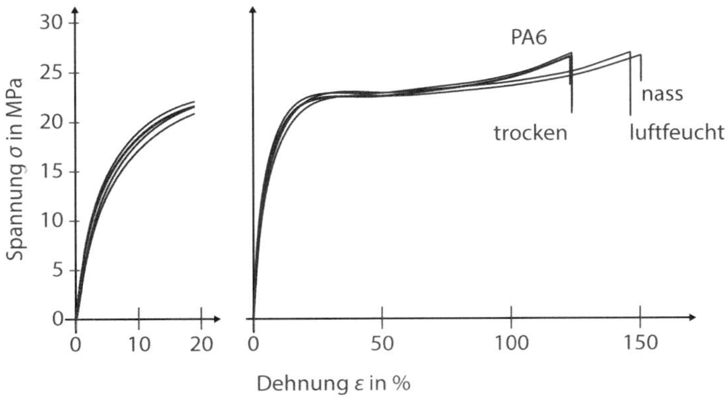

Bild 3.119 Der Einfluss von Feuchte auf Polyamid (Weichmachung)

3.3.2.3 Zumischung anderer Polymere – Bildung von Polymerblends

Als Polymerblends (blend, engl.: Mischung) werden die Mischungen von mindestens zwei Thermoplasten bezeichnet. Viele Polymerblends dienen der kostengünstigen Neuentwicklung maßgeschneiderter Werkstoffe und sind – ohne immer so gekennzeichnet zu sein – im Portfolio der großen Kunststoffproduzenten enthalten. Beispiele für kommerzielle Blends sind PC/ABS und PA/ASA. Mehrphasige Polymerblends erlauben es, kostengünstig die Eigenschaften der Blendpartner in vorteilhafter Weise zu kombinieren und sogar synergetische Eigenschaften zu erhalten.

Blends können auf Doppelschneckenextrudern (Abschnitt 3.4), seltener auf Verarbeitungsmaschinen (Abschnitte 4.1 und 4.2) selbst hergestellt und somit auf die Anwendung maßgeschneidert werden. Den Wechselwirkungen in der Grenzschicht der beiden Phasen kommt dabei eine außerordentliche Bedeutung zu.

3.3.2.4 Schlagzähmodifizierer

Zur Verbesserung der Energieaufnahmefähigkeit, z.B. der Schlagzähigkeit, werden besonders wenig dehnfähigen Werkstoffen Schlagzähmodifizierer zugesetzt. Dies sind Zusatzstoffe aus sehr dehnfähigen Werkstoffen, welche Risse, die durch den spröden Werkstoff laufen, „auffangen". Entsprechend dem Mischungsverhältnis verändern sich auch andere Eigenschaften (auch die Fließeigenschaften werden hierdurch beeinflusst).

In der Regel werden diese dehnfähigen Partikel per Aufbereitung zugemischt (siehe Abschnitt 3.4), das heißt, es bildet sich ein heterogenes Polymerblend aus Matrixpolymer und dehnfähigem Polymerpartikel. Sind beide nicht miteinander kompatibel, werden Haftvermittler (s.u.) hinzugesetzt.

Bild 3.120 zeigt den Anstieg der Bruchdehnung und der Kerbschlagzähigkeit von sprödem Polylactid (PLA), welchem im Aufbereitungstechnikum des IKT thermoplastisches Elastomer auf Urethanbasis (TPU) als Schlagzähmodifikator zugegeben wurde. Die dazu beobachtete Teilchenverteilung ist mittels Rasterkraftmikroskop (engl.: atomic force microscopy, AFM) ebenfalls dargestellt.

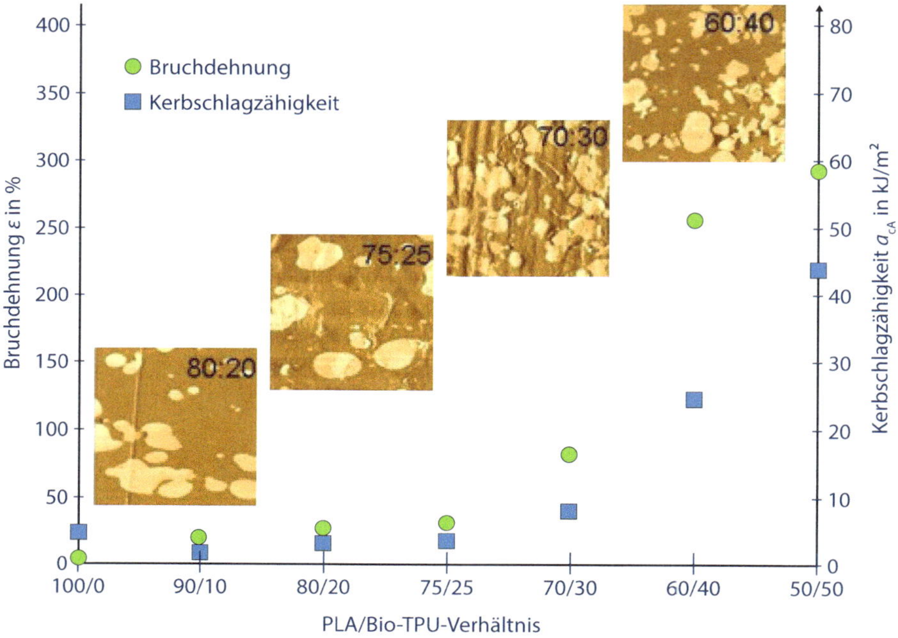

Bild 3.120 Schlagzähigkeitsmodifikation des Biopolymers PLA

In Bild 3.121 wird der Einfluss der Copolymerisation von Polyamid 6 (PA6) mit einem weichen Polyethertriol gezeigt, welchem im Aufbereitungstechnikum des IKT mit Hilfe der reaktiven Extrusion PA6-Ketten aufgepfropft wurden. Je mehr dieses Blockpolymer dem PA6 zugegeben wird, desto geringer die Festigkeit und desto höher die Dehnfähigkeit. Die Ursprungssteifigkeit wird hierbei nicht stark beeinflusst.

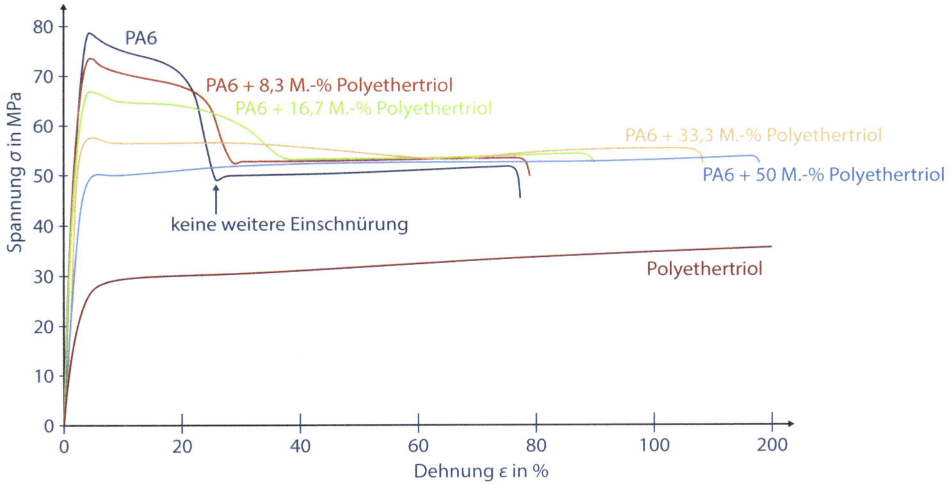

Bild 3.121 Schlagzähmodifikation von Polyamid 6

3.3.2.5 Keimbildner (Nukleierungsmittel)

Am Beispiel von Bild 3.122 werden Strukturen des gleichen Polyamid 6 (PA6), einmal nicht nukleiert, einmal nukleiert, dargestellt. Man erkennt eindeutig die unterschiedlichen Sphärolith-Strukturen, die einmal durch wenige Keime (links) und viele (rechts) erzeugt wurden. Feinere Sphärolithe führen zu höherer Bruchdehnung und Zähigkeit des Werkstoffes (siehe Abschnitt 2.1.7 Verbindungsmoleküle).

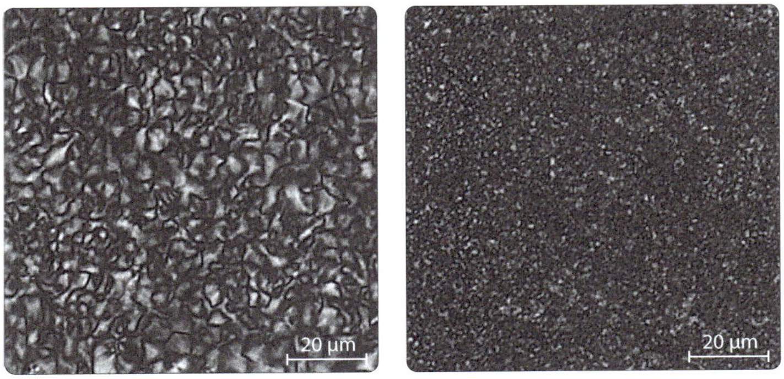

Bild 3.122 Sphärolithgrößen von PA6 ohne (links) und mit Nukleierung (rechts)

Keimbildner können auch zu einer schnelleren Kristallisation führen, was zu einer Zykluszeitverkürzung bei der Verarbeitung führt. Das homogenere Gefüge schwindet auch weniger als ein weniger homogenes Gefüge.

3.3.2.6 Haftvermittler

Haftvermittler sind Substanzen, die in der Grenzfläche unmischbarer Stoffe eine enge physikalische oder meist chemische Bindung herstellen. Trotz der chemischen Bindung bleiben die Partner thermoplastisch verarbeitbar.

Das Bild 3.123 stellt den Mechanismus zur Haftvermittlung zwischen einem mit Maleinsäureanhydrid gepfropften Ethylen-Propylen-Dien-Kautschuk (EPDM-g-MAH) und Polyamid 6 dar. Durch eine Ringöffnung des Maleinsäureanhydrids reagiert dieses mit der Aminogruppe des Polyamids. Unter Abspaltung von Wasser entsteht eine chemische Bindung zwischen EPDM-g-MAH und PA 6. Da die Reaktion reversibel ist, muss während des Vorganges das Wasser stetig abgeführt werden, damit es nicht zu einer Rückreaktion kommen kann.

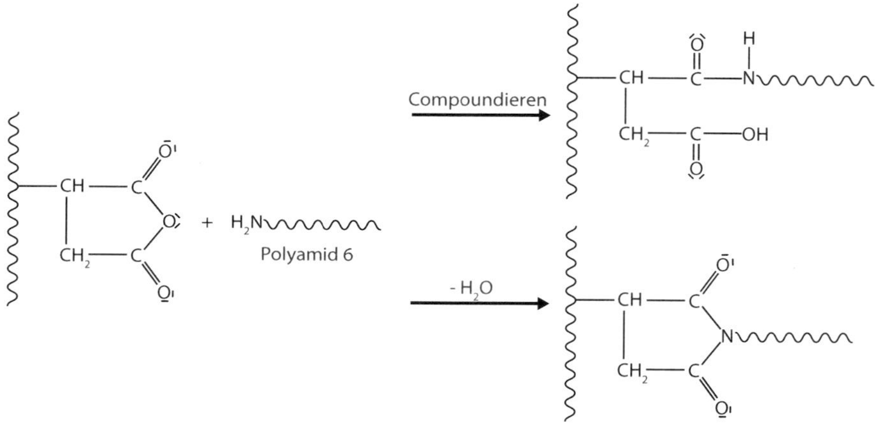

Bild 3.123 Haftvermittler; nach [7]

Das Bild 3.124 aus Schadensanalysen am IKT zeigt erfolgreiche (rechts) und weniger erfolgreiche (links) Haftvermittlung von Glasfaser an Thermoplastmatrix. Dieser rechts dargestellte Werkstoffverbund nimmt mehr Energie auf, er ist zäh. Der Haftvermittler wird in der Textiltechnik „Schlichte“ genannt.

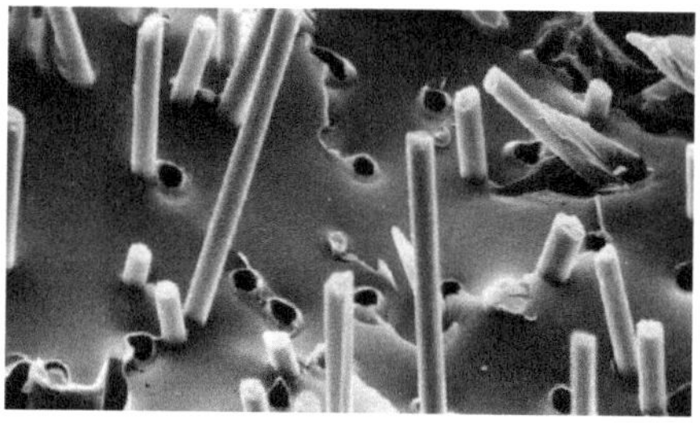

Bild 3.124 Aus der Schadensanalyse des IKT: links Fasern ohne Haftvermittler (sog. „Faserschlichte“), rechts mit

3.3.2.7 Leitfähige Zusatzstoffe

Die kostengünstige Verarbeitbarkeit von Kunststoffen zu Kunststoffbauteilen verleitet Produktentwickler immer öfter dazu, Kunststoffe zu wählen, auch wenn Eigenschaften gefordert sind, die Kunststoffen nicht eigen sind. So gelten Kunststoffe z. B. als Nichtleiter für elektrischen Strom und als sehr schlechte Wärmeleiter. Es gibt zwar sog. intrinsisch leitfähige Polymere, diese werden aber lediglich für Beschichtungen, nicht als Werkstoff Kunststoff eingesetzt. Solche Leitfähigkeiten werden in der Mikroelektronik und Anwendung der LED-Technologie mehr und mehr gefordert, so dass den herkömmlichen Kunststoffen meist leitfähige Zusatzstoffe beigemengt werden.

Zur Steigerung der elektrischen Leitfähigkeit z. B., wenn das Kunststoffbauteil sich nicht statisch aufladen darf, müssen die eingesetzten Zusatzstoffe ein leitfähiges Netzwerk im Werkstoff ausbilden. Durch die dabei entstehenden Leitungspfade werden die Elektronen durch den sonst nicht leitfähigen Kunststoff transportiert. Prinzipiell kann dafür jeder elektrisch leitfähige Zusatzstoff eingesetzt werden wie Metalle, Graphite, u. a. in faserartiger oder pulvriger Form. Technisch haben sich vor allem kohlenstoffbasierte Zusatzstoffe, wie Graphit oder Ruß, etabliert, da diese eine hohe elektrische Leitfähigkeit besitzen, günstig sind und gut Leitungspfade ausbilden können.

Neben dem eigentlichen Zusatzstoff hat die Geometrie des Zusatzstoffs einen entscheidenden Einfluss auf die Ausbildung des Leitungsnetzwerks und somit auf die gewünschten Eigenschaften. Je besser ein Netzwerk ausbildet wird, desto weniger Zusatzstoff muss dem Kunststoff beigemengt werden, um die gewünschte Eigenschaftsänderung zu erreichen. Vor allem Zusatzstoffe mit einem großen Aspektverhältnis (Länge/Dicken-Verhältnis) sind dafür gut geeignet. Eine weitere Besonderheit elektrisch leitfähiger Kunststoffe ist ihre sog. Perkolationsschwelle, wie sie in Bild 3.125 bei der elektrischen Leitfähigkeit zu sehen ist. Beim Erreichen der Perkolationsschwelle steigt die elektrische Leitfähigkeit stark um mehrere Größenordnungen an, was auf die Ausbildung starker Leitpfade zurückzuführen ist.

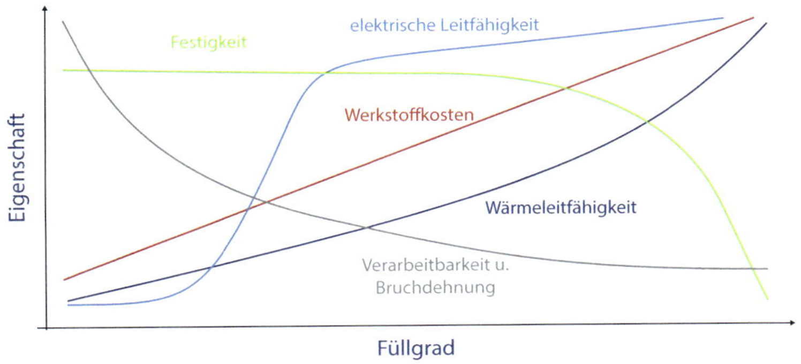

Bild 3.125 Änderungen verschiedener Eigenschaften in Abhängigkeit von der Menge der Zusatzstoffe

Neben konventionellen Zusatzstoffen, wie Graphit und Ruß, werden neuerdings auch nanoskalige Zusatzstoffe, wie Carbonnanotubes (CNT), eingesetzt. Diese besitzen ein extrem großes Potential, bereits bei sehr geringen Mengen eine leitfähiges Netzwerk auszubilden. Leider lassen sich nanoskalige Zusatzstoffe sehr schwer verarbeiten, da sie stark zum Agglomerieren („Verklumpen") neigen. Bei ungeeigneter Verarbeitung kann daher das Potential dieser Zusatzstoffe nicht ausgenutzt werden. Auch sind nanoskalige deutlich teurer als konventionelle Zusatzstoffe. Bei wärmeleitfähigen Kunststoffen wird oft in zwei Typen von Zusatzstoffen unterteilt, in jene die zusätzlich elektrisch leitfähig sind, wie Metalle oder Graphite, und jene die elektrische Isolatoren sind, wie keramische oder mineralische Zusatzstoffe. Auch hier gilt: Je besser ein Netzwerk ausgebildet wird, desto besser wird die Wärmeleitfähigkeit gesteigert. Auch hier ist bekannt, dass die Wärmeleitfähigkeit des Zusatzstoffs, die Größe der Zusatzstoffpartikel, deren Geometrie (kugel-, plättchen- oder faserförmig) und Anordnung zueinander einen entscheidenden Einfluss auf die Wärmeleitfähigkeit im späteren Kunststoffbauteil haben. Im Gegensatz zu elektrisch leitfähigen Kunststoffen besitzen wärmeleitfähige Kunststoffe jedoch keine ausgeprägte Perkolationsschwelle (siehe Bild 3.125).

Es muss darauf hingewiesen werden, dass die Zugabe von entsprechenden Funktionszusatzstoffen nicht nur die elektrischen und thermischen Eigenschaften des Kunststoffs, sondern zusätzlich die mechanischen Eigenschaften und die Verarbeitbarkeit (siehe Bild 3.125) beeinflussen. Generell gilt, dass mit steigendem Zusatzstoffanteil die Dehnfähigkeit abnimmt und die Fließfähigkeit, also Verarbeitbarkeit des Kunststoffs verschlechtert wird. Zudem steigt der Werkstoffpreis mit höherem Anteil solcher Funktionszusatzstoffe, da diese meist teurer als die Kunststoffmatrix sind. Meist muss also ein Kompromiss aus der Steigerung der elektrischen bzw. thermischen Leitfähigkeit und der Verschlechterung anderer Eigenschaften gefunden werden.

3.3.3 Füllstoffe – Inaktive Zusatzstoffe

„Inaktive" Zusatzstoffe sind meist kostengünstige Füllstoffe wie Kreide oder Talkum, die vor allem das Volumen erhöhen und dabei den Werkstoffpreis reduzieren. Dabei werden Eigenschaften wie Dichte, *E*-Modul, Härte und Wärmeformbeständigkeit erhöht und die geringere Dehnbarkeit und Zähigkeit in Kauf genommen. Zudem kann eine geringere Schwindungsneigung erwartet werden, da der Füllstoff selbst kaum schwindet.

Beispiele für organische Füllstoffe sind Holzmehl, Kohle, Graphit, Cellulosepulver, Schalen- und Kernmehl. Beispiele für anorganische Füllstoffe sind Kalziumcarbonat ($CaCO_3$; „Kreide"), Talkum, Feldspat. Die anorganischen Füllstoffe bleiben nach der Verbrennung als Asche zurück (sog. Glührückstand).

3.4 Von Polymer zu Kunststoff – Einführung in die Kunststoff-Aufbereitung

Die drei wichtigen Synthesemöglichkeiten, die Polymerisation, Polykondensation und Polyaddition, haben wir in der Einführung (Abschnitt 2.1 „Von Monomer zu Polymer") kennengelernt. Mittels chemischer Verfahrenstechnik werden diese Prozesse großtechnisch umgesetzt.

Hingegen wird der mechanisch-verfahrenstechnische Schritt „Von Polymer zu Kunststoff" (Bild 3.126) Aufbereitung genannt. Hierunter fassen wir in der Kunststofftechnik alle Verfahrensschritte zusammen, die erforderlich sind, um aus Polymeren verarbeitbare Kunststoffformmassen mit definierten Eigenschaften herzustellen. Diese Eigenschaften sind vielfach speziell auf die zu fertigenden Endprodukte abgestimmt und werden z. B. durch Auswahl, Verteilung und Menge der im vorangegangen Abschnitt beschriebenen Zusatzstoffe bewirkt.

Bild 3.126 Polymere werden durch Aufbereitung zu Kunststoffen

Der Oberbegriff Aufbereitung umfasst die verschiedenen Schritte, die erforderlich sein können (aber es nicht alle zugleich sein müssen):

- das Blenden (Mischen) verschiedener Blendpartner,
- das Verteilen von anderen Zusatzstoffen wie UV- oder Wärmestabilisatoren,
- das Verstärken (z. B. mit Fasern) und
- das Füllen des Polymers (z. B. mit Kreide).

Außerdem werden in der Aufbereitung leicht flüchtige Bestandteile entgast und, wenn erforderlich, Schmelzen (z. B. Rezyklate) gefiltert. Dies sind alles mechanische und physikalische Vorgänge. Ein Doppelschneckenextruder kann auch zur reaktiven Extrusion eingesetzt werden, dies gehört aber nicht zur Aufbereitung, sondern ist eine besondere Art der Synthese. Das Bild 3.126 zeigt ebenfalls, dass die verfahrenstechnischen Schritte von Kunststoffformmasse zu Kunststoffprodukt „Verarbeitung" heißen. Diese werden in Kapitel 4 behandelt.

Bei Formmassen, die zu Elastomeren oder Duromeren vernetzen, finden Aufbereitung und Verarbeitung zwangsläufig in einem Arbeitsschritt statt. Hierbei werden in der Regel keine Doppelschneckenextruder eingesetzt. Die Aufbereitung von Thermoplasten hingegen führt man fast ausschliesslich auf Doppelschneckenextrudern durch.

3.4.1 Der Doppelschneckenextruder

Für die Aufbereitung werden in der Regel Extruder mit Doppelschnecken eingesetzt (extrudere (lat.) für hinausstoßen, hinausdrücken). Der Extruder ist eine kontinuierlich arbeitende Fördermaschine, die unter Einfluss von Wärme und Druck Schmelze erzeugt und durch ein formgebendes Werkzeug presst. Die Verfahrenseinheit eines Extruders besteht im Wesentlichen aus einem Zylinder, in dem eine oder zwei Wellen mit wendelförmigen Stegen, sogenannte Schnecken, rotieren. Durch die Rotation wird das Material durch die Gänge zwischen den Stegen gefördert, aufgeschmolzen und homogenisiert.

Bei Doppelschneckenextrudern können die beiden nebeneinanderliegenden Schnecken gleichläufig, d.h. in die gleiche Richtung rotierend, oder gegenläufig, also entgegengesetzt zueinander rotierend, ausgeführt sein. Für die Aufbereitung werden meist gleichlaufende Doppelschneckenextruder eingesetzt. Der Einschneckenextruder wird später im Abschnitt 4.1 „Extrusion" eingehend erläutert.

Ein Doppelschneckenextruder hat einen Antriebsteil, einen Verfahrensteil und Austragsteile (Bild 3.127). Während im Antriebsteil mit Motor, Kupplung und Getriebe, vor allem die Schnecken über eine Wellenkupplung angetrieben werden, wird im Verfahrensteil Granulat eingezogen, Schmelze erzeugt und mit Zusatzstoffen homogen vermischt.

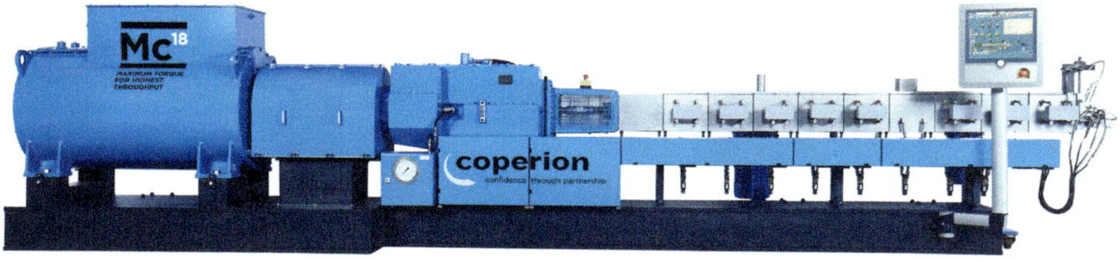

Bild 3.127 Doppelschneckenextruder – allgemeiner Aufbau [Bildquelle: Coperion GmbH]

Am Ende muss genügend Druck aufgebaut werden, um den Fließwiderstand der Austragsteile zu überwinden. Oft handelt es sich dabei um Düsen, die einen einfachen, runden Schmelzestrang von einigen mm Durchmesser erzeugen. Diese Stränge werden dann heißabgeschlagen und gekühlt oder zuerst gekühlt und dann kalt zu Granulat zerkleinert (siehe Abschnitt 3.4.4).

3.4.2 Verfahrenstechnik

Zunächst soll der Unterschied zwischen distributivem und dispersivem Mischen aufgefrischt werden (Bild 3.128). Während dispersives Mischen für das Zerkleinern oder De-Agglomerieren steht, ist distributives Mischen das Verteilen und Homogenisieren von Partikeln in der Schmelze.

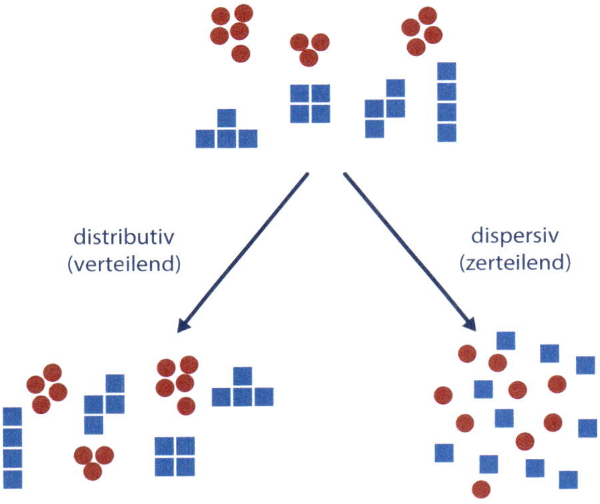

Bild 3.128
Distributives und dispersives Mischen

QR-Code 3-9

Dieser Filmausschnitt zeigt insbesondere den Verfahrensteil eines Doppelschneckenextruders.

http://www.ikt.uni-stuttgart.de/links/Videolinks/Doppelschneckenextruder

Innerhalb des Verfahrensteils sorgen die beiden Schnecken (Bild 3.129) für die Durchmischung der Schmelze mit den Zusatzstoffen oder dem Blendpartner. Die Schnecken sind modular aufgebaut und werden von Fachleuten entsprechend den Anforderungen an den Mischprozess jeweils geeignet zusammengesteckt.

Bild 3.129 Schneckenelemente mit verschiedenen Aufgaben [Bildquelle: Coperion GmbH]

Es gibt Förderelemente (siehe Bild 3.130), welche zudosierte Stoffe wie Granulate, Pulver, Mahlgut etc. in den Extruder einziehen, verdichten und zur ersten Verfahrenszone transportieren. Auch können sie durch Verringerung der Gangsteigung zum Druckaufbau am Extruderende verwendet werden. Sogenannte Knetelemente (Bild 3.131) werden vorwiegend zum Plastifizieren von Polymeren und zum Dispergieren (Zerteilen) von Füll- und Verstärkungsstoffen eingesetzt. Sie verfügen aber auch über eine gewisse distributive (verteilende) Wirkung.

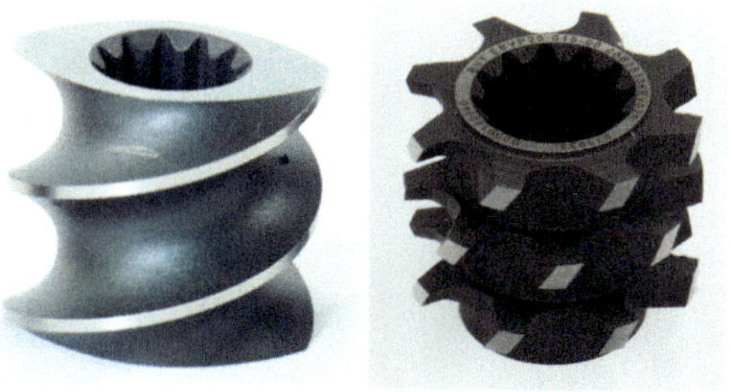

Bild 3.130 Förderelement (links) und Mischelement (rechts)

Abstauelemente sind teilweise rückfördernd und ermöglichen druckärmere Bereiche entlang der Schnecke. Sie ermöglichen damit z. B. die seitliche Hinzugabe von Zusatzstoffen und für eine nur teilgefüllte Entgasungszone. Mischelemente haben im Wesentlichen die Aufgabe des distributiven (verteilenden) Mischens. Der dispersive (zerteilende) Mischanteil dieser Elemente ist klein. Mischelemente sind nur teilweise oder gar nicht selbstreinigend.

Bild 3.131 Knetelemente

Das Bild 3.132 zeigt die Abfolge des Knetvorgangs in sechs Positionen im Querschnitt. Man erkennt, dass der Kanal nur teilgefüllt mit Schmelze ist.

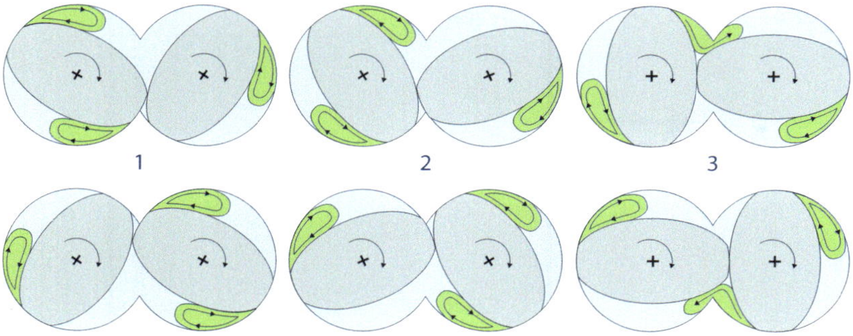

Bild 3.132 Knetvorgang in der gleichlaufenden Doppelschnecke

QR-Code 3-10

Mischvorgang in einer gleichlaufenden Doppelschnecke

http://www.ikt.uni-stuttgart.de/links/Videolinks/Knetvorgang

Es gibt mehrere Verfahrenszonen (Bild 3.133) eines Doppelschneckenextruders mit verschiedenen Aufgaben. Die Einzugszone soll vor allem den Feststoff rasch weiterfördern und etwas verdichten, so dass möglichst wenig Luft aus den Granulat- oder Pulver-Zwischenräumen mit in den Prozess gelangt. Die Plastifizierzone soll den Feststoff aufschmelzen und schon eingebrachte Füllstoffe etwas zerteilen. Hier wird der Hauptteil der Energie über Knetblöcke, d. h. dissipativ, eingebracht. Der Energieeintrag in einen Doppelschneckenextruder erfolgt hauptsächlich durch die Antriebsleistung, weniger durch die Zylinderheizung.

Die Förderzone fördert vor allem weiter in die distributive Mischzone, bei denen die Zusatzstoffe in der Schmelze möglichst gleichmäßig verteilt werden. In der dispersiven Mischzone werden bis dorthin nicht zerteilte Feststoffe oder Flüssigkeiten dann spätestens zerteilt. Eine druckarme Entgasungszone, erzeugt durch Abstauelemente (links drehend), erlaubt die Entgasung.

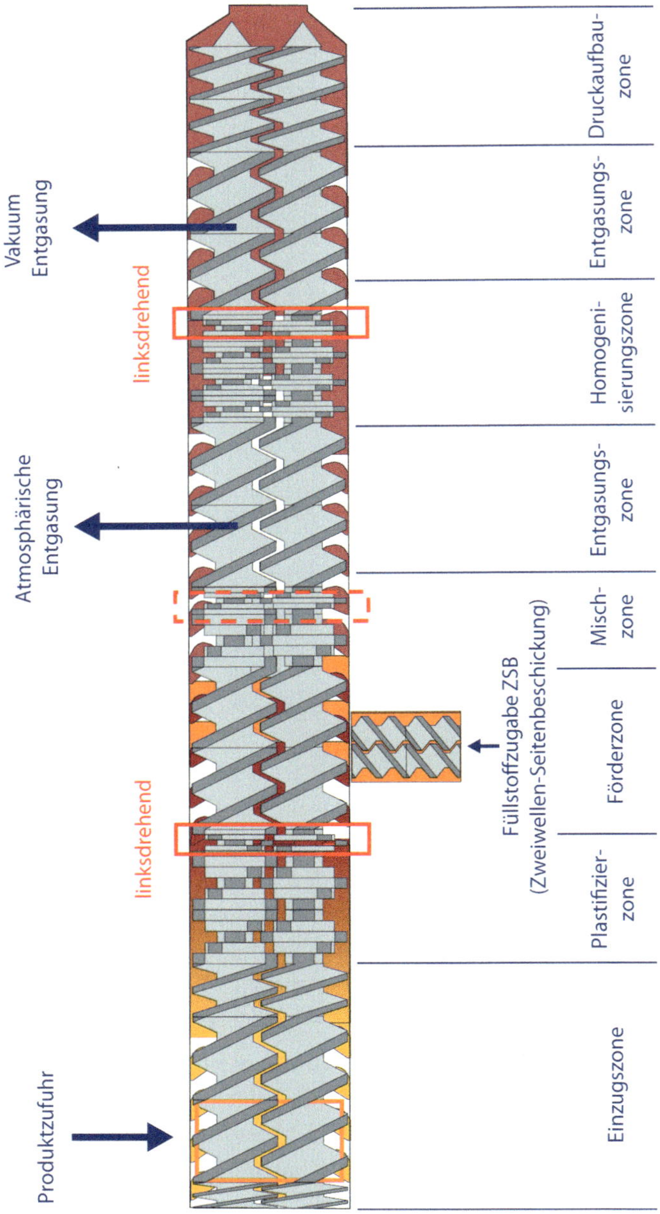

Bild 3.133 Verfahrenszonen eines Doppelschneckenextruders; nach [8]

Die Entgasung der Schmelze ist erforderlich, um Restmonomere, restliche Lösungsmittel und Katalysatoren aus der Synthese sowie eventuelle Feuchtigkeit aus der Kunststoffschmelze zu entfernen. Verbliebene Feuchte kann zu Schlieren- oder Bläschenbildung, im schlimmsten Fall zur Hydrolyse (Depolymerisation) von Polymeren, die durch Polykondensatoren synthetisiert wurden, führen. Die Entgasung verbliebener Monomere, Katalysatoren oder Lösungsmittel ist nicht nur wegen des möglichen Geruchs unabkömmlich, sondern auch wegen der möglichen Migration aus dem Kunststoffprodukt in seiner Gebrauchsphase (siehe Abschnitt 6.2).

Die anschließende Druckaufbauzone wird zur Überwindung des Druckverlusts der austragenden Werkzeuge und eventueller Filter benötigt.

3.4.3 Charakteristische Kennwerte

Spezifische Energie P_{Spez}

Ein wichtiger verfahrenstechnischer Kennwert für jedes zu compoundierende Gut ist die spezifische Energie $P_{\mathrm{Spez\_mech}}$. Die Formel 3.51 ermittelt, wie viel Energie in kWh pro kg compoundiertem Werkstoff eingesetzt wurde. Je weniger, desto energieeffizienter. Die spezifische Energie ist unabhängig von der verwendeten Extrudergröße.

$$P_{Spez\_mech} = \frac{2 \cdot \pi \cdot n \cdot M_d}{\dot{m}} \left[\frac{kWh}{kg}\right] \tag{3.51}$$

Dabei stellt n die Drehzahl der Schneckenwelle, M_{d} das Drehmoment an den Schneckenwellen und $\dot{m}$ den Massendurchsatz dar.

Die beiden Diagramme in Bild 3.134 zeigen, dass bei konstanter Drehzahl die spezifische Energie umso kleiner ist, je mehr Masse pro Zeiteinheit compoundiert wird. Zum anderen ist es zielführend, bei erreichtem Wunschdurchsatz die Drehzahl möglichst gering zu halten, um Energie zu sparen.

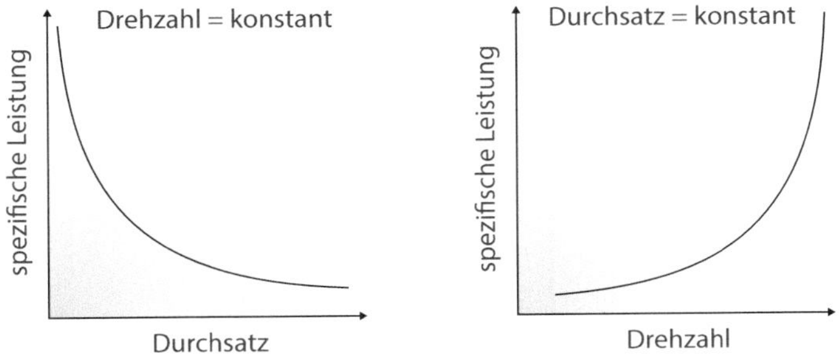

Bild 3.134 Verfahrenstechnische Kennwerte für das Compoundieren

Andere wichtige charakteristische Größen

Die mittlere Verweilzeit von Kunststoff in einem Extruder ist ebenfalls eine entscheidende Einflussgröße. Zum einen kann bei überlagerter chemischer Reaktion (sog. Reaktives Compoundieren) auf den Reaktionsverlauf Einfluss genommen werden. Zum anderen kann eine zu lange Verweilzeit auch zu einer Vor-Alterung des Werkstoffs führen.

Wichtige Charakteristika der Maschine sind die Schneckenkonfiguration, das Temperaturprofil entlang der Anlage und das *L*/*D*-Verhältnis. Das *L*/*D*-Verhältnis beschreibt die Länge der Compounderschnecke im Verhältnis zu ihrem Durchmesser. Dieses Verhältnis macht Doppelschneckenextruder verschiedener Größe untereinander vergleichbar.

3.4.4 Zusatzaggregate

In der Kunststoffaufbereitung wird oft mit Granulaten und Pulvern, seltener mit flüssigen Zusatzstoffen gearbeitet. Das Bild 3.135 zeigt die Vielfalt der eingearbeiteten Erscheinungsformen, die geeignet in den Compoundierextruder eingebracht werden müssen.

Bild 3.135 Beispiele von Erscheinungsformen von Zusatzstoffen

Oberhalb des Doppelschneckenextruders fördern volumetrische (kostengünstig) oder gravimetrische (teurer) Dosiersysteme (Bild 3.136) einen definierten Volumenstrom oder Massenstrom in den Trichter. Es gibt Rezepturen, die höchste Genauigkeit der Hinzugabe fordern.

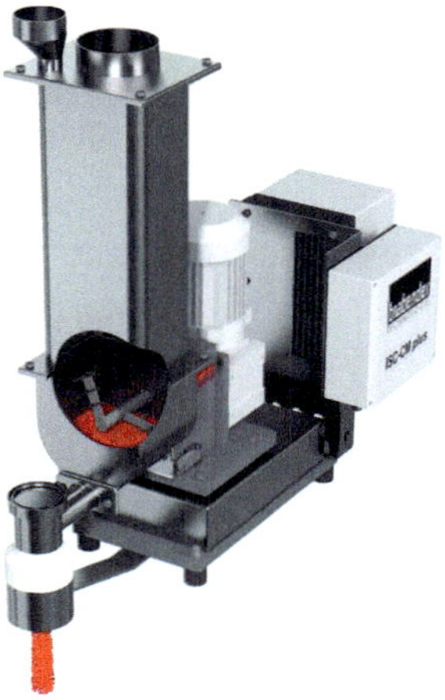

Bild 3.136
Dosieraggregat [Bildquelle: Brabender GmbH & Co. KG]

Kurz vor Austritt der Schmelze kann diese noch filtriert werden. Dies ist besonders beim Kunststoffrecycling erforderlich, falls Verunreinigungen durch das rezyklierte Mahlgut eingebracht wurden. Verunreinigungen können aber auch verbliebene Katalysator-Reste aus der Polymer-Synthese, Verschleißrückstände der Schnecke und zersetzte Anteile des Werkstoffs sein. Insbesondere die Herstellung von Folien (siehe Abschnitte 4.1.4 und 4.1.5) erfordert höchste Schmelzequalität.

In Bild 3.137 ist ein Schmelzefilter mit Siebwechsler dargestellt, der ein druckkonstantes Extrudieren ermöglicht. Er besteht aus einem aus mehreren Kammern aufgebautem Siebrad. Durch die Variation der Maschenfeinheit der Siebeinsätze wird die Größe der Partikel festgelegt, die gerade noch den Filter passieren können. Durch den vor dem Schmelzefilter montierten Druckaufnehmer wird der vor dem Siebrad entstehende Druck gemessen und bei Erreichen eines im Voraus gewählten Drucks das Siebrad zum Weiterdrehen gebracht. Das Siebrad wird also nur dann gedreht, wenn es zunehmend verschmutzt.

Bild 3.137
Schmelzefilter mit Siebwechsler [Bildquelle: Gneuß Kunststofftechnik GmbH]

Die aufbereitete Schmelze wird meist in Form von Strängen extrudiert, gekühlt und durch rotierende Messer granuliert. Diese Granulate werden dann in der Regel in Säcke oder sogenannte Oktabins transportfähig verpackt, um zur Verarbeitungsmaschine (Kapitel 4) transportiert zu werden.

Es gibt mehrere Arten der Granulierung. Einerseits wird zwischen Kaltgranulierung nach Erstarren des Kunststoffstrangs und Heißgranulierung vor Erstarren des Kunststoffstrangs unterschieden. Andererseits zwischen Trocken- und Nassgranulierung. Das verbreitetste Verfahren ist sicher das Stranggranulieren nach einem Wasserbad. Das Bild 3.138 zeigt, wie die zähflüssigen Schmelzestränge (1) durch ein Wasserbad (2) geleitet werden, danach in fester Form an einem Lufttrockner (3) vorbeigeführt und durch rotierende Messer granuliert (4) werden. Die Granulatform ist dann zylinderförmig.

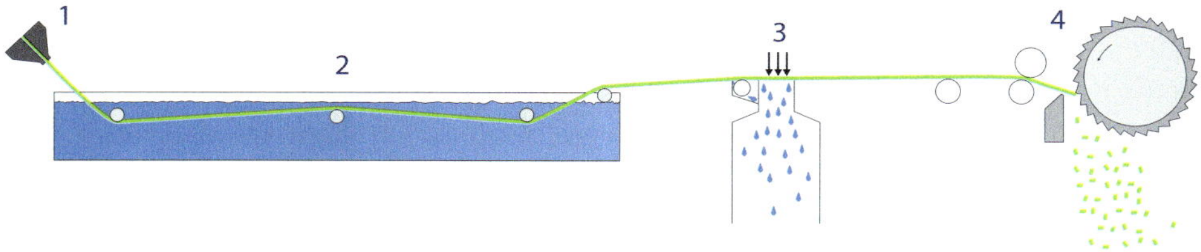

Bild 3.138 Granuliervorgang

Eine andere Art des Granulierens ist die Unterwassergranulierung. Hier werden die Schmelzestränge nach der Lochplatte des Extruders direkt in das Kühlwasser extrudiert, abgeschnitten und vom Wasserstrom mitgerissen (Bild 3.139). Bevor die Schmelze abgeschnitten wird, wird sie turbulent umströmt. Nach Abschneiden schwimmen die Körner laminar umströmt mit dem Wasserstrom mit und kühlen weiter ab. Das zeigt darüber hinaus eine geöffnete Wasserbox einer Unterwassergranulierung im Technikum des IKT mit Messerwelle und 6-fach-Messerkopf (schräge Messer). Die Granulatform ist eher rund bis oval und noch rieselfähiger als zylinderförmiges Granulat.

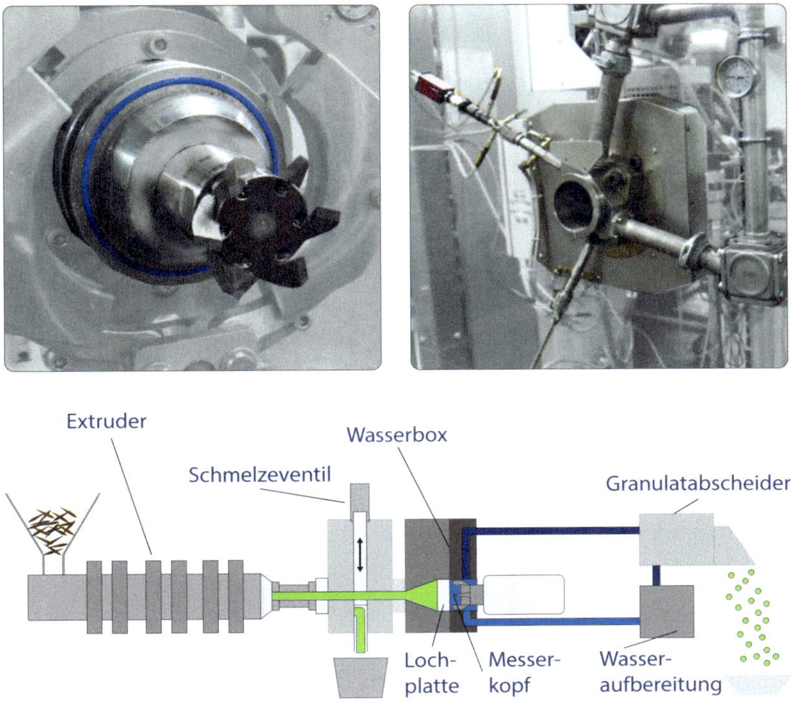

Bild 3.139 Wasserbox einer Unterwassergranulierung im IKT-Technikum

3.5 Prozess, Struktur, Eigenschaften – Beeinflussung im Verarbeitungsprozess

Bei Kunststoffen werden die Eigenschaften des fertigen Produktes erst durch den Verarbeitungsprozess festgelegt. In diesem verfahrenstechnischen Schritt (Kapitel 4) wird die Struktur festgelegt, z. B. über die Orientierung der Moleküle, die eingefrorenen Eigenspannungen und den Kristallisationszustand. Alle drei werden durch Zeit und Temperatur besonders stark beeinflusst. Zudem werden das Polymer und/oder die Zusatzstoffe während der Verarbeitung gealtert. Doch hierzu mehr in Abschnitt 3.6. Neben diesen mikroskopischen Strukturen kann im Verarbeitungsprozess auch eine makroskopische Schaumstruktur geschaffen werden, welche die Bauteileigenschaften massiv beeinflusst.

Sind diese Einflüsse auf die Eigenschaften bekannt, können sie genutzt oder – falls ungewünscht – möglichst vermindert werden. Für den Ingenieur ist es stets wichtig, durch Kenntnis solcher Einflüsse die Produktqualität vorhersagbar und beherrschbar zu machen.

3.5.1 Eigenspannungen

Allgemein nutzt man den Begriff Eigenspannung dann, wenn ein Bauteil auch ohne äußere Beanspruchungen einen inneren mechanischen Spannungszustand aufweist. Solche Eigenspannungen wirken wie eine von außen aufgeprägte Spannung und belasten den Werkstoff vor.

Ursache für Eigenspannungen sind benachbarte Bereiche innerhalb des Bauteils, die unterschiedlich ausgedehnt/kontrahiert sind und im Verbund dann jeweils gestreckt oder gestaucht werden. Diese lokal unterschiedliche Ausdehnung oder Kontraktion benachbarter Bereiche kann durch lokal unterschiedliche

- thermische Kontraktion,
- Reaktionsschwindung oder
- Medienaufnahme (oder -abgabe)

des Werkstoffes entstehen. Während die thermische Kontraktion bei teilkristallinen Thermoplasten besonders stark ausgeprägt ist, ist die Reaktionsschwindung nur bei Duromeren kritisch.

Am Beispiel der lokal unterschiedlichen Wärmekontraktion, auch Schwindung genannt, beim Abkühlen einer Thermoplastschmelze zwischen zwei Werkzeugwänden sollen Abkühleigenspannungen erläutert werden. In Bild 3.140, oben, wird eine gerade zwischen zwei gekühlten Werkzeugwänden stehengebliebene Schmelze dargestellt. Diese wurde zur Erläuterung in Schichten geschnitten. Das Temperaturprofil in der Schmelze ist ungleichmäßig, da die Randschichten weit besser gekühlt werden als die mittleren Schichten.

In Bild 3.140, Mitte, wird der Zustand der Schichten nach Abkühlen dargestellt. Nun ist die Temperatur über dem Querschnitt gleich. Da die Randschichten sehr schnell abgekühlt wurden, konnten diese nicht so stark kontrahieren wie die Kernschichten, welche kürzer dargestellt sind. Betrachten wir im unteren Bildteil den Querschnitt nun wieder als Kontinuum, wird deutlich, dass der langsam und stärker kontrahierende Kernbereich die äußeren, schneller abgekühlten Randbereiche zu sich zieht. Dadurch entstehen Zugspannungen in der Mitte und Druckspannungen in den Randschichten. Es stellt sich eine mittlere Wärmekontraktion ein.

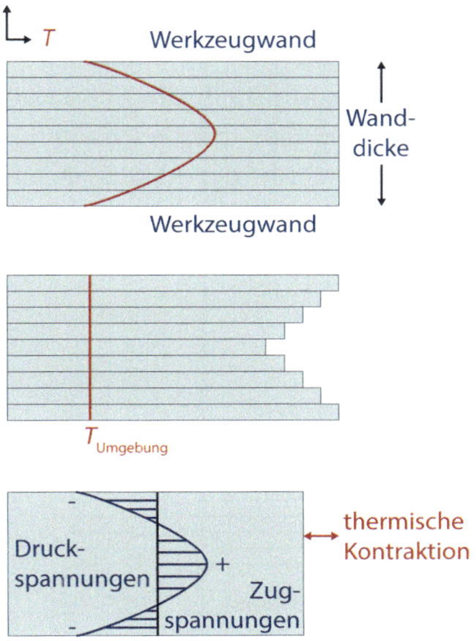

Bild 3.140
Schema zur Erläuterung von Abkühleigenspannungen [nach Diss. Hoven-Nievelstein]

Wird die Schmelze sehr langsam abgekühlt, werden alle Schichten in ähnlicherer Weise kontrahieren und es resultiert weniger Eigenspannung. Aus wirtschaftlichen Gründen sollte aber in der Regel schnellstmöglich abgekühlt werden, um Produktionszeit und -kosten klein zu halten. Das Risiko der hohen Eigenspannungen und des vorzeitigen Versagens im Gebrauch ist abzuwägen.

3.5.2 Orientierung von Makromolekülen

Molekülorientierungen in Schmelze und Festkörper sind, wie bereits in den Abschnitten 3.1.5 und 3.3.1 kurz angesprochen, Hauptausrichtungen von Polymerketten, die längs der Kette (Hauptvalenzkräfte) zu höherer und quer dazu (Nebenvalenzkräfte) zu entsprechend weniger Festigkeit und Steifigkeit führen (Bild 3.141). Man nennt dieses Verhalten „anisotrop", also nicht-gleichgerichtet.

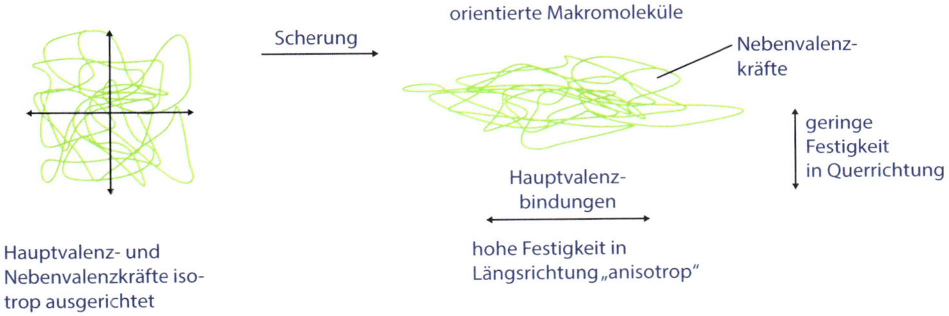

Bild 3.141 Einfluss der Molekülorientierungen auf die Kraftübertragung

In Bild 3.142 wird die Orientierung von Polymerketten durch Scherung in einem Fließkanal in mehreren Zeitschritten t_0 bis t_4 dargestellt. Die bei t_0 geknäulte Polymerkette liegt bei t_4 gestreckt vor, denn zur Kanalmitte hin fließt die Schmelze schneller als am Rand. Selbiges Bild rechts zeigt zudem, dass das Geschwindigkeitsprofil einer Schmelze durch erstarrte Randschichten von der Idealform abweicht und zudem an der Fließfront eine Quellströmung vorliegt, die dort die Schmelze dehnen und orientieren lässt.

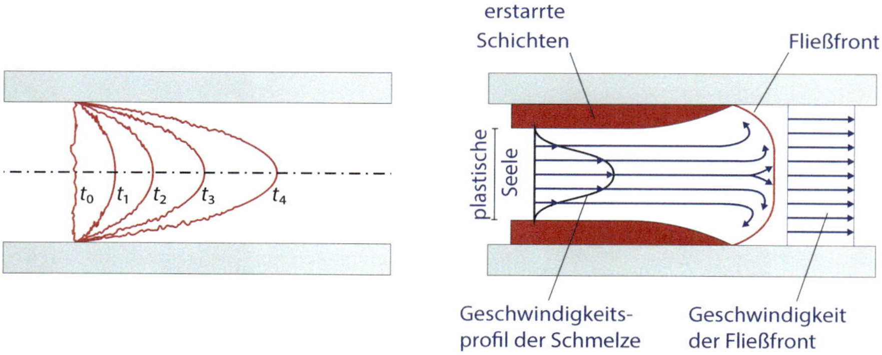

Bild 3.142 Entstehung von Orientierungen im Schmelzefluss

Eine extreme Form von Orientierungen erzeugt das Zusammenfließen zweier Schmelzefronten (Bild 3.143). An der jeweiligen Schmelzefront werden die Moleküle senkrecht zur Fließrichtung gedehnt und liegen dann an der Grenzfläche parallel vor. Dies bildet eine Schwachstelle und wird als „Bindenaht" bezeichnet. In Abschnitt 5.3.5 „Fertigungsgerechtes Konstruieren" wird hierauf erneut eingegangen.

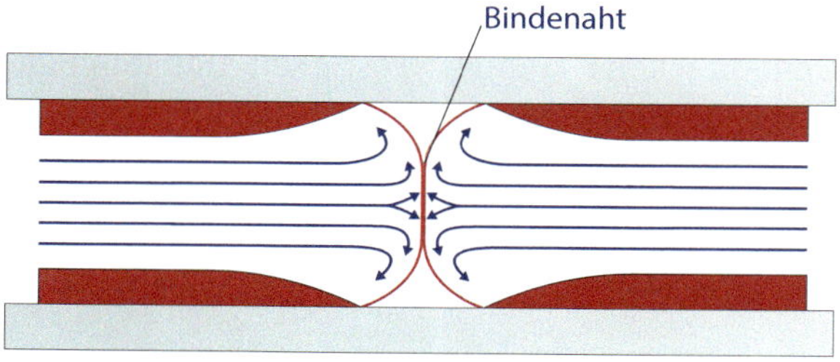

Bild 3.143 Zusammenfluss von Fließfronten erzeugt Bindenaht

Orientierungen sind meist unerwünscht. Ist die Schmelze noch warm genug, können Molekülorientierungen durch die Brown'sche Molekularbewegung wieder abbauen. Bei genügend Zeit und Temperatur wird das Makromolekül wieder ungerichtet und hat gleiche Eigenschaften in alle Raumrichtungen. Gleiches gilt für Bindenähte: Ist genügend Beweglichkeit vorhanden, können die orientierten Moleküle über die Grenzfläche hinweg verknäulen und die Schwachstelle reduzieren.

Orientierungen haben auch Auswirkung auf die Schwindung von Bauteilen. Die orientierten Bereiche einer Schmelze können dichter aneinandergelegt abkühlen (auch ohne zwangsläufig zu kristallisieren). Dies beeinflusst auch die Schwindung in orientierten Bereichen: längs der Orientierung weniger, quer zur Orientierung mehr Schwindung.

Wie oben angeführt kann ausreichend Brown'sche Molekularbewegung derartige Molekülorientierungen wieder zurückstellen und auch Bindenähte stärken. Geschieht diese Orientierungsrückstellung im Spritzgießwerkzeug, wird das Bauteil dadurch nicht deformiert, aber die Produktionszeit wird verlängert (teuer!). Lagert man ein hoch orientiertes Bauteil (Bild 3.144) außerhalb seines Werkzeugs bei höheren Temperaturen („Tempern"), führt dies eventuell zur unerwünschten Deformation (rechts).

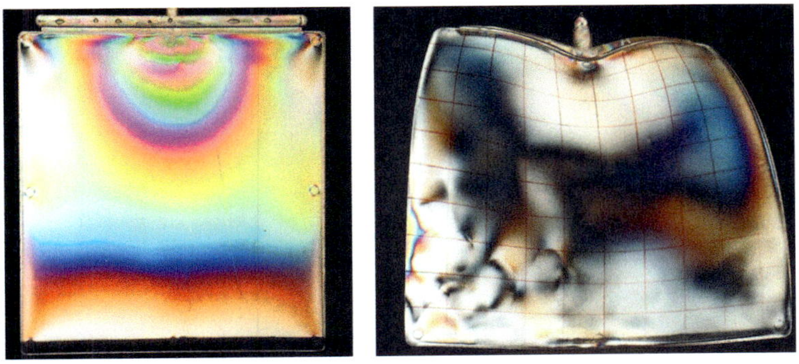

Bild 3.144 Orientierungen in polarisiertem Licht. Das geschrumpfte Bauteil hat weniger Orientierungen, ist aber deformiert.

Wenn Orientierungen und zudem Eigenspannungen außerhalb des formgebenden Werkzeugs abgebaut werden sollen, ist ein Tempern unter Formzwang mit z. B. geeigneten Klemmen oder einem Spannrahmen erforderlich. Die geeignete Tempertemperatur von amorphen Kunststoffen ist oberhalb der Glasübergangstemperatur, die von teilkristallinen Thermoplasten kurz unterhalb der Kristallitschmelztemperatur.

3.5.3 Orientierung von Fasern

Bei den Zusatzstoffen in Abschnitt 3.3 haben wir gelernt, dass Verstärkungsstoffe wie Fasern oder auch Nanopartikel – je nach ihrer Ausrichtung – die mechanischen Eigenschaften stark beeinflussen. Während bei Nanopartikeln die Ausrichtungsabhängigkeit zwar schon erkannt, aber noch nicht tiefgreifend erforscht ist, weiß man recht viel über die Prozessbeeinflussung der Eigenschaften durch Ausrichtung der Faserstoffe.

Anhand von Bild 3.145 soll der Einfluss der Verarbeitung von Kurzglasfasern näher betrachtet werden. Diese Kurzglasfasern werden durch die Strömung der Schmelze ganz ähnlich den Molekülorientierungen entsprechend ausgerichtet. Strömt die Schmelze durch einen gekühlten Schlitz, entsteht an der Front eine Quellströmung, die die Kurzglasfasern von den Kernschichten in die Randschichten transferiert und dabei umorientiert.

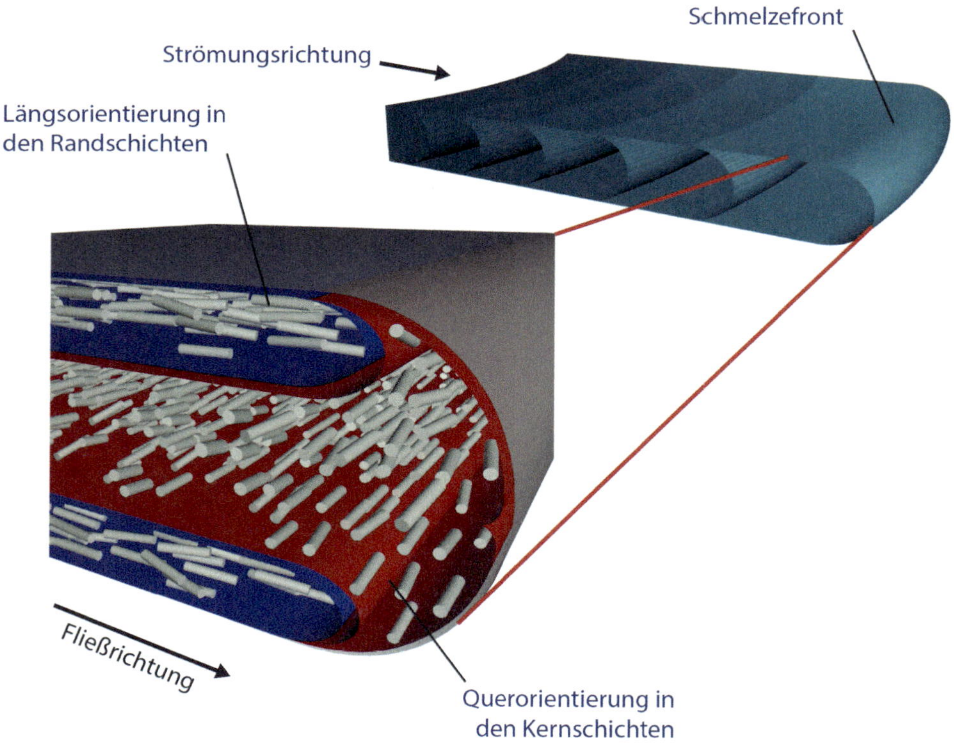

Bild 3.145 Faserorientierung in der Schmelzeströmung durch einen Spalt [nach Bildquelle: BASF SE]

Es wird auch der schichtartige Aufbau in Kern- und Randschicht verdeutlicht. Es entsteht ein mindestens dreilagiger Schichtaufbau mit Randfasern in Fließrichtung und Kernfasern quer zur Fließrichtung orientiert. Je dicker das Bauteil ist, desto größer ist der Anteil der Kernfasern. Dies ist bei der Auslegung von Bauteilen zu berücksichtigen.

Diese Faserorientierungen können im Gegensatz zu Molekülorientierungen nicht relaxieren, also nicht über die Grenzfläche verknäulen. Auch hier stellen Bindenähte einen Extremfall von Orientierungen dar: Die Fasern bleiben auch bei genügend Brown'scher Molekularbewegung parallel ausgerichtet an der Bindenaht liegen und bilden daher eine besondere Schwachstelle.

3.5.4 Kristallisation

Als dritte innere Struktur wird die Kristallisation betrachtet. Diese wurde in Abschnitt 2.1.7 bereits ausgiebig erläutert. Obwohl nur Nebenvalenzkräfte walten, erlauben Kristalllamellen dank der sehr dichten Packung eine recht hohe Kraftübertragung. Auch die Kristallisation lässt sich durch den Verarbeitungsprozess beeinflussen und wirkt sich dadurch auf die Eigenschaften des hergestellten Bauteils aus.

In Bild 3.122 haben wir bereits den Einfluss von Nukleierungsmitteln kennengelernt. Weiter gilt, dass der Kristallisationsgrad höher ist, je mehr Zeit die Makromoleküle haben, sich zu finden und aneinanderzulegen. Durch die Temperatur der Schmelze und die Abkühlgeschwindigkeit kann diese Zeit stark beeinflusst werden. Auch hier wird deutlich, dass zwischen Wirtschaftlichkeit (hohe Abkühlgeschwindigkeit) und Qualität (hoher Kristallisationsgrad) ein Kompromiss gefunden werden muss.

3.5.5 Bildung einer Makrostruktur: Schäumen von Kunststoffen

Nun wurden mehrere Möglichkeiten der Beeinflussung von Eigenschaften über die Änderung von mikroskopischen inneren Zuständen (Orientierungen, Kristallisation, Eigenspannungen) erläutert. Eine weitere Möglichkeit ist die Bildung einer makroskopischen Struktur durch das Schäumen von Kunststoffen.

Nach ISO 472 ist ein Schaumstoff „(...) ein Kunststoff, dessen Dichte reduziert wird durch zahlreiche, verbundene und nicht-verbundene, feinverteilte Hohlräume." Die Dichte reicht von besonders leichten Schaumstoffen $< 0{,}1\ g/cm^3$ bis hin zu „schweren" Schaumstoffen nahe der Polymerdichte.

Geschäumte Kunststoffe lassen sich in offenzellige und geschlossenzellige Schaumstrukturen unterscheiden. Das Bild 3.146 zeigt eine offenzellige und eine geschlossenzellige Struktur im Rasterelektronenmikroskop. Während offenzellige Strukturen luftdurchlässig sind, bilden geschlossenzellige kleine, seperate Hohlräume. Offenzellige können z. B. Schallwellen dämpfen und dadurch der Schalldämpfung dienen, geschlossenzellige Schaumstrukturen dienen z. B. der Wärmeisolation.

Viele Kunststoffe können geschäumt werden, solange sie bestimmte rheologische und mechanische Grundbedingungen erfüllen. Mengenmäßig am weitesten verbreitet sind Schäume aus dem Thermoplasten Polystyrol (PS), genannt expandiertes Polystyrol (EPS, Handelsname z. B. „Styropor®") und aus dem Elastomer Polyurethan (PUR). Letzterer wird in Abschnitt 4.3.4 näher behandelt.

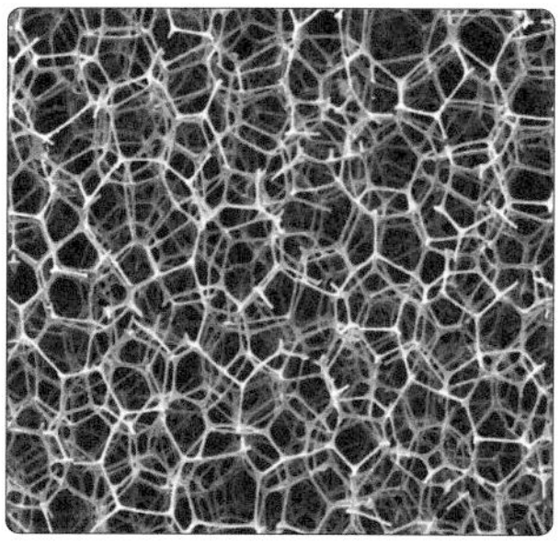

Offenzellig
gute Schallisolierung

Geschlossenzellig
gute Wärmeisolierung

Bild 3.146 Offenzellige und geschlossenzellige Schaumstrukturen

Es gibt physikalische und chemische Schäumverfahren. Beim physikalischen Schaumschlagverfahren wird Luft oder ein anderes Gas mechanisch der Schmelze eingeschlagen, ähnlich dem Aufschäumen von Milch. Dies findet nur noch selten Verwendung. Beim Erstarren der Schmelze bleiben die Schaumblasen bestehen. Im sogenannten Expansionsverfahren wird der physikalische Effekt genutzt, wenn eine flüssige in eine gasförmige Phase expandiert. Wird dies zeitlich geschickt gesteuert, erstarrt der Kunststoff mit Blasen. Auch kommen besondere Schaumdüsen in der Extrusion oder im Spritzgießen zum Einsatz.

Einige Kunststoffe kann man zu sogenannten Partikelschäumen verarbeiten: Hierbei wird das jeweilige Granulat mit einem Treibmittel gesättigt, welches dann bei höheren Temperaturen verdampft und das erweichte Granulatkorn aufbläst. Bei hinreichender Prozessführung erstarrt das Korn dann im aufgeblähten Zustand. Schüttet man mehrere solcher mit Treibmittel geladenen Körner in eine offene Form, schließt diese und beheizt sie gleichmäßig, blähen die Körner relativ gleichmäßig auf und schweißen miteinander zu einem festen, geschäumten Bauteil.

In chemischen Mischverfahren werden zwei flüssige, reaktive Komponenten mit einem Treibmittel versetzt, welches während der Vernetzungsreaktion Blasen bildet. Nach Reaktion zum Duromer oder Elastomer bleibt die Schaumstruktur bestehen.

QR-Code 3-11

Hier wird ein besonderer Schaum aus einem steifen Duromeren, der dank seiner äußerst dünnen Zellstruktur dennoch nachgiebig ist, vorgestellt.

http://www.ikt.uni-stuttgart.de/links/Videolinks/Basotect

3.6 Veränderungen mit der Zeit – Einblick in die Alterung von Kunststoffen

Wir haben in den vorherigen Abschnitten die gezielte Beeinflussung der Werkstoffeigenschaften durch Zusatzstoffe und die Einflüsse durch den Verarbeitungsprozess behandelt. In diesem Abschnitt wird der zeitliche Einfluss auf Eigenschaften im Gebrauch behandelt; dieser ist allerdings nur selten gewollt. Kunststoffe korrodieren nicht oberflächlich wie metallische Werkstoffe. Sie erleiden eine Eigenschaftsveränderung mit der Zeit auf ganz ähnliche Weise wie Lebewesen oder andere organische Stoffe. Daher nennt man den Prozess „Alterung".

Nach DIN 50035 wird die Alterung als „Gesamtheit aller im Laufe der Zeit in einem Material irreversibel ablaufenden chemischen und physikalischen Vorgänge" definiert. Durch diese Vorgänge verändern Kunststoffe auch ihre Eigenschaften im Laufe der Zeit. Das heißt, die Alterung fängt direkt nach der Polymersynthese an, findet besonders bei den hohen Temperaturen der Kunststoffverarbeitung statt und schreitet im Gebrauch bis zum Produktlebensende stetig fort.

Informationen über die Alterung sind für den Ingenieur dann wichtig, wenn er die Lebensdauer eines Produktes vorausberechnen oder abschätzen muss. Ist die geplante Lebensdauer eines Produktes kurz, ist die Lebensdauervorhersage eventuell nicht erforderlich bzw. aus den Kurzzeiteigenschaften leicht abschätzbar. Zur Lebensdauervorhersage (siehe Abschnitt 5.3.6.3) wird ein Bauteil oft künstlich und möglichst beschleunigt unter den zu erwarteten Einsatzbedingungen gealtert, um dessen tatsächliche Lebensdauer bei bestimmungsgemäßem Gebrauch abzuschätzen.

In Bild 3.147 sind Beispiele von Lebensdauern typischer Kunststoffprodukte dargestellt. Konsumnahe Produkte wie Verpackungen haben nur eine geringe Lebensdauer und Alterungseffekte sind ebenfalls vernachlässigbar. Ausnahme bilden

z. B. Mehrwegflaschen aus Polyethylenterephtalat (PET), da sie aggressiv gereinigt, mit hohem Druck wieder befüllt und oftmals wieder genutzt werden. Haushaltsgeräte und Kraftfahrzeugbauteile hingegen haben eine Lebensdauer von einem Jahrzehnt oder mehr, so dass Alterungseffekte einen starken Einfluss auf die Lebensdauer haben. Die Hersteller von sicherheitsrelevanten Bauteilen müssen bis zur vorgegebenen Einsatzdauer deren bestimmungsgemäßen Gebrauch trotz Alterungseffekten gewährleisten. Die Vorgehensweise des Produktentwicklers zur Lebensdauerabschätzung wird in Abschnitt 5.3.7 näher erläutert.

In Anlehnung an o. g. DIN 50035 „Begriffe auf dem Gebiet der Alterung von Materialien – Polymere Werkstoffe" wird die Betrachtung von Alterung dreigeteilt in:

- Ursachen von Alterung,
- Vorgänge der Alterung und
- Erscheinungen der Alterung.

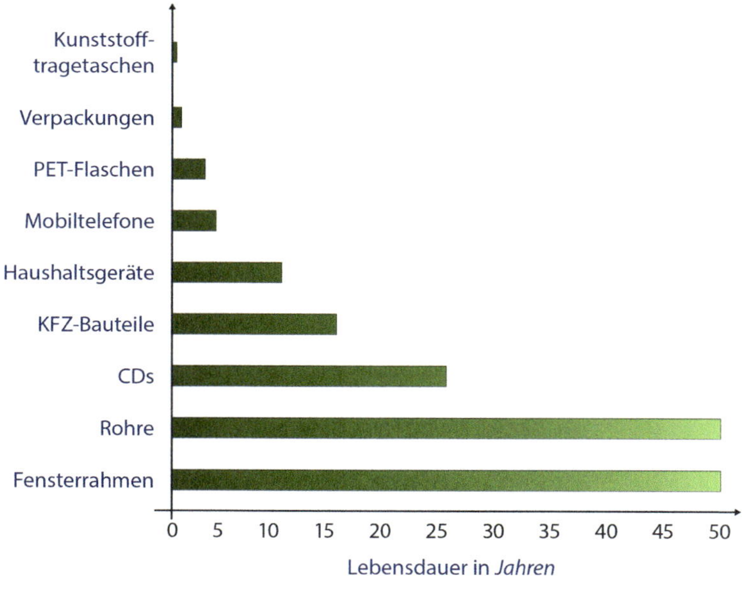

Bild 3.147 Beispiele für die Lebensdauer von Kunststoffprodukten [nach Fraunhofer IVV]

3.6.1 Alterungsursachen

Die Ursachen von Alterung sind vielfältig. Wir müssen zuerst die Alterung des Polymers von der Alterung des Zusatzstoffes unterscheiden. Die mechanische und thermische Belastung der Schmelze durch starke Scherung kann Polymerketten bereits im Aufbereitungs- oder Verarbeitungsprozess zerreissen und damit Radikale bilden. Auch Eigenspannungen durch ungleichmäßige Schwindung oder Temperaturwechsel belasten den Werkstoff von innen heraus. Eine langzeitige mechanische Beanspruchung im Gebrauch kann Kriechen bewirken, was eine zeitliche Änderung der Bauteilgestalt bewirkt. Ein Medieneinfluss gilt ebenfalls als Alterungsursache, egal ob das Medium chemisch (chemischer Angriff durch Chemikalien, Ozon oder Sauerstoff) oder physikalisch (Diffusion von Medien, Spannungsrissbildung durch Tenside) wirkt.

Energiereiche Strahlung beeinflusst den Kunststoff ebenfalls mit der Zeit: Röntgenstrahlung, Elektronen, Protonen und alpha-Teilchen sowie natürlich auch UV-Strahlung beeinflussen oder trennen chemische Bindungen und verändern somit die mittlere Molekülmasse der Polymerketten. IR-Strahlung, also Wärmestrahlung, und Wärme insgesamt trennen zwar im ersten Schritt keine chemische Bindung, führen aber zur Beschleunigung von chemischen Prozessen, erhöhen die Brown'sche Molekularbewegung und reduzieren dabei die Nebenvalenzkräfte.

Der Begriff „Witterungseinfluss" beschreibt einen überlagerten Einfluss auf Kunststoffe, wie er im Freien auftreten kann: Die Anwesenheit von UV-Strahlung, erhöhter Temperatur (und eventueller Temperaturwechsel), Medien (Wasser, Chemikalien, Sauerstoff) und gegebenenfalls gleichzeitig noch mechanische Belastung (nicht nur externe, sondern auch Eigenspannungen, behinderte Wärmeausdehnung u. a.) kann dem Kunststoff stark zusetzen.

Ein anderer Einfluss im Freien, aber auch in Gebäuden, kann durch biologische Vorgänge auftreten. Der Angriff von Mikroorganismen (Pilze, Bakterien) auf herkömmliche Polymere ist kaum bekannt, aber Zusatzstoffe wie Stärke, manche Öle und niedermolekulare Weichmacher können Nährböden bilden und verstoffwechselt werden. Die Eigenschaften des Kunststoffs werden somit verändert, weil zum einen die Verstoffwechselung den Zusatzstoff reduziert und zum anderen entstehende Stoffwechselprodukte den Kunststoff danach chemisch angreifen können.

Ausnahmen bilden die biologisch abbaubaren Polymere und die darauf basierenden Kunststoffe. Sie sind absichtlich molekular derart aufgebaut, dass sie durch spezielle Bakterien vollständig zu Biomasse, CO_2 und Wasser verstoffwechselt werden können (siehe auch Abschnitt 6.3.1).

3.6.2 Alterungsvorgänge

Kommen wir nun zu den Alterungsvorgängen. Diese werden in mechanische, physikalische und chemische Mechanismen unterteilt.

3.6.2.1 Mechanische Alterungsmechanismen

Allein das Kriechen des Werkstoffs ist eine zeitliche Veränderung der Dimension und führt zur Deformation (Bild 3.148), die gemessen werden kann. Eine dynamische Belastung kann mit der Zeit zur „Ermüdung“ und Abnahme der Festigkeit führen. Reibpartner können zu Abrieb und Deformation der Oberfläche führen.

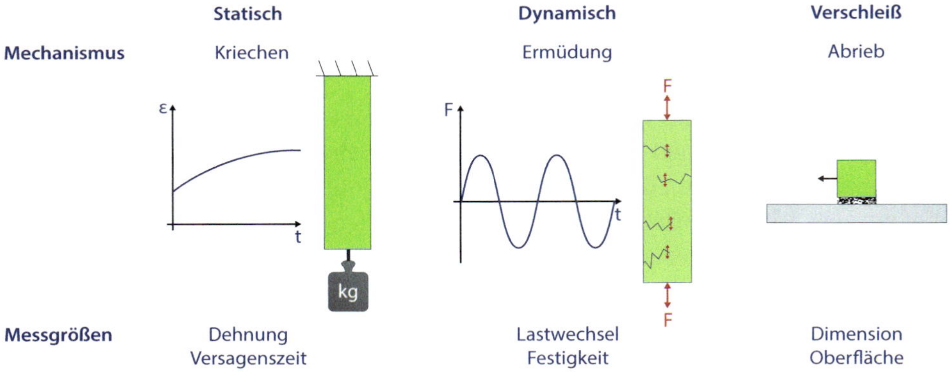

Bild 3.148 Mechanische Mechanismen der Alterung

3.6.2.2 Physikalische Alterungsmechanismen

Physikalische Mechanismen sind jene, die auf nebenvalenter Ebene ablaufen, also nicht in erster Linie die Molekülketten angreifen (Bild 3.149). Sie sind z. T. reversibel. So kann Wärme die Dimension des Bauteils mit der Zeit beeinflussen, aber auch die Nebenvalenzkräfte verringern. Dabei werden mechanische Eigenschaften verändert und es können Nachkristallisationsvorgänge begünstigt werden. Diese Nachkristallisation selbst ist allerdings nicht reversibel, sie beeinflusst zeitverzögert die Tertiärstruktur und dadurch wiederum die Bauteileigenschaften.

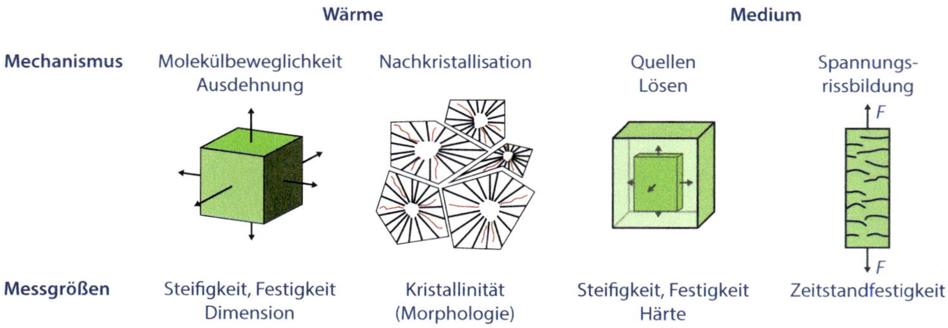

Bild 3.149 Physikalische Mechanismen der Alterung

Ganz ähnlich kann physikalischer Medieneinfluss durch Quellen die Dimensionen des Bauteils verändern und zugleich die Nebenvalenzkräfte verringern. Auch hierbei werden mechanische Eigenschaften verändert und Nachkristallisationsvorgänge erleichtert.

Eine besondere Alterungserscheinung ist die sogenannte Spannungsrissbildung, Bild 3.150. Hier führt nur die gleichzeitige Überlagerung von Medieneinwirkung und anliegender Spannung zu einer bleibenden Rissbildung. Ist das Medium nicht anwesend, führt die Spannung alleine zu keiner Rissbildung. Ebenso führt das Medium allein, ohne anliegende Spannung, zu keiner Rissbildung.

Das Bild 3.150 beschreibt die Modellanschauung. Eine Verunreinigung führt zum lokalen Eindringen des Mediums und lokaler Schwächung. Bei zugleich anliegender Spannung (auch Eigenspannungen!) führt diese Schwächung zu kleinen Rissen (Crazes) und schließlich zu einer makroskopischen Rissbildung.

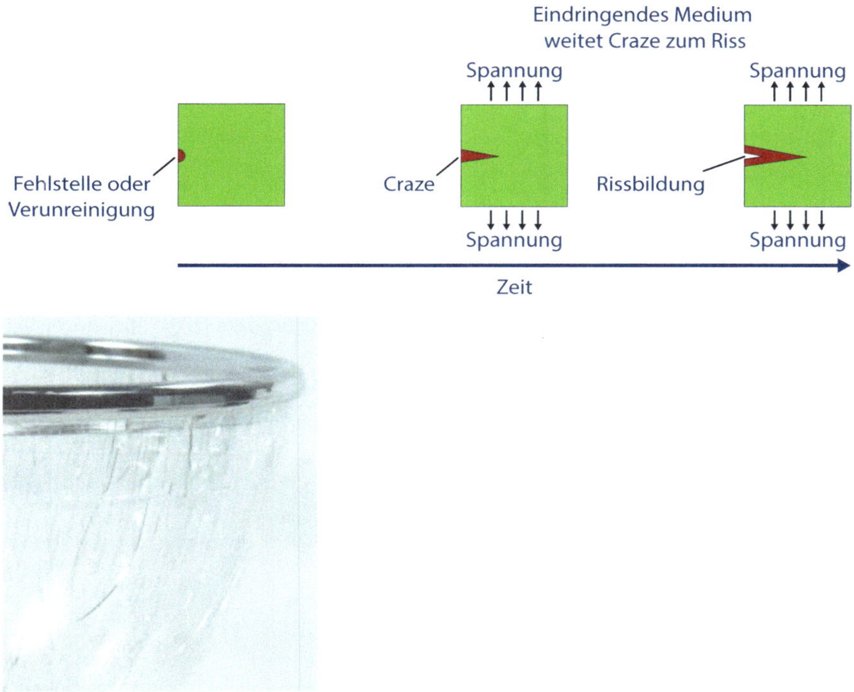

Bild 3.150 Spannungsrissbildung an einer Salatschüssel

QR-Code 3-12

Es werden mehrere Prüfkörper eines Methylacrylatbutadienstyrols (MABS) auf eine Biegeschablone gespannt. Die unteren beiden Prüfkörper sind ein spannungsrissbeständiges Qualitätsprodukt, die oberen beiden ein kostengünstiges Wettbewerbsmaterial. Die erzwungene Deformation erzeugt eine Spannung, besonders stark in der zur Kamera hinliegenden Randfaser des Prüfkörpers. Nach Aufträufeln von Isopropanol, ein für diesen Kunststoff spannungsrissauslösendes

Medium, wird die unterschiedliche Beständigkeit der verschiedenen Kunststoffe erkennbar. Das Wettbewerbermaterial zeigt im Vergleich zum Qualitätsprodukt eine deutlich frühere Craze-Bildung, die letztendlich zum Bauteilversagen führt. Der ursprüngliche Film ist über eine Minute lang, wurde aber in einem für die Aussage unwichtigen Bereich gekürzt.

http://www.ikt.uni-stuttgart.de/links/Videolinks/Alterung_und_Spannungsrissbildung

3.6.2.3 Chemische Alterungsmechanismen

Chemische Alterungsmechanismen wirken auf die kovalenten Bindungen: Hier werden Polymerketten chemisch verändert (Bild 3.151). Zum einen kann übermäßige Erwärmung zur Kettenspaltung und auch zur schrittweisen Depolymerisation führen. Dies drückt sich beides in veränderten mechanischen Eigenschaften und/oder veränderter Molmasse aus. Sauerstoffangriff (Oxidation) kann ebenfalls zur Kettenspaltung, aber auch zur Kettenausbreitung oder veränderten Verzweigung führen.

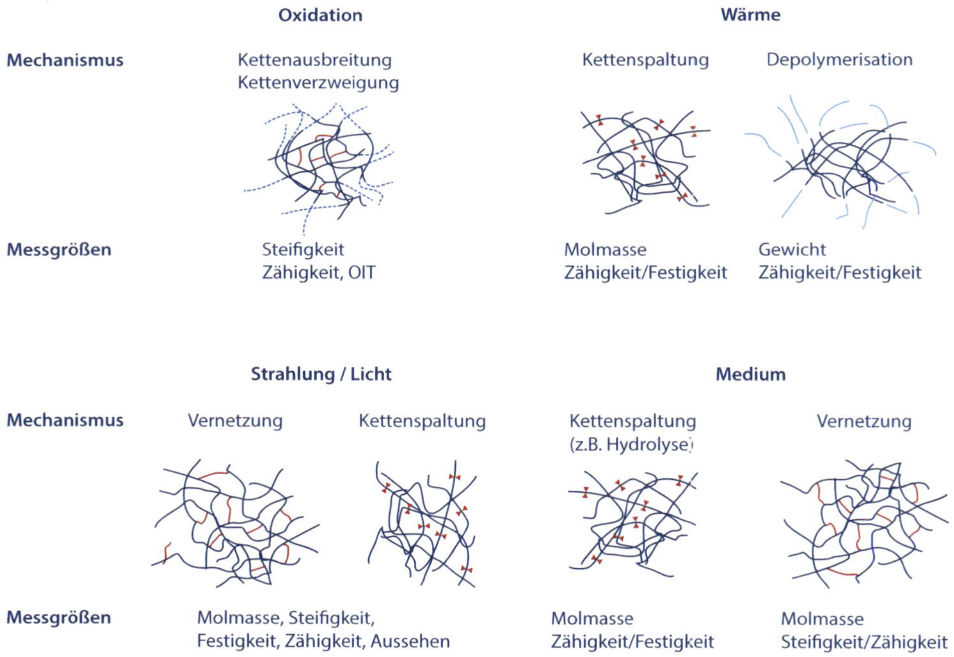

Bild 3.151 Chemische Mechanismen der Alterung

Energiereiche Strahlung führt meist zur Spaltung der Molekülketten (Molmassenreduktion), gelegentlich aber auch zur zusätzlichen Vernetzung (Molmassenerhöhung). Ein chemischer Medienangriff kann ebenfalls eine nachträgliche Vernetzung bewirken, führt aber meist zum Kettenabbau, z. B. durch Hydrolyse (siehe weiter unten).

Oxidation

Betrachten wir den Angriff durch Sauerstoff, die Oxidation, einmal genauer. Sauerstoff ist ein sehr reaktionsfreudiges Element, durch welches erst der Stoffwechsel fast aller Lebewesen funktioniert. Zugleich greift Sauerstoff nicht nur organische Verbindungen in Lebewesen sondern auch in Kunststoffen an. In technischen Anwendungen führt diese Reaktionsfreudigkeit zu Problemen:

Tritt eine Reaktion mit Sauerstoff, begünstigt durch katalytisch-aktive Verunreinigungen, „von selbst" ein, spricht man von Autooxidation. Werden in Gegenwart von Sauerstoff und UV-Strahlung Makromoleküle oxidiert, spricht man von Fotooxidation.

Kritisch ist ebenfalls die kombinierte Einwirkung von Wärme und Sauerstoff, die sogenannte Thermooxidation. Hierdurch werden chemische Bindungen und sogar die Zusammensetzung des Polymers verändert. Die ablaufenden Reaktionen beschleunigen sich bei Temperaturerhöhung. Manche Zusatzstoffe beschleunigen sogar noch den thermooxidativen Abbau durch eigene Zersetzungsprodukte. Gut ausgewählte hinzugegebene Stabilisatoren verbessern die Widerstandsfähigkeit (siehe Wirkweise von Alterungstabilisatoren).

Die Reaktionsfähigkeit des Polymers gegenüber Sauerstoff ist abhängig von dessen chemischer Struktur, der Löslichkeit und Diffusion des Sauerstoffs im Polymer und dem Kristallisationszustand. Bei teilkristallinen Polymeren finden die Diffusion und der Angriff nahezu ausschließlich in amorphen Bereichen statt.

In Tabelle 3.8 sind die Alterungserscheinungen wichtiger Polymere aufgrund oxidativer Alterung dargestellt.

Tabelle 3.8 Auswirkungen der oxidativen Alterung [9]

Kriterien	PE, PP	PS	PMMA	PVC	POM	PA	PET	PC
Versprödung	XX					X		
Vergilbung	X	XX	X	XX	X	X		XX
Reißfestigkeit Reißdehnung	X	X	X	X	X	XX	XX	
Schlagzähigkeit	X	XX	XX	X	X	X	X	X
Biegefestigkeit	X	X						

Tabelle 3.8 Auswirkungen der oxidativen Alterung [9] *(Fortsetzung)*

Kriterien	PE, PP	PS	PMMA	PVC	POM	PA	PET	PC
Lösungs-viskosität						X		X
Gewichts-verlust					XX			

XX = Hauptkriterium, X = Nebenkriterium

Hydrolyse

Der hydrolytische Kettenabbau ist ein besonders häufiger Alterungsmechanismus. Polykondensationsreaktionen sind chemische Gleichgewichtsreaktionen, bei der z. B. Wasser als typisches Nebenprodukt abgespalten wird. Bei erhöhter Temperatur kann sich die Gleichgewichtsreaktion wieder in Richtung der Monomere verschieben und das Polykondensat depolymerisiert. Typische Polykondensate sind Polyamid (PA), Polycarbonat (PC) und viele Biopolymere.

Um Hydrolyse zu vermeiden, ist es wichtig, das Granulat im trockenen Zustand (Restfeuchte < 0,1 %!) zu verarbeiten. Auch der Einsatz der Polykondensate bei hoher Temperatur und Anwesenheit von Wasser oder Luftfeuchte ist meist unzulässig bzw. muss vorher geprüft werden.

3.6.2.4 Wirkweise von Alterungstabilisatoren

Alterungsstabilisatoren werden zum zeitlich befristeten bzw. dauerhaften Schutz von Kunststoffen vor chemischen Reaktionen und damit auch vor Alterung eingesetzt. Im Wesentlichen geht es bei einer Stabilisierung immer darum, Kettenabbau, -aufbau und Verzweigungen zu verhindern. Die Anzahl der möglichen Stabilisatortypen und deren Wirkweise sind enorm vielfältig. Zudem müssen sie auch noch auf den jeweiligen Kunststofftyp abgestimmt werden und können sich gegenseitig positiv wie auch negativ beeinflussen.

Sie werden in geringen Konzentrationen mit dem Doppelschneckenextruder eingearbeitet und sollen möglichst wenige direkte Eigenschaftsänderungen herbeiführen. Es müssen auch die möglichen Abbauprodukte der Stabilisatoren berücksichtigt werden. Stabilisatoren können z. B. zu optischen Veränderungen (Eintrübung, Gelbfärbung, …) oder einer Viskositätsänderung der Schmelze führen, sich während der Verarbeitung verflüchtigen oder nachträglich aus dem Bauteil migrieren.

Antioxidantien

Antioxidantien opfern sich dem angreifenden Sauerstoff und sollen dessen Angriff auf die Molekülkette zeitlich verzögern. Metalldesaktivatoren sind Komplexbildner, die mit katalytisch aktiven Metallverbindungen (z. B. Katalysatorrückstände) reagieren und deren Aktivität reduzieren bzw. sie ganz zum Erliegen bringen, denn Metallionen beschleunigen den Hydroperoxidzerfall und damit die Bildung neuer Radikale schon bei Raumtemperatur.

Lichtschutzmittel

Lichtschutzmittel haben die Aufgabe, die Fotooxidation von Kunststoffen, ausgelöst durch absorbierte UV-Strahlung in Kombination mit Sauerstoff, zu verhindern bzw. zu verzögern. Hierbei werden die UV-Strahlen z. B. teilweise in unschädliche IR-Wärmestrahlung gewandelt.

Biostabilisatoren

Biostabilisatoren sind antimikrobiell wirkende Stabilisatoren. Sie werden eingesetzt, um dem Angriff von Mikrorganismen (z. B. Bakterien, Pilze) auf gefährdete Polymere wie Polyurethan (PUR) entgegenzuwirken bzw. den Angriff auf im Kunststoff enthaltene Zusatzstoffe (z. B. Weichmacher in PVC) zu verzögern.

3.6.3 Alterungserscheinungen

Am auffälligsten sind die augenscheinlich erkennbaren Alterungserscheinungen wie Farb- oder Oberflächenänderung (Bild 3.152). Auch die Änderung der Dimension durch Kriechen, Quellen oder Nachschwinden ist teilweise mit dem bloßen Auge zu erkennen oder leicht nachzumessen.

Hingegen sind die meisten Veränderungen der Gebrauchseigenschaften kaum von außen sichtbar. Der Werkstoff kann geringere Festigkeit (sichtbare Rissbildung) und Dehnbarkeit („Versprödung“) aufweisen. Auch gehen damit meist fühlbare Versteifungen und Verhärtungen einher. Thermodynamische und physikalische Eigenschaften sowie Eigenschaften des Wärme- und Stoffaustauschs können ebenso verändert werden, sind aber ebenfalls zunächst augenscheinlich nicht erkennbar.

Die chemischen und physikalischen Vorgänge der Alterung wirken sich auf Primär-, Sekundär- und Tertiärstrukturen aus und verursachen Veränderungen, die sich dann auf die Gebrauchstauglichkeit auswirken. Diese inneren Veränderungen können meist nicht äußerlich erkannt, aber mit verschiedenen Analysemethoden gemessen werden.

Bild 3.152 Äußerlich erkennbare Alterungserscheinungen

3.6.4 Charakterisierung des Alterungsfortschritts

Zur Abschätzung der verbleibenden Lebensdauer eines Bauteils (Abschnitt 5.3.7) ist die Einschätzung des Alterungsfortschritts unabdingbar. Im Folgenden werden einige typische „Werkzeuge“ der Charakterisierung des Alterungsfortschritts beschrieben.

Die Änderung von Molmasse und Molmassenverteilung werden z. B. mittels Gelpermeationschromatographie (GPC; Bild 2.12 in Abschnitt 2.1) erfasst. Chemische Reaktionen von Polymerketten und Zusatzstoffen können anhand von charakteristischen Banden mit Hilfe der Infrarot-Spektroskopie erkannt werden (Bild 3.68).

Neben der zerstörungsfreien visuellen Betrachtung, auch mikroskopisch, geben Differential Scanning Calorimetrie (DSC) und Infrarot (IR)-Spektroskopie zwei Möglichkeiten der Einschätzung des thermisch-oxidativen Alterungszustandes. Diese Verfahren wurden in Abschnitt 3.2.2 bereits behandelt. Sie erfordern lediglich eine geringe Probenmenge, was das untersuchte Bauteil kaum beschädigt.

Das Bild 3.153 zeigt die Oberfläche eines Bauteils aus glasfaserverstärktem Polyamid 6.6 (PA66GF30) im Rasterelektronenmikroskop (REM) einmal ungealtert und in zwei Alterungszuständen (200 °C; 3, 5 und 10 Tage). Die Glasfasern werden immer deutlicher sichtbar. Es scheint, dass die Oberfläche mit der Zeit abgetragen wird.

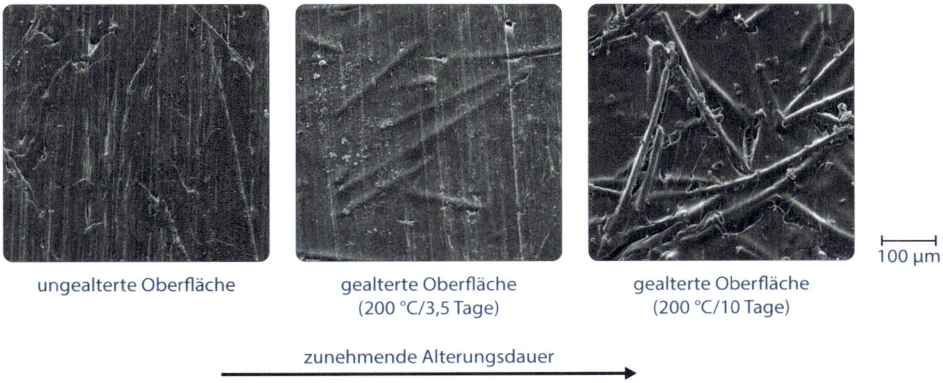

Bild 3.153 Veränderung verschieden gealterter Oberflächen aus PA66GF30

Das Bild 3.154 zeigt den Einfluss der Lagerungstemperatur und -dauer anhand der Lage und Größe eines Temperpeaks im DSC-Messschrieb. Mit zunehmender Lagerdauer und zunehmender Lagertemperatur verschiebt sich dieser flache Peak zu höheren Temperaturen und wird ausgeprägter.

Im Infrarotspektrum (Bild 3.155) erkennt man eine zunehmende Ausprägung der Carbonylbande bei 1708 cm^{-1}. Diese Carbonylbande ist ein Nachweis entstandener Carbonylverbindungen, welche ein Indiz für eine zunehmende Oxidation darstellt. Dabei tritt gleichzeitig ein Molmassenabbau ein.

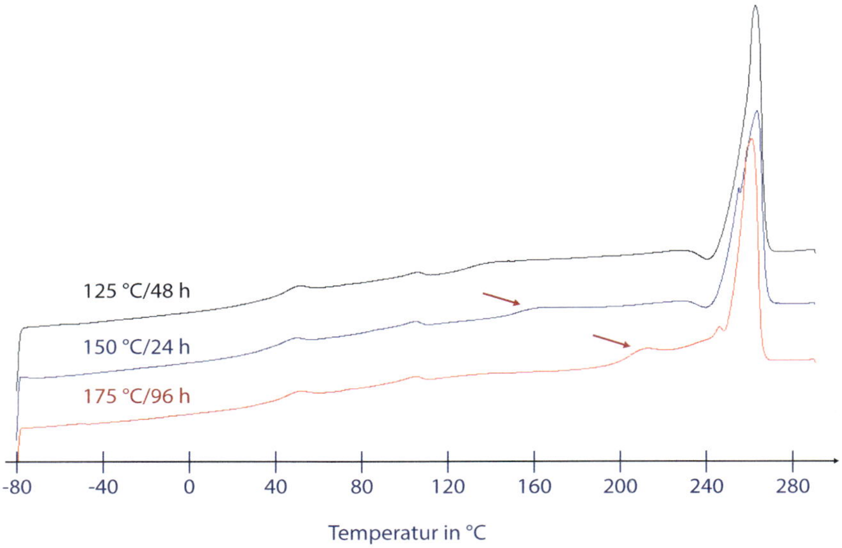

Bild 3.154 DSC-Messung verschieden gealterter Oberflächen aus PA66GF30

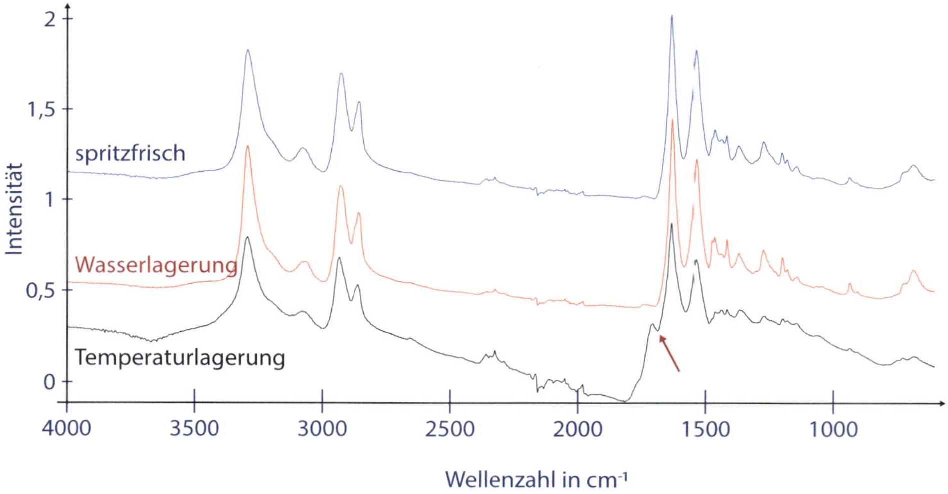

Bild 3.155 FT-IR-Messung verschieden gealterter Oberflächen an PA66GF30

Steht mehr Versuchsmaterial zur Verfügung, sind mechanische Untersuchungen der Königsweg. Hiermit kann die kritische mechanische Eigenschaft des Bauteils im zeitlichen Verlauf unter thermooxidativem Angriff beobachtet werden (Bild 3.156). Erst wenn diese betrachtete Eigenschaft (z. B. Änderung der Bruchdehnung) unter einen kritischen Wert fällt, kann die Lebensdauer gut vorausberechnet werden (Abschnitt 5.3.7).

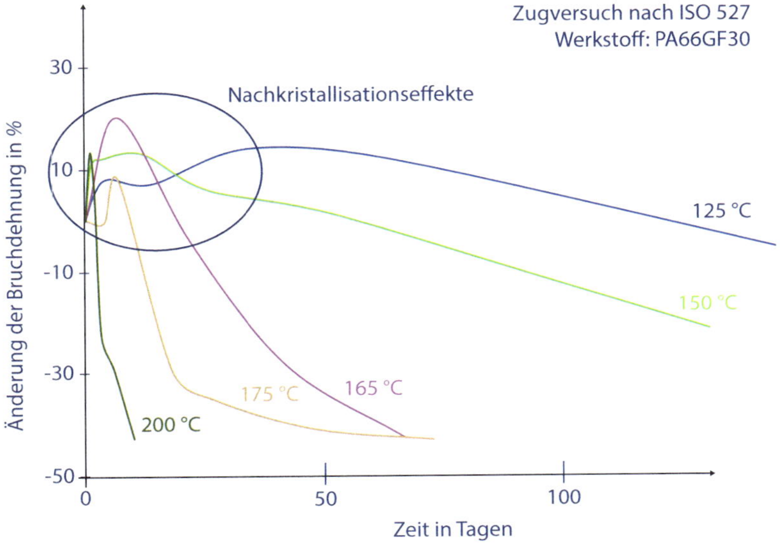

Bild 3.156 Bruchdehnung verschieden gealterter Prüfkörper

■ 3.7 Kurzdarstellung einiger wichtiger Kunststoffe

Nach ihren Anwendungsmöglichkeiten, Preisen und Mengeneinsatz kann man die am meisten eingesetzten Kunststoffe , die Thermoplaste, nach [3] grob in sich drei mehr oder weniger überschneidende Gruppen unterteilen (Bild 3.157):

- Standardthermoplaste/Massenkunststoffe umfassen die in großen Mengen hergestellten Thermoplaste, welche oft für Verpackungen, Gehäuse o. ä. eingesetzt werden.
- Technische Thermoplaste („Ingenieurkunststoffe“) besitzen gegenüber Standardkunststoffen bessere mechanische, thermische und meist auch elektrische Eigenschaften. Sie sind für komplexe Beanspruchungen einsetzbar.

- Hochleistungsthermoplaste sind technische Kunststoffe mit besonders herausragenden Eigenschaften, oft auch hinsichtlich der thermischen Einsatzgrenzen. Die Verarbeitung von Hochleistungsthermoplasten stellt oftmals ebenfalls höhere Anforderungen.

Je höher ein Werkstoff in der Pyramide dargestellt ist, desto höher ist in der Regel auch dessen Wärmeformbeständigkeit. Es gilt tendenziell, dass eine höhere Wärmeformbeständigkeit mit einem höheren Preis einhergeht. Die mit Schrägstrich dargestellten Polymerpaarungen werden oft bereits vom Rohstoffhersteller als Blend verkauft.

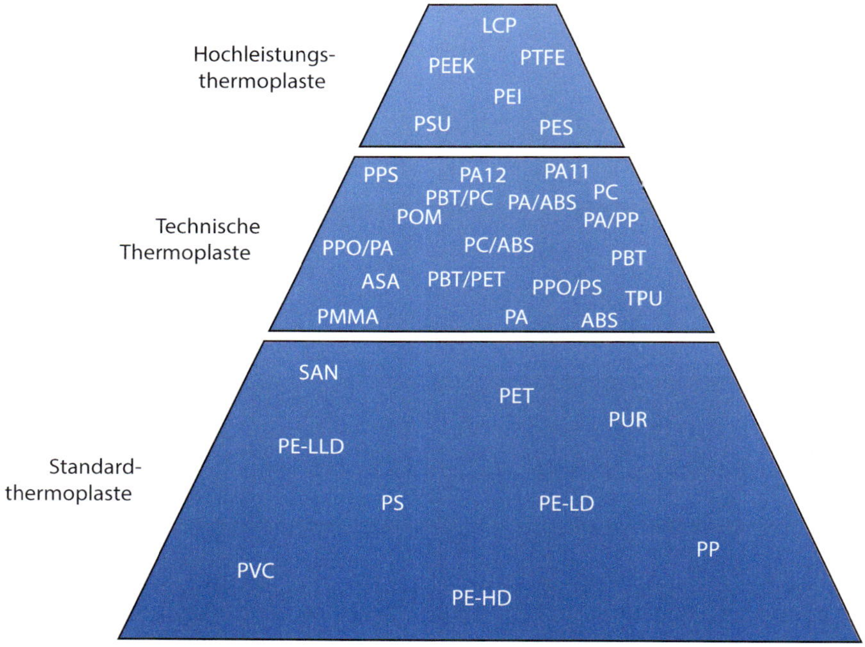

Bild 3.157 Werkstoffpyramide; nach [3]

In diesem Abschnitt sollen die mengenmäßig wichtigsten Kunststoffe und deren Einsatzgebiete kurz vorgestellt werden. Die verkaufte Menge eines Kunststoffs (Bild 3.158) sagt zwar etwas über die Einsatzvielfalt, nichts aber über dessen Wertigkeit aus. Technische Thermoplaste und Hochleistungsthermoplaste haben trotz weit geringerer Verkaufsmengen einen größeren Nutzen/Wert und damit auch Marktpreis. Wie in Bild 1.7 dargestellt, werden in Europa am meisten Kunststoffe für Verpackungen und das Bauwesen eingesetzt.

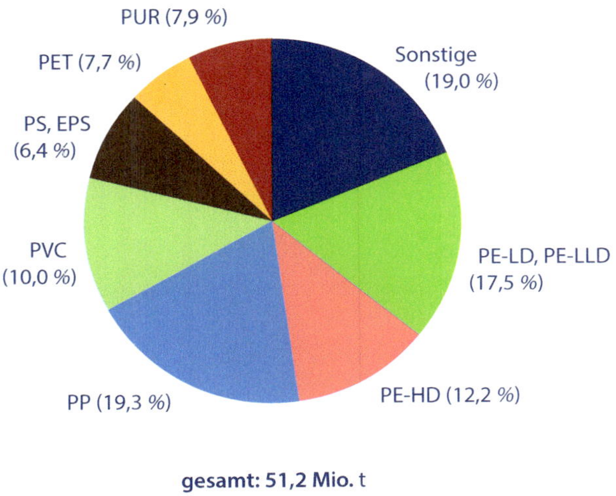

Bild 3.158
Mengenmäßig wichtigste Kunststoffe 2018 in Europa [Datenquelle: Plastics Europe]

Polyethylen (PE) und Polypropylen (PP) (Oberbegriff: Polyolefine) werden europaweit und weltweit am meisten eingesetzt. Typische große Anwendungen sind Verpackungsfolien, aber Polypropylen mit Langglasfasern wird zunehmend auch für technische Anwendungen eingesetzt. Das Polyvinylchlorid (PVC) findet man heute kaum mehr in Verpackungen, aber im Baubereich, z. B. als dauerbeständigen Rohrwerkstoff oder als Fensterprofil. Polystyrol wird ungeschäumt meist für Verpackungen von Milchprodukten eingesetzt, während expandiertes Polystyrol (EPS) im Bau der Wärmedämmung dient und dabei sehr viel zur Ressourcenschonung beiträgt (siehe auch Abschnitt 6.4.2).

Polyethylenterephtalat (PET) ist ein technischer Kunststoff, wurde aber dank seiner Permeationsbarriere gegenüber Wasserdampf, Kohlenstoffdioxid und Sauerstoff sehr bedeutend für Getränkeflaschen. Polyurethan (PUR) wird besonders im Bauwesen, aber auch in zahlreichen anderen Anwendungen des täglichen Gebrauchs eingesetzt.

Alle bedeutenden technischen Kunststoffe wie Acrylnitril-Butadienstyrol (ABS), Polyamid (PA), Polymethylmethacrylat (PMMA; z. B. „Plexiglas®“), Polytetrafluorethylen (PTFE; z. B. „Teflon®“) und Polycarbonat (PC; Hauptanwendung DVD und Blu-ray-disc) sind hier unter „Sonstige“ subsummiert. Sie sind mengenmäßig nicht so bedeutend, verfügen aber – wie oben bereits erwähnt – meist über einen höheren Wert. Technische Kunststoffe finden z. B. eher im Automobil oder in Elektro(nik)anwendungen sowie Medizin, Möbel und Sport Anwendung (siehe „Sonstige“ in Bild 1.7).

Auf den folgenden Seiten werden die aus Sicht des Autors wichtigsten Kunststoffe vorgestellt. Es werden der chemische Aufbau kurz dargestellt und wichtige Kennwerte genannt. Die Daten sind [2,10] entnommen. Umfassende Daten können der Campus-Datenbank (siehe Abschnitt 3.1.6 und QR-Code 3-2) entnommen werden.

Abkürzung	Name	Seite
Standardthermoplaste		
PE	Polyethylen	205
PP	Polypropylen	206
PVC	Polyvinylchlorid	210
PS	Polystyrol	212
SB/SBS	Styrol-Butadien-Styrol-Copolymer	214
SAN	Styrol-Acrylnitril-Copolymer	215
ABS	Acrylnitril-Butadien-Styrol-Copolymer	218
ASA	Acrylnitril-Styrol-Acrylat-Copolymer	219
Technische Thermoplaste		
PA	Polyamid	222
PBT	Polybutylenterephtalat	228
PET	Polyethylenterephtalat	229
PC	Polycarbonat	232
PMMA	Polymethylmethacrylat	234
POM	Polyoxymethylen	236
Hochleistungsthermoplaste		
PTFE	Polytetrafluorethylen	239
PEEK	Polyetheretherketon	240
PES, PSU	Polyethersulfon, Polysulfon	242
PPS	Polyphenylensulfid	244
Thermoplastische Biokunststoffe		
CA, CAB, CP	Cellulosederivate	246
PHA	Polyhydroxylalkanoate	248
PLA	Polylactid	249
Thermoplastische Elastomere und Elastomere		
TPE-U/TPU	Thermoplastisches Polyurethan	251
PUR	Polyurethan	252
EPDM	Ethylen-Propylen-(Dien)-Copolymer	207
Duromere		
EP	Epoxidharz	253
MF	Melaminformaldehydharz	255
PF	Phenol-Formaldehydharz / Phenolharz	256
UF	Ungesättigtes Formaldehydharz	257
UP	Ungesättigtes Polyesterharz	258

3.8 Polyethylen (PE)

teilkristalliner Standardthermoplast

Kurzbeschreibung

Polyethylen kann in verschiedenen Polymerisationsverfahren hergestellt werden, die zu einer weniger oder mehr verzweigten Kettenstruktur führen.

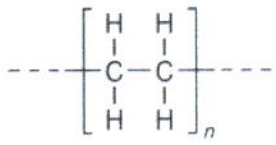

Verarbeitung

Polyethylene können in allen für Thermoplaste üblichen Verfahren verarbeitet werden. Alle Schweißverfahren, außer dem Hochfrequenzschweißen, sind ebenfalls einsetzbar. Kleben und Lackieren sind aufgrund der unpolaren Struktur nur nach Vorbehandlung der Oberflächen möglich.

Gebrauchseigenschaften

PE hat aufgrund der verschiedenen Herstellarten unterschiedliches Kristallisationsvermögen. Die mechanischen Eigenschaften steigen mit der Kristallinität. Low density Polyethylen (PE-LD) ist wenig steif und sehr dehnbar. Daher wird es selten als Konstruktionswerkstoff, meist als Folie verwendet.

High density Polyethylen (PE-HD) ist trotz des immer noch geringen Niveaus mechanischer Eigenschaften als Konstruktionswerkstoff zu nutzen. Es ist fest, steif und zäh genug, kriecharm und mittelmäßig wärmeformbeständig. Seine Gleit-Verschleiß-Eigenschaften und elektrischen Eigenschaften sind gut, seine Wasseraufnahme gering. Die chemischen Eigenschaften sind exzellent: Es ist beständig gegen Salzlösungen, Säuren, Laugen, Alkohole und Benzin. Unterhalb von 60 °C ist es in allen organischen Lösemitteln unlöslich, quillt aber in aliphatischen und aromatischen Kohlenwasserstoffen. Starke Oxidationsmittel, wie rauchende Schwefelsäure, konzentrierte Salpetersäure und Chromschwefelsäure, greifen Polyethylen an. Polyethylen ist unstabilisiert nicht UV-resistent und brennt wie Wachs.

Einsatzgebiete (Auswahl)

Konstruktionsbauteile: Spielzeug, medizinische Anwendungen, Gas- und Benzintanks, Chemikalienbehälter (aus Halbzeugen geschweißt), Reservekanister. Müllbehälter, Koffer, einfache Gartenbestuhlung, Haushaltsdosen und Flaschenkästen.

Andere Bauteile: Verpackungen, Verschlüsse, Rohrleitungen.

Handelsnamen (Auswahl)

Alathon, Dowlex, Eltex, Eraclene, Escorene, Finathene, Fortiflex, Formolene, Hostalen, Lacqtene, Lupolen, marlex, Microthene, NeoZex, Novapol, Perothene, Polisul, Rigidex, Sclair, Sholex, Samylan, Samylex, Sumikathene, Unipol, Vestolen.

Guter Rat

Polyethylen ist kostengünstig und vielseitig. Wenn die Anforderungen an die mechanischen Eigenschaften, insbesondere die bei höheren Temperaturen, nicht zu hoch sind (geringe Steifigkeit!), kann PE auch für komplexe Bauteile eingesetzt werden.

Eigenschaften von Polyethylen

siehe Seite 208

3.9 Polypropylen (PP)

teilkristalliner Standardthermoplast

Kurzbeschreibung

Polypropylen wird durch Polymerisation von Propylen hergestellt.

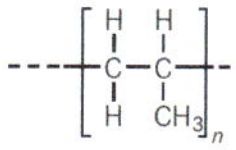

Verarbeitung

Alle für Thermoplaste üblichen Verarbeitungsverfahren sind möglich. Mittels Spritzgießen werden Formteile, mittels Extrusion Blasfolien, Flachfolien und mittels Extrusionsblasformen auch behälterartige Bauteile hergestellt. Glasmattenverstärkte PP-Päckchen werden im GMT-Verfahren verarbeitet. Alle Schweißverfahren, außer dem Hochfrequenzschweißen, sind einsetzbar.

Gebrauchseigenschaften

Polypropylen ist kratzfester als PE, hat eine höhere Festigkeit, Steifigkeit und Schmelztemperatur bei noch geringerer Dichte. Es ist zäh und schlagzäh (insbesondere als Copolymer PP-B). Bei tiefen Temperaturen wird das Homopolymer (PP-H) spröde.

Einsatzgebiete (Auswahl)

Konstruktionsbauteile: Pumpengehäuse, Filtergehäuse, Automobilanwendungen, Heckleuchtengehäuse, Sitzrahmen, Abdeckungen. Werkzeug-, Transport- und Stapelkästen, Gehäuse mit Filmscharnieren, Heißwasserbehälter, Luftleitsysteme im PKW, einfache Koffer für Werkzeuge (mit Filmscharnieren).

Andere Bauteile: Seifenspender, Massenartikel wie Trinkbecher und Lebensmittelverpackungen, Flaschen für kosmetische und medizinische Produkte, Surfbretter, Rohrleitungen, Profile, Platten, Kabelummantelungen, Verpackungsbänder.

Handelsnamen (Auswahl)

Accpro, Appryl, Bicor, Catolloy, Daplen, Eltex, Eperan, Escorene, Fromolene, Fortilene, Hicor, Higlas, Nepol, Novolen, Petrothene, Profax, Propilven, Rexene, Stamylan, Tatren, Tenite, Caltec, Vestolen P

Guter Rat

Polypropylen ist das „bessere" Polyethylen. Verstärkt mit Kurzglasfasern kann es bei nicht zu hohen Temperaturen sogar mit so manchem technischen Kunststoff konkurrieren. Langglasfaserverstärktes Polypropylen verfügt über viele Eigenschaften eines technischen Kunststoffs, kostet dann aber auch fast das Gleiche.

Eigenschaften von Polypropylen

siehe Seite 208

3.10 Ethylen-Propylen-(Dien)-Copolymere (EPDM)

thermoplastisches Elastomer

Kurzbeschreibung

EP(D)M sind ataktische Copolymere von Ethylen und Propylen. Aufgrund der Komplexität wird auf die Darstellung der Formel verzichtet.

Verarbeitung

Die für PP üblichen Verarbeitungsmethoden können auch für PP-EPDM-Blends eingesetzt werden, wobei das Spritzgießen überwiegt. Alle Schweißverfahren, außer dem Hochfrequenzschweißen, sind einsetzbar, allerdings ist die geringe Steifigkeit gelegentlich ein Hindernis.

Gebrauchseigenschaften

Sequentielle Copolymere (teilkristalline EPDM) sind „physikalisch" vernetzt. Diese Vernetzung basiert auf der stärkeren Bindung der weitmaschig kristallinen Teile der Polymerkette. Hierfür ist ein Ethylengehalt von mindestens 70 % nötig. Solche elastomerähnlichen EPDM sind thermoplastisch verarbeitbar, verlieren aber bei Überschreiten der Kristallitschmelzetemperatur ihre, wenn auch geringe, Festigkeit. Ein Blend von PP mit EPDM wird steif und hat eine relativ hohe Erweichungstemperatur. Je nach Mischungsanteil werden unterschiedlichste Eigenschaften erzeugt.

Einsatzgebiete (Auswahl)

Konstruktionsbauteile: Stoßfänger, Spoiler, Radkästen, Kofferraum-Verkleidungen, Konsolen, Lenkradverkleidungen, Schuh- und Sportanwendungen, Spielzeug

Handelsnamen (Auswahl)

EPDM: Esprene, Intolan

EPDM/PP: Dutral, Kelburon, Keltan, Larflex, Nordel, Norsorex, Santoprene, Vistalon

Guter Rat

EPDM ist selbst kein Konstruktionswerkstoff. Er wird vielmehr als PP-Blend oder als Weichkomponente im Zweikomponenten-Spritzgießen, meist mit der Hartkomponente PP, verwendet.

Eigenschaften von Polyethylen, Polypropylen und dessen Blends

Eigenschaft	Einheit	PE-LD	PE-HD	PP-H Homopolymer	PP-R Randompolymer	PP-B Blockcopolymer	PP-GF30 glasfaserverstärkt	PP + EPDM
Dichte	g/cm^3	0,915 – 0,92	0,94 – 0,96	0,90 – 0,915	0,895 – 0,90	0,895 – 0,905	1,21 – 1,14	0,89 – 0,92
E-Modul	MPa	200 – 400	600 – 1400	1300 – 1800	600 – 1200	800 – 1300	5200 – 6000	500 – 1200
Streckspannung	MPa	8 – 10	18 – 30	25 – 40	18 – 30	20 – 30	–	10 – 25
Streckdehnung	%	ca.20	8 – 12	8 – 18	10 – 18	10 – 20	–	10 – 35
Nominelle Bruchdehnung	%	> 50	> 50	> 50	> 50	> 50	–	> 50
Spannung bei 50 % Dehnung	MPa	–	–	–	–	–	–	–

Eigenschaft	Einheit	PE-LD	PE-HD	PP-H Homopolymer	PP-R Randompolymer	PP-B Blockcopolymer	PP-GF30 glasfaserverstärkt	PP + EPDM
Bruchspannung	MPa	–	–	–	–	–	40 - 45	–
Bruchdehnung	%	–	–	–	–	–	3 - 5	–
Schmelztemperatur	°C	105 - 118	126 - 135	162 - 168	135 - 155	160 - 168	162 - 168	160 - 168
Formbeständigkeitstemperatur HDT/A 1,8 MPa	°C	–	38 - 50	55 - 65	45 - 55	45 - 55	90 - 115	40 - 55
Therm. Ausdehnungskoeffizient, längs (23 - 55 °C)	10^{-5}/K	23 - 25	14 - 18	12 - 15	12 - 15	12 - 15	6	15 - 18
Therm. Ausdehnungskoeffizient, quer (23 - 55 °C)	10^{-5}/K	–	–	–	–	–	7	–
Brennbarkeit UL 94 bei 1,6 mm Dicke	Klasse	HB*	HB*	HB	HB	HB	HB	HB*
Dielektrizitätszahl bei 100 HZ	–	2,3	ca. 2,4	2,3	2,3	2,3	2,4 - 3	2,3
Dielektrischer Verlustfaktor bei 100 Hz	$\cdot 10^{-4}$	2 - 2,4	1 - 2	2,5	2,5	2,5	10 - 15	2,5
Spez. Durchgangswiderstand	$\Omega \cdot m$	$> 10^{15}$	$> 10^{15}$	$> 10^{14}$	$> 10^{14}$	$> 10^{14}$	$> 10^{13}$	$> 10^{14}$
Spez. Oberflächenwiderstand	Ω	$> 10^{13}$	$> 10^{13}$	$> 10^{13}$	$> 10^{13}$	$> 10^{13}$	$> 10^{13}$	$> 10^{13}$
Elektrische Durchschlagsfestigkeit	kV/mm	30 - 40	30 - 40	35 - 40	35 - 40	35 - 40	45	35 - 40

Eigenschaft	Einheit	PE-LD	PE-HD	PP-H Homopolymer	PP-R Randompolymer	PP-B Blockcopolymer	PP-GF30 glasfaserverstärkt	PP + EPDM
Vergleichszahl der Kriechwegbildung CTI/A		600	600	600	600	600	600	600
Wasseraufnahme bei 23 °C, Sättigung	%	< 0,05	< 0,05	< 0,2	< 0,2	< 0,2	< 0,2	< 0,2
Feuchteaufnahme bei 23 °C/50 % r. F., Sättigung	%	< 0,05	< 0,05	< 0,1	< 0,1	< 0,1	< 0,1	< 0,1

■ 3.11 Polyvinylchlorid (PVC)

amorpher Standardthermoplast

Kurzbeschreibung

Polyvinylchlorid wird durch Emulsions-, Suspensions- und Massepolymerisation des Monomeren hergestellt.

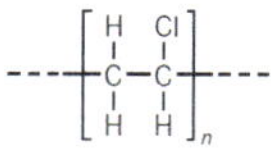

Harte Formmassen ohne Weichmacher werden PVC-U (unplasticized) oder Hart-PVC genannt, weiche Formmassen mit Weichmacher heißen PVC-P (plasticized) oder Weich-PVC.

Verarbeitung

Die wichtigsten Verarbeitungsverfahren sind Extrudieren, Kalandrieren von Folien und Tafeln sowie Pressen von Platten. Gelegentlich ist Spritzgießen, noch seltener das Blasformen üblich. Hart-PVC ist schwieriger zu verarbeiten als Weich-PVC (die Schmelze ist niedrigviskos). Beide Produkte sind mit allen üblichen Verfahren schweißbar. Auch Kaltschweißen mit Lösungsmitteln ist sehr gut möglich.

Gebrauchseigenschaften

PVC ist in einer großen Eigenschaftsbreite erhältlich. Hart-PVC ist fest, steif, hart und zäh, hat exzellente Witterungsstabilität, gute elektrische Eigenschaften, Feuchte- und Chemikalienresistenz. Die Flamme ist selbstverlöschend. Es hat schlechte Gleit-Verschleiß-Eigenschaften, niedrige Schlagzähigkeit bei tiefen Temperaturen und eine niedrige Dauergebrauchstemperatur.

Die hohe Steifigkeit und geringe Dehnfähigkeit von Hart-PVC kann mit Hilfe von Weichmachern weit variiert werden. Weich-PVC ist transparent, weniger hitze- und witterungsresistent als Hart-PVC; seine Chemikalienresistenz ist temperaturabhängig.

Einsatzgebiete (Auswahl)

Konstruktionsbauteile aus Hart-PVC: Fittings, Spielzeuge, Sportanwendungen, elektrische Anwendungen in Haushaltsgeräten und Fernsehern. Aus Weich PVC: Intravenöse Medizinanwendungen (insbesondere Schläuche), Kfz-Arm- und Kopfstützen. Schutzkappen, an Leitungen gespritzte Elektrostecker.

Andere Bauteile aus Hart-PVC: Rohre, Fensterprofile, Möbel- und Bauprofile, Tafeln und Flachfolien, Kreditkarten. Aus Weich-PVC: Regenumhänge, Duschvorhänge, Dichtungsringe, Haftsauger, Fahrrad- und Motorradhandgriffe, „Gummi“stiefel, Schuhsohlen.

Handelsnamen (Auswahl)

Benvic, Corvic, Dorlyl, Etinox, Evipol, Fiberloc, Geon, Norvinyl, Oltvil, Ongrovil, Pevikon, Rosevil, Solvin, Vestolit, Voclon, Vinnolit, Vynaloy

Guter Rat

Die Probleme, die es im Zusammenhang mit der „kalten“ Müllverbrennung von PVC gab, sind gelöst und sind kritische Weichmacher in Europa in sensiblen Anwendungen verboten. Für Gehäuse, flächige und technische Formteile wird er dennoch kaum eingesetzt, sondern vielmehr im Baubereich z. B. für Fensterrahmen, Bodenbeläge und Abwasserrohre.

Eigenschaften von Polyvinylchlorid

Eigenschaft	Einheit	PVC-U	PVC-P mit DOP	
			75/25	60/40
Dichte	g/cm³	1,38 - 1,4	1,24 - 1,28	1,15 - 1,20
E-Modul	MPa	2700 - 3000	-	-
Streckspannung	MPa	50 - 60	-	-
Streckdehnung	%	4 - 6	-	-
Nominelle Bruchdehnung	%	10 - 50	> 50	> 50

Eigenschaft	Einheit	PVC-U	PVC-P mit DOP	
			75/25	60/40
Spannung bei 50 % Dehnung	MPa	-	-	-
Bruchspannung	MPa	-	-	-
Bruchdehnung	%	-	-	-
Schmelztemperatur	°C	-	-	-
Formbeständigkeitstemperatur HDT/A 1,8MPa	°C	65 - 75	-	-
Therm. Ausdehnungskoeffizient, längs (23 - 55 °C)	10^{-5}/K	7 - 8	18 - 22	23 - 25
Therm. Ausdehnungskoeffizient, quer (23 - 55 °C)	10^{-5}/K		-	-
Brennbarkeit UL 94 bei 1,6 mm Dicke	Klasse	V-0	-	-
Dielektrizitätszahl bei 100 Hz	-	3,5	4 - 5	6 - 7
Dielektrischer Verlustfaktor bei 100 Hz	$\cdot 10^{-4}$	110 - 140	0,05 - 0,07	0,08 - 0,1
Spezifischer Durchgangswiderstand	$\Omega \cdot m$	$> 10^{13}$	10^{12}	10^{11}
Spezifischer Oberflächenwiderstand	Ω	10^{14}	10^{11}	10^{10}
Elektrische Durchschlagfestigkeit	kV/mm	20 - 40	30 - 35	ca. 25
Vergleichszahl der Kriechwegbildung CTI/A		600	-	-
Wasseraufnahme bei 23 °C, Sättigung	%	0,1	-	-
Feuchteaufnahme bei 23 °C/50 % r. F., Sättigung	%	0,01	-	-

3.12 Polystyrol (PS)

amorpher Standardthermoplast

Kurzbeschreibung

Polystyrol wird mittels Suspensions-, Perl- oder Masse-Polymerisation aus Styrol hergestellt. Für High-Impact-Polystyrol (HI-PS) wird Butadienkautschuk zur Steigerung der Schlagzähigkeit pfropf-copolymerisiert. PS ist auch Ausgangsstoff für PS-Schaumstoffe (EPS), wie Styropor® (Handelsname der BASF).

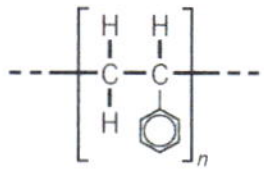

Verarbeitung

PS wird – wie alle Styrol-Polymerisate – zum überwiegenden Teil im Spritzguss, jedoch auch in Extrusion (Folien) verarbeitet. Die Folien werden oft thermogeformt. Alle wesentlichen Schweißverfahren ebenso wie „Kaltschweißen" (Lösemittelkleben) sind anwendbar.

Gebrauchseigenschaften

Polystyrol ist steif und hart, aber ohne Modifizierung spröde. Vorteile sind die hohe Dimensionsstabilität, eine niedrige Wasseraufnahme, die glänzende Oberfläche, die hohe Transparenz und die guten elektrischen Eigenschaften. Es ist unempfindlich gegen Feuchte, gegen Salzlösungen, Laugen und nichtoxidierende Säuren. In Estern, Ketonen, aromatischen und chlorierten Kohlenwasserstoffen ist PS löslich, Benzin, etherische Öle und Aromastoffe wirken zudem spannungsrissauslösend. Die Verarbeitung hat großen Einfluss auf die Spannungsrissempfindlichkeit. Polystyrol brennt unmodifiziert von selbst weiter und die Gleit-Verschleiß-Eigenschaften sind gering. Es ist ohne Ruß nicht UV-beständig, d. h. nach Bewitterung verändern sich neben der Farbe auch die mechanischen Eigenschaften. Es ist erhältlich in wärmebeständigerer, UV-beständiger und flammwidriger Modifikation. High-impact (HI)-PS ist weniger steif, fest und hart, dafür allerdings weit schlagzäher und weniger empfindlich gegen Spannungsrissbildung. Die Modifizierung macht HI-PS opak.

Einsatzgebiete (Auswahl)

Konstruktionsbauteile: einfache Spielzeug-Modellbausätze, „Überraschungsei"-Spielzeuge, kurzlebige Spielzeuge aus Fernost.

Andere Bauteile: einfache Spiegel- und Bildrahmen. Haushaltswaren wie Behälter für Kosmetika, Blumentöpfe, Fläschchen, Kämme, Einweggeschirr. Einwegverpackungen für Lebensmittel (z. B. Joghurtbecher).

Handelsnamen (Auswahl)

Polystyrol (BASF, der Erfinder dieses Kunststoffes, durfte die chemische Bezeichnung als Handelsnamen verwenden. Das Produkt ist an das Joint Venture Styrolution übertragen worden.), Dylene, Edistir, Esbrite, Extir, Kanelite, Kardel, Krasten, Polidux, Polyrex, Pyro-Chek, Styron, Vestyron.

Guter Rat

Polystyrol ist der wichtigste und wohl kostengünstigste Werkstoff für einfache Konsumgüter, die in Massen hergestellt werden. Diese haben meist flächige, gehäuseartige oder behälterartige Gestalt.

Eigenschaften von Styrol-Polymerisaten

siehe Seite 217

3.13 Styrol-Butadien-Styrol-Copolymere (SBS)

amorpher Standardthermoplast

Kurzbeschreibung

Styrol-Butadien-Styrol-Copolymere entstehen durch Copolymerisation von Styrol und Butadien in Form zusammenhängender Blöcke. Die Phasen von Polystyrol und Polybutadien, die sich getrennt zusammenschließen, bilden eine Lamellenstruktur. In ihren Dimensionen sind diese Phasen so klein und zugleich so systematisch geordnet, dass das Licht ohne merkliche Streuung hindurchtreten kann.

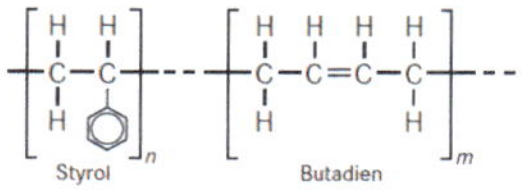

Verarbeitung

SBS wird wie alle Styrol-Polymerisate zum überwiegenden Teil im Spritzguss, jedoch auch in Extrusion (Platten) und Thermoformen verarbeitet. Alle wesentlichen Schweißverfahren sind anwendbar. Auch „Kaltschweißen“ (Lösemittelkleben), dekorieren und bedrucken ist gut möglich. Durch Mischbarkeit mit Polystyrol auf der Spritzgießmaschine lassen sich Zähigkeit und Steifigkeit „einstellen“.

Gebrauchseigenschaften

Styrol-Butadien-Styrol-Copolymere sind im Vergleich zu Polystyrol etwas weniger hart und steif, hingegen schlagzäher, auch in der Kälte. Sie sind opak und nur deckend einfärbbar, wegen des Butadiens wenig witterungsbeständig, aber auch weniger spannungsrissanfällig. Die Wasseraufnahme ist höher als bei PS.

Einsatzgebiete (Auswahl)

Konstruktionsbauteile: Spielwaren, Medizintechnik, Sanitär, Kosmetik und Büroausstattung.

Andere Bauteile: Thermogeformte, formstabile Lebensmittelverpackungen: Trinkbecher, Salat- und Feinkostschalen.

Handelsnamen (Auswahl)

Diarex, Dokipel, K-Resin, Rhodopas, Styrolux

Guter Rat

SBS ist gegenüber Polystyrol weit zäher und damit auch weniger anfällig gegen Spannungsrisse.

Eigenschaften von Styrol-Polymerisaten

siehe Seite 217

3.14 Styrol-Acrylnitril-Copolymere (SAN)

amorpher Standardthermoplast

Kurzbeschreibung

SAN entsteht durch Copolymerisation von Styrol mit Acrylnitril.

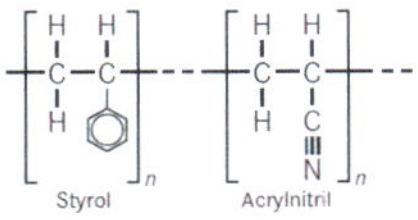

Verarbeitung

SAN wird wie alle Styrol-Polymerisate zum überwiegenden Teil im Spritzguss, jedoch auch in Extrusion (Folien) verarbeitet. Heizelement- und Rotationsreibschweißen sind möglich, weniger jedoch das Ultraschall- und Hochfrequenzschweißen.

Gebrauchseigenschaften

In diesem Copolymeren bewirkt das Acrylnitril neben der höheren Chemikalienbeständigkeit eine höhere Festigkeit, Härte, Zähigkeit und Steifigkeit. SAN ist hierdurch chemisch weit beständiger als Polystyrol. Gesättigte Kohlenwasserstoffe, aromatenarme Vergaserkraftstoffe und Mineralöle, pflanzliche und tierische Fette und Öle, Wasser, wässrige Salzlösungen, verdünnte Säuren und Laugen können SAN nichts anhaben. Es ist darüber hinaus im Vergleich zu PS höher beständig gegen Spannungsrissbildung und im Vergleich zu ABS gegen UV-Strahlung. Die elektrischen Eigenschaften sind schlechter, die Wasseraufnahme etwas höher als die des PS. Der uneingefärbte Werkstoff ist transparent.

Einsatzgebiete (Auswahl)

Konstruktionsbauteile: Medizinprodukte (Verteiler und Verzweiger für Schlauchsysteme, Tropfkammern), Abdeckungen, Zählwerke, Sichtscheiben, Wasserzähler, Gehäuse, Kugelschreiberhülsen, Zigarettenanzünder und Blenden, Deckenventilatorenflügel, Duschköpfe, Isolierkannengehäuse, Aufbewahrungsdosen, Badezimmergarnituren, Zahnbürsten, Skalen, Batteriegehäuse, Wickelkerne, Schreib- und Zeichengeräte

Andere Bauteile: Verpackungen für Lebensmittel und Kosmetika; Geschirr, Bestecke, Kaffeefilter, Dosen.

Handelsnamen (Auswahl)

Adrylux, Cebian, Geloy, Kibisan, Kostil, Luran, Lustran, Restil, Tyril, Toyolac

Guter Rat

SAN ist das chemikalienresistente Polystyrol. Es wird somit meist für höher beanspruchte Gehäuseteile und auch flächige Teile eingesetzt. Es besticht durch seine außerordentliche Transparenz bzw. Farbbrillanz bei hoher Chemikalienbeständigkeit, ist aber auch etwas teurer als Polystyrol.

Eigenschaften von Styrol-Polymerisaten und Styrol-Acrylnitril-Copolymerisaten

Eigenschaft	Einheit	PS (PS-R)	SBS schlagzäh	SBS-HI hoch schlagzäh	SAN	SAN-GF35
Dichte	g/cm^3	1,04 - 1,05	1,03 - 1,05	1,03 - 1,04	1,07 - 1,08	1,35 - 1,36
E-Modul	MPa	3100 - 3300	2000 - 2800	1400 - 2100	3500 - 3900	10 000 - 12 000
Streckspannung	MPa	-	25 - 45	15 - 30	-	-
Streckdehnung	%	1,5	1,1 - 2,5	1,5 - 3	-	-
Nominelle Bruchdehnung	%	-	10 - 45	40 - > 50	-	-
Spannung bei 50 % Dehnung	MPa	-	-	-	-	-
Bruchspannung	MPa	30 - 55	-	-	65 - 85	110 - 120
Bruchdehnung	%	1,5 - 3	-	-	2,5 - 5	2 - 3
Schmelztemperatur	°C	-	-	-	-	-
Formbeständigkeitstemperatur HDT/A 1,8 MPa	°C	65 - 85	72 - 87	60 - 80	95 - 100	100 - 105
Therm. Ausdehnungskoeffizient, längs	$10^{-5}/K$	6 - 8	8 - 10	8 - 11	7 - 8	2,5 - 3
Therm. Ausdehnungskoeffizient, quer	$10^{-5}/K$	-	-	-		2
Brennbarkeit UL 94 bei 1,6 mm Dicke	Klasse	HB*	HB*	HB*	HB*	HB*
Dielektrizitätszahl bei 100 Hz		2,4 - 2,5	2,4 - 2,6	2,4 - 2,6	2,8 - 3	3,5
Dielektr. Verlustfaktor bei 100 Hz	$\cdot 10^{-4}$	12	1 - 3	1 - 3	40 - 50	70 - 80
Spez. Durchgangswiderstand	$\Omega \cdot m$	$> 10^{14}$	$> 10^{14}$	$> 10^{14}$	10^{14}	10^{14}
Spez. Oberflächenwiderstand	$\Omega \cdot$	$> 10^{14}$	$> 10^{13}$	$> 10^{13}$	10^{14}	10^{14}
Elektrische Durchschlagfestigkeit	kV/mm	55 - 65	456 - 5	45 - 65	30	40
Vergleichszahl der Kriechwegbildung CTI/A		350 - 500	350 - 550	350 - 550	400 - 550	600
Wasseraufnahme bei 23 °C, Sättigung	%	< 0,1	< 0,2	< 0,2	0,2 - 0,4	0,2 - 0,3
Feuchteaufnahme bei 23 °C/50 % r. F., Sättigung	%	< 0,1	< 0,1	< 0,1	0,1 - 0,2	0,1

3.15 Acrylnitril-Butadien-Styrol-Copolymere (ABS)

amorpher technischer Thermoplast

Kurzbeschreibung

ABS entsteht durch Pfropfpolymerisation von Styrol und Acrylnitril auf Butadienlatex. Dies wird mit Styrol-copolymerisiertem Acrylnitril (SAN) gemischt, coaguliert und getrocknet.

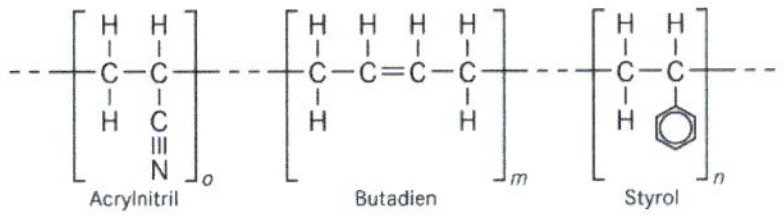

Verarbeitung

ABS wird wie alle Styrol-Polymerisate zum überwiegenden Teil im Spritzguss, jedoch auch in Extrusion (Tafeln und Folien für das Tiefziehen) verarbeitet. Auch Extrusionsblasformen einiger Typen ist möglich. Es eignet sich nach Vorbehandlung hervorragend zum Galvanisieren, Lackieren und Bedrucken. Warmgas-, Heizelement-, Rotationsreibschweißen sowie Ultraschall- und Hochfrequenzschweißen sind möglich.

Gebrauchseigenschaften

ABS ist der wohl meist genutzte technische Thermoplast. Durch Acrylnitril wird höhere Festigkeit, Zähigkeit und Steifigkeit, Beständigkeit gegen Öle und Fette sowie Temperaturbeständigkeit im Vergleich zu den Standardkunststoffen auf Styrolbasis (PS, SAN, SBS) erreicht. ABS ist schwer entflammbar, zeigt mittlere Temperaturbeständigkeit und chemische Resistenz. Allerdings ist ABS löslich in Estern, Ketonen und einigen Chlorkohlenwasserstoffen. Die Beständigkeit gegen Witterungseinflüsse und Alterung (Veränderung mechanischer Eigenschaften und der Farbe) ist bei ABS weit geringer als bei ASA. Aufgrund der höheren Wasseraufnahme werden die elektrischen Eigenschaften und die Dimensionsstabilität etwas reduziert. Der nicht eingefärbte Werkstoff ist aufgrund des zugeblendeten SAN milchig.

Einsatzgebiete (Auswahl)

Konstruktionsbauteile: Gehäuse für Telefone, Staubsauger, Küchengeräte, Kopfhörer, Rasierapparate, Haartrockenhauben, Transportbehälter, Sicherheitshelme, Spielzeug, Kfz-Frontleuchtengehäuse, Sicherheitsgurt-Schlossgehäuse, Außenspiegel, Radblenden, Spoiler, Lautsprecherabdeckungen, Schlauchkupplungen, Beregner, Rasentrimmer.

Andere Bauteile: Bedienungsknöpfe, Tür- und Koffergriffe, Kofferschalen, Sportanwendungen, Portionsteller, Brillengestelle, Modelleisenbahnen, Spielzeugfiguren, Musikinstrumente, Locher, Klebebandroller, Hefter, Kugelschreiberhülsen.

Handelsnamen (Auswahl)

Blendex, Cycolac, Diarex, Kane Ace, Lastiflex, Novodur, Polylac, Sternite, Stylac, Terluran, Urtal (u. v. a. m.)

Guter Rat

ABS ist sehr geeignet für flächige und gehäuseartige Bauteile, welche höheren optischen Anforderungen genügen müssen. Eigentlich gehört ABS aufgrund seiner mechanischen Eigenschaften, auch bei höheren Temperaturen, zu den technischen Kunststoffen. Aufgrund der hohen Anbieterzahl und Weltmarktkapazitäten ist es allerdings nun recht kostengünstig und wird zu den Standardthermoplasten gezählt. Werden UV-Beständigkeit und Langzeit-Farbkonstanz gefordert, ist ASA vorzuziehen.

Eigenschaften von Acrylnitril-Styrol-Copolymerisaten und deren Blends

siehe Seite 220

3.16 Acrylnitril-Styrol-Acrylester-Copolymere (ASA)

amorpher technischer Thermoplast

Kurzbeschreibung

ASA entsteht durch Copolymerisation von Styrol mit Acrylnitril (SAN) unter Beifügung einer gepfropften Elastomerkomponente auf Acrylesterbasis.

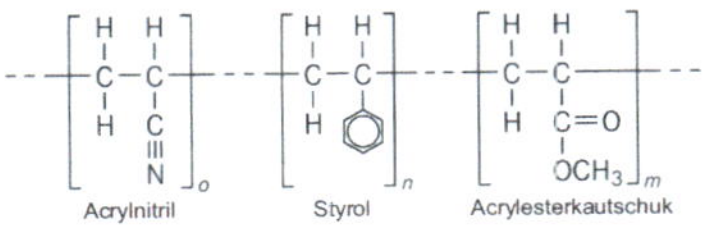

Verarbeitung

ASA wird wie alle Styrol-Polymerisate zum überwiegenden Teil im Spritzguss, jedoch auch in Extrusion (Folien) verarbeitet. Heizelement- und Rotationsreibschweißen sind möglich, weniger jedoch das Ultraschall- und Hochfrequenzschweißen.

Gebrauchseigenschaften

Acrylnitril bewirkt eine höhere Festigkeit, Zähigkeit und Steifigkeit, Beständigkeit gegen Öle und Fette sowie Temperaturbeständigkeit im Vergleich zu den Standardkunststoffen auf Styrolbasis (PS, SAN, SBS). Die Beständigkeit gegen Witterungseinflüsse, Alterung und Vergilben ist bei ASA weit besser als z.B. bei ABS. Aufgrund der etwas höheren Wasseraufnahme reduzieren sich die elektrischen Eigenschaften und die Dimensionsstabilität etwas. Der nicht eingefärbte Werkstoff ist milchig trüb. Es werden zudem glasfaserverstärkte Typen angeboten.

Einsatzgebiete (Auswahl)

Konstruktionsbauteile: PKW-Karosserieaußenanwendungen (Spiegel, Kühlergitter, Fensterdreiecke, Lufteinlassgitter, Lampengehäuse), Toilettenspülungstasten, Warnleuchten, Gehäuse von Verkaufsautomaten, Gartenmöbel, Wasserschlauchstecksysteme, Boote, Waschmaschinenblenden, Mundduschengehäuse, Nähmaschinen, Küchenmaschinen, Mikrowellenherde.

Andere Bauteile: Außenanwendungen im Bauwesen, Brief- und Blumenkästen, Verkehrs- und Hinweisschilder, Koffer, Motorrad-Abdeckungen, Fensterrahmenoberflächen, Parabolspiegelabdeckungen, Mobilfunkantennen, Kabelanschlussgehäuse, Gehäuse für Bereichsweichen oder Verstärkerteile, Kühlschrankgriffe.

Handelsnamen (Auswahl)

Centrex, Geloy, Luran S

Guter Rat

ASA ist das ABS für die Außenanwendung. Es ist gut geeignet für flächige und gehäuseartige Bauteile, die oft der Sonne und/oder der Wärme ausgesetzt sind. Auch bei Wunsch nach hoher Farbkonstanz über Jahre ist ASA sehr geeignet.

Eigenschaften von Acrylnitril-Styrol-Copolymerisaten und deren Blends

Eigenschaft	Einheit	ABS	ABS-HI schlagzäher	ABS-GF 20 glasfaserverstärkt	ABS+PA**	ASA	ASA+PC
Dichte	g/cm³	1,03 - 1,07	1,03 - 1,07	1,18 - 1,19	1,07 - 1,09	1,07	1,15
E-Modul	MPa	2200 - 3000	1900 - 2500	6000	1200 - 1300	2300 - 2900	2300 - 2600
Streckspannung	MPa	45 - 65	30 - 45	-	30 - 32	40 - 55	53 - 63
Streckdehnung	%	2,5 - 3	2,5 - 3,5	-		3,1 - 4,3	4,6 - 5
Nominelle Bruchdehnung	%	15 - 20	20 - 30	-	> 50	10 - 30	> 50

Eigenschaft	Einheit	ABS	ABS-HI schlagzäher	ABS-GF 20 glasfaserverstärkt	ABS+PA**	ASA	ASA+PC
Spannung bei 50% Dehnung	MPa	–	–	–		–	–
Bruchspannung	MPa	–	–	65 - 80		–	–
Bruchdehnung	%	–	–	2		–	–
Schmelztemperatur	°C	–	–	–		–	–
Formbeständigkeitstemperatur HDT/A 1,8 MPa	°C	95 - 105	90 - 100	100 - 110	75 - 80	95 - 105	105 - 115
Therm. Ausdehnungskoeffizient, längs (23 - 55 °C)	10^{-5}/K	8,5 - 10	8 - 11	3 - 5	9	9,5	7 - 9
Therm. Ausdehnungskoeffizient, quer (23 - 55 °C)	10^{-5}/K	–	–			–	
Brennbarkeit UL 94 bei 1,6 mm Dicke	Klasse	HB*	HB*	HB*	HB	HB*	HB*
Dielektrizitätszahl bei 100 Hz	–	2,8 - 3,1	2,8 - 3,1	2,9 - 3,6		3,4 - 4	3 - 3,5
Dielektrischer Verlustfaktor bei 100 Hz	$\cdot 10^{-4}$	90 - 160	90 - 160	50 - 90		90 - 100	20 - 160
Spezifischer Durchgangswiderstand	$\Omega \cdot m$	10^{12} - 10^{13}	10^{12} - 10^{13}	10^{12} - 10^{13}	$2 \cdot 10^{12}$	10^{12} - 10^{14}	10^{11} - 10^{13}
Spezifischer Oberflächenwiderstand	Ω	> 10^{13}	> 10^{13}	> 10^{13}	$3 \cdot 10^{14}$	> 10^{13}	10^{13} - 10^{14}

Eigenschaft	Einheit	ABS	ABS-HI schlagzäher	ABS-GF 20 glasfaserverstärkt	ABS+PA**	ASA	ASA+PC
Elektrische Durchschlagfestigkeit	kV/mm	30 - 40	30 - 40	35 - 45	30		
Vergleichszahl der Kriechwegbildung CTI/A		550 - 600	550 - 600	600		600	200 - 225
Wasseraufnahme bei 23 °C, Sättigung	%	0,8 - 1,6	0,8 - 1,6	0,6		1,65	1
Feuchteaufnahme bei 23 °C/50 % r. F., Sättigung	%	0,3 - 0,5	0,3 - 0,5	0,3	1,3 - 1,4	0,35	0,3

* Auch als V-2 bis V-0 verfügbar **konditioniert

3.17 Polyamid (PA)

teilkristalliner technischer Thermoplast

Kurzbeschreibung

Polyamide werden z. B. durch Polykondensation von Dicarbonsäuren mit Diaminen oder durch Polykondensation von ω-Aminosäuren hergestellt. Man unterscheidet zwei Gruppen: Werden die Molekülketten aus *einem* Grundbaustein aufgebaut, erhält man PA6, PA11 oder PA12 (Zahl weist auf die Anzahl der Kohlenstoffatome der Wiederholungseinheiten hin). Bestehen die Ketten aus zwei verschiedenen Grundbausteinen, erhält man PA66, PA69 oder PA610 (erste Zahl = Anzahl der Kohlenstoffatome des ersten Grundbausteins, zweite Zahl = Anzahl der Kohlenstoffatome des zweiten Grundbausteins). Es gibt amorphe Sonder-Polyamide und das teilaromatische Polyamid PPA, welches die Polyamid-Charakteristika mit der Temperaturbeständigkeit eines Polyphenylensulfids (PPS) vereint.

Die Amidgruppe (C=C-N-H) ist charakteristisch für Polyamide.

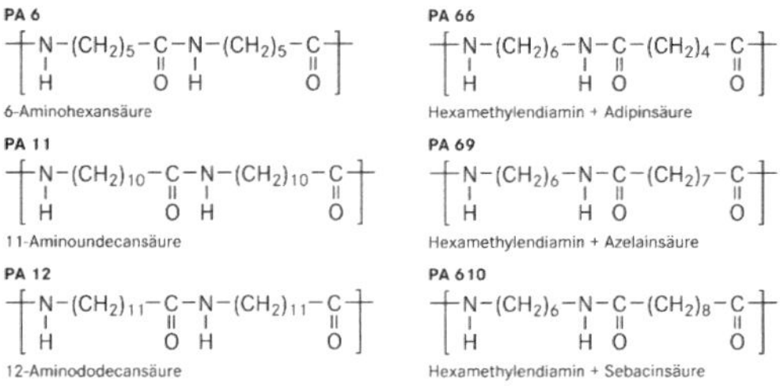

Verarbeitung

Polyamide lassen sich mit allen für Thermoplaste üblichen Verfahren verarbeiten. Sie bilden eine sehr dünnflüssige Schmelze. Daher sind für das Extrudieren, Thermoformen oder Blasformen, bei denen eine höhere Schmelzesteifigkeit gebraucht wird, besondere Maßnahmen oder der Einsatz von Spezialtypen erforderlich. Eine hohe Verarbeitungsschwindung (ca. 3 %) vergrößert das Risiko der Lunkerbildung in dickwandigen Bauteilen. Schweißen ist grundsätzlich sehr gut möglich, jedoch ist das Heizelementschweißen aufgrund der geringen Schmelzesteifigkeit nur eingeschränkt zu verwenden.

Gebrauchseigenschaften

Die einzelnen PA-Typen unterscheiden sich eher wenig in ihren Eigenschaften. Sie sind im Allgemeinen fest, hart, steif und zeigen hohe Wärmeformbeständigkeit. Sie zeigen alle ein hervorragendes Gleit-Reib-Verhalten (auch Trockenlauf) aufgrund des geringen Abriebs und des niedrigen Reibkoeffizienten. Hinzu kommen gute elektrische Eigenschaften und hervorragende chemische Resistenz gegen Lösemittel, Öle, Fette, Kraftstoffe, schwache alkalische Lösungen, kochendes Wasser und Ketone. PA ist unbeständig gegen starke alkalische Lösungen und starke Säuren. Aufgrund starker Wasseraufnahme werden die mechanischen Eigenschaften Dehnfähigkeit und Zähigkeit zwar erhöht, allerdings auf Kosten von Festigkeit und Steifigkeit. Die Dimensionsstabilität ist durch die Wasseraufnahme gering.

Einsatzgebiete (Auswahl)

PA6: Spulenkörper, Formteile mit langen Fließwegen, Zahnräder, Ritzel, Schrauben, Muttern, Lager, Dichtungen, Kupplungsteile, Führungsteile, Pumpenteile, Armaturen, Gehäuse, Kfz-Schlossteile, Vergaserteile, Kurbeln, Ventilatoren, Blitzlichtgeräte, Reflektoren, Türstopper, Griffelemente.

PA66: Bevorzugt für mechanisch und thermisch beanspruchte Bauteile, wie Spulenkörper, Kugellagerkäfige, Spannrollen, Gleitlager, Zahnräder, Führungs- und Kupplungsbauteile, Bohrmaschinengehäuse, Leitungsschutzschalter, Kabelschleppketten, Kfz-Ölwanne, Zylindergehäuse, Pedalmodule, Sauganlagen.

PA69, PA610 und PA612 (geringere Wasseraufnahme als PA6 und PA66): Technische Formteile mit höherem Anspruch an Maßhaltigkeit bei Feuchteeinwirkung, z. B. Präzisionsteile in der Feinmechanik.

PA11 und PA12 (sehr geringe Wasseraufnahme, gute Schlagzähigkeit): Wasserarmaturen, Unterwasserlager, Dichtungen, Gehäuse, Ventilatoren, Isolierteile, Teile für Pumpen und Haushaltsgeräte, Zahnräder, Gleitstücke, Führungen, Skischuhe.

PA/ABS-Blends: Kfz-Interieur, Kfz-Grill und -Außenspiegel, Motorradverkleidungen, designgeprägte Haushaltsgeräte.

Handelsnamen (Auswahl)

- PA6 und PA66: Akulon, Capron, Durethan, Grilon, Technyl, Ultramid, Zytel
- PA11 und PA12: Rilsan, Grilamid, Vestamid
- PA46: Stanyl
- PPA: Amodel ASS
- PA/ABS-Blend: Terblend N (s. a. Tabelle ABS, siehe Abschnitt 3.16)

Guter Rat

Polyamid ist der von Konstrukteuren technischer Teile wohl am meisten eingesetzte teilkristalline technische Thermoplast. Die Verbindung von hoher Schlagzähigkeit mit Festigkeit (bei entsprechender Konditionierung) lässt PA (meist mit Glasfasern) den Werkstoff der Wahl für anspruchsvolle technische Bauteile mit komplexer Gestalt sein, sofern die geringere Dimensionsstabilität nicht stört. Eine höhere Dimensionsstabilität bei geringerer Schlagzähigkeit bietet PBT. PA/ABS-Blend bietet PA-Eigenschaften mit hoher Abformgenauigkeit von Oberflächenstrukturen und niedriger Wasseraufnahme.

Eigenschaften aliphatischer, gefüllter und modifizierter Polyamide

Eigenschaft	Einheit	PA6		PA66		PA610		PA46		PA6GF30		PA66GF30		PA6HI-schlagzäh modifiziert		PA66HI-schlagzäh modifiziert	
		trocken	kond.*	trocken	kond.*	trocken	kond.*	trocken	kond.*	trocken	kond.*	trocken	kond.*	trocken	kond.*	trocken	kond.*
Dichte	g/cm³	1,12 - 1,14		1,13 - 1,15		1,06 - 1,09		1,18		1,35 - 1,37		1,36		1,01 - 1,13		1,04 - 1,13	
E-Modul	MPa	2600 - 3200	750 - 1500	2700 - 3300	1300 - 2000	2000 - 2400	1300 - 1600	3300	1000	9000 - 10800	5600 - 8200	9100 - 10000	6500 - 7500	1100 - 2800	450 - 1200	1800 - 3000	900 - 2000
Streckspannung	MPa	70 - 90	30 - 60	75 - 100	50 - 70	60 - 70	45 - 50	100	55	-	-	-	-	25 - 80	20 - 45	50 - 80	40 - 55
Streckdehnung	%	4 - 5	20 - 30	4,5 - 5	15 - 25	4	15			-	-	-	-	4 - 5	15 - 30	5 - 7	15 - 30
Nominelle Bruchdehnung	%	20 - > 50	> 50	10 - 40	> 50	30 - > 50	> 50			-	-	-	-	> 50	> 50	20 - > 50	> 50
Spannung bei 50% Dehnung	MPa	-	-	-	-	-	-			-	-	-	-	-	-	-	-
Bruchspannung	MPa	-	-	-	-	-	-			170 - 200	100 - 135	175 - 190	115 - 140	-	-	-	-
Bruchdehnung	%	-	-	-	-	-	-			3 - 3,5	4,5 - 6	2,5 - 3	3,5 - 5	-	-	-	-
Schmelztemperatur	°C	220 - 225		255 - 260		210 - 220		295		220 - 225		255 - 260		220		255	
Formbeständigkeitstemperatur HDT/A 1,8 MPa	°C	55 - 80		70 - 100		60		160		190 - 215		235 - 250		45 - 70		60 - 75	

Eigenschaft	Einheit	PA6		PA66		PA610		PA46		PA6GF30		PA66GF30		PA6HI-schlagzäh modifiziert		PA66HI-schlagzäh modifiziert	
		trocken	kond.*	trocken	kond.*	trocken	kond.*	trocken	kond.*	trocken	kond.*	trocken	kond.*	trocken	kond.*	trocken	kond.*
Therm. Ausdehnungskoeffizient, längs (23 - 55 °C)	10^{-5} /K	7–10		7–10		8 - 10		0,8		2 - 3		2 - 3		8,5 - 15		7 - 8,5	
Therm. Ausdehnungskoeffizient, quer (23 - 55 °C)	10^{-5} /K	-		-		-		1,0		6 - 8		6 - 8		-		-	
Brennbarkeit UL 94 bei 1,6 mm Dicke	Klasse	HB-V-2		V-2		V-2		V-2 (0,75) mm		HB		HB		HB		HB	
Dielektrizitätszahl bei 100 Hz	-	3,5 - 4,2	12 - 20	3,2 - 4	5 - 11	3,5	4			3,8 - 4,4	7–15	4	8	3 - 4	5 - 14	3,5 - 4	7 - 9
Dielektrischer Verlustfaktor bei 100 Hz	$\cdot 10^{-4}$	60 - 150	2100 - 3500	50 - 150	1000 - 2400	70 - 150	1000 - 1800			100 - 150	2000 - 3000	140	1300 - 2300	100 - 140	500 - 3000	70 - 240	900 - 1800
Spezifischer Durchgangswiderstand	$\Omega \cdot m$	$> 10^{13}$	$> 10^{10}$	$> 10^{12}$	10^{10}	$> 10^{13}$	10^{10}	10^{13}	$10^{6} - 10^{9}$	10^{13}	10^{11}	10^{13}	10^{11}	$> 10^{13}$	$> 10^{10}$	$> 10^{12}$	$10^{10} - 10^{12}$
Spezifischer Oberflächenwiderstand	Ω	$> 10^{12}$	$> 10^{10}$	$> 10^{10}$	$> 10^{12}$	$> 10^{12}$	$> 10^{10}$	$> 10^{15}$	$10^{13} - 10^{14}$	$> 10^{13}$	$> 10^{11}$	$> 10^{13}$	$> 10^{11}$	$10^{10} - 10^{12}$	$10^{8} - 10^{10}$	$> 10^{13}$	$> 10^{13}$

Eigenschaft	Einheit	PA6		PA66		PA610		PA46		PA6GF30		PA66GF30		PA6HI-schlagzäh modifiziert		PA66HI-schlagzäh modifiziert	
		trocken	kond.*	trocken	kond.*	trocken	kond.*	trocken	kond.*	trocken	kond.*	trocken	kond.*	trocken	kond.*	trocken	kond.*
Elektrische Durchschlagfestigkeit	kV/mm	30	25 - 30	25 - 35	25 - 35			> 25	15 - 20	35 - 40	25 - 35	40	35	30 - 35	25 - 30	30 - 35	30 - 35
Vergleichszahl der Kriechwegbildung CTI/A		600	600	600	600	600	600	600		400 - 600	400 - 600	400 - 600	400 - 600	600	600	600	600
Wasseraufnahme bei 23 °C, Sättigung	%	9 - 10		8 - 9		2,9 - 3,5				6,0 - 6,7		5,0 - 5,5		6,5 - 9,0		6,5 - 8,0	
Feuchteaufnahme bei 23 °C/50 % r. F., Sättigung	%	2,5 - 3,4		2,6 - 3		1,2 - 1,6		3,7		1,4 - 2,0		1,0 - 1,7		1,8 - 2,7		2,2 - 2,5	

* konditioniert

3.18 Polybutylenterephthalat (PBT)

technischer teilkristalliner Thermoplast

Kurzbeschreibung

PBT ist im chemischen Aufbau und auch in den Eigenschaften dem PET sehr ähnlich. Es wird durch Kondensation von Terephthalsäure und 1,4-Butandiol hergestellt.

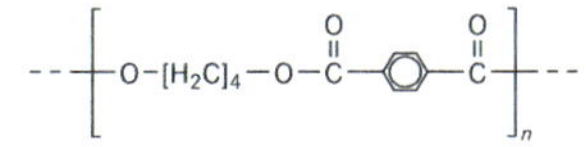

Verarbeitung

PBT kristallisiert schneller als PET und ist für das Spritzgießen besser geeignet. Es wird auch hauptsächlich durch Spritzgießen verarbeitet. Wegen der Gefahr des hydrolytischen Abbaus muss das Granulat getrocknet werden. PBT kann mittels Heizelement, Ultraschall und Warmgas geschweißt werden. Auch Vibrations- oder Rotationsreibschweißen sowie das Kleben sind möglich.

Gebrauchseigenschaften

PBT bietet eine Kombination von guter Festigkeit und Steifigkeit, die jedoch etwas geringer als die des PET sind. Die Schlagzähigkeit kommt auch nicht an die des PA heran. Das Gleit-Reib-Verhalten ist sehr gut. PBT ist ein sehr guter Isolator, dessen Eigenschaften nur wenig von Temperatur, Feuchte oder Frequenz beeinflusst werden. Es ist chemisch resistent gegen schwache Säuren und alkalische Lösungen, Öle, Fette, aliphatische und aromatische Kohlenwasserstoffe sowie Tetrachlorkohlenstoff. Es ist hingegen nicht beständig gegen starke Säuren und Alkalien, Phenol und eignet sich nicht bei langem Einsatz in heißem Wasser (allerdings besser als PET). Spannungsrissbildung ist kein Problem. Es zeichnet sich durch gute Witterungsstabilität aus.

Einsatzgebiete (Auswahl)

Konstruktionsbauteile: Gleitlager, Rollenlager, Ventilteile, Schrauben, Steckerleisten, Pumpengehäuse, Gasbalgenzählergehäuse, Räder, Teile für Haushaltsgeräte wie Kaffeemaschinen, Eierkocher, Friteusen, Toaster, Haartrockner, Bügeleisen, Ferngläser, Herdschaltknöpfe, Zahnbürstenborsten, elektrische Verbinder und Stecker, Gehäuse für elektronische Steuerungen, Lampensockel, Schiebedachrahmen, Scheinwerferrahmen.

Handelsnamen (Auswahl)

Arnite, Celanex, Crastin, Pibiter, Pocan, Ultradur, Valox, Vandar, Vestodur

Guter Rat

PBT ist ein guter technischer Thermoplast für gehäuseartige und komplexe technische Bauteile. Es kommt meist zum Einsatz, wenn Polyamid aus Gründen der geringeren Dimensionsbeständigkeit oder auch der chemischen Beständigkeit nicht eingesetzt werden kann.

Eigenschaften von Polybutylenterephthalaten

siehe Seite 230

3.19 Polyethylenterephthalat (PET)

teilkristalliner technischer Thermoplast

Kurzbeschreibung

Polyethylenterephthalat wird durch Kondensation von Terephthalsäure und Ethylenglykol hergestellt – anfänglich wurde es nur für Fasern (Polyesterfasern) verwendet. Hochmolekulare Typen ermöglichen das Spritzgießen, Spritzstreckblasen und Blasformen.

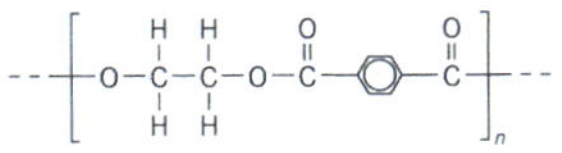

Verarbeitung

Hauptverarbeitungsverfahren ist das Spritzgießen. Wegen der Gefahr des hydrolytischen Abbaus muss das Granulat getrocknet werden. Eine Verarbeitungsschwindung von 1,2 bis 2,5 % muss berücksichtigt werden. PET kann mittels Heizelement, Ultraschall und Warmgas geschweißt werden. Auch Vibrations- oder Rotationsreibschweißen sowie das Kleben sind möglich.

Gebrauchseigenschaften

Die mechanischen Eigenschaften hängen stark vom Kristallinitätsgrad ab. Dieser kann durch Parametervariation im Spritzgießprozess stark beeinflusst werden. Bei geeigneter Kristallisation bietet PET bis ca. 80 °C eine Kombination von guter Härte, Festigkeit und Steifigkeit (jedoch nicht Schlagzähigkeit) bei geringer Kriechneigung. Die Gleit-Reib-Eigenschaften und die elektrischen Eigenschaften sind gut. Es ist chemisch resistent gegen schwache Säuren und alkalische Lösungen, Öle, Fette, aliphatische und aromatische Kohlenwasserstoffe sowie Tetrachlorkohlenstoff. Es ist hingegen nicht beständig gegen starke Säuren und Alkalien, Phenol und bei langem Einsatz nicht gegen heißes Wasser. Spannungsrissbildung ist kein Problem; es besitzt eine gute Witterungsstabilität.

Amorphe Formteile (unterdrückte Kristallisation) werden angestrebt, wenn neben hoher Transparenz auch eine höhere Zähigkeit, eine geringe Verarbeitungsschwindung und eine hohe Dimensionsstabilität benötigt werden.

Einsatzgebiete (Auswahl)

Konstruktionsbauteile: Lager, Zahnräder, Wellen, Führungen, Kupplungen, Schlosselemente, Türgriffe, Motorgehäuse, Schalter, Relais, Sensoren

Andere Bauteile: Getränkeflaschen

Handelsnamen (Auswahl)

Anrite, Crastin, Eastar, Selar, Tenite, Valux

Guter Rat

PET ist ein unterschätzter Werkstoff, der nicht nur zu Getränkeflaschen taugt, sondern es in vielerlei Hinsicht mit Polyamid und PBT aufnehmen kann. Der größte Nachteil ist die langsame Kristallisation.

Eigenschaften von Polyethylen- und Polybutylenterephthalaten und eines Blends

Eigenschaft	Einheit	PET			PBT			PBT + ASA
		amorph PET-A	teilkrist. PET-C	-GF 30	unverst.	elast-mod.	-GF 30	
Dichte	g/cm³	1,33 - 1,35	1,38 - 1,40	1,56 - 1,59	1,30 - 1,32	1,2 - 1,28	1,52 - 1,55	1,21 - 1,22
E-Modul	MPa	2100 - 2400	2800 - 3100	9000 - 11000	2500 - 2800	1100 - 2000	9500 - 11000	2500
Streckspannung	MPa	55	60 - 80	-	50 - 60	30 - 45	-	53
Streckdehnung	%	4	5 - 7	-	3,57	6 - 20	-	3,6
Nominelle Bruchdehnung	%	> 50	> 50	-	20 - > 50	> 50	-	> 50
Spannung bei 50 % Dehnung	MPa	-	-	-	-	-	-	-
Bruchspannung	MPa	-	-	160 - 175	-	-	130 - 150	-
Bruchdehnung	%	-	-	2 - 3	-	-	2,53	-

Eigenschaft	Einheit	PET			PBT			PBT + ASA
Schmelztemperatur	°C	-	250 - 260	250 - 260	220 - 225	200 - 225	220 - 225	225
Formbeständigkeitstemperatur HDT/A 1,8 MP	°C	60 - 65	65 - 75	220 - 230	50 - 65	50 - 60	200 - 210	80
Therm. Ausdehnungskoeffizient, längs (23 - 55 °C)	10^{-5}/K	8	7	2 - 3	8 - 10	10 - 15	3 - 4,5	10
Therm. Ausdehnungskoeffizient, quer (23 - 55 °C)	10^{-5}/K	-	-	7 - 9	-	-	7 - 9	-
Brennbarkeit UL 94 bei 1,6 mm Dicke	Klasse	HB[1]	HB[1]	HB[1]	HB[1]	HB[1]	HB[1]	HB[1]
Dielektrizitätszahl bei 100 Hz		3,4 - 3,6	3,4 - 3,6	3,8 - 4,8	3,3 - 4,0	3,2 - 4,4	3,5 - 4,0	3,3
Dielektrischer Verlustfaktor bei 100 Hz	$\cdot 10^{-4}$	20	20	30 - 60	15 - 20	20 - 130	20 - 30	10
Spez. Durchgangswiderstand	$\Omega \cdot m$	$> 10^{13}$	$> 10^{13}$	$> 10^{13}$	$> 10^{13}$	$> 10^{13}$	$> 10^{13}$	$> 10^{14}$
Spez. Oberflächenwiderstand	Ω	$> 10^{14}$	$> 10^{14}$	$> 10^{14}$	$> 10^{14}$	$> 10^{14}$	$> 10^{14}$	$> 10^{15}$
Elektrische Durchschlagfestigkeit	kV/mm	250	30	30 - 35	25 - 30	25	30 - 35	30
Vergleichszahl der Kriechwegbildung CTI/A		300 - 400	300 - 400	250 - 275	600	600	350 - 525	600
Wasseraufnahme bei 23 °C, Sättigung	%	0,6 - 0,7	0,4 - 0,5	0,4 - 0,5	0,5	0,4 - 0,7	0,35 - 0,4	0,5
Feuchteaufnahme bei 23 °C/50 % r. F., Sättigung	%	0,3 - 0,35	0,2 - 0,3	0,2	0,25	0,15 - 0,2	0,1 - 0,15	0,2

[1] Auch als V-0 verfügbar

3.20 Polycarbonat (PC)

amorpher technischer Thermoplast

Kurzbeschreibung

Polycarbonat wird durch Polykondensation von Bisphenol A mit Phosgen hergestellt.

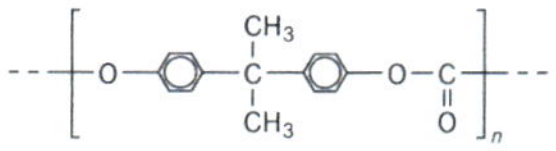

Verarbeitung

PC lässt sich mit allen für Thermoplaste üblichen Verfahren verarbeiten. Die hohe Schmelzeviskosität erfordert hohe Verarbeitungstemperatur, hohe Spritzdrücke bzw. geringe Fließweg-Wanddicken-Verhältnisse. Jegliche Restfeuchte im Granulat muss entfernt werden, um den Abbau durch Hydrolyse während der Verarbeitung zu vermeiden. PC kann geklebt und mittels Ultraschall oder Hochfrequenz geschweißt werden.

Gebrauchseigenschaften

PC ist ein über einen großen Temperaturbereich fester, schlagzäher hochtransparenter Werkstoff mit geringer Kriechneigung. Er hat gute elektrische Eigenschaften und ist gegen UV-Strahlung stabilisierbar. Einsatzgrenzen werden gesetzt durch die recht hohe Kerbempfindlichkeit, die begrenzte chemische Beständigkeit und Spannungsrissanfälligkeit sowie schlechte Gleit-Reib-Eigenschaften.

Polycarbonat mit hoher Wärmeformbeständigkeit, gemischt mit weniger wärmeformbeständigem ABS oder ASA, führt zu milchigen Werkstoffblends mittlerer Wärmeformbeständigkeit, dafür aber geringer Spannungsrissanfälligkeit und höherer Kerbschlagzähigkeit.

Einsatzgebiete (Auswahl)

Konstruktionsbauteile: Transparente Anwendungen wie Automobilleuchten, Instrumentensichtscheiben, optische Linsen, Signallinsen, medizinische Anwendungen, Gehäuse für „Weiße Ware“, Formteile und Gehäuse für die Elektrotechnik, große Montageplatten und Kabelverteilerschränke, Handy- und andere Gehäuse (PC/ABS-Blend).

Andere Bauteile: Milchbehälter, Mikrowellengeschirr, Lebensmittelbehälter, Doppelstegplatten für Terrassenüberdachungen und Gewächshäuser, große Trinkwasserbehälter, Datenspeicher (CDs und DVDs).

Handelsnamen (Auswahl)

Calibre, Lexan, Makrolon, Novarex, Panlite, Xantar sowie für PC/ABS oder PC/ASA z. B. Bayblend, Bayblend A, Cycoloy, Luran SC, Pulse, Ryulex und Triax

Guter Rat

Polycarbonat ist hervorragend für großflächige, behälterartige und gehäuseartige, aber auch komplexe Bauteile geeignet. Der in vielem bessere transparente Werkstoff, der auch manchen teilkristallinen Thermoplasten in den Schatten stellt.

Eigenschaften von Polycarbonaten und deren Blends

Eigenschaft	Einheit	PC	PCGF30	PC/ABS	PC/ABS GF20	PC/PBT	PC/PBT GF30
Dichte	g/cm³	1,20	1,42 - 1,44	1,08 - 1,17	1,25	1,2 - 1,26	1,43 - 1,45
E-Modul	MPa	2300 - 2400	5500 - 5800	2000 - 2600	6000	2300	7000
Streckspannung	MPa	55 - 65	-	40 - 60	-	50 - 60	-
Streckdehnung	%	6 - 7	-	3 - 3,5	-	4 - 5	-
Nominelle Bruchdehnung	%	> 50	-	> 50	-	25 - > 50	-
Spannung bei 50% Dehnung	MPa	-	-	-	-	-	-
Bruchspannung	MPa	-	70	-	75	-	90
Bruchdehnung	%	-	3,5	-	2	-	3
Schmelztemperatur	°C	-	-	-	-	-	-
Formbeständigkeitstemp. HDT/A 1,8 MPa	°C	125 - 135	135 - 140	90 - 110	115	70 - 95	150
Therm. Ausdehnungskoeffizient, längs (23 - 55 °C)	10^{-5}/K	6,5 - 7	2,5 - 3	7 - 8,5	3 - 3,5	8 - 9	3
Therm. Ausdehnungskoeffizient, quer (23 - 55 °C)	10^{-5}/K	-		5 - 6		-	
Brennbarkeit UL 94 bei 1,6 mm Dicke	Klasse	V-2	V-1	HB	HB	HB	HB
Dielektrizitätszahl bei 100 Hz	-	2,8 - 3,2	3,3	3	3,2	3,3	4

Eigenschaft	Einheit	PC	PCGF30	PC/ABS	PC/ABS GF20	PC/PBT	PC/PBT GF30
Dielektrischer Verlustfaktor bei 100 Hz	$\cdot 10^{-4}$	7 - 20	9 - 10	30 - 60	20 - 30	20 - 40	30 - 40
Spezifischer Durchgangs-widerstand	$\Omega \cdot m$	$> 10^{14}$	$> 10^{14}$	$> 10^{14}$	$> 10^{14}$	$> 10^{14}$	$> 10^{14}$
Spezifischer Oberflächen-widerstand	Ω	$> 10^{14}$	$> 10^{14}$	$> 10^{14}$	$> 10^{14}$	$> 10^{14}$	$> 10^{14}$
Elektrische Durchschlag-festigkeit	kV/mm	30 - 75	30 - 75	24	30	35	35
Vergleichszahl der Kriechweg-bildung CTI/A		250 - 300	150 - 175	250 - 600	200 - 300	250 - 500	300 - 500
Wasserauf-nahme bei 23 °C, Sättigung	%	0,35	0,28 - 0,30	0,6 - 0,7	0,4 - 0,5	0,35	0,25
Feuchteauf-nahme bei 23 °C/50 % r. F., Sättigung	%	0,2	0,11 - 0,15	0,2	0,15 - 0,2	0,15	0,1

■ 3.21 Polymethylmethacrylat (PMMA)

amorpher technischer Thermoplast

Kurzbeschreibung

PMMA entsteht durch Block-, Emulsions- oder Suspensionspolymerisation von Methacrylsäuremethylester.

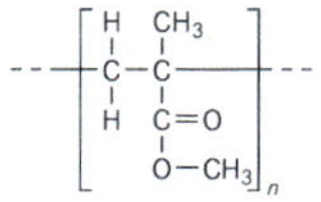

Verarbeitung

PMMA-Formmassen können spritzgegossen oder extrudiert werden. Das Bedrucken oder Lackieren ist grundsätzlich möglich, jedoch wegen der Spannungsrissanfälligkeit nur nach sorgfältiger Oberflächenvorbehandlung problemlos. Metallisierung ist ohne Vorbehandlung möglich. Schweißen ist mit Warmgas,

Hochfrequenz und Ultraschall möglich. Für das Kleben stehen Epoxidharz-, Polyurethan- und Cyanacrylat-Klebstoffe zur Verfügung.

Gebrauchseigenschaften

PMMA ist ein wenig dehnfähiger Werkstoff mit hoher Festigkeit, Steifigkeit, Wärmeformbeständigkeit, Oberflächenhärte (Kratzfestigkeit!) und guten Isolationseigenschaften. Er zeigt hohe optische Transparenz und Glanz bei guter Witterungsbeständigkeit und ist gegen schwache Säuren und Alkalien, nichtpolare Lösemittel, Fette, Öle und Wasser beständig. Jedoch ist die Anfälligkeit gegenüber spannungsrissauslösenden Medien (z.B. Tensiden) zu beachten. Die nicht allzu hohe Schlagzähigkeit kann durch Modifikation verbessert werden, dabei verliert jedoch die Transparenz.

Einsatzgebiete (Auswahl)

Konstruktionsbauteile: Sanitäreinrichtungen, Gläser, Linsen, Beleuchtungs- und Instrumentensichtscheiben, Telefontasten.

Andere Bauteile: Doppelstegplatten, Stadionverscheibungen, Lichtkuppeln, Knöpfe; außerdem Bestandteil in Gießharzen und Klebstoffen.

Handelsnamen (Auswahl)

Acrylite, Altuglas, Corian, Degadur, Lucite, Modar, Oroglas, Plexiglas, Silacron

Guter Rat

PMMA bietet dank seiner hohen Transparenz über einen breiten Wellenlängenbereich dem Konstrukteur einen hervorragenden Glasersatz. Somit ist es für flächige und gehäuseartige Bauteile insbesondere mit optischen Funktionen hervorragend geeignet, solange weder hohe Schlagzähigkeit noch besondere chemische Beständigkeit erforderlich sind.

Eigenschaften von Polymethylmethacrylat

Eigenschaft	Einheit	PMMA Formmassen	PMMA Halbzeuge hochmol.	PMMA-HI elastomermodifiziert
Dichte	g/cm^3	1,17 - 1,19	1,18 - 1,19	1,12 - 1,17
E-Modul	MPa	3100 - 3300	3300	600 - 2400
Streckspannung	MPa	-	-	20 - 60
Streckdehnung	%	-	-	4,5 - 5
Nominelle Bruchdehnung	%	-	-	20 - > 50
Spannung bei 50 % Dehnung	MPa	-	-	-
Bruchspannung	MPa	60 - 75	70 - 80	-

Eigenschaft	Einheit	PMMA Formmassen	PMMA Halbzeuge hochmol.	PMMA-HI elastomer-modifiziert
Bruchdehnung	%	2 - 6	4,5 - 5,5	-
Schmelztemperatur	°C	-	-	-
Formbeständigkeitstemperatur HDT/A 1,8 MPa	°C	75 - 105	90 - 105	65 - 95
Therm. Ausdehnungskoeffizient, längs (23-55 °C)	10^{-5}/K	7 - 8	7	8 - 11
Therm. Ausdehnungskoeffizient, quer (23-55 °C)	10^{-5}/K	-	-	-
Brennbarkeit UL 94 bei 1,6 mm Dicke	Klasse	HB	HB	HB
Dielektrizitätszahl bei 100 Hz	-	3,5 - 3,8	3,5 - 3,8	3,6 - 4,0
Dielektrischer Verlustfaktor bei 100 Hz	$\cdot 10^{-4}$	500 - 600	600	400 - 600
Spezifischer Durchgangswiderstand	$\Omega \cdot m$	$> 10^{13}$	$> 10^{13}$	$> 10^{13}$
Spezifischer Oberflächenwiderstand	Ω	$> 10^{13}$	$> 10^{13}$	$> 10^{13}$
Elektrische Durchschlagfestigkeit	kV/mm	30	ca. 30	30
Vergleichszahl der Kriechwegbildung CTI/A		600	600	600
Wasseraufnahme bei 23 °C, Sättigung	%	1,7 - 2,0	1,7 - 2,0	1,9 - 2,0
Feuchteaufnahme bei 23 °C/50 % r. F., Sättigung	%	0,6	0,6	0,5 - 0,6

3.22 Polyoxymethylen (POM)

teilkristalliner technischer Thermoplast

Kurzbeschreibung

POM (Polyoxymethylen, auch Polyformaldehyd, Polyacetal) entsteht durch Homopolymerisation (POM-H) oder Copolymerisation (POM-C) von Formaldehyd.

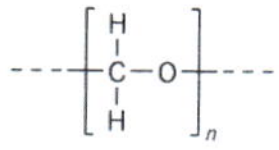

Verarbeitung

Alle für Thermoplaste üblichen Verarbeitungsverfahren sind möglich. Höhermolekulare Typen können extrudiert, schwach vernetzte sogar blasgeformt werden. Verarbeitungstemperaturen von > 220 °C sollten dringend vermieden werden, denn sie führen zum Molekülabbau und zur Bildung von gasförmigem Formaldehyd. Abbauresistentere Spezialtypen sind erhältlich. POM ist wegen der geringen inneren Dämpfung nicht mittels Hochfrequenz schweißbar.

Gebrauchseigenschaften

Unverstärktes POM besitzt recht hohe Zugfestigkeit, Steifigkeit und für einen teilkristallinen Werkstoff auch hohe Dimensionsstabilität. Gute Chemikalienresistenz, eher geringe Kriechneigung sowie spätes Versagen unter wechseldynamischer Belastung sind besonders hervorzuheben. Hohe Oberflächenhärte und niedriger Reibkoeffizient sind Gründe für gutes Gleit- und Verschleißverhalten auch mit dem Gleitpartner Polyamid. Es ist kälteschlagzäh und kurzzeitig bis 150 °C einsetzbar (langzeitig etwa 110 °C). Die Durchlässigkeit für Gase und Dämpfe ist gering. Kein gebräuchliches Lösemittel, auch nicht Treibstoffe, können POM quellen oder lösen.

Homopolymeres POM (POM-H) ist das festere, steifere, kälteschlagzähere und abriebbeständigere. Copolymeres POM (POM-C) hat jedoch Marktdominanz aufgrund der besseren Wärme- und Verarbeitungsfähigkeit.

Einsatzgebiete (Auswahl)

Konstruktionsbauteile: Präzisionsteile der Feinwerktechnik wie Zahnräder, Hebel, Lager, Kugelschalen; heißwasser- und kraftstoffführende Pumpenbauteile, Transportketten, Lüfterräder, Schnappverschlüsse, Skibindungen, Reißverschlüsse, Einwegfeuerzeuge, Teile in Kfz-Sicherheitssystemen wie Gurtumlenker und Gurtrückzug, Kfz-Lautsprecherblenden, Scheibenwaschdüse, Wascharmatur, Türklinken, Ventile für Spülkasten, Federelement in z. B. Süßstoffspendern

Handelsnamen (Auswahl)

Homopolymeres POM: Delrin, Tenac; Copolymeres POM: Celcon, Duracon, Hostaform, Kepital, Tenac, Ultraform

Guter Rat

Die Mischung aus mechanischen Eigenschaften, Präzision und chemischer Beständigkeit macht POM sehr geeignet für komplexe technische Bauteile. Für Gleit-Reibpartner höherer Beanspruchung sollten POM (oder PA) gewählt werden. POM fühlt sich in der Hand „speckig“ an.

Eigenschaften von Polyoxymethylen

Eigenschaft	Einheit	POM-H	POM-H-HI schlagzäh. mod.	POM-Co-polymerisat	POM-Cop.-HI elastomermod.	POM-Cop.-GF 30
Dichte	g/cm³	1,40 - 1,42	1,34 - 1,39	1,39 - 1,41	1,27 - 1,39	1,59 - 1,61
E-Modul	MPa	3000 - 3200	1400 - 2500	2600 - 3000	1000 - 2200	9000 - 10 000
Streckspannung	MPa	60 - 75	35 - 55	65 - 73	20 - 55	-
Streckdehnung	%	8 - 25	20 - 25	8 - 12	8 - 15	-
Nominelle Bruchdehnung	%	20 - > 50	> 50	15 - 40	> 50	-
Spannung bei 50 % Dehnung	MPa	-	-	-	-	-
Bruchspannung	MPa	-	-	-	-	125 - 130
Bruchdehnung	%	-	-	-	-	3
Schmelztemperatur	°C	175	175	164 - 172	164 - 172	164 - 172
Formbeständigkeitstemperatur HDT/A 1,8 MPa	°C	105 - 115	65 - 85	95 - 110	50 - 90	155 - 160
Therm. Ausdehnungskoeffizient, längs (23 - 55 °C)	10^{-5}/K	11 - 12	12 - 13	10 - 11	13 - 14	2,5 - 4
Therm. Ausdehnungskoeffizient, quer (23 - 55 °C)	10^{-5}/K	-	-	-	-	6
Brennbarkeit UL 94 bei 1,6 mm Dicke	Klasse	HB	HB	HB	HB	HB
Dielektrizitätszahl bei 100 Hz	-	3,5 - 3,8	3,8 - 4,7	3,6 - 4	3,7 - 4,5	4,0 - 4,8
Dielektrischer Verlustfaktor bei 100 Hz	$\cdot 10^{-4}$	30 - 50	70 - 160	30 - 50	50 - 200	40 - 100
Spezifischer Durchgangswiderstand	$\Omega \cdot m$	$> 10^{13}$	$> 10^{12} - 10^{13}$	$> 10^{13}$	$> 10^{11}$	$> 10^{13}$
Spezifischer Oberflächenwiderstand	Ω	$> 10^{14}$	$> 10^{14}$	$> 10^{13}$	$> 10^{11} - 10^{12}$	$> 10^{13}$
Elektrische Durchschlagfestigkeit	kV/mm	25 - 35	30 - 40	35	30 - 35	40

Eigenschaft	Einheit	POM-H	POM-H-HI schlagzäh. mod.	POM-Co-polymerisat	POM-Cop.-HI elastomermod.	POM-Cop.-GF 30
Vergleichszahl der Kriechwegbildung CTI/A		600	600	600	600	600
Wasseraufnahme bei 23 °C, Sättigung	%	0,9 - 1,4	1,6 - 2,0	0,7 - 0,8	0,8 - 1,2	0,8 - 0,9
Feuchteaufnahme bei 23 °C/5 0% r. F., Sättigung	%	0,2 - 0,3	0,9	0,2 - 0,3	0,2 - 0,3	0,15

3.23 Polytetrafluorethylen (PTFE)

teilkristalliner Hochleistungsthermoplast

Kurzbeschreibung

Polytetrafluorethylen gehört zu den Fluorpolymeren, d. h. der Wasserstoff des Polyethylens ist teilweise oder gänzlich durch Fluor ersetzt. PTFE ist im Prinzip ein hochmolekulares Polyethylen, bei dem alle Wasserstoffatome durch Fluoratome ersetzt wurden.

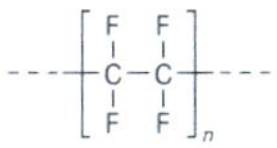

Die Fluoratome sind größer und schwerer und bilden einen schützenden „Mantel" um die Kohlenstoffkette. Zudem ist die chemische Bindung zum Kohlenstoff so stark, dass sie außerstande sind, neue Verbindungen einzugehen. Dies sind Gründe dafür, dass alle Fluorpolymere eine sehr hohe chemische Resistenz auch bei hohen Temperaturen aufweisen (z. B. unlöslich bis 300 °C).

Verarbeitung

Die Schmelzeviskosität des PTFE ist zu hoch für das Spritzgießen. So werden mit verschiedenen Sinterverfahren Halbzeuge und Formteile hergestellt. Durch RAM-Extrusion (Pulverextrusion) oder Pastenextrusion werden Stäbe und Rohre hergestellt, die später spanend bearbeitet werden können. Auch kann PTFE als Gleitschicht aus Dispersionen auf metallische oder keramische Oberflächen aufgebracht werden.

Gebrauchseigenschaften

PTFE ist auch ohne Stabilisierung wetterfest, nicht entflammbar und schlagzäh auch bei niedrigen Temperaturen. PTFE weist die höchste Wärmeformbeständigkeit unter den technischen Kunststoffen sowie ein gutes Gleit-Verschleiß-Verhalten auf. Trotz der für Kunststoffe hohen Dichte (~ 2,2 g/cm^3) ist PTFE allerdings wenig steif und fest und somit kaum für technische Teile einsetzbar. Die Verarbeitungsschwindung ist aufgrund der hohen Kristallinität recht hoch.

Einsatzgebiete (Auswahl)

Konstruktionsbauteile: Dichtungen, Bälge, Kolben und andere Maschinenelemente

Andere Bauteile: Schmelztiegel, Beschichtungen (z. B. Bratpfannen!) und Ummantelungen; in der Elektrotechnik auch Träger für gedruckte Schaltungen; Folien und andere Halbzeuge zur Weiterverarbeitung (z. B. Gleitschienen)

Handelsnamen (Auswahl)

Algoflon, Dyneon, Polyflon, Teflon

Guter Rat

In vielen Anwendungen werden die mäßigen mechanischen Eigenschaften und die schlechte Verarbeitbarkeit nicht durch die Stärken in Temperatur- und Chemikalienbeständigkeit wettgemacht. So ist PTFE für den Konstrukteur eher ein Nischenwerkstoff, der allenfalls als Beschichtung oder Halbzeug interessiert.

Eigenschaften von Fluorpolymeren

siehe Seite 241

3.24 Polyetheretherketon (PEEK)

teilkristalliner Hochleistungsthermoplast

Kurzbeschreibung

PEEK ist ein Derivat der aromatischen Poly(aryl)etherketone (PAEK). PAEK sind teilkristalline Polymere, deren Schmelzetemperatur vom Anteil der Ketongruppen (CO-Gruppen) abhängt. Die Bezeichnung erfolgt entsprechend der Zahl und Anordnung der verschiedenen Gruppen, z. B. zwei Ether- und eine Ketongruppe bilden das Polyetheretherketon PEEK, welches trotz seines hohen Preises Bedeutung für Konstruktionsbauteile erlangt hat.

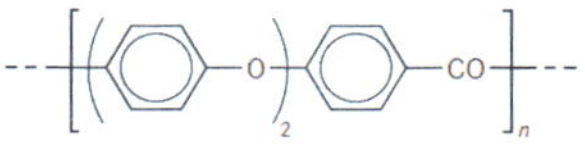

Verarbeitung

Spritzgießen und Extrusion sind trotz der hohen Schmelzeviskosität bei hohen Masse- (> 350 °C) und Werkzeugtemperaturen (> 150 °C) möglich. Bei schnellem Abkühlen können amorphe Randschichten entstehen, welche durch Tempern nachkristallisieren.

Gebrauchseigenschaften

PEEK verfügt über hohe Festigkeit und Steifigkeit in einem für Kunststoffe extrem großen Temperaturbereich. Die Gleit-Verschleiß-Eigenschaften und die Schlagzähigkeit sind ebenfalls gut. Es ist auch bei hohen Temperaturen gegen viele Stoffe chemisch resistent (außer oxidierenden Säuren), selbstverlöschend und heißdampfsterilisierbar, allerdings nur wenig UV-beständig. Unverstärkte Typen sind kerbempfindlich.

Einsatzgebiete (Auswahl)

Konstruktionsbauteile: Spritzgießteile in der Automobil-, Luftfahrt- und Elektronikbranche. Chemische Pumpen, Ventile und Volumenstrommesser

Handelsnamen (Auswahl)

Ketaspire, Gatone, Vestakeep, Victrex

Guter Rat

Dieser teure Werkstoff wird nur von wenigen Herstellern produziert. Dies ist allerdings keine bequeme Wettbewerbssituation, denn er steht beständig im Wettbewerb mit anderen Hochleistungs- oder technischen Thermoplasten. Wie bei allen Hochleistungskunststoffen muss das Anforderungsprofil der geplanten Anwendung stets mit dem Eigenschaftsspektrum von PEEK abgeglichen werden.

Eigenschaften von Polytetrafluorethylen und Polyetheretherketonen

Eigenschaft	Einheit	PTFE	PEEK
Dichte	g/cm^3	2,13 – 2,23	1,32
E-Modul	MPa	400 – 750	3500
Streckspannung	MPa	–	
Streckdehnung	%	–	5
Nominelle Bruchdehnung	%	> 50	> 60
Spannung bei 50 % Dehnung	MPa	20 – 40	

Eigenschaft	Einheit	PTFE	PEEK
Bruchspannung	MPa	–	100
Bruchdehnung	%	–	
Schmelztemperatur	°C	325 - 335	343
Formbeständigkeitstem. HDT/A 1,8 MPa	°C	50 - 60	155
Therm. Ausdehnungskoeffizient, längs (23 - 55 °C)	10^{-5}/K	15 - 20	4,7
Therm. Ausdehnungskoeffizient, quer (23 - 55 °C)	10^{-5}/K	–	
Brennbarkeit UL 94 bei 1,6 mm Dicke	Klasse	V-0	V-0
Dielektrizitätszahl bei 100 Hz	–	2,1	3,2
Dielektrischer Verlustfaktor bei 100 Hz	$\cdot 10^{-4}$	0,5 - 0,7	
Spezifischer Durchgangswiderstand	$\Omega \cdot m$	$> 10^{16}$	$5 \cdot 10^{14}$
Spezifischer Oberflächenwiderstand	Ω	$> 10^{16}$	
Elektrische Durchschlagfestigkeit	kV/mm	40	
Vergleichszahl der Kriechwegbildung CTI/A		600	
Wasseraufnahme bei 23 °C, Sättigung	%	< 0,05	0,8
Feuchteaufnahme bei 23 °C/50 % r. F., Sättigung	%	< 0,05	0,25

■ 3.25 Polyethersulfon (PES) und Polysulfon (PSU)

amorphe Hochleistungsthermoplaste

Kurzbeschreibung

Polyethersulfone werden durch Polysulfonysierung oder über eine Polyethersynthese hergestellt. Polysulfone sind Polykondensate, deren Diarylsulfon-Gruppe charakteristisch ist.

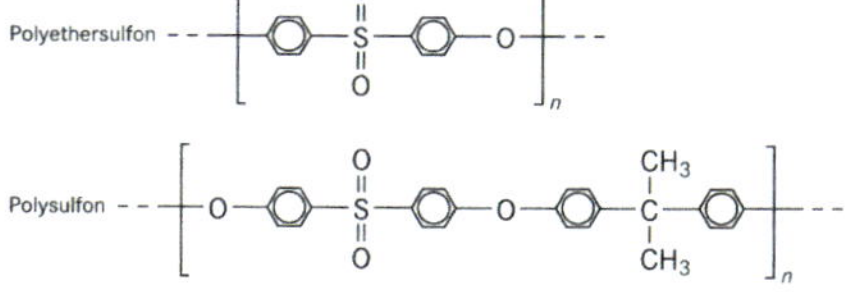

Verarbeitung

PES und PSU können mit allen für Thermoplaste üblichen Verfahren (meist Spritzgießen) verarbeitet werden. Aufgrund der hohen Schmelzeviskosität müssen hohe Verarbeitungstemperaturen eingestellt werden. Um Orientierungen und die Spannungsrissbeständigkeit zu reduzieren, muss mit Werkzeugtemperaturen > 100 °C gearbeitet werden. Mittels Heizelement oder mittels Ultraschall kann PSU geschweißt werden.

Gebrauchseigenschaften

Polyethersulfon und Polysulfon verfügen auch bei hohen Temperaturen über hohe Festigkeit, hohe Steifigkeit und Härte. Sie zeigen eine hohe Wärmeformbeständigkeit, ein gutes Gleit-Reib-Verhalten, gute elektrische Eigenschaften und hohe chemische Resistenz. Dennoch besteht die Gefahr der Spannungsrissbildung und des Kerbrisses. Trotz guter Beständigkeit gegen energiereiche Strahlung müssen sie zudem gegen UV-Strahlung geschützt werden. Sie sind ohne Zusätze flammwidrig und gering rauchentwickelnd. Polysulfon ist etwas transparenter und chemikalienresistenter als Polyehtersulfon. Beide sind uneingefärbt gelblich transparent (bernsteinfarben).

Einsatzgebiete (Auswahl)

Konstruktionsbauteile: Hochtemperatur-Luftfahrt- und Kfz-Anwendungen, auch Heizungspumpen und -ventile, Medizinanwendungen.

Andere Bauteile: Gedruckte Schaltungen, Babyflaschen, Molkereianlagen, Filtrationsanlage (Dialyse), optische Linsen, Spotlichter, Reflektoren, Chip Trays and Carrier, Ölregelkolben, Ölgetriebestecker, Umluftofengehäuse, Druckerkartusche, Steuerventil, Kfz-Sicherungen

Handelsnamen (Auswahl)

PES: Radel A, Sumikaexcel, Ultrason E

PSU: Udel, Ultrason S

Guter Rat

PES und PSU sind Thermoplaste mit hervorragender Hochtemperaturbeständigkeit und einem für diese Gruppe nicht zu hohen Preis. Sie lassen sich insbesondere für gehäuseartige und komplexe technische Bauteile gut einsetzen.

Eigenschaften von Polyphenylensulfid, Polyethersulfon und Polysulfon und deren Blends

siehe Seite 245

3.26 Polyphenylensulfid (PPS)

teilkristalliner technischer Thermoplast

Kurzbeschreibung

Polyphenylensulfide sind teilkristalline Thermoplaste, bei denen aromatische Monomereinheiten über Schwefelatome miteinander verbunden sind.

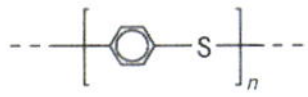

Verarbeitung

Das wichtigste Verarbeitungsverfahren ist das Spritzgießen. Die Schmelzeviskosität ist recht hoch, und es können nur geringe Wanddicken-Fließweg-Verhältnisse realisiert werden. Bei Werkzeugtemperaturen von > 120 °C werden glänzende Formteiloberflächen erzeugt. Während der Spritzgießverarbeitung kann PPS zu einem Duromeren vernetzt werden. Heizelement- und Ultraschallschweißen sind möglich, Hochfrequenzschweißen weniger.

Gebrauchseigenschaften

Polyphenylensulfid ist hart, fest, steif und schlagzäh auch bei höheren Temperaturen, verfügt aber über nur geringe Dehnfähigkeit. Es hat gute elektrische Eigenschaften vereint mit guter chemischer Resistenz gegen Alkalien und nichtoxidierende Säuren (außer Salzsäure). PPS nimmt kaum Wasser auf und ist dadurch dimensionsstabil. Es ist inhärent flammwidrig und wird meist nur glasfaserverstärkt eingesetzt. Hierdurch erreicht es enorme Steifigkeitswerte.

Einsatzgebiete (Auswahl)

Konstruktionsbauteile: Kfz-Motorraum, Mikro-Präzisionspritzgießteile, Einkapselung von Chips und anderen sensitiven Elektronikbauteilen, Lampen- und Scheinwerfersockel, Pumpengehäuse

Handelsnamen (Auswahl)

Fortron, Larton, Primef, Ryton, Supec, Tedur, Thoprene

Guter Rat

PPS kann als das „temperaturbeständigere PA bzw. PBT“ angesehen werden, was sich leider auch im Preis niederschlägt.

Eigenschaften von Polyphenylensulfid, Polyethersulfon und Polysulfon und deren Blends

Eigenschaft	Einheit	PPS-GF40	PES		PSU		PSU/ABS
			unverst.	GF 30	unverst.	GF 30	
Dichte	g/cm³	1,60 - 1,67	1,36 - 1,37	1,58 - 1,6	1,24 - 1,25	1,44 - 1,45	1,13
E-Modul	MPa	13000 - 19000	2600 - 2800	9000 - 11000	2500 - 2700	7500 - 9500	2100
Streckspannung	MPa	-	75 - 80	-	90	-	50
Streckdehnung	%	-	5 - 6	-	6 - 7	-	4
Nominelle Bruchdehnung	%	-	20 - 50	-	20 - > 50	-	> 50
Spannung bei 50% Dehnung	MPa	-	-	-	-	-	-
Bruchspannung	MPa	165 - 200	-	125 - 150	-	110 - 125	-
Bruchdehnung	%	0,9 - 1,8	-	1,9 - 3	-	2 - 3	-
Schmelztemperatur	°C	275 - 290	-	-	-	-	-
Formbeständigkeits-temperatur HDT/A 1,8 MPa	°C	ca. 260	200 - 205	210 - 225	170 - 175	185	150
Therm. Ausdehnungs-koeffizient, längs (23 - 55 °C)	10^{-5}/K	1,5 - 2,5	5 - 5,5	2 - 3	5,5 - 6	2	6,5
Therm. Aus-dehnungskoeffizient, quer (23 - 55 °C)	10^{-5}/K	3,5 - 5	-	4 - 4,5	-		-
Brennbarkeit UL 94 bei 1,6 mm Dicke	Klasse	V-0	V-0	V-0	V-2/HB[1)]	V-0/V-1	HB[1)]
Dielektrizitätszahl bei 100 HZ	-	3,9 - 4,8	3,5 - 3,7	3,9 - 4,2	3,2	3,5 - 3,7	3,1 - 3,3
Dielektrischer Ver-lustfaktor bei 100 Hz	$\cdot 10^{-4}$	10 - 20	10 - 20	20 - 30	8 - 10	10 - 20	40 - 50
Spezifischer Durch-gangswiderstand	Ω · m	$> 10^{13}$	$> 10^{13}$	$> 10^{13}$	$> 10^{13}$	$> 10^{13}$	$> 10^{13}$
Spezifischer Ober-flächenwiderstand	Ω	$> 10^{14}$	$> 10^{13}$	$> 10^{13}$	$> 10^{15}$	$> 10^{15}$	$> 10^{14}$
Elektrische Durch-schlagsfestigkeit	kV/mm	20 - 30	20 - 30	20 - 30	20 - 30	30 - 35	20 - 30
Vergleichszahl der Kriechwegbildung CTI/A		125 - 150	100 - 150	125 - 175	125 - 150	150 - 175	175

Eigenschaft	Einheit	PPS-GF40	PES		PSU		PSU/ABS
			unverst.	GF 30	unverst.	GF 30	
Wasseraufnahme bei 23 °C, Sättigung	%	< 0,1	1,9 - 2,3	1,5	0,6 - 0,8	0,4 - 0,5	0,3
Feuchteaufnahme bei 23 °C/50 % r. F., Sättigung	%	< 0,05	0,6 - 0,8	0,6	0,25 - 0,3	0,15 - 0,2	0,1

[1] auch als V-0 verfügbar

3.27 Cellulosederivate

teilweise biobasierte Thermoplaste

Kurzbeschreibung

Cellulose ist der Hauptbestandteil von pflanzlichen Zellwänden. Es wird aus Holz oder aus Baumwolle gewonnen. Ihre Derivate entstehen durch Veretherung (mit Alkoholen) oder Veresterung (mit Säuren) der Cellulose. In der Strukturformel stellt R jeweils einen Glukoserest dar. Durch einen unterschiedlichen Rest gelangt man zu verschiedenen Cellulosederivaten. Sie sind teilweise biobasiert und gelten mit einem mittleren Substitutionsgrad kleiner 3 als biologisch abbaubar.

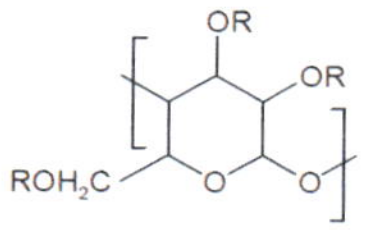

Verarbeitung

Alle für Thermoplaste üblichen Verarbeitungsverfahren sind für Cellulosederivate geeignet. Aufgrund der guten Fließfähigkeit sind Punktangüsse möglich. Jegliche Restfeuchte im Granulat muss entfernt werden, um den Abbau durch Hydrolyse zu vermeiden. Cellulosederivat-Formmassen zeichnen sich durch hohe Festigkeit bei gleichzeitig akzeptabler Zähigkeit aus.

Gebrauchseigenschaften

Cellulosderivate sind transparent und weichen mechanischen Spannungen im kalten Zustand durch Kriechen aus. Die Eigenschaften und damit auch die Anwendungsmöglichkeiten werden durch den Veresterungsgrad bestimmt. Bis auf Ultraschallschweißen sind alle üblichen Schweißverfahren bei den Cellulosederivaten möglich. Cellulosederivate sind im Allgemeinen nicht kratzempfindlich und haben einen „Selbstpoliereffekt".

Einsatzgebiete (Auswahl)

Celluloseester: Folien, Filter, Bedarfsgegenstände (Brillengestelle, Spielzeug, Knöpfe u. a.), Griffe, Verpackungen

Handelsname (Auswahl)

Biograde, Cellidor

Guter Rat

Celluloseacetat (CA) ist ein altbekannter Werkstoff, der aufgrund seines Bio-Anteils eine Renaissance erfährt. Der Werkstoff auswählende Ingenieur sollte CA nicht außer acht lassen.

Eigenschaften von Cellulosederivaten

Eigenschaft	Einheit	Cellulose-acetat (CA)	Cellulose-acetobutyrat (CAB)	Cellulose-propionat (CP)
Dichte	g/cm^3	1,26 - 1,32	1,16 - 1,22	1,17 - 1,24
E-Modul	MPa	1000 - 3000	800 - 2300	1000 - 2400
Streckspannung	MPa	25 - 55	20 - 55	20 - 50
Streckdehnung	%	2,54	3,5 - 5	3,5 - 4,5
Nominelle Bruchdehnung	%	-	-	-
Spannung bei 50 % Dehnung	MPa	-	-	-
Bruchspannung	MPa	-	-	-
Bruchdehnung	%	-	-	-
Schmelztemperatur	°C	-	-	-
Formbeständigkeitstemperatur HDT/A 1,8 MPa	°C	45 - 80	45 - 95	45 - 95
Therm. Ausdehnungskoeffizient, längs (23 - 55 °C)	$10^{-5}/K$	10 - 12	10 - 15	11 - 15
Therm. Ausdehnungskoeffizient, quer (23 - 55 °C)	$10^{-5}/K$	-	-	-
Brennbarkeit UL 94 bei 1,6 mm Dicke	Klasse	HB	HB	HB
Dielektrizitätszahl bei 100 HZ	-	5 - 6	3,7 - 4,2	4,0 - 4,2
Dielektrischer Verlustfaktor bei 100 Hz	$\cdot 10^{-4}$	70 - 100	50 - 70	50
Spezifischer Durchgangs-widerstand	Ω Λ · m	$10^{10} - 10^{14}$*	$10^{10} - 10^{14}$*	$10^{10} - 10^{14}$*
Spezifischer Oberflächen-widerstand	Ω Λ	$10^{10} - 10^{14}$*	$10^{10} - 10^{14}$*	$10^{10} - 10^{14}$*
Elektrische Durchschlags-festigkeit	kV/mm	25 - 35	32 - 35	30 - 35

Eigenschaft	Einheit	Cellulose-acetat (CA)	Cellulose-acetobutyrat (CAB)	Cellulose-propionat (CP)
Vergleichszahl der Kriechweg-bildung CTI/A		600	600	600
Wasseraufnahme bei 23 °C, Sättigung	%	3,5 - 4,5	2,0 - 2,3	1,9 - 2,8
Feuchteaufnahme bei 23 °C/50 % r. F., Sättigung	%	ca. 1,2	0,6 - 0,8	0,6 - 0,9

3.28 Polyhydroxyalkanoate (PHA)

teilkristalline Thermoplaste

Kurzbeschreibung

Polyhydroxyalkanoate werden hauptsächlich durch bakterielle Gärung von Zucker oder von Lipiden gebildet. Zudem ist die Herstellung über gentechnisch modifizierte Pflanzen theoretisch möglich. PHA sind sowohl biobasiert als auch biologisch abbaubar. Durch verschiedene Alkylgruppen (Rest R) gelangt man zu Polyhydroxyalkanoaten mit unterschiedlichen Eigenschaften (sog. Polyhydroxybutyrate oder deren Co-Valeraten). Zu den Eigenschaften liegen leider nur wenige Kennwerte vor.

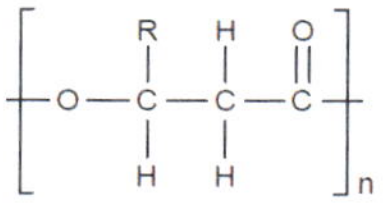

Verarbeitung

PHA können mittels Spritzguss und Extrusion thermoplastisch verarbeitet werden. Jegliche Restfeuchte im Granulat muss entfernt werden, um den Abbau durch Hydrolyse zu vermeiden.

Gebrauchseigenschaften

PHA sind wasserfest und weitgehend resistent gegen Fette und Öle. Außerdem sind sie undurchlässig für Sauerstoff, Kohlendioxid und Wasserdampf. Polyhydroxyalkanoate sind etwas spröder und steifer als Polypropylen, besitzen ansonsten jedoch ähnliche Eigenschaften. Durch Modifizierung des Polymers lassen sich die Eigenschaften sehr variieren. PHA besitzen geringe Schmelzviskosität und gute Entformungseigenschaften.

Einsatzgebiete (Auswahl)

Verpackungstechnik: Lebensmittel, Flaschen, Dosen, Wegwerfartikel

Medizintechnik: Implantate, Nahtmaterial (kontrollierte Wirkstofffreisetzung)

Handelsname (Auswahl)

Biomer P, Enmat, Natureplast, Mirel Biodegradable Polymer PHBH™

Guter Rat

Als Blend hat PHA ein großes Potenzial zum biobasierten Massenkunststoff in Verpackungen und technischen Anwendungen. Die Nachkristallisation muss noch reduziert oder verkürzt sowie die Zähigkeit erhöht werden, um höhere Marktakzeptanz zu erreichen.

Eigenschaften von Polyhydroxyalkanoaten

Eigenschaft	Einheit	Polyhydroxy-alkanoat (PHA)	Polyhydroxy-butyrat (PHB)	Polyhydroxybutyrat-covalerat (PHBV)
Dichte	g/cm^3	1,25	1,4	1,24
E-Modul	MPa	855	3000	1480
Streckspannung	MPa	–	26	20
Streckdehnung	%	–	3	–
Nominelle Bruchdehnung	%	–	–	–
Spannung bei 50% Dehnung	MPa	–	–	–
Bruchspannung	MPa	13	26	–
Bruchdehnung	%	146	4	17,4
Schmelz-temperatur	°C	150	160 – 165	–

■ 3.29 Polylactid (PLA)

teilkristalliner Thermoplast

Kurzbeschreibung

Polylactid ist ein aliphatischer Polyester, der über eine mehrstufige Synthese aus Zucker, Mais, Stärke und anderen Rohstoffen hergestellt werden kann. PLA ist sowohl biobasiert als auch bioabbaubar.

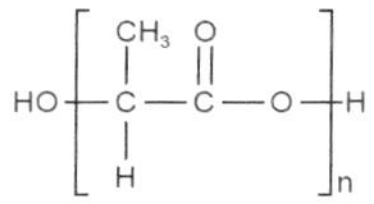

Verarbeitung

Reines PLA lässt sich nicht gut verarbeiten. Mit Hilfe von Verarbeitungshilfsmitteln, noch besser nachgiebigen Blendpartnern, sind aber alle für Thermoplaste übliche Verarbeitungsverfahren möglich. Ein Vortrocknen des Granulats ist notwendig, um einen hydrolytischen Abbau während der Verarbeitung zu vermeiden. PLA kann mit den gängigen Verfahren geschweißt werden. PLA-Blends sollten hierzu eine dominierende Phase haben.

Gebrauchseigenschaften

PLA zeichnet sich durch eine hohe Widerstandsfähigkeit gegen Fette, Feuchte und Alkohol aus. Einsatzgrenzen werden durch die geringe Dehnfähigkeit des Werkstoffs gesetzt. Dadurch ist PLA oft nur als Blend mit nachgiebigen anderen Biopolymeren einsetzbar.

Einsatzgebiete (Auswahl)

Als Blend: Wegwerfbesteck, Verpackungsmaterialien in jeglicher Form, Mulchfolien, Bauteile für die Konsumelektronik

als reines Polymer: Chirurgisches Nahtmaterial, abbauende Implantate

Handelsname (Auswahl)

Reines PLA: Ingeo, Puralact

Beispiele für Blends: Bio-Flex, Ecovio

Guter Rat

Mit nachgiebigen Komponenten geblendetes PLA ist nicht nur im Verpackungssektor eine ausgezeichnete Alternative zu herkömmlichen Verpackungswerkstoffen, sondern auch in vielen anderen Kunststoffanwendungen. Der niedrige Preis erlaubt das maßschneidernde Blenden mit nachgiebigen Blendpartnern.

Eigenschaften von Polylactiden und Blends

Eigenschaft	Einheit	Polylactid (PLA)	PLA/PBAT-Blend (ca. 45/55 %); an Folie gemessen	PLA/PBS-Blend (ca. 80/20 %)
Dichte	g/cm³	1,25	1,25	1,25
E-Modul	MPa	3610	750/quer 520	2800
Streckspannung	MPa	70,1	35	31
Streckdehnung	%	3,21	-	-
Nominelle Bruchdehnung	%	-	-	-
Spannung bei 50 % Dehnung	MPa	-	-	-
Bruchspannung	MPa	59,8	-	28
Bruchdehnung	%	5,15	320/quer 250	7
Schmelztemperatur	°C	-	-	130

3.30 Thermoplastisches Polyurethan (TPE-U, auch TPU)

thermoplastischer Elastomer

Kurzbeschreibung

TPE-U sind Block-Copolymere, die durch Polyaddition langkettiger Diole mit aliphatischen Diisocyanaten entstehen. Sie verbinden (mit Einschränkungen) die Eigenschaften eines Elastomers mit der Verarbeitbarkeit eines Thermoplasten.

Verarbeitung

Die Verarbeitung dieses thermoplastischen Elastomers, auch das Schweißen, ist grundsätzlich mit allen für Thermoplaste üblichen Verfahren möglich.

Gebrauchseigenschaften

TPE-U zeichnet sich durch hohe Zugfestigkeit und Reißdehnung, hohe Gleit-Verschleiß-Festigkeit und Dehnfähigkeit auch bei tiefen Temperaturen, aus. Es hat exzellente Hafteigenschaften, welche es für das Zweikomponenten-Spritzgießen empfehlen. Es ist transparent, beständig gegen Öle und Lösemittel sowie UV- und andere energiereiche Strahlung und weist hohe Dämpfung und Dauergebrauchstemperatur auf.

Einsatzgebiete (Auswahl)

Konstruktionsbauteile: Zahnräder geringer Beanspruchung, Haptik verändernde Komponente an Konsumprodukten (Zahnbürsten, Gartenschlauchverbinder, Rasiergeräte etc.), Medizintechnik: Herzklappen, Schlauchpumpen

Andere Bauteile (Substitut für konventionellen Elastomereinsatz): Schläuche, Gelenkabdichtungen, Dämpfungselemente, Zahnriemen, Hammerköpfe. Schuhanwendungen: Stollen, Schuhsohlen, Absätze, Skischuhe; Medizintechnik: Bypässe, Dialysenmembranen, Infusionsschläuche

Handelsnamen (Auswahl)

Desmopan, Esthane, Elastollan, Pellethane

Guter Rat

Hervorragender Elastomerersatz, wenn keine höheren Dauergebrauchstemperaturen benötigt werden. Zudem ein sehr gern gewählter Werkstoff für die Weichkomponente von Bauteilen, die im Mehrkomponenten-Spritzgießverfahren hergestellt werden.

3.31 Polyurethan (PUR)

Duromer

Kurzbeschreibung

Polyurethan entsteht z. B. durch Reaktion von Polyisocyanat mit Polyolen (Alkoholen). Die Urethangruppe ist für diese Polymere charakteristisch. Die schematische Formel gibt die allgemeine Entstehung und die Struktur wieder.

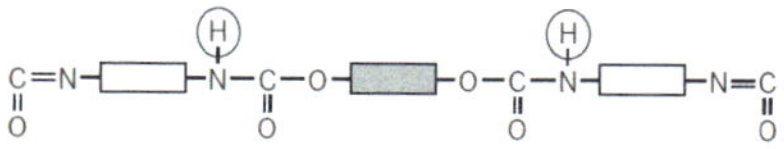

Verarbeitung

Die in der Regel flüssigen Rohstoffe werden nach Empfehlungen des Herstellers meist bei Raumtemperatur vermischt und härten dann durch Vernetzung in der Form aus. Durch die Mischungsverhältnisse und die Art der Zusatzstoffe kann der Verarbeiter die Eigenschaften vehement variieren. Da elastomeres Polyurethan nach der Reaktion nicht wieder schmelzbar ist, ist es auch nicht schweißbar. Mögliche Verarbeitungsverfahren sind Gießen, Schäumen und Spritzgießen.

Gebrauchseigenschaften

Polyurethan ist sehr dehnfähig, sehr zäh, hat gute Gleit-Verschleiß-Eigenschaften und es zeigt hohen Widerstand gegen Ozon, gegen Oxidation, gegen Pilzbefall und gegen Feuchtigkeit. Polyurethan kann als Weichschaumstoff, Hartschaumstoff, ungeschäumtes Elastomer und – noch stärker vernetzt – sogar als Gießharz eingesetzt werden.

Einsatzgebiete (Auswahl)

Konstruktionsbauteile sind meist aus ungeschäumtem PUR: Vollreifen, Rotorlager, Kupplungen, Walzenbeschichtungen, Rollen, Dichtungen, Rollen von Inline-Skatern

Andere Bauteile aus Weichschaumstoff: Matratzen, Sitz- und Möbelpolster, Teppichunterleger, Transportschutz, Armaturenbrett-Beschichtung.

Andere Bauteile aus Hartschaumstoff: Gebäudeisolierung, Kühlschrank- und -raumisolation, Verpackung, Transportschutz, Dämmplatten oder ungeschäumt: Schallmatten, Schuhsohlen

Handelsnamen (Auswahl)

- Isocyanate: Desmodur, Isonate, Lupranat, Mondur, Papi, Sumidur, Suprasec, Systanat, Tekenate, Tedimon, Voranate
- Polyole bzw. Systeme: Arcol, Bay …, Desmophen, Elasto …, Lupranol, Multranol, Sumiphen, Systol

Guter Rat

Polyurethan wird meist nur in ungeschäumter Form als Konstruktionswerkstoff genutzt. Hier werden dann die guten Dämpfungs- und geringen Abriebeigenschaften genutzt. Elastomer-PUR kann in der Regel nicht von einem normal-ausgerüsteten Spritzgießbetrieb verarbeitet werden.

3.32 Epoxidharze (EP)

Duromer

Kurzbeschreibung

Epoxidharze entstehen durch Reaktion einer Epoxidgruppe mit einer Hydroxygruppe aus Alkoholen oder Carbonsäuren. Ebenso kann ein Amin oder Amid mit der Epoxidgruppe zum Epoxidharz aushärten.

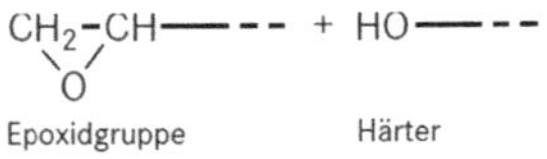

Verarbeitung

Typische Verarbeitungsverfahren sind das Pressen, Spritzpressen, Strangpressen oder auch Spritzgießen. Die Vernetzung findet erst nach der Formgebung statt. Wird Epoxidharz nicht handverarbeitet (Aushärtung bei Raumtemperatur mit Härter), sondern per Maschine, werden wegen der höheren Temperaturen keine Härter benötigt. Da zum Erreichen der Formstabilität die Vernetzung abgewartet werden muss, benötigen Duromerbauteile meist eine höhere Zykluszeit als beim Thermoplast-Spritzgießen. Wegen der geringen Fließviskosität sind die Realisierung geringer Wanddicken und die einfache Einbettung von Metallbauteilen ohne deren Verformung möglich. Epoxidharze zeigen äußerst niedrige Reaktions-Schwindung während der Verarbeitung.

Epoxidharze können auch in Form von Prepregs verarbeitet werden, welche in beheizte Presswerkzeuge gelegt, während des Pressvorgangs entsprechend der Werkzeuggestalt verformt und anschließend aushärtet werden.

Gebrauchseigenschaften

Epoxidharze haben hohe Festigkeiten bei Zugbeanspruchung und schwingender Beanspruchung, bei höherer Temperatur gutes Dämpfungsvermögen, hohe Formbeständigkeit in der Wärme, gutes Alterungsverhalten, Geruchs- und Geschmacksfreiheit – wenn gut ausgehärtet – und geringe Brennbarkeit. Sie haben weiterhin hervorragende elektrische sowie Adhäsions-/Klebeeigenschaften. Sie sind beständig gegen Treibstoffe und Hydrauliköle und haben eine überlegene Dimensionsstabilität in vielen Medien und eine geringe Spannungsrissanfälligkeit.

Einsatzgebiete (Auswahl)

Konstruktionsbauteile: Technisch hochwertige Präzisionsteile bis hin zu kleinsten Abmessungen, besonders mit Metalleinlagen, Umspritzen von Wickelkondensatoren, Ankern und Kollektoren. Zündspulen, Starkstromisolatoren, Gangschaltungen und für Platinen; Prepregs finden Verwendung für großflächigere Bauteile wie Leitwerke, Sandwichbauteile, Druckkörper, Hochleistungs-Sportgeräte

Andere Bauteile: Prototypformen und als Bindemittel in Beschichtungsstoffen und Klebstoffen

Handelsnamen (Auswahl)

Acme, Aerolam, Conapoxy, Corlar, DER, Dularit, Durapox, Epikote, Epilox, Epocast, Exatron, Grilonit, Lekutherm, Paraplex, Quatrex, Revepox, Rütapox, Trolitax, als Formmassen z. B. Araldit, Bakelite

3.33 Melaminformaldehydharz (MF)

Duromer

Kurzbeschreibung

Da die chemische Darstellung aufgrund der dreidimensionalen Struktur unübersichtlich ist, wird hierauf verzichtet.

Verarbeitung

Melaminformaldehydharze können prinzipiell ebenso wie Epoxidharze verarbeitet werden (s. Epoxidharze).

Gebrauchseigenschaften

Mit 60 % a-Cellulose gefüllte Teile aus MF sind weiß und in allen bunten Farben licht-, heißwasser-, koch- und spülmittelbeständig. Die Kratzfestigkeit ist höher als die von ungesättigtem Formaldehydharz. Je nach Typ ist Melaminformaldehydharz ein kriechstromfester, feuchtebeständiger und mechanisch hoch belastbarer Isolationswerkstoff. Die anorganischen Typen sind lichtbogen- und glutbeständig und praktisch nicht brennbar. MF wird zwar von Säuren und starken Laugen angegriffen, ist aber gegen Treibstoffe, Öle, Lösemittel und Alkohol weitgehend beständig. Wegen der hohen Nachschwindung können MF-Bauteile spannungsrissanfällig sein.

Einsatzgebiete (Auswahl)

Konstruktionsbauteile: Haupteinsatzgebiet sind hoch beanspruchte, auch kompliziert gestaltete Bauteile der Elektrotechnik und Elektronik. Früher auch Verschraubungen, Beschläge, Haus- und Küchengeräte, Gehäuse, Essgeschirr.

Handelsnamen (Auswahl)

Bakelite, Beetle, Melaform, Melaicar, Melmex, Melochem, Melopas, Melsprea

3.34 Phenol-Formaldehyd- oder Phenolharz (PF)

Duromer

Kurzbeschreibung

Formaldehyd-Formmassen polykondensieren in einer zweistufigen Reaktion. Da die chemische Darstellung aufgrund der dreidimensionalen Struktur unübersichtlich ist, wird hierauf verzichtet.

Verarbeitung

Phenolharze können prinzipiell wie Epoxidharze verarbeitet werden (s. Epoxidharze).

Gebrauchseigenschaften

Phenolharze sind fest, steif und hart. Sie haben geringe Kriechneigung und – je nach Verstärkungsstoff – hohe Kälteschlagzähigkeit und Zähigkeit. Die Formbeständigkeit in Wärme ist hoch. Phenolharze haben geringe Wärmeausdehnung.

Bei längerer Wärme- und/oder UV-Einwirkung dunkeln PF-Formstoffe nach und werden gelblich-braun. Daher gibt es sie meist nur in dunklen Farben. Phenolharz ist glutbeständig und schwer entflammbar, beständig gegen organische Lösemittel, Treibstoffe, Fette und Öle auch bei höheren Temperaturen. Weniger beständig ist Phenolharz gegen starke Säuren und Alkalien. Durch die langsame Feuchtigkeitsaufnahme können Phenolharz-Formmassen nur modifiziert für Isolationszwecke verwendet werden. Aufgrund des Eigengeruchs ist die Berührung mit Lebensmitteln unzulässig.

Einsatzgebiete (Auswahl)

Konstruktionsbauteile: Die Treibstoffbeständigkeit wird im Kfz-Motorraum z. B. für die Zündelektronik, Vergaserköpfe, Zylinderkopfdeckel und anderes genutzt. Glasfaserverstärkte Prepregs werden in der Zug- und Flugzeugausrüstung, für Tunnel oder Bergwerksauskleidungen eingesetzt.

Andere Bauteile: Zubehör in der Elektrotechnik wie Kabelstecker, Gehäuse und Sockel. Mineralisch gefüllte Phenolharze werden für Hitze- und spülmaschinenfeste Griffe und Beschläge an Haushaltsgeräten, Töpfen und Pfannen sowie für Heizungsarmaturen verwendet.

Handelsnamen (Auswahl)

Bakelite, Durez, Fenlac, Moldesite, Plenco, Resinol

3.35 Harnstoff-Formaldehydharz (UF)

Duromer

Kurzbeschreibung

Harnstoff-Formaldehyd-Formmassen reagieren in einer zweistufigen Reaktion aus Harnstoff und Aldehyden. Erst gibt es eine Polyaddition von Formaldehyd an Harnstoff zu Methylolkunststoffen, dann eine Polykondensation mit Harnstoff oder untereinander mit Kettenverlängerungen.

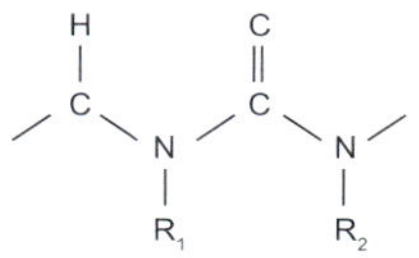

Verarbeitung

Ungesättigte Formaldehydharze können prinzipiell wie Epoxidharze verarbeitet werden (s. Epoxidharze).

Gebrauchseigenschaften

UF-Formteile haben eine hohe mechanische Festigkeit, Steifigkeit und Härte. Neben dem hohen Oberflächenglanz sind die sehr guten elektrischen Eigenschaften, die Lichtechtheit und die schwere Entflammbarkeit, hervorzuheben. Sie sind geschmacks- und geruchsfrei, beständig gegen Lösemittel, Öle, Fette, schwache Säuren und Laugen, aber nicht beständig gegen starke Säuren und Laugen, kochendes Wasser. UF neigt zudem zur Spannungsrissbildung und gilt als weniger maßhaltig als Phenolharze.

Einsatzgebiete (Auswahl)

Konstruktionsbauteile: Haupteinsatzgebiet sind hoch beanspruchte, auch kompliziert gestaltete Bauteile der Elektrotechnik und Elektronik. UF wird bevorzugt in weiß eingesetzt für Verschraubungen, als Behälter in der Kosmetik, für Sanitärteile, Haushaltsgeräte und für elektrisches Installationsmaterial.

Handelsnamen (Auswahl)

Beetle, Caraicar, Urochem, Uroform, Uroplas

3.36 Ungesättigtes Polyesterharz (UP)

Duromer

Kurzbeschreibung

Ungesättigte Polyester sind lösliche und schmelzbare Polyester, die mindestens eine ungesättigte Komponente aufweisen. Sie werden unter Zugabe von Peroxidverbindungen zu Duromeren copolymerisiert.

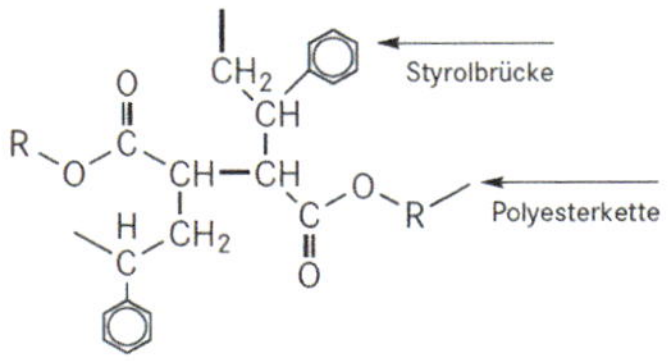

Verarbeitung

Ungesättigte Polyesterharze können prinzipiell ebenso wie Epoxidharze verarbeitet werden (s. Epoxidharze)

Gebrauchseigenschaften

Bauteile aus ungesättigten Polyesterharzen lassen sich glasklar herstellen, vergilben kaum und sind recht kostengünstig. Die ausgehärteten Bauteile schwinden kaum nach, bleiben somit maßgetreu und sind nicht spannungsrissanfällig. Sie sind beständig gegen Alkohol, Ether, Benzin, Schmierstoffe und Fette und nur bedingt beständig gegen Benzol, Ester, schwache Säuren und siedendes Wasser. Sie sind gar nicht beständig gegen Laugen und starke Säuren.

Einsatzgebiete (Auswahl)

Konstruktionsbauteile: Glasfaserverstärkte Formteile und Halbzeuge.

Andere Bauteile: Harzbeton, Klebemörtel, Versiegelungen, Beschichtungsmassen für den Korrosionsschutz von Rohren, Behältern und Bauwerken. Gieß-, Tränk- und Einbettharze für die Elektrotechnik. Einbettmassen für Sammelobjekte aller Art. Lacke und Klebstoffe.

Handelsnamen (Auswahl)

Aropol, Bakelite, Crystic, Esteform, Keripol

3.37 Literaturverzeichnis

[1] P. de Gennes, Dynamics of Entangled Polymer Solutions, Macromolecules, Nr. 9, 4 1976.

[2] H. Domininghaus, Kunststoffe: Eigenschaften und Anwendungen, P. Elsner, Hrsg., Berlin: Springer, 2008.

[3] G.W. Ehrenstein, Polymer Werkstoffe, Struktur – Eigenschaften – Anwendung, München: Carl Hanser Verlag, 2011.

[4] G. Menges, Werkstoffkunde Kunststoffe, München: Carl Hanser Verlag, 2011.

[5] J.L. Thomason und M.A. Vlug, The influence of fibre length and concentration on the properties of glass fibre reinforced polypropylene: 1. Tensile and flexural modulus, Composites Part A: Applied Science and Manufacturing, Bd. 27, Nr. 6, p. 477 – 484, November 1996.

[6] P. Menner, Zerstörungsfreie Prüfung von modernen Werkstoffen mit dynamischen Shearografie-Verfahren, Stuttgart, 2013.

[7] M.I. Kohan, Nylon Plastics Handbook, München: Hanser/Gardner Publications, 1995.

[8] K. Kohlgrüber, Der gleichläufige Doppelschneckenextruder: Grundlagen, Technologie, Anwendungen, München: Carl Hanser Verlag, 2016.

[9] D. Blaese, Methodische Ansätze zur Abschätzung der Lebensdauer von Kunststoffbauteilen bei komplexen Beanspruchungen. Dissertation, Univ. Essen, 1999.

[10] Saechtling-Kunststoff-Taschenbuch, München: Carl Hanser Verlag, 2013.

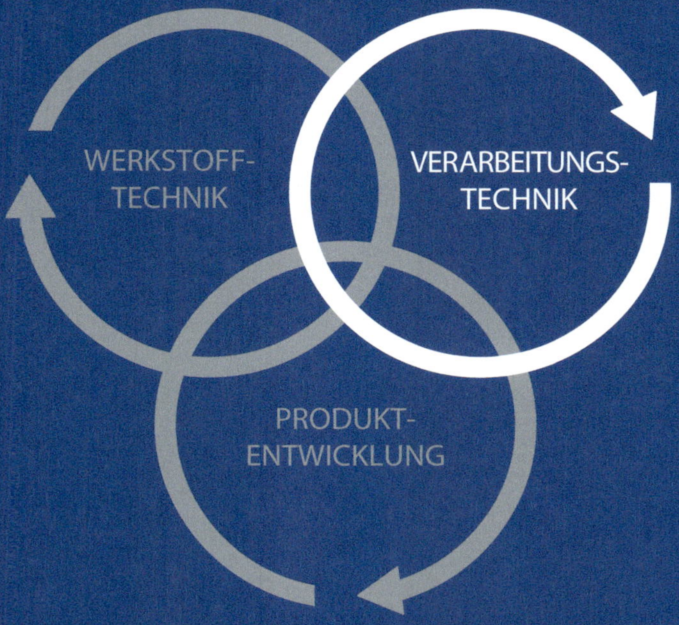

Verarbeitungstechnik

4 Kunststoff-Verarbeitungstechnik

In DIN 8580 wird die Fertigungstechnik in sechs Hauptgruppen unterteilt (Tabelle 4.1). Bei der Herstellung von Kunststoffbauteilen nutzen wir in der Kunststofftechnik allerdings selten den Begriff Fertigungstechnik. Der Begriff „Verarbeitungstechnik" beschreibt eher den Charakter eines verfahrenstechnischen Prozesses, der zur Wandlung von Kunststoffgranulat zum fertigen Bauteil gebraucht wird.

Tabelle 4.1 Einteilung der Fertigungsverfahren nach DIN 8580

Schaffen der Form	Ändern der Form				Ändern der Stoffeigenschaften
Zusammenhalt schaffen	**Zusammenhalt beibehalten**	**Zusammenhalt vermindern**	**Zusammenhalt vermehren**		
Hauptgruppe 1 Urformen	**Hauptgruppe 2** Umformen	**Hauptgruppe 3** Trennen	**Hauptgruppe 4** Fügen	**Hauptgruppe 5** Beschichten	**Hauptgruppe 6** Stoffeigenschaft ändern

Die Verarbeitung von Kunststoffen erfolgt meist über urformende Prozesse (Hauptgruppe 1) aus einer Kunststoffschmelze, die je nach molekularem Aufbau auf verschiedene Weise erstarrt. An dieser Stelle wird erneut hervorgehoben, dass der Kunststoffverarbeitungsprozess die Eigenschaften des Werkstoffs dermaßen beeinflusst, dass dessen Eigenschaften erst im fertigen Bauteil festliegen. Die Hauptgruppen 2 bis 5 werden in Abschnitt 4.5 behandelt. Trotz der Fortschritte der additiven Fertigung wird diese noch nicht für die Großserienfertigung eingesetzt. Sie wird meist für Prototypen verwendet und daher erst in Abschnitt 5.4 behandelt.

Urformprozesse benötigen in der Großserie immer ein sogenanntes Werkzeug zur Formgebung. Der Begriff Werkzeug meint hierbei kein Instrument zur manuellen Bearbeitung, wie beispielsweise einen Hammer oder Schraubenschlüssel, sondern eine Düse oder Kavität, in der die Schmelze gezielt in die gewünschte Gestalt gebracht wird. Diese Werkzeuge sind zusammen mit den Kunststoffverarbeitungsmaschinen entscheidende Fertigungsmittel bei der Herstellung von Kunststoff-

Serienteilen. Wegen der oft erheblichen Drücke und Temperaturen, die bei der Schmelzeverarbeitung auftreten, sind spezielle Werkzeugstähle und Zuhaltemechanismen erforderlich. Diese Werkzeugstähle und die hohe Präzision machen die Werkzeuge sehr robust, aber auch recht teuer, so dass sich Kunststoffverarbeitungsprozesse meist nur lohnen, wenn viele Produkte hergestellt werden.

Die verschiedenen Kunststoffverarbeitungsprozesse unterscheiden sich hinsichtlich ihrer thermodynamischen und strömungsdynamischen Bedingungen wie Erwärmung, Fließgeschwindigkeit, Druckaufbau und Abkühlgeschwindigkeit recht stark. Schlüssel zur geeigneten Kunststoffverarbeitung und zum geeigneten Kunststoffprodukt ist das Verständnis der Einflüsse dieser thermodynamischen und strömungsdynamischen Zustände auf den Prozess und die Bauteileigenschaften.

■ 4.1 Extrusion

Dienen Doppelschneckenextruder hauptsächlich der Aufbereitung von Kunststoffen (Abschnitt 3.4), werden Einschneckenextruder dazu eingesetzt, mit Hilfe eines formgebenden Werkzeugs Formteile wie Rohre, Profile, Schläuche, Platten und Folien (siehe Bild 4.1) herzustellen. Diese Formteile haben üblicherweise ein zweidimensionales Profil und werden in die dritte Dimension endlos extrudiert, zumindest solange der Extruder läuft.

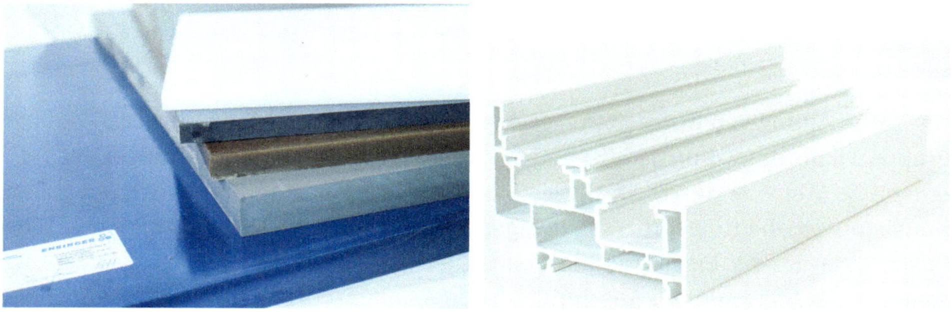

Bild 4.1 Extrudierte Produkte

Der Einschneckenextruder verfügt über einen Antriebsteil und einen Verfahrensteil. Der Verfahrensteil hat einen Granulattrichter, elektrische Heizungen sowie Kühlgebläse, Gehäuse und Schnecke. Am Ende der Schnecke befindet sich oft noch ein Mischteil, falls die Homogenisierung der Schmelze durch die Schnecke nicht ausreicht (Bild 4.2).

Im Gegensatz zu Doppelschneckenextrudern zeichnen sich Einschneckenextruder durch ein wesentlich höheres Druckaufbauvermögen aus.

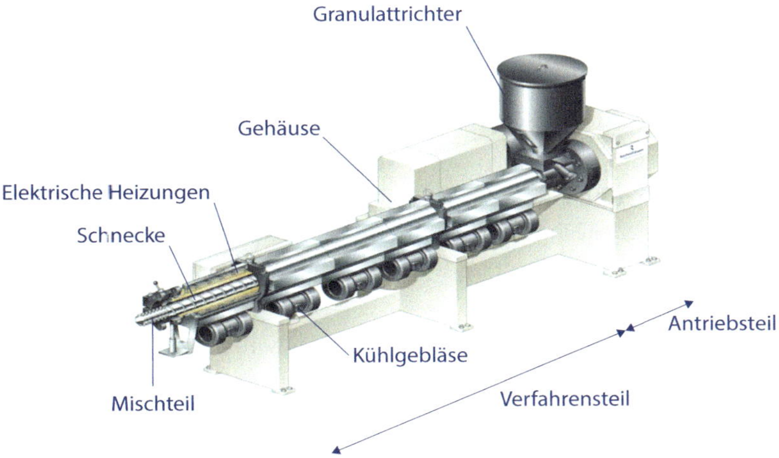

Bild 4.2 Schema eines Einschneckenextruders [Bildquelle: Reifenhäuser]

4.1.1 Extruderschnecke und Zylinder

In Bild 4.3 ist eine herkömmliche, sogenannte Drei-Zonen-Schnecke mit den Verfahrensbereichen Einzugszone, Aufschmelzzone und Austragzone dargestellt. In der Einzugszone wird das Granulat aus dem Trichter aufgenommen und vor allem gefördert. Dabei wird es bereits vorgewärmt und verdichtet. Es muss darauf geachtet werden, dass es hier nicht bereits schmilzt.

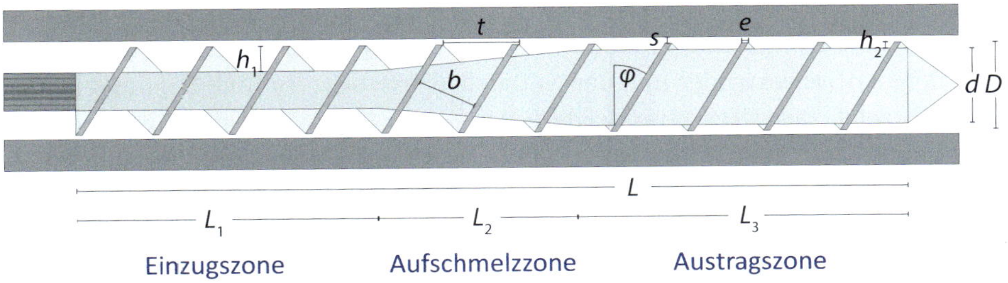

Bild 4.3 Drei-Zonen-Schnecke

In der Aufschmelzzone wird das Granulat vom Festkörper zur Schmelze umgewandelt. Oft wird sie auch Kompressionszone genannt, da die Granulatkörner zu Beginn mehr Platz einnehmen als zum Ende die Schmelze. In der Austragszone wird die gebildete Schmelze vor allem thermisch, aber teils auch stofflich homogenisiert. In dieser Zone wird bei einer Drei-Zonen-Schnecke der Druck aufgebaut, um den Widerstand des Formgebungswerkzeuges zu überwinden.

Charakteristisches Unterscheidungsmerkmal eines Extruders ist immer das Verhältnis von Länge L zu Durchmesser D der Schnecke. So lautet die Bezeichnung z. B. 90–25D oder 90/25D, was ganz einfach bedeutet, dass der Schneckendurchmesser D = 90 mm und die Schneckenlänge 25 mal so lang ist (also 2250 mm).

Die charakteristischen Geometriewerte sind also Schneckendurchmesser D und Länge L, aber auch Kerndurchmesser d, Ganghöhe h, Gangbreite b und Stegbreite e. Der Abstand zwischen Steg und Zylinder ist das Schneckenspiel s. Der Gangsteigungswinkel wird φ genannt und der Abstand zwischen zwei Stegen „Gangsteigung t".

In Bild 4.4 sind zwei verschiedene Gangsteigungswinkel φ dargestellt. Ist φ kleiner, so ist der Abstand zwischen den Schneckenstegen ebenfalls kleiner. Je höher die Ganghöhe h, desto mehr Material kann gefördert werden.

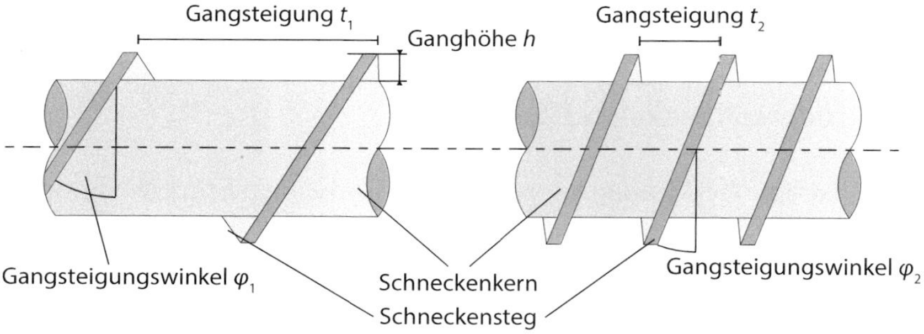

Bild 4.4 Charakteristische Geometriewerte

Es haben sich zwei wichtige Grundformen von Einschneckenextrudern durchgesetzt: der Glattrohrextruder und der Nutbuchsenextruder. In Bild 4.5, links ist der Einzugsbereich des Glattrohrextruders dargestellt. Hier (und durchgehend) hat der Zylinder eine glatte Oberfläche und es wird meist eine konventionelle Drei-Zonen-Schnecke (s. o.) eingesetzt.

Im Nutbuchsenextruder (Bild 4.5, rechts) verfügt der Zylinder über eine Buchse im Einzugsbereich. Diese Buchse wurde mit geraden oder gewendelten Nuten in Extrusionsrichtung ausgeführt. Durch das Kunststoffgranulat, das sich in den Nuten verkeilt, wird der Reibkoeffizient zum Zylinder hin deutlich erhöht (Reibung Kunststoff/Kunststoff immer größer als Kunststoff/Stahl). Eine hohe Reibung an der Zylinderwand und eine geringe Reibung an der Schnecke sind wichtig für ein gutes Förderverhalten in der Einzugszone.

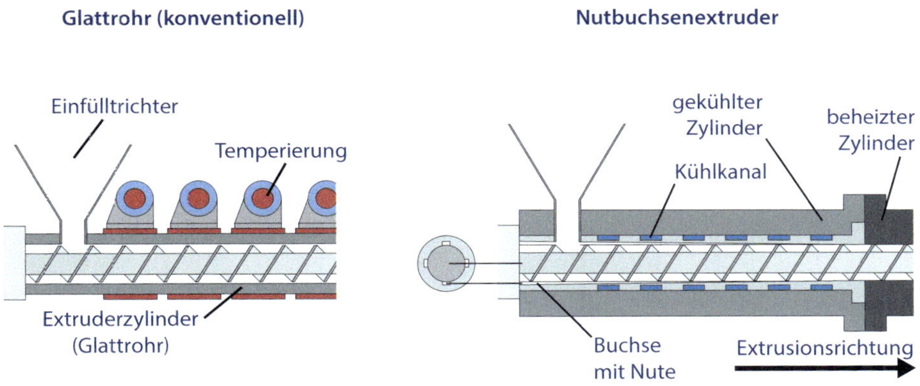

Bild 4.5 Einzugsbereich Glattrohrextruder und Nutbuchsenextruder

Das Granulat wird in Extrudern mit genuteter Einzugszone in weiten Bereichen vom anliegenden Werkzeuggegendruck unabhängig gefördert. Befindet sich Schmelze in den Nuten, funktioniert das Prinzip nicht mehr, daher werden die Nutbuchsen mit Kühlkanälen ausgestattet und aktiv gekühlt, so dass das Granulat nicht zu früh aufschmilzt.

QR-Code 4-1

Hier wird die Feststoffförderung in der glatten Einzugszone gezeigt.

http://www.ikt.uni-stuttgart.de/links/Videolinks/PE_Druck_Skala

QR-Code 4-2

Die Mutter-Schraube-Förderung in der wendelgenuteten Einzugszone wird gezeigt.

http://www.ikt.uni-stuttgart.de/links/Videolinks/Wendel_Anfang

In Bild 4.6 sind der Druck- und Temperaturverlauf über die Verfahrensbereiche eines Glattrohrextruders aufgetragen. In der Einzugszone werden die festen Granulatkörner gefördert und die Porosität nimmt ab. In der Umwandlungszone steigen Temperatur und Druck allmählich an. Die Temperatur muss steigen, damit die verdichteten Granulatkörner aufschmelzen; der Druck muss steigen, damit die zähflüssige Schmelze den Fließwiderstand des nachfolgenden Werkzeugs (Verbraucher) überwinden kann.

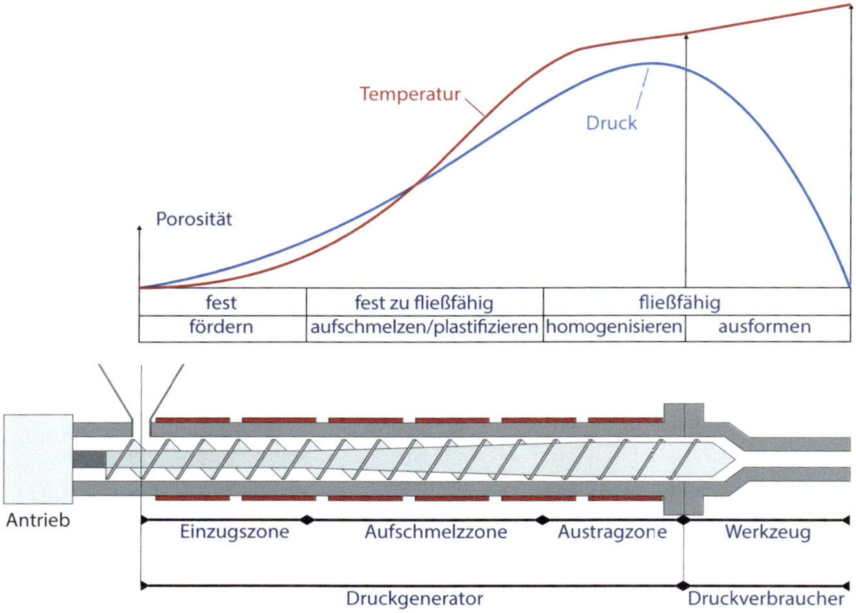

Bild 4.6 Druck- und Temperaturprofil eines Glattrohrextruders

In der Austragzone erreichen Druck und Temperatur ihr Maximum. Alles Material ist (zäh)flüssig und wird zum Werkzeug gefördert. Das Werkzeug ist der Druckverbraucher, welcher dem Werkstoff seine Form gibt. Der Druckwiderstand des Werkzeugs bestimmt den Volumenstrom (Durchsatz) und die Mischwirkung, da durch das Druckgefälle von der Austragzone zur Einzugszone eine druckgetriebene Rückströmung der Schmelze stattfindet. Eine Rückströmung verringert zwar den Durchsatz, sorgt aber für eine bessere Durchmischung.

Ob das Granulatkorn in der Einzugszone stehen bleibt, statt gefördert zu werden, kann mit Betrachtung der Geschwindigkeitsvektoren in Bild 4.7 erklärt werden. Den Winkel zwischen der Umfangsrichtung und der wirklich eingeschlagenen Richtung nennt man Förderwinkel ω.

Wäre die Schnecke ideal glatt, also die Reibung Schnecke/Granulat wesentlich kleiner als die Reibung Zylinder/Granulat, bewegt sich das Granulat senkrecht zu den Schneckenstegflanken (von A zu C). Dies lässt einen sehr hohen Ausstoß erwarten, tritt aber bei konventionellen Schnecken nicht auf.

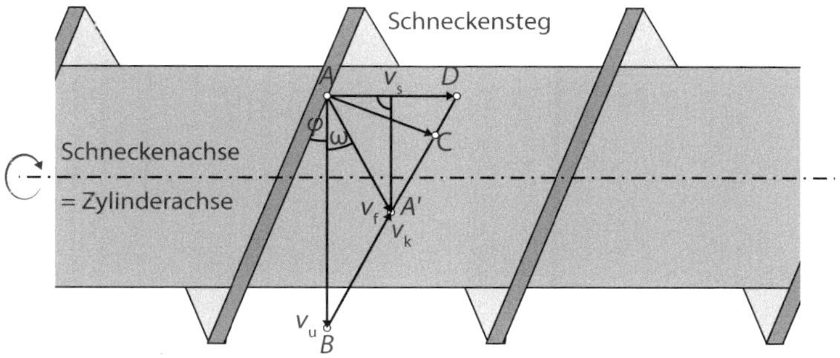

Bild 4.7 Einzugszone – Feststoffförderung

Ist im Extremfall die Reibung Schnecke/Granulat weit größer als Zylinder/Granulat, haftet das Granulat auf der Schnecke und bewegt sich mit Umfangsgeschwindigkeit v_u. Das Granulat läuft von A zu B und „bleibt stehen", ohne zu fördern ($\omega = 0°$).

Ist die Reibung Schnecke/Granulat nicht wesentlich kleiner als die Reibung Zylinder/Granulat, wandert das Granulatkorn von Ausgangspunkt A zu A'.

Wird das Granulat vollständig am Mitdrehen mit der Schnecke gehindert, läuft es von A zu D (wie eine Mutter auf einem Gewinde). Dieser Extremfall gelingt mit Granulat im Einzugsbereich bei Nutbuchsenextrudern ($\omega = 90°$), was ebenfalls recht hohe Förderung bewirkt.

In Bild 4.8 sind Druck- und Temperaturverlauf über die Verfahrensbereiche eines Nutbuchsenextruders aufgetragen. In der Einzugszone werden die festen Granulatkörner gefördert und deren Porosität nimmt ab. Durch die erzwungene Förderung wird hier bereits ein hoher Druck aufgebaut, welcher von allen folgenden Zonen verbraucht wird. In der Umwandlungszone wird vor allem die Temperatur erhöht, um das Granulat aufzuschmelzen. Die Druckströmung weist hier in Förderrichtung und nicht, wie beim Glattrohr, entgegen dieser; es kommt also nicht zu einer durchsatzverringernden Rückströmung.

In der Austragzone ist dann wieder alles wie beim konventionellen Extruder. Die Temperatur steigt noch weiter an, das Material ist (zäh)flüssig und wird zum Werkzeug gefördert. Das dahinter gesetzte Werkzeug ist ebenfalls ein Druckverbraucher, welcher dem Werkstoff seine Form gibt.

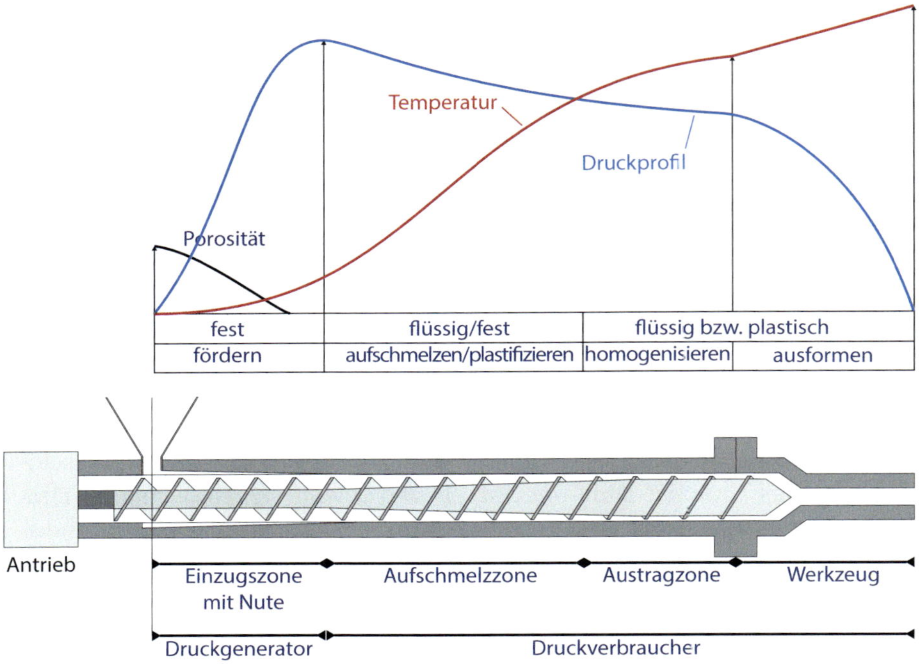

Bild 4.8 Druck- und Temperaturprofil eines Nutbuchsenextruders

Aufschlussreich sind die sogenannten Kennlinien der beiden Extruderbauarten (Bild 4.9). Auf der Abszisse ist der benötigte Druck zur Überwindung des Werkzeugs, auf der Ordinate der sich einstellende Massestrom (Durchsatz) aufgetragen. Bei Drehzahl n_1 stellt sich beim konventionellen Glattrohrextruder je nach Werkzeugwiderstand w ein Druckniveau p und ein Massestrom ein. Ist der Werkzeugwiderstand größer (w_2), muss bei gleicher Drehzahl ein höherer Werkzeugdruck überwunden werden, welcher den Durchsatz senkt. Erhöhen wir die Drehzahl (höherer Energieeintrag), wird bei gleichem Werkzeugwiderstand ein höherer Werkzeugdruck p erzeugt und ein höherer Massestrom $\dot{m}$ (Durchsatz) ermöglicht.

Beim Nutbuchsenextruder verhält sich dies etwas anders: Bei Drehzahl n stellt sich ein Massedurchsatz $\dot{m}$ ein. Wird nun der Werkzeugwiderstand erhöht, so erhöht sich der Werkzeugdruck ebenfalls, jedoch ohne dass der Durchsatz $\dot{m}$ zurückgeht. Hier wird deutlich, weshalb man von einer Zwangsförderung sprechen darf. Erst beim Überschreiten eines bestimmten Werkzeugwiderstands kommt es zu einem plötzlichen Einbruch des Durchsatzes. An diesem Punkt hat sich dann Schmelze in der Einzugszone gebildet und das Förderprinzip bricht zusammen. Bei Nutbuchsenextrudern ist daher die Geometrie der Einzugszone durchsatzbestimmend, beim Glattrohrextruder sind es die Ausstoßzone und das Werkzeug.

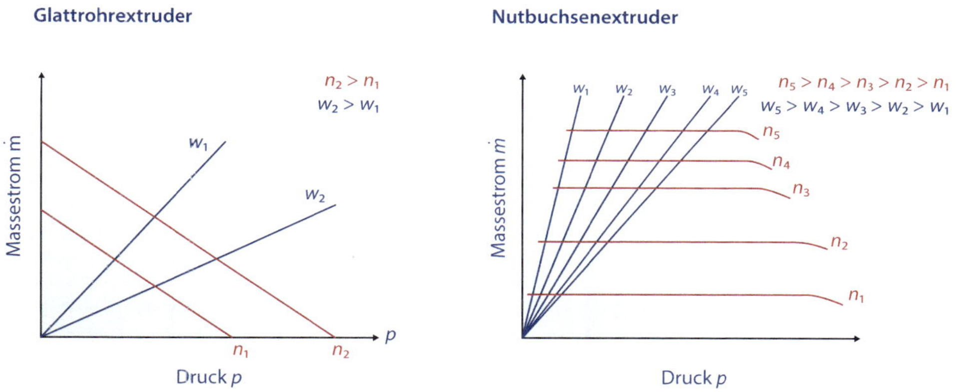

Bild 4.9 Schneckenkennlinien eines Extruders

Wichtig ist die Betrachtung der Aufschmelzzone. Im Querschnitt (Bild 4.10) sehen wir den Ausschnitt der Zylinderwand und der Schnecke mit ihren Flanken. Über Zylinder und Schnecke wird Wärme eingebracht. Es wird deutlich, wie Granulat in Förderrichtung nach und nach zu Schmelze umgewandelt wird.

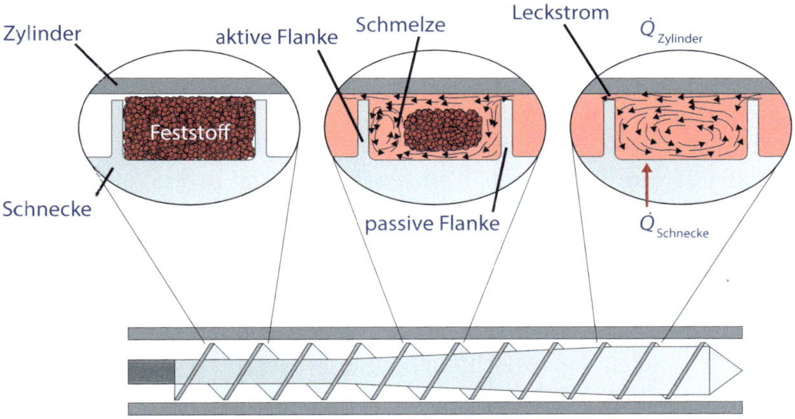

Bild 4.10 Aufschmelzvorgang im konventionellen Extruder

An der sogenannten aktiven („anschiebenden“) Flanke sammelt sich zunehmend Schmelze, während der Granulatbereich kleiner und kleiner wird. Der sogenannte Leckstrom überfließt die Flanken und umfließt das Granulat ebenso. Die Granulatansammlung ist somit stets von Schmelze umgeben und nur indirekt und zeitverzögert von den Wärmeströmen $\dot{Q}_{Zylinder}$ und $\dot{Q}_{Schnecke}$ erfasst. Mit zunehmendem Schmelzepolster wird der Wärmestrom in das Feststoffbett also ineffizienter.

Die Austragzone, auch Homogenisier- oder Meteringzone genannt, homogenisiert die Schmelze und baut beim konventionellen Extruder noch weiter Druck auf. Homogenisieren bedeutet hier insbesondere das thermische Vergleichmäßigen inklusive Aufschmelzen von Restpartikeln. Falls Zusatzstoffe in das Granulat eingemischt waren, müssen diese spätestens hier gleichmäßig verteilt werden.

Bei konventionellen Extrudern hängt der bis zum Ende aufgebaute Druck p vom Werkzeugwiderstand w, der Schneckendrehzahl n und vom Fließwiderstand der Schmelze (Viskosität) ab (siehe Bild 4.11). Übliche Druckbereiche sind 100 bis 300 bar und damit eine Größenordnung unter dem Druckbedarf mittlerer bis großer Spritzgießbauteile (siehe Abschnitt 4.2).

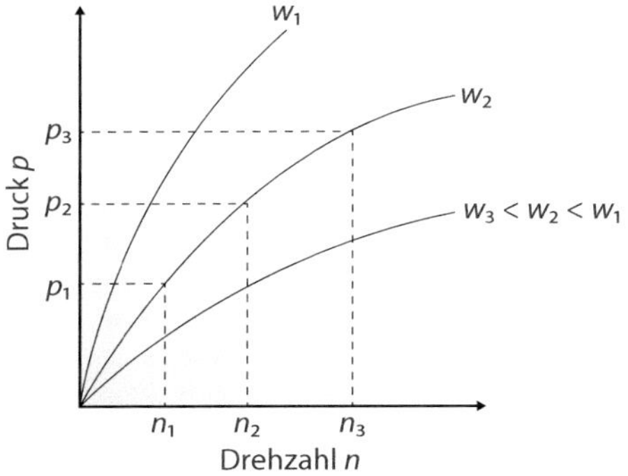

Bild 4.11
Druckaufbau in der Ausstoß- bzw. Meteringzone

Reicht die Homogenisierung dieser Zone nicht aus, können beim konventionellen Glattrohrextruder durch höheren Werkzeugwiderstand w die Verweilzeit und die Mischwirkung erhöht werden. Ist dies nicht genug, müssen zusätzlich Mischelemente hinter der Ausstoßzone eingebaut werden. Beim Nutbuchsenextruder kann auf die Mischwirkung von Mischelementen nicht verzichtet werden, da der Werkzeugwiderstand keinen Einfluss auf die Verweilzeit und die Durchmischung hat.

Drei Faktoren spielen bei Mischteilen eine wesentliche Rolle: Sie sollen die Schmelze gut vermischen und möglichst wenig Druck verbrauchen. Im Folgenden sind einige Mischteile und ihre Eigenschaften beschrieben. Ein wesentliches Unterscheidungsmerkmal zwischen den Mischern ist das Mischprinzip. Beim distributiven Mischen werden Partikel verteilt, beim dispersiven Mischen hingegen werden Partikel zerteilt (siehe Bild 3.128; Abschnitt 3.4.2). Im Standard-Mischteil in Tabelle 4.2 schließt sich ein überwiegend distributiv mischender Bereich einem überwiegend dispersiv mischenden Bereich an. Diese Kombination hat sich in der Praxis häufig bewährt.

Untersuchungen am IKT haben gezeigt, dass insgesamt, insbesondere hinsichtlich der Homogenisierung, die Mischer am besten abschneiden, die überwiegend dispersiv mischen. Der CTM-Mischer ist am besten für die Schmelzehomogenisierung geeignet, führt aber auch zu einer stärkeren dissipativen Erwärmung der Schmelze. Die rein distributiv arbeitenden Mischer vom Typ Saxton erzielen häufig schlechtere Ergebnisse (siehe Tabelle 4.2).

Tabelle 4.2 Mischelemente

Standard 	MBK 
CTM 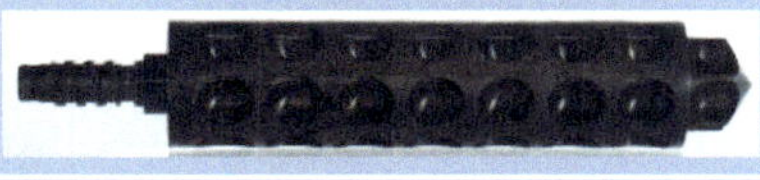	S-Scheiben 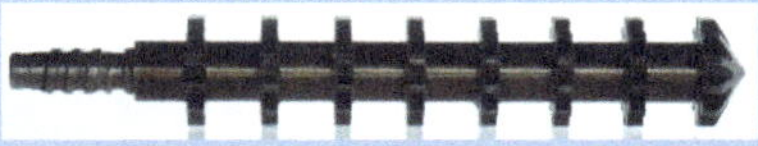
Saxton 	S-Maddock 
Stiftzylinder 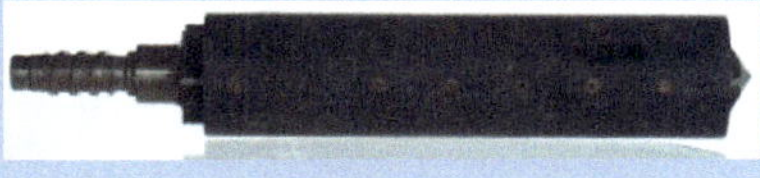	SMX 

4.1.2 Der Hochleistungsextruder Helibar®

Anhand von Bild 4.7 ist zu erkennen, dass es ideal wäre, wenn ein Granulatkorn den Weg A zu D oder zumindest zu C beschreitet. So wurde durch Eberhard Grünschloß am IKT ein Hochleistungsextruder mit Handelsnamen Helibar® entwickelt (Bild 4.12), der die Granulate in eine wendelförmige Nut nahezu senkrecht zur Schneckenstegflanke zwingt. Der Zylinder ist durchgängig genutet. Die Nuten befinden sich also nicht wie bei Nutbuchsenextrudern lediglich in der Einzugszone, sondern verlaufen bis zum Ende der Aufschmelzzone. Der Druck kann somit über eine längere Strecke aufgebaut werden und es entsteht weniger Reibung und Wärme in der Einzugszone. Nun muss diese nicht mehr aufwendig thermisch getrennt und wassergekühlt werden; es reicht meist eine passive Luftkühlung.

Darüber hinaus hat der Helibar®-Extruder eine sogenannte Barriereschnecke, die später näher erläutert wird. Am Ende dieser Schnecke befindet sich zur Homogenisierung ein Scher- und Mischelement entsprechend den oben dargestellten Ergebnissen. Durch die Nuten verfügt der Extruder ebenfalls über ein hohes Druckniveau von Anfang an.

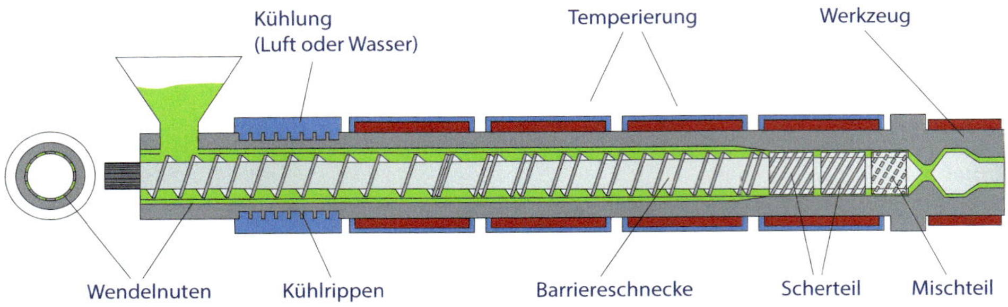

Bild 4.12 Aufbau Helibar®-Extruder

Durch dieses Extruderkonzept wird eine hohe Aufschmelzleistung erreicht, welche einen hohen Volumendurchsatz bei geringem Energieeinsatz und geringen Kosten bedeutet. Es zeigen sich ein geringer mechanischer Verschleiß und eine geringere Kühlleistung in der Einzugszone (z. B. Luftkühlung). Dank der Mischer werden eine gute Schmelzehomogenität und eine geringe thermische Schädigung des Kunststoffs sichergestellt. Abgesehen von dem teureren Zylinder (durchgängige Wendelnuten sind sehr schwierig herzustellen), hat der Extruder nur Vorteile und setzt sich nach und nach in der Branche durch.

In Bild 4.13 sind die Abwicklung einer Schnecke sowie ein Schneckenkanal dargestellt. Die Wendelnut hat zum einen im Einzugsbereich ihren Vorteil: Das Festhalten des Granulats in der Nut erzeugt große Schubkräfte auf den Feststoff und damit einen hohen Druckaufbau im Feststoffkanal. Die sogenannte Barriereschnecke lässt parallel einen zweiten Kanal, den Schmelzekanal, anwachsen, welcher durch die Druckdifferenz die Schmelze aus dem Feststoffkanal über die Wendelnuten aufnimmt. Gelegentlich lässt sich nicht vermeiden, dass Festkörperstückchen in den Schmelzekanal gelangen. Aber das ist gar nicht so schlecht; ähnlich wie Eiswürfel in einem Getränk führen diese Festkörperstückchen dann mit ihrer Schmelzenthalpie zur Kühlung der heißen Schmelze.

QR-Code 4-3

Eine Animation des Helibar®-Aufschmelzprinzips.

http://www.ikt.uni-stuttgart.de/links/Videolinks/Helibar_Prinzip

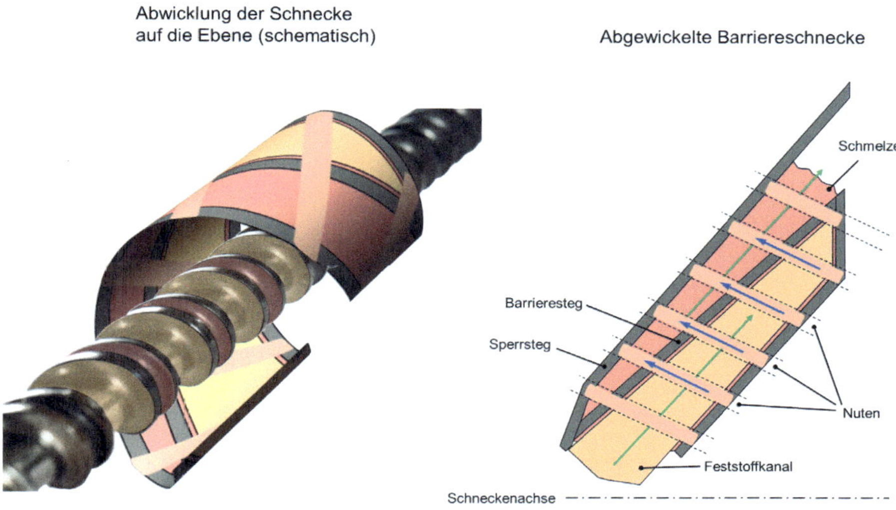

Bild 4.13 Schematische Darstellung des Helibar®-Pastifizierprinzips

Wird durch das Barriereprinzip mit zwei Kanälen laufend die Schmelze vom Feststoffbett getrennt, bleibt der sich an der Zylinderwand bildende Schmelzefilm sehr dünn. Die Aufschmelzleistung durch Wärmeleitung ist dann sehr groß und die Energie wird effizienter eingesetzt (Bild 4.14).

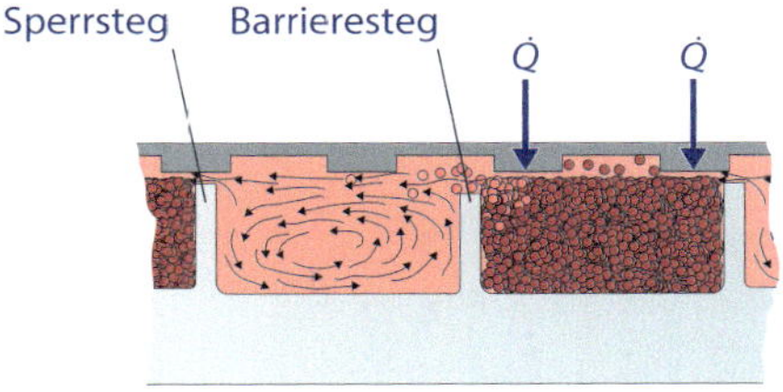

Bild 4.14
Bessere Wärmeleitung durch Abführen der Schmelze in den zweiten Kanal

4.1.3 Rohr- und Profilextrusion

Wollen wir uns nun den Druckverbrauchern, den Extrusionswerkzeugen, zuwenden. Diese haben alle gemein, dass sie die thermoplastische Schmelze rheologisch und strömungstechnisch geeignet in Form bringen, bevor sie durch Abkühlung erstarren. Im Wesentlichen wird in Werkzeuge für Rohre und Profile, Werkzeuge für Platten und Flachfolien sowie Werkzeuge für Blasfolien unterschieden (siehe Bild 4.15 und Bild 4.16).

Bild 4.15
Breitschlitzdüse für Platten und Flachfolien

Bild 4.16
Blasfolienwerkzeug

Ein Extrusionswerkzeug für Rohre (Bild 4.17) trennt die Schmelze radial und lässt sie um einen Dorn laufen. Dorn und äußere Form des Werkzeuges verjüngen den Schmelzekanal, bis die Schmelze im Bereich des sogenannten Mundstücks ihre Austrittsform erhält. Der Dorn ist möglichst temperierbar und mechanisch gut ausgelegt. Sollte der Dorn nicht steif genug sein und sich durch ungleichmäßige Druckverteilung verformen, wird auch das Rohr ungleichmäßig ausgeformt.

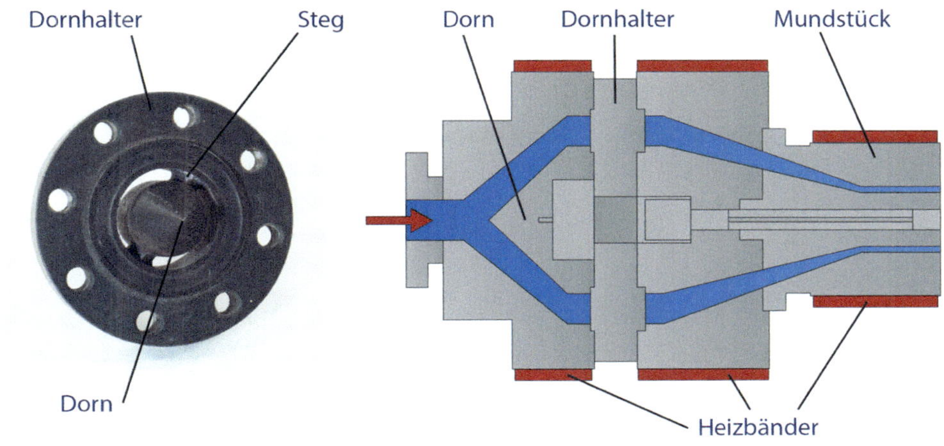

Bild 4.17 Werkzeug mit Stegdornhalter

Trotz aller Steifigkeitsanforderungen an den Dorn muss die Schmelze durch den sogenannten Dornhalter möglichst ungehindert hindurchtreten und dahinter wieder zusammenfließen. Am Detailbild des Dornhalters erkennt man, dass die ringförmige Schmelze hier durch die Stege mehrfach geteilt wird. Dies kann auf diesem Rohr zu Fließmarkierungen und mechanischen Schwachstellen führen.

Strömungstechnisch sollen die Stege möglichst wenig Fließwiderstand bieten, also schlank ausgeführt sein. Allerdings muss sichergestellt sein, dass sie den Dornhalter und den Dorn steif im Werkzeug halten. Eine Lösung bieten etwas teurere Doppelstegdornhalter (Bild 4.18). Sie teilen die Schmelze mehrfach, etwas versetzt und führen zu geringeren Fließmarkierungen und besseren mechanischen Eigenschaften der Rohre.

Bild 4.18 Doppelstegdornhalter

In Bild 4.19 sind weitere gängige Profiltypen dargestellt, die sehr ähnlich hergestellt werden. Man unterscheidet vom Vollprofil das Profilrohr, das Hohlprofil, das offene Profil und das Kammerprofil. Bild 4.20 zeigt mit Fensterprofilen typische Beispiele für Kammerprofile.

Bild 4.19 Profilquerschnitte

QR-Code 4-4

Das Video zeigt die Extrusion eines Fensterprofils aus PVC: Werkzeugaustritt, Kalibrierung, Kühlung, Abzugseinheit und Konfektionierung (Aluplast GmbH, Karlsruhe).

http://www.ikt.uni-stuttgart.de/links/Videolinks/Profilextrusion

Bild 4.20 Fensterprofile

Der Werkzeugaustritt hat in der Regel nicht exakt dieselbe Form und dieselben Maße wie das spätere Profil (Bild 4.21). Form und Maße des Extrudatstrangs werden nach dem Austritt aus dem Werkzeug von mehreren Faktoren beeinflusst:

- die Abzugskraft,
- die Strangaufweitung (siehe Abschnitt 3.1.6),
- die Relaxationsvorgänge in der Schmelze und
- die Abkühlgeschwindigkeit.

Bild 4.21 Profilextrusion [Bildquelle: Technoform Kunststoffprofile GmbH]

Betrachten wir verschiedene Abzugsgeschwindigkeiten des Profils (Bild 4.22): Tritt ein Schmelzestrang aus dem Werkzeug aus, weitet sich der Schmelzestrang meist etwas auf. Die Moleküle werden im Fließspalt zusammengedrückt und durch Scherung orientiert. Nach dem Düsenspalt kann sich der verbliebene elastische Teil sofort zurückstellen (siehe Abschnitt 3.1.6) und der Schmelzestrang weitet sich auf. Wird die Abzugsgeschwindigkeit erhöht, kann der aufgeweitete Schmelzestrang wieder auf Düsenmaß gelängt werden. Wird sie noch mehr erhöht, kann sogar ein Maß kleiner Düsenaustrittsmaß erzielt werden. Üblicherweise folgen dem Werkzeugaustritt noch Kalibriereinrichtungen, in denen das Profil unter Formzwang abgekühlt wird, um die Maßhaltigkeit sicherzustellen. (Siehe ebenfalls im Video hinter QR-Code 4-4.)

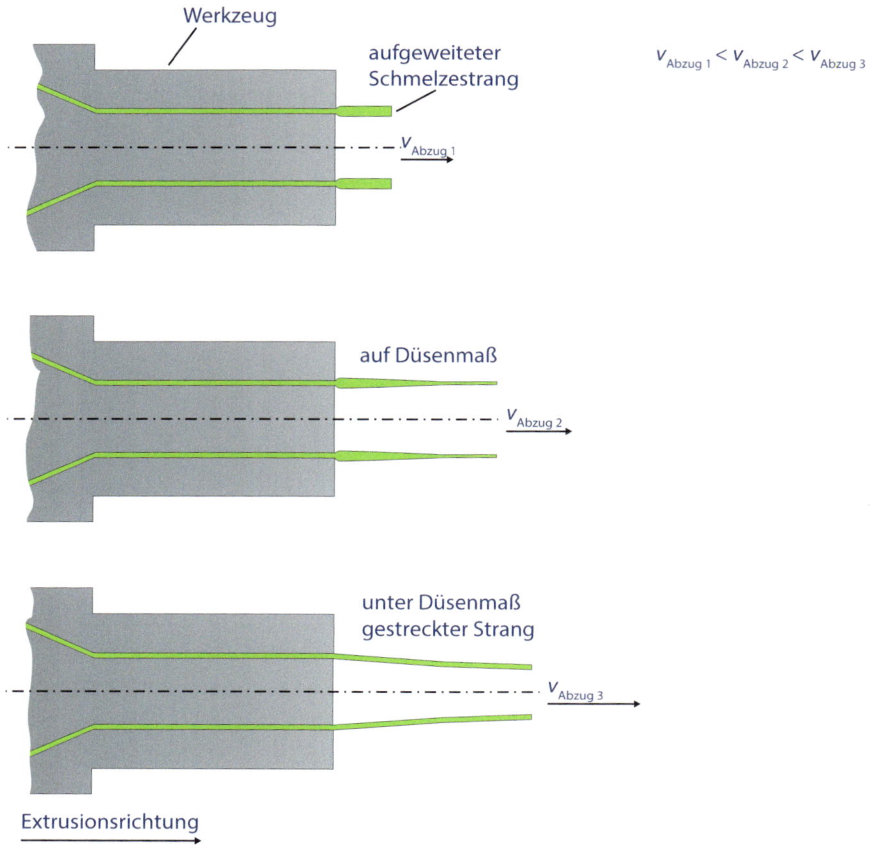

Bild 4.22 Einfluss der Abzugsgeschwindigkeit auf die Strangaufweitung

Wie bereits in Abschnitt 3.2.3 behandelt, schwinden teilkristalline Thermoplaste aufgrund der dichteren Molekülpackung mehr als amorphe Thermoplaste. Bei Vollprofilen ist mit Lunkerbildung im Innern zu rechnen (Bild 4.23, oben), da nur die Außenseite gekühlt werden kann. Diese erstarrt als erstes und bildet eine steife Außenschicht. Die inneren, später erstarrenden Bereiche können diese steife Außenschicht kaum nach innen ziehen. Dies erzeugt im Innern hohe Eigenspannungen, die eventuell nur durch Lunkerbildung verringert werden.

Bei eckigen Hohlprofilen oder Kammerprofilen entstehen ebenfalls Eigenspannungen und aufgrund der ungleichmäßigen Abkühlung, Verzug. Es gibt z. B. Einfallstellen auf der abgewandten Seite der Kammerstege (vergleiche auch Auslegung von Rippen, Abschnitt 5.3.3) und eventuell auch Eckenverzug.

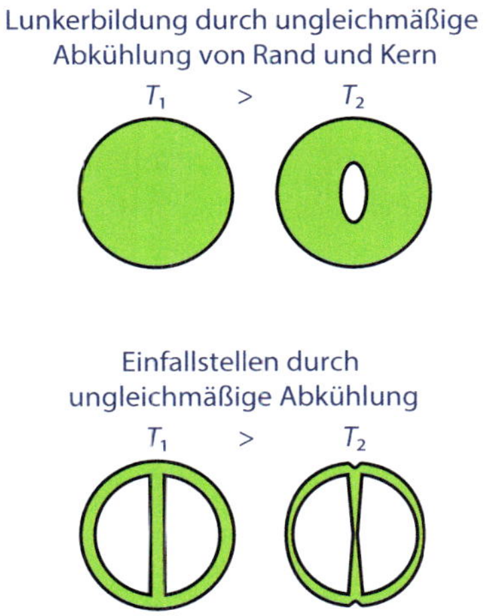

Bild 4.23
Schwindung führt zu Lunkern oder Einfallstellen

4.1.4 Flachfolien- und Plattenextrusion

Extrusionswerkzeuge für Flachfolien oder Platten sind in der Regel sogenannte Breitschlitzwerkzeuge, die einen kleiderbügelförmigen Verteilerkanal haben (siehe Bild 4.24). Der Verteilerkanal sorgt für eine gleichmäßige Verteilung der Schmelze in der Breite, bevor sie über die sogenannte Insel möglichst gleichmäßig über einen verstellbaren Staubalken und eine flexible Werkzeuglippe übertritt. Je nach Dicke des Austritts und je nach Abzugsgeschwindigkeit können Platten von mehreren Millimetern (seltener mehrere Zentimeter, wegen nur sehr langsamer Abkühlung) oder Folien hergestellt werden.

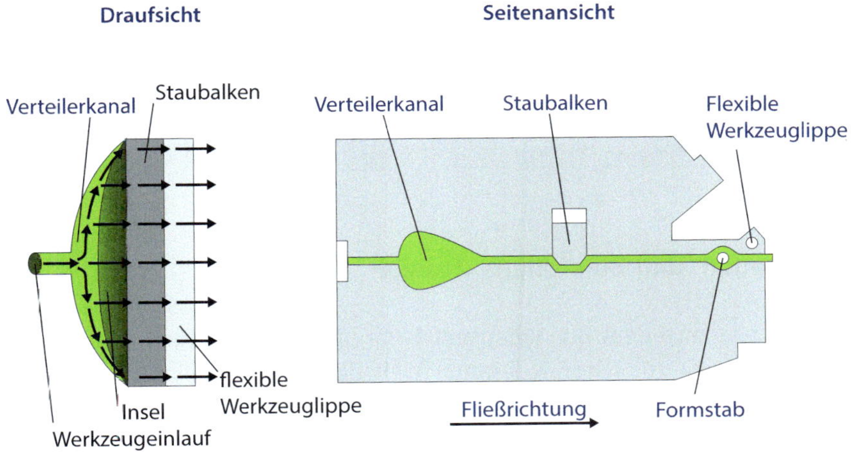

Bild 4.24 Breitschlitzdüse (schematisch)

Die Breitschlitzdüse erzeugt zwar eine Folie, doch diese wird meist noch in Extrusionsrichtung verstreckt. Dadurch wird sie orientiert und bis zu ca. 100 µm dünn. In Bild 4.25 ist eine Flachfolienextrusionsanlage dargestellt, der Einschneckenextruder ist nur der Anfang dieser Anlage. Die Folie wird nach dem Düsenaustritt über drei temperierte Walzen geglättet und längs gestreckt. In der nächsten Station fahren Sensoren für Dicke und z. B. Transparenzmessung über die Folie, so dass automatisch in die Prozesssteuerung eingegriffen werden kann.

Nach dem Randbeschnitt (dieser wird meist regranuliert und dem Extruder wieder zugeführt) folgt eine Station, welche die Folie möglichst gleichmäßig auf Kerne wickelt. Danach können diese Wickel gelagert oder an den Kunden geschickt werden.

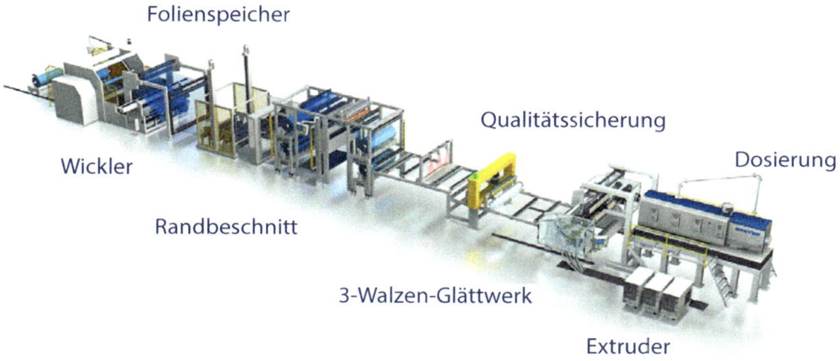

Bild 4.25 Produktionsstraße für Flachfolien [Bildquelle: Breyer GmbH]

QR-Code 4-5

Die Flachfolienextrusion mit einem Breitschlitzwerkzeug wird gezeigt.

http://www.ikt.uni-stuttgart.de/links/Videolinks/Flachfolie

4.1.5 Schlauch- und Blasfolienextrusion

Wenden wir uns nun dem Blasfolienverfahren (gelegentlich auch Schlauchfolienverfahren genannt) zu. Hiermit können weit dünnere Folien mit bis zu 10 µm Dicke gefertigt werden. Durch ein Werkzeug mit ringförmigem Austritt (es ähnelt einem Rohrwerkzeug; sog. Wendelverteilerwerkzeug, siehe auch Abschnitt 4.1.7) wird vertikal nach oben ein Schmelzeschlauch gefördert, der im thermoplastischen Zustand austritt und mit Stützluft aufgeblasen wird (Bild 4.26).

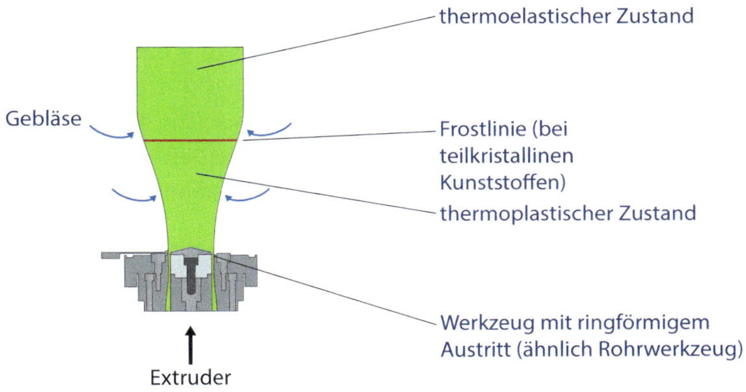

Bild 4.26 Querschnitt eines Blaskopfs mit austretender Blasfolie

Nach dem Aufweiten durch das Aufblasen kühlt die Schmelze weiter ab und geht in den thermoelastischen Zustand über. Hierzu wird die Blase von außen durch Luft (seltener Wasser) und von innen - wenn möglich - mit gekühlter Stützluft gekühlt. An der sogenannten Frostlinie kann durch Änderung der Transparenz und/oder des Glanzes der Übergang von thermoplastisch zu thermoelastisch erkannt werden.

In Bild 4.27 ist eine komplette Blasfolienanlage zu erkennen. Unten rechts sieht man drei Extruder, die über einen Blaskopf mit sogenanntem Wendelverteiler eine mehrschichtige Folie herstellen. Etwas oberhalb des Extruders ist eine Blase mit umlaufender Kalibrierung und Sensorabtastung zu erkennen.

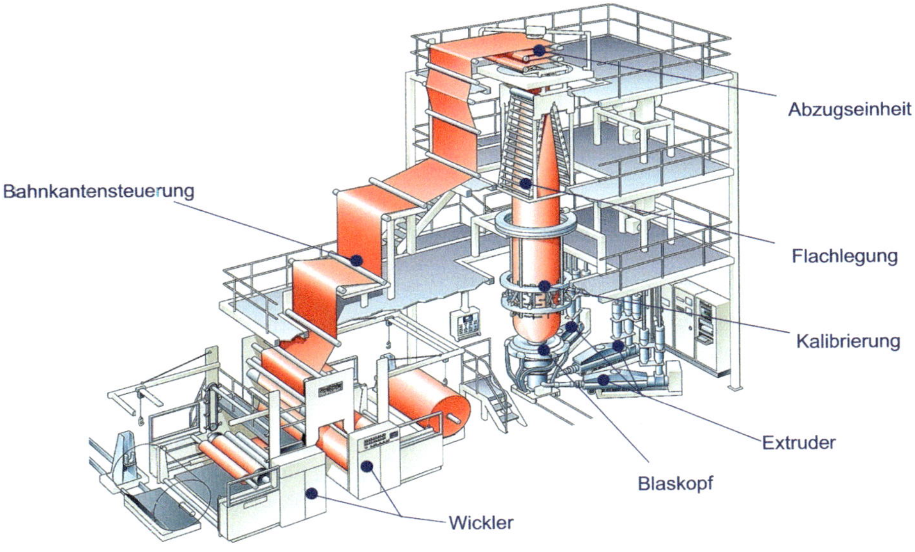

Bild 4.27 Produktionsanlage für 3-Schicht-Blasfolie

Noch höher ist der sogenannte Walzenstuhl (sehr viele Walzen mit geringem Durchmesser), welche die Folie sanft flachlegen. Die Abzugseinheit sorgt für gleichmäßige Kraft, die auf die Folienblase von oben wirkt. Daneben wird die Folie heruntergefahren und mit der Bahnkantensteuerung mittig für den Wickler positioniert. Die Folienwickel bestehen dann aus flachgelegten Schlauchfolien, die in einem anderen Verfahrensschritt zu Kunststofftragetaschen, Müllbeuteln, Matratzenhüllen u. v. a. m. konfektioniert werden.

QR-Code 4-6

Dieser Film zeigt die Blasfolienextrusion.

http://www.ikt.uni-stuttgart.de/links/Videolinks/Blasfolienextrusion

4.1.6 Extrusions-Blasformen

Das sogenannte Extrusionsblasformen ist ein Direktverfahren, d. h. direkt im Anschluss an den Extrusionsprozess wird das Extrudat weiterverarbeitet. Hierdurch werden Hohlkörper aus thermoplastischen Kunststoffen hergestellt. Dies sind meist Flaschen, Kanister, Fässer, aber auch technische Teile wie Lüftungskanäle, Kraftstoffbehälter sowie Surfbretter, Bobby-Cars, Kofferhalbschalen (Bild 4.28) etc.

Bild 4.28 Extrusionsblasgeformte Bauteile

Im Extrusionsblasformen wird wieder ein Werkzeug mit ringförmigem Austritt genutzt (es ähnelt dem Rohrwerkzeug), welcher nun aber in die Vertikale nach unten zeigt. In Bild 4.29 ist oben noch die Düse und der Dorn des Werkzeugs zu erkennen. Die Schmelze längt sich durch die Schwerkraft selbst etwas aus und wird auf einen Kalibrierdorn herabgelassen.

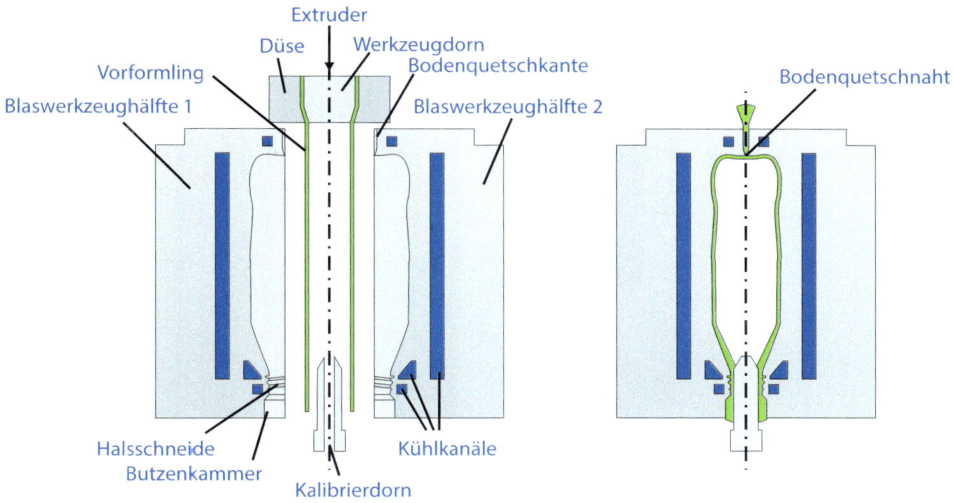

Bild 4.29 Extrusions-Blasformen (Schema)

Die gekühlten Werkzeughälften stehen bereit und greifen – sobald der Schlauch lang genug ist – den Schmelzestrang und quetschen ihn oben und unten auf dem Kalibrierdorn ab. Die obere Quetschnaht nennt man Bodenquetschnaht, da diese meist im späteren Boden des Bauteils liegt.

Der Kalibrierdorn hat nicht nur die Aufgabe, dem Öffnungsbereich des Behälters besonders Kontur zu geben, sondern vor allem, mit Druckluft den Schmelzeschlauch aufzublasen. Durch das Ausweiten legt sich dieser an die Werkzeugwand an und kühlt dort rasch ab. Die überstehenden Schmelzeteile, die abgequetscht werden, nennt man Butzen.

QR-Code 4-7

Dieser Film zeigt das Extrusionsblasformverfahren.

http://www.ikt.uni-stuttgart.de/links/Videolinks/Extrusionsblasformen

4.1.7 Co-Extrusion

In Bild 4.27 wurden bereits drei Extruder gezeigt, die eine Mehrschichtfolie herstellen. Hier im Detail von Bild 4.30 wird deutlich, dass ein recht aufwendiges, sogenanntes Wendelverteiler-Werkzeug erforderlich ist, um Schmelzeströme verschiedener Werkstoffe rheologisch und thermisch gleichmäßig zusammenzuführen.

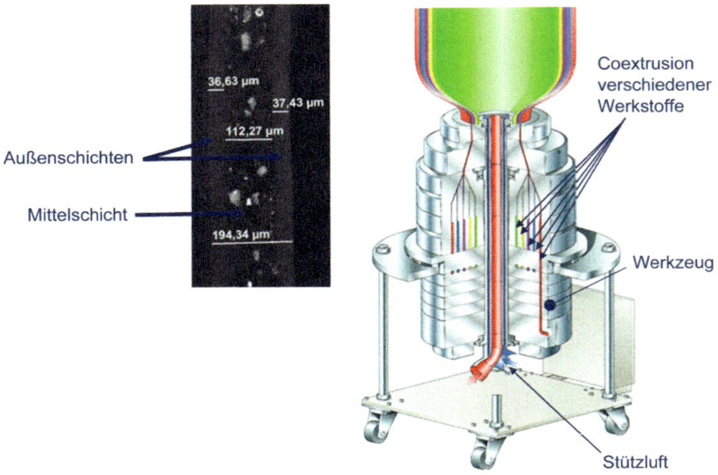

Bild 4.30 Co-Extrusionsverfahren mit Wendelverteilerwerkzeug

Ein Mehrschichtaufbau ist immer dann sinnvoll, wenn Eigenschaften kombiniert werden sollen. So können im Inneren eines Folienverbunds sogenannte Barriereschichten den Durchtritt von Sauerstoff, Wasserdampf oder CO_2 verlangsamen. Dies kann für Lebensmittelverpackungen oder Kraftstoffbehälter sehr wichtig sein.

Außen kann es sinnvoll sein, eine Folienschicht mit besonderer Chemikalienbeständigkeit zu schaffen. Auch können ästhetische Gründe (edle Oberfläche, Bedruckbarkeit) für eine gesonderte Außenschicht stehen. Oft ist auch die wichtige Eigenschaft, der Preis, Grund für einen Mehrschichtverbund: z. B. eine teure, möglichst dünne Funktionsschicht innen, eine kostengünstige, tragende Schicht außen.

Die Aufnahme aus der Schadensanalyse des IKT (Bild 4.30, links) zeigt den Querschnitt einer 3-Schicht-Folie unter dem Rasterelektronenmikroskop. Die Gesamtfoliendicke beträgt knapp 200 µm. Die beiden äußeren Schichten haben ca. 37 µm, die mittlere Schicht gut 112 µm Dicke.

Das Prinzip der Co-Extrusion lässt sich auf die Profilextrusion (Bild 4.31) übertragen. Mehrere Schichten können kombiniert werden, um entweder wichtige Eigenschaften zu verbinden oder Kosten zu reduzieren. Bild 4.31 zeigt das Schema eines co-extrudierten Rohres.

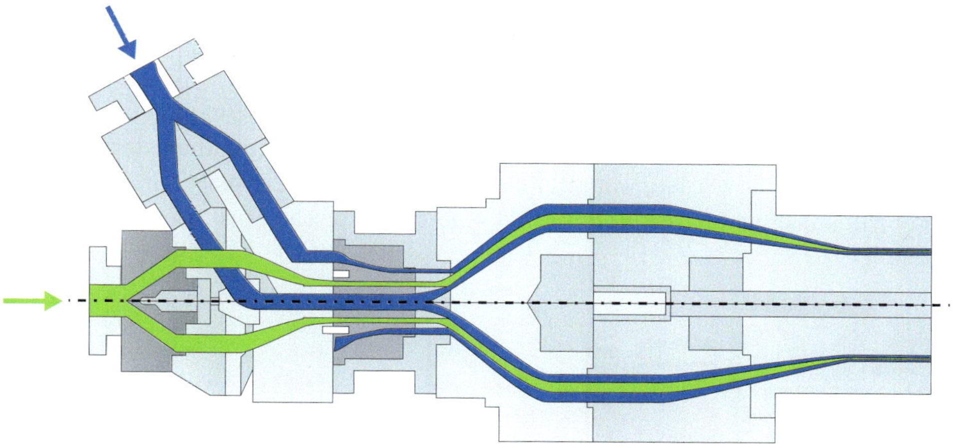

Bild 4.31 Co-Extrusion zur Eigenschaftskombination

Ganz ähnlich werden auch Kabel ummantelt (Bild 4.32). Es werden Kupferkabel durch eine Extrusionsdüse derart geführt, dass sie im Extrusionswerkzeug von Schmelze „rohrförmig“ umflossen werden. Danach erstarrt die Schmelze auf der Kupferleitung und bildet die Isolationsschicht.

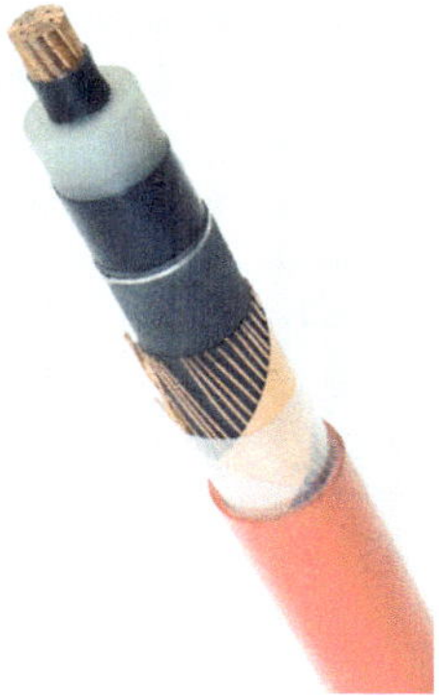

Bild 4.32 Mehrschichtig aufgebautes Co-Axialkabel

4.2 Spritzgießen

Weltweit werden die meisten Kunststoffprodukte im Spritzgießverfahren hergestellt. Im Spritzgießen können Formteile mit komplexer, dreidimensionaler Geometrie hergestellt werden, während die Komplexität von Extrusionsprodukten auf zwei Dimensionen begrenzt ist. In Bild 4.33 sind typische Spritzgießbauteile dargestellt.

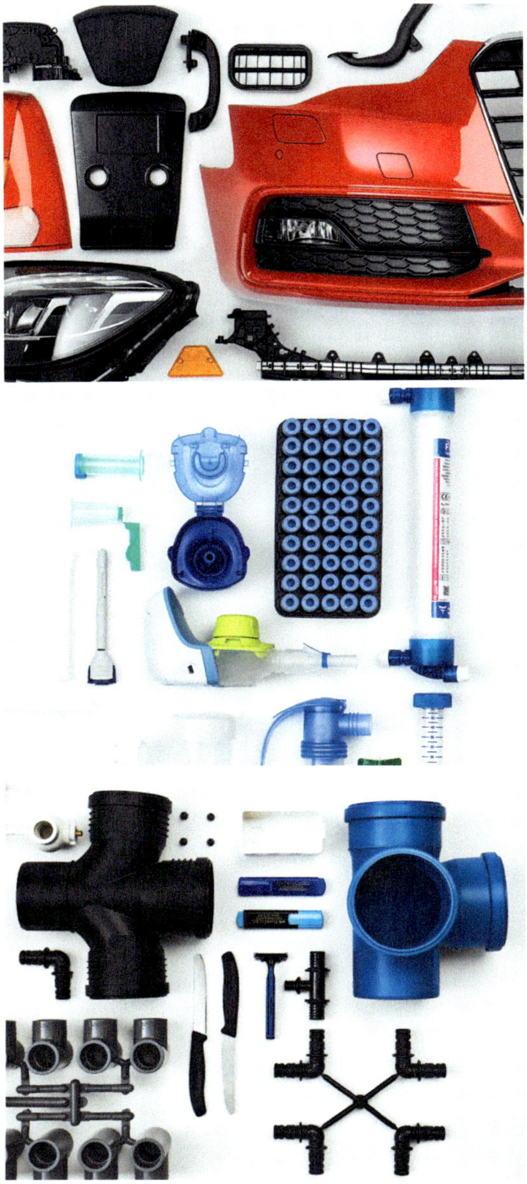

Bild 4.33
Beispiele von spritzgegossenen Kunststoffprodukten
[Bildquelle: ENGEL Austria]

In der Einleitung wurde bereits von J. W. Hyatt, dem Erfinder des Celluloids im Jahr 1867, berichtet. Wenige Jahre darauf gelang es seinem Bruder und ihm, eine vertikale Stopfmaschine für die Verarbeitung des neuen Werkstoffes zu entwickeln. Sie bestand aus einem hydraulisch gesteuerten Kolben und einem mit Dampf beheizten Zylinder. Unter Druck und Temperatur konnte so das plastische Material über einen Kolben in die Form gerückt werden [1].

Etwa 50 Jahre später findet 1921 die erste namentliche Erwähnung einer Spritzgießmaschine statt. Hier drückte erstmals ein Kolben auf die erzeugte Schmelze. Nur wenige Jahre später, 1926, brachten Eckert und Ziegler in Deutschland die erste serienmäßig hergestellte Spritzgießmaschine mit pneumatischer Einspritzung und Werkzeugbewegung von Hand über Kniehebel auf den Markt (Bild 4.34). Sie gilt als Vorfahre der modernen Spritzgießmaschinen.

Bild 4.34
Handhebelmaschine von Eckert und Ziegler [2]

Wie bereits zu Beginn des Kapitels erwähnt benötigen Serienverfahren zur Herstellung von Kunststoffprodukten grundsätzlich ein Werkzeug zur Formgebung der zähen Formmasse. Diese zahlen sich meist nur aus, wenn große Serien bzw. große Stückzahlen gefertigt werden.

Das Bild 4.35 zeigt den Aufbau und die Komponenten heutiger Spritzgießmaschinen. Das Maschinenbett gibt die erforderliche Basis und stellt die Kraftübertragung zwischen Einspritzeinheit und Schließeinheit sicher. Meist sind hierin die Steuerung und der Antrieb verbaut.

Die Einspritzeinheit ist die verfahrenstechnische Einheit, welche den Kunststoff in Granulatform vom festen in den schmelzeflüssigen Zustand überführt und unter hohem Druck in das Werkzeug spritzen kann. Dies geschieht ähnlich der Extrusion durch eine Schnecke in einem Zylinder. Zum Einspritzen wird die Schnecke als Kolben verwendet.

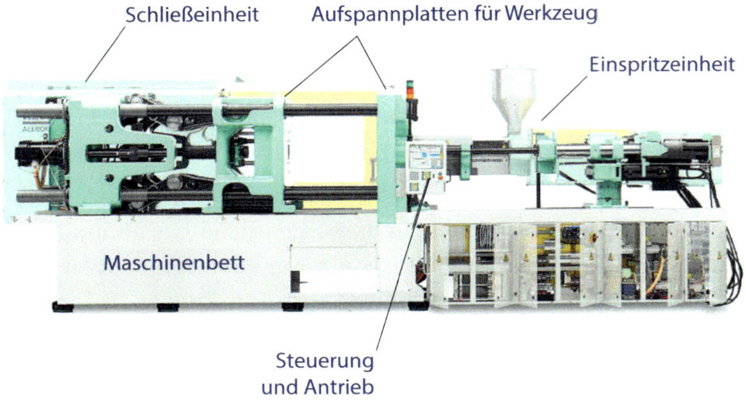

Bild 4.35 Aufbau einer Spritzgießmaschine [Bildquelle: Arburg GmbH + Co KG]

Die Schließeinheit dient dem Öffnen/Schließen und vor allem dem Zuhalten des Werkzeuges. Im Spritzgießwerkzeug entsteht mit – je nach Maschinen und Bauteilgröße – bis zu 3000 bar ein weit höherer Druck als im Extrusionswerkzeug. Spritzgießwerkzeuge sind daher so ausgelegt, dass mehrere hunderttausend Produkte darauf verschleißarm hergestellt werden können.

Das Werkzeug wird zwischen der beweglichen und der stationären Aufspannplatte angebracht. Es ist eine Hohlform und dient der komplexen Formgebung. Im Spritzgießprozess können Duromere, Elastomere und Thermoplaste verarbeitet werden. Während Duromere und Elastomere in das heiße Werkzeug gespritzt werden, um durch Vernetzung auszuhärten, werden Thermoplaste durch Abkühlen im kalten Werkzeug verfestigt.

4.2.1 Der Spritzgießprozess

In Abschnitt 4.3 sollen Besonderheiten des Duromer- und Elastomerspritzgießens hervorgehoben werden. In diesem Abschnitt wird der Prozess anhand des viel weiter verbreiteten Thermoplastspritzgießens erklärt. Die Verarbeitung von Thermoplasten geschieht meist im Temperaturbereich von ca. 200 bis ca. 300 °C.

QR-Code 4-8

Animation des Spritzgießens

http://www.ikt.uni-stuttgart.de/links/Videolinks/Animation_des_Spritzgiessens

Der Verfahrensablauf des Spritzgießens (Bild 4.36) wiederholt sich immer wieder, daher wird er Spritzgießzyklus (Bild 4.37) genannt. Zu Beginn wird das Werkzeug geschlossen und bildet einen Hohlraum. Die Schnecke dient nun als Kolben und drückt die Schmelze in diesen Hohlraum. Schon mit Beginn des Einspritzens wird die Schmelze an der Werkzeugwand abgekühlt und es beginnt die Kühlzeit.

Die niedrige Wärmeleitfähigkeit von Kunststoffen erlaubt ein Fließen der heißen Schmelze im kalten Werkzeug, bevor sie in der endgültigen Position erstarrt. An der Werkzeugwand erstarrt die Schmelze und schwindet dort schnell, nimmt also ein geringeres Volumen ein.

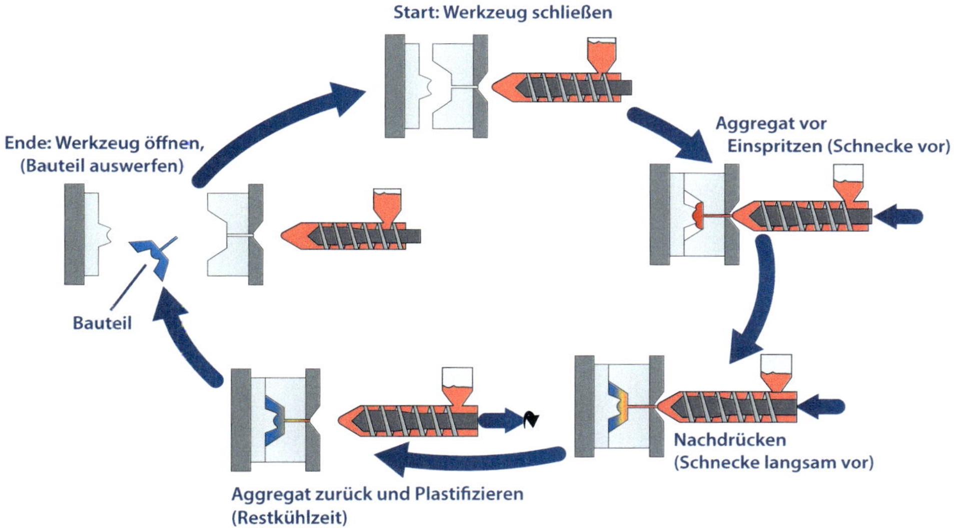

Bild 4.36 Verfahrensablauf des Spritzgießens

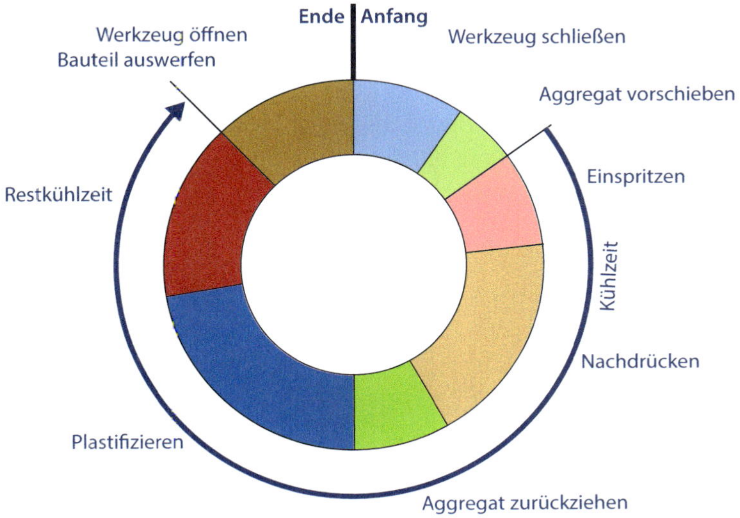

Bild 4.37 Spritzgießzyklus

In der Nachdruckphase wird diese Volumenreduktion mit nachgeführter Schmelze kompensiert. Dies geht so lange, bis der Anguss – die Verbindung zwischen Schneckenvorraum und Werkzeughohlraum – erstarrt ist. Ist der Anguss eingefroren („Siegelzeit"), kann der Nachdruck nicht mehr wirken und die beheizte Schnecke kann vom gekühlten Werkzeug weggefahren werden, um sie thermisch zu entkoppeln.

Während nun gewartet wird, bis das Formteil erstarrt und entformbar ist, kann die Schnecke durch rotatorische Bewegung die Schmelze für den nächsten Schuss bereitstellen. Nur wird diese in den geschlossenen Schneckenvorraum dosiert, wobei die Schnecke während der Plastifizierung langsam zurückfährt, um den Schneckenvorraum zu vergrößern und die Menge für den nächsten Schuss bereitzustellen.

Ist das Formteil genügend gekühlt und ausreichend formstabil, wird das Werkzeug geöffnet, das Formteil ausgeworfen und das Werkzeug wieder geschlossen. Der Zyklus kann von Neuem beginnen.

QR-Code 4-9

Eine Animation des Spritzgießprozesses wird gezeigt.

http://www.ikt.uni-stuttgart.de/links/Videolinks/Animation_eines_Spritzgiesszyklus

Bild 4.38 zeigt die idealisierte Innendruckkurve eines Werkzeuges bei Verarbeitung eines teilkristallinen Thermoplasten. In der Einspritzphase (Punkte 1 bis 3) nimmt der Werkzeuginnendruck leicht zu. Beim Erreichen der volumetrischen Füllung der Kavität steigt der Druck stark an. Diese Phase nennt man Kompressionsphase (3 bis 4); das Umschalten vom Einspritzdruck auf den niedrigeren Nachdruck sollte genau hier geschehen. In der Nachdruckphase (4 bis 6) bleibt der Druck beim Abkühlen bis zum Beginn der Rekristallisation (5) relativ konstant, bis er schließlich durch die plötzlich fortschreitende Volumenkontraktion relativ steil auf Umgebungsdruck abfällt (6).

Der Verlauf des Werkzeuginnendrucks (Bild 4.39) ist abhängig von der Position des Drucksensors im Werkzeug, aber vor allem auch abhängig von der Art des Thermoplasten (amorph, teilkristallin) und von dessen Abkühl- und Schwindungsverhalten.

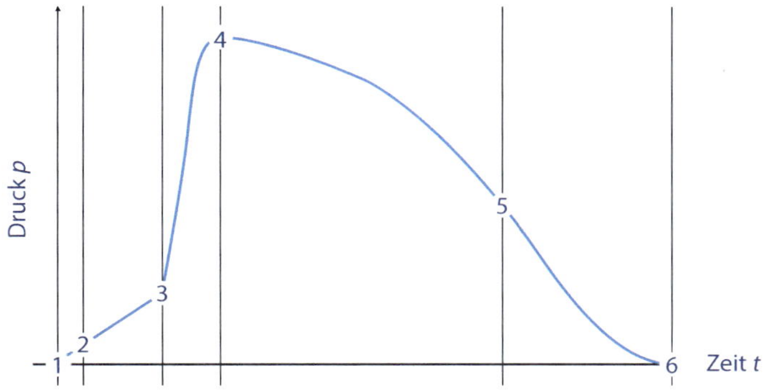

1 Einspritzvorgang beginnt
2 Schmelze erreicht Drucksensor
3 Beginn der Kompressionsphase
4 Umschaltpunkt: Beginn der Nachdruckphase
5 Siegelpunkt im Bereich des Sensors
6 Ende der Nachdruckphase

Bild 4.38 Idealisierte Innendruckkurve eines Spritzgießwerkzeugs bei der Verarbeitung teilkristalliner Thermoplaste

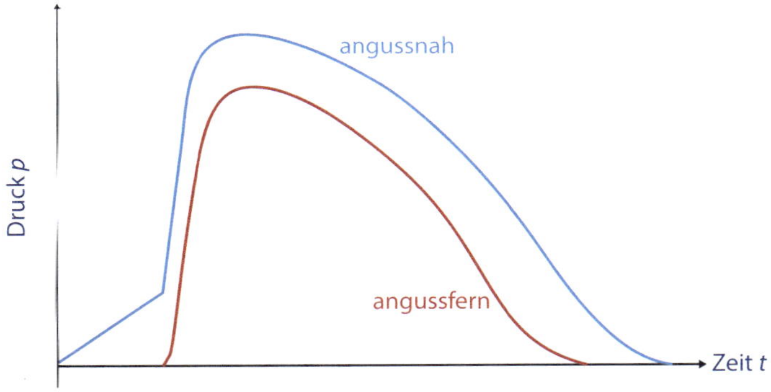

Bild 4.39 Verlauf des Werkzeuginnendruckes an verschiedenen Stellen im Werkzeug

4.2.2 Das Plastifizieraggregat

Die Komponenten der Maschine werden nun genauer betrachtet. Das Plastifizier- und Einspritzaggregat (Bild 4.40) hat mehrere Aufgaben: Zum einen wird hierin meist mit einer drehenden Drei-Zonen-Schnecke das Granulat gefördert, aufgeschmolzen und homogenisiert, des Weiteren wird im Schneckenvorraum die bereitgestellte Schmelze zwischengespeichert. Zum Einspritzen und für den Nachdruck wird die Drehbewegung gestoppt und die Schnecke als Kolben meist weggeregelt axial verschoben.

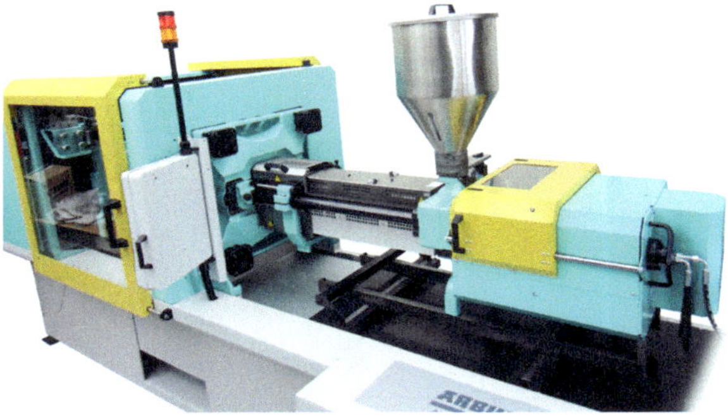

Bild 4.40 Verfahrenseinheit zum Spritzgießen

In Bild 4.41 ist der Massetrichter dargestellt, über den das Granulat der Drei-Zonen-Schnecke zugeführt wird. Ebenfalls sind ein Schneckenrotationsantrieb und ein hydraulischer Kolben für die axiale Bewegung zu erkennen. Die Schnecke verfügt an der Spitze über eine sogenannte Rückströmsperre, die verhindert, dass beim Einspritzen die bereitgestellte Schmelze in die Schneckengänge zurückgedrückt wird.

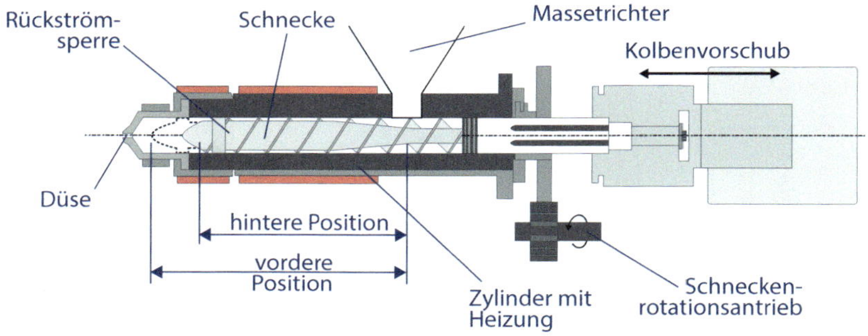

Bild 4.41 Querschnitt einer Verfahrenseinheit

Während des Bereitstellens der Schmelze, dem sogenannten Dosiervorgang, muss die Schmelze allerdings möglichst ungestört in den Schneckenvorraum gelangen. Die Rückströmsperre muss sich dann öffnen und hat in etwa die Funktion eines Rückschlagventils. Das Bild 4.42 zeigt die ringförmige Rückströmsperre. Sie wird durch die schnelle Vorwärtsbewegung und den hohen Druck im Schneckenvorraum automatisch verschoben und geschlossen.

In Bild 4.43 ist eine federbelastete Nadelverschlussdüse im Querschnitt dargestellt. Auf der rechten Seite ist noch die Schneckenspitze zu erkennen. Mit dieser Vorrichtung kann nach dem Einspritzen und dem Nachdruck die Düse geschlossen werden, so dass das gesamte Plastifizieraggregat zur thermischen Entkopplung zurückgefahren werden kann. Gleichzeitig kann bereits von innen gegen die Verschlussdüse dosiert, also der nächste „Schuss“ Schmelze bereitgestellt werden.

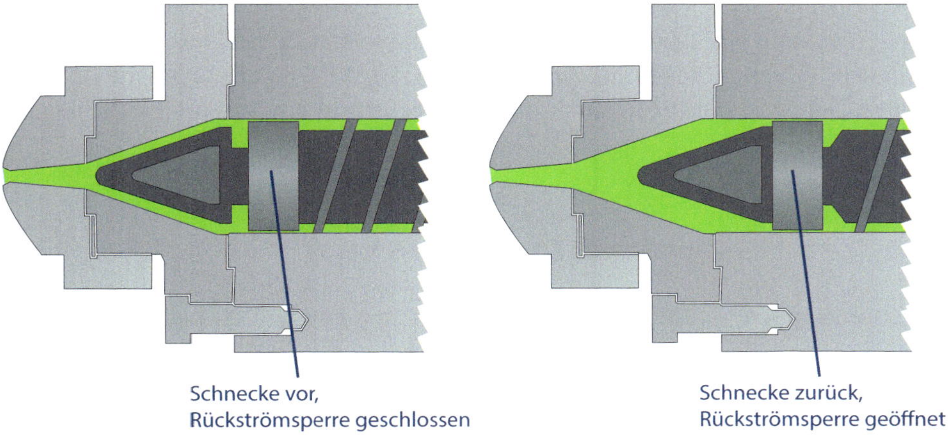

Bild 4.42 Offene Düse mit Rückströmsperre

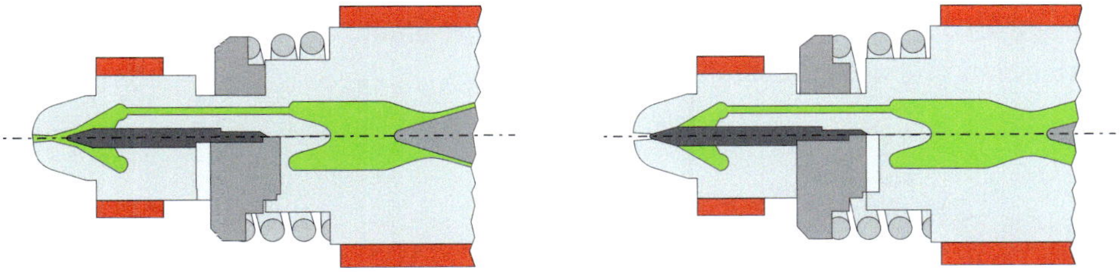

Bild 4.43 Verschlussdüse (links geöffnet, rechts geschlossen)

Man erkennt an der Querschnittszeichnung der Verschlussdüse, dass beim Einspritzen die Schmelze durch kleinere Kanäle durch den Düsenteil strömt und dann an der Spitze gegen den Druck der Federn arbeitet. Ist der Einspritzdruck hoch genug, wird das Federpaket zusammengedrückt, die Nadel fährt zurück und öffnet dabei die Düse. Bei niedrigviskosen Schmelzen - wie z. B. Polyamid (PA) - ist der Einsatz einer Verschlussdüse besonders ratsam.

Seltener wird statt einer Verschlussdüse eine sogenannte offene Einspritzdüse verwendet. Diese findet bei scherempfindlichen, höherviskosen Schmelzen von z. B. Polycarbonat (PC) und Polyvinylchlorid (PVC) sowie bei Langfaserverstärkung Anwendung. Diese dürfen weder thermisch zersetzen oder zu stark geschert werden, daher ist die Düsenbohrung rheologisch besonders sorgfältig ausgelegt. Die Wandung ist sehr glatt, dadurch leicht zu reinigen und zu spülen. Es darf nur geringe Gefahr der Überscherung oder des Schmelzestillstands und damit der thermischen Zersetzung auftreten.

Der große Nachteil der offenen Einspritzdüse ist, dass das Dosieren (= Schmelze bereitstellen) für den nächsten Einspritzvorgang erst erfolgen kann, wenn der Anguss ebenfalls erstarrt ist. Somit kann die thermische Entkopplung von Plastifizieraggregat und Werkzeug erst nach dem Dosieren stattfinden, was das Werkzeug zusätzlich aufheizt. Die Aufheizung des Werkzeugs ist nicht nur energetisch ineffizient, sondern verlängert auch die Zykluszeit und erhöht damit die Prozesskosten.

4.2.3 Die Schließeinheit mit Spritzgießwerkzeug

Die Schließeinheit nimmt das teilbare Werkzeug auf und hält dies gegen Fülldruck und Nachdruck der eingespritzten Schmelze geschlossen. Wie bereits oben beschrieben, kann der Druck im Sonderfall bis zu 3000 bar annehmen. Daher ähnelt die Schließeinheit einer vertikalen Presse.

Die Schließeinheit muss zu öffnen und zu schließen sein, so dass die Formteile aus dem Werkzeug entnommen werden können. Man unterscheidet zwischen vollhydraulischer Schließeinheit und Kniehebel-Schließeinheit (Bild 4.44, oben: vollhydraulisch; unten: Kniehebel). Letztere kann ebenfalls hydraulisch, aber auch elektrisch betrieben werden.

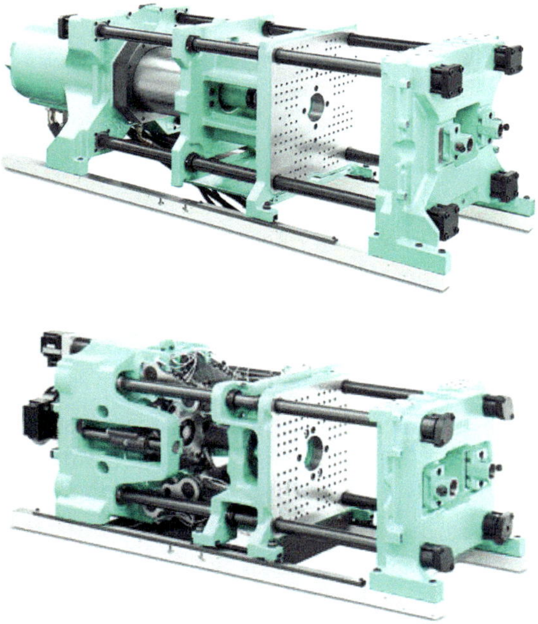

Bild 4.44
Beispiele verschiedener Schließeinheiten [Bildquelle: Arburg GmbH + Co KG]

Der Zweck des ganzen Prozesses und der ganzen Maschine konzentriert sich auf das formgebende Spritzgießwerkzeug. Dessen Hauptfunktion ist es, mit dem sogenannten Formnest eine Negativform des herzustellenden Werkstückes abzubilden. Es hat aber noch sehr wichtige Nebenfunktionen zu leisten (siehe auch Bild 4.45).

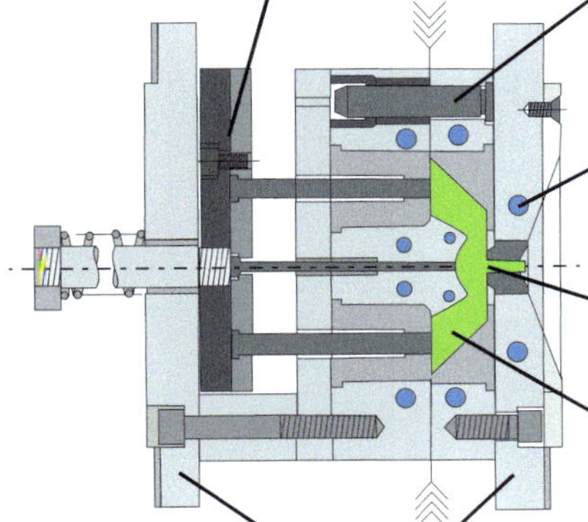

Bild 4.45 Einblick in ein Spritzgießwerkzeug (schematisch); verschiedene Schnittebenen

Zum einen beinhaltet das Werkzeug das Angusssystem, um die Schmelze geeignet in das Formnest zu leiten. Das Temperiersystem entzieht bei Thermoplasten die Wärme (bei Duromeren und Elastomeren wird beheizt). Das sogenannte Entformungssystem muss gewährleisten, dass die erstarrten Werkstücke nach Öffnen des Werkzeuges ohne Beschädigung aus dem Formnest entfernt werden können. Hierdurch ist eine eigene Bewegungsvorrichtung erforderlich, die vom Öffnungshub des Werkzeugs unabhängig ist.

Das Werkzeug muss mechanisch so ausgelegt sein, dass es sich unter dem hohen Innendruck selbst nicht unzulässig verformt, aber die Drücke und Kräfte auch über die äußeren Formplatten an die Schließeinheit überträgt. Zugleich muss es – um die Verfahrbewegungen zuverlässig und präzise auszuführen – geführt und zentriert werden.

Je nach Formteilgeometrie muss ein passendes Werkzeugkonzept gewählt werden. Diese unterscheiden sich vor allem in der Art des Entformungssystems, d. h. auf welche Art und Weise die Bauteile schadensfrei entformt werden. Verwendet werden können sehr einfache, preiswerte Standardwerkzeuge für einfache Geometrien ohne Hinterschneidungen, bis hin zu hochkomplexen, teuren Werkzeugsystemen aus einer Kombination von Entformungsmechanismen. Eine Auflistung der

Werkzeugentformungsmechanismen mit typischen Anwendungsbeispielen ist in Bild 4.46 aufgeführt.

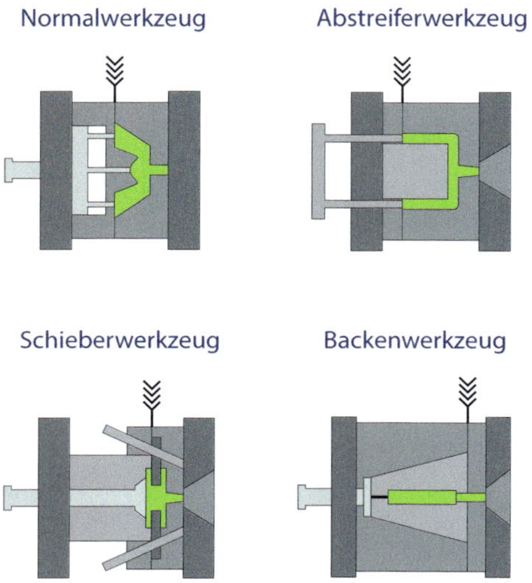

Bild 4.46
Einteilung Spritzgießwerkzeuge

Es wird deutlich, dass Spritzgießwerkzeuge (wie auch andere Werkzeuge) verschiedenen Anforderungen genügen müssen. Sie sind mechanisch, rheologisch und thermisch auszulegen (Bild 4.47). Auf die mechanische Auslegung wollen wir hier nur soweit eingehen, dass zum einen Deformationen des Formnestes auf einem Minimum gehalten werden müssen, aber auch eine Deformation des Werkzeugs keine Einschränkungen der Bewegungen erzeugen darf („Klemmen").

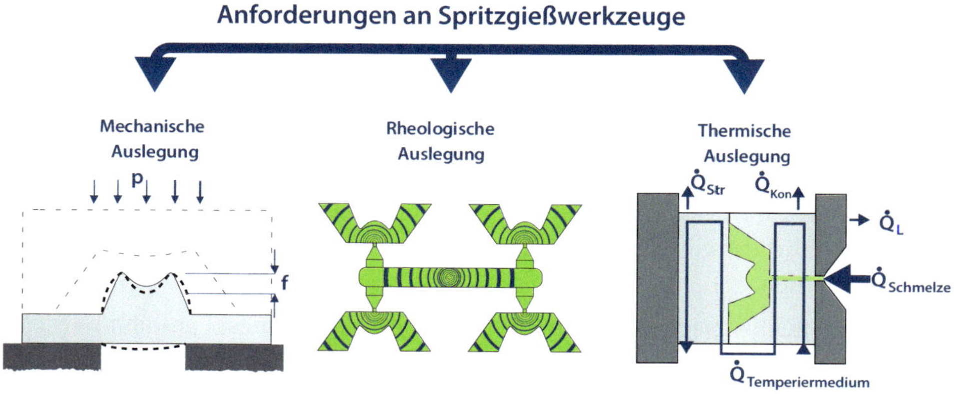

Bild 4.47 Auslegung von Spritzgießwerkzeugen

4.2.3.1 Rheologische Auslegung

Die rheologische Auslegung eines Werkzeuges bezieht sich nicht nur auf die Wahl des Angusssystems, sondern auch auf die Betrachtung des Fließverhaltens innerhalb des Formnestes. In Bild 4.48 werden vier W-förmige Bauteile über einen Angusskegel (manchmal auch Angusszapfen genannt), einen Angusskanal und vier Angussverteiler mit anschließenden Angussstegen angespritzt. Die Querschnitte sind so ausgelegt, dass sie laminar durchströmt werden und die vier Formnester (auch Kavitäten genannt) gleichzeitig befüllen.

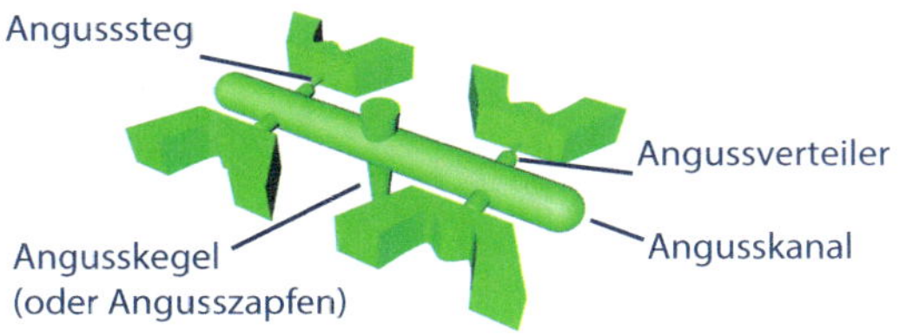

Bild 4.48 Kaltkanal-Angusssystem

Um diese möglichst gleichmäßige Füllung zu gewährleisten, gibt es für verschiedene Geometrien von Bauteilen unterschiedliche Angussvarianten. Das Bild 4.49 zeigt rotationssymmetrische Bauteile mit einem Schirm- oder Trichteranguss (A), einem Scheiben- (C), aber auch einen Ringanguss (B). Der Ringanguss hat den Nachteil, dass das Bauteil nicht gleichmäßig gefüllt wird. Man bewertet Angusssysteme nach deren Abfallvolumen, nach der möglichen Sichtbarkeit von Bindenähten oder des Anspritzpunktes selbst sowie nach Füllstoff- und Faserorientierungen.

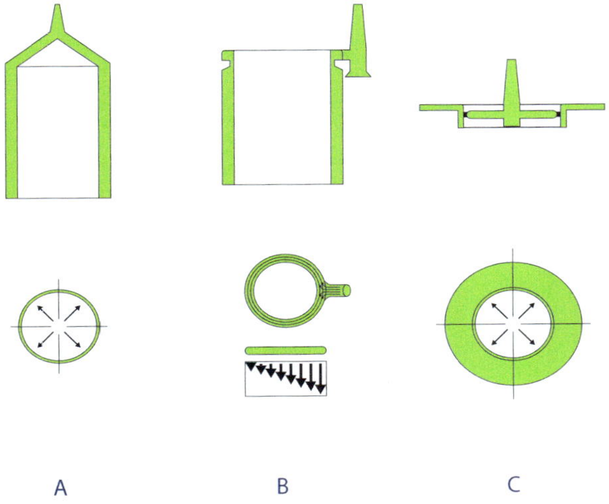

Bild 4.49 Verschiedene Angussformen; nach [3]

Eine der am häufigsten eingesetzten Angussvarianten ist der Tunnelanguss (Bild 4.50). Der Tunnelanguss schert beim Entformen des Formteiles vollständig ab. Um selbst nach dem Bauteil noch entformbar zu sein, liegt er ebenfalls in der Werkzeug-Trennebene.

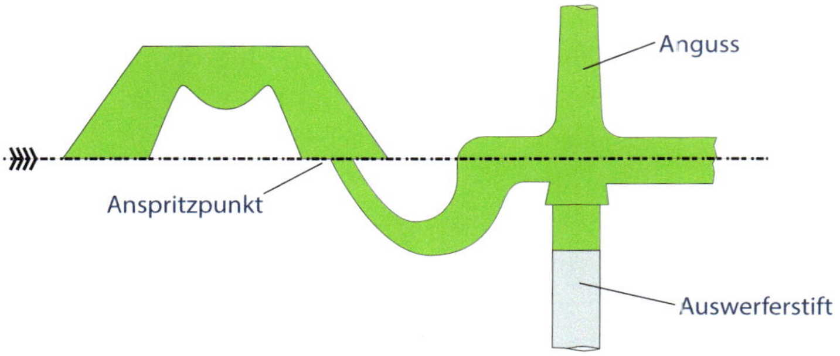

Bild 4.50 Tunnelanguss

4.2.3.2 Thermische Auslegung

Die thermische Auslegung von Spritzgießwerkzeugen stellt die geeignete Temperaturführung sicher. Bei Thermoplasten muss die Schmelze gleichmäßig und so schnell wie möglich gekühlt werden, um das Formteil auszustoßen und einen neuen Zyklus zu starten. In Bild 4.51, links, ist ein einfaches plattenförmiges Formteil im Querschnitt dargestellt. Eine physikalisch ideale Temperierung würde ebenso flächig entlang der Formteilkontur verlaufen. Allerdings muss die aufgenommene Wärme auch abgeführt werden und es gibt noch keine flächige Wärmesenke, die keinerlei Stoffaustausch benötigt.

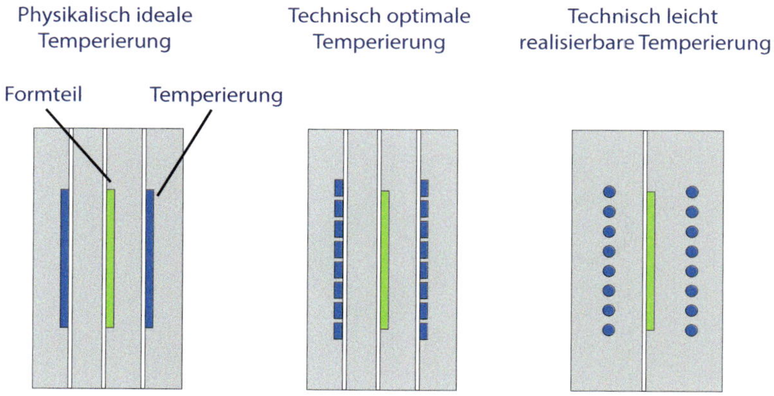

Bild 4.51 Verschiedene Temperierkanalformen

Somit ist es technisch nur möglich, in gewissem Abstand Kühlkanäle an der Formteilwand vorbeizuführen, welche die Wärme mittels Kühlmedium abtransportieren. In Bild 4.51, Mitte, ist eine technisch optimale Kühlkreislauf-Führung dargestellt. Diese würde erfordern, dass in eine extra Formteilplatte mit einem Fingerfräser ebene Kanäle hineingearbeitet werden und die Platten gegeneinander besonders abgedichtet werden müssen. In Bild 4.51 rechts sind die technisch leichter realisierbaren Kühlkanäle dargestellt. Runde Bohrungen durch eine Werkzeugplatte sind viel kostengünstiger und dichter als fingergefräste rechteckige Kanäle.

Mehrere Temperierkanäle führen zu gleichmäßigerer Wärmeabfuhr als wenige Temperierkanäle (Bild 4.52). Dennoch sind zu viele Temperierkanäle aus Platzgründen meistens nicht möglich und schwächen zudem die Werkzeughälfte mechanisch.

Auswerfer, Heiß- oder Kaltkanäle, Anspritzpunkt bzw. -buchse sowie Schieber und Backen werden zuerst konstruiert. Die Kühlung ist meist einer der letzten Schritte. Es gilt, einen Kompromiss zu finden.

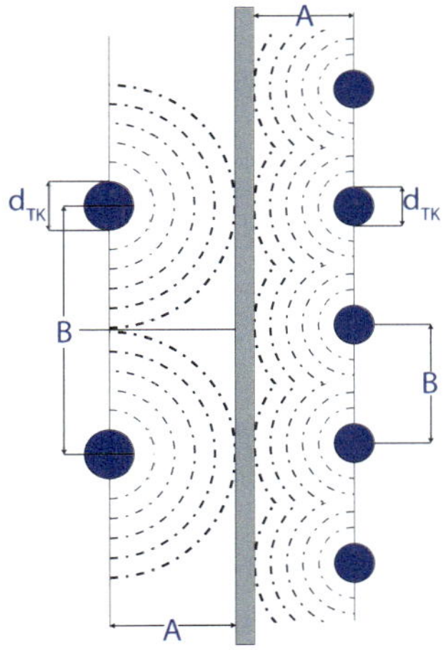

Wenige Temperierkanäle ungleichmäßige Wärmeabfuhr

Viele Temperierkanäle weitgehend gleichmäßige Wärmeabfuhr

Bild 4.52
Gegenüberstellung vieler und weniger Temperierkanäle

Eine relativ neuartige Technik, perfekt konturnah zu temperieren, verspricht ein Rapid Tooling-Verfahren, bei dem Metallpulver lasergesintert wird und komplexe 3D-Kühlkanäle realisiert werden können. Dies ist allerdings deutlich teurer und wird daher meist nur partiell in kritischen Bereichen eingesetzt (siehe Bild 4.53). Das Rapid Tooling wird in Abschnitt 5.4.2 behandelt.

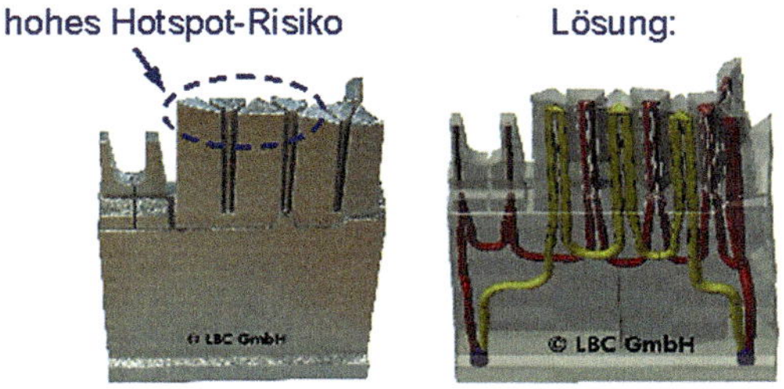

Bild 4.53 Konturnahe Temperierung [Bildquelle: LBC Engineering]

Das Temperiermedium ist meistens Wasser. Es ist kostengünstig und erlaubt bei zusätzlicher Druckbeaufschlagung sogar Temperaturen von 150 °C bis 180 °C. Dies reicht für die meisten Prozesse vollkommen aus. Werden aber Duromere oder Elastomere beheizt oder Hochtemperatur-Thermoplaste gekühlt (hier darf u. U. nicht zu stark gekühlt werden), sind Temperaturen oberhalb von 180 °C erforderlich und es wird z. B. mit Öl oder elektrisch temperiert.

Zur thermischen Auslegung gehört auch, zur besseren Wärmeübertragung eine möglichst turbulente Strömung des Temperiermediums sicherzustellen. Bei laminarer Strömung beruht der Wärmeübergang hauptsächlich auf Wärmeleitung, da es keine Quervermischung von Wand und Kernschichten der Strömung gibt (Bild 4.54, links). Diese liegt meist bei Öltemperierung vor. Bei turbulenter Strömung gibt es eine zusätzliche Geschwindigkeitskomponente senkrecht zur Strömungsrichtung. Dadurch wird das Medium quervermischt und es gibt einen wesentlich besseren Wärmeübergang. Diese liegt z. B. eher bei einer Wassertemperierung vor.

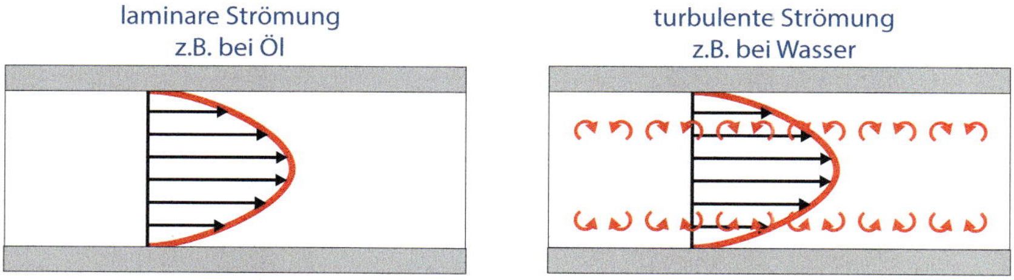

Bild 4.54 Temperiermittelfluss

Am Beispiel der beiden in Bild 4.55 dargestellten Wärmebilder wird die ungleichmäßige Kühlung eines komplexen Spritzgießbauteils sichtbar. Es sind noch ca. 30 Sekunden nach der Entformung mehrere 10 K große Unterschiede in der Formteiltemperatur zu erkennen. Im rechten Bild kann sogar noch 140 Sekunden nach der Entformung ein Temperaturniveau knapp unterhalb 100 °C nachgewiesen werden. Diese ungleichmäßige Abkühlung kann die Eigenschaften des Bauteils stark beeinflussen.

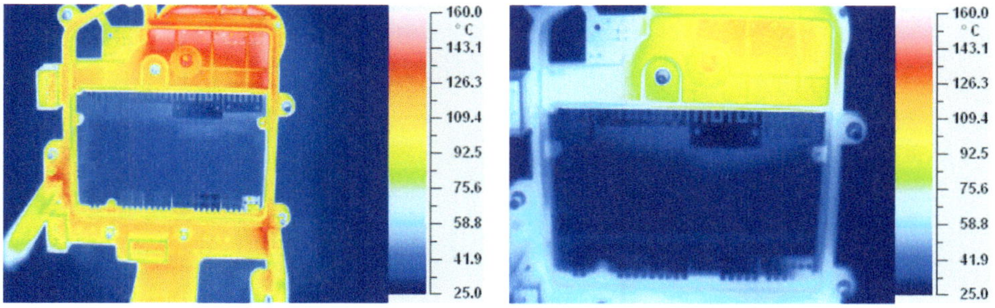

Bild 4.55 Folgen einer unzureichenden Temperierung [Bildquelle: IKM GmbH]

Sicherlich ist dies ein relativ komplexes Bauteil mit ungleichmäßigen Wanddicken, also Massenanhäufungen. Dennoch kann der Wärmestau heutzutage durch Spritzgieß-Simulationen vorhergesagt und durch geeignete Temperierung verbessert werden (siehe auch Abschnitt 5.3.5).

Unzureichende Wärmeabfuhr kann zu unwirtschaftlich längerer Zykluszeit führen. Ungleichmäßige Abkühlung führt zu Eigenspannungen und Verzug, was der Bauteilqualität abträglich ist. Hierauf werden wir in Abschnitt 5.3.4 ebenfalls näher eingehen.

4.2.4 Einfluss des Spritzgießprozesses auf die Eigenschaften des Bauteils

Wie bereits kurz in Abschnitt 3.5 angesprochen, ist der Einfluss des Prozesses auf die Werkstoffeigenschaften in der Urformung, wie Spritzgießen und Extrudieren, sehr hoch. Beim Spritzgießen haben insbesondere die Einspritz- und die Nachdruckphase (Bild 4.56) sehr großen Einfluss.

Während des Einspritzens wollen wir ein möglichst laminares Fließverhalten der Schmelze erreichen. Die Schmelze wird aber im Werkzeug, dort, wo sie die gekühlte Werkzeugwand berührt, sofort abgekühlt und bleibt erstarrt „kleben“. Die nachrückende Schmelze wird durch den dadurch verjüngten Schmelzekanal mit noch höherer Geschwindigkeit und noch mehr Scherdeformation gedrückt und vorne an der Schmelzefront zum Rand hin dehndeformiert. Es überlagern sich Wärmeabfuhr über die Werkzeugwand und Wärmezufuhr durch Schererwärmung.

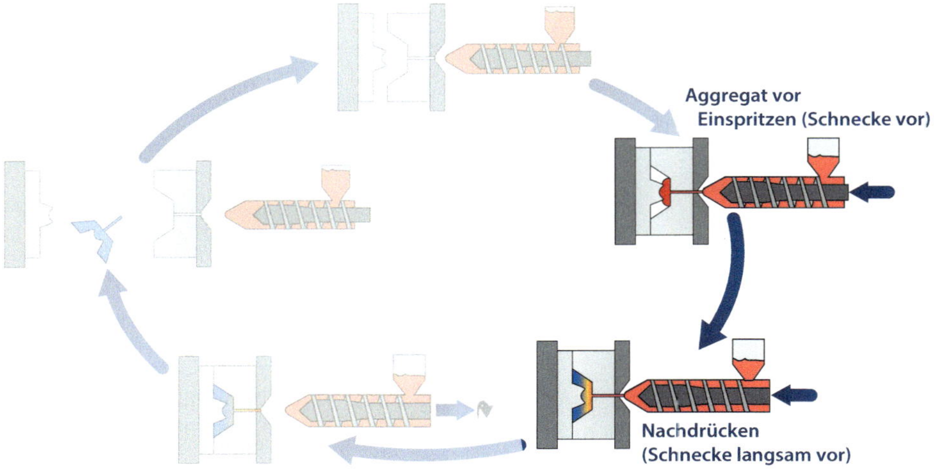

Bild 4.56 Einspritz- und Nachdruckphase

Zu Beginn des Fließens durch den Schmelzekanal erleidet die Schmelze nur einen geringen Druckverlust, der sich aber mit zunehmendem Fließweg vergrößert. Die abnehmende Kanaldicke durch bereits erstarrte Randschichten erhöht den Druckverlust noch weiter (Bild 4.57).

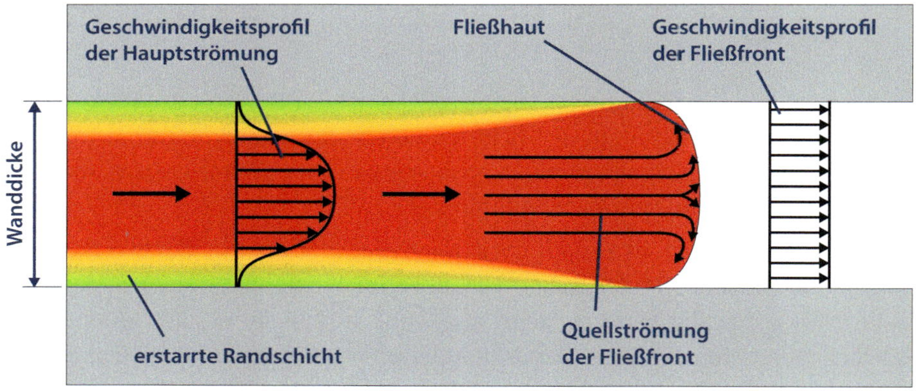

Bild 4.57 Laminares Fließverhalten

Die hohe Einspritzgeschwindigkeit erzeugt in der Schmelze eine Schergeschwindigkeit, welche die Schmelze leichter fließen lässt (strukturviskoser Viskositätsbereich). Dennoch ist ein stets schnelles Einspritzen nicht anzustreben, denn durch die hohe Schergeschwindigkeit wird auch der Molekülabbau verstärkt.

Auch die Oberfläche, das Aussehen und der Orientierungszustand werden durch die Einspritzphase beeinflusst. Zwar werden Eigenspannungen und Kristallisationsgrad besonders durch die Abkühlbedingungen beeinflusst, aber in Abschnitt 3.5 wurde auch angesprochen, dass stärker orientierte Polymerketten auch besser kristallisieren.

In der Nachdruckphase, wenn nur noch wenig Schmelze langsam nachgeführt wird, wird die Bauteilqualität ebenfalls stark beeinflusst. Es wird der Volumenkontraktion beim Abkühlen (Schwindung) entgegengewirkt, so dass möglichst wenige oder gar keine Einfallstellen zu erkennen sind.

Bei zu hohem Nachdruck kann die Schwindung allerdings auch überkompensiert werden. Ist die Schmelze dünnflüssig genug, können am Bauteil durch Schmelzefluss in die Trennebene zwischen den Werkzeughälften Schwimmhäute entstehen, die kostenintensiv beseitigt werden müssen. Bei noch höherem Nachdruck presst sich das Formteil dermaßen in das Formnest, dass es nicht entformt werden kann. Das Werkzeug kann sich sogar geringfügig öffnen (sog. „atmendes" Werkzeug), wobei es beschädigt werden kann.

Mit Hilfe der Darstellung in Bild 4.58 aus der inzwischen zurückgezogenen DIN 16901 sollen die verschiedenen Schwindungswerte von Bauteilen erläutert werden.

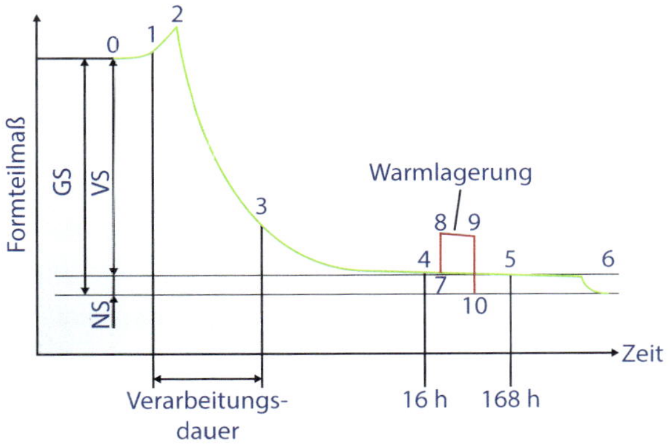

Bild 4.58
Schwindung nach DIN 16901

Die Schwindung ist definiert als Verhältnis der Differenz der Abmessungen des kalten Werkzeugs zum späteren Formteilmaß:

$$S = \frac{l_W - l_{Ft}}{l_W} \tag{4.1}$$

mit:

l_w = Werkzeugabmessung

l_{Ft} = Formteilabmessung

In Bild 4.58 ist auf der Abszisse die Zeit, auf der Ordinate das Formteilmaß aufgetragen. Bei 0 ist das Maß des Werkzeuges bei Raumtemperatur l_w aufgetragen. Dies erhöht sich ein wenig auf Maß (1) im eingeschwungenen, aufgeheizten Zustand. Es wird noch weiter aufgeweitet (2) durch den enormen Spritzdruck.

Die Schmelze wird in das Werkzeug mit Zustand (2) gespritzt und kühlt dann kontinuierlich auf (3) ab. Hier ist das Bauteil zwar entformbar, aber noch nicht auf Raumtemperatur. Nach DIN 16901 soll 16 Stunden (in einigen Fällen 168 Stunden) nach Einspritzen das Formteilmaß l_{Ft} bei (4) oder (5) genommen werden. Bei Differenz zu (0) wird die Verarbeitungsschwindung (VS) berechnet. Wartet man eine sehr lange Zeit ab, kann das Bauteil nachschwinden und noch ein geringeres Maß (6) aufweisen. Verarbeitungsschwindung und Nachschwindung (NS) ergänzen sich zur Gesamtschwindung (GS).

Nicht alle Werkstoffe schwinden stark nach, so dass die Nachschwindung (NS) eventuell klein ausfallen kann. Bauteile aus Werkstoffen, die noch stärkere Nachschwindung aufweisen, können durch kurze Warmlagerung (7, 8, 9) – eventuell unter Formzwang mit Spannwerkzeugen – relativ schnell auf das Endmaß (10) gebracht werden.

4.2.5 Vorstellung einiger Sonderverfahren

Das Spritzgießen ist nun mehrere Jahrzehnte alt und hat sich als das geeignete Serienverfahren für vielfältige Anwendungen in den verschiedensten Branchen gezeigt. Mit zunehmender Prozesskonstanz und -präzision wurde es vor 20 bis 30 Jahren möglich, immer mehr Prozessschritte in das Spritzgießen zu integrieren. Auch wurden durch intelligentes Konstruieren immer mehr Funktionen in das Bauteil integriert (siehe auch Abschnitt 5.3.2). Gewünscht ist ein One-Shot-Verfahren, sodass am Ende eines Prozesszyklusses ein vollständig funktionsfähiges, montierbares Bauteil entsteht.

Angetrieben wurde diese Prozess- und Funktionsintegration zum einen durch steigende Ansprüche an das Bauteil, zum anderen aber auch durch steigenden Automatisierungswunsch. Können in Sonderverfahren Verfahrensschritte der Nacharbeitung oder der Montage erfolgreich in den Prozess eingebunden werden, kann personalsparend und konkurrenzfähig auch in europäischen Hochlohnländern gefertigt werden. Wir unterteilen diese Sonderverfahren in:

- Ein-Komponenten-Verfahren,
- Mehr-Komponenten-Verfahren und
- Verfahren mit Einlegeteilen (siehe Bild 4.59).

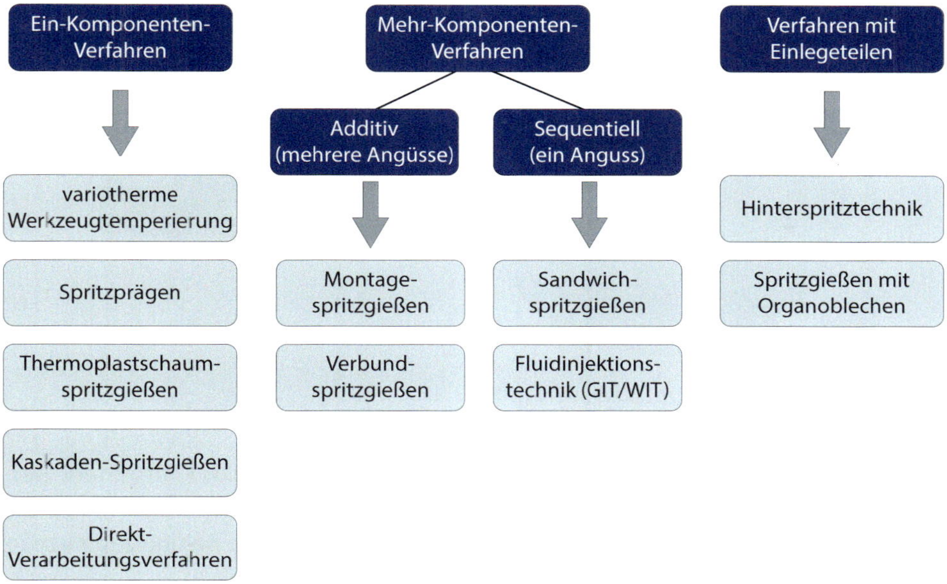

Bild 4.59 Beispiele für Sonderverfahren des Spritzgießens

4.2.5.1 Spritzprägen

Das Spritzprägen ist eine Verfahrensvariante, in der die Schmelze nicht bis zum Fließkanalende gespritzt wird, sondern das noch nicht ganz geschlossene Werkzeug erst nach Füllung geschlossen wird. Durch diesen Prägehub wird die Schmelze verteilt und auch der Nachdruck schonend eingebracht und das Eigenspannungsniveau gesenkt. Somit können auch dickwandigere Bauteile ohne Verzug hergestellt werden.

Der Prägevorgang ändert auch die Strömungsverhältnisse, so dass weit weniger Orientierungen im Werkstoff verbleiben und die Abformgenauigkeit zunimmt. Auch Präzisionsbauteile zeigen geringere Eigenspannungen/geringeren Verzug und die geringeren Orientierungen ermöglichen optische Bauteile mit höherer Qualität (Bild 4.60). Auch Sub-Mikrostrukturen wie DVD-Pits können reproduzierbar geschaffen werden.

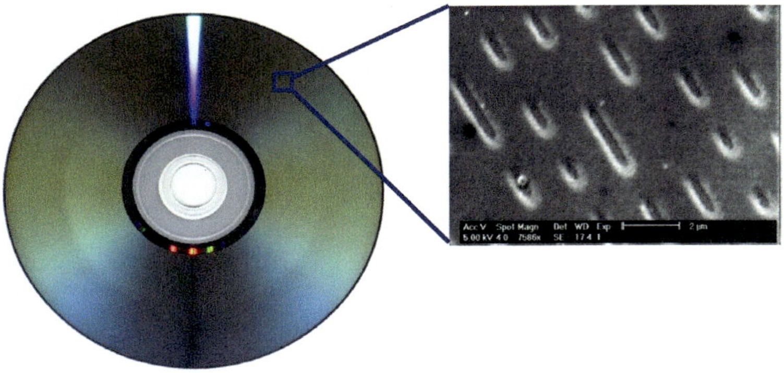

Bild 4.60 Beispiel für spritzgeprägtes Bauteil

Anhand des Tauchkantenprinzips soll der Prägeablauf (Bild 4.61) dargestellt werden. Beim Spritzprägen wird ein besonders angefertigtes Werkzeug bis auf die Breite des Prägespalts geschlossen und dann eine wohldosierte Schmelzemenge in die teilgeöffnete Kavität gespritzt. Nach Verschließen des Angusses wird das Werkzeug vollständig geschlossen und die Schmelze gleichmäßig in der Kavität verteilt. Hiernach folgen Abkühlung und Entformung.

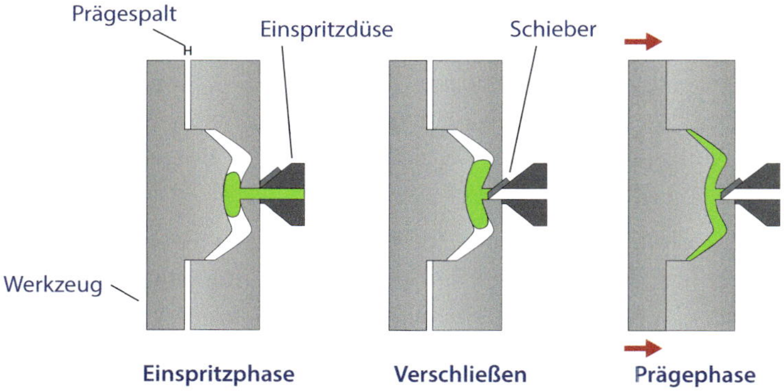

Bild 4.61 Verfahrensablauf des Spritzprägens

4.2.5.2 Thermoplastschaum-Spritzgießen

Im Thermoplastschaum-Spritzgießen wird meist ein überkritisches Fluid, beispielsweise CO_2, mit in die hochkomprimierte Schmelze eingebracht, welches bei Entspannung expandiert und in der gerade abkühlenden Schmelze eine geschlossenzellige Schaumstruktur erzeugt, wie sie beispielsweise für Sportartikel eingesetzt wird (Bild 4.62). Der Schaum wirkt der Schmelzekontraktion entgegen, so dass kein zusätzlicher Nachdruck erforderlich ist und Einfallstellen nicht zu befürchten sind.

Geschäumte Formteile bieten Steifigkeit bei geringem Gewicht. Sie sind ideal für Struktur- und Leichtbauanforderungen. Sie sparen Gewichts- und Werkstoffeinsatz, isolieren Wärme, weiter absorbieren sie Vibrationen und Stöße (siehe Abschnitt 3.5.4).

Bild 4.62
Beispiel für die Anwendung von Thermoplastschaum-Spritzgießen

4.2.5.3 Kaskaden-Spritzgießen

Das Kaskadenspritzgießen hilft bei der Realisierung von langen Fließwegen. Sind Bauteile relativ lang in Bezug auf ihre Wanddicke (sogenanntes hohes Fließweg-Wanddicken-Verhältnis), kann es sein, dass die Schmelze vor Ende des Fließweges einfriert und das Bauteil nicht gefüllt werden kann. Alternativ kann der zur Verfügung stehende Druck der Maschine für eine vollständige Formteilfüllung nicht ausreichend sein.

Sicherlich würde man mit Werkstoffwahl und den Prozessparametern Einspritzgeschwindigkeit und Temperatur versuchen, das Bauteil zu füllen, aber es gibt Wanddicken-Fließlängen-Verhältnisse, die das Kaskadenspritzgießen unabdingbar machen.

Entlang des langen Bauteils werden mehrere Angüsse hintereinander auf- und zugemacht (Bild 4.63). Ist die Schmelze am zweiten Anguss in Fließrichtung vorbeigeflossen, kann dieser geöffnet und der erste Anguss geschlossen werden. Dies erzeugt gleichmäßige Randschichten und vermeidet Bindenähte, erfordert aber ein komplexes, teures Heißkanalsystem mit mehreren Angüssen und eine aufwendige Steuerung. Typische Anwendungen sind PKW-Stoßfänger oder auch Instrumententafeln.

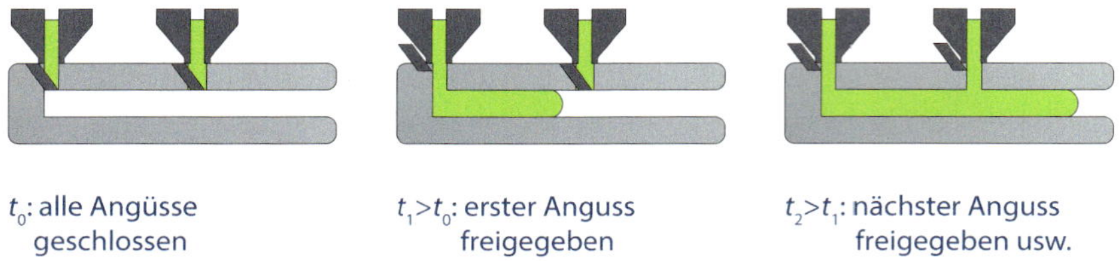

Bild 4.63 Kaskaden-Spritzgießen (Schema)

4.2.5.4 Spritzgießcompoundieren

Das Spritzgießcompoundieren ist ein Direktverarbeitungsverfahren, es kombiniert die Verfahrensschritte Aufbereitung und Spritzgießen. Während konventionell nach der Aufbereitung mittels Doppelschneckenextruder der neue Werkstoff granuliert, abgekühlt und gelagert wird, bevor er im Spritzgießprozess wieder in Schmelze gebracht wird, sind in diesem zusammengefassten Prozess beide Verfahrensschritte vereinigt (Bild 4.64).

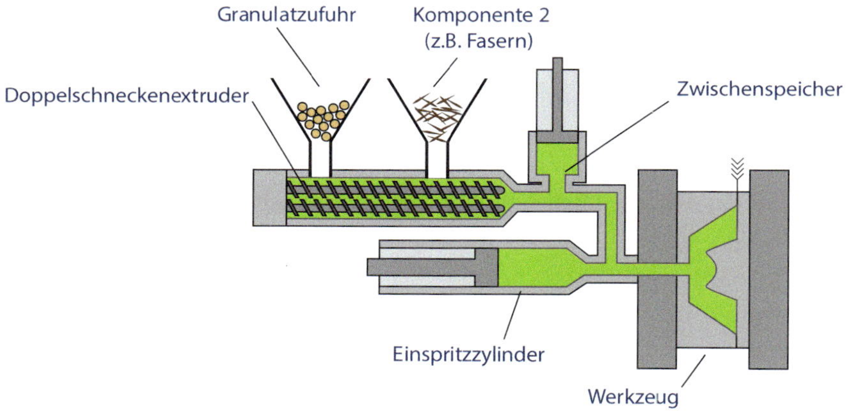

Bild 4.64 Spritzgießcompoundieren (schematisch)

Prozesstechnisch schwierig ist diese Kombination von kontinuierlich arbeitendem Compounder mit diskontinuierlich (zyklisch) arbeitender Spritzgießmaschine (Bild 4.65). Der am IKT aufgebaute Spritzgießcompounder des Typs KraussMaffei 200-1400 C2 IMC arbeitet mit einem am IKT entwickelten Zwischenspeicher, in dem die jeweils zuerst compoundierte Schmelze auch zuerst in das Spritzaggregat gelangt (first-in-/first-out-Prinzip).

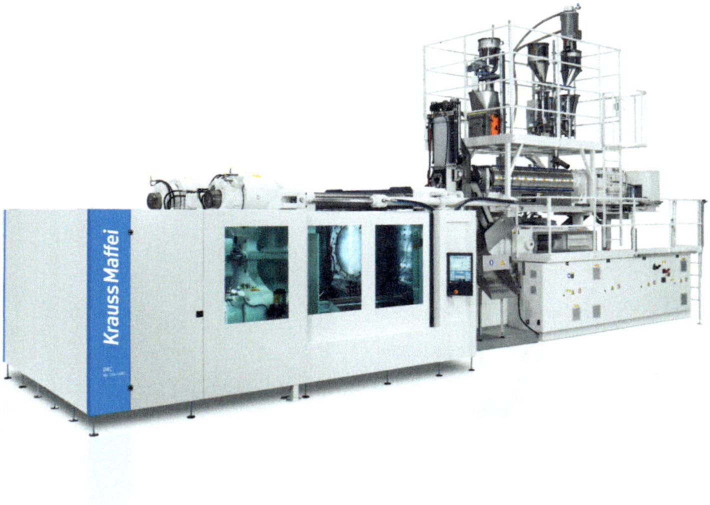

Bild 4.65 Spritzgießen und Compoundieren in einem Prozess [Bildquelle: KraussMaffei]

Vorteil dieses Direktverarbeitungsverfahrens ist die Entscheidungsfreiheit des Verarbeiters bei der Wahl der Ausgangsstoffe (Polymere, Zusatzstoffe), was auch Kostenvorteile erzeugen kann. Zudem wird Energie durch das Arbeiten aus „erster Wärme“ eingespart. Auch können im Bauteil weit größere Faserlängen erreicht werden, weil der Granulierschritt nicht erforderlich ist. Nachteile sind sicherlich die höheren Anschaffungskosten und die hohen Anforderungen, die an den Entwicklungsingenieur, aber auch an den Maschinenführer gestellt werden.

4.2.5.5 Mehr-Komponenten-Verfahren

Wenden wir uns den Mehr-Komponenten-Verfahren zu. Hier werden entweder mehrere Komponenten hintereinander (sequentiell) über einen Anguss in ein Werkzeug eingebracht, oder über mehrere Angüsse (additiv). Das Verbund- und das Montagespritzgießen (beide additiv) sind sich sehr ähnlich, allerdings wird beim Verbundspritzgießen mehr Wert darauf gelegt, dass sich die kombinierten Werkstoffe oder Geometrien stoffschlüssig verbinden, während das beim Montagespritzgießen gerade unerwünscht ist.

Um Bauteile aus mehreren Farben oder mehreren Werkstoffen (Bild 4.67) zu kombinieren, wird über ein Angusssystem 1 (siehe Bild 4.66) Kavität 1 gefüllt, dann – nach Abkühlen und Zwischenöffnen des Werkzeugs – wird das so geschaffene Bauteil in Kavität 2 gesetzt, die zusammen mit Bauteil 1 einen Hohlraum bildet. Mit Angusssystem 2 wird dann in diesen Hohlraum über oder um Bauteil 1 gespritzt.

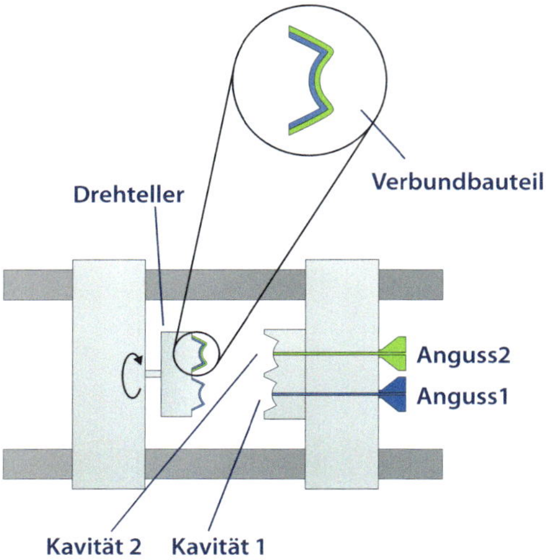

Bild 4.66 Montage- und Verbundspritzgießen (schematisch)

Es gibt mehrere Varianten, wie das erstgespritzte Bauteil in die zweite Kavität gesetzt wird. Entweder wird die schließseitige Werkzeughälfte per Drehteller oder ähnlichem Werkzeugkonzept weitergedreht oder ein Handlingsystem setzt Bauteil 1 in Kavität 2.

QR-Code 4-10

Die verschiedenen Varianten des Verbundspritzgießens werden vorgestellt.

http://www.ikt.uni-stuttgart.de/links/Videolinks/Verbundspritzgiessen

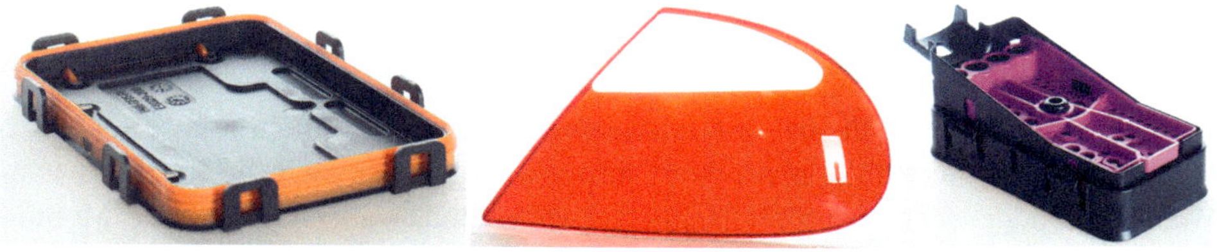

Bild 4.67 Verbundspritzgegossene Bauteile

Eine besondere Art des Mehr-Komponenten-Spritzgießens ist das Überfluten mit einem PUR-Gießhautsystem als zweite Komponente, die noch im Werkzeug chemisch vernetzt. Auch hierbei werden die Oberflächeneigenschaften von Thermoplastbauteilen noch im Prozess verändert. Zum einen kann eine Oberfläche mit einem transparenten PUR-Lack optische Tiefenwirkung erhalten, seine Kratzfestigkeit und UV-Beständigkeit verbessern, zum anderen realisiert das Überfluten mit weicheren PUR-Rezepturen eine lederähnliche Oberfläche.

Am Beispiel einer Spielfigur (Bild 4.68) soll das Montagespritzgießen erläutert werden. Wichtig bei diesen Spielfiguren ist, dass die Komponenten nicht starr verbunden sind, sondern zueinander beweglich. Es werden integrierte Bauteile in nur einem Arbeitsschritt gefertigt.

Bild 4.68
Montagespritzgegossene Spielfigur

Zunächst wird der Kopf aus dem technischen Kunststoff Polybutylenterephtalat (PBT) mit einem Kugelgelenk gespritzt. Nach Umsetzen in eine größere Kavität wird die Kugel des Kopfes mit einem Torso aus dem Werkstoff Polyamid 6 mit 15 % Glasfasern (PA6GF15) umspritzt. Dieser Werkstoff ist unverträglich mit PBT und daher die Verbindung nach Abkühlung beweglich. Der Torso verfügt bereits über Kugelköpfe für die Gliedmaßen.

Torso und Kopf werden nach Abkühlung in eine dritte Kavität umgesetzt, in die nun mit Polyoxymethylen (genauso eingefärbt wie das PA6GF15) die Gliedmaßen um die Kugelköpfe des Torsos eingespritzt werden. Auch hier entsteht kein Stoffschluss, da die Werkstoffe untereinander nicht verträglich sind. Das nötige „Spiel“ entsteht durch unterschiedliche Schwindungswerte.

QR-Code 4-11

Das Montagespritzgießen einer Spielfigur wird gezeigt.

http://www.ikt.uni-stuttgart.de/links/Videolinks/Spielfigur

4.2.5.6 Sandwich-Spritzgießen

Kommen wir kurz zu den beiden sequentiellen Mehr-Komponenten-Verfahren. Das Sandwich-Spritzgießen ist schon recht alt. Hierdurch werden zwei verträgliche (haftende) Werkstoffe im Schichtverbund miteinander verbunden. Es wird über einen Anguss hintereinander eingespritzt. Da die erst eingespritzte Komponente meist zuerst an die Oberfläche gelangt und erstarrt, bildet sie die Hautkomponente.

In Bild 4.69 (links) ist ein Tablett mit reinem Polybutylenterephtalat (PBT) als Hautkomponente und glasfaserverstärktem PBT als Kernkomponente gezeigt. Zur besseren Darstellung wurde die Hauptkomponente nicht eingefärbt. Während die Hautkomponente ohne Glasfasern eine schönere Oberfläche aufweist, ist die eingefärbte Kernkomponente mit Fasern steifer und fester.

Bei der Sitzschale (Bild 4.69 rechts) ist das ganz ähnlich. Hier wurde lediglich zur Veranschaulichung eine kontrastreiche innere Komponente in eine transluzente äußere Komponente gespritzt. Hierdurch kann ebenfalls eine schöne Oberfläche durch einen Hautwerkstoff und eine z. B. kostengünstige Kernkomponente realisiert werden.

Bild 4.69 Sandwich-Spritzgießen [Bildquelle: OWI GmbH]

An den Schemabildern (Bild 4.70) wird das Vorgehen prinzipiell deutlich. Nach Teilfüllung durch den höherwertigen Hautwerkstoff, wird in der Düse auf einen Schmelzestrom von einem zweiten Spritzaggregat umgeschaltet. Da das Kernmaterial bereits die Werkzeuginnenwand berührt und erstarrt, wird der zweite Werkstoff die schmelzeflüssige Mitte durchströmen und den dort noch vorhandenen Hautwerkstoff weiter nach vorne drücken. Gegen Ende der volumetrischen Füllung wird wieder auf den Hautwerkstoff und dann auf Nachdruck umgeschaltet.

QR-Code 4-12

Ablauf des Sandwich-Spritzgießens

http://www.ikt.uni-stuttgart.de/links/Videolinks/Sandwich_Spritzgiessen

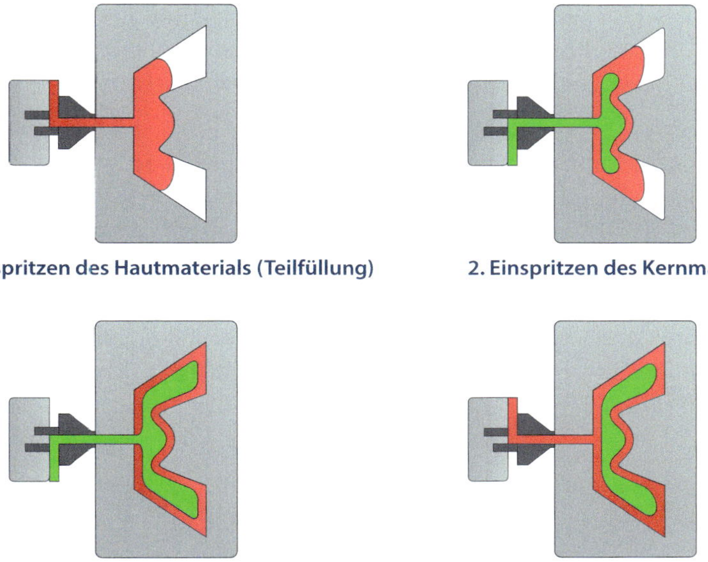

1. Einspritzen des Hautmaterials (Teilfüllung)
2. Einspritzen des Kernmaterials
3. Volumetrische Füllung der Kavität
4. Nachdruckphase mit Hautmaterial

Bild 4.70 Schema des Sandwich-Spritzgießens

4.2.5.7 Fluidinjektionstechniken

Ganz ähnlich ist der Prozessablauf in der Fluidinjektionstechnik. Statt einer zweiten werkstofflichen Kernkomponente, wird inertes Gas (meist Stickstoff) oder Wasser in die Kavität geleitet. Dieses verdrängt die Schmelze ebenso und lässt nach Herauslassen des Fluids einen Hohlraum entstehen, wobei die erste werkstoffliche Komponente nicht nur an der Werkzeugwand, sondern auch durch das Gas oder Wasser zusätzlich von innen gekühlt wird. Das Bild 4.71 zeigt einen Demonstrator für die Fluidinjektonstechnik.

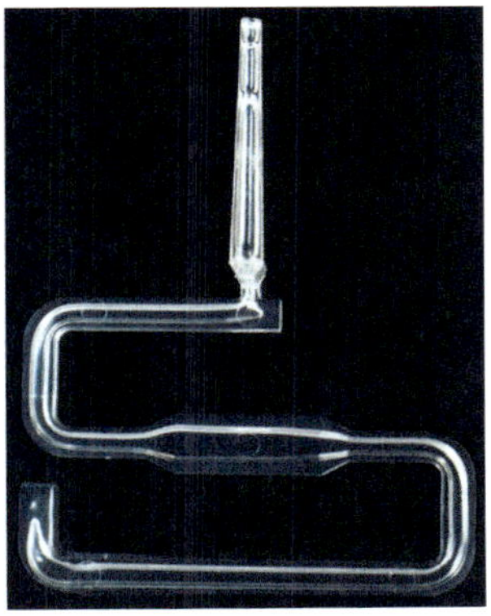

Bild 4.71 Fluidinjektionstechnik-Bauteil

Auf diese Weise können Bauteile mit innenliegendem Hohlraum in sehr kurzen Zykluszeiten geschaffen werden. Die Innenkontur ist strömungstechnisch nicht optimiert, so dass keine anspruchsvollen Fluidtransportvorgänge stattfinden können.

In den Schemazeichnungen (Bild 4.72) wird nachvollziehbar, wie sehr die Fluidinjektionstechnik dem Sandwich-Spritzgießen ähnelt. Je nach Fluid wird in Gasinjektionstechnik (GIT) und Wasserinjektionstechnik (WIT) unterschieden. Wenn ein Hohlraum bis zum Ende der Kavität erwünscht ist, muss im Werkzeug eine Nebenkavität eingeplant werden, in den die herausgedrückte Schmelze überläuft. Bei der Gasinjektionstechnik wird das Gas (meist Stickstoff) nachfolgend in die Atmosphäre entlassen. Bei der Wasserinjektionstechnik wird das Wasser zurückgeführt, gefiltert und zurückgekühlt.

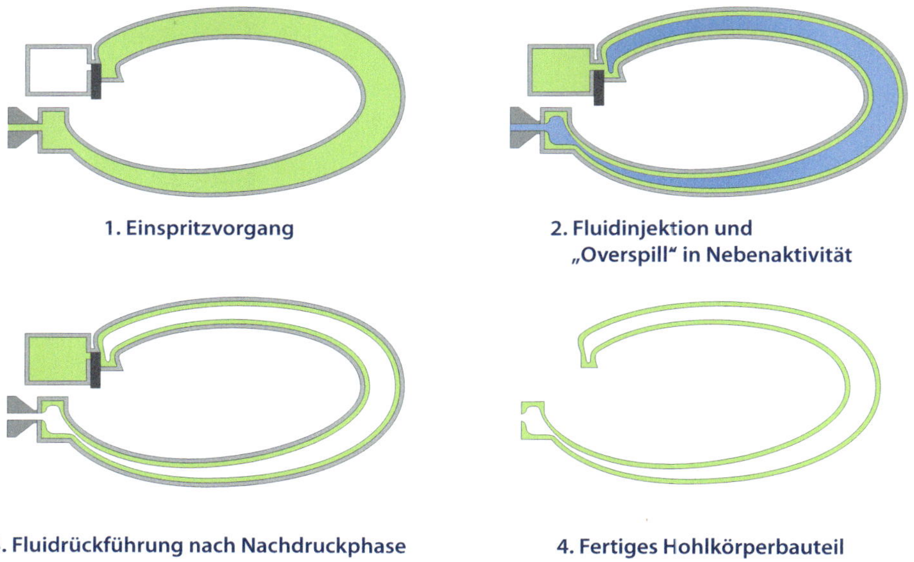

Bild 4.72 Fluidinjektionstechnik – Verfahren

Ein alternativer, abfallsparender Ansatz ist die Fluidinjektion am Fließwegende. Nach erfolgtem Einspritzvorgang wird am Fließwegende ein Ventil geöffnet und die noch flüssige Schmelze in den Angusskanal und in den Schmelzevorraum zurückgeführt. Die Einarbeitung der Nebenkavität in das Werkzeug ist nicht erforderlich und es entsteht kein Abfall.

4.2.5.8 Hinterspritztechnik

Kommen wir nun zu den Verfahren mit Einlegeteilen. Mit der sogenannten Hinterspritztechnik können hochwertige Oberflächen (Dekorfolie oder Dekortextil) mit kostengünstigen Trägerwerkstoffen verbunden werden (Bild 4.73). In einem ersten Schritt wird die dekorative Oberfläche (Folie oder Textil) in das Werkzeug eingebracht und beim Schließen deformiert. Die Dekorfolie muss für die Deformation eventuell vorher erwärmt oder vorgeformt werden.

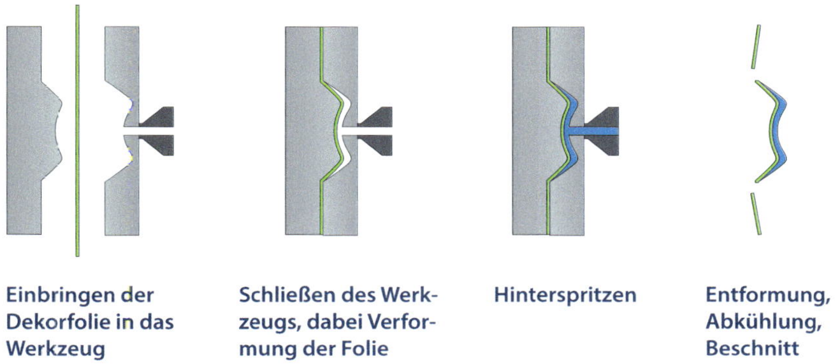

Bild 4.73 Hinterspritztechnik

Im nächsten Schritt wird die dekorative Oberfläche mit meist kostengünstigem Trägerwerkstoff hinterspritzt. Es muss bei der Wahl des Werkstoffs und der Prozessführung darauf geachtet werden, dass die dekorative Oberfläche keine Schäden erleidet, z.B. durch Aufschmelzen (Folie) oder Schmelzedurchtritt (Textil). Nach Abkühlung und Entformung kann noch der abschließende Beschnitt stattfinden. Das Bild 4.74 zeigt hinterspritzte Folien im Automobilinnenbereich. In allen Fällen wurde eine dekorative, temperaturbeständige Folie mit einem Trägerwerkstoff hinterspritzt.

Das Spritzgießen mit Organoblechen ist ebenfalls ein Spritzgießverfahren mit Einlegeteilen. Da Organobleche hochgefüllte Faserkunststoff-Halbzeuge sind, soll dieses Thema im Abschnitt 4.4 „Technologie der Faserkunststoffverbunde“ behandelt werden.

Bild 4.74 Beispiele für Hinterspritztechnik [Bildquelle: KURZ]

4.2.5.9 Spritzstreck-Blasformen

Zu guter Letzt soll noch ein besonderes Verfahren dargestellt werden, welches nicht zu den Spritzgießsonderverfahren zählt. In Abschnitt 4.1.6 haben wir bereits das Extrusions-Blasformverfahren kennengelernt. Dort wurde in einem Direktverfahren ein extrudierter, noch schmelzeförmiger Schlauch von einem Werkzeug umfasst und von innen gegen die gekühlte Werkzeugwand geblasen. Mit Hilfe des hier dargestellten Spritzstreck-Blasformverfahrens (Bild 4.75) werden ebenfalls Behälter gefertigt, allerdings mit anderen Eigenschaften.

Im Spritzstreck-Blasformen werden zunächst in einem Spritzgießprozess Vorformlinge hergestellt, auch Preforms genannt. Dies kann – je nach Anforderung – in einem herkömmlichen 1-Komponenten-Spritzgießen, aber wahlweise auch im Mehr-Komponenten-Spritzgießen geschehen, um z. B. eine Barriereschicht zu erzeugen.

In einem zweiten Schritt werden die Vorformlinge entweder sofort nach dem Spritzgießen (aus erster Wärme) aufgeblasen oder erst nach Abkühlung, Lagerung und Transport an einen anderen Produktionsort erneut aufgewärmt und aufgeblasen. Das Aufblasen erfolgt dabei meist mit Hilfe eines Streckers, der zugleich die Luft einbläst.

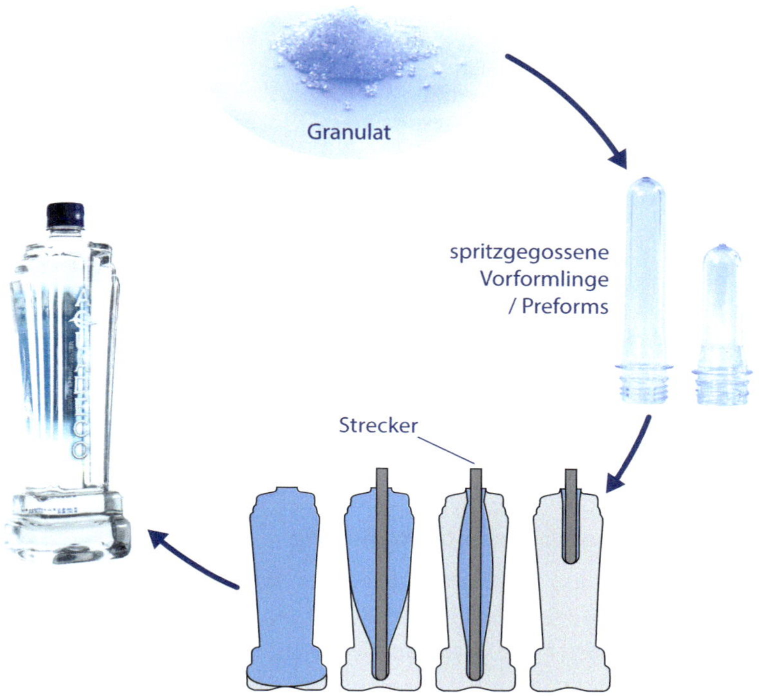

Bild 4.75 Ablauf des Spritzstreck-Blasformens

Das Extrusions-Blasformen ist das kostengünstigere Verfahren, aber das Spritzstreck-Blasformen erlaubt eine weit höhere Druckfestigkeit des Behälters, da der Boden keine Schwachstelle ist. (Der Butzen beim extrusionsgeblasenen Produkt ist prinzipiell eine Schweißnaht.) Dies ist insbesondere für CO_2-haltige Getränke wichtig, diese werden daher nie in extrusionsgeblasenen Behältern abgefüllt. Darüber hinaus kann durch den Vorformling eine exaktere Kontur im Gewinde- und Hohlkörperbereich erzeugt werden, auch können diese Behälter nach dem Aufblasen dünnwandiger sein.

Das erlaubt einen Blick in ein großes Spritzgießwerkzeug für die Herstellung von Vorformlingen und verdeutlicht den Massenproduktionscharakter. Hierin werden rheologisch, thermisch und mechanisch ausbalanciert 144 Vorformlinge in einem Schuss gefüllt, abgekühlt und nachher entformt.

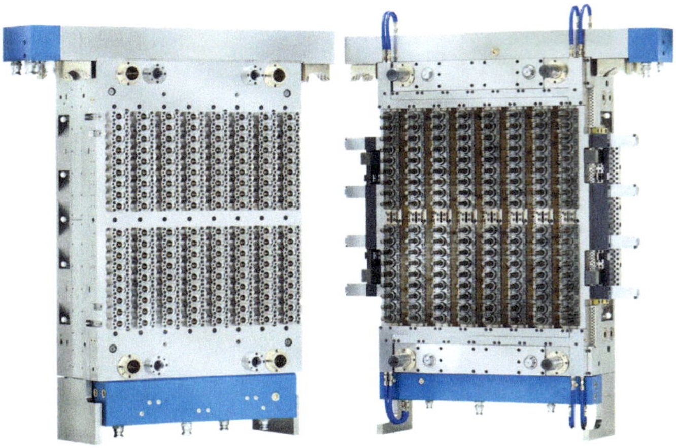

Bild 4.76 Blick in ein Mehrkavitäten-Werkzeug zur Herstellung von Vorformlingen [Bildquelle: Otto Hofstetter AG]

4.2.5.10 Variotherme Werkzeugtemperierung

Zum Abschluss noch ein Sonderverfahren der Werkzeugtemperierung (also eigentlich nicht des Spritzgießens). Bei der sogenannten variothermen oder dynamischen Werkzeugtemperierung wird das Werkzeug unmittelbar vor dem Einspritzvorgang zusätzlich erwärmt und erst nachdem der Formfüllvorgang abgeschlossen ist rasch abgekühlt. Hierdurch werden eventuelle Bindenähte weniger sichtbar und die Oberflächenqualität verbessert (Bild 4.77).

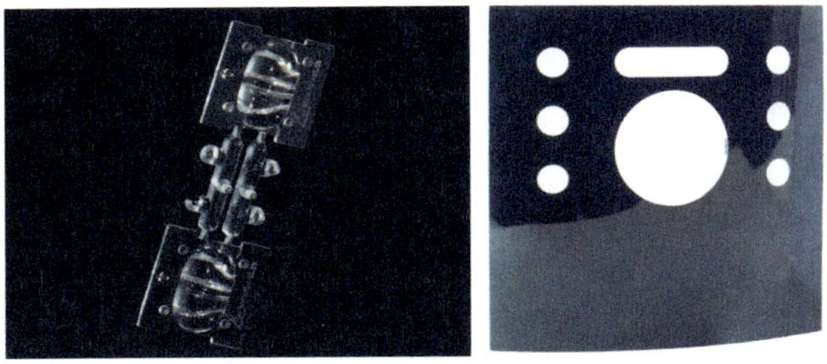

Bild 4.77 Beispiele für mit variothermer Werkzeugtemperierung gefertigte Bauteile

Wenn Materialkombinationen gespritzt werden (siehe Mehrkomponenten-Spritzgießen), haften diese besser aneinander. Insgesamt wird der Bauteilquerschnitt thermisch schonender gekühlt, hat weniger Eigenspannungen und tendiert weniger zu Verzug. Das Bild 4.78 erläutert eine Verfahrensvariante. Zwei Temperierkreisläufe und möglichst oberflächennahe Temperierkanäle ermöglichen ein schnelles Erwärmen und Abkühlen der Werkzeugoberfläche. Alternativen sind das Gegenheizen des gekühlten Werkzeugs mit Wärmestrahlern oder über Induktion. Am IKFF der Universität Stuttgart wird an der Induktionserwärmung geforscht.

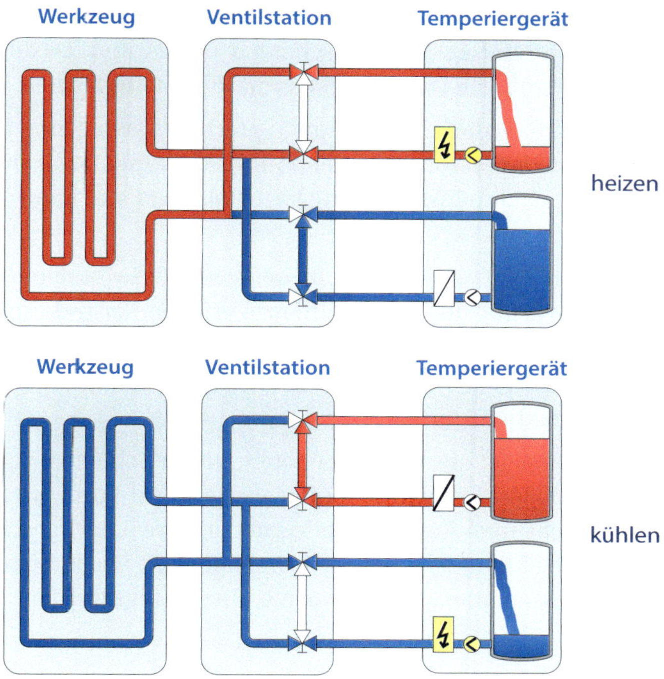

Bild 4.78 Verfahrensvarianten der variothermen Werkzeugtemperierung

4.3 Verarbeitung von vernetzenden Kunststoffen

Weltweit sind Thermoplaste bei weitem die mengenmäßig größte Gruppe der Kunststoffe. Dennoch übernehmen vernetzende Kunststoffe (Elastomere und Duromere) äußerst wichtige Aufgaben. Sie haben (in der Regel korrelierend mit dem Vernetzungsgrad)

- ein gutes elektrisches Isolationsvermögen,
- eine hohe Dimensionsstabilität (z. B. geringe Wärmeausdehnung α, wenig Quellung),
- hohe Temperatureinsatzgrenzen,
- eine hohe Medienbeständigkeit,
- ein günstiges Brandverhalten und
- Sicherheitsreserven bei Temperaturspitzen.

Duromere zeichnen sich durch eine für Kunststoffe ausgezeichnete Festigkeit und Steifigkeit (damit korrelierend auch Oberflächenhärte) aus und Elastomere verfügen über eine außerordentliche Dehnfähigkeit mit Rückstellverhalten.

Wenn wir vernetzende Kunststoffe verarbeiten, verarbeiten wir keine Duromere oder Elastomere, sondern deren Vorprodukte. Im Prozess, exakt sogar im Formgebungswerkzeug, werden sie durch Vernetzung formstabil und reagieren dabei zum Elastomer oder Duromer.

Die Vernetzungsreaktion kann durch verschiedene Einflüsse gesteuert werden. Meist ist es allerdings Wärme, die einen Initiator zerfallen lässt, der die Kettenreaktion und die Vernetzung in Gang bringt. Oftmals werden diese sogenannten „Härter" den Vorprodukten zudosiert, die erst bei erhöhter Temperatur im Werkzeug eine Vernetzungsreaktion starten.

Während also ein Thermoplast die Wärme benötigt, um in Schmelze zu gelangen und durch Abkühlen wieder fest wird, werden vernetzbare Formmassen durch Wärme fließfähig gemacht und zugleich die Vernetzungsreaktion gestartet (Bild 4.79). Die Vernetzungsreaktion schränkt die Fließfähigkeit wieder ein. Um das Formteil aushärten zu lassen, muss weiter Wärme hinzugefügt werden.

Bild 4.79
Temperatur startet Vernetzungsreaktion und dadurch Härtung

Das Bild 4.80 zeigt einen typischen zeitlichen Verlauf einer exothermen Härtungsreaktion eines Duromeren. Mit Werkzeugkontakt steigt die Temperatur der unvernetzten Harzmasse. Nach einer gewissen Zeit und Energiemenge startet die exotherme Härtungsreaktion und beschleunigt den Temperaturanstieg zusätzlich.

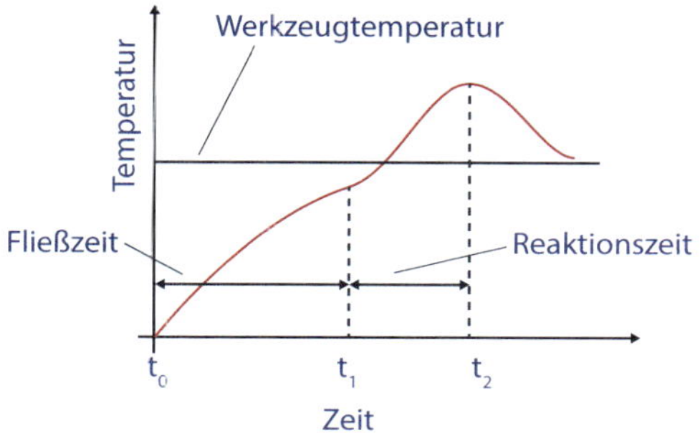

Bild 4.80 Härtungsverlauf eines Duromers

Durch den Temperaturanstieg wird zum einen die Viskosität verringert, zum anderen durch die zunehmende chemische Reaktion die Kettenlänge erhöht. Nach einer gewissen Zeit ist die Reaktion abgeschlossen und die nun vernetzte Formmasse nimmt ebenfalls Werkzeugtemperatur an.

Der Verlauf der Viskosität über der Zeit wird in Bild 4.81 noch anders verdeutlicht. Das Vorprodukt wird zunächst erwärmt, so dass es fließfähiger wird und das Material in Form gebracht werden kann. Gleichzeitig wird jedoch der Vernetzungsvorgang gestartet, wodurch die Fließfähigkeit wieder abnimmt. Für das Verarbeiten der vernetzenden Formmasse bleibt somit nur ein zeitlich begrenztes Verarbeitungsfenster (ca. 60 Sekunden), in dem das Formteil seine endgültige Gestalt erreicht haben muss. Auch die Lagerung der Vorprodukte ist nicht trivial, denn sie dürfen meist nicht mit Feuchte und Wärme in Kontakt kommen.

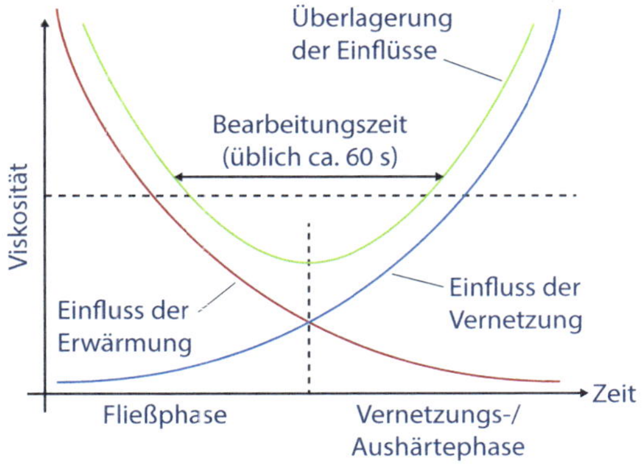

Bild 4.81
Fließ-/Härtungsverhalten von Duromeren

4.3.1 Pressen

Das Pressen von vernetzenden Formmassen soll hier am Vulkapressen von Kautschuk erläutert werden (Bild 4.82). Sobald der unvernetzte Kautschuk (Mischung mit Schwefel und Katalysatoren) das beheizte Werkzeug berührt, erwärmt er sich und der Vulkanisationsprozess startet. Ist die Vulkanisation abgeschlossen, kann die Form wieder geöffnet und das Formteil aus der Kavität herausgenommen werden. Der überlaufende Kautschuk, welcher den Grat bildet, ist bewusst eingesetzt. Er stellt den Nachdruck sicher und verhindert Einfallstellen. Allerdings muss er entfernt und entsorgt werden. Die Zykluszeit gilt als lang und die Vernetzung im Bauteil als wenig gleichmäßig.

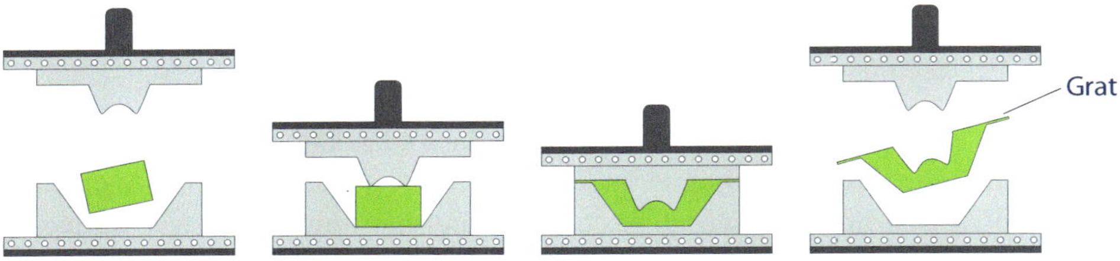

Bild 4.82 Vulkapressen

Beim Pressen werden üblicherweise Überlaufwerkzeuge (Bild 4.83, rechts) oder Tauchkantenwerkzeuge (links) verwendet. Überlaufwerkzeuge nutzen den Überschuss, um die Reaktionsschwindung zu kompensieren. Das übergelaufene Material und der Grat müssen nachträglich entfernt werden. Tauchkantenwerkzeuge hingegen besitzen eine gut dichtende Trennebene, die den Überschuss nicht entweichen lassen. Sie erfordern eine exaktere Dosierung, da eine Unterdosierung zu Einfallstellen führen kann.

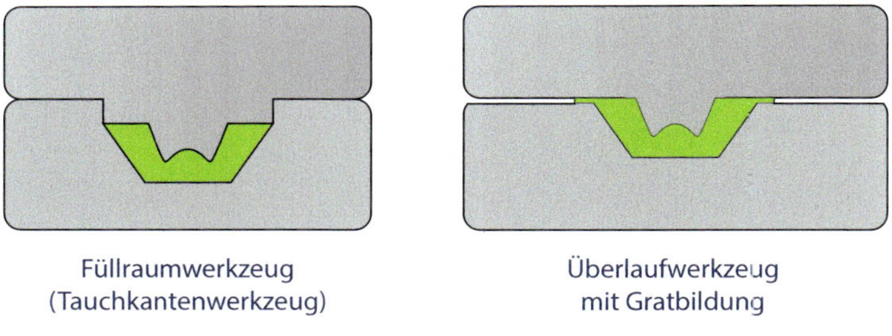

Bild 4.83 Presswerkzeuge

QR-Code 4-13

Pressen von Duromeren

http://www.ikt.uni-stuttgart.de/links/Videolinks/Pressen_von_Duromeren

4.3.2 Transferpressen

Das Transferpressen ist ein Verfahren für die Verarbeitung von Kautschuk zu Elastomer. In Bild 4.84 ist dargestellt, dass beim Transferpressen das unvernetzte Vorprodukt in einen Transfertopf gelegt wird und nach dem Schließen der Presse erst die eigentlichen Kavitäten gefüllt werden.

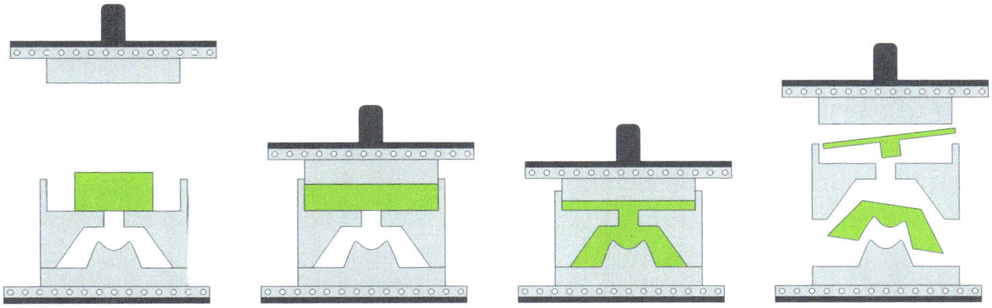

Bild 4.84 Transferpressen

Nach Abwarten der Vulkanisation und Öffnen der Form, müssen nicht nur die Bauteile, sondern auch das sog.Transferfell entfernt und das Werkzeug gereinigt werden. Die Zykluszeit ist hier geringer als beim Vulkapressen, die Vernetzung erfolgt relativ gleichmäßig und eine hohe Kavitätenzahl ist möglich. Der hohe Abfallanteil (Transferfell) ist nicht ressourcenschonend und teuer.

4.3.3 Spritzgießen

Wenn vernetzende Formmassen spritzgegossen werden, erfolgen Mischung mit Zusatzstoffen, Polymerbildung und Formgebung in einem Verarbeitungsschritt. Die Vorprodukte werden z. B. als körniges Haufwerk oder Schnitzelmassen klebriger Konsistenz eingefüllt und in der Schnecke erwärmt. Dann findet ein kleines Rennen gegen die Zeit statt: Die Schnecke muss gegengekühlt werden, damit die Vernetzung nicht bereits in der Schnecke oder im Schneckenvorraum stattfindet.

Das Spritzgießwerkzeug wird wegen der niedrigen Viskosität der Monomere noch schneller als beim Thermoplast-Spritzgießen gefüllt. Es können sich leichter Überspritzungen/Grate bilden, die kostenintensiv vom Bauteil entfernt werden müssen. Dann allerdings dauert die chemische Vernetzungsreaktion bis zu mehreren Minuten bei Temperaturen von meist 180 bis 300 °C. Das Werkzeug muss hierzu beheizt werden; dies erfolgt mit Öltemperierung, Heizpatronen oder Heizbändern. Im Werkzeug verbleiben meist Rückstände (unpolymerisierte oder auch zersetzte Formmasse, Gratreste), die entfernt werden müssen. Die Werkzeuge und Plastifiziereinheit leiden gegenüber der Thermoplastverarbeitung zudem unter stärkerer Korrosion durch evtl. agressive Monomere und Abrasion, wenn Füllstoffe verwendet werden.

Das Spritzgießen ist zwar eines der schnellsten Verfahren für die Verarbeitung von vernetzenden Formmassen, allerdings wegen der Vernetzungszeit langsamer und teurer als das von Thermoplasten.

Besonders vorgestellt werden soll hier das Spritzgießen von Flüssigsilikon (engl.: Liquid Silicon Rubber – LSR). Wegen der niedrigen Viskosität der Vorprodukte werden konventionelle Spritzgießmaschinen eingesetzt, denen eine Dosieranlage für das Flüssigsilikon beigestellt wird.

Silikone, chemisch exakt Poly(organo)siloxane, sind elastomere Kunststoffe auf Basis von Silizium (Si), die über Sauerstoffatome verknüpft sind. Sie sind die einzigen Kunststoffe, die nicht über Kohlenstoff in der Hauptkette verfügen, und haben daher ganz besondere Eigenschaften. Sie weisen hohe Einsatztemperaturen, eine hohe Witterungsbeständigkeit, sehr gute chemische Resistenz und besonders gute Eigenschaften im Körperkontakt auf (Bild 4.85).

Bild 4.85
Anwendungen von Flüssigsilikon [Bildquelle: Arburg GmbH + CO KG]

4.3.4 Verarbeitung von Polyurethan

Das Schäumen von Kunststoffen haben wir bereits in Abschnitt 3.5.4 kennengelernt. Das Bild 4.86 zeigt die Anwendungsvielfalt von Schäumen. Die Vorteile der Hart-Schaumbildung sind eine Erhöhung des Flächenträgheitsmoments und daher struktureller Steifigkeit. Die Vorteile der Weich-Schaumbildung sind Energieabsorption, die Einsparung von Werkstoff und die hohe Isolationswirkung gegen Wärme und Schall. Typische Nachteile sind die geringere Festigkeit, Oberflächenmängel und die nicht exakt vorhersagbaren Eigenschaften.

Schaumkunststoffe zeichnen sich durch eine sehr niedrige Dichte (0,01 bis ≈ 1 g/cm³) und eine zellige Struktur aus. Die Schaummorphologie wird charakterisiert durch die Zellgeometrie, die Zellgröße und deren Verteilung sowie die Gesamtdichte und die Dichteverteilung.

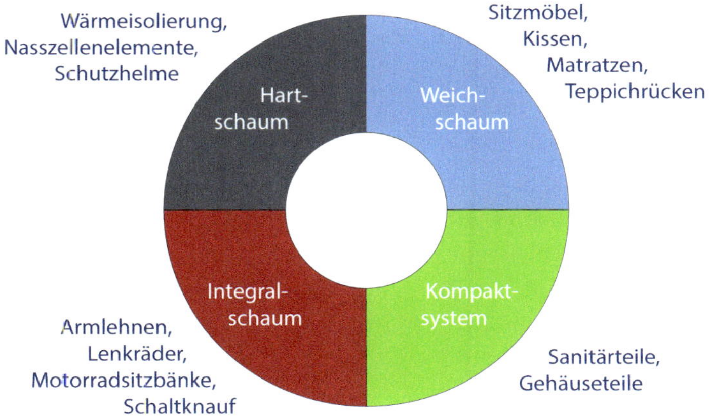

Bild 4.86 Anwendungsvielfalt von PUR-Schäumen

QR-Code 4-14

Schäumen von Polyurethan

http://www.ikt.uni-stuttgart.de/links/Videolinks/PUR-Schaum

Je nach Wahl des Treibmittels und der physikalischen Randbedingungen lassen sich Schäume herstellen, die einen zelligen Kern sowie weitgehend zellfreie Randbereiche aufweisen, sodass im Idealfall ein parabelförmiger Dichteverlauf (Integralschaum) entsteht. In Bild 4.87, links, ist ein offenzelliger Schaumstoff ohne Haut dargestellt. Er hat konstant über den 10 mm Querschnitt eine niedrige Dichte von circa 0,1 g/cm³.

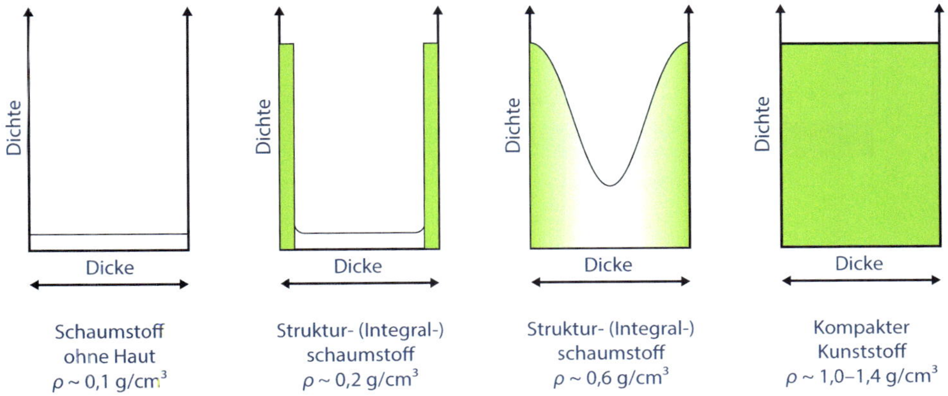

Bild 4.87 Ausführungen von Schaumstoffen

Zwei Varianten von Strukturschaumstoffen (auch Integralschaumstoffe genannt) sind in den mittleren Bildern in Bild 4.87 gezeigt. Der Integralschaum mit kompakter Außenhaut, aber niedriger Zelldichte über den Querschnitt hat eine geringere Gesamtdichte als der Integralschaum mit kompakter Außenhaut und integralem Übergang von Kompakt- und Schaumstruktur.

Schaumstoffe aus Polyurethan sollen hier besonders hervorgehoben werden, denn sie bilden den technisch und wirtschaftlich wichtigsten Anwendungsbereich von Schäumen. Polyurethan (PUR) gilt als Werkstoff nach Maß, da das Eigenschaftsspektrum durch die Wahl der Rohstoffe, der Zusatzstoffe und der Art des Schäumprozesses (Bild 4.88) in weiten Bereichen vom Kunststoffverarbeiter selbst variiert werden kann.

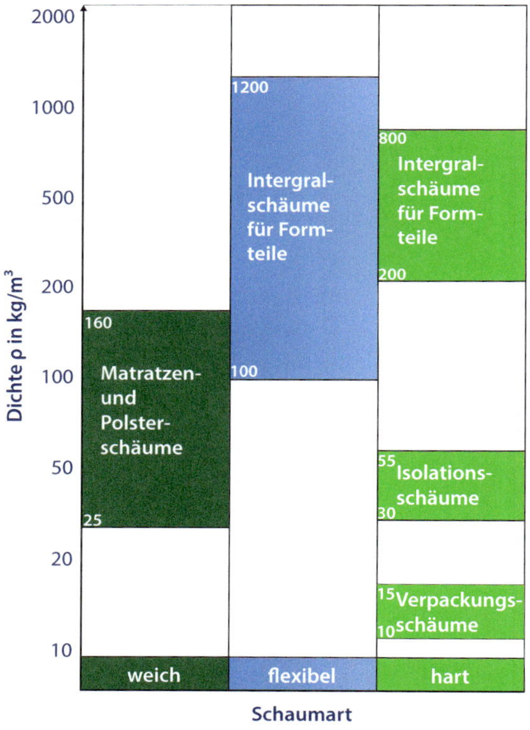

Bild 4.88
Vielfalt von Polyurethan-Schäumen

Der je nach Vernetzungsgrad elastomere oder duromere Werkstoff entsteht auch hier erst während der Verarbeitung. Mögliche Zusatzstoffe für Polyurethane sind ähnlich wie bei Spritzgießformmassen Fasern, Mineralmehl, Farbstoffe, Flammschutzmittel u. a.

Die Polyaddition von Polyurethan wurde bereits in Abschnitt 2.1 dargestellt. Es reagieren Polyisocyanate und Polyole in einer Polyadditionsreaktion zu Polyurethan. Trifunktionelle Gruppen lassen ein dreidimensionales Netzwerk entstehen.

In aufgeschäumter Form ist Polyurethan als Weichschaum (z. B. Sportschuhsohlen) oder als harter Montageschaum (z. B. im Bausektor) bekannt. Für die Herstellung von Schaumstoffen ist der Einsatz eines Treibmittels notwendig, das die Mischung aus mehrfunktionellem Alkohol und Diisocyanat während der Polyaddition aufschäumt. Als chemisches Treibmittel kann Wasser verwendet werden, das mit dem Diisocyanat reagiert, wobei gasförmiges Kohlenstoffdioxid (CO_2) als Co-Treibmittel entsteht (Bild 4.89).

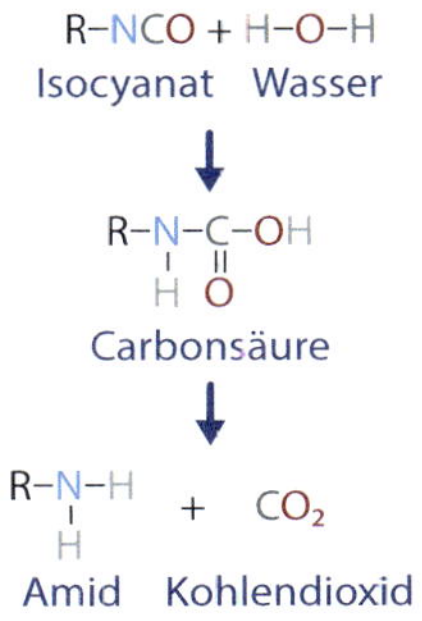

Bild 4.89 Die Treibreaktion von Polyurethan (PUR)

Das Kohlenstoffdioxid entweicht dem immer höher viskos werdenden Reaktionsgemisch und schäumt dieses dabei solange auf, bis infolge fortschreitender Vernetzung eine dreidimensionale Schaumstruktur entstanden ist. Nachteil bei der Verwendung von CO_2 als Co-Treibmittel ist, dass es mit der Zeit per Diffusion den Schaumstoff verlässt, was zu einer Volumenänderung des Schaumstoffs führt. Zudem versprödet der Schaumstoff etwas. Aus diesem Grund werden andere Treibmittel wie Pentane oder bald neue, weniger für die Atmosphäre schädliche Fluorkohlenwasserstoffe eingesetzt.

Am Beispiel der Seitenabdeckung eines Feldhäckslers in Bild 4.90 soll ein besonders großes Bauteil aus geschäumtem Polyurethan mit kompakter Außenhaut gezeigt werden.

Bild 4.90 Anwendungsbeispiel [Bildquelle: Claas]

Mit Hilfe des Reaction Injection Molding (RIM, Bild 4.91) werden viele Bauteile aus Polyurethan hergestellt. Das Gemisch, welches noch nicht reagiert hat, wird in eine offene oder geschlossene Form eingebracht. Bei der offenen Form hat man Zeit, das Werkzeug noch zu schließen, bis das Aufschäumen und dann die Aushärtungsreaktion beginnen. Hierbei wird das Gemisch einfach hineingegossen. Meist sind dies gegenüber dem Spritzgießen oder Pressen recht langsame Prozesse, die allerdings die Einbringung von Verstärkungsmitteln erleichtern.

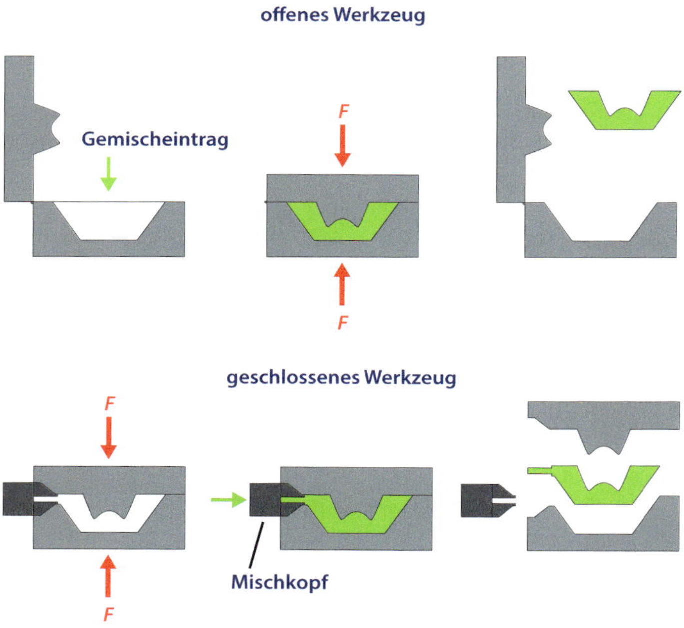

Bild 4.91 Verfahrensablauf Reaction Injection Molding (RIM)

Bei Eintrag in eine geschlossene Form muss der Fließweg rheologisch ausgelegt sein. Die geschlossenen Formen erlauben schnellere Reaktionssysteme und ermöglichen die Bildung von Integralschaumstoffen oder Schaumstoffen höherer Dichte.

Beim Prozessablauf des RIM-Verfahrens werden die Reaktionspartner kontinuierlich homogenisiert und exakt dosiert gefördert. Vor dem Eintrag in das temperierte Werkzeug werden sie intensiv vermischt. Im Werkzeug reagiert das Gemisch und bildet – je nach Anwendung – ein geschäumtes oder ungeschäumtes Bauteil. Nach der Entformung wird das Bauteil noch nach- und/oder weiterbearbeitet (Bild 4.92).

Bild 4.92
RIM-Bauteil, hergestellt im sogenannten geschlossenen Werkzeug (hier ein Prototypenwerkzeug) [Bildquelle: Schneider Prototyping]

4.4 Technologie der Faserkunststoffverbunde

In Abschnitt 3.3.1 wurde behandelt, wie stark eine Faser und ihre Ausrichtung die Eigenschaften eines Faserkunststoffverbundes (FKV) beeinflusst. Die technischen Vorteile „Festigkeit pro Dichte" und „Steifigkeit pro Dichte" sind alleine ausschlaggebend für den Einsatz von Faserkunststoffverbunden. Der Schlüssel zu noch größerem Einsatz wird die kostengünstige Herstellbarkeit von diesen Verbunden sein.

Bild 4.93 zeigt die Aufteilung der GFK-Produktion nach Anwendungsfeldern in Europa.

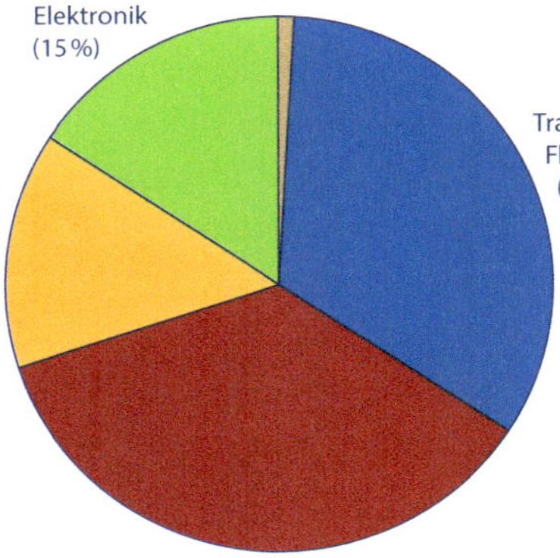

Bild 4.93 Aufteilung der GFK-Produktion nach Anwendungsfeldern in Europa [AVK 2014]

In diesem Abschnitt werden die heutigen Techniken zur Herstellung von Faserkunststoffverbunden zusammenfassend dargestellt. Es wird derzeit mit Hochdruck daran gearbeitet, diese noch schneller, effizienter und damit kostengünstiger zu machen, um auch wirtschaftlich gegenüber metallischen Bauteilen in Großserie konkurrenzfähig zu werden.

Es soll kurz wiederholt werden, dass in der Kunststofftechnik zwischen

- Kurzfasern (zwischen ca. 0,1 und 1 – 5 mm lang),
- Langfasern (zwischen ca. 1 mm und 5 cm) und
- Endlosfasern (oberhalb von 5 cm)

unterschieden wird und die Kraftübertragung mit der Länge korreliert. Während Kurzfasern, gebunden in Thermoplast-Granulat, meist herkömmlich mit Verarbeitungsverfahren wie Extrusion und Spritzgießen (Abschnitt 4.1 und 4.2) verarbeitet werden, müssen Kunststoffverbunde mit Lang- und Endlosfasern meist mit anderen Verarbeitungstechnologien hergestellt werden, die im Folgenden näher beleuchtet werden.

4.4.1 Handlaminieren und Faserspritzen

Für den Kleinserien-Bau von z. B. Bootsrümpfen und Wasserrutschbahn-Segmenten werden meist das Handlaminieren und auch das Faserspritzen (Bild 4.94, A) eingesetzt. Beim Handlaminieren werden nicht nur Langfasern, sondern z. B. im Segelflugbau auch Endlosfasern eingesetzt. (Was viele nicht wissen: Deutschland ist seit Beginn des Segelflugs in den 1960er-Jahren Weltmarktführer im Segelflugzeugbau.) Für das Handlaminieren und auch das Faserspritzen besteht nur geringer Investitionsaufwand, so dass diese auch von Kleinstbetrieben und auch erfahrenen Handwerkern eingesetzt werden können.

Das Handlaminieren ist ein manuelles Verarbeitungsverfahren. Hierbei ist eine Form z. B. aus Holz erforderlich, welche die spätere Bauteilgeometrie bestimmt. Auf die polierte Form werden schichtweise unausgehärtete Duromermatrix und Langglasfasern oder -matten aufgebracht, die mit der Zeit gemeinsam aushärten. Auch Rotorblätter für Windenergieanlagen werden oftmals noch auf ähnliche Weise gefertigt.

Das Faserspritzen (Bild 4.94, B) eignet sich ebenfalls für Bauteile in kleinen Serien, wie Bootsrümpfe, Wasserrutschbahnsegmente, Badewannen und Schwimmbecken. Das Arbeitsgerät ist eine meist mit der Hand geführte Faserspritzpistole, deren Aufgabe es ist, Harz, Beschleuniger und Härter sowie die Kurz- oder Langglasfasern bereitzustellen, einzumischen und auf eine Form aufzutragen.

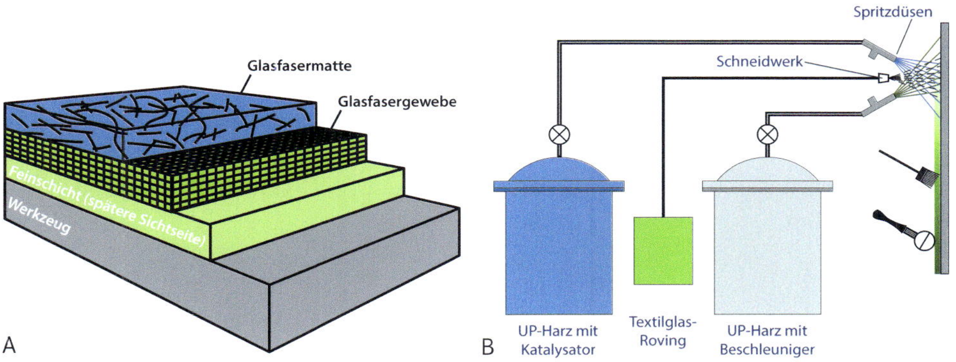

Bild 4.94 (A) Handlaminieren und (B) Faserspritzen mit ungesättigtem Polyesterharz (UP-Harz)

Die zugeführten Fasern werden vom Schneidwerk auf die gewünschte Länge geschnitten und mittels Druckluft ausgetragen. Zum Verdichten und Entlüften des Laminats werden wie beim Handlaminieren oft Andrückrollen verwendet. Meist wird durch das Faserspritzen ein isotropes Laminat ohne Hauptausrichtung erstellt. Die mechanischen Eigenschaften sind gegenüber anderen Faserkunststoffverbunden eingeschränkt, auch weil keine Endlosfasern verarbeitet werden können.

4.4.2 Pressen von SMC und GMT

Sheet Molding Compound (SMC)

Die sogenannte SMC-Verarbeitung (von engl. sheet molding compound) ist ein Pressvorgang mit Kurz-, Lang- und Endlosfasern. Hierbei werden ungesättigte Polyesterharze eingesetzt, die zuvor mit den Verstärkungsfasern (meist Glasfasern) und Füllstoffen versetzt wurden; und zu sog. Paketen gestapelt werden.

Bei der SMC-Verarbeitung (Bild 4.95) werden solche unvernetzten Pakete gestapelt, vorgewärmt und dann in die beheizte Presse gelegt. Das Paket wird durch das beheizte Werkzeug erst dünnflüssiger und verteilt sich im Formnest, wobei sich die Fasern umorientieren. Zugleich startet durch die Erwärmung die Vernetzung und das Bauteil härtet im Presswerkzeug aus.

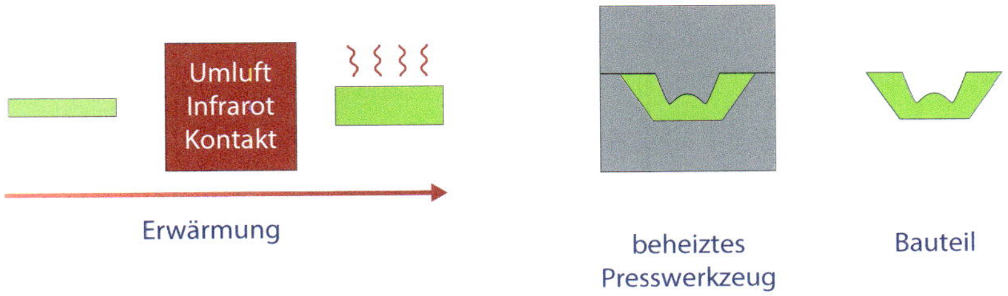

Bild 4.95 Schema der SMC-Verarbeitung

Die Herstellung solcher SMC-Matten, die später zu Paketen aufgeschichtet werden, ist in Bild 4.96 dargestellt. Auf eine Polyethylen-Trägerfolie wird eine unvernetzte Harzmasse aufgetragen. Dort hinein werden dann Glasfaserrovings zerschnitten und aufgerieselt. Nun wird diese Schicht mit einer anderen harzbeschichteten PE-Trägerfolie zusammengelegt und verdichtet. Die PE-Trägerfolie haftet nur gering an der Harzmasse und kann vor der eigentlichen SMC-Verarbeitung leicht abgezogen werden.

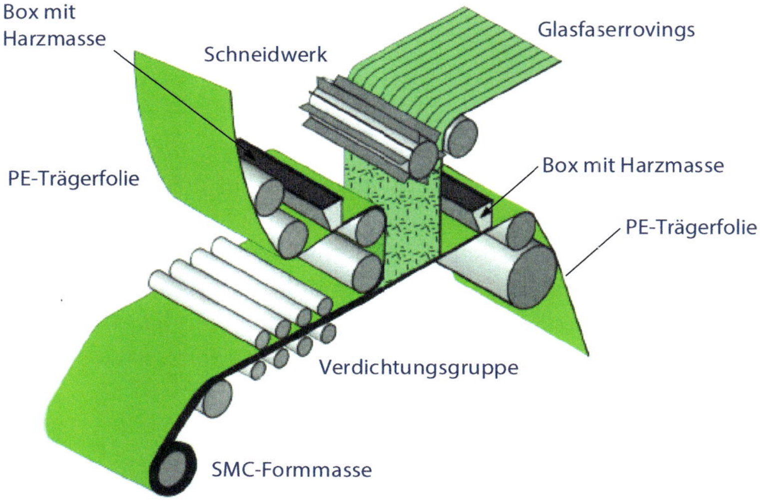

Bild 4.96 Kontinuierliche SMC-Halbzeugherstellung

QR-Code 4-15

Die kontinuierliche Verarbeitung von Langglasfasern und einem noch unausgehärteten Duromer zu SMC-Halbzeugen.

http://www.ikt.uni-stuttgart.de/links/Videolinks/SMC

Ein SMC-Paket kann einerseits mit ungerichteten Langfasern, aber auch teilweise mit gerichteten Langfasern oder gar Endlosfasern hergestellt werden (Bild 4.97). Auch Mischformen sind üblich, je nach Anforderung an die mechanischen Eigenschaften des Bauteils.

Der prinzipielle Ablauf des Presszyklus mit SMC ist in Bild 4.98 dargestellt. Nach dem Zuschneiden der SMC-Halbzeuge werden diese wie oben beschrieben gestapelt ins beheizte Presswerkzeug gelegt. An der Oberfläche werden sie dünnflüssig. Beim Schließen des Werkzeuges werden die Formmassen verpresst und fließen in alle Werkzeugbereiche.

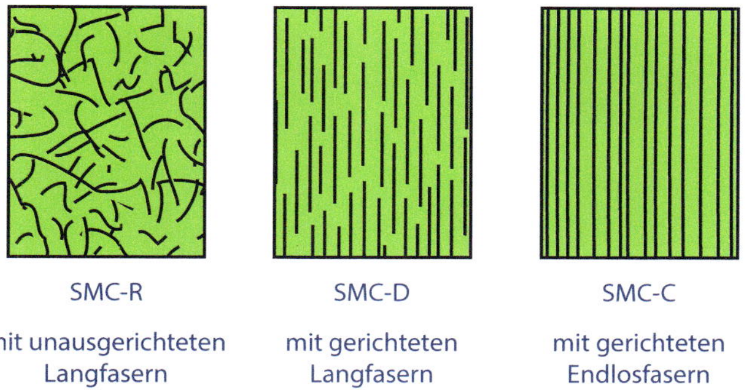

Bild 4.97 Bezeichnung verschieden-vorbereiteter SMC-Halbzeuge

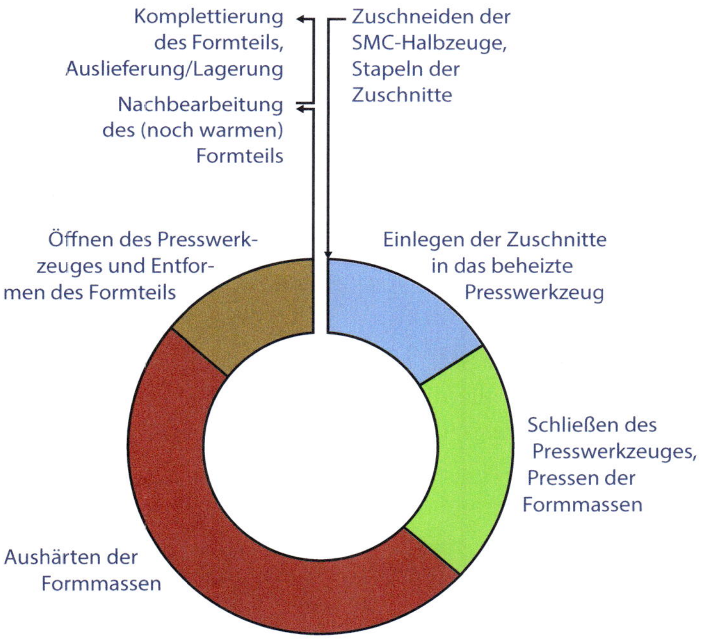

Bild 4.98 Prinzipieller Ablauf des SMC-Prozesses

Nach Aushärten der Formmassen (mehrere Minuten) kann das Presswerkzeug geöffnet und das Bauteil entformt werden. Das noch warme Formteil wird ggf. außerhalb des Werkzeuges noch nachbearbeitet. Die Form muss meist gereinigt werden und steht für den nächsten Pressvorgang zur Verfügung. Typische SMC-Anwendungen finden sich im Automobil als Karosserieteile (Bild 4.99).

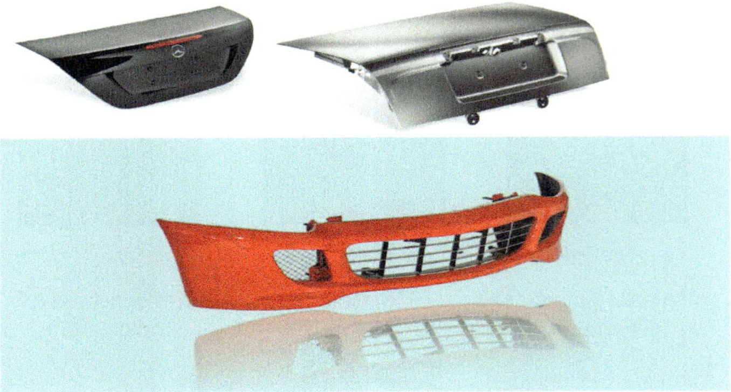

Bild 4.99 Anwendungsbeispiele im Automobilbau [Bildquelle: Polytec]

Glasmattenverstärkte Thermoplaste (GMT)

Ganz ähnlich ist die Herstellung von glasmattenverstärkten Thermoplasten (GMT). GMT basieren nicht auf einer duromeren Matrix, sondern sind mit Langfasern verstärkte Thermoplaste. GMT sind der Verarbeitung von SMC von dem Prozessablauf und Anwendungsspektrum sehr ähnlich, nur dass die Form gekühlt statt beheizt sein muss. Die GMT-Pakete werden vor dem Pressen erwärmt, fließfähig gemacht und danach ins kalte Werkzeug gelegt. Bevor das heiße GMT-Paket auskühlt und die Fließfähigkeit verliert, wird das Werkzeug geschlossen, so dass das GMT-Paket in alle Bereiche des Werkzeugs fließt.

GMT ermöglichen gegenüber SMC etwas leichtere Bauteile, geringere Prozesszeit und schönere Oberflächen, allerdings höhere Materialkosten. SMC-Pressteile gelten hingegen als steifer, temperaturbeständiger, inhärent flammgeschützt und besser lackierbar.

4.4.3 Pultrusion von Endlosfasern

Endlosfasern bzw. -rovings werden auf Spindeln gelagert. Von diesen Spindeln können die Fasern z. B. durch eine Pultrusionsanlage (Bild 4.100) geführt werden. Beim offenen Pultrudieren (von engl. „pull“ = ziehen und lat. „extrudere“ = hinausstoßen) werden die Fasern zunächst durch ein Bad mit Monomeren („Harzen“), dann durch ein formgebendes Werkzeug gezogen.

Beim sogenannten geschlossenen Verfahren treten die gesamten Verstärkungsfasern erst im formgebenden Werkzeug mit dem unausgehärteten Monomeren in Kontakt – dann allerdings mit erhöhtem Druck zur besseren Durchtränkung. Im Werkzeug reagiert das Monomer zum Polymer. Das ausgehärtete Halbzeug wird durch einen Raupenabzug gezogen und zieht damit auch an den Fasern mitsamt Matrix.

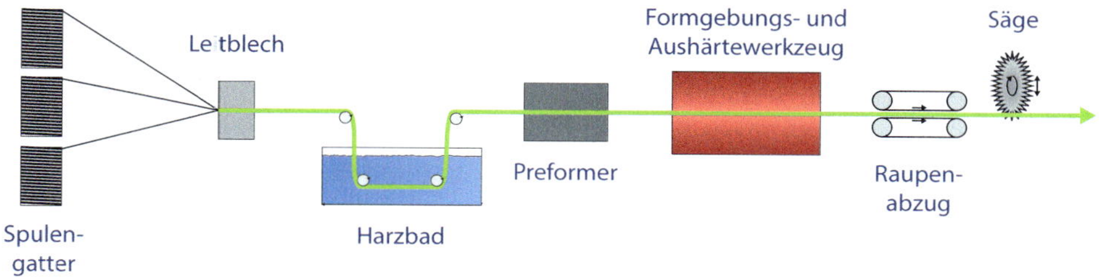

Bild 4.100 Pultrusion (schematisch)

Die Viskosität einer Thermoplastschmelze ist für die gleichmäßige Benetzung der Endlosfasern und gute Durchtränkung zu zähflüssig, daher wird bislang mit Duromeren gearbeitet, deren Monomere dünnflüssig genug sind. Am IKT wird seit geraumer Zeit mit den Monomeren von Thermoplasten gearbeitet, die ebenfalls dünnflüssig genug sind, um die Endlosfasern zu durchtränken und danach zu Thermoplasten (statt Duromeren) zu reagieren. (Diese Technik nennt man nur bei Thermoplasten „In-situ"-Polymerisation, obwohl dies bei vernetzenden Formmassen nichts Besonderes ist.) Im Moment gelingt dies gut mit ε-caprolactam, welches im Werkzeug zu Guss-Polyamid „aushärtet".

Die Thermoplast-Pultrusion ist in Bild 4.101 schematisch dargestellt. Die Faserrovings werden durch ein Vorwärm- und Sortierwerkzeug (hier nicht dargestellt) gezogen, bevor sie in das Formwerkzeug hineingezogen werden. Im Formwerkzeug werden die Fasern mit den monomeren Ausgangswerkstoffen aus einer 2-Komponenten-Dosieranlage durchtränkt, die dann im folgenden Verlauf zum Thermoplast reagieren. Der erste Teil des Werkzeugs ist beheizt, der zweite Teil ist temperiert, da es im Prozess vorkommen kann, dass entstandene Reaktionswärme abtransportiert werden muss. Die Folgevorrichtungen Raupenabzug und Säge sind ebenfalls dargestellt.

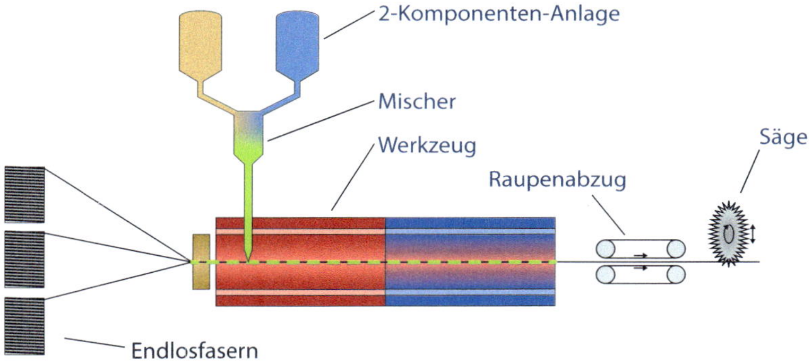

Bild 4.101 In-situ-Pultrusion eines Thermoplasten mit Endlosfasern

4.4.4 Arbeiten mit Prepregs

Endlosfaserverstärkte Kunststoffbauteile werden häufig aus sogenannten Prepregs (engl.: vorimprägniert) hergestellt. Es werden aus den Endlosfasern mit Hilfe der Textiltechnik z. B. Fasermatten, Gewebe oder unidirektionale Gelege hergestellt (siehe Abschnitt 3.3.1). Diese textilen Strukturen werden nun mit unvernetzten Duromeren oder schmelzeflüssigen Thermoplasten gut durchtränkt und mit nichthaftenden Trennfolien aus Polyethylen geeignet gelagert, bevor sie dann in weiteren Verfahrensschritten zu einem Bauteil verarbeitet werden.

QR-Code 4-16

Es wird ein endloses Faserband (Tape) aus unidirektionalem Harz-Prepreg in eine Form abgelegt. Dieses wird nachträglich mit Druck und Hitze in einem Autoklaven ausgehärtet.

http://www.ikt.uni-stuttgart.de/links/Videolinks/Harz_Prepreg

Thermoplastdurchtränkte Prepregs nennt man auch Organobleche. Diese werden vor dem eigentlichen Verarbeiten aus dem Lager genommen, konfektioniert und nach Erwärmung umgeformt.

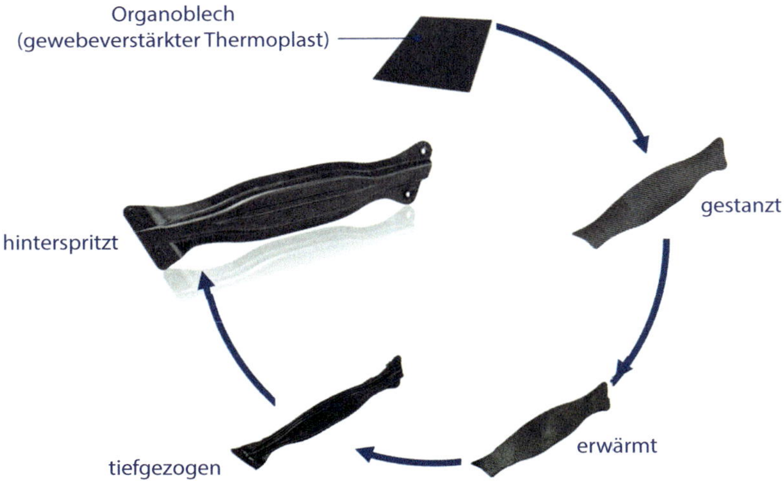

Bild 4.102 Vom Organoblech zum komplexen Hybrid-Bauteil [Bildquellen: Krauss Maffei GmbH]

Zur Kunststoffmesse „K 2010“ hat ein Firmenverbund um den Maschinenhersteller Krauss-Maffei solche Organobleche mit Kohlenstofffasergewebe beheizt in ein Spritzgießwerkzeug eingelegt und direkt mit glasfasergefüllter Polyamidschmelze hinterspritzt (Bild 4.102). Mit dem Spritzdruck wurde das Organoblech im Werkzeug umgeformt und zugleich Versteifungsrippen angespritzt. Ergebnis ist ein thermoplast-basiertes Leichtbauteil mit einerseits Kohlenstoff-Endlosfasergewebe und andererseits Kurzglasfasern. Zur Messe „K 2013“ wurden weitere hochbelastbare Anwendungen mit dieser Technik vorgestellt.

4.4.5 Harzinjektionsverfahren

Eine weitere Möglichkeit, mit Endlosfasern zu arbeiten, sind sog. Harzinjektionsverfahren. Hier werden keine Gewebe vorimprägniert (s. o. „Prepreg“), sondern „trocken“ in eine Form gelegt („Preform“). Die dünnflüssige, noch unvernetzte Duromermatrix wird anschließend in die geschlossene Form mit Unter- oder Überdruck injiziert.

Resin-Transfer-Molding (RTM)

In Bild 4.103 ist der Prozessablauf des Resin-Transfer-Moldings (RTM) dargestellt. Ein textiles Halbzeug wird in ein schließbares Werkzeug eingelegt und dabei komprimiert. Im nächsten Schritt wird das dünnflüssige Monomer von einer Seite des Werkzeugs entlang der Bauteilebene durch das Halbzeug gedrückt, bis es das Gewebe durchtränkt hat. Danach wird das Werkzeug aufgeheizt und der Faserkunststoffverbund ausgehärtet.

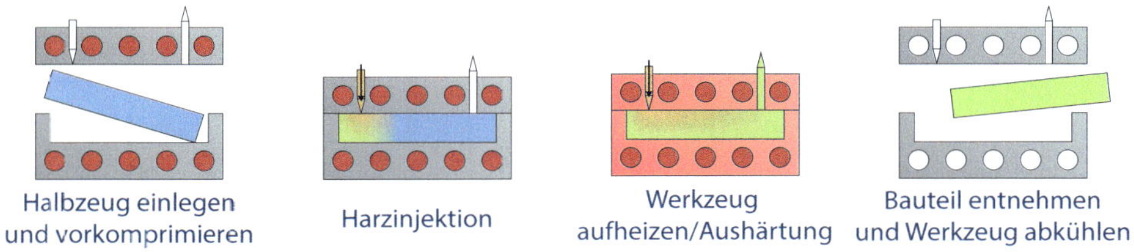

Bild 4.103 Verfahrensablauf des Resin-Transfer-Moldings (RTM)

Diese Harzinjektionsverfahren sind gut geeignet für kleine bis sogar mittlere Serien (1000 –10 000 Stück/Jahr) und können hohe Faservolumengehalte von bis zu 65 % realisieren. Durch den geschlossenen Prozess gibt es gegenüber offenen Verfahren nur minimale Emissionen am Arbeitsplatz und es wird eine reproduzierbarere Qualität (Maße, Bauteilgewicht, Faservolumengehalt) sichergestellt. Außerdem ergibt sich eine beidseitig gute Oberflächenqualität. Allerdings gibt es nur eine begrenzte Gestaltungsfreiheit und hohe Zykluszeiten von ca. 20 Minuten.

Eine Variante des RTM arbeitet mit Überdruck (engl.: high pressure) und wird daher oftmals auch HP-RTM genannt (Bild 4.104). Zwei Hochdruckpumpen fördern Harz und Härter in einen Mischkopf, der in eine geschlossene Form spritzt, in die zuvor das Faserhalbzeug eingelegt wurde. Der Prozess erinnert an das Reaction-Injection-Molding (RIM) von Polyurethan (Abschnitt 4.3.4), arbeitet jedoch eher flächig und mit einem Faserhalbzeug. Die Anlage ist teurer als die Niederdruck-RTM-Anlage, aber der Prozess schneller und es können noch größere Stückzahlen realisiert werden.

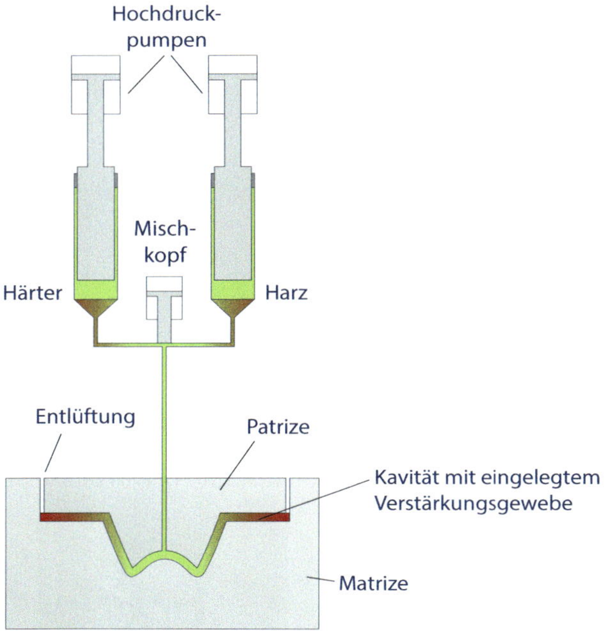

Bild 4.104
Schema des Hochdruck-RTM

Vacuum-Assisted-Resin-Infusion (VARI)

Den RTM-Verfahren gegenüber stehen die Vakuum-basierenden Methoden. Als ein Beispiel soll hier das VARI-Verfahren (engl.: vacuum assisted resin infusion) vorgestellt werden (Bild 4.105), welches besonders für große Bauteile – wie das Höhenleitwerk eines Segelflugzeugs (Bild 4.106) – eingesetzt wird. Hier wäre die Herstellung einer geschlossenen Form sehr teuer.

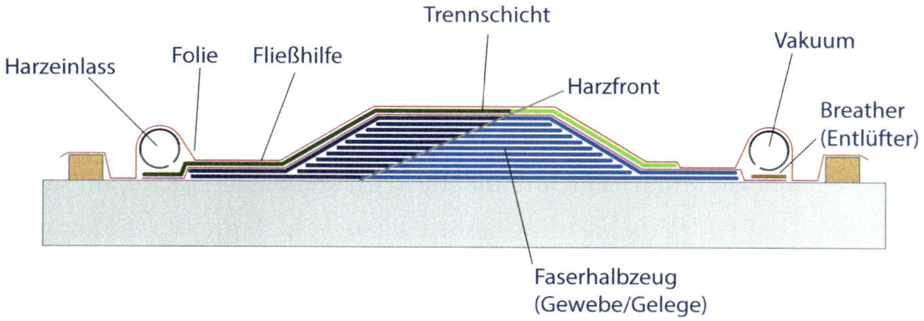

Bild 4.105 Prinzip des VARI-Verfahrens

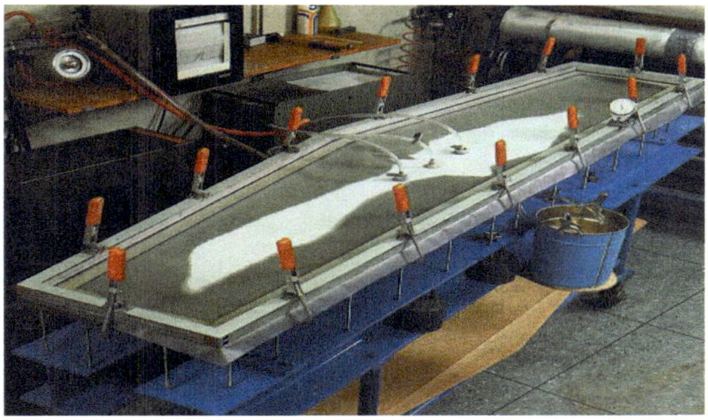

Bild 4.106
VARI-Verfahren für große Bauteile

Das dünnflüssige Harz/Härter-Gemisch wird seitlich zwischen Form und Trennschicht eingelassen. Durch den Unterdruck (Vakuum) wird es mittels einer Fließhilfe zunächst horizontal, dann aber auch in Dickenrichtung gelenkt. Wenn alle Faserlagen durchtränkt sind, wird durch Wärme die Vernetzungsreaktion gestartet. VARI wird meist bei sehr großen Bauteilen mit geringen Stückzahlen eingesetzt, bei denen sich Werkzeuge nicht lohnen. Eine hohe Oberflächengüte ist hier nur bedingt bis gar nicht zu erreichen, dafür lassen sich auch komplexe Halbzeug-Geometrien ohne viel Aufwand infiltrieren.

4.4.6 Dreidimensionale Faserkunststoffverbundstrukturen

Die bisher gezeigten Verfahren beschränkten die Bauteilgeometrie auf Flächenelemente mit nur geringer Gestaltungsfreiheit. Ihre Herstellung basiert auf 1-dimensionalen Verstärkungsfasern und 2-dimensionalen Faserhalbzeugen, wie Gelege oder Gewebe. Strukturelemente, wie Hohlräume und Hinterschnitte, sind so nicht möglich. Die moderne Textiltechnik ermöglicht aber auch komplexere Geometrien mit Faserorientierungen in allen drei Raumrichtungen. Im Folgenden sind zwei Verfahren exemplarisch dargestellt, mit denen sich insbesondere Hohlkörper, wie Drucktanks oder Biegeträger, herstellen lassen.

Der in Bild 4.107 dargestellte Spoiler wurde mithilfe des Flechtverfahrens hergestellt. Hierbei wird ein Hartschaum- oder Metallkern durch ein Flechtportal geführt, während die Anlage vollautomatisch Faserbündel auf dem Kern ablegt und miteinander verflechtet. Die Vorschubgeschwindigkeit gibt dabei den Faserwinkel an. Typische Faserorientierungen liegen im Bereich von ± 20° bis ± 85°, weshalb man hier von biaxialen Geflechten spricht. Führt man zusätzlich noch nichtverflochtene Stehfäden durch das Portal, erhält man eine zusätzliche 0°-Faserorientierung und spricht von triaxialen Geflechten. Die Fasern und ihre Orientierungen bestimmen, aufgrund der geometrischen Verwebung, auch die Lagendicke. Um dickere Lagenaufbauten zu erzeugen, werden Bauteile mehrmals überflochten.

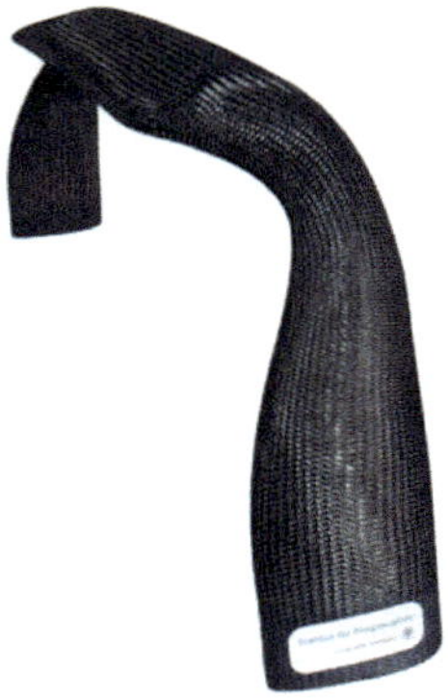

Bild 4.107
Geflochtener 3D-Körper (Automobil-Spoiler)
[Bildquelle: IFB Stuttgart]

QR-Code 4-17

Die Herstellung eines Crashabsorbers für den Mercedes SLR erfolgt mit einer Flechtmaschine. Ein Schaumkern wird mehrfach in triaxialer Faserorientierung überflochten.

http://www.ikt.uni-stuttgart.de/links/Videolinks/Crashabsorber

Ist der Flechtvorgang abgeschlossen, kommen typischerweise die o.g. Harzinjektionsverfahren zur Anwendung. Auch thermoplastische Geflechtbauteile sind möglich, indem einige Verstärkungsfasern durch Thermoplastfasern ersetzt werden, welche nach Erwärmung die Matrix bilden. Die Imprägnierung mit der Matrix erfolgt somit bei der Herstellung des Faserhalbzeugs und es ist anschließend nur noch ein Erhitzen und Verpressen notwendig.

Weitere 3D-Verfahren sind das Faserwickeln bzw. Tapelegen. Bei Ersterem werden trockene Fasern durch ein Harzbad gezogen und auf einem rotierenden Kern abgelegt (Bild 4.108). Auch hier ist die Faserorientierung über die Vorschubgeschwindigkeit einstellbar. Das Verfahren weist eine hohe Reproduzierbarkeit und Automatisierbarkeit und dadurch auch hohe Qualität auf. Beim Tapelegen werden statt Faserbündeln vorimprägnierte, endlose Bänder aus Prepregmaterial verwendet.

QR-Code 4-18

Hier wird ein endloses Faserband (Tape) aus unidirektionalem Harz-Prepreg um einen rotierenden Kern gewickelt.

http://www.ikt.uni-stuttgart.de/links/Videolinks/Rumpfsegment

Bei beiden Verfahren ist die Anwendung von Kernen nötig, die je nach Anwendung entfernt werden müssen oder im Bauteil verbleiben. Bei Hochdrucktanks ist der Kern oft ein dünnes Metallrohr, das im Bauteil verbleiben kann. Werden Schaumkerne verwendet, so verbleiben diese aufgrund ihrer geringen Dichte meist im Bauteil oder werden chemisch herausgelöst.

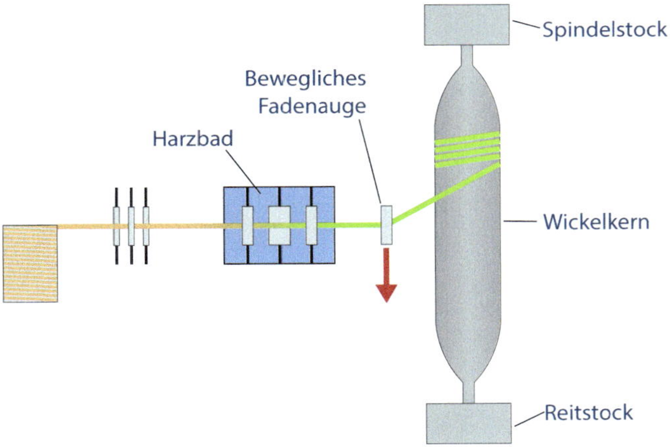

Bild 4.108
Drehbankwickelverfahren (Draufsicht)

4.5 Weiterverarbeitung

Betrachten wir erneut die Einteilung der Fertigungsverfahren nach DIN 8580 (Tabelle 4.1), ist erkennbar, dass die meisten Verarbeitungsverfahren der Kunststofftechnik der Hauptgruppe 1 „**Ur**formen" zuordenbar sind. In diesem Abschnitt setzen wir uns mit den Hauptgruppen 2 bis 5 auseinander, denn obwohl Kunststoffbauteile meist „fertig" aus der Verarbeitungsmaschine fallen (z. B. beim Spritzgießen), ist es manchmal erforderlich, durch nachgeschaltete Fertigungsschritte eine weitere Funktionalität zu erzeugen oder Bauteile zu komplettieren. Wir nennen diese Prozesse in der Kunststofftechnik „Weiterverarbeitung".

Widmen wir uns zunächst dem **Um**formen, also der Hauptgruppe 2: Gemäß DIN 8580 ist Umformen das „Fertigen durch bildsames (plastisches) Ändern der Form eines festen Körpers; dabei werden sowohl die Masse als auch der Zusammenhalt beibehalten".

4.5.1 Thermoformen

In der Kunststoffverarbeitung ist das Thermoformen das bedeutendste Umformverfahren. Es wird auch gelegentlich Warmumformen, Vakuumformen oder Tiefziehen genannt. Tiefziehen ist eigentlich nicht ganz richtig, weil das Halbzeug nicht nachgeführt, sondern verstreckt wird.

Inzwischen hat sich das Herstellen eines dreidimensionalen Körpers aus Folien oder Platten (flächigen Kunststoff-Halbzeugen), unter Einwirkung von Wärme und Druckunterschieden zwischen Außen- und Innenseite, aus handwerklichen Anfängen zu Beginn der 1950er Jahre zu einem voll automatisierbaren, industriellen Weiterverarbeitungsprozess entwickelt.

Die Spannbreite der mit diesem Verfahren hergestellten Produkte reicht von Großformteilen, wie Schwimmbecken und Kühlschrank-Innengehäusen (Bild 4.109) in sehr kleinen Stückzahlen bis hin zu Verpackungsbehältern (Bild 4.110) in sehr hohen Stückzahlen. Außerdem nimmt es an Bedeutung für Automobilteile wie Instrumententafeln und Türinnenverkleidungen zu.

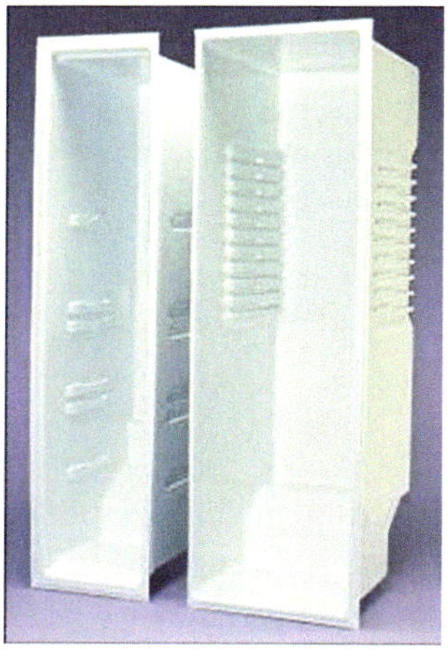

Bild 4.109 Kühlschrankinnengehäuse [Bildquelle: Kiefel]

Bild 4.110 Thermogeformte Lebensmittelverpackungen

Am Beispiel des Negativ-Thermoformverfahrens sollen die wesentlichen Verfahrensschritte für die Herstellung eines Bechers erläutert werden (Bild 4.111). Ein Halbzeug wird erwärmt und über das Werkzeug gefahren. Mit Vorstreckstempel und Formluft wird das Halbzeug in die Tiefe gedrückt und erstarrt an der kalten Werkzeugwand. Danach wird das Werkzeug geöffnet, das Formteil entformt und ausgestanzt. Der Becher zeigt eine charakteristische Wanddickenverteilung: die am meisten verstreckten Bereiche in der unteren Ecke weisen dabei die geringste Wanddicke auf. Die Herausforderung in der Formgebung liegt in der gleichmäßigen Wanddickenverteilung des Formteils.

QR-Code 4-19

Thermoform-Prozess

http://www.ikt.uni-stuttgart.de/links/Videolinks/Thermoformen

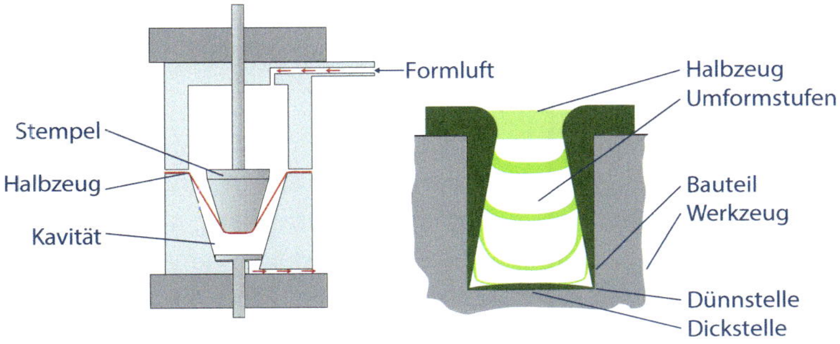

Bild 4.111 Thermoformen eines becherförmigen Bauteils

Die verwendeten Halbzeuge können in Folien und Platten (siehe Bild 4.112) unterschieden werden, Folien gelten als rollbar, Platten hingegen nicht mehr. Häufig eingesetzte amorphe Thermoplaste sind Polystyrol (PS), Polyvinylchlorid (PVC), Acrylnitril-Butadienstyrol (ABS) und Polycarbonat (PC). Typische eingesetzte teilkristalline Thermoplaste sind Polypropylen (PP), Polyethylen (PE) und Polyethylenterephtalat (PET). Seltener werden aber auch thermoplastische Elastomere (TPE) thermogeformt.

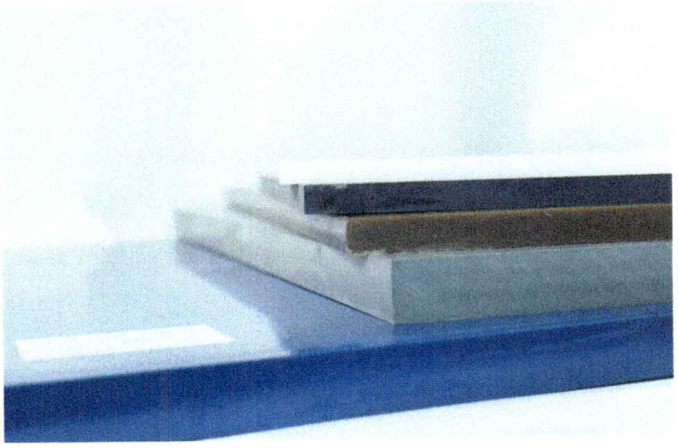

Bild 4.112
Lieferformen extrudierter Halbzeuge

Die Halbzeuge werden über Wärmeleitung, Konvektion und/oder Wärmestrahlung bis in den thermoelastischen Zustand hinein erwärmt. Bild 4.113 zeigt beispielhaft einen Keramikstrahler, welcher ein Halbzeug mit Strahlung erwärmt.

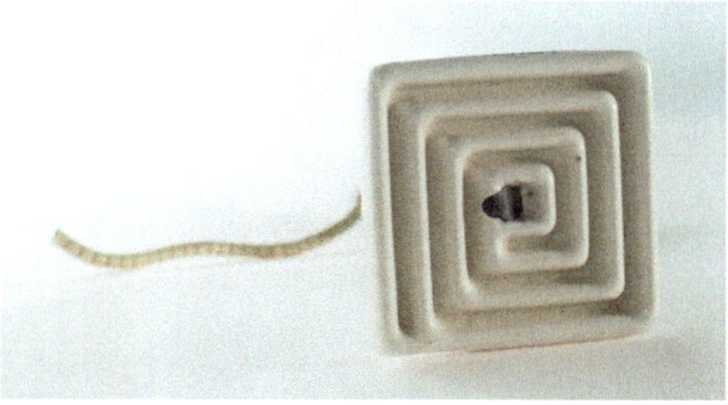

Bild 4.113
Keramikstrahler zur Halbzeugerwärmung

Die Formgebung beim Thermoformen erfolgt, im Gegensatz zum Spritzgießen, über ein offenes Werkzeug. Die Konturgebung erfolgt daher einseitig, weshalb in Positiv-Formverfahren und Negativ-Formverfahren unterschieden wird (Bild 4.114). Bei der Negativformung (links) wird das Halbzeug in ein Konkav-Modell, bei der Positivformung (rechts) über ein Konvex-Modell (einen Positiv-Formkern) verstreckt. Die das Werkzeug berührende Seite ist dabei die maßgenauere Seite, die abgewandte Seite hingegen die „schönere".

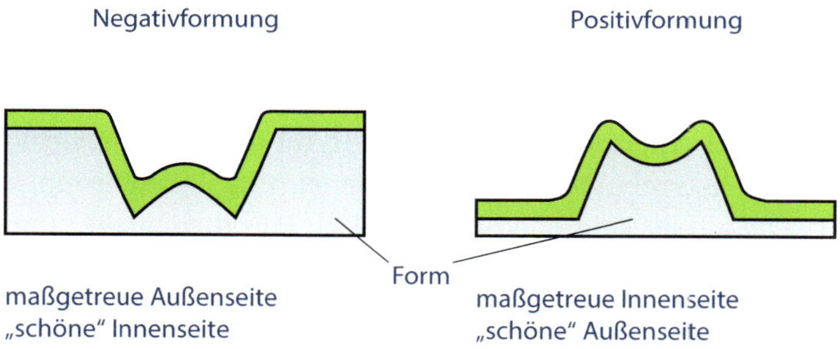

Bild 4.114 Positiv- und Negativ-Formung

In Negativ-Formverfahren werden vor allem dünnwandige Verpackungsartikel hergestellt, wie Obstschalen oder Becher für Molkereiprodukte. Die Werkzeuge verfügen häufig über mehrere Kavitäten, um möglichst viele Artikel in einem einzigen Arbeitstakt zu formen. Das Bild 4.115 zeigt ein solches Werkzeug, mit dem 96 Becher auf einmal hergestellt werden können. Bei Mehrkavitätenwerkzeugen bleibt meist ein Stanzgitter übrig, welches zerkleinert und als Rezyklat dem Verarbeitungsprozess wieder zugeführt werden kann.

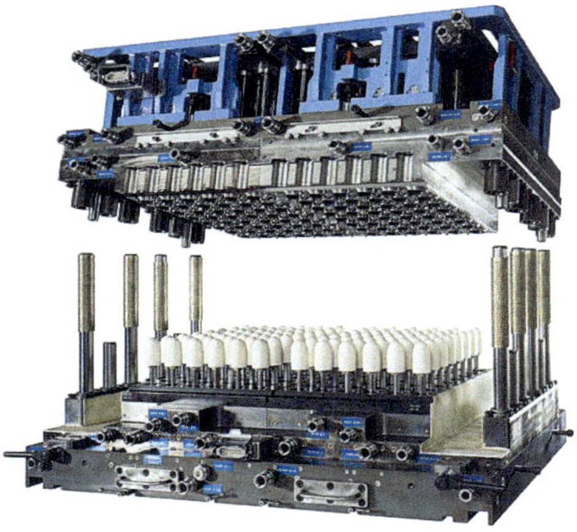

Bild 4.115
Beispiel eines Negativform-Werkzeuges mit 96 Kavitäten [Bildquelle: Marbach Werkzeugbau]

Hingegen werden designgeprägte Produkte mit optisch anspruchsvoller Außenseite meist im Positiv-Formverfahren hergestellt. Bild 4.116 zeigt ein im Positiv-Formverfahren hergestelltes Großbauteil für Nutzfahrzeuge.

Bild 4.116
Positiv-Formverfahren [Bildquelle: Frimo]

Die Herausforderung in der Formgebung beim Thermoformen liegt in einer gleichmäßigen Wanddickenverteilung des Formteils. Daher ist bei Formteilen mit hohen Verstreckgraden (z. B. tiefer Becher) vor der Ausformung ein Vorstrecken des Halbzeugs notwendig. Dies kann u. a. mechanisch mittels eines Stempels oder pneumatisch durch Vorblasen durchgeführt werden (Bild 4.117).

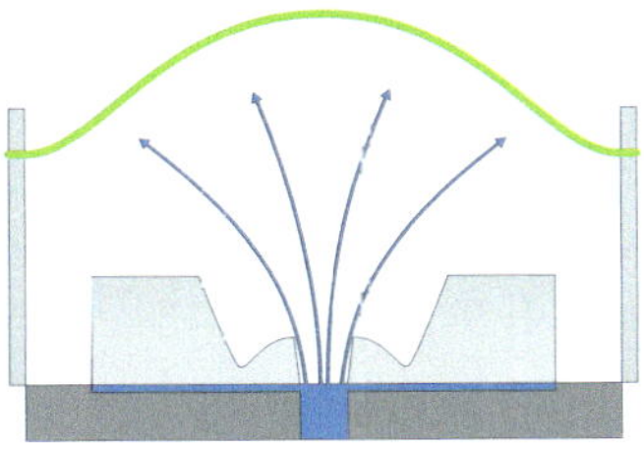

Bild 4.117
Pneumatisches Vorstrecken für hohe Verstreckgrade

Einen großen Einfluss auf den Thermoformprozess hat die Qualität der Halbzeuge. Stark unterschiedliche Orientierungen längs und quer zur Extrusionsrichtung führen zu ungleichmäßigem Durchhang bei der Erwärmung und zu ungleichmäßiger Dehnbarkeit im thermoelastischen Zustand. Dies kann Ursache für das Einreißen des Halbzeuges oder Faltenbildung im Bauteil sein, wie in Bild 4.118 gezeigt.

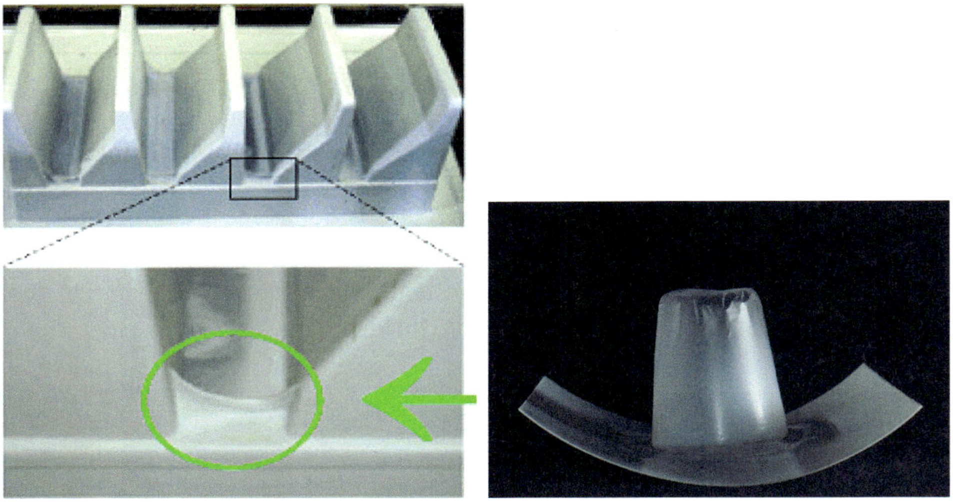

Bild 4.118 Mögliche Fehler beim Thermoformen

Halbzeuge werden meist von thermoformenden Unternehmen nicht selbst hergestellt, sondern zugekauft. Der Thermoformer muss deshalb über die Qualität des Halbzeugs Bescheid wissen, bevor er damit seine Maschine bestückt. Am IKT wurde für diesen Zweck eine Methode entwickelt, die sich als Wareneingangskontrolle für die Halbzeuge nutzen lässt.

Bei dieser Methode werden aus dem Halbzeug rechteckige Prüfkörper entnommen, in einem Ofen auf Umformtemperatur erwärmt und anschließend gegen einen halbrunden Stempel umgeformt. Bei der Verformung wird die Kraft gemessen, die der Prüfkörper der Verformung entgegensetzt und über den Verformungsweg aufgezeichnet. Aus den ermittelten Kraft-Weg-Verläufen lassen sich dann Aussagen über die Umformbarkeit und damit die Qualität des Halbzeugs treffen. Die Ergebnisse werden in der kommerziellen Simulationssoftware T-Sim eingesetzt.

Bei Ein-Stationen-Maschinen finden Erwärmung und Formgebung in derselben Verarbeitungsstation statt. Die einzelnen Verfahrenschritte: Einlegen, Aufheizen, Formen usw. addieren sich zur Gesamtzykluszeit. Ein-Stationen-Maschinen sind in der Regel „Plattenautomaten“, also Maschinen, die Platten verarbeiten. Diese eignen sich für Artikel, die in kleineren und mittleren Serien benötigt werden, schnelle Farbwechsel erfordern oder besonders großflächig sind. Typische Formteile sind Kühlschrankinnengehäuse (Bild 4.109), Kfz-Interieurteile, Kfz-Exterieurbauteile und Badewannen.

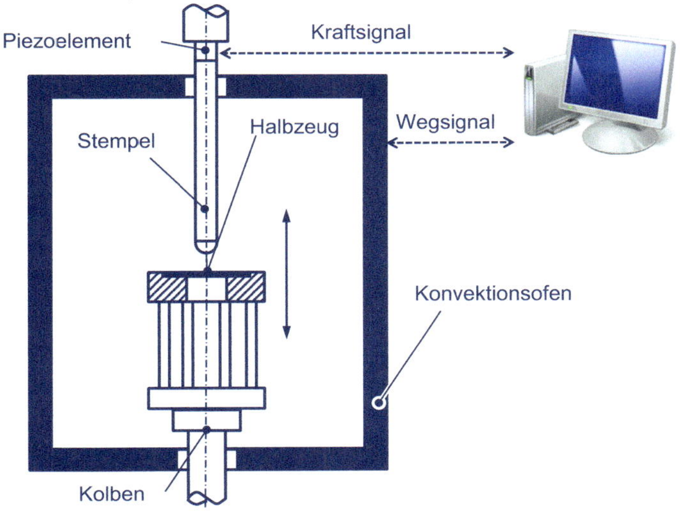

Bild 4.119 TMC-Test des IKT

Bei Mehrstationen-Maschinen (Bild 4.120) finden Erwärmung und Formung in getrennten Verarbeitungsstationen statt. Die Zykluszeit wird wie beim Spritzgießen durch die Kühlzeit bestimmt, die das Bauteil benötigt, um formstabil entformt zu werden.

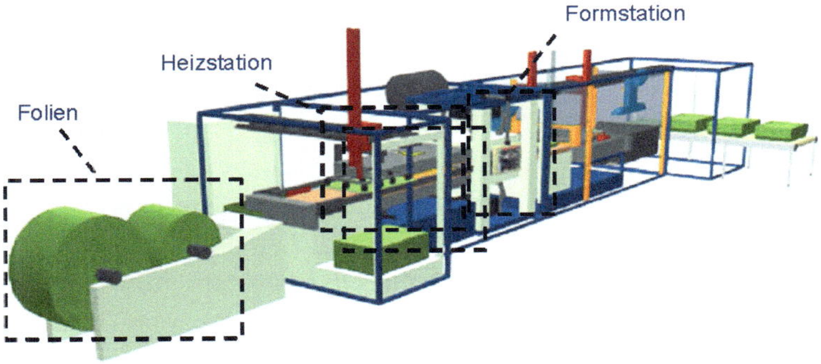

Bild 4.120 Mehrstationen-Maschine [Bildquelle: Rudholzer]

Mehrstationen-Maschinen sind in der Regel „Rollenautomaten", weil bei ihnen das Halbzeug als Folie von einer Folienrolle zugeführt wird. Mit ihnen werden Artikel hergestellt, die in mittleren bis sehr hohen Stückzahlen benötigt werden und in der Fläche klein sind. Typische Formteile sind Joghurtbecher, Trinkbecher, Schalen und Pralinen-Trays, wie sie in Bild 4.121 gezeigt sind.

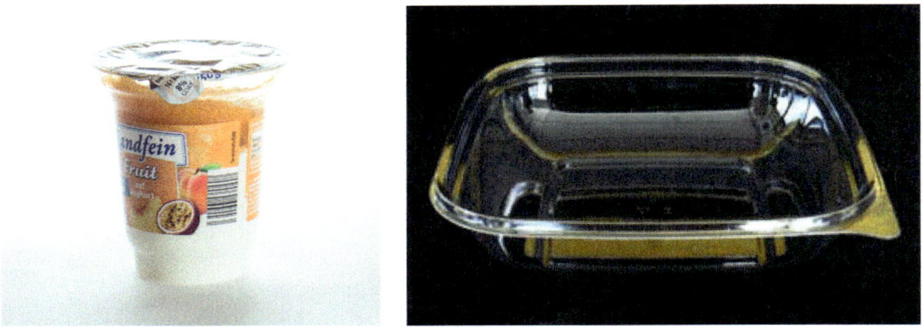

Bild 4.121 Produkte aus Rollenautomaten

Bei der Produktion sehr hoher Stückzahlen ist das Vorschalten eines Extruders vor die Thermoformanlage möglich (Inline-Produktion). Dann kann „aus erster Wärme" gefahren werden und das Halbzeug ist auch im Innern noch warm.

Abgrenzung zum Spritzgießen

Das Thermoformen steht gelegentlich in Konkurrenz zum Spritzgießen. Beim Thermoformen können z. B. technische Teile mit hohem Gewicht (bis zu 125 kg) und großer Fläche (bis zu 4 m^2) hergestellt werden. Über die Wahl des Halbzeuges kann Einfluss auf das Produkt genommen werden: Es können eingefärbte Halbzeuge, Mehrschichtverbundplatten oder -folien eingesetzt werden, und auch die Wanddicken sind über das Halbzeug einstellbar (0,05 mm bis 16 mm). Die geringen Werkzeugkosten machen das Thermoformen besonders günstig, auch bei kleinen Stückzahlen. Werkzeugänderungen sind ebenfalls entsprechend kostengünstig.

Nachteile gegenüber dem Spritzgießen sind die geringere Gestaltungsmöglichkeit (kaum Hinterschnitte, Ziehtiefe begrenzt, keine Rippen, keine Schraubdome etc.), die vom Verstreckverhältnis abhängigen Wanddicken und die etwas schwierigere Temperaturführung über Kontakt-, Konvektions- oder Strahlungserwärmung. Ein Patent von IKT-Mitarbeitern beschreibt die Kombination von Thermoformteilen mit 3D-gedruckten Gestaltungselementen, um diesen Nachteil zu beheben (siehe Bild 4.122).

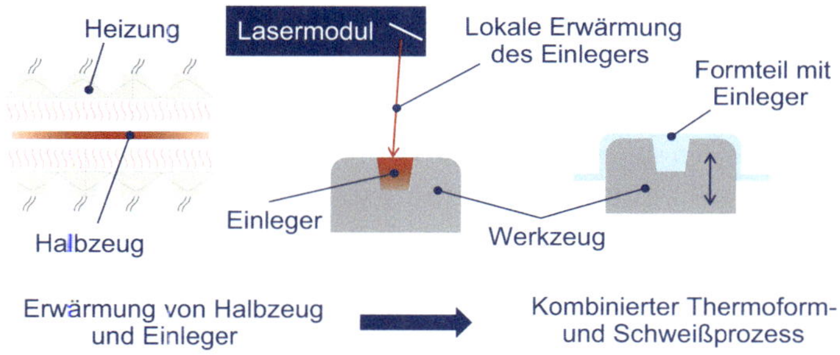

Bild 4.122 Kombination von Thermoformteilen mit Gestaltungselementen

4.5.2 Mechanische Bearbeitung von Kunststoffen

Wenden wir uns nun der Hauptgruppe 3 „Trennen" zu. Wenn das Bauteil nicht im oder direkt nach dem Verarbeitungsprozess vom Anguss oder Graten getrennt wird, muss spanend nachbearbeitet werden. Dies ist jedoch sehr kostenintensiv und sollte nach Möglichkeit vermieden werden.

Die mechanische (spanende) Bearbeitung von Kunststoffteilen findet man z. B. beim Zuschneiden von Halbzeugen (z. B. für das Thermoformverfahren). Darüber hinaus werden Kunststoffbauteile eher für kleine Stückzahlen mechanisch bearbeitet, z. B. bei der Herstellung massiver Bauteile (z. B. Modellbau, Zahnräder) oder der Herstellung von Prüfkörpern für die Schadensanalyse. Die mechanischen Bearbeitungsverfahren sind aus der Holzbearbeitung bekannt: Sägen, Fräsen, Schleifen, Polieren, Bohren und Drehen.

Sägen

Für das Sägen von Kunststoffteilen eignen sich wie bei der Holzverarbeitung Kreissägen und Bandsägen. Die Sägeblätter von Kreissägen sollten allerdings hohlgeschliffen sein (Bild 4.123). Sie bestehen aus Schnellarbeitsstahl oder sind hartmetallbestückt. Bei dünnen Platten und spröden Werkstoffen ist eine kleine Zahnteilung erforderlich. Bandsägen eignen sich insbesondere für Rohre, Blöcke und dickere Tafeln sowie für Kurvenschnitten.

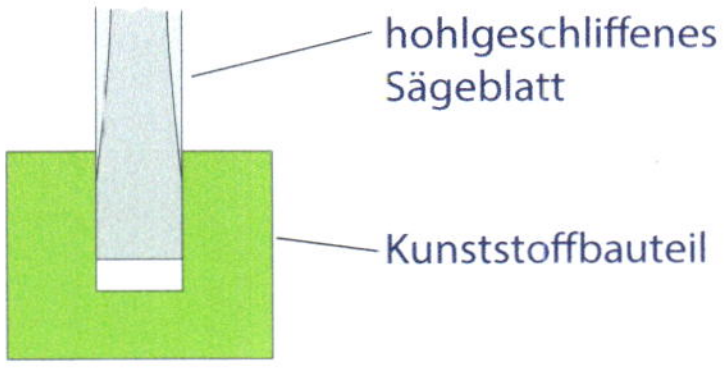

Bild 4.123 Hohlgeschliffenes Sägeblatt einer Kreissäge

Fräsen

Werden Kunststoffbauteile gefräst, sollen die Fräser (Bild 4.124) möglichst aus Schnellarbeitsstahl oder Hartmetall bestehen. Fräser für Kunststoffe haben gegenüber den Metallfräsern eine geringere, gegenüber Holzfräsern meist eine größere Schneidenzahl. Die Schnittgeschwindigkeit soll bei Kunststoffen möglichst hoch, der Vorschub verhältnismäßig gering gehalten werden (Vermeidung von Splittern bei spröden Werkstoffen).

Bild 4.124 Fräser für Kunststoffbauteile

Da Thermoplaste durch lokales Aufschmelzen „schmieren“, ist bei Fräsarbeiten von Kunststoffen häufig eine zusätzliche Kühlung notwendig. Beim Umfangs- und Formfräsen von Thermoplasten sollten Werkzeuge, damit die Spanräume groß genug sind, nicht mehr als zwei Schneiden haben.

Schleifen und Polieren

Das Schleifen ist ebenfalls ein spanender Vorgang zur Realisierung von Oberflächenrauhigkeiten von 50 – 5 µm. Es dient meist der Nachbehandlung von z. B. Sägeschnitten oder Lasersinterteilen. Eingesetzt werden handelsübliche Schleifpapiere (grobe bis staubfeine Körnungen) oder Schleifbänder (Schleifgeschwindigkeit ca. 10 m/s). Während harte Duromere gut geschliffen werden können, neigen Thermoplaste durch lokales Aufschmelzen zum „Schmieren“.

Das Polieren erzeugt seidenmatte bis hochglänzende Oberflächen und wird mittels Schmiergelpaste auf Filz oder Schwabbelscheiben durchgeführt. Man unterscheidet zwischen dem Vorpolieren (10 – 1 µm) und dem Feinpolieren (1 – 0,1 µm). Ist die Geometrie einfach, kann dies maschinell durchgeführt werden. Bei Thermoplasten ist auch hier darauf zu achten, dass die Oberflächen nicht zu stark erwärmt werden (Reibungswärme).

Bohren

Beim Bohren von Kunststoffen kommen – ähnlich wie bei der Holzbearbeitung – Hand- oder Ständerbohrmaschinen zum Einsatz sowie aus der Metallverarbeitung bekannte Wendelbohrer (Bild 4.125). Besonders vorteilhaft sind Wendelbohrer mit steilem Drall, da sie eine gute Spanabfuhr gewährleisten. Die Spitzenwinkel bei Thermoplasten betragen im Allgemeinen bis 90°.

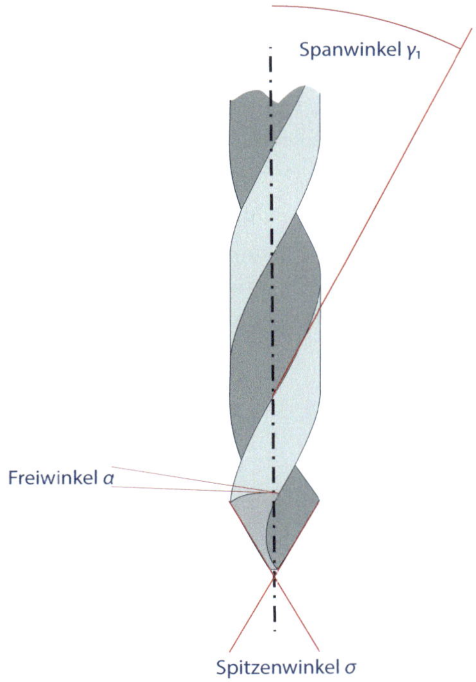

Bild 4.125
Wendelbohrer mit steilem Drall für die Spanabfuhr

Durch die beim Bohren entstehende Reibungswärme dehnt sich an der Stelle das Kunststoffbauteil aus und schwindet nach dem Bohren wieder. Daher fallen die Bohrungen nach Abkühlung etwa 0,05 bis 0,1 mm kleiner aus als der Bohrerdurchmesser (Bohreruntermaß).

Drehen

Beim Drehen von Kunststoffbauteilen (Bild 4.126) muss stets mit Eigenspannungen des Bauteils gerechnet werden. Die Drehmaschine sollte schnelllaufend mit variabler Einstellbarkeit der Spindeldrehzahl laufen und Luft- oder besser Flüssigkeitskühlung ermöglichen. Die Schnittgeschwindigkeiten betragen bis zu 500 m/min (werkstoffabhängig). Der Drehmeißel ist in der Regel aus Schnellarbeitsstahl, wenn geringe Verschleißwirkungen erwartet werden.

Bild 4.126
Drehen eines Kunststoffbauteils

Bei Duromeren und Kunststoffen mit Glasfaserfüllungen sollten die Drehmeißel Hartmetallschneiden besitzen. Um Rillen in der Werkstückoberfläche zu vermeiden, sollte ein abgerundetes Schneidenprofil eingesetzt werden. Bei Oberflächen mit besonders hoher Qualität ist eine sogenannte Breitschlichtschneide sehr hilfreich.

QR-Code 4-20

Hier wird die mechanische Bearbeitung von Kunststoffen gezeigt.

http://www.ikt.uni-stuttgart.de/links/Videolinks/Mechanische_Bearbeitung

4.5.3 Schweißen

Hauptgruppe 4 nach DIN 8580 beschreibt das Fügen von Stoffen. Hierunter versteht man bei Kunststoffen zunächst das Schweißen und das Kleben, aber auch das Schnappen, Schrauben und Nieten sind Fügevorgänge.

Unter Schweißen versteht man (gemäß EN 14610 und DIN 1910) das unlösbare Verbinden von Bauteilen unter Anwendung von Wärme und/oder Druck, mit oder ohne Schweißzusatzwerkstoffe. Zum Schweißen von Kunststoffen müssen die Fügepartner in der Fügeebene im thermoplastischen Zustand sein. Somit können Duromere und Elastomere nicht geschweißt werden.

Die beweglichen Moleküle im Fügebereich werden unter Druck zusammengeführt und geschert (Bild 4.127). Hierdurch „verknäulen" die Makromoleküle der beiden Fügepartner über die Grenzfläche hinweg und können nach Abkühlen unter die Glasübergangstemperatur (bei amorphen Thermoplasten) bzw. unter die Kristallisationstemperatur (bei teilkristallinen Thermoplasten) gemeinsam erstarren. Es entsteht also ein Stoffschluss.

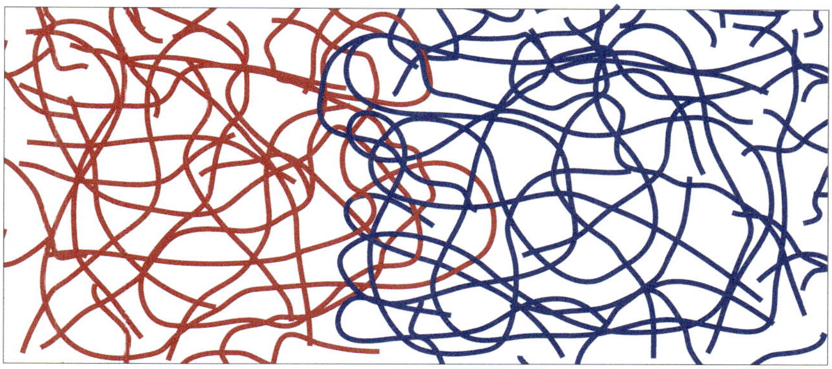

Bild 4.127 Verknäuelung von Molekülen über die Grenzfläche beim Schweißen

Thermoplaste sind prinzipiell untereinander schweißbar, jedoch sind ein stark unterschiedlicher Wärmeausdehnungskoeffizient und eine unterschiedliche Verträglichkeit der Polymere der Kraftübertragung abträglich. Es gilt meist, dass teilkristalline mit amorphen Thermoplasten nicht gut schweißbar sind, da ein Verknäulen von Makromolekülen nicht stattfinden kann. Die Fasern von verstärkten Kunststoffen gelangen beim Schweißen nicht über die Fügefläche; somit stellen die Schweißnähte faserverstärkter Thermoplaste eine besondere Schwachstelle dar.

Für technische Serienprodukte stehen unterschiedliche Schweißverfahren mit ihren Besonderheiten zur Verfügung. Die Kunststoff-Schweißverfahren werden oft nach den genutzten Wärmeübertragungsmechanismen unterteilt. Das Bild 4.128 zeigt, dass die aus der Wärmeübertragung bekannten Mechanismen sowie die Reibwärme für das Schweißen genutzt werden. Folgend werden ausgewählte Schweißverfahren kurz vorgestellt.

An dieser Stelle soll ebenfalls daran erinnert werden, dass nicht nur bei den Verarbeitungsprozessen, sondern auch bei Schweißprozessen die Struktureigenschaften des Werkstoffes erneut verändert werden. Dies geschieht aufgrund der lokalen Schmelzeerzeugung, deren Bewegung und Abkühlung. Es entstehen in der Schweißnahtumgebung besonders lokale Eigenspannungen, welche die zusätzliche Kraftübertragung verringern, sowie Orientierungen, die wie in Bindenähten ungünstig ausgerichtet sein können. Zudem wirken Kerben der Schweißwulste lokal spannungsüberhöhend und können ebenfalls der weiteren Kraftübertragung abträglich sein.

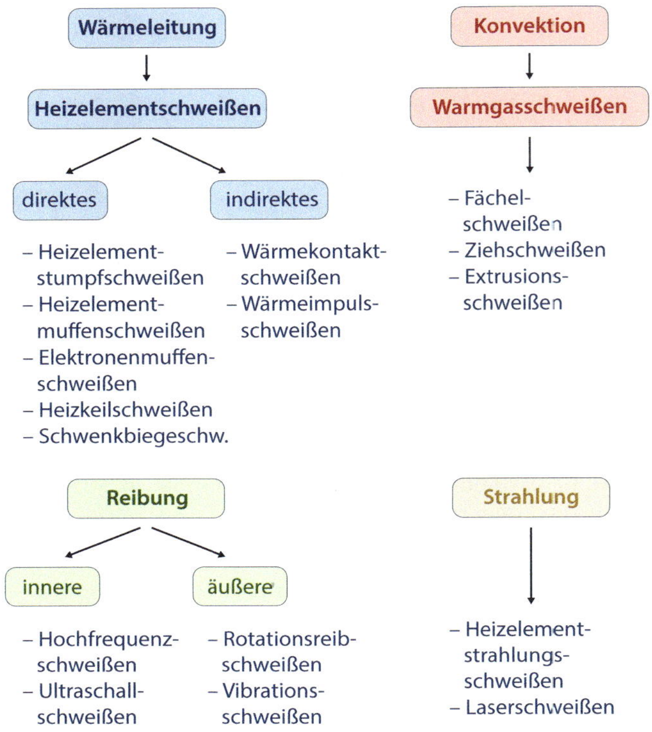

Bild 4.128 Einteilung der Schweißmethoden nach ihrer Wärmeübertragung

4.5.3.1 Heizelementschweißen

Beim Heizelementschweißen in der Serienfertigung werden Formteile durch ein der Fügenahtkontur angepasstes Heizelement erwärmt und nach Entfernen des Heizelements gefügt (Bild 4.129). Es erzeugt eine relativ hohe Schweißnahtqualität. Durch die gegenüber anderen Verfahren schonende, langsame Erwärmung wird eine größere Schmelzeschichtdicke erzeugt. Die Zykluszeit ist dadurch recht lang (Faustformel: etwa 10 Sekunden pro mm Wanddicke Erwärmzeit und 5 Sekunden pro mm Wanddicke Kühlzeit). Das Heizelementschweißen ist weiterhin bekannt für seine Prozesssicherheit. Es können komplexe Fügeflächen realisiert und kleine sowie große Bauteile geschweißt werden.

Der Schweißzyklus (Bild 4.130) beginnt mit dem Vorbereiten der Fügeflächen und dem Einlegen der Fügeteile. Nachdem die Werkzeughälften geschlossen wurden, werden die Fügeteile an das Heizelement durch leichtes Abschmelzen angeglichen, bis sie vollständig anliegen und gut erwärmen können. Ist eine ausreichende Schmelzeschichtdicke erzeugt, werden die Werkzeughälften rasch auseinandergefahren, das Heizelement fährt hinaus und die Bauteile werden unter Druck gefügt. Daran schließt sich die Kühlzeit an, die abgewartet werden muss, bevor die Fügeteile entnommen und nachgearbeitet werden können.

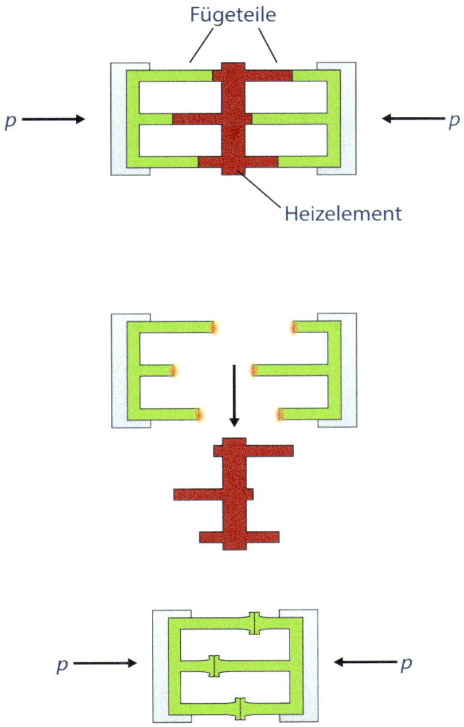

Bild 4.129
Schweißen mit einem der Bauteilkontur angepassten Heizelement (schematisch)

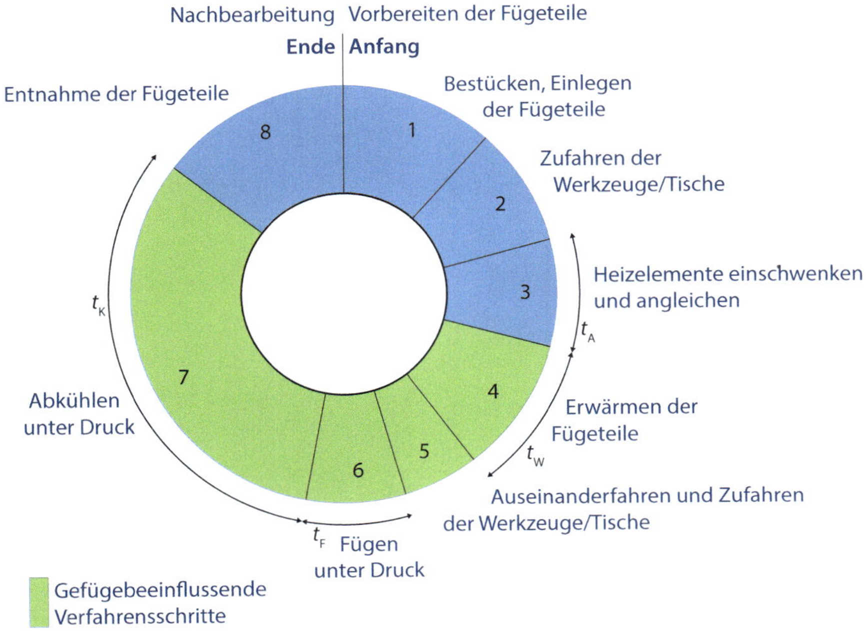

Bild 4.130 Verfahrensschritte beim Schweißen

QR-Code 4-21

Heizelementstumpfschweißen

http://www.ikt.uni-stuttgart.de/links/Videolinks/Heizelementstumpfschweissen

Warmgas-Fächelschweißen

Für den Behälterbau soll kurz das Handschweißverfahren Warmgas-Fächelschweißen (Bild 4.131) vorgestellt werden. Mit diesem Verfahren können z.B. rohrförmige Halbzeuge zu einem komplexen Produkt wie einen chemischen Behälter zusammengefügt werden.

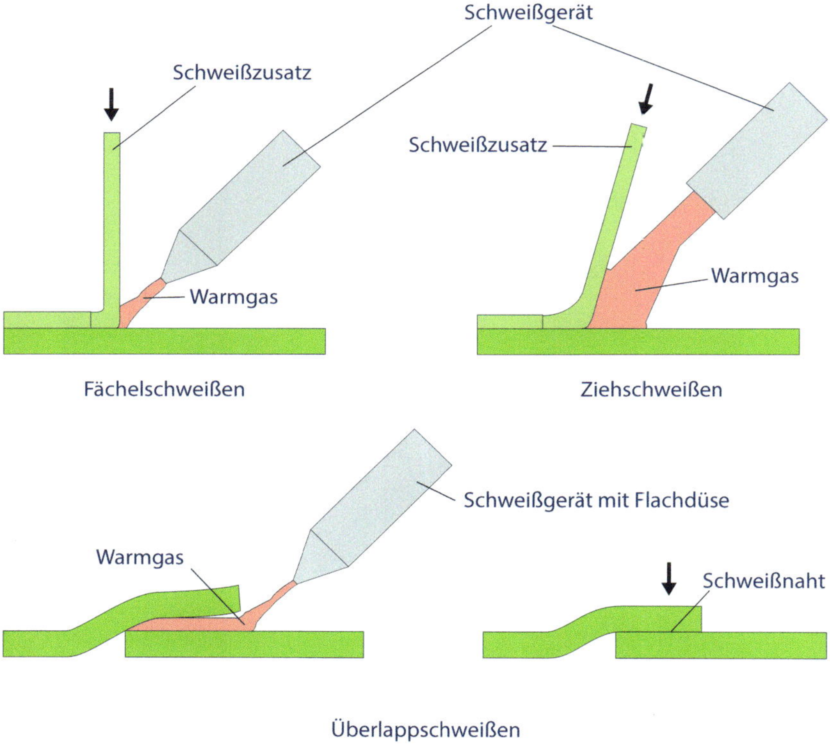

Bild 4.131 Warmgasschweißen (schematisch)

Beim Warmgas-Fächelschweißen wird ein mit der Hand geführter Schweißzusatz (Rund- oder Profilstab) mit Warmgas, das fächelnd aufgetragen wird, in Schmelze gebracht. Zugleich schmilzt das Warmgas einen Bereich der Fügepartner ebenfalls auf, in dem der Schweißzusatz abgelegt wird.

Schweißextruder

Ebenfalls im chemischen Apparatebau wird der Schweißextruder (Bild 4.132) eingesetzt. Er arbeitet wie ein großer Extruder und erzeugt große Schmelzemengen, die in eine Kehlnaht entsprechend vorbereiteter Fügeteile extrudiert wird. Die Fügeteile werden vorher mittels Warmgas oberflächlich auf Schmelzetemperatur gebracht und dadurch mit dem Extrudat stoffschlüssig verbunden. Der Extruder wird meist statt mit einem Granulattrichter mit einer Spule mit Kunststoffdraht beschickt, was das Überkopfarbeiten erleichtert. Vor Einzug in den Extruder wird der Kunststoffdraht zu Granulat geschnitten.

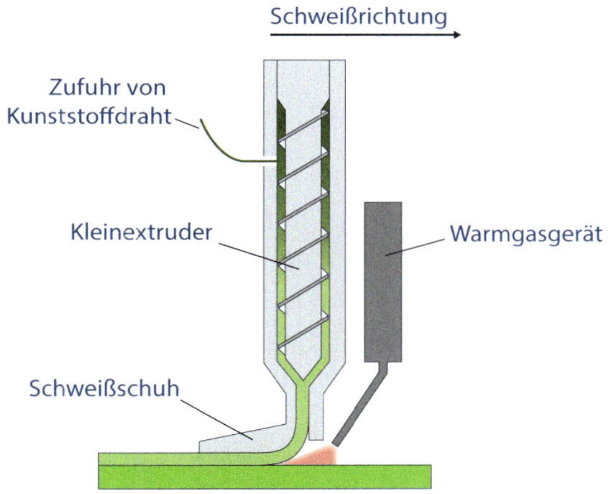

Bild 4.132
Warmgas-Extrusionsschweißen (schematisch)

QR-Code 4-22

Extrusionsschweißen

http://www.ikt.uni-stuttgart.de/links/Videolinks/Extrusionsschweissen

Am Beispiel des Schweißens von Teichfolie wird in Bild 4.133 das Extrusionsschweißen gezeigt.

Bild 4.133 Beispiele für das Extrusionsschweißen [Bildquellen: Leister und Schatzgarten Landschaftsbau]

4.5.3.2 Ultraschallschweißen

Beim Ultraschallschweißen werden Fügepartner mit Hilfe von Schallenergie erwärmt. Elektrische Schwingungen werden durch einen Konverter (Ultraschallwandler) in mechanische Schallschwingungen umgesetzt, die mittels Transformationsstück und Sonotrode passend auf das zu schweißende Bauteil ausgerichtet werden (Bild 4.134). Die Sonotrode dient der Ankopplung an einen Fügepartner. Ultraschallwandler, Transformationsstück und Sonotrode schwingen in Resonanz und sind so ausgelegt, dass eine Schwingung mit maximaler Amplitude in der Fügeebene auftritt.

Das Ultraschallschweißen ist ein besonders kostengünstiges Verfahren für Kleinteilserien mit einer Stückzahl von bis zu 50 000 (Bild 4.135). Fügeflächen können problemlos innerhalb von weniger als 1 s geschweißt werden, wenn der Werkstoff eine genügend große innere Dämpfung (hoher Verlustfaktor) zur Umwandlung von Schall in Wärme aufweist.

Sollen größere Bauteile geschweißt werden, so können mehrere Sonotroden nebeneinander gesetzt werden (Mehrkopfanlagen). Nachteilig ist, dass hierbei aber keine durchgängigen, dichten Schweißnähte hergestellt werden können. Die Festigkeiten der Schweißnähte sind eher gering (etwa 20 % der Werkstofffestigkeit), allerdings haben sie den ästhetischen Vorteil eines geringen Schmelzeaustriebs.

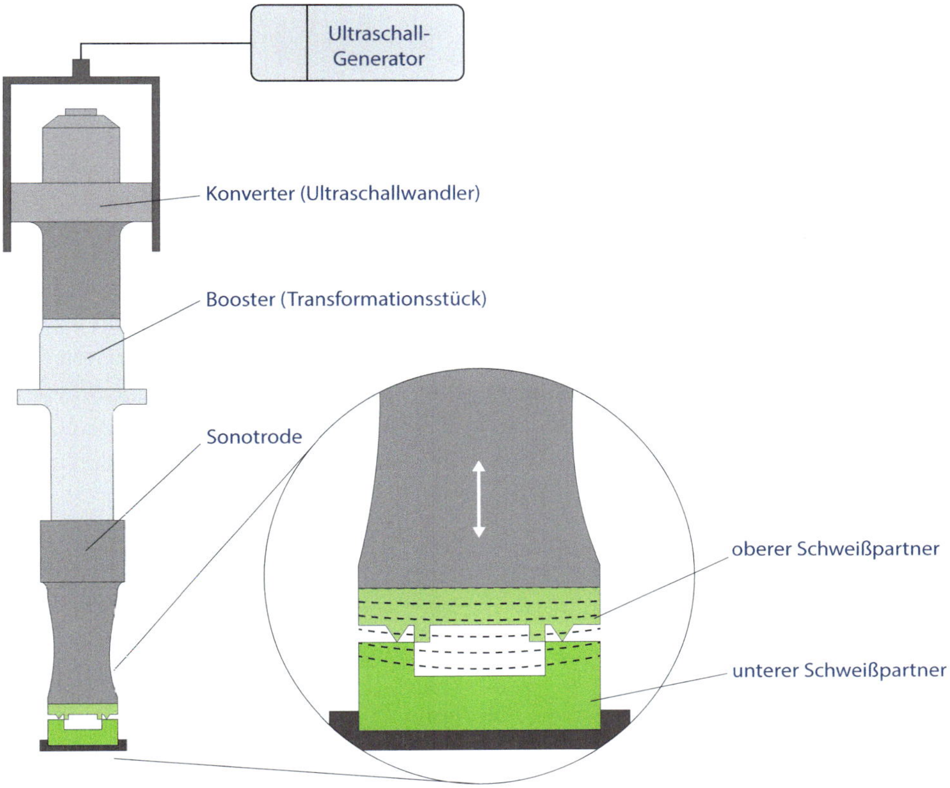

Bild 4.134 Ultraschallschweißen (schematisch)

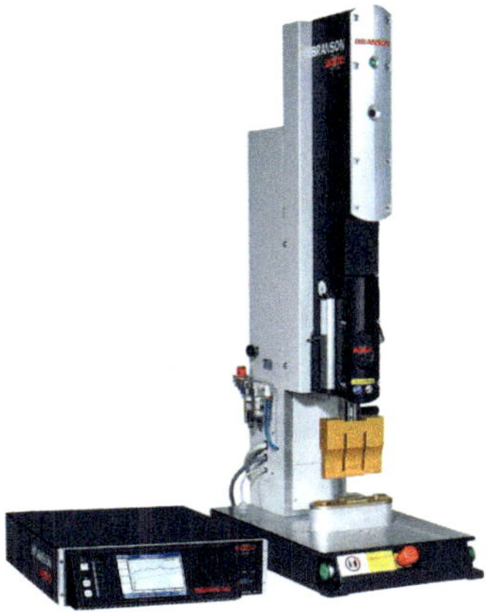
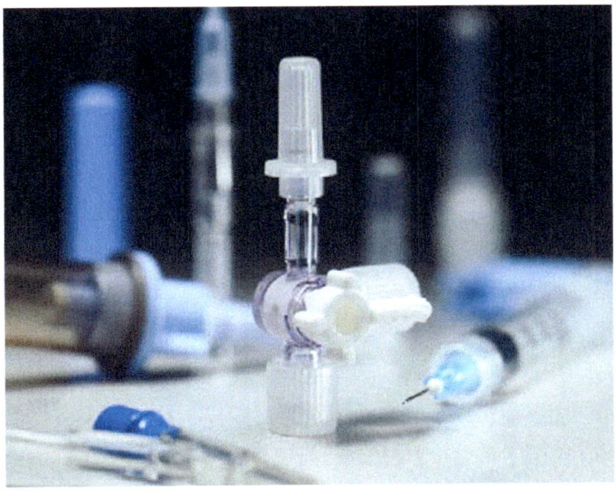

Bild 4.135 Beispiele für ultraschallgeschweißte Anwendungen der Medizintechnik [Bildquelle: Branson]

QR-Code 4-23

Ultraschallschweißen

http://www.ikt.uni-stuttgart.de/links/Videolinks/Ultraschallschweissen

4.5.3.3 Vibrationsreibschweißen

Beim Vibrationsreibschweißen werden die Fügepartner zusammengedrückt und in ihrer Fügezone in einer oder in zwei Richtungen aneinandergerieben, die Wärme wird also durch Reibung direkt in die Fügeebene eingebracht (Bild 4.136). Das Vibrationsschweißen ist ein ausgereiftes Verfahren, das bei Taktzeiten von wenigen Sekunden große, dichte und mechanisch stark belastbare Fügenähte ermöglicht. Bei ebenen Kontaktflächen wird das Vibrationsschweißen dem Heizelementschweißen vorgezogen. Durch den teilweise hohen aufzubringenden Druck müssen die Fügepartner steif ausgeführt sein.

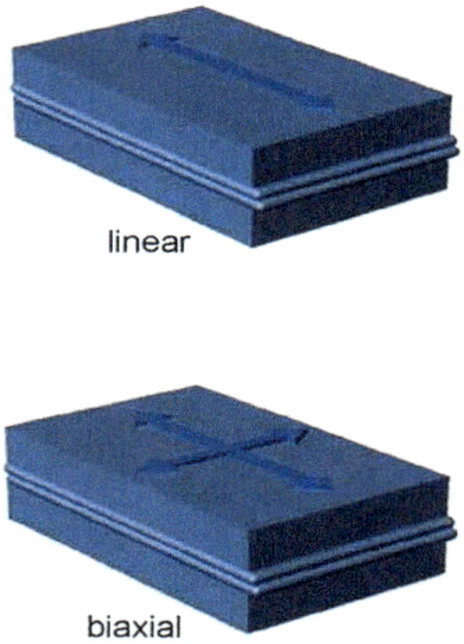

Bild 4.136 Schema Vibrationsreibschweißen (schematisch)

Man unterscheidet das lineare sowie das biaxiale Vibrationsschweißen. Das lineare Vibrationsschweißen ermöglicht bei einer Schwingweite bis 2,5 mm das Schweißen von 2½ D-Flächen, also Flächen, die zwar gekrümmt sein können, aber immer noch in eine Richtung gegeneinander bewegbar sind. Allerdings besteht bei dieser einen Schwingrichtung die Gefahr, dass Rippen oder Stege, die quer zur Schwingrichtung angeordnet und zu wenig biegesteif sind, mitschwingen und nicht ausreichend geschweißt werden.

Je nach Werkstoff kann eine „Fusselbildung“ entlang der Schweißnaht auftreten, die besonders in Behältnissen für Hydraulikflüssigkeiten unerwünscht ist und darüber hinaus ein ästhetisches Problem darstellt.

4.5.3.4 Laserschweißen

Begünstigt durch den Preisabfall der Lasertechnologie konnte die Idee verwirklicht werden, Laserlicht zur Erwärmung von Fügepartnern einzusetzen. Anfänglich wurde versucht, Laserlicht zur Erwärmung beim Stumpfschweißen zu nutzen, heute wird ausschließlich mit dem Durchstrahlschweißen gearbeitet.

In Bild 4.137 ist schematisch dargestellt, wie ein für die Laserwellenlänge nahezu transparenter Werkstoff mit einem absorbierenden Werkstoff direkt im Innern des späteren Bauteils gefügt wird. Der Laserstrahl wird in Wärme umgewandelt, die wiederum durch Wärmeleitung den lasertransparenten Werkstoff aufschmilzt.

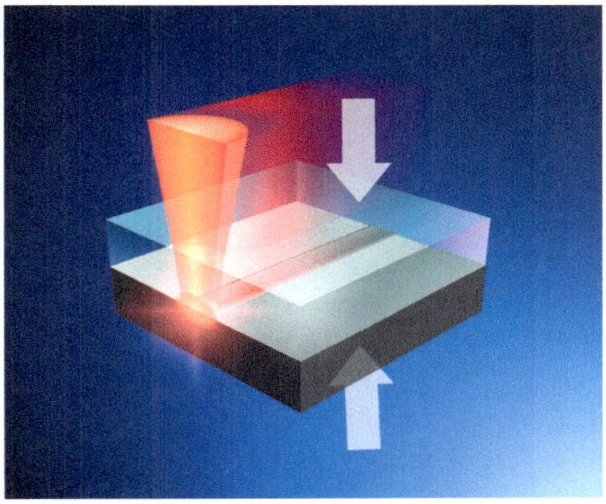

Bild 4.137
Laserdurchstrahlschweißen (schematisch) [Bildquelle: Leister]

Ein wichtiger Vorteil dieses Verfahrens ist die lokal fokussierte Wärmeeinbringung. Mittels Laser wird so das Schweißen von elektronischen Bauteilen möglich, die durch die Schwingungen des Vibrations- oder Ultraschallschweißens oder durch die Wärmestrahlung eines Heizelements geschädigt werden können. Beispiel hierfür sind die Lötfahnen in einem eingeschweißten Akkublock, die sich z. B. beim Ultraschallschweißen lösen können. Weisen die nicht ganz exakt positionierten Fügepartner jedoch ein Spaltmaß > 0,5 mm auf, so kann an dieser Stelle der lasertransparente Fügepartner nicht in Schmelze gebracht werden, die Gesamtfestigkeit der Schweißnaht nimmt ab oder sie wird undicht. Beispiele für lasergeschweißte Bauteile sind in Bild 4.138 dargestellt.

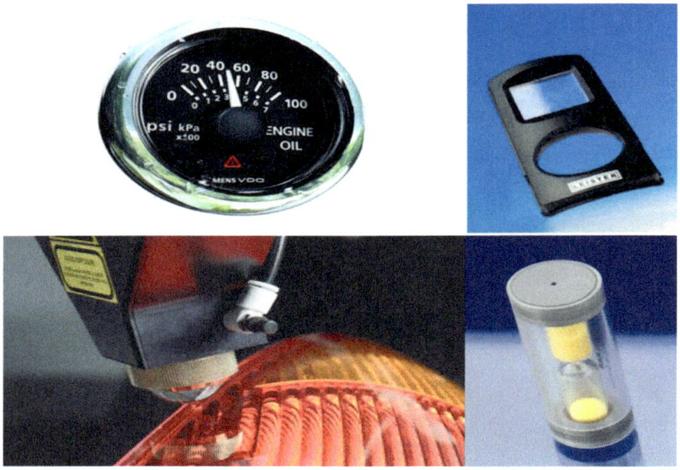

Bild 4.138 Lasergeschweißte Bauteile [Bildquellen: Leister]

4.5.4 Kleben

Klebeverbindungen werden bereits seit Jahrzehnten in vielen technischen Anwendungen erfolgreich eingesetzt, wenn die spezifischen Anforderungen für eine gute Klebverbindung bereits in der Konzeptphase mit berücksichtigt wurden.

Kleben ist eine stoffschlüssige, feste und dauerhafte Oberflächenverbindung. Ein Klebstoff ist nach DIN EN 923 ein nichtmetallischer Stoff, der Werkstoffe durch Oberflächenhaftung (Adhäsion) so verbinden kann, dass die Verbindung eine ausreichende innere Festigkeit (Kohäsion) besitzt. Kleben kann man fast alle Kunststoffe, d.h. neben Thermoplasten können prinzipiell auch Elastomere und Duromere miteinander geklebt werden (wohingegen nur Thermoplaste schweißbar sind).

Übrigens: Der Begriff Vulkanisation beim Flicken eines Fahrradschlauches beschreibt die Nachvernetzung von Elastomeren über eine Grenzfläche hinweg. Es handelt sich nicht im Normsinne um eine Klebung, sondern einen Fügevorgang mit Änderung der Stoffeigenschaften.

Klebstoffe können zusätzliche Aufgaben erfüllen: Sie können abdichten, Unebenheiten überbrücken, Schwingungen dämpfen, elektrisch und thermisch isolieren. Außerdem können sie den Verzug der Klebepartner in Grenzen ausgleichen.

Für das Kleben (Bild 4.139) müssen zunächst die Fügeflächen passend hergestellt und gereinigt werden. Bei manchen Werkstoffen muss die Oberfläche noch besonders vorbehandelt werden, um aktiviert zu werden. In einem nächsten Schritt wird der Klebstoff aufgetragen und gewartet, bis er verbindungsfähig/adhäsiv ist. Dann werden die Bauteile gefügt und fixiert. Den längsten Zeitraum nimmt das oft minutenlange Aushärten des Klebers ein. Erst hiernach kann die Fixierung beseitigt werden.

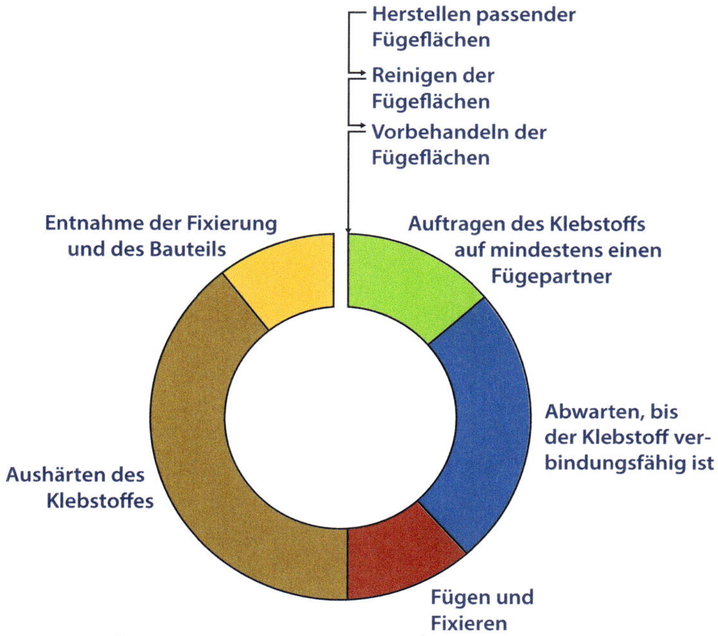

Bild 4.139 Verfahrensablauf beim Kleben

Nach VDI 2229 können Klebstoffe in physikalisch abbindende und chemisch aushärtende unterteilt werden (Tabelle 4.3). Während die physikalisch abbindenden durch Abdampfen eines Lösungsmittels oder durch Abkühlen erstarren, startet bei den chemisch aushärtenden eine Vernetzungsreaktion (sogenannte Reaktionsklebstoffe). Diese Reaktion wird z. B. durch Zusammenmischen von Reaktionspartnern oder durch Wärme, UV-Licht (sog. Acrylkleber, Zahnfüllungen) oder Luftfeuchte (sog. Sekundenkleber) gestartet.

Tabelle 4.3 Einteilung der Härtungsmechanismen nach VDI-Richtlinie 2229

Typ	Physikalisch abbindend	Chemisch aushärtend
Abbindung	Erstarrung durch Abkühlen bzw. Abdampfen eines Lösungsmittels	Erstarrung durch Bildung chemischer Bindungen/Netzstruktur
Beispiele	Dispersionsklebstoff (z. B. UHU®) Schmelzklebstoff Kontaktklebstoff (z. B. Pattex®)	Polymerisationsklebstoff (1K und 2K) Polyadditionsklebstoff Polykondensationsklebstoff (1K und 2K) (1K: die Reaktion wird nachträglich z. B. durch Wärme oder Feuchtigkeit initiiert)

Ein Klebstoff muss zunächst sehr dünnflüssig sein, um eine möglichst große Fläche zu benetzen und anschließend fest werden, um Kräfte übertragen zu können. Eine reale Fügeteiloberfläche hat - mikroskopisch gesehen - eine raue Oberfläche (Bild 4.140). Die Adhäsion zwischen zwei Fügepartnern hat einen mechanischen Anteil (Hinterfließen von Hinterschnitten) und einen spezifischen Anteil durch Nebenvalenzkräfte.

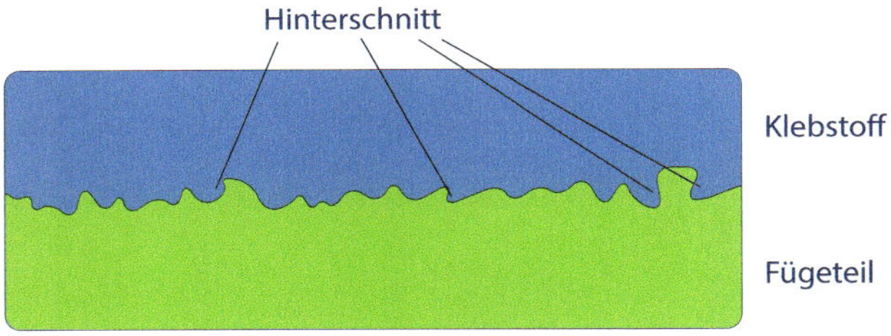

Bild 4.140 Schema zur mechanischen Adhäsion von Klebstoffen

Das Kleben von Kunststoffen basiert auf zwei unterschiedlichen Wirkmechanismen, der spezifischen Adhäsion und der Löslichkeit (siehe unten). Bei dem einen Wirkmechanismus kann ein Klebstoff zwischen zwei Fügepartnern durch spezifische Adhäsion (Nebenvalenzkräfte, siehe Bild 4.141) kraftübertragend wirken. Hierzu muss der Fügepartner gut benetzbar, also möglichst polar sein (Bild 4.143).

Mit dem Aushärten muss die Kohäsion, der innere Zusammenhalt des Klebstoffs, ausreichend steigen, um Kräfte übertragen zu können (Bild 4.141). Die Aushärtung erfolgt durch Verdampfen eines Lösungsmittels (wie bei UHU® oder Pattex®) oder durch eine chemische Reaktion (Sekundenkleber, 2-Komponentenkleber). Der Adhäsionsmechanismus wirkt auch beim Kleben von verschiedenen Werkstoffklassen, wie z. B. Glas mit Metall.

Ist ein Fügeteil verschmutzt (Bild 4.141), trägt dieser verschmutzte Flächenanteil nicht zur Kraftübertragung bei. Der Klebstoff mag zwar an der Verschmutzung gut haften, aber die Verschmutzung nicht am Fügeteil. Daher ist immer eine sorgfältige Reinigung vor der Klebung erforderlich.

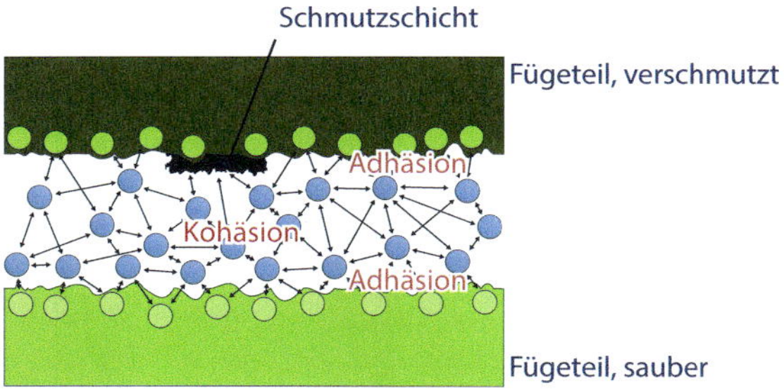

Bild 4.141 Spezifische Adhäsion

Der Klebstoff wirkt nur auf der wirksamen Oberfläche. In Bild 4.142 ist die geometrische Oberfläche der wahren, rauen Oberfläche gegenübergestellt. Damit wird deutlich, dass eine raue Oberfläche je nach Benetzbarkeit eine höhere wirksame Oberfläche erzeugt als eine polierte Oberfläche. Ist die wahre Oberfläche allerdings zu rau oder der Klebstoff nicht fließfähig genug, um in die Hinterschnitte und Täler zu gelangen, ist die wirksame Oberfläche unter Umständen weit kleiner als die wahre und auch die geometrische Oberfläche.

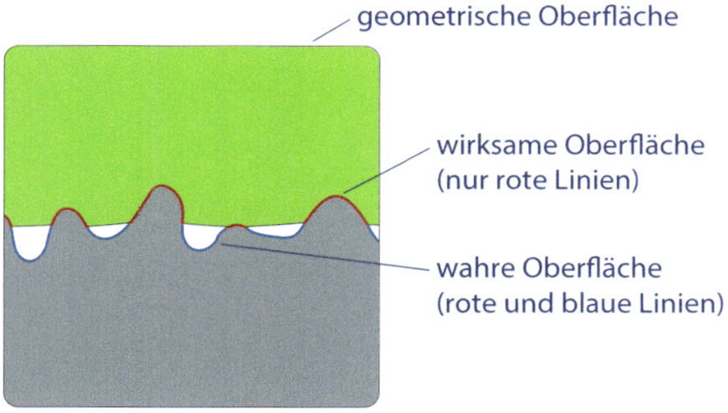

Bild 4.142 Oberflächendefinitionen

Die spezifische Adhäsion kann nur wirken, wenn der Klebstoff das Fügeteil gut benetzen kann. Ist die Polarität der Oberfläche hoch, kann der Klebstoff auf der Oberfläche breit spreiten und sie damit gut benetzen. Ist die Polarität gering, entsteht somit nur eine geringe Benetzungsfläche (Bild 4.143).

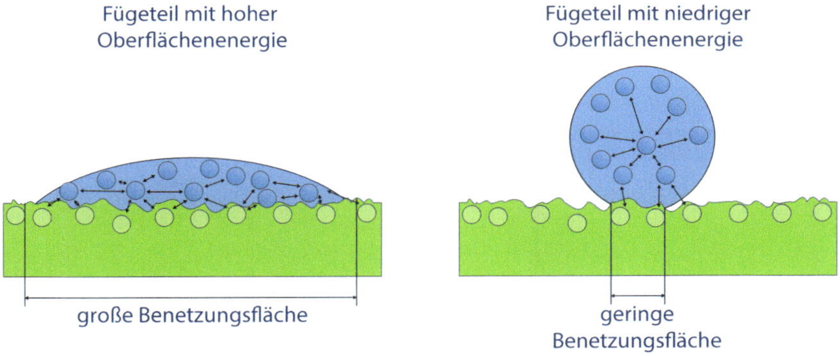

Bild 4.143 Polarität ist ein wichtiges Kriterium für die Klebbarkeit

Der zweite Mechanismus wirkt nur beim Kleben von gleichen Thermoplasten untereinander. Einige Thermoplaste, besonders amorphe oder teilkristalline mit geringem Kristallisationsgrad, können angelöst werden. Beim Anlösen werden die Molekülketten ähnlich beweglich wie in Schmelze, können somit über die Grenzfläche diffundieren und dort verknäulen. Nach Abdampfen des Lösungsmittels werden die Ketten wieder weniger beweglich und erlauben eine Kraftübertragung. Dieser Mechanismus ist dem der Schmelzeerzeugung und der Erstarrung sehr ähnlich, daher wird dieses Kleben auch „Kaltschweißen" genannt (Bild 4.144).

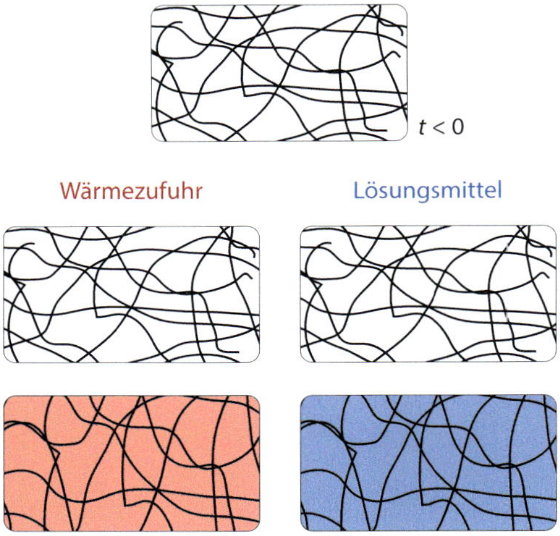

Bild 4.144 Kaltschweißen mit Lösungsmitteln (nur bei Thermoplasten möglich)

Vor dem Hintergrund dieser beiden Wirkmechanismen für das Kleben von Kunststoffen wird deutlich, dass Kunststoffe nur geklebt werden können, wenn Sie entweder polar oder löslich sind (Tabelle 4.4). Klebeverbindungen können Schubbeanspruchungen sehr gut übertragen, dahingegen sind sie gegen schälende Beanspruchung nicht sehr beständig (Bild 4.145).

Tabelle 4.4 Klebbarkeit verschiedener Kunststoffe [4]

Kunststoff	Benetzbarkeit	Polarität	Löslichkeit	Klebbarkeit
Polyvinylchlorid (PVC)	gut	polar	löslich	gut
Polystrol (PS)	schlecht	unpolar	löslich	gut
Polyethylen (PE)	schlecht	unpolar	unlöslich	schlecht
Polyamid 6.6 (PA 66)	gut	polar	schwer löslich	mäßig
Polymethylmethacrylat (PMMA)	gut	polar	löslich	gut
Phenol-Formaldehydharzpressstoff (PF)	gut	polar	unlöslich	gut
Ungesättigter Polyesterharzpressstoff (UP)	gut	polar	unlöslich	gut

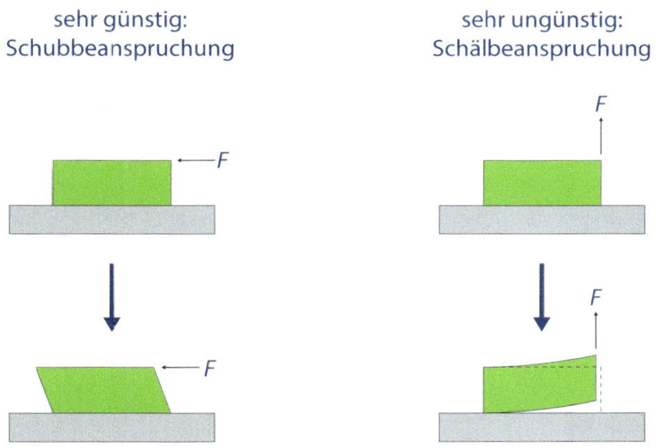

Bild 4.145 Günstige und weniger günstige Beanspruchung von Klebeverbindungen

4.5.5 Fügen durch Schnappverbindungen, Schrauben und Nieten

Schnappverbindungen

Schnappverbindungen sind Funktionselemente zum lösbaren und unlösbaren, einfachen formschlüssigen Fügen von Bauteilen. Sie ermöglichen das Fügen unterschiedlicher Werkstoffe. Es gibt verschiedene Ausführungen (Bild 4.146):

- Schnapphaken,
- Kugelgelenkverbindung (Schnappkugel),
- Ringschnappverbindungen (Schnappzylinder).

In der Regel werden sie durch Spritzgießen direkt in das Bauteil integriert und sparen somit Fertigungs- und Montagekosten.

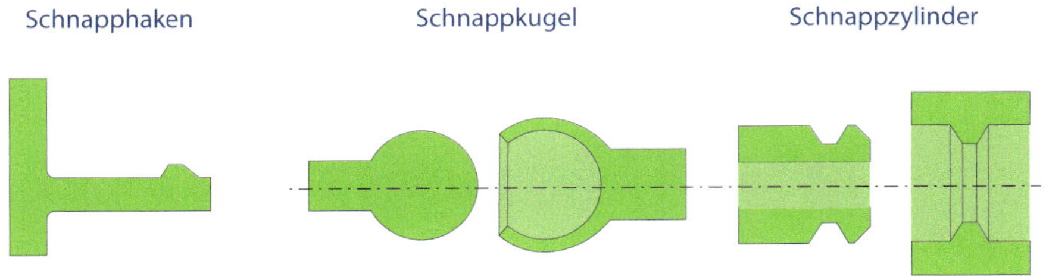

Bild 4.146 Typische Arten von Schnappverbindungen

Ein alltägliches, aber sehr durchdachtes Produkt ist in Bild 4.147 dargestellt. Solch ein Verpackungsdeckel hat nicht nur Ringschnappverbindungen, die diese Behältnisse für niedrige Drücke dicht verschließen, sondern auch ein Filmscharnier, das dafür sorgt, dass der Verschluss klappbar ist und nicht verloren geht.

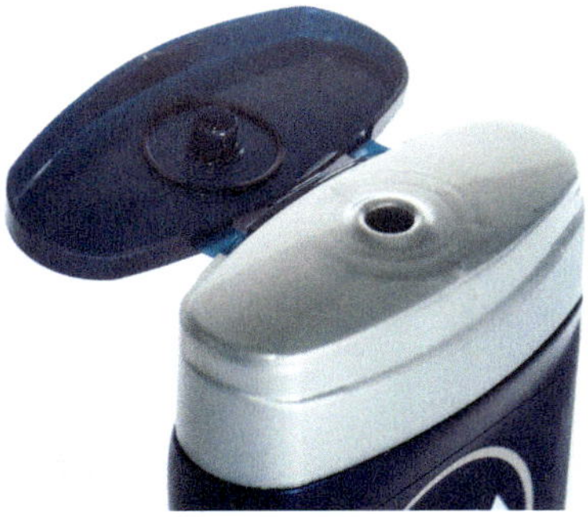

Bild 4.147
Verpackungsdeckel mit Ringschnappverbindung und Filmscharnier

Schraubverbindungen

Kunststoffbauteile können auch durch Schrauben (Bild 4.148) formschlüssig und lösbar gefügt werden. Hierzu werden im Gegensatz zu Holz- oder Metallbauteilen aber keine Löcher in das Bauteil gebohrt, sondern ein Befestigungsauge mit Durchgangsbohrung in den einen Fügepartner und ein Schraubdom mit Kernloch in den anderen Fügepartner konstruktiv vorgesehen. In das Einschraubauge (auch Tubus) wird dann die Schraube eingedreht, die sich ihr Gewinde selber schneidet.

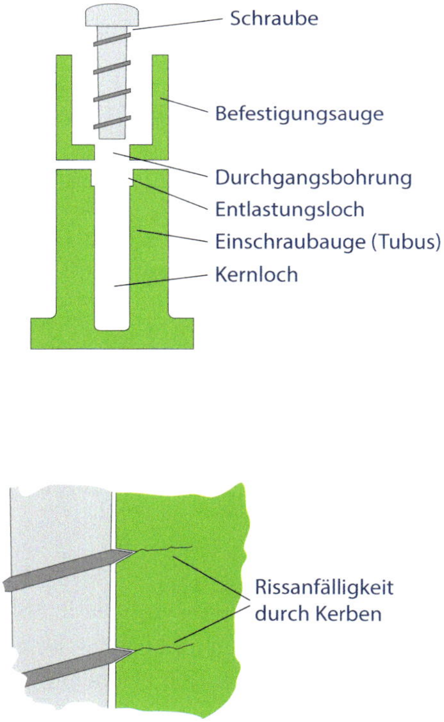

Bild 4.148 Schraubverbindungen

Zum Schrauben von Kunststoffbauteilen werden oft normale Blechschrauben eingesetzt, diese gelten aber wegen der Kerbwirkung ihrer Flanken im Kunststoffbauteil als nicht kunststoffgerecht. Es gibt besonders kunststoffgerechte Schrauben mit abgerundeten Flanken. Soll die Verschraubung mehr als etwa fünfmal wieder gelöst werden oder sollen aus anderen Gründen metrische Schrauben eingesetzt werden, so ist der Einsatz von Metallinserts notwendig (Bild 4.149). Werden keine Lösevorgänge gefordert, so ist das Schweißen, Kleben und Nieten auf Grund der geringen Kosten stets sinnvoller.

Bild 4.149
Metallinserts zum Heißeinsetzen

Nieten

Das Nieten von Kunststoffen untereinander oder mit anderen Werkstoffen ist ein formschlüssiger Vorgang. Der Nietimpuls der Maschine muss der Zähigkeit des Kunststoffes angepasst sein. Falls einer der Fügepartner ein thermoplastischer Kunststoff ist, kann das Ende des thermoplastischen Zapfens vor dem Nieten durch Wärmeeinbringung (z. B. Kontakt oder Ultraschall) relativ kraftarm plastisch zu einem Nietkopf umgeformt werden (Bild 4.150 oben). Sollen Bauteile mit Nieten gefügt werden, so wird stets eine Seite der Fügepartner optisch beeinflusst werden. Das Bild 4.150 unten zeigt verschiedene Nietkopfformen. Es gilt zu beachten, dass sich die Verbindung beim Fügen mit Nieten mit der Zeit lockern kann und Bewegungen möglich werden.

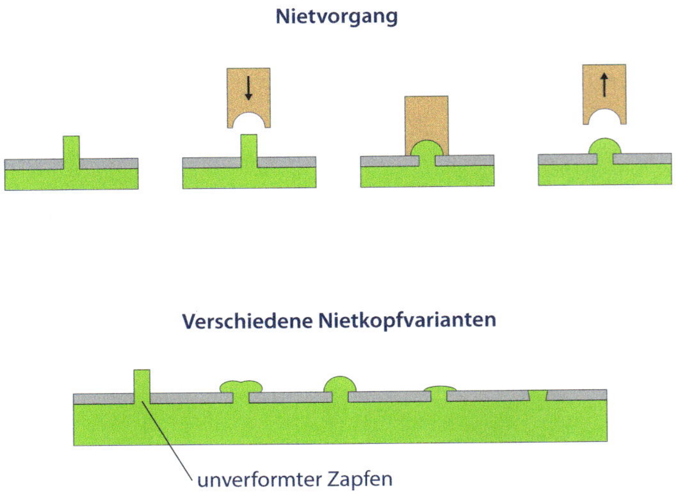

Bild 4.150 Nieten (schematisch)

4.5.6 Beschichten von Kunststoffen

Kommen wir zur Hauptgruppe 5 der DIN 8580, dem Beschichten. Hierbei werden bei Kunststoffbauteilen meist flächige Eigenschaften verändert. Ein Beispiel hierfür ist in Bild 4.151 gezeigt, welches Häschen mit geflockter Oberfläche darstellt.

Bild 4.151 Durch Beflockung beschichtete kleine Hasen

4.5.6.1 Beschichtete Bauteile

Durch Beschichtung kann z. B. die Benetzbarkeit durch Flüssigkeiten verringert (Bild 4.152), die Reibeigenschaften verändert, die Leitfähigkeit erhöht oder die Barrierewirkung verbessert werden (Bild 4.155). Weitere Möglichkeiten sind die Verbesserung von Aussehen, Haptik und Optik, inklusive einer Erhöhung der Kratzfestigkeit (Bild 4.153).

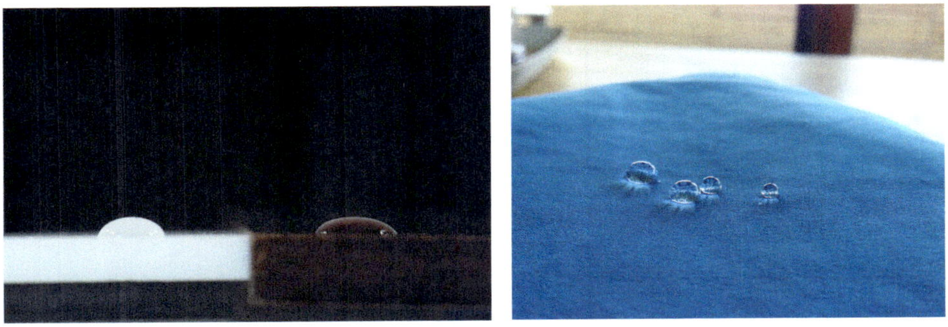

Bild 4.152 Unterschiedliche Benetzung von Oberflächen

Durch hydrophile oder hydrophobe Beschichtungen kann die Oberflächenspannung von Bauteilen erheblich beeinflusst werden (Bild 4.152). So werden Brillengläser und Motorradhelme z. B. weniger beschlagen bzw. Wassertropfen können leichter abgleiten.

Das Bild 4.153 zeigt eine Polycarbonat-Scheibe, die teilweise kratzfest beschichtet und einem Wischtest unterzogen wurde. Deutlich sind die Kratzspuren auf der unbeschichteten Seite zu erkennen. Die beschichtete Seite weist nach dem Wischen keine Kratzer auf. Mit einer solchen Beschichtung werden Motoradhelmvisiere, Sicherheitsbrillen, aber auch Automobilfrontleuchten kratzfest gemacht.

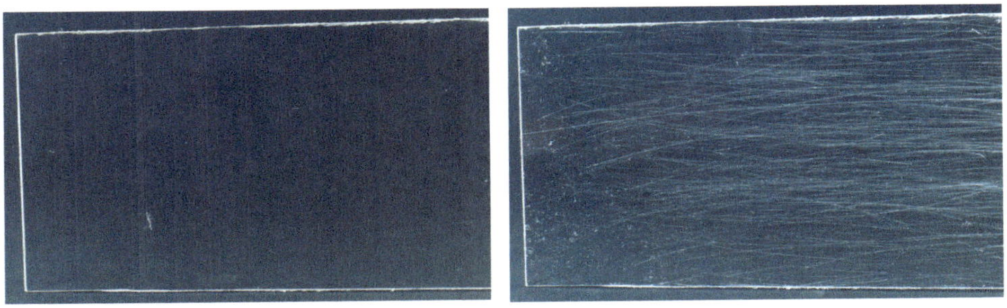

Bild 4.153 Unterschiedliche Kratzfestigkeit durch Beschichtung

Eine weitere typische Serienanwendung ist die freistehende Seitenscheibe mancher Kleinfahrzeuge. Die in Bild 4.154 dargestellte Scheibe eines Smart ist aus kratzfest beschichtetem Polycarbonat.

Bild 4.154 Anwendungsbeispiel einer kratzfesten Kunststoffoberfläche [Bildquelle: Daimler]

Die Barrierewirkung von Kunststoffen ist - je nach Kunststoff - gut oder schlecht. So kann man das Füllgut entweder mit einem Mehrschichtverbund schützen, oder alternativ mit einer Barriereschicht (Bild 4.155; siehe auch Abschnitt 3.2.3). Lebensmittelverpackungen müssen meist gegen Sauerstoff dicht sein, um mikrobielle Angriffe und Oxidation zu reduzieren. Auch das Aroma sollte nicht austreten und verloren gehen. Auch müssen Lebensmittelverpackungen oft gegen Wasserdampf dicht sein, um Austrocknung oder Feuchteaufnahme zu verzögern. Da kohlensäurehaltige Getränke nur ihren Geschmack behalten, wenn sie das CO_2 nicht verlieren, müssen PET-Flaschen möglichst CO_2-dicht sein.

Bild 4.155 Verbesserung der Permeationsbarriere durch Beschichtung; hier Getränkeflasche und Fahrzeugtank

Auch die „gedruckte Elektronik" gehört in den Bereich der Oberflächenbeschichtung. Die in Bild 4.156 gezeigte Folie erhält per Druckverfahren eine Oberflächenleitfähigkeit, die elektronische Schaltkreise zulässt.

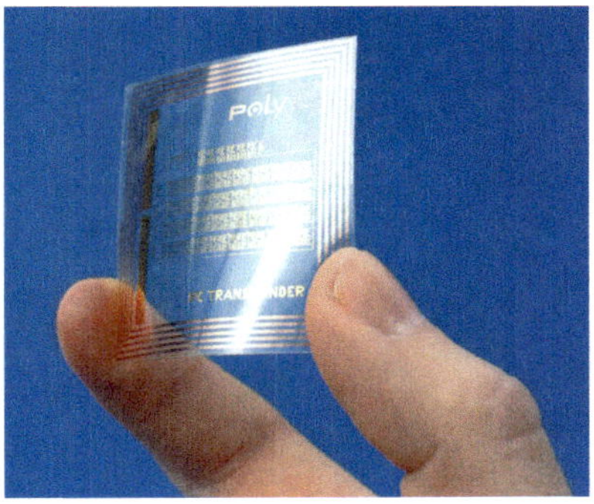

Bild 4.156
Erhöhung der Leitfähigkeit von Oberflächen
[Bildquelle: PolyIC GmbH & Co. KG]

Beflockte Bauteile wurden schon am Anfang dieses Unterkapitels in Bild 4.151 dargestellt. Durch die heute verwendeten Klebstoffe sind Beflockungen sehr strapazierfähig und abriebbeständig. Abhängig von Faserstärke und -länge kann entsprechend der gewünschten Funktion, Optik oder Haptik, eine samtweiche bis hart-abrasive Oberfläche erstellt werden. Anwendung findet das Beflocken auch in Handschuhkästen (siehe auch Bild 4.157) sowie bei Sportbekleidungen wie Trikots, Modellbaulandschaften oder zur Herstellung von Teppich. Mit Hilfe einer Beflockung kann, wie in Bild 4.157 ebenfalls gezeigt, auch das Quietschen von Elastomerdichtungen auf lackiertem Blech unterdrückt werden.

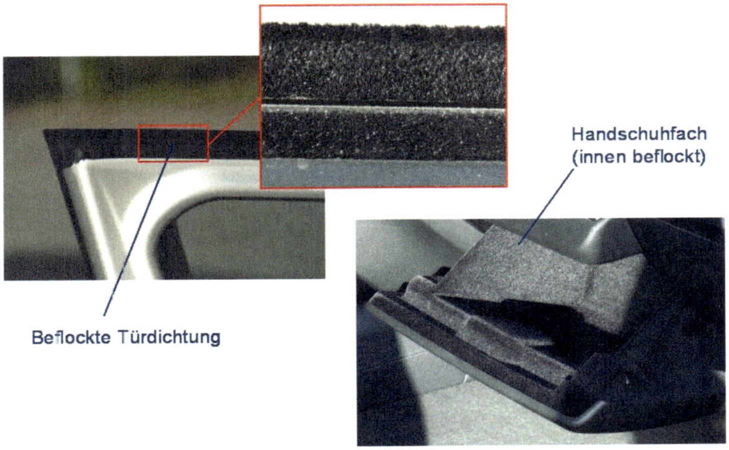

Bild 4.157
Veränderung des Reibbeiwerts durch Beflockung

Spritzgegossene Schaltungsträger (engl.: molded interconnect devices, kurz MID) (Bild 4.158), sind elektronische Bauteile, bei denen leitfähige Leiterbahnen auf dreidimensionale spritzgegossene thermoplastische Kunststoffträger „montiert" werden. Durch die thermoplastische Matrix wird die Recyclingfähigkeit erhöht sowie eine Schweißbarkeit ermöglicht. Das Spritzgießen dieser Schaltungsträger erlaubt – gegenüber flachen Leiterplatten – weit größere Formgebungsvielfalt sowie eine höhere Funktionsdichte durch Integration von weiteren (mechanischen o. a.) Funktionen im Bauteil.

Bild 4.158
Laserdirektstrukturiertes 3D-MID-Bauteil [Bildquelle: Molex]

4.5.6.2 Beschichtungsverfahren

Um die Oberflächeneigenschaften zu verändern, gibt es verschiedene Verfahren:

- Bedampfen
- Lackieren
- Galvanisieren
- Bedrucken
- Kaschieren
- Beflocken

Bedampfen

Die Barrierewirkung von Flaschen und die Kratzfestigkeit von Helmvisieren wird durch Bedampfen mit Siliziumverbindungen erhöht. Zum einen gibt es das PVD-Verfahren (Physical Vapour Deposition), bei dem in einer Vakuumkammer eine Beschichtungssubstanz durch Energiezufuhr, z. B. mit Mikrowellen (Bild 4.159) verdampft wird. Beim CVD-Verfahren (Chemical Vapour Deposition) wird die Beschichtungssubstanz mittels chemischer Reaktion aus der Gasphase abgeschieden. Das Bild 4.159 zeigt die Innenbeschichtung einer Kunststoffflasche mittels CVD.

Bild 4.159
Innenbeschichtung einer Kunststoffflasche [Bildquelle: IGVP Stuttgart]

Lackieren

Das Lackieren von spritzgegossenen Kunststoffbauteilen macht diese etwa doppelt so teuer. Dennoch wird neben der Farbgestaltung insbesondere die Steigerung der Kratzfestigkeit der Oberflächen und die Funktion als Barriereschicht genutzt. Industrielle Lacksysteme werden in organische und anorganische Systeme eingeteilt. In der Regel wird nach technischen Anforderungen und Kosten ausgewählt. Wenn bestimmte Temperaturgrenzen nicht überschritten werden können, werden UV-aushärtende Lacke den thermisch aushärtenden Lacken vorgezogen.

Galvanisieren

Um Kunststoffbauteile zu galvanisieren (Bild 4.160), muss die Oberfläche elektrisch leitfähig gemacht werden. Das spritzfrische Bauteil, meist aus ABS, PC/ABS, aber auch PA und PE, wird vorbereitet („konditioniert"), indem durch mechanisches Partikelstrahlen oder chemisches Beizen die Oberfläche aufgeraut und polarisiert wird. Die so vorbereitete Fläche kann mit Palladiumverbindungen bekeimt werden. Diese sind leitfähig und erlauben das Anlagern von leitfähigen Metallen, meist Kupfer oder Nickel.

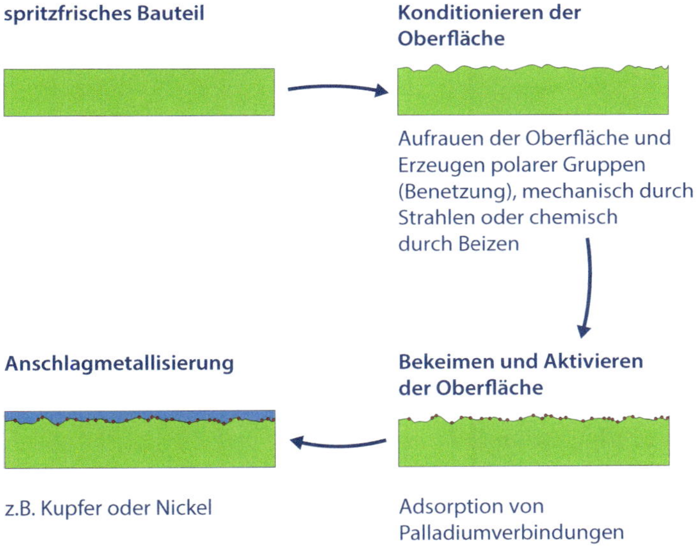

Bild 4.160 Galvanisieren

Die Galvanisierung von Kunststoffbauteilen dient im seltensten Fall der Erhöhung der Leitfähigkeit. Meist soll das Kunststoffbauteil einfach nach einem polierten Metallteil aussehen. So soll hier die ressourcenschonende und kostengünstige Verarbeitung von Kunststoffen mit dem Aussehen eines Metallteils gepaart werden. Dies kann natürlich nur ein Kompromiss sein.

Bedrucken

Polare Kunststoffoberflächen können auch bedruckt werden. Das Tampon-Druckverfahren (Bild 4.161) ist ein indirektes Verfahren, in dem das Klischee (ebene Platte mit Vertiefungen) mit Farbe gefüllt wird und ein elastischer, dehnfähiger Stempel (sogenannter Tampon) aus Silikon die Farbe aufnimmt und auf das Kunststoffbauteil aufdruckt. Das Silikon selbst weist diese Farbe ab.

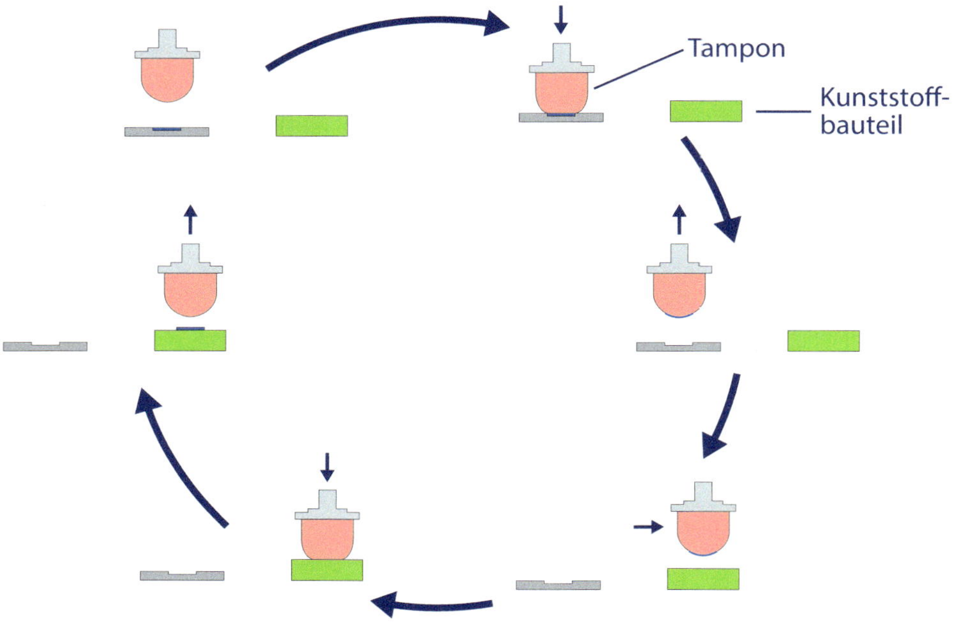

Bild 4.161 Tampondruckverfahren

Beim Siebdruckverfahren (Bild 4.162) wird Farbe durch ein feinmaschiges Gewebe gedrückt. Das Motiv entsteht durch die Schablone auf dem Gewebe. Dabei werden diejenigen Stellen des Gewebes (Sieb), wo keine Farbe gedruckt werden soll, durch diese Schablone farbenundurchlässig gemacht.

Da für das Lackieren und Bedrucken eine hohe Polarität der Oberfläche erforderlich ist, können eigentlich nur polare und saubere Kunststoffe bedruckt/lackiert werden. Um die Oberfläche von Verunreinigungen und Oxidschichten zu säubern, wird die Oberfläche vorbehandelt. Durch aggressivere Verfahren, wie physikalisches Beflammen oder chemisches Beizen, können jedoch auch unpolare Oberflächen polarisiert und aufgeraut werden.

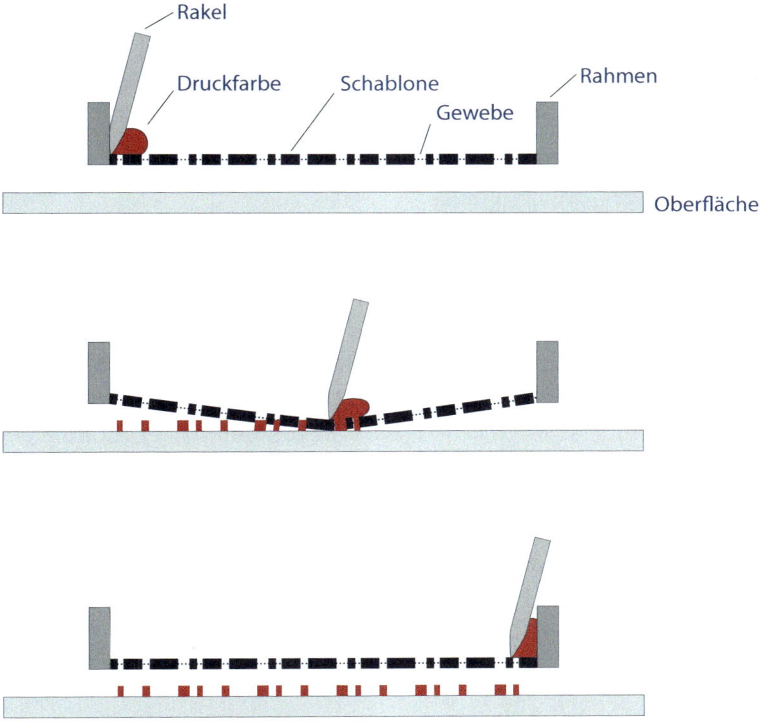

Bild 4.162 Siebdruckverfahren

QR-Code 4-24

Hier wird das Lackieren und Bedrucken von Kunststoffbauteilen gezeigt.

http://www.ikt.uni-stuttgart.de/links/Videolinks/Lackieren_und_Bedrucken

Kaschieren

Beim Kaschieren (franz. cacher: verbergen/verdecken) werden Oberflächen meist mit Folien abgedeckt. Beim Innenkaschieren wird ein Bauteil von innen ausgekleidet, beim Außenkaschieren wird meist eine dekorative Folie über ein weniger dekoratives Formteil gezogen (Bild 4.163). Die dekorative Kaschier-Folie im Automobilinnenbereich kann auch eine mehrschichtige TPE-Schaumfolie mit Ledernarbung und angenehmer Haptik sein.

Bild 4.163 Kaschiertes Bauteil

Beim Beflocken von Kunststoffbauteilen wird das Bauteil dünn mit Klebstoff beschichtet und dann in einer Kammer mit elektrostatisch, aufgeladenen Flockfasern beschossen (siehe Bild 4.164). Diese Fasern folgen den in der Kammer bestehenden elektrischen Feldlinien, richten sich in etwa senkrecht zur Bauteiloberfläche aus und erzeugen eine gleichmäßige, textile Oberfläche (siehe auch Bild 4.151). Danach wird gewartet, bis der Kleber getrocknet ist und nachfolgend der überschüssige Flock abgereinigt.

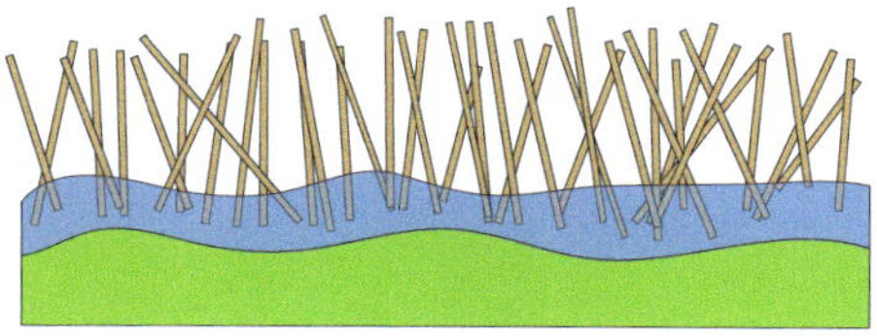

Bild 4.164 Beflockte Oberfläche

■ 4.6 Literaturverzeichnis

[1] M. Laeis, Der Spritzguss thermoplastischer Massen, München: Carl Hanser Verlag, 1959.

[2] W. Glenz, Kunststoffe: ein Werkstoff macht Karriere, München: Carl Hanser Verlag, 1985.

[3] C. Hopmann, G. Menges, W. Michaeli, P. Mohren, Spritzgießwerkzeuge , Auslegung - Bau - Anwendung, München: Carl Hanser Verlag, 2018.

[4] C. Bonten, Kunststofftechnik für Designer, München: Carl Hanser Verlag, 2003.

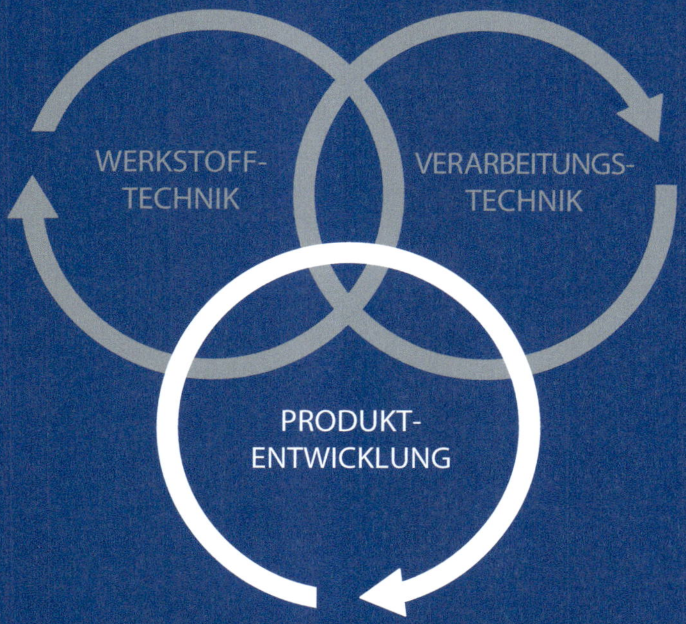

Produktentwicklung

5 Produktentwicklung mit Kunststoffen

Ziel einer Produktentwicklung ist stets ein Bauteil, welches bei bestimmungsgemäßem Gebrauch seine Funktionen während der geplanten Lebensdauer erfüllt. Bei manchen Bauteilen wird sogar ein versehentliches Fehlverhalten mit berücksichtigt. In diesem Kapitel wird eine kleine Einführung in die Entwicklung von Kunststoffprodukten gegeben. Die Konstruktion findet in der Endphase einer Produktentwicklung statt. Die VDI-Richtlinie 2222 teilt in vier Phasen der Produktentwicklung ein (Bild 5.1).

Bild 5.1 Phasen der Produktentwicklung

In der Planungsphase wird das Bewusstsein der Funktionen und der Anforderungen an das zu entwickelnde Produkt geschärft. In der Konzeptphase werden verschiedene Lösungswege überlegt und konkretisiert. Erst im Entwurfsstadium wird dem Bauteil konkretere Gestalt gegeben und überschlägig berechnet. In der Ausarbeitungsphase wird der Entwurf dreidimensional konstruktiv mit allen Details umgesetzt. Prototypen können parallel zu diesen Phasen zur Überprüfung der Funktionen und Anforderungen dienen.

In einem ersten Schritt werden in diesem Abschnitt die Alleinstellungsmerkmale der Werkstoffklasse Kunststoffe noch einmal zusammengefasst, eine Hilfestellung zur Vorauswahl des richtiges Werkstoffes gegeben und Kunststoffprodukte geometrisch unterteilt. Mit dieser Unterteilung können auf einfache Weise Hinweise zur Wahl eines Verarbeitungsverfahrens, zum kunststoffgerechten Konstruieren und zur Wahl des geeigneten Prototyps gegeben werden.

5.1 Kunststoffe als Konstruktionswerkstoffe

5.1.1 Kunststoffspezifische Alleinstellungsmerkmale

Kunststoffe können allein aufgrund ihrer besonderen Eigenschaften viele Anforderungen an Produkte sehr gut erfüllen, andere hingegen nur bedingt bis gar nicht. Die Eigenschaften des Festkörpers wurden ab Abschnitt 3.2 bereits behandelt und es wurde immer wieder darauf hingewiesen, dass die endgültigen Eigenschaften durch den Prozess beeinflusst erst im fertigen Produkt vorliegen.

Im Folgenden werden die besonderen Werkstoffeigenschaften der Kunststoffe mit den jeweils im Einsatz nützlichen und hemmenden Auswirkungen besonders herausgestellt.

Dichte

Die Dichte von Kunststoffen ist gegenüber der anderer Konstruktionswerkstoffe sehr gering. Diese Eigenschaft erlaubt Produkte mit geringen Massenkräften (Gewichtskraft, Trägheitskraft) und geringem Energieinhalt, wenn sie bewegt sind. In Fällen, in denen hohe Massenkräfte benötigt werden (z. B. in Energiespeichern), ist die geringe Dichte unerwünscht.

Die Dichte kann durch die Molekülmasse und den Kristallisationsgrad des Werkstoffs sowie durch die Temperatur, Zusatzstoffe und Schaumstrukturen beeinflusst werden.

Steifigkeit

Die Steifigkeit beschreibt den Widerstand gegen Verformung, und der Elastizitätsmodul ist ein oft herangezogener Kennwert zur Charakterisierung der Werkstoff-Steifigkeit. Der E-Modul von Kunststoffen ist ein bis zwei Zehnerpotenzen kleiner als der von Metallen. Dieser niedrige Verformungswiderstand des Werkstoffs selbst ist in vielen Anwendungen unerwünscht und ihm kann durch konstruktive Maßnahmen entgegengewirkt werden (Erhöhung der Bauteilsteifigkeit durch Erhöhung des Flächenträgheitsmoments, siehe Abschnitt 5.3.3).

Eine höhere Nachgiebigkeit (Kehrwert der Steifigkeit) ermöglicht andererseits die Dichtfunktion und eine besser verteilte und dadurch geringere Flächenpressung von Kunststoffprodukten. Zudem werden hierdurch erst Funktionselemente wie Filmscharniere und Schnappverbindungen ermöglicht (siehe Abschnitt 5.3.2).

Die Werkstoff-Steifigkeit wird durch die Molekülmasse, den Vernetzungs- und Kristallisationsgrad, Zusatzstoffe (vor allem Füll- und Faserstoffe), die Temperatur, Feuchte, andere Medien und Beanspruchungsgeschwindigkeit stark beeinflusst. Die Bauteil-Steifigkeit wird durch die Werkstoffsteifigkeit, ausgedrückt z. B. durch den E-Modul, und das Flächenträgheitsmoment der Bauteilgeometrie beeinflusst (siehe Abschnitt 5.3.3).

Festigkeit

Die Eigenschaft „Festigkeit" beschreibt den Widerstand gegen Rissbildung unter Belastung. Die Zugfestigkeit ist ein Werkstoffkennwert, der diese Eigenschaft für Vergleichszwecke gut charakterisiert. Die Zugfestigkeit von Kunststoffen ist um etwa eine Zehnerpotenz niedriger als die von Metallen.

Wenn Kunststoff für eine Anwendung nicht als Konstruktionswerkstoff herangezogen werden kann, so ist meist die relativ niedrige Festigkeit der ausschlaggebende Grund. Die niedrige Festigkeit ist manchmal aber auch sehr nützlich: Sollbruchstellen für z. B. Produktsiegel oder für den integrierten Beifahrerairbag erfordern eine geringere Festigkeit des Werkstoffs.

Wie auch die Steifigkeit wird die Festigkeit von Kunststoffen durch die Molekülmasse, den Vernetzungs- und Kristallisationsgrad, Zusatzstoffe (vor allem Verstärkungsstoffe), die Temperatur, Feuchte und andere Medien sowie die Beanspruchungsgeschwindigkeit beeinflusst.

Der Verarbeitungsprozess und die Nachbehandlung (z. B. Recken oder Tempern) haben Einfluss auf die Festigkeit, da hiermit Orientierungen (auch Faserorientierungen) und Kristallisation beeinflusst werden. Auch durch den Prozess entstehende Bindenähte sowie Schweißnähte gelten als Schwachstellen und können lokal weniger fest sein, insbesondere bei faserverstärkten Kunststoffen.

Dehnfähigkeit

Die Dehnfähigkeit von Kunststoffen, auch die sich zurückstellende, elastische Dehnbarkeit, ist höher als die von Metallen. Die hohe Reißdehnung wird allerdings nur selten in der Praxis ausgereizt, geht sie doch meist mit plastischer Verformung einher. Durch diese höhere Formunbeständigkeit können nur eingeschränkt präzise Kraftübertragungen durch Kunststoffprodukte ermöglicht werden. Vorteile jedoch sind die geringere Kerbempfindlichkeit und die bessere Aufnahme stoßartiger Energieeinwirkung auch bei geringen Temperaturen, also eine höhere Zähigkeit. Aufgrund der hohen Dehnfähigkeit ist es zudem zulässig, mit größeren Toleranzen zu arbeiten, da sich der Werkstoff einer anderen Kontur leichter anpassen kann.

Die Dehnfähigkeit von Kunststoffen ist durch Temperatur, Zeit, Beanspruchungsgeschwindigkeit, Zusatzstoffe und Medien beeinflussbar. Auch die Verarbeitung und Nachbehandlung sowie insbesondere die dadurch erzielte Orientierung der Moleküle bzw. Fasern, können starken Einfluss auf die Dehnfähigkeit haben.

Innere Dämpfung

Die innere Dämpfung von Kunststoffen ist höher als die von Metallen. Sie bezeichnet das Verhältnis von dissipierter zu gespeicherter Energie bei mechanischer Beanspruchung. Ein hoher Wert bedeutet, dass mechanische Einwirkungen stärker in Wärme umgesetzt werden. Insbesondere bei dynamischer Belastung kann dies zu einer starken Wärmeentwicklung führen, die den Produkteigenschaften abträglich ist.

Die gleiche Wärmeentwicklung wird gezielt genutzt, z. B. um mit Ultraschall zu schweißen. Zusätzliche Vorteile sind eine höhere Dämpfung der mechanischen Einwirkungen, seien es Schallwellen oder Vibrationen. Dadurch ist die Lebensdauer von Lagern und Zahnrädern sehr hoch. Zu beachten ist dabei, dass die Eigenerwärmung nicht unzulässig zunimmt und so zum Versagen führt.

Die Innere Dämpfung von Kunststoffen wird stark durch die Molekülmasse, den Vernetzungs- und Kristallisationsgrad, die Temperatur, Zusatzstoffe sowie durch die Frequenz der mechanischen Einwirkung beeinflusst.

Gebrauchstemperaturbereich

Die Eigenschaften der Kunststoffe sind stark von der Temperatur abhängig, wie in Abschnitt 2.2.2 ausführlich beschrieben. Daher ist die Gebrauchstauglichkeit von Kunststoffprodukten oft nur in einem begrenzten Temperaturbereich gegeben. Bei tiefen Umgebungstemperaturen sinkt z. B. die Zähigkeit, also die Fähigkeit zur Energieaufnahme, und bei mechanischer Beanspruchung versagen die Produkte teils gefährlich spröde splitternd. Hohe Gebrauchstemperaturen hingegen reduzieren Festigkeit und Steifigkeit, auch beschleunigen sich Alterungsprozesse.

Aus Sicht der Herstellung von Kunststoffprodukten sind die geringen Übergangstemperaturen allerdings ein großer Vorteil dieser Werkstoffklasse. Diese ermöglichen erst den Ur- und Umformungsprozess mit geringem Energieeinsatz. Allein schon dadurch sind die Kunststoff-Verarbeitungsprozesse meist höchst wirtschaftlich. Bei vielen Produkten können Anforderungen an den Produktpreis nur durch den Einsatz von Kunststoffen erfüllt werden.

Einfluss auf den Gebrauchstemperaturbereich haben der Molekülaufbau, die Molekülmasse und Zusatzstoffe.

Wärmeausdehnung

Die Wärmeausdehnung (α = 0,6 bis 2,0 · 10^{-4} 1/K) von Kunststoffen ist etwa zehnmal größer als die von Metallen. Dadurch sind bei einem größeren Einsatztemperaturbereich hohe Bauteiltoleranzen notwendig, insbesondere bei großflächigen Produkten. Auch bei der Auslegung von Werkstoffverbunden, z. B. aus Kunststoff/Metall, müssen stets die unterschiedlichen Wärmeausdehnungen berücksichtigt werden.

Die Wärmeausdehnung wird durch den Temperaturbereich, den Molekülaufbau, durch Orientierungen sowie Verstärkungs- oder Füllstoffe beeinflusst.

Wärmeleitfähigkeit und Wärmekapazität

Die Wärmeleitfähigkeit (λ = 1,0 bis 0,5 W/mK) von ungefüllten Kunststoffen ist ungefähr 100 bis 2000 mal geringer als die von Metallen. Zugleich wird Wärme auch zwei bis dreimal stärker gespeichert. Hierdurch können sehr gute Wärmeisolationen und Hitzeschilde realisiert werden. In Fällen, in denen Wärme abgeführt werden soll, z. B. aus Kunststoffgleitlagern oder aus der verarbeiteten Schmelze, sind diese Eigenschaften jedoch hinderlich.

Die Wärmeleitfähigkeit wird durch die Temperatur, den Kristallisationsgrad, Orientierungen sowie durch Verstärkungs- oder Füllstoffe beeinflusst (siehe auch Abschnitt 3.3.2.7). Die Wärmekapazität ist insbesondere abhängig von der Temperatur und der Struktur des Molekülverbunds.

Elektrische Eigenschaften

Die niedrige elektrische Leitfähigkeit ($\Omega_{spez.}$ = bis zu 1020 Ohm cm) von Kunststoffen ermöglicht eine gute elektrische Isolation. Nachteil der gehemmten Ladungsträgermobilität ist allerdings auch die Gefahr der elektrostatischen Aufladung von Kunststoffprodukten. Zudem können störende elektromagnetische Wellen durch Kunststoffgehäuse nicht ohne Zusätze gehemmt werden. Eine Ausnahme bilden die intrinsisch-leitfähigen Polymere; hieraus können allerdings bislang nur Beschichtungen, jedoch keine festen Kunststoff-Formteile hergestellt werden.

Die elektrischen Eigenschaften von Kunststoffen können durch die Temperatur, den Feuchtgehalt sowie vor allem durch leitfähige Zusatzstoffe beeinflusst werden (siehe auch Abschnitt 3.3.2.7).

Weitere werkstoffspezifische Alleinstellungsmerkmale

Amorphe Kunststoffe sind stets transparent, sofern ihnen keine Farbmittel oder Zusatzstoffe mit anderem Brechungswinkel beigegeben werden, und dienen oft als Glasersatz. Einige Kunststoffe, insbesondere teilkristalline, sind gegen aggressive Medien sehr beständig. Die Permeabilität von Gasen oder Flüssigkeiten ist manchmal eine gewünschte (z. B. Trennprozesse) und manchmal eine unerwünschte Eigenschaft (z. B. Lebensmittelverpackungen). Insbesondere die Permeation von Kraftstoffen ist unerwünscht. Kunststoffe sind nicht magnetisch und korrodieren nicht in einer für Metalle üblichen Weise. Die Gleitreib- und Antihafteigenschaften vieler Kunststoffe ersparen oft die Schmierung der Gleitpartner.

5.1.2 Werkstoffvorauswahl

Innerhalb des Produktentwicklungsprozesses ist die Werkstoffvorauswahl einer der wichtigsten Schritte, da viele der nachfolgenden Entscheidungsprozesse unmittelbar vom einzusetzenden Werkstoff abhängen. So bestimmt der Werkstoff die infrage kommenden Verarbeitungsverfahren sowie auch geometrische Aspekte. Die Bauteileigenschaften sind selbstverständlich von Geometrie und Werkstoff abhängig. Eine sorgfältige Auswahl ist daher unabdingbar.

Die Qual der Wahl ist sehr groß, da es so viele verschiedene Kunststoffe mit unterschiedlichen Charakteristika gibt. Zudem ist die Wahl äußerst wichtig, da bis zu 70 % der Herstellkosten durch den eingesetzten Werkstoff geprägt werden. Ein für die Anwendung zu hochwertiger Werkstoff führt zu einem erhöhten Preis, ein zu niedrigwertiger Werkstoff führt evtl. zu Produktversagen vor Ende der geplanten Lebensdauer. Ein Dilemma! Die zuverlässige Prognose der Lebensdauer von Kunststoffprodukten hat noch hohes Forschungspotenzial. Vorschläge zur systematischen Lebensdauervorhersage von Kunststoffprodukten geben [1–3] und Abschnitt 5.3.6.3.

Oftmals kann erst die Kombination eines Werkstoffs mit einem Verarbeitungs- oder Weiterverarbeitungsverfahren den entscheidenden Ausschlag für die richtige Wahl geben. Es gibt immer mehrere Kombinationsmöglichkeiten von Werkstoffen und Verfahren, um zu einem neuen Produkt zu gelangen. Welche Kombination allerdings die richtige bzw. das Maximum des Anforderung-Preis-Verhältnisses ist, lässt sich nie mit Sicherheit sagen.

Die Werkstoffe befinden sich mit ihrem jeweiligen Eigenschaftsspektrum auch untereinander ständig im Wettbewerb. Aufgrund der Vielfalt der Werkstoffe gibt es für fast jedes Anforderungsprofil exakt den geeigneten Werkstoff. Die Schwierigkeit ist hierbei die exakte Definition des Anforderungsprofils und die exakte Übersetzung in Werkstoffkennwerte. Je umfangreicher ein Eigenschaftsprofil eines Werkstoffes ist, desto teurer ist er meist. Ungünstig ist es, wenn ein teurer Werkstoff allein wegen einer speziellen Eigenschaft gewählt werden muss, sonst aber die Eigenschaften eines preisgünstigen Massenkunststoffs reichen würden. Hier ist die Kreativität des Produktentwicklers gefordert, einen Weg zu finden, auch ohne die spezielle Eigenschaft auszukommen bzw. diese anders zu erhalten.

Das Filtermodell (Bild 5.2) verdeutlicht eine methodische Vorgehensweise bei der Werkstoffvorauswahl. Mögliche Werkstoffe werden jeweils nach einer Reihenfolge der Kriterien „gefiltert". Hierzu werden die für die Filterstufe relevanten Kennwerte der im Wettbewerb befindlichen Werkstoffe zur Bewertung gegenübergestellt. Übrig bleibt nur noch eine geringe Auswahl an Werkstoffen. Sind diese prinzipiell vergleichbar, wird allein über den Preis entschieden. Beispiele für spezielle Anforderungen sind: gute Recyclingfähigkeit, Kombinierbarkeit mit anderen Werkstoffen z. B. für das Mehrkomponentenspritzgießen oder der Lebensmittelkontakt.

Die für diesen Filtervorgang benötigten Kennwerte der Werkstoffe werden oft den Datenblättern der Rohstoffhersteller entnommen, die meist in der kostenlosen Datenbank CAMPUS® abgelegt sind. Eigene Erfahrung mit diesen Werkstoffen, also das betriebseigene Know-how, wird im Rahmen des Wissensmanagement bei vielen Unternehmen hinzugefügt und jedem am Produktentwicklungsprozess beteiligten Mitarbeiter zur Verfügung gestellt. Fehlende Kenntnis über einen Werkstoff verhindert meist dessen Vorauswahl.

Hervorragende Literatur, welche die Eigenschaften der verschiedenen Kunststoffe gesammelt wiedergibt, sind [5, 6]. Mit dieser kann meist ein guter Überblick über das Eigenschaftsspektrum gewonnen werden, bevor man tiefere Gespräche mit dem Rohstoffhersteller führt.

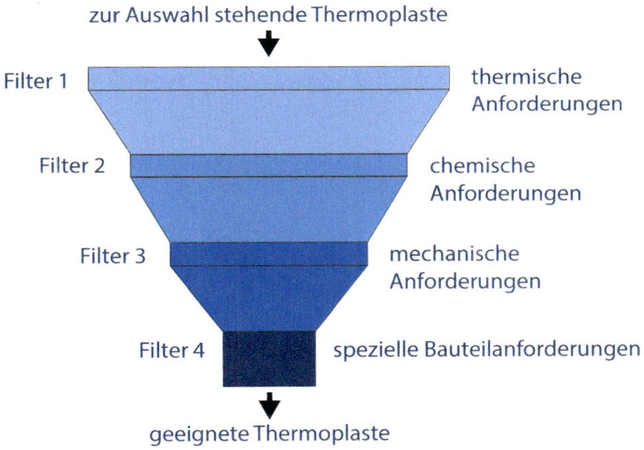

Bild 5.2 Filtermodell; nach [4]

Alternativ dazu können die Eigenschaften der Werkstoffe und die entsprechenden Kennwerte selbst bestimmt werden. Die hierfür eingesetzten Messvorrichtungen wurden bereits in Abschnitt 3.1 und 3.2 vorgestellt. Oft ist eine grobe Vorauswahl auch anhand grundlegender Typisierungsmerkmale möglich, z. B. anhand der Frage, ob ein amorpher oder teilkristalliner Thermoplast eingesetzt werden soll. Eine Übersicht über deren jeweilige Merkmale in Abgrenzung zueinander zeigt Tabelle 5.1.

Tabelle 5.1 Merkmale amorpher und teilkristalliner Thermoplaste

Amorphe Thermoplaste	Teilkristalline Thermoplaste
hohe Maßgenauigkeit und Maßhaltigkeit	höhere Schwindung
Gefahr des Lösens und Quellens	resistenter gegen Chemikalien
meist geringere Dichte	meist höhere Standzeiten
geringere Dehnbarkeit	oft höhere mechanische Eigenschaften

5.2 Geometrische Unterteilung von Produkten

Betrachtet man Produkte aus Kunststoff, ist man auf den ersten Blick von der Gestaltungsfreiheit beeindruckt, auf den zweiten Blick wird erkennbar, dass sich einige Bauteile geometrisch ähneln. Es kann sinnvoll in:

- großflächige,
- gehäuseartige,
- behälterartige,
- komplexe und
- funktionsspezifische

Produkte unterteilt werden. Diese Unterteilung hilft bei der Auswahl des geeigneten Verarbeitungsverfahrens, bei der Konstruktion und der Auswahl des geeigneten Protoypverfahrens.

5.2.1 Großflächige Produkte

Großflächige Produkte sind im Allgemeinen relativ dünnwandig (d.h. Relation der Wanddicke zu den anderen Abmessungen). Sie werden z.B. für Abdeckungen im Schienen- und Luftfahrzeug-Innenraum sowie auch in Kfz-Außenanwendungen (Stoßfänger) eingesetzt. Oft haben sie die Funktion des Abdeckens und sich selbst Tragens. Die Außengeometrie ist häufig eine Freiformfläche (Bild 5.3), wohingegen die Innengeometrie aufgrund von Hinterschneidungen, Verrippungen, Schnapphaken etc. meist recht komplex ist.

Bild 5.3
Großflächige Türinnenverkleidung eines Kraftfahrzeugs

Die Verrippung der Innenseite von großflächigen Produkten dient der Erhöhung der Bauteilsteifigkeit (Abschnitt 5.3.2). Die Vielzahl von Rippen erfordert eine genaue Prozessführung bzw. sorgfältige Werkstoffwahl, da Einfallstellen, insbesondere bei den hohen ästhetischen Anforderungen an die Außenfläche großflächiger Produkte, höchst unerwünscht sind. Zudem sollen großflächige Bauteile meist abdecken bzw. schützen und müssen auch Stöße abwehren sowie Schall dämmen.

Die kunststoffspezifischen hohen Wärmedehnungen müssen durch unerwünscht hohe Spaltmaße der flächigen Produkte gegenüber den Nachbarprodukten toleriert werden. Grundsätzlich ist die Verzugsneigung bei großflächigen Produkten hoch und muss ebenfalls durch geeignete Rippengestaltung und Prozessführung berücksichtigt werden.

5.2.2 Gehäuseartige Produkte

Gehäuseartige Produkte sind häufig in Haushaltsgeräten, elektrischen Werkzeugen, EDV-, Telekommunikations- und Unterhaltungsprodukten sowie im Kfz-Innenraum zu finden. Gehäuse sind ebenfalls häufig dünnwandig und übernehmen Aufgaben wie: Abdecken, Schalldämmung, elektrische Isolierung, im Inneren auch verbinden mit anderen Teilen, Motoren/Getriebe oder auch Positionieren. Die Außengeometrie ist auch hier meist eine Freiformfläche, wohingegen die Innengeometrie aufgrund von Hinterschneidungen, Verrippungen, Verbindungselementen etc. oft weitaus komplexer ist als die von großflächigen Produkten (Bild 5.4).

Bild 5.4
Innenansicht eines Handhobels

Anforderungen an die Eigenschaften von Gehäusen sind hohe Steifigkeit, Festigkeit und Schlagzähigkeit. Dabei müssen sie, um sie mit einem anderen Gehäuseteil verbinden zu können, zudem besonders dimensionsstabil (medienresistent, schrumpf- und schwindungsarm) sein. Für elektrische Anwendungen wird das werkstoffspezifische Alleinstellungsmerkmal der elektrischen Isolatoren genutzt; allerdings führt dies u. U. zur antistatischen Aufladung. Um die elektromagnetische Strahlung durch ein Kunststoffgehäuse hindurch abzuschirmen, müssen diese Produkte teilweise elektrisch leitfähig sein. Bezüglich der Außenseite werden noch größere ästhetische Anforderungen als an großflächige Produkte gestellt. So muss die Oberfläche meist glänzend und zugleich kratzfest sein.

5.2.3 Behälterartige Produkte

Behälterartige Produkte werden im Verpackungsbereich, aber auch in komplexeren Haushaltsgeräten sowie im Kraftfahrzeug in der Regel als Flüssigkeitsbehälter eingesetzt. Im Allgemeinen sind die Aufgaben von behälterartigen Produkten Flüssigkeit zu halten, zu tragen und abzudichten. Die Außen- und Innengeometrie ist häufig eher einfach gestaltet, der zu erzeugende Hohlraum ist für diese Geometriegruppe charakteristisch (Bild 5.5).

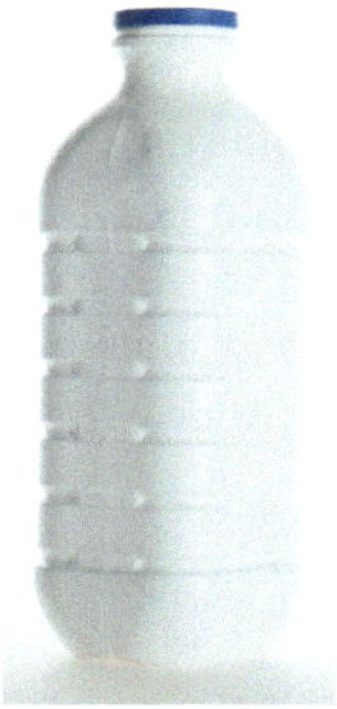

Bild 5.5 Milchflasche

Die Anforderungen der Funktionserfüllung auch über höhere thermische und mechanische Beanspruchungen (Drücken) hinaus, sind meist aus der Nutzung hervorgehende, spezielle Anforderungen wie Lebensmittelechtheit oder Medienresistenz. Ästhetische Anforderungen bestehen z. B. bei hochwertigen Verpackungsprodukten (z. B. in der Kosmetikindustrie), sonst eher weniger.

5.2.4 Komplexe Produkte

Produkte mit komplexer Geometrie werden z. B. für den Einsatz im Fahrzeugbau, in der Elektro- und der Heizungsindustrie entwickelt. Typische Aufgabenstellung ist, Kräfte zu leiten, aber auch Fluide zu leiten sowie sich selbst zu tragen. Neben der Komplexität der Außengeometrie müssen gelegentlich komplexe Hohlräume geschaffen werden (Bild 5.6).

Bild 5.6 Luftzuführung für einen Turbolader

Die komplexe Struktur ist meist erforderlich, um hohen mechanischen Beanspruchungen auch bei teils hohen Temperaturen zu widerstehen. Die daraus resultierenden Anforderungen erfordern Eigenschaften wie hohe Steifigkeit, Festigkeit und Schlagzähigkeit.

Die Anforderungen an solche Produkte sind zwar vielfältig und sehr anspruchsvoll, dafür werden oft weniger hohe ästhetische Anforderungen an derartige Produkte gestellt. Um hohe Wirkungsgrade beweglicher Teile oder Fluide sicherzustellen, sind hohe Dimensionsstabilität und geringe Toleranzen erforderlich. Um die äußerst komplexen Geometrien zu verwirklichen, werden häufig schweißbare Thermoplaste eingesetzt.

5.2.5 Funktionsspezifische Produkte

Funktionsspezifische Produkte sind selten technische Produkte und haben auch gar keine geometrische Gemeinsamkeit. Sie erfüllen insbesondere aufgrund ihrer Geometrie oder der Werkstoffeigenschaften anwendungsspezifische Anforderungen. Beispiele hierfür sind Pralldämpfer, Antirutschfüßchen oder -matten, Kabelbinder, Arretierstifte etc. Die Anforderungen an die Produkteigenschaften und die Produktgeometrien sind nicht klassifizierbar, sondern vom jeweiligen Produkt und seiner Anwendung abhängig.

5.2.6 Bedeutung für die Wahl des Verarbeitungsverfahrens

Neben der Wahl des richtigen Werkstoffs ist auch die Wahl des Verarbeitungsverfahrens eine wichtige Aufgabe. Hierbei spielen mehrere Faktoren zusammen: so schränkt allein die Werkstoffauswahl bereits die zur Verfügung stehenden Verfahren ein. Daneben spielen auch wirtschaftliche und produktionstechnische Faktoren eine Rolle.

Wie in Bild 5.7 zu erkennen ist, sind die Einflussgrößen auf die Wahl des Verarbeitungsverfahrens vielfältig. Neben der Gestalt des Produktes und des bevorzugten Werkstoffes müssen weitere Anforderungen des Lastenheftes erfüllt werden. Die

Herstellkosten pro Produkt dürfen einen bestimmten Wert nicht übersteigen, was zudem stark abhängig von der erwarteten Stückzahl ist. Zusätzliche Randbedingung für die Verfahrenswahl ist u. U. der vorhandene Maschinenpark und dessen Auslastung, falls der Produktentwickler selbst fertigt.

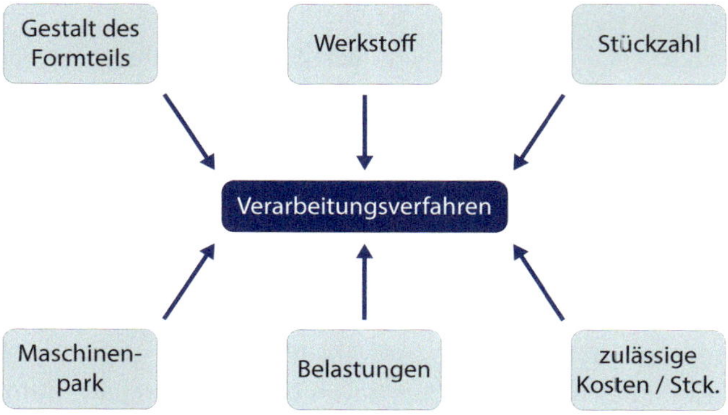

Bild 5.7 Parameter der Wahl des Verarbeitungsverfahrens [7]

Auch hier ist also die Gestalt des Produktes maßgeblich für eine geeignete Verfahrenswahl. Im Hinblick auf ihre geometrischen Gemeinsamkeiten lassen sich ebenfalls Zusammenhänge der Geometrie mit der Wahl des geeigneten Verarbeitungsverfahrens erkennen. Die folgenden Ausführungen können wegen der Komplexität des Themas niemals Universalhilfe sein, sondern sollen vielmehr diese Komplexität verdeutlichen.

Die Tabelle 5.2 gibt einen Überblick darüber, welche Verarbeitungsverfahren sich für die verschiedenen Arten von Geometrien üblicherweise anbieten. Selbstverständlich können keine stets allgemeingültigen Regeln definiert werden. Vielmehr soll die Tabelle als Orientierungshilfe verstanden werden, um in Abhängigkeit von den geometrischen Eigenschaften des herzustellenden Produkts bereits Rückschlüsse auf den Kreis der infrage kommenden Verarbeitungsverfahren ziehen zu können.

Tabelle 5.2 Eignung der Verarbeitungsverfahren zur Herstellung der verschiedenen Geometrietypen

	Großflächige Produkte	Gehäuseartige Produkte	Behälterartige Produkte	Komplexe Produkte ohne Hinterschnitte	Komplexe Produkte mit Hinterschnitten	Komplexe, dickwandige Produkte	Komplexe Produkte mit Innenkonturen
Rohr- und Profilextrusion				+			++
Platten- und Folienextrusion	++						
Extrusions-Blasformen			++				
Thermoformen	++	+	+				
Konventionelles Spritzgießen		++	+	++		+	+
Spritzgießen mit Schiebern		++	+		++	+	++
Spritzprägen	++					+	
Kaskaden-Spritzgießen	++	+		++			
Montage- und Verbundspritzgießen		++		++	+	++	
Fluidinjektionstechnik						++	++
Spritzstreck-Blasformen			++				
Pressen	++						

5.3 Konstruieren mit Kunststoffen

Wenn kunststoffgerecht konstruiert werden soll, müssen verschiedene Blickwinkel eingenommen werden. Zum einen sollte die Gestaltungsfreiheit, die die verschiedenen Verarbeitungsverfahren ermöglichen, möglichst ausgenutzt werden. Zum anderen wird in folgende Betrachtungswinkel unterteilt:

- werkstoffgerechte Konstruktion,
- fertigungsgerechte Konstruktion und natürlich die
- beanspruchungsgerechte Konstruktion.

Die werkstoffgerechte Konstruktion berücksichtigt die Stärken und Schwächen der Kunststoffe, die fertigungsgerechte Konstruktion hingegen die Spezifika des gewählten Verarbeitungsverfahrens.

Besonders wichtig ist es natürlich, so zu gestalten, dass die Beanspruchungen vom Bauteil getragen werden können, so dass die Funktion und auch andere Anforderungen bis zum Ende der geplanten Lebensdauer aufrecht erhalten werden. Diese beanspruchungsgerechte Konstruktion wird in gesonderter Literatur [8–10] ausgiebig behandelt.

5.3.1 Anforderungen an Produkte und Funktionen

Oft werden die Begriffe Anforderung und Funktion eines Produktes irritierend verwendet. Nach VDI-Richtlinie 2221 sind:

- Anforderungen: „Qualitative oder quantitative Festlegungen von Eigenschaften oder Bedingungen für ein Produkt. (...)“
- Funktionen: „Lösungsneutral beschriebene Beziehungen zwischen Eingangs-, Ausgangs- und Zustandsgrößen eines Systems. (...)“

Anforderungen, auch an recht einfache Produkte, sind meist vielfältig: Eine Grundanforderung ist selbstverständlich die Erfüllung der Hauptfunktion des Produktes. Eine Hauptfunktion einer Dichtung ist z. B. das Dichten. Es ist also eine notwendige Anforderung an das Produkt, seine Hauptfunktion zu erfüllen.

Um diese Hauptfunktion erfüllen zu können, muss das Produkt aber weitere Anforderungen erfüllen. So muss die Dichtung z. B. „passen“ und der Werkstoff muss dehnfähig genug sein, um Unebenheiten der zu dichtenden Bauteile auszugleichen. Zudem darf der Werkstoff unter Temperatur- und Druckbeanspruchung im Einbauzustand durch Kriechen nicht zu stark ausweichen etc. Wird die Grundanforderung, eine Funktion zu erfüllen, von einem Produkt nicht erfüllt, so ist das Produkt überhaupt nicht lebensfähig. Ein Produkt ohne Funktion ist wertlos oder ein Kunstwerk (und erhält dadurch wieder eine ganz andere Funktion).

Die Anforderungen an das Produkt und dessen Eigenschaften zu kennen, ist ein wichtiger Schritt. Doch die Kenntnis, mit welchem Werkstoff man diese Anforderung erfüllen kann, kann nur erlangt werden, indem die Anforderungen in die richtigen Werkstoffkennwerte „übersetzt“ werden. Im Folgenden sind Beispiele für Hauptfunktionen von Kunststoffprodukten aufgelistet. In der Regel werden mehrere Funktionen von einem komplexen Bauteil zugleich erfüllt.

Die Tabelle 5.3 soll helfen, Funktionen, die Kunststoffprodukte einzeln oder in Kombination erfüllen müssen, Werkstoff- oder Produktmerkmalen zuzuordnen. Alle Anforderungen an Produkte haben gemein, für die Lebensdauer des Produktes sicherzustellen, dass seine Haupt- und Nebenfunktionen erhalten bleiben.

Tabelle 5.3 Funktionen von Kunststoffbauteilen und die hierfür relevante Werkstoffeigenschaften

Funktion	Werkstoff- oder Produktmerkmal
Abdecken	Steifigkeit
Abdichten, Behalten, Leiten (von Medien)	Steifigkeit, Permeation, Langzeitfestigkeit, Medienbeständigkeit, Dimensionsstabilität*
Befestigen	Festigkeit
Tragen	Langzeitfestigkeit, Steifigkeit
Führen	Härte, Zähigkeit, Verschleißfestigkeit, Dimensionsstabilität*
Wandeln und Leiten von Kräften/ Momenten	Langzeitfestigkeit, Steifigkeit, Wärmeformbeständigkeit
Verbinden	Langzeitfestigkeit, Steifigkeit
Positionieren	Steifigkeit, Dimensionsstabilität*, Toleranzen
Elektrische Isolation	Durchschlagspannung, Kriechstromfestigkeit, Durchgangswiderstand
Akustische Isolation	Steifigkeit, Dichte
Thermische Isolation	Wärmeleitfähigkeit, Dichte, Wärmeformbeständigkeit

* Dimensionsstabilität ist die geringe Neigung zur nachträglichen Dimensionsänderung durch z. B. Quellung, Schwindung, Schrumpf.

Durch kreatives, ingenieurmäßiges Handeln können Funktionen in einem Produkt vereint werden, ohne die Summe der Anforderungen zu vernachlässigen (Funktionsintegration; Abschnitt 5.3.2). Mit Hochachtung dürfen die in den letzten Jahren durch erfolgreiche Zusammenarbeit von Produktentwicklern, Kunden, Werkstoff-, Maschinen- und Werkzeugentwicklern realisierten, sehr hoch funktionsintegrierten Produkte aus Kunststoff betrachtet werden.

Der Preis ist zwar ebenfalls eine Anforderung an ein Produkt, der Kundenwunsch verhält sich aber in der Regel reziprok. Das heißt, der Kunde wünscht höhere Anforderungen, aber in der Regel einen gleichen oder gar geringeren Preis. Die Produktoptimierung erfolgt also immer mit der Maximierung des Anforderungs-Preis-Verhältnisses.

Das Bild 5.8 soll zusätzlich helfen, die Begriffe Funktion, Anforderung von Beanspruchung und Eigenschaften zu unterscheiden. Ein Produkt wird in seinem Produktleben auf vielfältige Weise beansprucht. Um die gestellten Anforderungen zu erfüllen, muss das Produkt über spezifische Mindesteigenschaften verfügen, welche es den spezifischen Beanspruchungen genügend trotzen lässt.

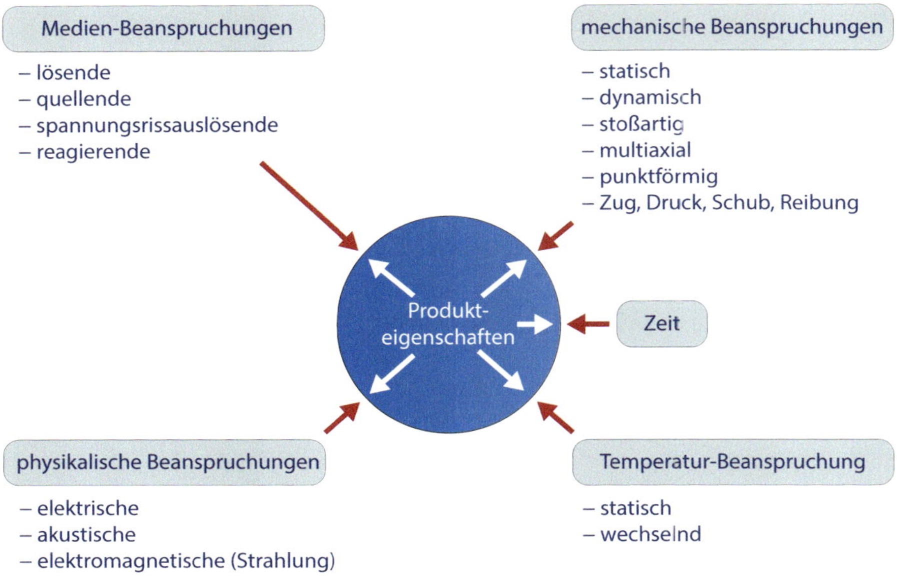

Bild 5.8 Produkteigenschaften „stemmen sich“ gegen Beanspruchungen des Produktes

Die Gesamtfunktion, welche vom zukünftigen Produkt erfüllt werden soll, wird – sofern sie komplex genug ist – bei der Funktionsanalyse abstrakt in mehrere Teilfunktionen zerlegt. Sind die Teilfunktionen hinreichend klein, ist es legitim, Lösungen für solche Teilfunktionen zusammenzustellen. Solche Teilfunktionen wie beispielsweise „verbinden“ sind in Konstruktionskatalogen abgelegt.

Es existieren verschiedene Möglichkeiten, Teil- und Gesamtfunktion als Verknüpfung von Einzelfunktionen umzusetzen. Nach Betrachtung der verschiedenen möglichen Verknüpfungen kristallisiert sich ein mögliches Produkt zur Erfüllung der Gesamtfunktion heraus.

Aufgrund der besonderen Eigenschaften bieten Kunststoffe gegenüber anderen Werkstoffen große Vorteile bezüglich der Umsetzung solcher Teil- und Gesamtfunktionen. Die Fertigung z. B. im Urformprozess Spritzgießen erlaubt eine hohe Gestaltungsfreiheit und die direkte Integration von Funktionselementen am Bauteil, ohne anschließende Füge- oder Montageschritte. Auch die Festkörpereigenschaften, wie z. B. die hohe Dehnfähigkeit, gestatten Teilfunktionen, die in dieser Form mit anderen Werkstoffen nicht möglich wären. Im folgenden Abschnitt werden die wichtigsten dieser kunststoffspezifischen Funktionselemente vorgestellt.

5.3.2 Nutzen der Gestaltungsfreiheit – Integration von Funktionselementen

Die Urformprozesse der Kunststoffverarbeitung mit ihrer Formgebungsvielfalt erlauben eine enorme Gestaltungsfreiheit. Diese und die besonderen Werkstoffeigenschaften der Kunststoffe ermöglichen ein quasi kostenloses Einbringen von Konstruktions- und Funktionselementen wie versteifende Rippen (siehe Abschnitt 5.3.3), Führungshilfen, Schnapphaken, Filmscharniere und Schraubdome (siehe Bild 5.9 und Bild 5.10).

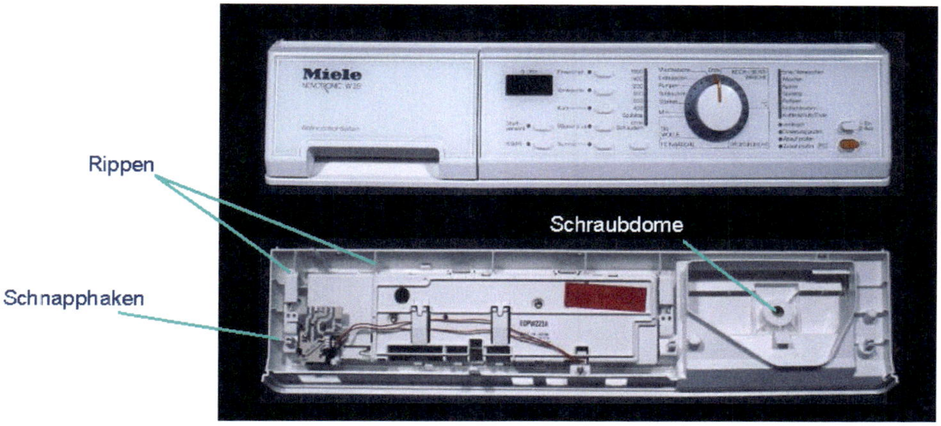

Bild 5.9 Funktionsintegration [11]

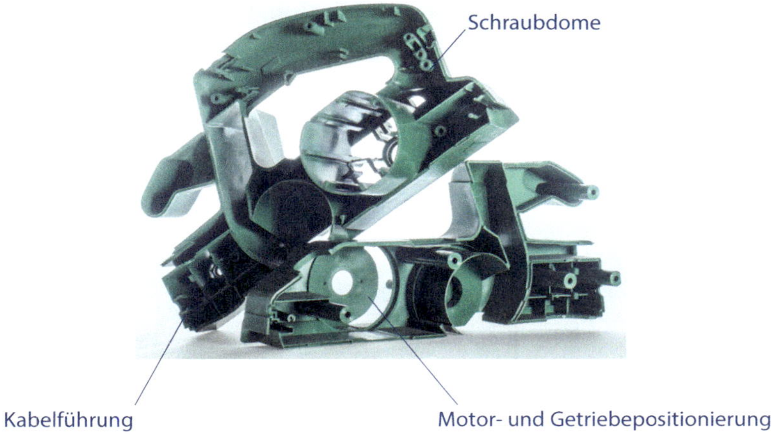

Bild 5.10 Handhobelgehäuse von innen

Das Bild 4.144 zeigte bereits einige Beispiele für Schnappverbindungen. Sie gelten als sehr kunststoffgerechte Funktionselemente. Sie sind durch den Urformprozess in das Bauteil integriert und erlauben das einfache Fügen und – wenn gewünscht – auch wieder Lösen/Trennen zweier Bauteile. In anderen Werkstoffklassen ist dies wegen der geringen Dehnbarkeit und hohen Werkstoffsteifigkeit kaum realisierbar. Bild 5.11 zeigt weitere Beispiele.

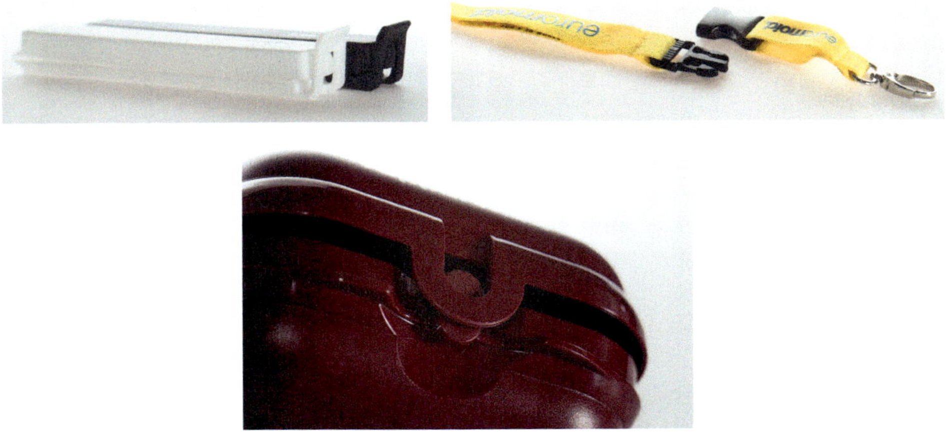

Bild 5.11 Verschlussklipse, Rucksackschnalle und Frischhaltedose mit Schnappverbindung

Die in Bild 5.12 dargestellten Klipse sind Produkte, die nur wegen der Nachgiebigkeit von Kunststoff existieren. Sie ermöglichen insbesondere die kostengünstige und montagefreundliche Verbindung von Anbauteilen wie z. B. im Automobil. Große Kräfte werden damit jedoch meist nicht übertragen.

Bild 5.12 Klipse verschiedener Bauart

Schraubdome wurden bereits in Abschnitt 4.5.5 vorgestellt. Die Herstellung im Urformprozess erlaubt die kostengünstige Einbringung dieser Funktionselemente. Die Schrauben formen ihr Gewinde dann während des Fügevorgangs selbst (siehe Bilder 5.9, 5.10, 5.13).

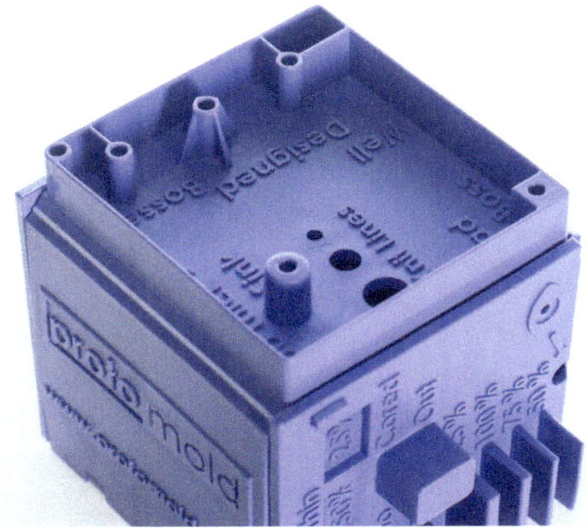

Bild 5.13
Schraubdome zur Gehäuseverbindung

Weiterhin können auch Gelenke wie in Bild 5.14 gezeigt direkt mit in das Bauteil „gespritzt" werden. Es gibt keinen Montageaufwand für ein gesondertes Gelenk oder Scharnier. Die Komponenten können somit leicht wieder getrennt werden und zudem ist das Recycling nur eines verwendeten Werkstoffes deutlich einfacher.

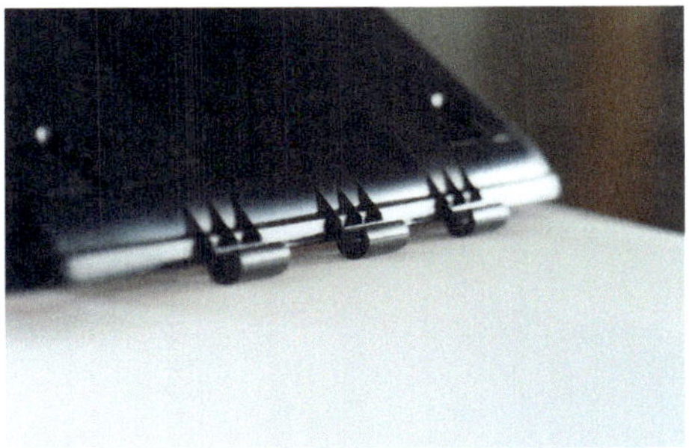

Bild 5.14 Gespritzte Gelenkteile

Die in Bild 5.15 abgebildeten DVD- und Blu-ray-Disc-Hüllen zeigen die verschiedenen kunststoffgerechten Konzepte. Obenauf ist eine zweiteilige Hülle aus Polystyrol mit integriertem Schnappscharnier gezeigt. Hier ist noch ein Montageschritt erforderlich. Zum anderen sind Hüllen aus dehnfähigem Polypropylen (PP) mit integriertem Filmscharnier dargestellt. Zudem wird die DVD oder Blu-ray-Disc in der Mitte von einem integrierten Ringschnappverschluss gehalten.

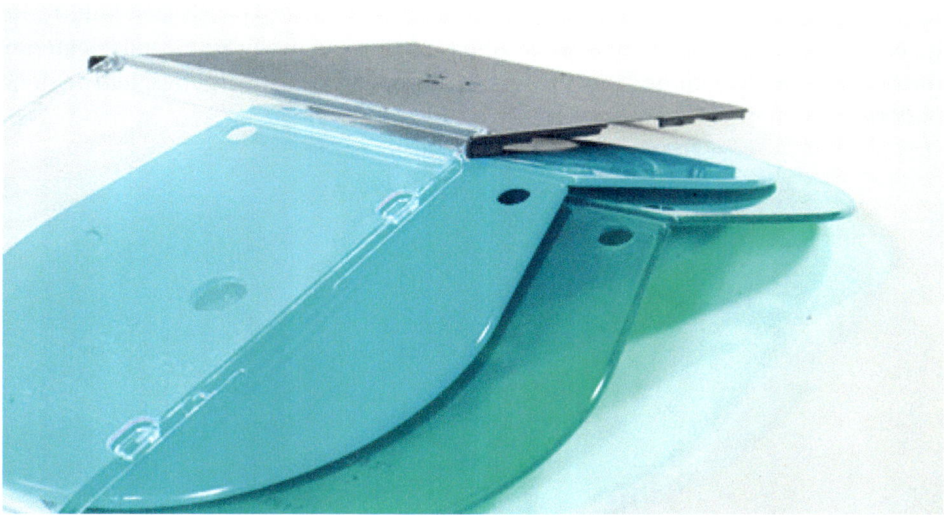

Bild 5.15 DVD-Hüllen mit verschiedenen Scharnieren

Die beachtliche Gestaltungsfreiheit erlaubt erstaunliche Produktlösungen. In Bild 5.16 ist ein Bauteil mit angespritzter Klinge gezeigt. Durch Filmscharniere und Ringschnappverbindungen kann es einerseits zum Rasierer mit steifem Griff und andererseits zu einem kleinen Paket für die Reisetasche gefaltet werden.

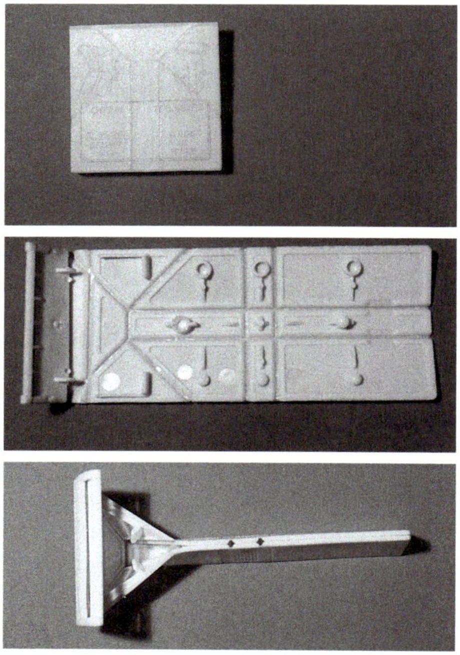

Bild 5.16 Einwegrasierer [9]

Die Gestaltungsfreiheit wird auch in der Outserttechnik genutzt, indem Funktionselemente an eine metallische Trägerplatine angespritzt werden. Das Bild 5.17 zeigt die Outsert-Platine eines Videorekorders, mit dem in den 1980er/90er Jahren Fernsehaufnahmen gespeichert wurden. Hiermit wurde kostengünstige Steifigkeit (Metallblech) mit kostengünstiger Formgebungsvielfalt verknüpft.

Das Umspritzen von Metallteilen, sogenannten Inserts, ist ebenfalls eine Nutzung der Formgebungsvielfalt. Die Paarung von Kunststoff mit Metallen ist immer dann hilfreich, wenn sich die Eigenschaften der beiden Werkstoffklassen sinnvoll ergänzen. Das Bild 5.18 zeigt verschiedene Bauteile mit Inserts sowie ein Ritzel. In Kapitel 3 wurde bereits auf die unterschiedliche Wärmeausdehnung α dieser Paarung hingewiesen. Bei Temperaturschwankungen über mehrere 10 K können Eigenspannungen induziert werden.

Bild 5.17 Outserts [Bildquelle: Ticona]

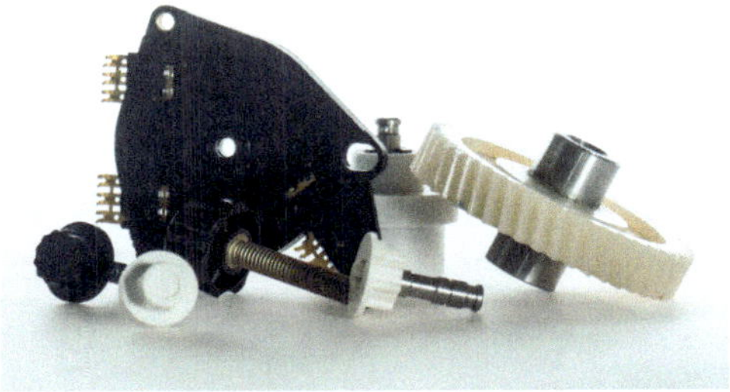

Bild 5.18 Inserts und Ritzel

5.3.3 Nutzung der Gestaltungsfreiheit – Erhöhung des Flächenträgheitsmoments

In den Abschnitten 3.2.1 und 5.1.1.2 wurde der um ein bis zwei Größenordnungen geringere E-Modul der Kunststoffe im Vergleich zu Metallen verdeutlicht. Die geringe Werkstoff-Steifigkeit kann aber mit einem hohen Flächenträgheitsmoment I (I für Inertia) der Struktur zu einer hohen Bauteilsteifigkeit führen. In Bild 5.19 ist dargestellt, wie ein Blatt eine große, leichte Fläche mit Rippen versteift. Auch die Rippen im menschlichen Körper schützen die inneren Organe mit einem relativ steifen, aber leichten Käfig.

Bild 5.19 Rippen zur Versteifung eines dünnen Blattes

Das Produkt aus E-Modul des Werkstoffs („Werkstoff-Steifigkeit") und Flächenträgheitsmoment der Geometrie ergibt die sogenannte Bauteilsteifigkeit. Das Flächenträgheitsmoment I einer Fläche A um Achse y ist als Flächenintegral von z^2 wie folgt definiert:

$$I_y = \int_A z^2 \, dA \tag{5.1}$$

wobei z den lotrechten Abstand eines Flächenelements zur y-Achse beschreibt. I_y beschreibt den Widerstand der Geometrie gegen Verformung um y entlang der z-Achse.

Flächen von außerhalb des Flächenschwerpunktes bezieht man ein, indem deren Abstand multipliziert mit den Flächen A hinzugerechnet wird (Gleichung 5.2). Es gilt:

$$I_{y\,ges} = \int_A z^2 \, dA + z_S^2 \cdot A \tag{5.2}$$

Der Abstand z_S der hinzugerechneten Fläche zum Schwerpunkt geht quadratisch ein und wird Steiner'scher Anteil bezeichnet. Die Erhöhung des Flächenträgheitsmomentes einer komplexen Struktur basiert genau hierauf. Das resultierende Flächenträgheitsmoment ist größer als die Summe der Teilflächen. Dies ist in Bild

5.20 am Beispiel des Querschnitts eines T-Trägers im Vergleich zu einem Rechteckbalken gleicher Fläche dargestellt. Bei gleicher Querschnittsfläche und daher gleichem Bauteilvolumen ergibt sich für den T-Träger ein höheres Flächenträgheitsmoment.

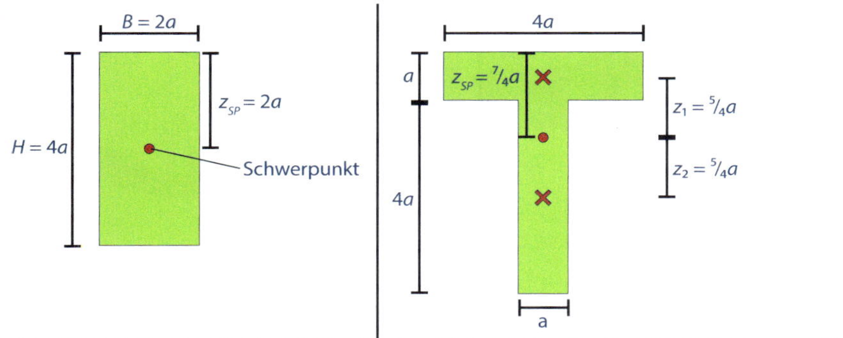

Fläche	$A_1 = BH = 8a^2$	$A_2 = 2 \cdot (4a \cdot a) = 8a^2 = A_1$
Flächenträgheitsmomente	$I_{y_1} = {}^1/_{12} \cdot 2a \cdot (4a)^3 = 10 \cdot {}^2/_3 \cdot a^4$	$I_{y_2} = {}^1/_{12} \cdot 4a \cdot a^3 + {}^1/_{12} \cdot a \cdot (4a)^3 + \underbrace{z_1^2 \cdot 4a^2}_{} + \underbrace{z_2^2 \cdot 4a^2}_{}$ (Steiner-Anteile) $= 18 \cdot {}^1/_6 \cdot a^4 > I_{y_1}$

Bild 5.20 Erhöhung des Flächenträgheitsmoments durch komplexere Struktur

Mit urgeformten Kunststoffbauteilen können komplexe Strukturen quasi kostenlos realisiert werden. Die Vorteile verrippter Strukturen sollen anhand von Bild 5.21 verdeutlicht werden. Es sind eine dicke, unverrippte und eine dünnere, verrippte Struktur dargestellt. Die verrippte Struktur hat das gleiche Flächenträgheitsmoment und somit die gleiche Biegesteifigkeit. Der Vorteil der verrippten Struktur liegt im geringeren Materialeinsatz und vor allem in der weit niedrigeren Kühlzeit.

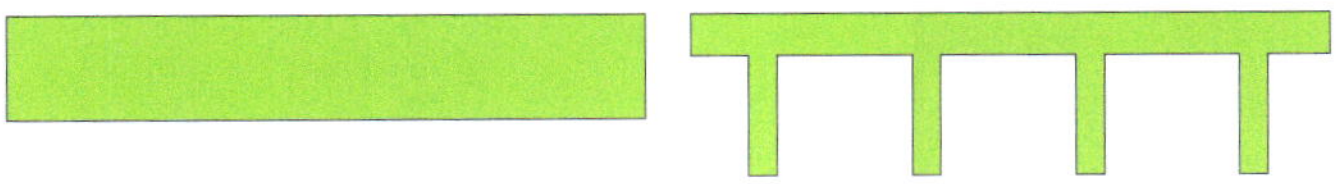

Platte 400 · 400 · 10		Platte 400 · 400 · 4 (mit 4 Rippen 30 · 2,7)	
Belastung	8 kg	Belastung	8 kg
Durchbiegung	1,6 mm	Durchbiegung	1,6 mm
Gewicht	1680 g	Gewicht	810 g
Kühlzeit	200 s	Kühlzeit	50 s

Bild 5.21 Rippen zur Bauteilversteifung

Das Bild 5.22 zeigt Beispiele für verippte Strukturen mit hoher Steifigkeit bei geringem Gewicht und geringer Kühlzeit.

Bild 5.22 Verrippte Kfz-Pedale

Stahl bietet sehr kostengünstige Steifigkeit und Festigkeit, sofern das Bauteil keine komplexen Formen annehmen muss. Das Bild 5.23 zeigt den sogenannten Erlanger Träger. Dies ist ein Bauteil, kombiniert aus kostengünstigem, einfach strukturierten Stahlblech zur Erhöhung der Steifigkeit und kostengünstig gefertigter, komplexer Rippenstruktur aus Thermoplast zur Erhöhung des Flächenträgheitsmoments. Solche Hybridstrukturen nutzen konsequent die kostengünstigen Vorteile der jeweiligen Werkstoffklasse.

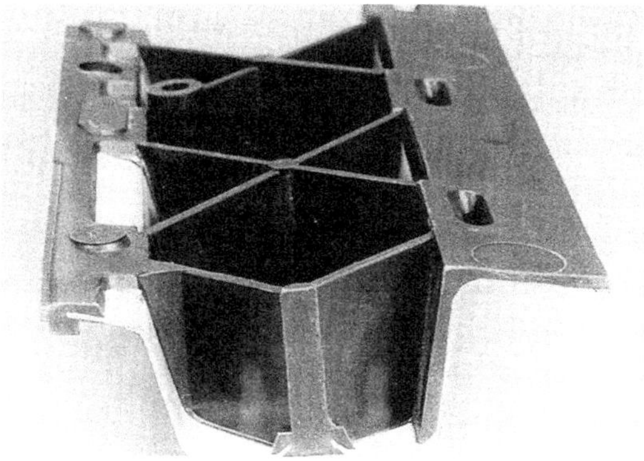

Bild 5.23
Kunststoffverripptes Stahlblechprofil [8]

Neben Rippen stehen auch weitere Möglichkeiten der geometrischen Versteifung zur Verfügung. Beim Spritzgießen großflächiger Produkte kann die Wärme über der Fläche meist nicht gleichmäßig abgeführt werden. Es entsteht unterschiedliche Schwindung und das Formteil kann Verzug in Form von Verwerfungen zeigen. Eine gewölbte Form (Bild 5.24), aber auch abgestufte Zonen (Bild 5.25) erhöhen das Flächenträgheitsmoment und bewirken eine Flächenversteifung.

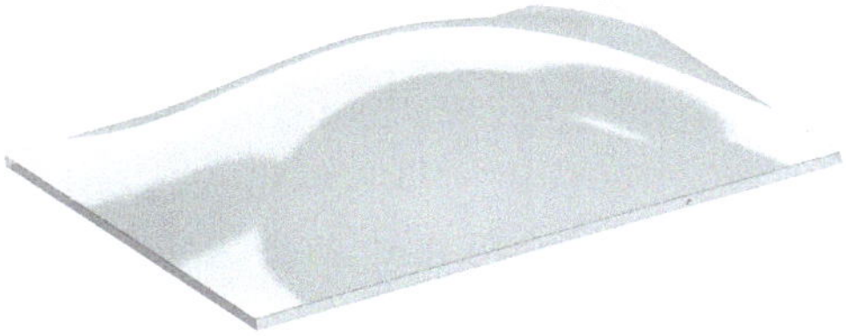

Bild 5.24
Flächenversteifung durch gewölbte Flächen

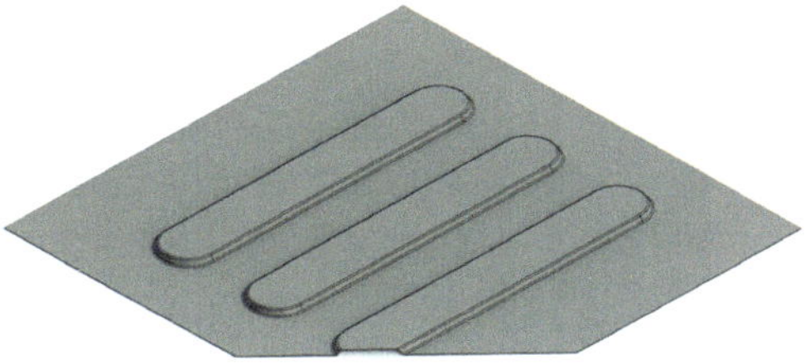

Bild 5.25
Flächenversteifung durch abgestufte Zonen

5.3.4 Werkstoffgerechtes Konstruieren

In Abschnitt 3.5.1 wurde bereits die Entstehung von Eigenspannungen erläutert. Durch Betrachtung der Abkühlung im Eckbereich eines Produkts soll nun der Verzug erklärt werden (Bild 5.26). Kühlt ein Eckbereich im Herstellungsprozess ab, so hat die Außenecke zweiseitigen Kontakt zur Werkzeugwand. Folglich kann durch die große Kontaktfläche ein hoher Wärmetransport stattfinden und es erfolgt somit eine schnelle Abkühlung.

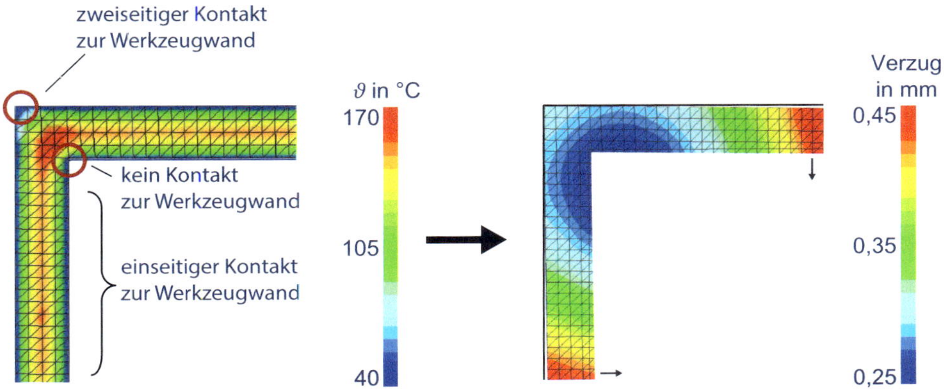

Bild 5.26 Ungleichmäßige Eckenkühlung (geometrisch) führt zu Winkelverzug

Die Innenkontur des Bauteils hingegen weist keinen direkten Kontakt zur Werkzeugwand auf und kann somit nur über benachbarte Bereiche Wärme abführen. Die abgeführte Wärmemenge ist aufgrund der schlechten Wärmeleitfähigkeit von Kunststoff deutlich geringer und der Abkühlprozess wird verlangsamt.

In diesem Bereich wird die Schmelze zuletzt kontrahieren und die Eckgeometrie wird sich, wie gestrichelt angedeutet, zusammenziehen. Die dabei bereits erstarrten Bereiche, die die entstehende Spannung nicht mehr durch Fließen abbauen können, werden – je nach Steifigkeit mehr oder weniger – verformt.

Diese ungleichmäßige Abkühlung kann nicht nur anhand der Bauteilgeometrie erklärt werden. Auch ist die Kühlung einer Innenecke schwieriger, weil die Kühlkanäle aus Festigkeitsgründen nicht zu nah an der Werkzeugoberfläche gebohrt werden dürfen. Daher sind im Innenbereich in der Regel weniger Kühlkanäle pro Volumen angeordnet und dem Bauteil kann folglich innen nur weniger Wärmemenge entzogen werden (Bild 5.27).

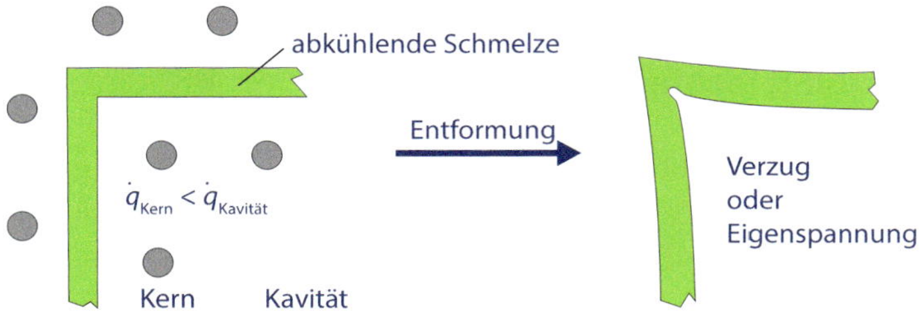

Bild 5.27 Ungleichmäßige Eckenkühlung (technologisch)

In Bild 5.28 sind zwei Beispiele dargestellt, wie die Massenanhäufung im Eckbereich ein wenig reduziert werden kann, falls es die Gestalt des Bauteils erlaubt. Die Ecken eines Bauteils können in ihrer Masse reduziert werden, um den Eckenverzug zu verringern. Durch diesen dünneren Bereich wird im Vergleich zum rechten Winkel ein gleichmäßigeres Abkühlen erzielt.

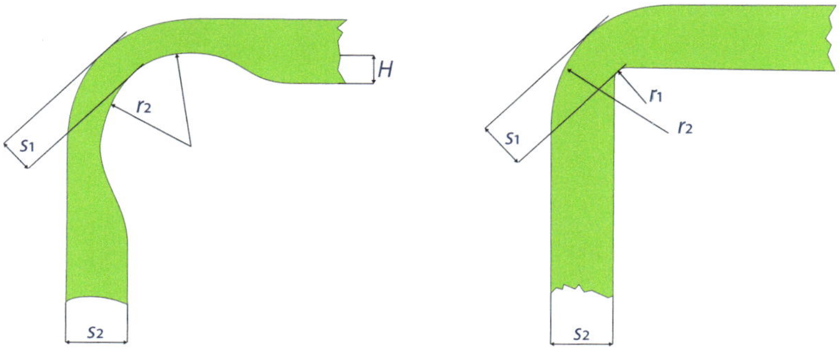

Bild 5.28 Verringerung des Winkelverzugs

Bei der Konstruktion ist ferner zu beachten, dass fließinduzierte Orientierungseffekte zu unterschiedlicher Schwindung parallel und senkrecht zur Fließrichtung führen können (Bild 5.29). So findet bei orientierten Molekülen in Hauptrichtung weniger Schwindung statt als quer dazu.

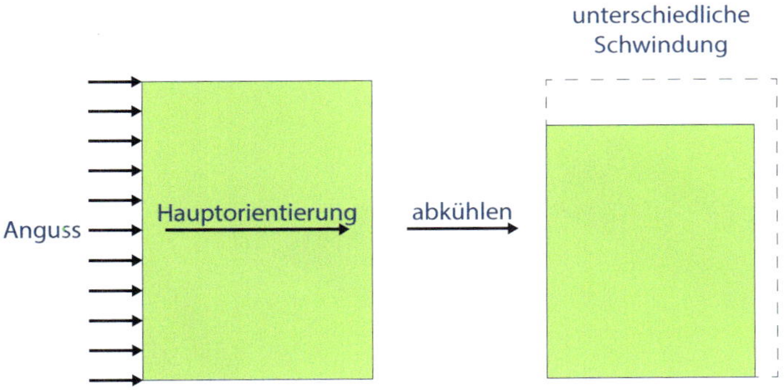

Bild 5.29 Einfluss der Orientierung auf die Schwindung

Noch stärker ist der Einfluss von Fasern. Z.B. eine zentral angespritzte Rundscheibe mit Kurzglasfaserverstärkung wird eher in Umfangsrichtung als in Faserrichtung schwinden, da die Fasern selbst nicht kontrahieren und somit auch ein Schwinden der sie umgebenden Matrix behindern (Bild 5.30). Dadurch kann ein Verzug aus der Ebene heraus entstehen und die Scheibe wölbt sich.

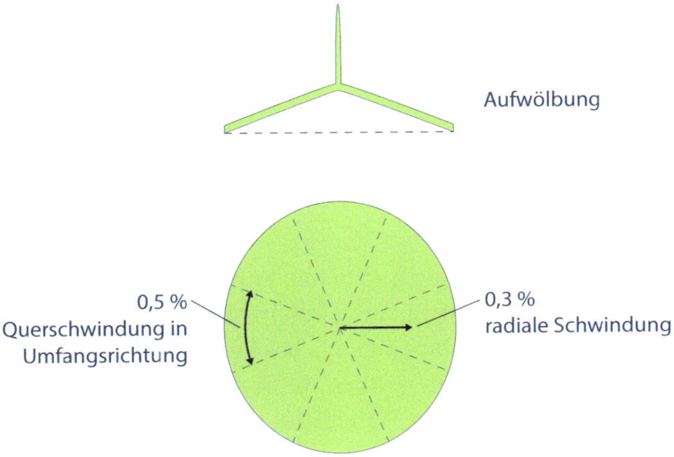

Bild 5.30 Schwindung und Verzug durch Faserorientierung [8]

Weiterhin können ungleichmäßige Wanddicken aufgrund der unterschiedlich schnellen Abkühlung zu verstärktem Verzug (Bild 5.31, oben) führen. Darunter ist ein Verbesserungsvorschlag mit Verrippung dargestellt, der eine einheitlichere Wanddicke ermöglicht. Bei teilkristallinen Kunststoffen ist die Einhaltung von gleichmäßigen Wanddicken wegen der höheren Schwindungsneigung von noch größerer Bedeutung.

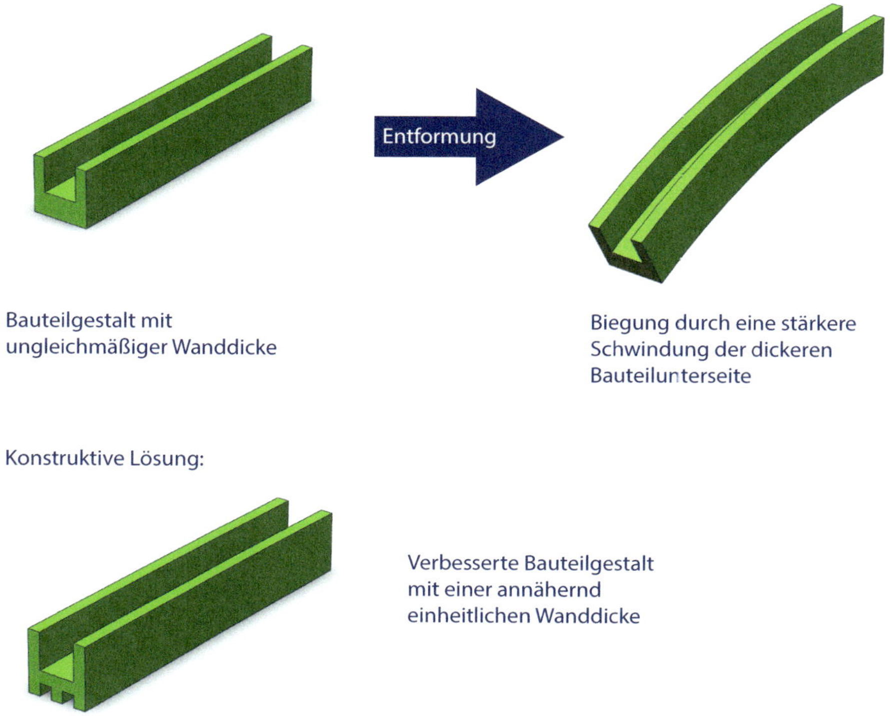

Bild 5.31 Verzug zum zuletzt erstarrten Volumenlement hin

Wegen der geringen Wärmeleitung und hohen Wärmekapazität ist es zudem wichtig, generell die Wanddicken nicht nur einheitlich, sondern auch so gering wie möglich auszulegen, um die Kühlzeit möglichst kurz zu halten. Aber auch die Gefahr von Lunkern und Einfallstellen durch Kontraktion von Werkstoffansammlungen steigt immens mit steigender Wanddicke des Vollmaterials (Bild 5.32; Bild 5.33).

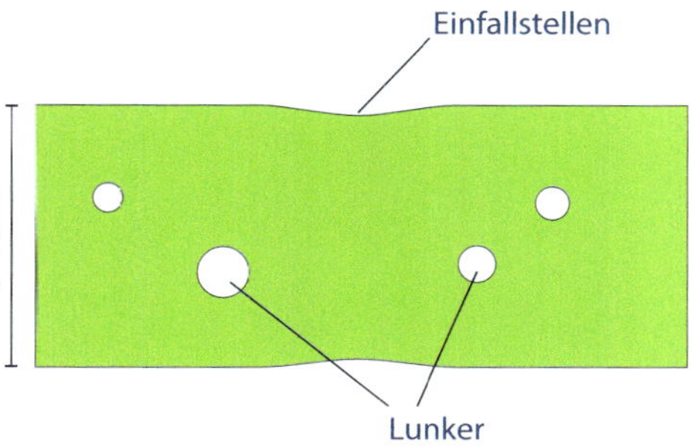

Bild 5.32
Mögliche Bauteilfehler nach Abkühlung dickwandiger Bereiche

An dieser Stelle sollen weitere Abhilfemaßnahmen gegen Bauteilverzug aufgelistet werden:

▪ möglichst gleichmäßige Werkzeugtemperatur ▪ möglichst lange Kühlzeit (evtl. teuer) ▪ Tempern unter Formzwang (Zusatzschritt: teuer)	Verfahrensingenieur
▪ Wahl eines steifen Werkstoffes ▪ Einbringung von Versteifungselementen (Rippen, Abstufungen, ...) ▪ gleichmäßige Wanddicken	Produktentwickler/ Konstrukteur

Bild 5.33
Gebrochener Türgriff mit Lunker und Sprödbruch

Soll ein Einlegeteil (Insert) mit umspritzt werden, so können hiermit verbundene Massenanhäufungen auch durch Überdenken der Gestalt reduziert werden. Die Kreativität des Konstrukteurs ist hier gefragt (Bild 5.34).

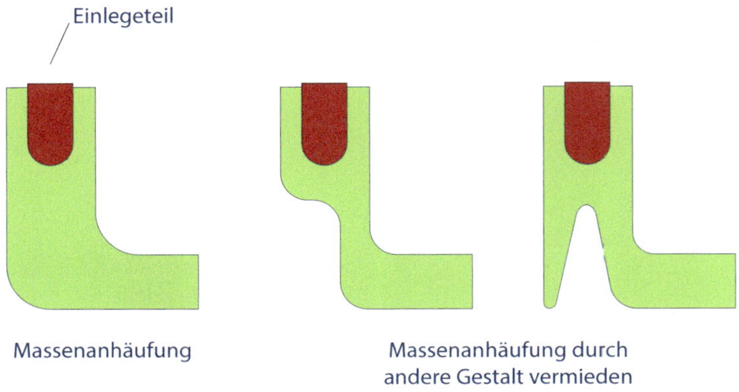

Bild 5.34 Vermeidung von Massenanhäufungen

Das Bild 5.35 gibt Vorschläge zur Vermeidung von Masseanhäufungen in den Eckbereichen eines Bauteils.

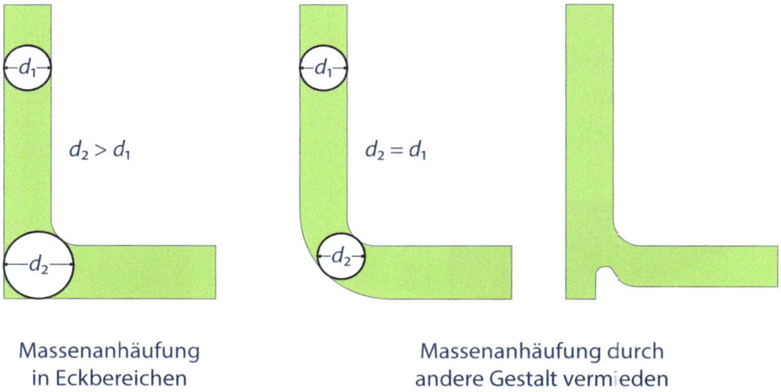

Bild 5.35 Vermeidung von Massenanhäufungen im Eckbereich [12]

Auch Rippen sollten relativ dünnwandig ausgeführt werden, um einen schnellen Wärmeabtransport zu ermöglichen und somit die Kühlzeit gering zu halten. Wird die Bauteilsteifigkeit nicht erreicht, sollte daher eher die Anzahl der Rippen als deren Dicke erhöht werden. In Bild 5.36 werden empirisch ermittelte Auslegungsempfehlungen dargestellt.

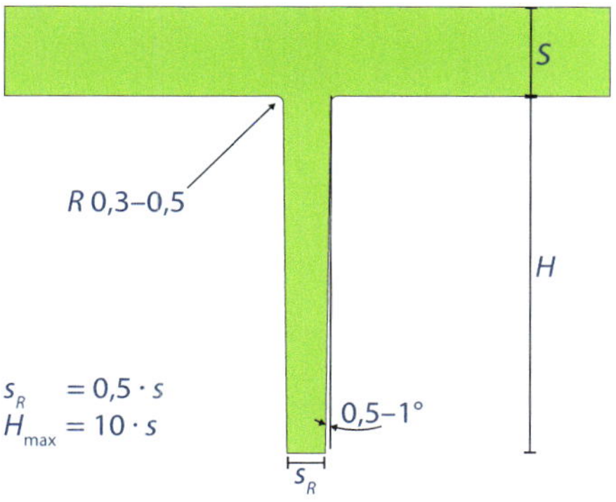

Bild 5.36
Auslegungsempfehlung – empirisch ermittelt

Als Richtwert für die Rippendicke s_R und die Rippenhöhe H gilt:

$$s_R \approx 0,5 \cdot S \tag{5.3}$$

$$H_{max} \leq 10 \cdot S \tag{5.4}$$

Der Rippenfuß ist mit einem Radius zu versehen, um die Kerbwirkung zu reduzieren. Zugleich darf der Radius nicht zu groß gewählt werden, um Dickstellen und somit Massenanhäufungen zu vermeiden.

Ist der Rippenfuß zu dick, besteht die erhöhte Gefahr von Einfallstellen und eine längere Kühlzeit ist erforderlich. Das Bild 5.37 zeigt die Vergrößerung des Inkreis-Radius des Rippenfußes mit steigender Rippendicke und größerem Verrundungsradius. Durch die so entstehende Massenanhäufung steigt die Gefahr von Einfallstellen. Die steigende durchschnittliche Einfalltiefe durch zu dicke Rippe ist in Bild 5.38 dargestellt.

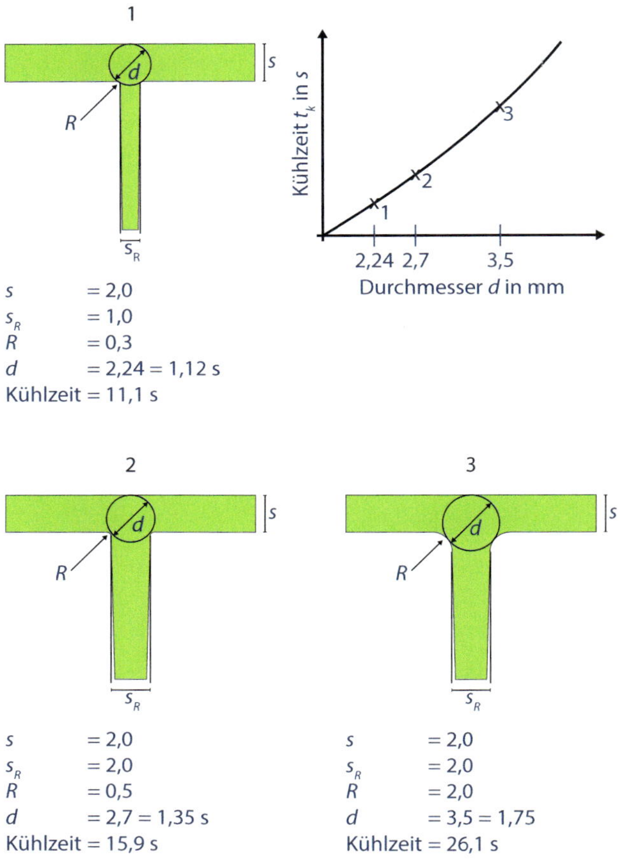

Bild 5.37 Einfluss von Rippendicke und -radius [8]

Rippendicke in *s*	0,5 *s*	0,75 *s*	1,0 *s*	1,25 *s*	1,5 *s*
Tiefe der Einfallstellen in µm	1,0	1,0	2,0	6,5	7,0

Bild 5.38 Zusammenhang Rippendicke zu Einfalltiefe [8]

Das Problem der Einfallstellen auf der Rückseite von Rippen ist nicht unerheblich bei designgeprägten Anwendungen. Da sie sich nur selten vermeiden lassen, müssen dort, wo gestalterische und ästhetische Aspekte von Bedeutung sind, Lösungen gefunden werden. Um diese Einfallstellen zu vermeiden bzw. zu kaschieren, werden die in Bild 5.39 dargestellten Vorschläge gemacht. Ein reales Bauteil wird in Bild 5.40 gezeigt.

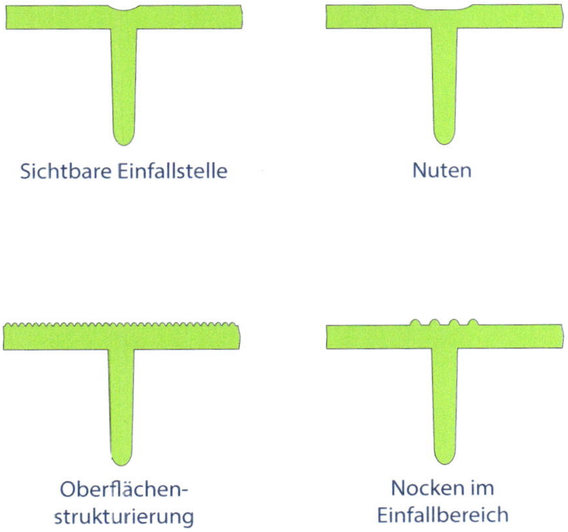

Bild 5.39
Kaschieren von Einfallstellen (prinzipielle Möglichkeiten)

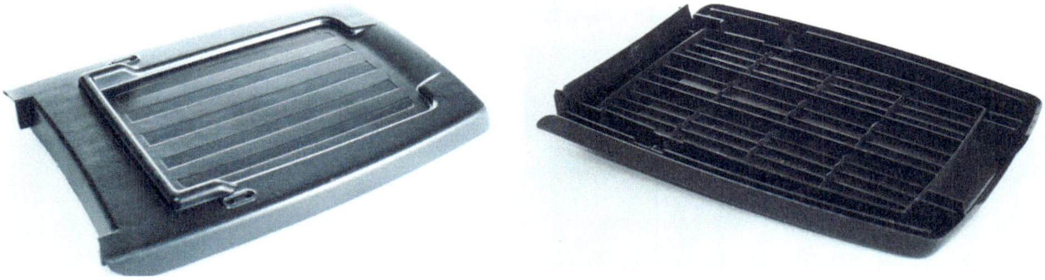

Bild 5.40 Kaschieren von Einfallstellen an einer Armauflage

Ebenfalls zu Dickstellen kommt es an Kreuzungspunkten zwischen Rippen. Grundsätzlich sollten diese daher vermieden oder reduziert werden (Bild 5.41). Ist dies nicht möglich, z.B. aus Gründen der Tragfähigkeit, so gilt es, eine geeignete Gestaltung zu wählen, die Massenanhäufungen minimiert. Können Rippenkreuzungen nicht reduziert werden, so können diese ebenfalls auf verschiedene Weise gestaltet werden (Bild 5.42).

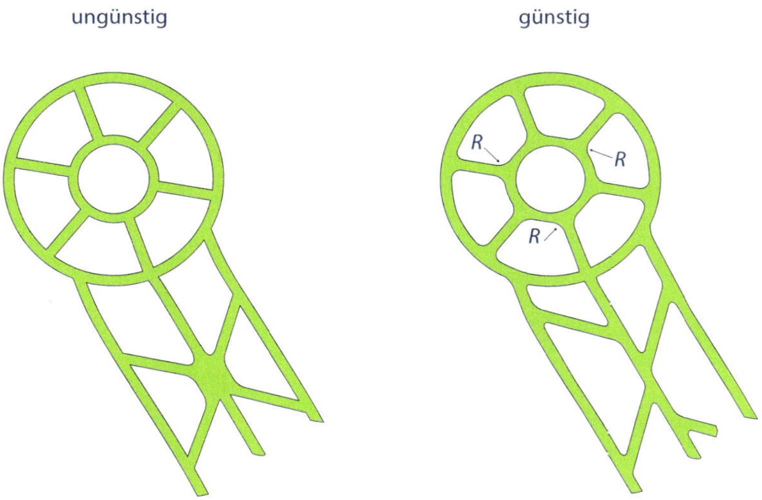

Bild 5.41 Vermeidung von Rippenkreuzungen

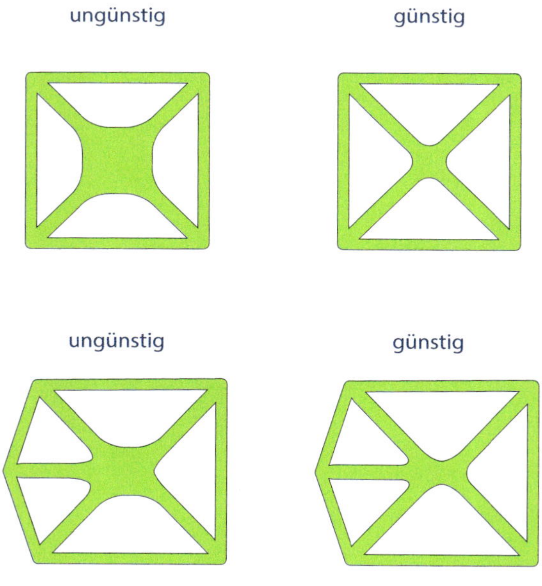

Bild 5.42
Gestaltung von Rippenkreuzungen

Für die Gestaltung von Schraubdomen (siehe Abschnitt 4.5.5) gelten ähnliche Richtlinien wie für das Gestalten von Rippen. Das Kernloch sollte nicht zu kurz ausfallen, um die darunter entstehende Massenanhäufung zu vermeiden. Eine Ringnut um den Schraubdom reduziert ebenfalls die erstarrende Materialmenge und die Massenanhäufung. Ist der Basisradius zu hoch, entsteht trotz tiefen Kernlochs eine recht hohe Massenanhäufung. Das Bild 5.43 zeigt Beispiele für sowohl korrekte als auch nicht werkstoffgerechte Ausführungen.

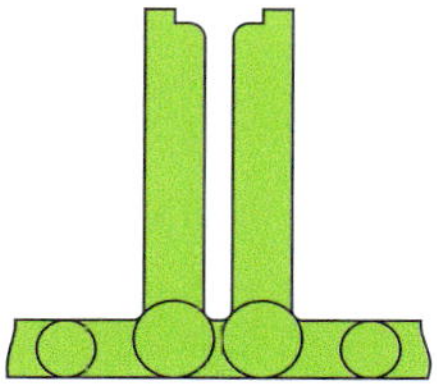

Gute Gestalt
geringe Zunahme der lokalen Wanddicke

Kernloch wenig tief
große Wanddicke
Schwindung
Einfallstellen und Lunker
lange Kühlzeit

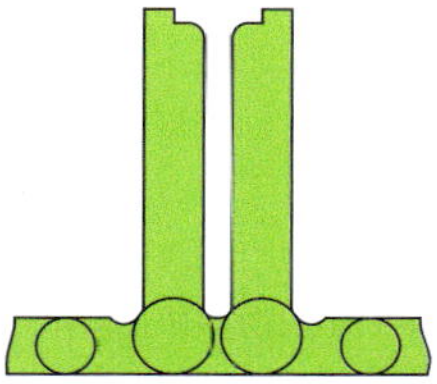

Alternative Gestalt
Verringerung der Einfallstelle auf der Rückseite durch tieferes Kernloch und Ringnut

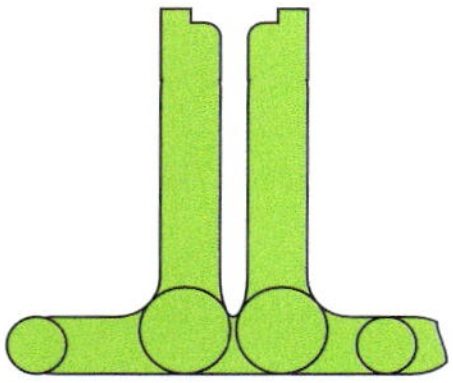

Basisradius zu groß
große Wanddicke
Schwindung
Einfallstellen und Lunker
lange Kühlzeit

Bild 5.43
Gestaltung von Schraubdomen

Durch die Materialanhäufung an Schraubdomen können sich Einfallstellen oder Hohlräume bilden. Schraubdome sind daher normalerweise freistehend, versteift oder über dünne Rippen mit dem Bauteilrand verbunden (Bild 5.44), um die Biege- und Torsionssteifigkeit zu erhöhen und das Einschrauben zu erleichtern. Bei derartigen Anbindungsmaßnahmen gilt ebenfalls, dass Massenanhäufungen stets zu vermeiden sind.

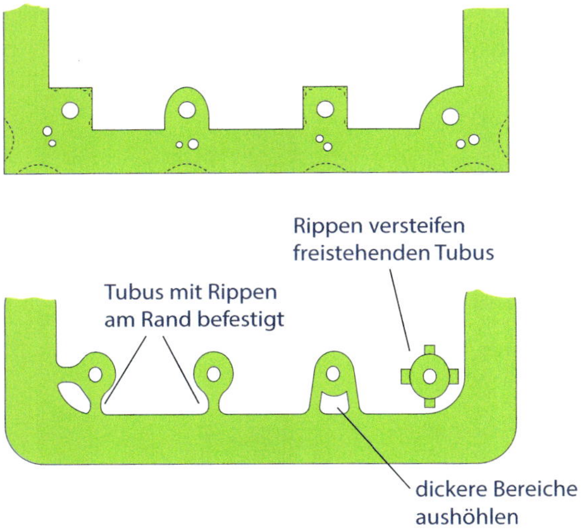

Bild 5.44
Gestaltung von Schraubdomen

5.3.5 Fertigungsgerechtes Konstruieren

Der werkstoffgerechte und der fertigungsgerechte Blickwinkel sind nicht immer leicht voneinander zu trennen. Die fertigungsgerechte Konstruktion legt das Hauptaugenmerk auf die Herstellbarkeit der Produktgestalt. Am Beispiel des Spritzgießens soll hierauf näher eingegangen werden.

Zur herstellbaren Produktgestalt gehören alle Aspekte des geeigneten Fließens der Schmelze bei der Formfüllung inklusive Druckbedarf, Fließweglänge und Lage der Bindenähte. Hinzu kommen aber auch Aspekte des Entformens im erstarrten Zustand.

Blickwinkel „Fließweg"

Das Bauteil sollte möglichst gleichmäßig von der Schmelze durchströmt und auch gleichmäßig gefüllt werden. Stoppende Schmelzefronten führen zu lokaler Abkühlung und somit zu Oberflächenmarkierungen oder gar Bauteilschwächen.

Der Druckverlust Δp über dem Fließweg korreliert mit $1/s^3$, so ist die Wanddicke s bei langen Fließwegen möglichst groß zu wählen. Hingegen korreliert die „teure" Kühlzeit t_K mit s^2, so dass man gehalten ist, die Wanddicke möglichst gering zu halten. Dies alleine muss zu einem Kompromiss führen. Durch geeignete Werkstoffwahl oder prozesstechnische Lösungen (z. B. Kaskaden, siehe Abschnitt 4.2.5.4) sind geringere Wanddicken heutzutage immer besser erzielbar, so dass die Kühlzeit inzwischen den bestimmenden Faktor darstellt. Darüber hinaus gilt die Regel, von „dick" nach „dünn" zu spritzen, um geeignete Druckgradienten zu erzielen, den Nachdruck möglichst lange wirken zu lassen und Einfallstellen zu vermeiden.

Unvermeidbare Bindenähte sollten nur in Bereichen entstehen, die weniger belastet werden oder dort, wo die Schmelze noch eine höhere Temperatur und Druck aufweist (also z. B. möglichst nicht am Fließwegende). Die inneren Eigenschaften wie Orientierungen und ggf. Faserorientierungen werden unter anderem durch die Schmelzefließrichtung beeinflusst, Eigenspannungen durch den Abkühlvorgang.

Füllbildsimulationen, wie in Bild 5.45 gezeigt, ersetzen nicht die fertigungsgerechte Konstruktion, sondern helfen dem Konstrukteur und geben ihm Gewissheit über die o. a. Aspekte des geeigneten Fließens. Seine Ziele sind stets:

- wenig Bindenähte und wenn, dann möglichst nicht am Fließwegende,
- geeignete Orientierung von Faser- und Polymerkette,
- möglichst gleich lange Fließwege.

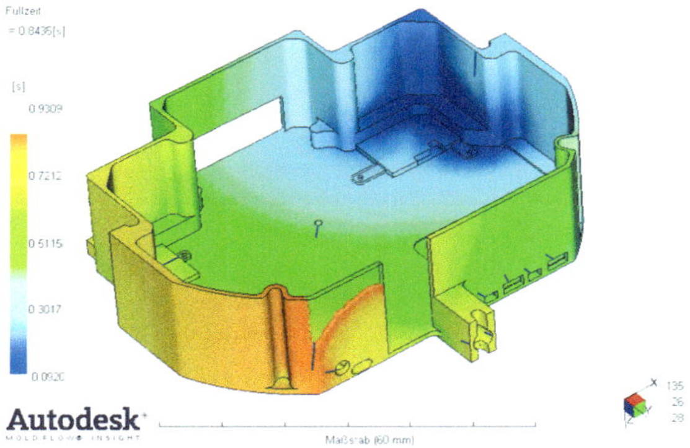

Bild 5.45 Beispiel einer Füllbildsimulations-Ergebnisses [Bildquelle: Optimized Plastics]

Scharfe Kanten erzeugen nicht nur Kerbwirkung, sondern stellen auch eine Belastung für die Schmelze dar (Bild 5.46). Dort wird die Schmelze beim Einfüllvorgang stärker geschert. Zudem ist die Abformgenauigkeit von scharfen Kanten nicht gut.

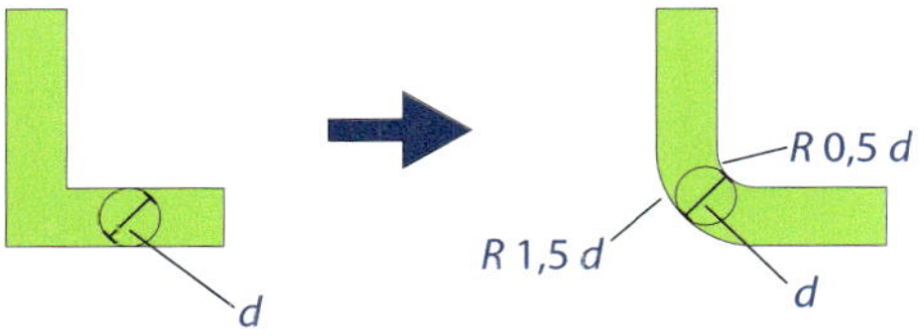

Bild 5.46 Vermeidung scharfer Kanten

Ist das Bauteil erstarrt, so soll es möglichst schnell aus der Form entnommen werden. Hinterschnitte sollen vermieden werden, um das Formteil mit der Öffnung des Werkzeuges ausstoßen zu können und um Schieber zu vermeiden. Das Bild 5.47 zeigt dasselbe Bauteil, einmal mit Schieber gefertigt, einmal leicht abgewandelt ohne Schieber entformbar.

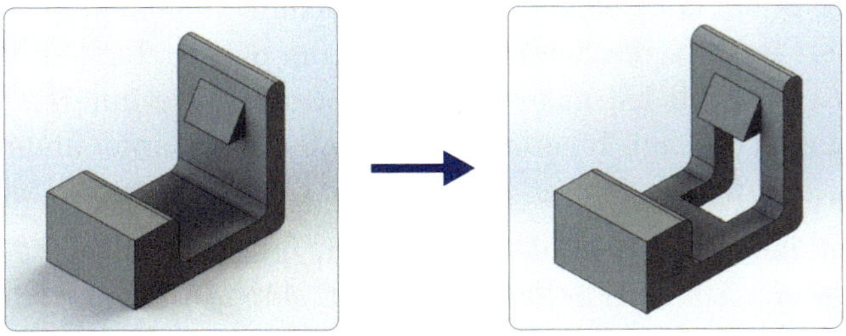

Bild 5.47 Hinterschneidungen, geschickt vermieden

Manche Hinterschnitte können durch Deformation des Formteils auch ohne Schieber „überwunden“ werden. Dies nennt man Zwangsentformung. Zu beachten ist hierbei, dass bei der Deformation je nach Werkstoff eine gewisse Dehnung (siehe Tabelle 5.4) nicht überschritten werden darf.

Tabelle 5.4 Richtwerte für einmaliges Fügen nach [9]

Werkstoffgruppe	Zulässige Randfaserdehnung ε_{zul}
teilkristalline Thermoplaste	$\approx 0{,}9 \cdot \varepsilon_Y$
amorphe Thermoplaste	$\approx 0{,}7 \cdot \varepsilon_Y$
verstärkte Thermoplaste	$\approx 0{,}5 \cdot \varepsilon_Y$

mit ε_Y = Streckdehnung

Darüber hinaus müssen die Formteile mit Entformungsschrägen versehen werden, um die Reibfläche zwischen Bauteil und Werkzeug zu verringern und somit geringere Entformungskräfte und einen geringeren Entformungshub zu realisieren (Bild 5.48). Auch Rippen sind mit Entformungsschrägen auszuführen (siehe Bild 5.36).

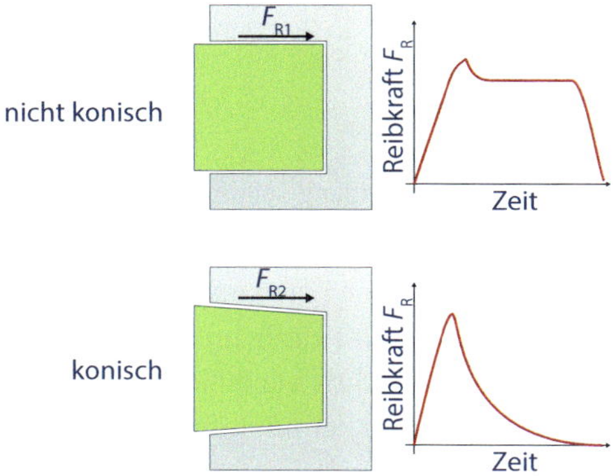

Bild 5.48
Entformungsschrägen vermindern Reibkraft bei Entformung

5.3.6 Beanspruchungsgerechtes Konstruieren

Berücksichtigt man alle Regeln der werkstoffgerechten und fertigungsgerechten Konstruktion, muss noch sichergestellt werden, dass die Kräfte und Deformationen, die auf das Bauteil wirken, nicht zu vorzeitigem Versagen führen.

Im Mittelpunkt der Produktentwicklung steht die mechanische Auslegung des Bauteils, um dessen Verformungs- und Bruchverhalten sicher vorhersagen zu können. Dabei müssen sowohl die spätere Anwendung als auch das werkstoffspezifische Verhalten berücksichtigt werden.

Ein wichtiger Grundsatz, der schon bei den ersten Gestaltungsentwürfen eines Bauteils Beachtung finden sollte, ist der einer gleichmäßigen Lasteinleitung. Bei ungünstiger geometrischer Gestalt kommt es sonst zu einer ungleichmäßigen Spannungsverteilung im Bauteil und zum Auftreten lokaler Spannungsüberhöhungen, insbesondere an Ecken und Kanten. Man spricht hier vom sogenannten Kerbeffekt. Ein Beispiel hierfür ist in Bild 5.49 zu sehen.

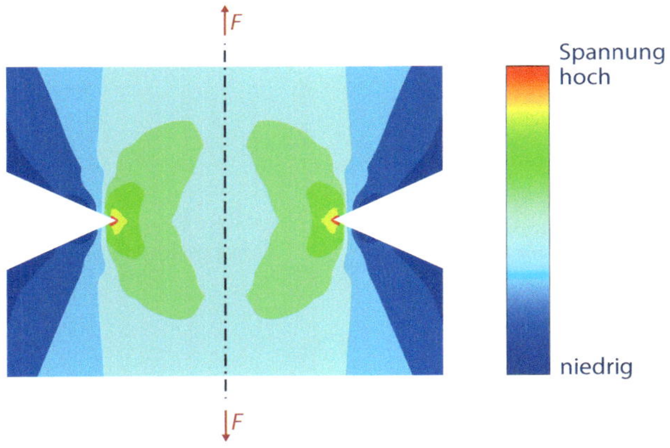

Bild 5.49 Ungleichmäßige Lastverteilung durch Kerbwirkung

Der Kerbeffekt in Kunststoffbauteilen ist bei duktilen Kunststoffen weniger kritisch als bei Metallbauteilen oder spröden Kunststoffen. Sind die Makromoleküle beweglich genug, entlasten sie die Kerbe durch partielle Umlagerung und „Brückenbildung“ über den entstehenden Riss. Dennoch führen Kerben grundsätzlich zu einer Spannungsüberhöhung, so dass grundsätzlich auch beim Konstruieren mit Kunststoffen gilt, das Ecken stets mit Radien versehen werden sollten.

Ecken und Kanten eines Kunststoffbauteils sollten daher, wie bereits erwähnt, mit Radien versehen werden, um einen guten Schmelzefluss und eine gute Entformbarkeit zu ermöglichen, aber auch, um Kerbspannungen zu reduzieren. Das Bild 5.50 zeigt einen Schnapphaken mit scharfkantigem Durchbruch. Durch intelligente Verlagerung des Hauptbiegebereichs entfernt vom Durchbruch sowie durch Einbringen von Radien (Bild 5.51) konnte der Schnapphaken sicher eingesetzt werden.

Bild 5.50 Auftreten von Kerbspannungsrissen

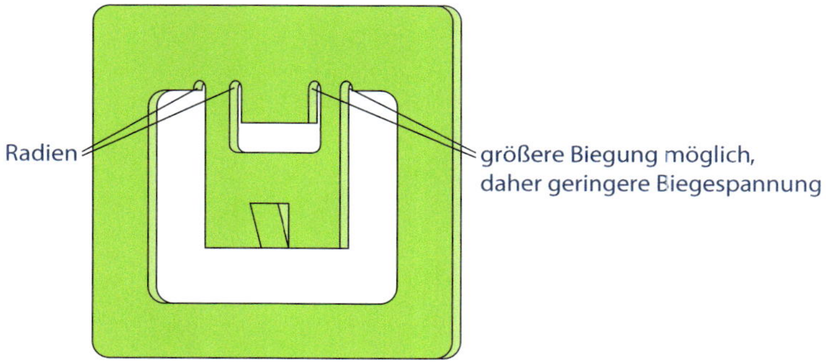

Bild 5.51 Verbesserung zu vorigem Bild

Filmscharniere gehen in der Regel mit Wanddickensprüngen einher, sollten aber für den Schmelzefluss und die Spannungsverteilung ebenfalls sanfte Übergänge (Bild 5.52) erhalten.

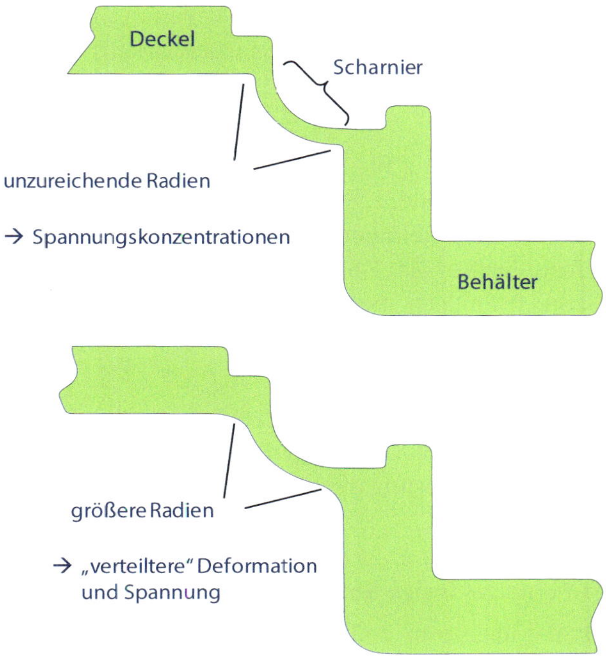

Bild 5.52 Belastungsgerechte und fertigungsgerechte Auslegung eines Filmscharniers

Der Ablauf der mechanischen Auslegung (Bild 5.53) kann wie folgt untergliedert werden:

- Aufprägung von Kräften und Randbedingungen,
- Berechnung sich hieraus ergebender Verformungen und Spannungen,
- Vergleich mit Zulässigkeitskriterien.

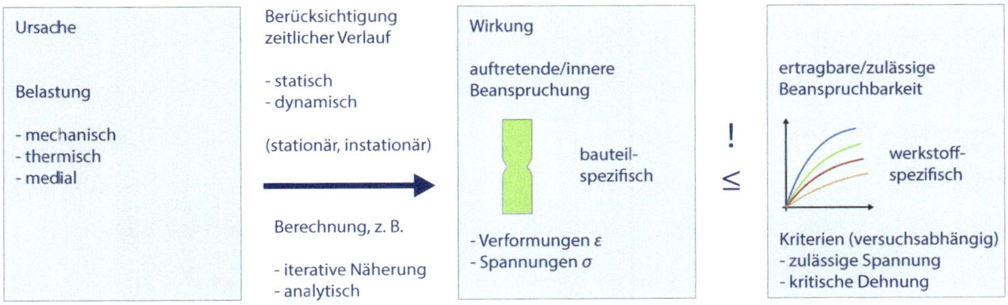

Bild 5.53 Vorgehensweise einer mechanischen Bauteilauslegung

Zuerst werden Kräfte und Randbedingungen aufgeprägt, welchen das geplante Produkt ausgesetzt sein wird. Als Antwort des Bauteils ergeben sich Verformungen und (innere) Spannungen. Mit Hilfe von Werkstoffmodellen werden diese Bauteilantworten rechnerisch ermittelt. Anschließend werden die Verformungen und Spannungen (Beanspruchungen) mit Kriterien (der Beanspruchbarkeit) verglichen, um zu prüfen, ob sie zulässig sind, also ob Sie die Funktion des Bauteils nicht gefährden.

In der Mechanik wird im Bachelorstudiengang für Ingenieure meist die konventionelle, analytische Dimensionierungsmethode, z. B. anhand der Berechnung der Durchbiegung eines Biegebalkens unter vielfältigen Belastungssituationen, nahe gebracht. Diese ist für Kunststoffbauteile nur als „Überschlagsrechnung" verwendbar, da die realen, komplexen Geometrien doch stark von diesen Vereinfachungen abweichen. Zudem verhalten sich Kunststoffe nicht linear und sogar der E-Modul ist je nach Zeiteinfluss und Belastungshöhe nicht konstant.

Zur beanspruchungsgerechten Konstruktion werden zusätzlich empirisch ermittelte Gesetzmäßigkeiten für überschlägige Berechnungen herangezogen. Diese werden durch die Anwendung iterativer Näherungsverfahren wie z. B. der Finiten-Elemente-Methode (FEM) ergänzt.

5.3.6.1 Dimensionierung gegen eine zulässige Spannung

Ergebnis der Berechnungen ist in der Regel eine im Bauteil auftretende Vergleichsspannung σ_V, die mit einer zulässigen Spannung σ_{Zul} verglichen wird (Bild 5.54). Ist die auftretende Vergleichsspannung kleiner als die zulässige, gilt das Bauteil als zulässig. Ist sie allerdings viel zu klein, ist das Bauteil eventuell überdimensioniert und unnötig teuer. Kennwerte für die zulässige Spannung, beispielsweise σ_m, werden üblicherweise in Zugversuchen oder Lastwechselversuchen gewonnen. Die jeweils genormten Versuchsbedingungen entsprechen allerdings meist nicht den realen Belastungsfällen.

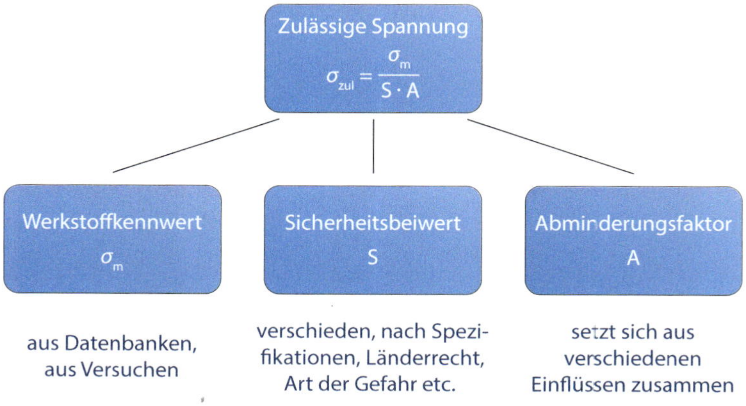

Bild 5.54 Dimensionierung gegen eine zulässige Spannung

Mithilfe der im Bachelorstudium erlernten Mechanik können Belastungszustände analytisch betrachtet und abgeschätzt werden. So ist die auftretende Schubspannung im in Bild 5.55 abgebildeten Schraubdom mit der Formel (5.5) zu ermitteln:

$$\tau_S = F_l \sqrt{d_S \cdot l_E \cdot \pi} \tag{5.5}$$

mit:

F_l = Schraubenlängskraft

d_S = Schrauben-Außendurchmesser

l_E = Einschraublänge

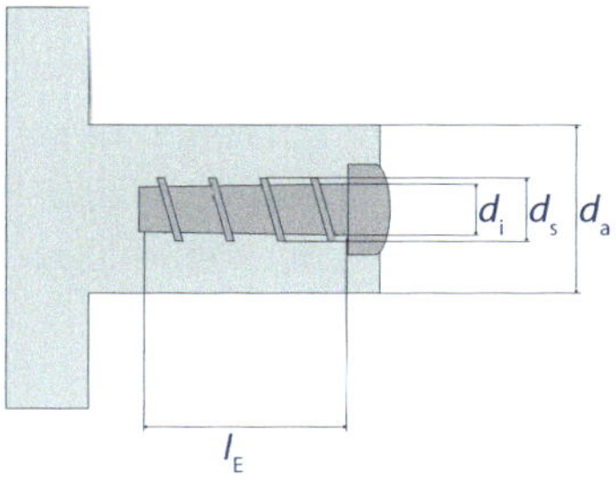

Bild 5.55
Wichtige Größen zur Auslegung von Schraubdomen

Zudem ist die auftretende Zugspannung im Schraubdom mit folgender Formel zu berechnen:

$$\sigma_l = \frac{F_l}{A_{\text{min}}} \tag{5.6}$$

mit:

A_{min} = kleinster Tubusquerschnitt

Diese Spannungen müssen mit der für diesen Werkstoff zulässigen Spannung verglichen werden, um zu bewerten, ob das Gewinde abscheren oder abbrechen wird. Als Alternative lässt sich auf empirisch ermittelte Erfahrungswerte zurückgreifen. Es gilt überschlägig:

- $0{,}7\ d_S < d_i < 0{,}95 d_S$
- $1{,}8\ d_S < d_a < 2{,}5\ d_S$
- $2{,}0\ d_S < l_E < 3{,}0\ d_S$.

Für Kunststoffe ist der Vergleich mit einer zulässigen Spannung nur bedingt geeignet. Die Spannungen in einem Kunststoffbauteil sind – aufgrund des viskoelastischen Verformungsverhaltens – nicht konstant, sondern eine Funktion von Belastungshöhe, Belastungsdauer, Belastungsgeschwindigkeit und Einsatztemperatur.

Die resultierenden Spannungen reagieren dabei sehr sensitiv auf die genannten Einflüsse.

Um der Beeinflussbarkeit der Spannung gerecht zu werden, werden Berechnungsfaktoren eingesetzt [10] welche die zulässige Spannung abmindern. Derartige Abminderungsfaktoren A liegen in der Regel zwischen 1,5 und 2, können aber auch Werte über 5 annehmen [8, 9].Weiterhin ist damit zu rechnen, dass trotz Auslegung nach der zulässigen Spannung auch nichtlineare Verformungen auftreten.

Diese sind kaum vorhersagbar, weshalb in der Praxis neben den Abminderungsfaktoren A zusätzlich Sicherheitsfaktoren S eingesetzt werden müssen [8, 10, 13]. Üblich sind dabei Sicherheitsfaktoren zwischen 1,5 und 2 [9].

Sowohl die hohen Abminderungsfaktoren als auch die hohen Sicherheitsfaktoren verdeutlichen die Unsicherheit bei der spannungsbezogenen Auslegung. Da Sicherheits- und Abminderungsfaktoren multipliziert werden, wird die zulässige Spannung sehr klein und das Ergebnis einer spannungsbezogenen Auslegung ist meist überdimensioniert. Eine Überdimensionierung widerspricht einer leichtbaugerechten und ressourcenschonenden Bauteilauslegung.

5.3.6.2 Dimensionierung gegen eine kritische Dehnung

Es hat sich in den vergangenen Jahren gezeigt, dass Schnapphaken (Bild 5.56) nur im linear-elastischen Bereich belastet werden sollten und es hat sich durchgesetzt, dass sie weniger durch eine Kraftbetrachtung als durch eine Betrachtung der maximal auftretenden Dehnung ausgelegt werden sollten.

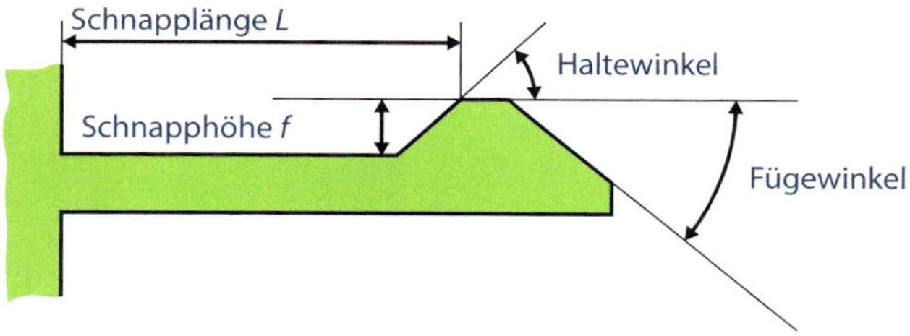

Bild 5.56
Wichtige Größen zur Auslegung eines federnden Biegehakens

Die bei der Auslenkung beim Fügen entstehende Randfaserdehnung darf gewisse Werte (siehe Tabelle 5.5) nicht überschreiten:

$$\varepsilon_{\text{rand}} = f \cdot 3h/2L^2 \tag{5.7}$$

mit:

f = Schnapphöhe

h = Hakenhöhe

L = Schnapplänge

Diese Werte sind für verschiedene Thermoplasten erfahrungsbasiert ermittelt. Da davon ausgegangen wird, dass Schnappverbindungen einer einmaligen, kurzzeitigen Belastung ausgesetzt sind, können verhältnismäßig hohe Dehnungen zugelassen werden. Für häufiges Fügen und Lösen sind kleinere Werte anzusetzen. Entsprechende Empfehlung liefert [9]:

Tabelle 5.5 Richtwerte für zulässige Kurzzeit-Dehnungen

Ungefüllte teilkristalline Thermoplaste	ε_{zul}	Ungefüllte amorphe Thermoplaste	ε_{zul}	Glasfaserverstärkte Thermoplaste	ε_{zul}
PE	8,0 %	PC	4,0 %	PA GF30	2,0 %
PP	6,0 %	PC + ABS	3,0 %	PA GF30 (trock.)	1,5 %
PA (feucht)	6,0 %	ABS	2,5 %	PC GF30	1,8 %
PA (trocken)	4,0 %	CAB	2,5 %	PBTP GF30	1,5 %
POM	6,0 %	PVC	2,0 %	ABS GF30	1,2 %
PBT	5,0 %	PS	1,8 %	PPS GF45	1,0 %

Ähnliches gilt auch für die Auslegung von Filmscharnieren. Es hat sich auch hier gezeigt, dass je nach Biegewinkel (Bild 5.57) eine vorhandene Randfaserdehnung ε_b mit der Formel 5.8 berechnet werden kann. Diese Randfaserdehnung darf gewisse Werte nicht überschreiten, um als geometrisch zulässig zu gelten. Bei Filmscharnieren ist grundsätzlich davon auszugehen, dass diese nicht nur einmalig, sondern regelmäßig belastet werden. Gesucht ist daher eine zulässige Dehnung, die beliebig viele Lastwechsel ohne auftretende Schädigung sicherstellt.

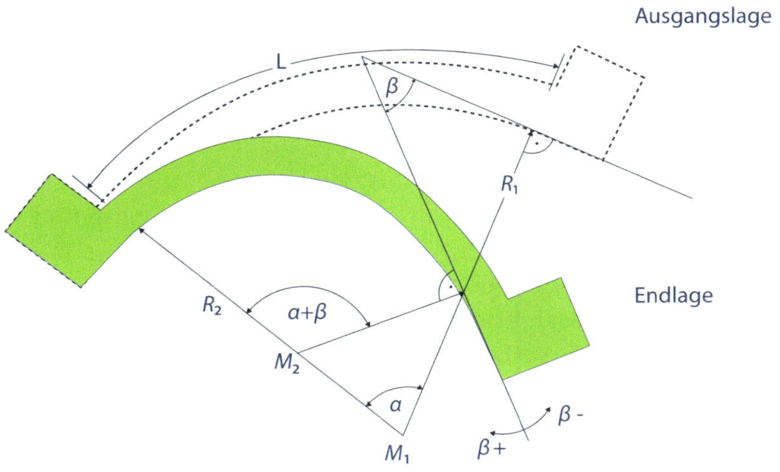

Bild 5.57 Zulässige Grenzdehnung eines Filmscharniers [8]

$$\varepsilon_{\text{b vor}} = h/2 \cdot (\alpha/L - (\alpha \pm \beta)/L) \tag{5.8}$$

Wenn sich also gezeigt hat, das Schnapphaken und Filmscharniere sich geeignet über eine Grenzdehnung dimensionieren lassen, ist fraglich, ob nicht eine dehnungsbezogene Auslegung allgemein kunststoffgerechter ist.

In den 1970er Jahren wurde durch Georg Menges ein dehnungsbezogener Ansatz vorgeschlagen [14, 15]. An transparenten, amorphen und an transluzenten, teilkristallinen Prüfkörpern konnte gezeigt werden, dass mit steigender Zugbelastungsdauer der optisch erkennbare Schädigungsbeginn - auch Fließgrenze genannt - sich asymptotisch einer Fließgrenzdehnung $\varepsilon_{F\infty}$ - auch kritische Dehnung genannt - annähert [14, 16] (Bild 5.58).

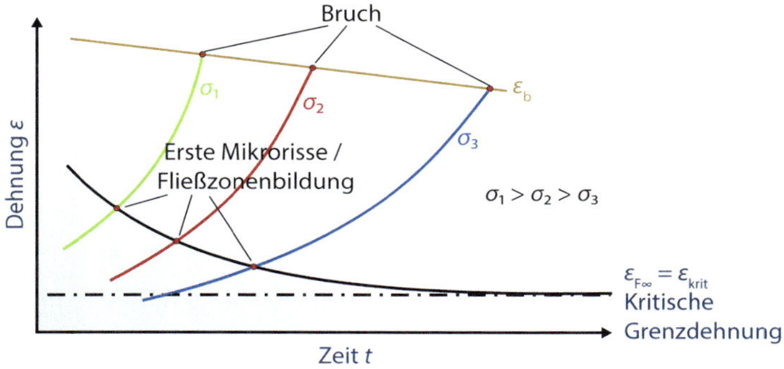

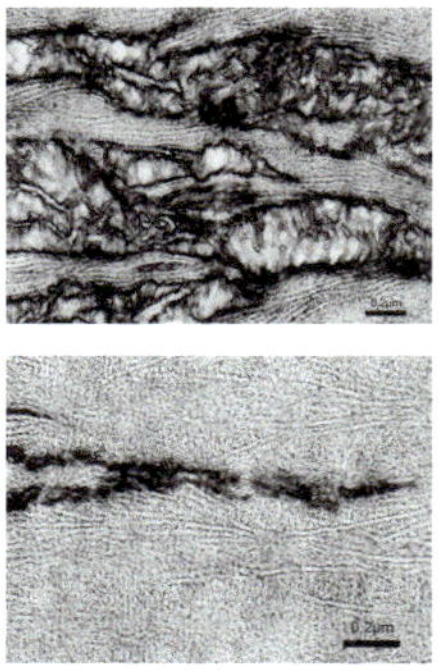

Bild 5.58 Erläuterungen zur kritischen Grenzdehnung nach [13]

Solange die Dehnung im Prüfkörper die kritische Dehnung nicht überschreitet, entsteht auf molekularer Ebene keine Schädigung [17, 18]. Zudem stellte sich heraus, dass auch bei kurzzeitiger Belastung die ersten Mikrorisse exakt beim Überschreiten der kritischen Dehnung entstehen. Diese sind bei kurzzeitiger Belastung jedoch noch so klein, dass sie erst wachsen müssen, um mit bloßem Auge erkannt zu werden [19]. Bei großen Spannungen ist die Dehngeschwindigkeit höher, weshalb die Rissbildung zu langsam erkannt wird. Bei kleineren Spannungen/Dehngeschwindigkeiten nähert sich hingegen die optische Detektion dem tatsächlichen Zeitpunkt des Auftretens an. Damit lässt sich auch der scheinbar asymptotische Verlauf des Schädigungsbeginns erklären. Die kritische Grenzdehnung $\varepsilon_{F\infty}$ an sich ist jedoch unabhängig von der Belastungsdauer/-geschwindigkeit.

Weitere Untersuchungen zur kritischen Dehnung zeigten, dass sie von folgenden Parametern weitgehend unabhängig ist:

- Belastungsart (statisch, dynamisch, mehrachsig) [15, 20]
- Belastungszeit [14, 16]

- Einsatztemperatur [14, 16]
- Medieneinfluss (vorausgesetzt: keine weichmachende oder lösende Wirkung) [21–23]
- Spannungsniveau [13]

Die kritische Dehnung als Auslegungskriterium besitzt im Vergleich zur spannungsbezogenen Auslegung mehrere Vorteile. Diese sind:

- einfache und sichere Auslegung [13, 24]
- Verwendung geringerer Abminderungs-/Sicherheitsfaktoren [20]
- breiter Gültigkeitsbereich der kritischen Dehnung [10, 25]
- kein Versagen des Bauteils, selbst bei Langzeitbelastung [14, 16]
- keine Unterscheidung zwischen statischer und dynamischer Belastung nötig [20]
- gute Berechenbarkeit der Verformung, da kein nichtlineares Verformungsverhalten auftritt. [13]

Die Tabelle 5.6 ordnet die kritische Grenzdehnung ε_{krit} in verschiedene Thermoplast-Gruppen.

Tabelle 5.6 Werte für die kritische Dehnung nach [25]

Kunststoff	Kritische Grenzdehnung ε_{krit}
Amorphe, ungefüllte Thermoplaste	0,6 bis 1,0 %
Ausnahme: Polystyrol	0,2 %
Teilkristalline, ungefüllte, harte Thermoplaste	2,0 bis 4,0 %
Teilkristalline, ungefüllte, weiche Thermoplaste	3,0 bis 6,0 %
Gefüllte Thermoplaste	0,3 bis 0,5 %

Die Ermittlung der kritischen Dehnung als Grenzwert der Dehnung bei optisch erkennbarer Mikrorissbildung ist aufgrund der langen Belastungszeiten und Ermittlung im Zeitstandversuch allerdings sehr zeitaufwendig. Daher werden derzeit am IKT neue Messverfahren erforscht, die eine einfache und schnelle Ermittlung der kritischen Dehnung ermöglichen.

5.3.6.3 Dimensionierung gegen den Zeiteinfluss – Lebensdauervorhersage

Eine ganz andere Beobachtungsweise ist die Dimensionierung gegen den Zeiteinfluss. Hersteller technischer Produkte müssen Gewährleistungen, teils über mehrere Jahre, geben und gewisse Produkteigenschaften für definierte Zeiträume garantieren. Da sich die Bauteileigenschaften mit der Zeit ändern (Alterung siehe Abschnitt 3.6), ist es für den Ingenieur wichtig, diese Änderungen zu kennen und vorhersagen zu können, um sein Bauteil entsprechend auszulegen.

Diese Vorhersage der Lebensdauer kann z.B. an Prüfkörpern oder ähnlichen Bauteilen unter realen Randbedingungen stattfinden, würde aber bei langlebigen Gütern hohe Prüfzeiten bedeuten. Aus diesem Grund werden die Bauteile künstlich und meist beschleunigt gealtert, um die Prüfzeiten und Kosten für eine Lebensdauervorhersage zu verkürzen. Für die Durchführung einer möglichst präzisen Lebensdauervorhersage sind Informationen über die äußeren Rahmenbedingungen und die geplante Anwendung notwendig.

Man muss sich allerdings immer bewusst sein, dass bei sehr langlebigen Produkten und dadurch erforderlichen langen Vorhersagezeiträumen Unschärfen in jeder Vorhersage entstehen. Zeiträume größer als das Zehnfache der Prüfdauer gelten als besonders kritisch.

Zu Beginn einer jeden Vorhersage sind die zu erwartenden Einsatzbedingungen zu klären:

- Vorgegebene Einsatzdauer
- Einsatztemperaturen (min., max., Zyklen, ...)
- Mechanische Belastungen (statisch, dynamisch, ...)
- Medienbeanspruchung (Kühlmittel, Kraftstoff, Reinigungsmittel, ...)
- Strahlungsbeanspruchung (UV-, Röntgen-, ...) usw.

Sind die Einsatzbedingungen klar, müssen die Hauptfunktionen betrachtet werden. Welche Bauteileigenschaft kann sich bei einer bestimmungsgemäßen Nutzung in Abhängigkeit von der Zeit ändern und zu einem Bauteilausfall führen? Diese Eigenschaftsänderung muss dann in eine messbare Größe (z.B. Zugfestigkeit, Bruchdehnung, Schlagzähigkeit, Molmasse, ...) überführt werden.

Als nächstes muss dieser messbaren Größe ein Grenzwert (Abfall bzw. Anstieg um $x\%$ bezogen auf den Ausgangswert) zugeordnet werden, ab dem eine Über- bzw. Unterschreitung zu einem Bauteilausfall führt.

Die Prüfzeit kann auf verschiedenste Weise verkürzt werden. Im einfachsten Fall werden in Abhängigkeit von der geplanten Bauteilanwendung die Einsatzbedingungen, wie z.B. Prüftemperatur, Medienkonzentration oder Strahlungsrate (sogenannte Beschleunigungsfaktoren), verschärft. Hierbei das richtige Maß zu finden, ist die Aufgabe eines erfahrenen Ingenieurs.

Durch den Einsatz falsch gewählter Beschleunigungsfaktoren können ablaufende chemische Reaktionen unterbunden oder erst geschaffen werden, so dass die Bauteile anders altern als im Gebrauch. Solche Ergebnisse können nicht für eine Lebensdauervorhersage herangezogen werden. Im schlimmsten Fall führen sie zu einer starken Fehleinschätzung der tatsächlichen Lebensdauer.

Die Vorgehensweise bei einer Lebensdauerabschätzung ist wie folgt:

- Ausfallkriterium festlegen,

- Grenzwert definieren,
- Beschleunigungsfaktoren wählen (Temperatur, Medienkonzentration, Strahlendosis, -rate, Zyklen der Beanspruchung, kombinierte Einflüsse u. a.),
- Bauteile/Prüfkörper prüfen,
- Abschätzung der Lebensdauer bei bestimmungsgemäßem Gebrauch.

In DIN EN ISO 2578, „Kunststoffe – Bestimmung der Temperatur-Zeit-Grenzen bei langanhaltender Wärmeeinwirkung" (10/1998), ist die prinzipielle Vorgehensweise für einen reinen Temperatureinfluss beschrieben. Als Berechnungsmodell wird die Arrhenius-Gleichung zugrunde gelegt (Zeit-Temperatur-Verschiebungsprinzip).

Prüfkörper werden bei unterschiedlichen Temperaturen gelagert, zu definierten Zeiten entnommen und auf das vorher gewählte Kriterium hin geprüft. In Bild 5.59 ist ein prinzipieller Abfall eines vorher definierten Ausfallkriteriums (z. B. Bruchdehnung) in Abhängigkeit von der jeweiligen Lagerungstemperatur dargestellt. Aus diesem Diagramm werden dann Temperatur-Zeit-Paare (Zeitpunkt, bei dem die Eigenschaftskurve den Grenzwert schneidet) entnommen und ein thermisches Langzeitdiagramm erstellt, vgl. Bild 5.60.

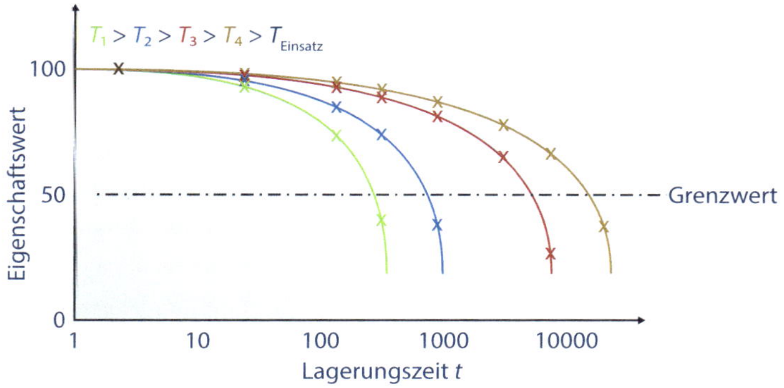

Bild 5.59 Beschleunigte Alterung bei erhöhten Temperaturen

Hierfür werden die Temperatur-Zeit-Paare für verschiedene Lagerungstemperaturen T_i und die sich ergebenden Zeiten t_i (logarithmisch) dargestellt. Liegen die einzelnen Messpunkte auf einer Geraden, hat die Arrhenius-Gleichung Gültigkeit und ermöglicht durch Extrapolation, die Lebensdauer zu niedrigeren Temperaturen und langen Einsatzzeiten abzuschätzen. Ein in der Industrie typischer Wert für eine Dauergebrauchstemperatur ist die Temperatur, die bei extrapolierten 20 000 h (ca. 2,3 Jahre) abgelesen werden kann. Je höher die Dauergebrauchstemperatur ist, desto mehr Einsatzmöglichkeiten bieten sich für das Produkt.

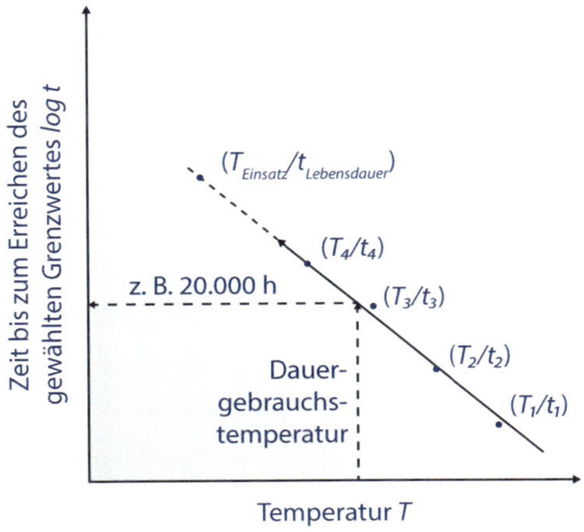

Bild 5.60
Thermisches Langzeitdiagramm nach DIN EN ISO 2578

5.3.7 Kurzzusammenfassung der kunststoffgerechten Konstruktion

Hier werden die Gestaltungsregeln für Produkte aus Kunststoff nach den wesentlichen Verarbeitungsverfahren (Spritzgießen, Pressen, Blasformen) getrennt noch einmal in Kurzfassung aufgelistet. Nur bei Berücksichtigung solcher Regeln können die werkstoffspezifischen Alleinstellungsmerkmale sowie die Formgebungsvielfalt der Kunststoffverarbeitungsverfahren sinnvoll genutzt werden.

Gestaltung von Spritzgießprodukten

Im Spritzgießverfahren (siehe Abschnitt 4.2) können flächige Produkte, Fügeteile für behälterartige Produkte, vor allem aber gehäuseartige sowie sehr komplexe Produkte hergestellt werden. Die Regeln lauten:

- Wanddicke so gering wie möglich halten, um eine geringe Zykluszeit zu realisieren. Hierbei müssen allerdings stets die Belastung und die begrenzte Fließfähigkeit des einzusetzenden Werkstoffes mit berücksichtigt werden.
- Gleiche Wanddicken vorsehen, um gleichmäßiges Abkühlen und gleichmäßige Schwindung zu erzielen und somit Verzug und Eigenspannungen zu vermeiden.
- Masseanhäufungen vermeiden, um schnellen und gleichmäßigen Wärmeabtransport zu ermöglichen und somit Lunker und Einfallstellen zu vermeiden.
- Wenn Wanddickenänderungen nicht abwendbar sind, möglichst von „dick“ nach „dünn“ spritzen.
- Ecken und Kanten mit Radien versehen, um einen guten Fluss der Schmelze und eine gute Entformung zu ermöglichen sowie Kerbspannungen zu verringern.
- Rippen und Abstufungen als Versteifungselemente einsetzen und spritzgießgerecht gestalten, damit keine Einfallstellen auf der Rückseite zu erkennen sind.

- Schraubdome als Verbindungselemente einsetzen, über dünne Rippen anbinden und spritzgießgerecht gestalten, damit keine Einfallstellen entstehen.
- Filmscharniere als Verbindungselemente einsetzen, Schmelzefluss über Dünnstelle sicherstellen
- Ausreichende Entformungsschrägen vorsehen, um das Spritzgießprodukt gut entformen zu können.
- Hinterschneidungen vermeiden, um ein möglichst einfaches Werkzeugkonzept zu ermöglichen.
- Die Positionierung des Angusses beachten, um wenig Bindenähte, geeignete Orientierung sowie kurze und gleichmäßige Fließwege zu erreichen. Den Anguss sowie Auswerfersysteme möglichst nicht auf Sichtflächen setzen.

Gestaltung von gepressten Produkten

Im Pressverfahren (siehe Abschnitt 4.3) können vor allem flächige Produkte realisiert werden. Dieses Verfahren steht bei großflächigen Bauteilen gelegentlich im Wettbewerb zum Spritzgießen und zum Thermoformen. Allgemeine Gestaltungsregeln sind:

- Wanddicke so gering wie möglich gestalten, um eine geringe Zykluszeit zu realisieren, allerdings stets die Belastung berücksichtigen.
- Gleiche Wanddicken vorsehen, um gleichmäßiges Abkühlen und gleichmäßige Schwindung zu erzielen und somit Verzug und Eigenspannungen zu vermeiden.
- Masseanhäufungen vermeiden, um schnellen und gleichmäßigen Wärmeabtransport zu ermöglichen und somit Lunker und Einfallstellen zu vermeiden.
- Ecken und Kanten mit Radien versehen, um einen guten Fluss der Schmelze und eine gute Entformung zu ermöglichen sowie Kerbspannungen zu verringern.
- Rippen entsprechend gutem Schmelzefluss gestalten.
- Ausreichende Konizitäten vorsehen, um das gepresste Produkt gut entformen zu können.
- Hinterschneidungen vermeiden, um ein möglichst einfaches Werkzeugkonzept zu ermöglichen.
- Die Positionierung des Materialzuschnitts beachten, um wenig Bindenähte und kurze Fließwege sicherzustellen.

Gestaltung von blasgeformten Produkten

Das Extrusions-Blasformverfahren (siehe Abschnitt 4.1.6) wird meist genutzt, um behälterartige Produkte oder andere Hohlkörperprodukte zu realisieren. Allgemeine Gestaltungsregeln sind:

- Ecken oder Kanten mit Radien versehen, um Faltenbildung zu vermeiden und die Entformung zu erleichtern.

- Großflächige ebene Flächen vermeiden, um Verwerfungen zu reduzieren,
- Butzen so klein wie möglich halten, um Material zu sparen.

5.4 Nutzen von Prototypen in der Produktentwicklung

Prototypen werden in den verschiedenen Phasen der Produktentwicklung eingesetzt. Der Designer braucht Prototypen, um seine Idee von der äußeren Gestalt vor den eigenen Augen zu sehen oder mit den eigenen Händen zu fühlen. Die Entwickler brauchen für die Konzept- oder Ausarbeitungsphase Prototypen, welche Funktionalitäten aufweisen oder technische Beanspruchungen bereits beweisen müssen.

Ein Unternehmen, das innovative Produkte entwickelt, verliert ohne Einsatz von Prototypen u. U. seine Wettbewerbsfähigkeit. Es gibt im deutschsprachigen Raum exzellente Literatur, die herangezogen werden kann, wenn vertiefte Kenntnisse über die verschiedenen Arten von Prototyptechniken gebraucht werden. Ein herausragendes Beispiel ist [26]. Um das richtige Prototyping-Verfahren für seinen Anwendungsfall mit Hilfe dieser Literatur wählen zu können, ist es jedoch meist notwendig, zunächst alle Techniken mit Ihren Vor- und Nachteilen zu verstehen und gegeneinander abzuwägen.

Dieser Abschnitt soll den Produktentwickler bei der Wahl des richtigen Prototyps unterstützen. Hierzu werden zunächst die verschiedenen Verfahren vorgestellt, mit denen Prototypen heutzutage hergestellt werden und anschließend Hilfestellung zur Auswahl des jeweils geeigneten Verfahrens gegeben.

Um Prototypen herstellen zu können, stehen verschiedene Verfahren zur Verfügung. Diese haben gegenüber Großserienverfahren wie dem Spritzgießen oder -prägen den Vorteil, dass auf eine kostenintensive Werkzeugherstellung zunächst verzichtet werden kann. Sind nur einzelne Prototypen erforderlich, stellt man diese mit dem sogenannten Rapid-Prototyping-Verfahren her. Beim Rapid-Tooling hingegen wird ein Prototypwerkzeug erzeugt, welches die Herstellung einer begrenzten Stückzahl des Bauteils im geplanten Verarbeitungsverfahren ermöglicht.

5.4.1 Rapid Prototyping

Prototypen können auf verschiedene Weise hergestellt werden. So können einfache Geometrien aus Vollmaterial gefräst oder aus Plattenmaterial durch Abkanten oder Zusammenschrauben hergestellt werden. Meist sind Kunststoffprodukte aber komplexer, so dass Prototypverfahren auch komplexere Geometrien erstellen können müssen.

Werden solch komplexere Prototypen benötigt, so lohnt es sich, additive Verfahren einzusetzen. Diese Verfahren benötigen keinerlei Form, sie arbeiten formlos. Unter additiver Fertigung versteht man Produktionsprozesse, in denen Produkte schichtweise aufgebaut werden. Dies kann mit unterschiedlichen Verfahren erfolgen, die landläufig als 3D-Drucken zusammengefasst werden. Das 3D-Drucken ist aber nur eines dieser additiven Verfahren, wie später vorgestellt werden wird.

Im Allgemeinen werden bei der additiven Fertigung pulverförmige oder flüssige Werkstoffe eingesetzt. Es wird jeweils eine Schicht des Werkstoffs aufgetragen und mit der darunter liegenden verbunden. Der prinzipielle Ablauf der formlosen Formgebung ist in Bild 5.61 dargestellt. Das 3D-CAD-Modell wird im Rechner in eine Schichtdarstellung (STL-Format) umgerechnet und an den Prozessrechner des generativen Verfahrens weitergeleitet. Der Prototyp wird dann stufenförmig aufgebaut.

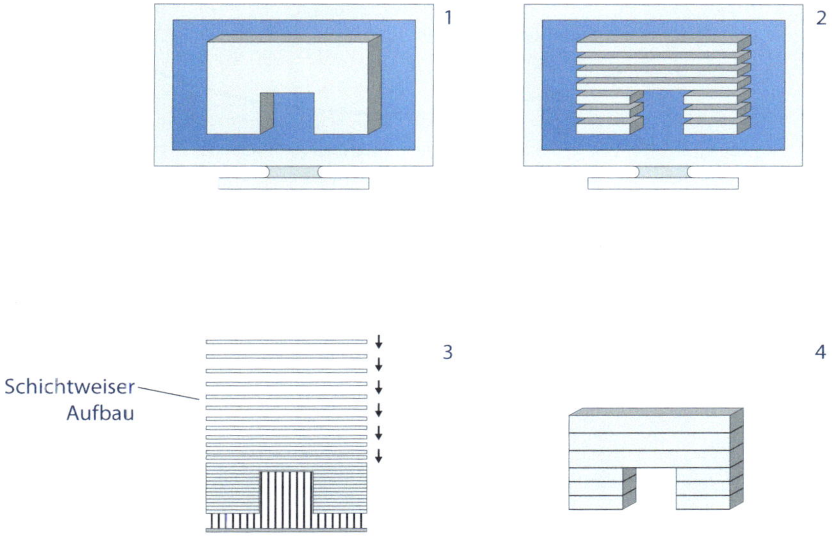

Bild 5.61 Prinzipieller Ablauf bei der formlosen Formgebung

Im Folgenden sollen die bedeutendsten Verfahren Stereolithographie (SLA), Selektives Lasersintern (SLS), Fused Deposition Modeling (FDM), Laminated Object Manufacturing (LOM) und 3D-Printing (3D-P) vorgestellt werden. Neuartige Verfahren basieren meist auf einem dieser Grundprinzipien.

5.4.1.1 Stereolithographie (SLA)

Die Stereolithographie ist das älteste lasergestützte generative Prototypverfahren. Ein Fotopolymer, d. h. ein lichtaushärtendes Harz, wird zum Beispiel durch einen Laser Punkt für Punkt bzw. Linie für Line selektiv belichtet und so lokal zum Duromer ausgehärtet. Nach dem Aushärten einer Schicht senkt sich die Trägerplatte ab und die oberste ausgehärtete Schicht wird wieder mit Fotopolymer benetzt (Bild 5.62). Die eingesetzten Werkstoffe sind Acryl-, Epoxid- und Vinyletherharze die im ausgehärteten Zustand gelblich-transluzent sind (Bild 5.63). Neben dem Aushärten durch einen Laser stehen heute weitere Belichtungskonzepte (UV-Lichtquellen) zur Auswahl.

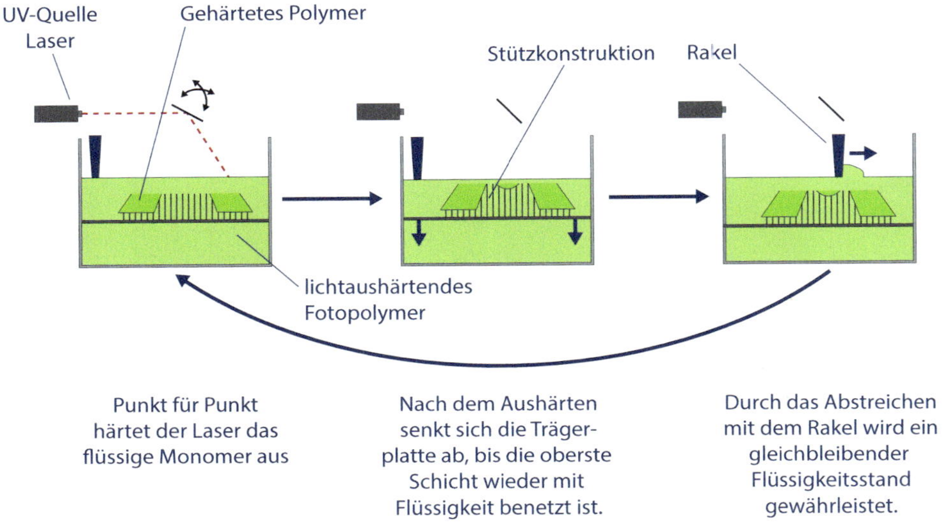

Bild 5.62 Prinzip der Stereolithographie

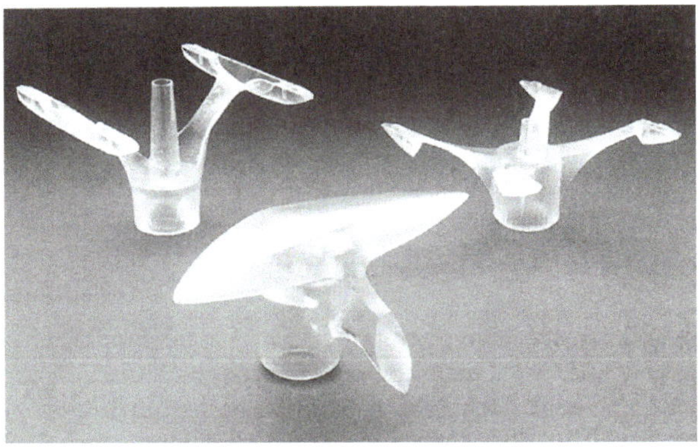

Bild 5.63
In Stereolithographie hergestellte Aufnahmeelemente [26]

QR-Code 5-1

Animierter Verfahrensablauf der Stereolithographie

http://www.ikt.uni-stuttgart.de/links/Videolinks/Stereolithographie_Animation

5.4.1.2 Selektives Lasersintern (SLS)

Beim Selektiven Lasersintern wird Thermoplastpulver lokal durch einen Laser (meist CO_2-Laser) Punkt für Punkt bzw. Linie für Linie erhitzt und mit seiner Umgebung verschmolzen. Nach dem Abkühlen der Schicht senkt sich die Trägerplatte ab. Mit Hilfe eines Rakels oder ähnlichen Beschichtersystemen (Walze) wird neues Pulver überstrichen und zugleich fest angedrückt (Bild 5.64).

Beim Lasersintern können Thermoplaste wie Polyamid 12 und Polycarbonat, aber auch Polystyrol und immer mehr Thermoplaste eingesetzt werden, die dehnfähiger (auch schlagzäher) sind als die meisten bei der Stereolithographie eingesetzten Harze bzw. deren ausgehärteten Duromere. Der Prototyp muss nachfolgend vom Pulverbett befreit werden.

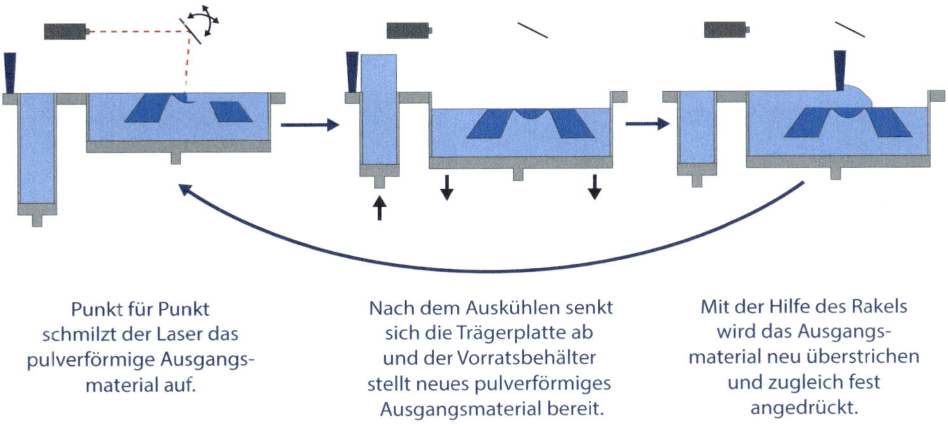

Bild 5.64 Prinzip des Selektiven Lasersinterns (SLS)

QR-Code 5-2

Animierter Verfahrensablauf des Selektiven Lasersinterns (SLS)

http://www.ikt.uni-stuttgart.de/links/Videolinks/Selektives_Lasersintern

5.4.1.3 Laminated Object Manufacturing (LOM)

Beim Laminated Object Manufacturing wird eine Klebeschicht aus Kunststoff oder Papier per Laser konturweise ausgeschnitten. Nach dem Ausschneiden wird eine neue Klebeschicht über die vorherige Schicht gezogen, angedrückt und verklebt (Bild 5.65). Das LOM-Verfahren eignet sich eher für großvolumige Bauteile mit maximal mittlerer Komplexität, da die herausgetrennte Klebeschicht noch von dem eigentlichen Prototyp getrennt werden muss. Dies gelingt bei zu komplexen Strukturen kaum.

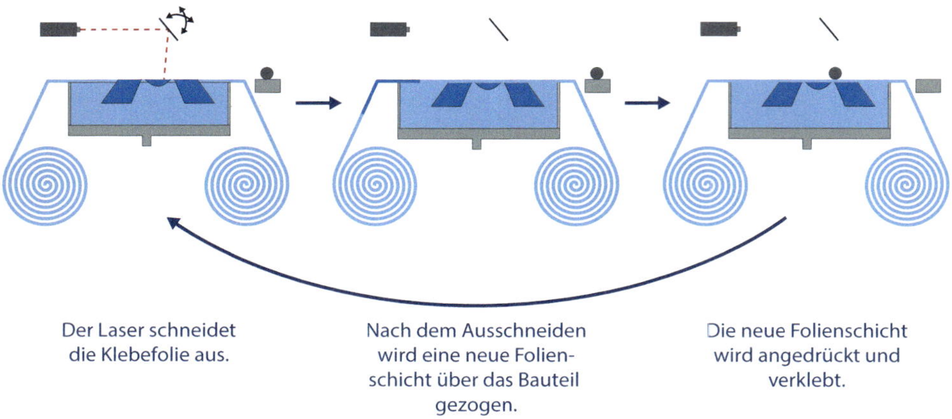

Bild 5.65 Prinzip des LOM-Verfahrens

QR-Code 5-3

Animierter Verfahrensablauf des LOM-Verfahrens

http://www.ikt.uni-stuttgart.de/links/Videolinks/LOM_Verfahren

5.4.1.4 3D-Printing (3D-P)

Beim 3D-Printing wird zunächst eine Pulverschicht auf eine Plattform aufgetragen (Bild 5.70). Mit einem Druckkopf, ähnlich der Tintenstrahltechnologie, wird anschließend ein Binder auf die Pulverschicht aufgebracht und somit die Pulverschicht selektiv verklebt. Dieser Vorgang wird schichtweise bis zum Aufbau der gesamten Produktkontur wiederholt.

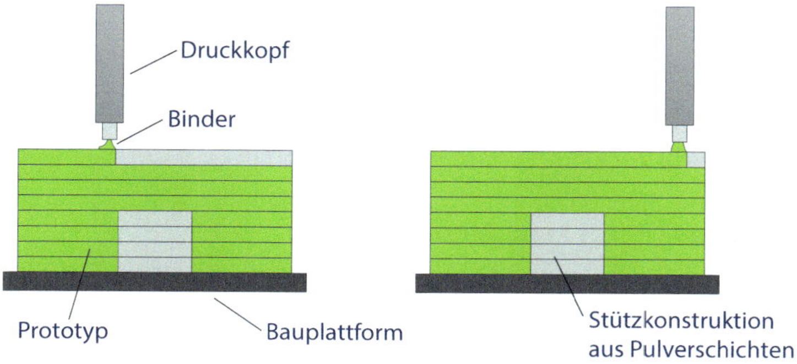

Bild 5.66 Prinzip des 3D-Printings

QR-Code 5-4

Animierter Verfahrensablauf beim 3D-Printing

http://www.ikt.uni-stuttgart.de/links/Videolinks/3_D_Printing

In Bild 5.71 ist der Produktentstehungsprozess in verschiedene sich überlappende Phasen unterteilt. Zugleich sind verschiedene generierende sowie konventionell formgebende Verfahren nach ihrer Gewichtung in den verschiedenen Produktentstehungsphasen unterschieden.

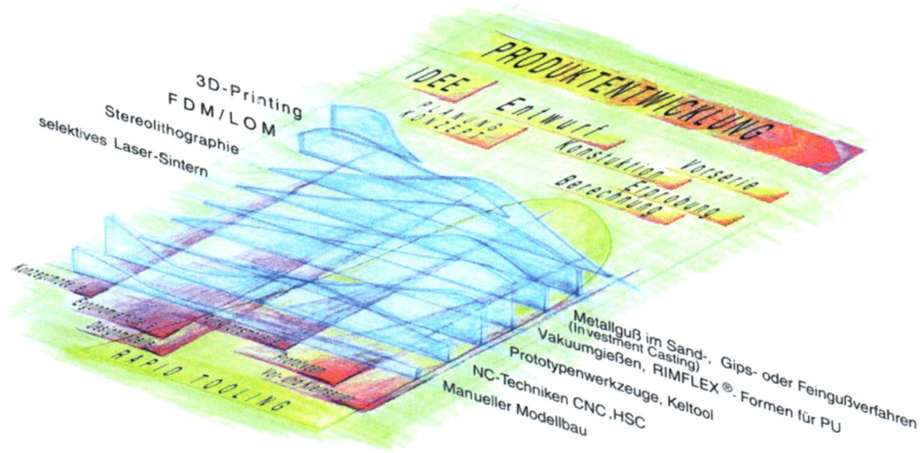

Bild 5.67 Prototypenverfahren in verschiedenen Produktentstehungsphasen [Bildquelle: Kegelmann Technik]

5.4.1.5 Strangablegeverfahren (FDM oder FFF)

Beim Strangablegeverfahren, auch Fused Deposition Modeling oder Fused Filament Fabrication Verfahren genannt, wird ein thermoplastischer Schmelzestrang aus einer Düse extrudiert und linienartig auf eine Bauplattform aufgetragen. Dort erstarrt sie, und die nächste Linie wird hierauf abgelegt (Bild 5.68). Für das FDM-Verfahren können Filamente aus Thermoplasten wie Polylactid, ABS und thermoplastische Elastomeren verwendet werden. Die Komplexität der Prototypen ist eingeschränkt (Bild 5.69). Die Filamente müssen hierzu sehr exakt in Durchmesser und Rundheit produziert werden, um allein durch Wärmeleitung im Hot-End (Kontaktheizung) aufgeschmolzen zu werden.

QR-Code 5-5

Animierter Verfahrensablauf beim FDM-Verfahren

http://www.ikt.uni-stuttgart.de/links/Videolinks/FDM_Verfahren

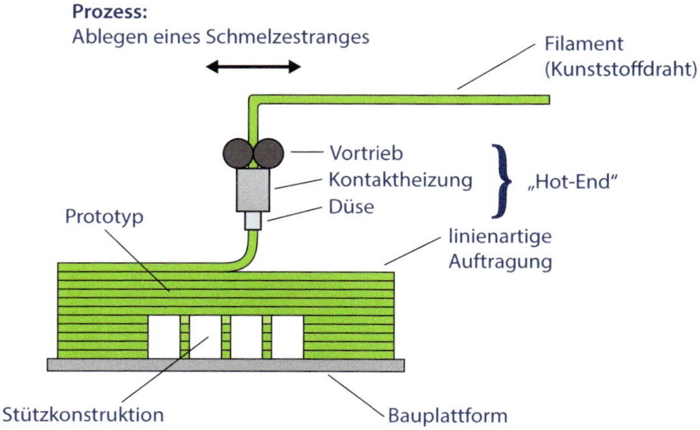

Bild 5.68
Prinzip des Strangablegeverfahrens

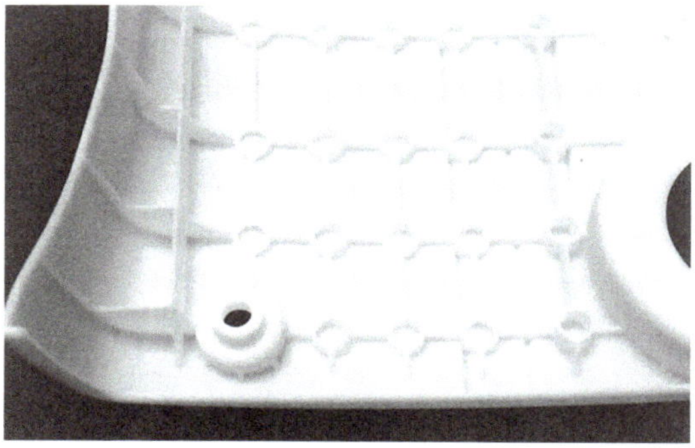

Bild 5.69
FDM-Prototypen aus ABS [26]
[Bildquelle: alphaCAM]

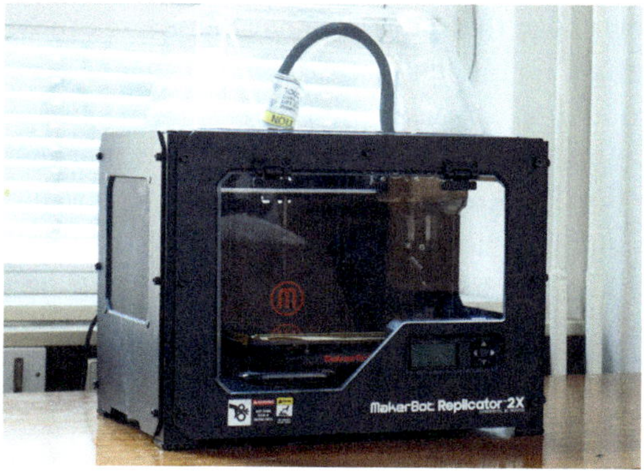

Bild 5.70 Beispiel eines 3D-Druckers

Eine neue Verfahrensvariante stellte Arburg auf der K-Messe 2013 vor. Statt Strängen werden Schmelzetröpfchen erzeugt und punktweise abgelegt (Bild 5.71). Besonders attraktiv ist, dass diese in einem Plastifizierzylinder aus herkömmlichem Kunststoffgranulat hergestellt wurden und dies den Anwender unabhängig vom Maschinenhersteller macht, welcher sonst oft am Materialverkauf (Filament oder Sinterpulver) verdient.

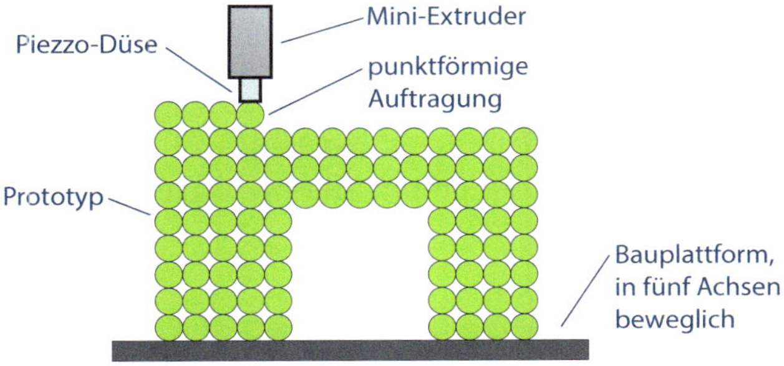

Bild 5.71 Prinzip der „Tröpfchenschichtung"

5.4.2 Rapid Tooling

Kunststoff wird in den Urformverfahren im zähflüssigen Zustand (meist Schmelze) durch eine Form, das Werkzeug, in seine komplexe Gestalt gebracht, bis der Kunststoff wieder erstarrt ist und die Form behält. Die Herstellung solcher Formen ist je nach eingesetztem Verfahren sehr teuer und zeitaufwendig, daher versucht man auf kostengünstigere und schnellere Weise solche Formen herzustellen, um zumindest eine geringe Anzahl des späteren Produktes erstellen zu können.

Formen aus unterschiedlichsten Werkstoffen, wie z.B. Polyurethan, Epoxidharz, Aluminium und Holz können im klassischen Modellbau spanend, modellierend, fügend u.a. hergestellt werden. Schneller geht es mit NC-Frästechniken (CNC, HSC), mit denen Formen aus verschiedenen, noch festeren Werkstoffen, vorzugsweise Aluminium, hergestellt werden können.

Sind die Geometrien im klassischen Modellbau einfach zu fräsen, so bietet es sich an, kostengünstige Aluminiumwerkzeuge oder gar Werkzeuge aus Holz zu fertigen und darin z.B. im Rotationsgießformen oder im Reaction-injection-molding (RIM)-Verfahren (siehe Abschnitt 4.3.4) einfache Prototypen zu fertigen. Beim Rotationsgießformen werden Thermoplasten als Granulat oder Pulver in ein beheiztes Aluminiumwerkzeug gegeben, das einen Hohlraum ausbildet. Die Partikel geraten in Schmelze und verteilen sich unter Rotation der Form gleichmäßig an deren Innenwand, wo sie nach dem Abkühlen die Kontur abbilden. Beim RIM-Verfahren werden reaktionsfähige Polyurethan-Werkstoffe in eine klassisch gefertigte Modellbauform gefüllt.

Sind die Geometrien der herzustellenden Produkte zu komplex für diese klassischen Modellbauarten, stehen Verfahren des Rapid Tooling zur Verfügung, die meist in wenigen Stunden oder Tagen statt Wochen eine Form herstellen können:

5.4.2.1 Gießverfahren

Durch die Stereolithographie können nicht nur Prototypen, sondern auch Werkzeugeinsätze generierend hergestellt werden, die allerdings nur wenigen Spritzgießvorgängen standhalten. Durch Harzgießen können beständigere Werkzeuge hergestellt werden. Hierbei wird ein Urmodell in einem Behälter in Knetmasse eingebettet und mit aushärtendem Harz bestrichen. Nachfolgend wird die eine Hälfte mit Gießharz ausgefüllt. Im nächsten Schritt wird die Knetmasse entfernt und die zweite Hälfte der Form durch Bestreichen und Auffüllen mit Harz hergestellt (Bild 5.72).

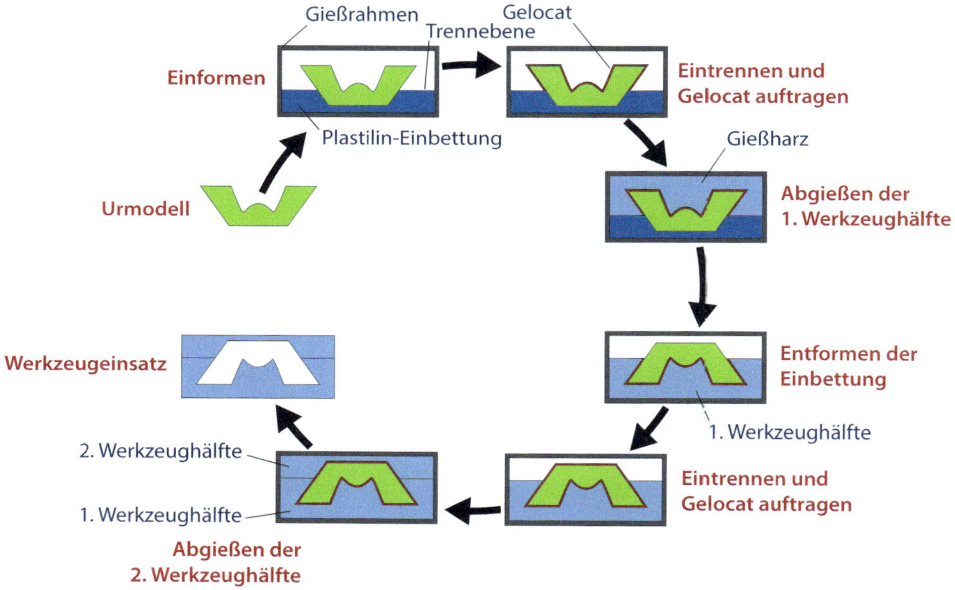

Bild 5.72 Herstellung eines Werkzeugs mittels Harzgießens

Rimflex®-Formen sind Reaction-injection-molding (RIM)-Gießformen, die sich durch flexiblen Einsatz der verschiedenen Formeinsatz-Arten auszeichnen. Abformwerkzeuge, die im klassischen Modellbau hergestellt wurden, kombiniert mit Abformeinsätzen aus generierenden Prototypenverfahren (meist Stereolithographie) zeichnen dieses Verfahren aus.

Beim Vakuum-Gießen wird ein Modell in einen Formkasten gehängt und mit Silikon aufgefüllt. Die Silikonform wird nach dem Aushärten mit einem Messer aufgetrennt und das Modell entnommen. Nachfolgend kann die Form unter Vakuum mit leichtfließendem, vernetzendem Polyurethan ausgegossen werden (Bild 5.73). In Bild 5.74 sind Beispiele des Vakuumgießens aufgeführt.

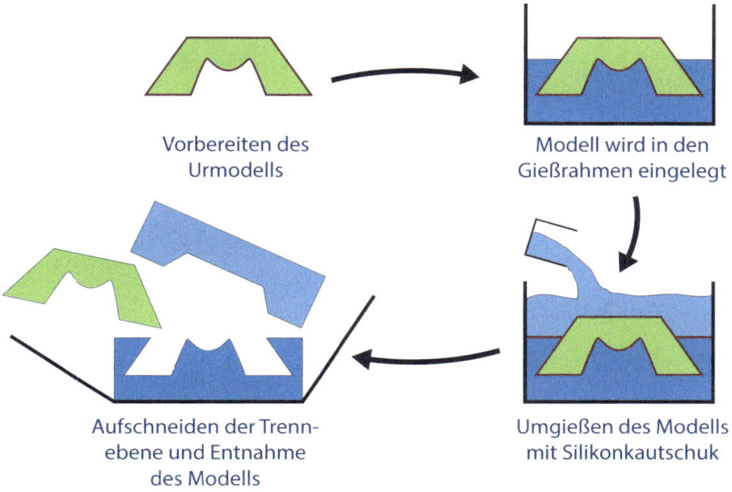

Bild 5.73 Herstellung einer Silikonform für das Vakuum-Gießen

Bild 5.74
Kopfstücke einer Büroleuchte: Stereolithographiemodell (links), Vakuum-Gießform (Mitte), Vakuumabguss (rechts) [Bildquelle: Thorn GmbH]

Das Feingießen erlaubt die Herstellung von Werkzeugen aus Metall unter Umgebungsdruck. Ein Modell wird „geschlickert“, d.h. mehrfach in Feingießkeramik getaucht und besandet, so dass eine dicke Kruste um das Modell entsteht. Bei hohen Temperaturen wird die Kruste gebrannt und zugleich das Modell ausgebrannt. Nachfolgend kann die Kruste mit flüssiger Metallschmelze bei Umgebungsdruck gefüllt werden (Bild 5.75).

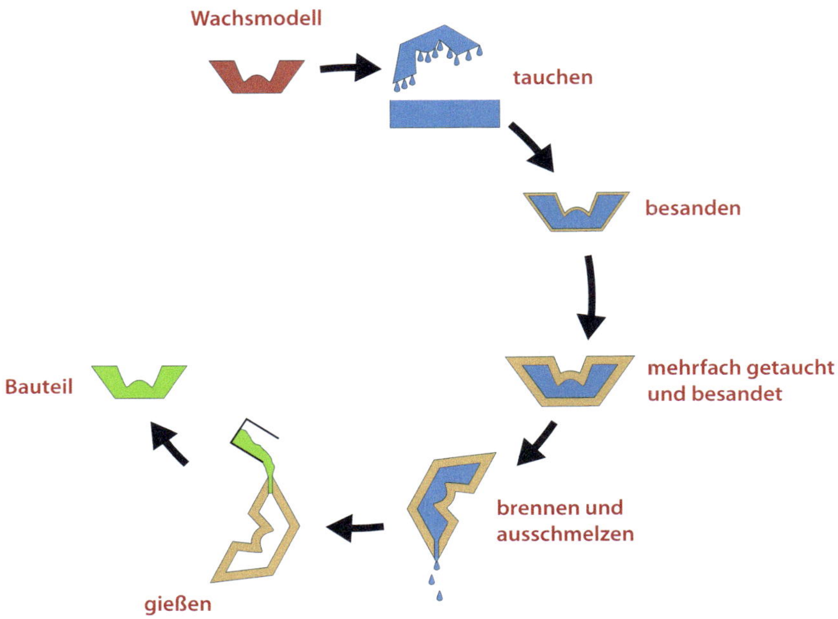

Bild 5.75 Prinzip des Feingießens

Beim Metallspritzen wird ein Urmodell in einem Gießrahmen in Knetmasse eingebettet. In einem Lichtbogen wird ein Metalldraht in Schmelze gebracht und auf das Urmodell gespritzt. Auf diese Weise wird eine metallische Oberfläche erzeugt, die mit Gießharz hintergossen werden kann (Bild 5.76).

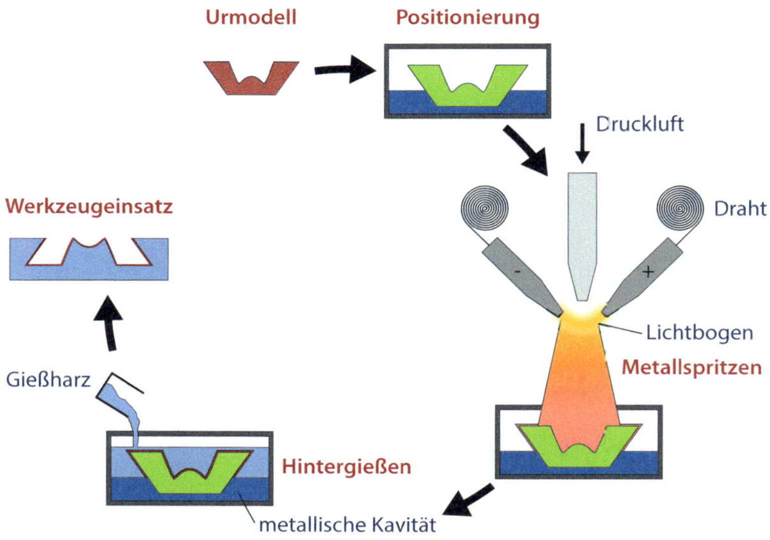

Bild 5.76 Prinzip des Metallspritzens

Für den 3D-Keltool®-Prozess wird ein Urmodell des Werkzeugs zunächst in Silikon abgeformt. Diese Silikonform wird mit einem Wolfram-Karbid-Pulvergemisch mit Epoxidharz ausgegossen und gerüttelt. Beim Rütteln gelangen die kleinen Partikel des Pulvergemischs bis in die komplexesten Strukturen hinein, während die großen Partikel die Reststruktur füllen. Im nächsten Schritt wird das Epoxidharz ausgebrannt und der Wolfram-Karbid-Grünling gesintert. Die verbliebene poröse Struktur wird mit einer dünnflüssigen Kupferlegierung infiltriert und das metallene Prototypenwerkzeug ist fertig (Bild 5.77).

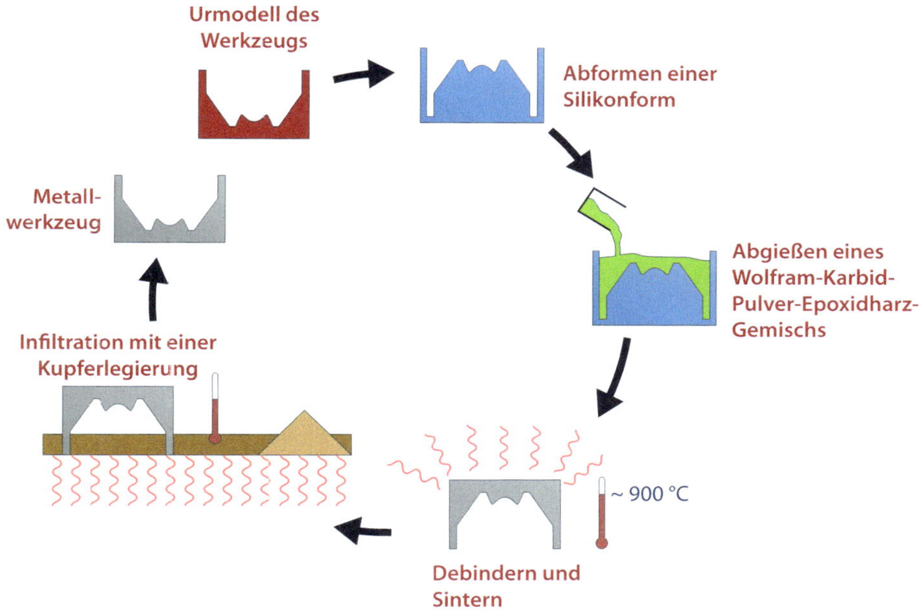

Bild 5.77 Prinzip des 3D-Keltool®-Verfahrens

5.4.2.2 Lasersintern von Werkzeugen

Das Lasersinter-Verfahren kann, sollte die Laserleistung hoch genug sein, direkt zum Sintern von Metallpulver eingesetzt werden. Für das Direkte Metall-Lasersintern (DMLS) wird das CAD-Modell im Rechner in ein Negativmodell umgerechnet, mit Formschrägen etc. versehen und die Daten direkt der Lasersintermaschine zur Verfügung gestellt.

Der Laserstrahl erzeugt eine raue Werkzeugoberfläche, die manuell nachgearbeitet werden muss. Der so hergestellte Werkzeugeinsatz wird in ein eigens vorgesehenes Stammwerkzeug eingesetzt (hierin sind die Kühlkanäle etc. eingebracht) und kann für Kleinserien eingesetzt werden. In Abschnitt 4.2.3.2 (Bild 4.51) wurde die konturnahe Temperierung durch einen lasergesinterten Werkzeugeinsatz erläutert.

5.4.3 Wahl eines Prototypverfahrens

Die Wahl, welches der vorgestellten Verfahren sich für die Herstellung eines Prototyps eignet, ist im Wesentlichen von den Anforderungen abhängig, die an den Prototypen gestellt werden, z. B. ob dieser lediglich das Design oder auch Funktionalitäten abbilden soll. Darüber hinaus ist auch die Geometrie des Bauteils (siehe Abschnitt 5.2) äußerst wichtig für die Wahl des Prototypenverfahrens.

5.4.3.1 Anforderungen an den Prototyp

Allein die Anforderungen an den Prototyp sollten den Produktentwickler bei der Wahl des einzusetzenden Prototypverfahrens leiten. Diese sind meist durch die Phase des Produktentstehungsprozesses bestimmt, in der sich der Entwickler gerade befindet. Es wird häufig unterschieden zwischen:

- Konzeptmodell,
- Geometrieprototyp,
- Funktionsprototyp und
- technischer Prototyp.

Konzeptmodell

Ein Konzeptmodell erlaubt die Visualisierung von Proportionen und stellt das grundsätzliche Erscheinungsbild dar. Ein Konzeptmodell erfüllt also weniger eine Anforderung an das spätere Produkt, sondern allein die Anforderung des Produktentwicklers nach materieller Betrachtbarkeit der Gestalt. Solche Konzeptmodelle finden in frühen Phasen der Konzeption (z. B. zur Vorstellung der Idee beim Kunden) sowie erneut während der Ausarbeitungsphase Gebrauch. Mit diesem Modell können grobe Gestaltungsfehler, deren spätere Behebung zunehmend teurer würde, besser als am virtuellen Modell erkannt werden.

Geometrieprototypen

Diese dienen der Prüfung von Handhabung und Bedienbarkeit sowie der Visualisierung der exakten Form. Die Oberflächengüte entspricht in Farbe und Haptik möglichst dem Serienbauteil. Solche Prototypen erfüllen mit der detaillierten Gestalt und den Oberflächeneigenschaften bereits Anforderungen, die auch an das spätere Produkt gestellt werden. Sie werden gerne in der Konzeptphase, z. B. zur Vorstellung bei der Unternehmensleitung, genutzt.

Funktionsprototypen

Diese müssen insbesondere die Funktionen des späteren Produktes erfüllen. Mit diesen Prototypen werden z.B. Einbauversuche durchgeführt und sie werden mechanischer und/oder thermischer Beanspruchung ausgesetzt, so dass einige Produkteigenschaften bereits erprobt werden können. Die Überprüfung der Eigenschaften findet meist im Anschluss an die Ausarbeitungsphase bzw. die Konstruktion und Simulation statt. Hier wird bereits deutlich, dass ein Funktionsprototyp höheren Anspruch an den Prototypwerkstoff, dessen mechanische Eigenschaften, Temperaturgrenze und evtl. Medienbeständigkeit stellt.

Technische Prototypen

Diese erfüllen über die Anforderungen an einen Funktionsprototyp hinaus noch weitere Anforderungen an das spätere Serienprodukt. Technische Prototypen sind oft aus Serien- oder serienähnlichem Material und werden manchmal sogar als Lückenfüller für die ersten Serienprodukte eingesetzt. Auch das Herstellverfahren des Prototyps ist oft dem Serienprozess sehr ähnlich, um den Einfluss des Herstellprozesses auf die Produkteigenschaften mit zu berücksichtigen. Technische Prototypen werden meist bei der Entwicklung sehr anspruchsvoller Produkte eingesetzt, um eine letzte Änderungsmöglichkeit vor der Fertigung des teuren Serienwerkzeuges zu erhalten.

5.4.3.2 Protoypen für großflächige Produkte und für gehäuseartige Produkte

Zur Auswahl geeigneter Prototypen in verschiedenen Phasen des Entwicklungsprozesses eines großflächigen oder gehäuseartigen Produktes gibt Bild 5.78 eine Hilfestellung. Für ein einfaches Konzeptmodell sollte beispielsweise auf den klassischen Modellbau oder einfache generierende Prototypverfahren wie das Strangablege- oder Tröpfchenablegeverfahren zurückgegriffen werden.

Wird für derartige Produkte vom Kunden ein Geometrieprototyp gefordert, werden zumeist optische Anforderungen an die sichtbare Seite des Produktes abgeprüft. Um die rein optischen Anforderungen mit einem Prototypen zu ermöglichen, können die Konzeptmodelle, auch die aus dem klassischen Modellbau, genutzt werden. Daneben werden auch zunehmend die anderen generierenden Prototypverfahren Stereolithographie und Lasersintern eingesetzt. Werden mehrere solcher Prototypen benötigt, werden sie in Silikon abgegossen und mit der Vakuumgieß-Technik „kopiert“.

Die große Herausforderung an einen Funktionsprototypen für flächige Produkte besteht darin, die Steifigkeit des Produktes sowie dessen Anbindung an den abzudeckenden Grundkörper bzw. das benachbarte Bauteil zu realisieren. Diese Anforderungen werden durch Rippen, Stege, Ösen, Schnappverbindungen u.a. auf der nicht sichtbaren Seite realisiert. Mögliche Herstellverfahren sind ebenfalls das

Lasersintern und teilweise die Stereolithographie. Reichen die Bauräume der Verfahren nicht aus, so können größere Prototypen auch zusammen geklebt werden. Bereits wenn mehrere dieser komplexen Prototypen gebraucht werden, ist es sinnvoll, ein abformendes Verfahren einzusetzen. Für diese flächigen Teile bieten sich das Vakuumgießen oder die RIM-Technik an. So können Rippen, Schnapphaken und Ösen z. B. durch Stereolithographie-Abformeinsätze realisiert werden, die in einen per klassischem Modellbau aufgebauten Grundkörper eingesetzt werden.

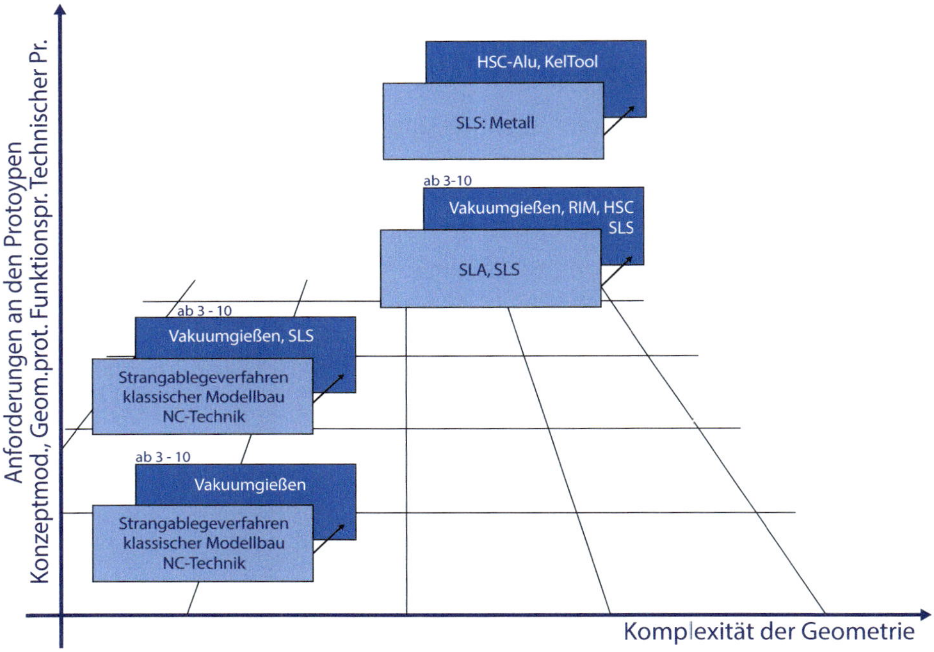

Bild 5.78 Schema Prototypwahl für gehäuseartige und flächige Produkte [27]

Noch aufwendiger wird es bei den technischen Prototypen, diese sind allerdings auch den Serienprodukten am nächsten. Meist wird für einen technischen Prototypen flächiger oder gehäuseartiger Produkte ein Prototyp aus dem Serienwerkstoff gefordert, der nahezu unter Serienbedingungen hergestellt wird. Diese flächigen Produkte werden meist im Spritzgieß- oder Pressverfahren hergestellt. In beiden Verfahren werden hohe Kräfte in das Werkzeug eingeleitet. Um die komplexen Geometrien auf der nicht sichtbaren Seite zu realisieren, werden in der Regel Aluminiumwerkzeuge mit NC-Techniken hergestellt. Wo diese an ihre Grenzen stoßen, lohnt der Einsatz des Keltool®-Verfahrens. Werden nur geringe Oberflächengüten der Prototypen benötigt, können auch metallgesinterte Abformeinsätze (Bild 4.51) eingesetzt werden.

5.4.3.3 Protoypen für behälterartige Produkte

Für Konzeptmodelle und Geometrieprototypen von behälterartigen Produkten gelten die gleichen Empfehlungen wie bei flächigen Produkten. Es kommen Verfahren des klassischen Modellbaus sowie Strangablege- und Tröpfchenverfahren zum Einsatz (Bild 5.79). Werden mehrere solcher Prototypen benötigt, werden diese ebenfalls im klassischen Modellbau hergestellt.

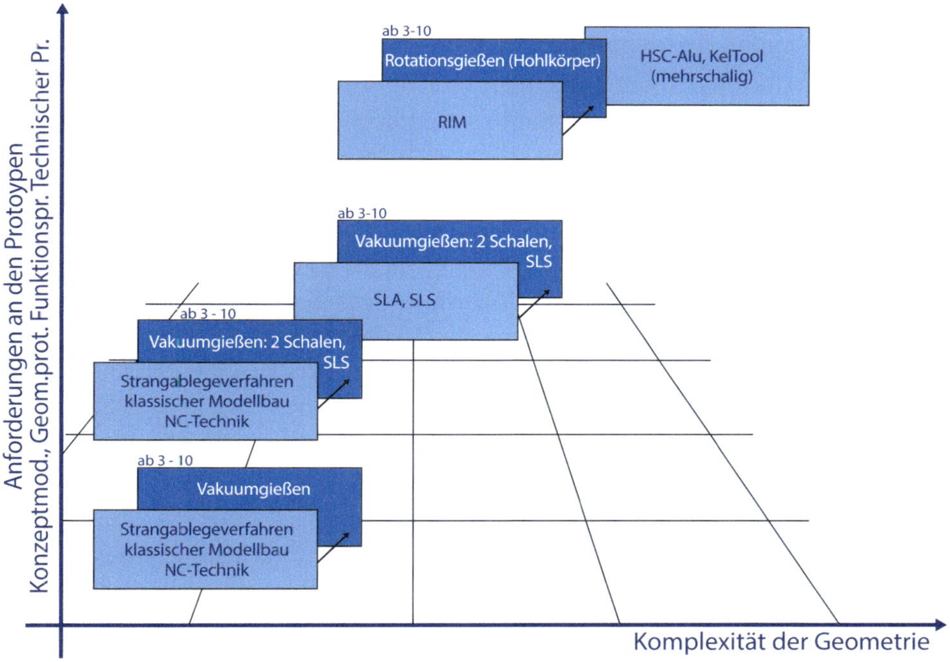

Bild 5.79 Schema Prototypwahl für behälterartige Produkte [27]

Funktionsprototypen von behälterartigen Produkten müssen zum einen dicht sein und auch geometrisch exakte Geometrien aufweisen, um Schläuche, Deckel o. ä. damit verbinden zu können. Sie können mit den generierenden Verfahren Stereolithographie und Lasersintern hergestellt werden, da die hierbei eingesetzten Werkstoffe viele Medien und das Gewicht der Flüssigkeit ertragen können. Für die Herstellung mehrerer Funktionsprototypen bietet sich abermals das RIM-Verfahren an. Für die meist einfache Außengeometrie wird noch nicht einmal die Abformung eines oberflächenbearbeiteten Stereolithographie-Prototypen in Silikon nötig, denn spanende NC-Techniken für die Formhälften sind hier meist schneller.

Technische Prototypen von Behältern werden insbesondere gebraucht, wenn auch die Anforderungen an die Medienresistenz oder Lebensmittelechtheit erfüllt werden müssen. Hierfür müssen oft die Serienwerkstoffe eingesetzt werden. Wird das behälterartige Produkt aus zwei spritzgegossenen Teilen zusammengeschweißt, so ist es sinnvoll, egal wie groß die Stückzahl sein soll, diese zwei Teile in einem Aluminiumwerkzeug im Spritzgießverfahren im Serienwerkstoff herzustellen.

Auch hier gilt: sind die Geometrien sehr komplex, kommt Keltool® evtl. ergänzt durch ein CNC-Verfahren, zum Einsatz. Die Formhälften für einen blasgeformten, behälterartigen Prototypen hingegen sind mit spanenden CNC-Techniken in Verbindung mit dem Rotationsgießformen rasch herzustellen.

5.4.3.4 Protoypen für komplexe Produkte

Im Gegensatz zu den zuvor genannten Geometrietypen ist die Erstellung eines Konzeptmodells für komplexe Produkte ausschließlich mit generierenden Verfahren wie das Strang- oder Tröpfchenablegeverfahren möglich (Bild 5.80). Wegen der komplexen Geometrie würde die klassische, spanende Bauweise hingegen zu aufwendig.

Wird ein Geometrieprototyp benötigt, kann ebenfalls nicht mehr auf spanende Verfahren zurückgegriffen werden. Die Oberfläche des Konzeptmodells kann allerdings für die optischen Anforderungen des Geometriemodells überarbeitet werden. Werden mehrere Geometrieprototypen gebraucht, kann das Vakuumgießen wegen der komplexen Geometrie nicht eingesetzt werden. Meist rechnet es sich bereits hier, sofort in das formgebende Originalverfahren mit Hilfe eines Aluminiumwerkzeugs oder in sehr komplizierten Fällen mit Hilfe des Keltool®- oder Space-Puzzle-Molding zu gehen.

Funktionsprototypen von komplexen Produkten können mit Hilfe der generierenden Verfahren Stereolithographie und Lasersintern erstellt werden. Meist hat der thermoplastische Werkstoff beim Lasersintern den Vorteil der höheren Ähnlichkeit an den Serienwerkstoff und erfüllt somit einige Funktionen recht gut. Sollten mehrere Funktionsprototypen erforderlich sein, so rechnet sich auch hier bereits die Investition in ein formgebendes Werkzeug für das Serienverfahren.

Bei Technischen Prototypen schließlich gibt es keine Alternative, als ein formgebendes Werkzeug aus Aluminium oder in sehr komplizierten Fällen mit Hilfe des Keltool®- und Space-Molding-Verfahrens zu erstellen und mit dem Originalwerkstoff unter Serienbedingungen zu füllen.

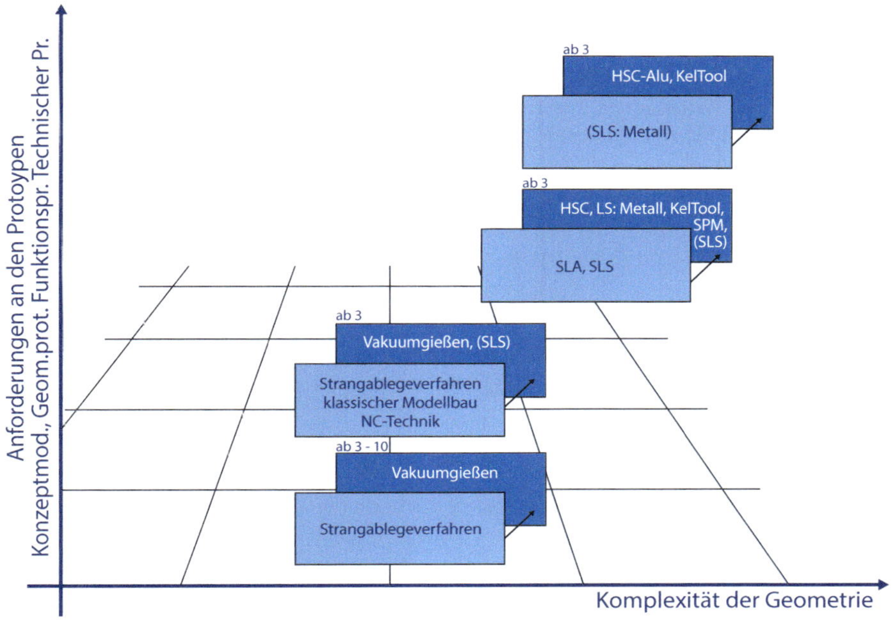

Bild 5.80 Schema Prototypwahl für komplexe Produkte [27]

5.5 Literaturverzeichnis

[1] D. Blaese, Methodische Ansätze zur Abschätzung der Lebensdauer von Kunststoffbauteilen bei komplexer Belastung, Universität Essen, 1999.

[2] D. Blaese und E. Schmachtenberg, Bewertung von Zeit-Temperatur-Kollektiven zur Beschreibung der Alterung von Polymerwerkstoffen, in Internationale Konferenz über Schweißtechnik, Werkstoffe und Werkstoffprüfung, Bruchmechanik und Qualitätsmanagement, Wien, 1997.

[3] D. Blaese und E. Schmachtenberg, Beanspruchungskollektive und Anforderungen, in Innovation durch Materialforschung, Band 2. Fortschrittsberichte VDI, Düsseldorf, VDI, 1999.

[4] W. Ihl und R. Bald, Werkstoffauswahl bei Temperatur und Medienbeanspruchung im KFZ, in Technische Einsatzgrenzen von technischen Kunststoffbauteilen, Düsseldorf, Springer-VDI, 1998.

[5] H. Domininghaus, Die Kunststoffe und ihre Eigenschaften, Berlin: Springer, 1998.

[6] Saechtling-Kunststoff-Taschenbuch, München, Carl Hanser Verlag, 2013.

[7] K. Konejung, Verfahrenswahl/Verfahrenstechnische Alternativen, in Spritzgießen von Qualitätsformteilen, BAYER AG, 2001.

[8] G. W. Ehrenstein, Mit Kunststoffen konstruieren, München: Carl Hanser Verlag, 2002.

[9] G. Erhard, Konstruieren mit Kunststoffen, München: Carl Hanser Verlag, 2008.

[10] W. Michaeli, T. Brinkmann und V. Lessenich-Henkys, Kunststoff-Bauteile werkstoffgerecht konstruieren, München: Carl Hanser Verlag, 1995.

[11] C. Bonten, Kunststofftechnik für Designer, München: Carl Hanser Verlag, 2003.

[12] R. A. Malloy, Plastic Part Design for Injection Molding, München: Carl Hanser Verlag, 1994.

[13] G. Menges, Werkstoffkunde Kunststoffe, München: Carl Hanser Verlag, 2011.

[14] G. Menges und H. Schmidt, Spannungsrisse bei Langzeit-Zugbeanspruchung von Kunststoffen, Kunststoffe 57, p. 885 – 890, 1967.

[15] G. Menges und H. Roskothen, Deformation as a new criterion for dimensioning of plastic structures, Journal of Macromolecular Science 6, Nr. 3, p. 631 – 640, 1972.

[16] G. Menges und H. Schmidt, Spannungsrissbildung und elastisch-plastisches Verformungsverhalten bei Langzeitbeanspruchung, Plastverarbeiter 19, Nr. 7, p. 547 – 551, 1968.

[17] G. Menges, Das Verhalten von Kunststoffen unter Dehnung: Teil 1. Phänomenologie der Risserscheinung, Kunststoffe 63, Nr. 2, p. 95 – 100, 1973.

[18] G. Menges, Das Verhalten von Kunststoffen unter Dehnung: Teil 2. Deutung der kritischen Dehnung und Verhalten der Kunststoffe bei überkritischer Dehnung, Kunststoffe 63, p. 173 – 177, 1973.

[19] J. Pohrt, Vorgabe und Nachkontrolle kritischer Dehnungen in der Anwendung auf thermoplastische Bauteile. Teil 1: Theorie der kritischen Dehnung und experimentelle Darstellung., Kunststoffe, Nr. 24, pp. 594 – 606, 1971.

[20] G. Menges und E. Alf, Das Verhalten thermoplastischer Kunststoffe unter schwingender Beanspruchung, Plastverarbeiter, Nr. 21, pp. VIII-1 – VIII6, 1970.

[21] Menges und Roskothen, Deformation as a new criterion for dimensioning of plastic structures, Journal of Macromolecular Science: Part A – Chemistry: Pure and Applied Chemistry, 1972.

[22] G. Menges und R. Riess, Verarbeitung- und Umgebungseinflüsse auf die kritische Dehnung von Kunststoffen, Kunststoffe, Nr. 64, pp. 87 – 92, 1974.

[23] G. Menges, R. Riess und H.-J. Schanek, Einfluss korrosiver Flüssigkeiten auf mechanisch beanspruchte Thermoplaste, Kunststoffe, Nr. 64, pp. 200 – 204, 1974.

[24] Michaeli, Brinkmann und Lessenich-Henkys, Kunststoff-Bauteile werkstoffgerecht konstruieren, München: Carl Hanser Verlag, 1995.

[25] J. Kunz, Ein Plädoyer für die dehnungsbezogene Auslegung, Kunststoffe, Nr. 101, pp. 50 – 54, 2011.

[26] A. Gebhardt, 3D-Drucken – Grundlagen und Anwendungen des Additive Manufacturing, München: Carl Hanser Verlag, 2016.

[27] C. Bonten und T. Seul, Nur die Anwendung bestimmt den Prototypen, Kunststoffe 91, Nr. 1, p. 46, 2001.

6 Kunststoffe und Umwelt

Trotz des zunehmenden Einsatzes von Kunststoffen weltweit, werden sie zunehmend kritisch gesehen. Wegen häufiger Fragen der Studenten ist es dem Autor wichtig, über Kunststoffe und deren Schaden und Nutzen für die uns umgebende Welt offen zu informieren und diese zu diskutieren. In diesem Kapitel werden Kunststoffabfälle, kritische Substanzen in Kunststoffen, Biokunststoffe und Ökobilanzen behandelt. Der Leser wird gebeten, sich selbst ein Urteil über Risiken und Chancen zu bilden.

6.1 Kunststoffabfälle

Die EU-Richtlinie 2008/98/EG setzt den rechtlichen Rahmen für die Abfallgesetzgebung der Mitgliedstaaten. Jedem Mitgliedsland steht frei, auf welchem Wege diese Richtlinie eingehalten wird. In Deutschland wird sie umgesetzt durch das seit 1996 geltende (und immer wieder angepasste) „Gesetz zur Förderung der Kreislaufwirtschaft und Sicherung der umweltverträglichen Bewirtschaftung von Abfällen" (KrWG). [1]

Das deutsche Kreislaufwirtschaftsgesetz behandelt die Vermeidung, die Verwertung und die Beseitigung von Abfällen. Zweck des Gesetzes ist es, „die Kreislaufwirtschaft zur Schonung der natürlichen Ressourcen zu fördern. (...)" und regelt u.a. die Entsorgung von Abfällen. Diese sollen möglichst vermieden, gegebenenfalls stofflich oder energetisch verwertet, die wenigen Reste dann besonders behandelt und deponiert werden. Wertstoffe müssen grundsätzlich zunächst getrennt, dann gesammelt und eventuell noch einmal sortiert werden. Nicht verwertbare Sortierreste werden meist verbrannt (auch um Schadstoffe/Gifte zu vernichten), und erst die Rückstände werden deponiert.

Das Gesamtmüllaufkommen in deutschen Haushalten wog 37,2 Mio. Tonnen [2]. Hiervon waren 43,6% Hausmüll und Sperrmüll, 24,4% Biomüll, 15,8% Papier,

Pappe, Kartonagen und 6,8 % Kunststoffe und gemischte Verpackungen. Der Rest sind Altglas, Metalle, Holz und Textilien (Bild 6.1).

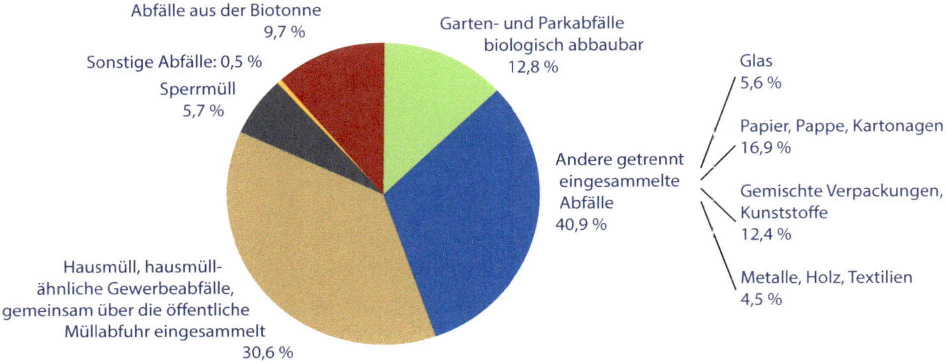

Bild 6.1 Entsorgung von Abfällen – Zusammensetzung der Haushaltsabfälle in Deutschland 2018 [Bildquelle: Statistisches Bundesamt]

Im deutschen Kreislaufwirtschaftsgesetz wird durch das Verursacherprinzip die Kraft des freien Marktes genutzt. Erstmals waren die Produzenten anstelle der Kommunen zur Entsorgung verpflichtet. Die Entsorgungskosten senken den Gewinn oder müssen auf den Produktpreis aufgeschlagen werden. Im Wettbewerb bedeutet dies, dass jenes Produkt mehr Gewinn verspricht oder kostengünstiger angeboten werden kann, welches auch kostengünstiger entsorgbar ist.

Die Duales System Deutschland GmbH (DSD) wurde 1990 als erstes duales System durch eine Interessengemeinschaft von Produzenten und Entsorgern gegründet und hat heute mehrere Wettbewerber wie z. B. Eko-Punkt, Landbell und Interseroh. Zu den Aufgabengebieten zählt neben der haushaltsnahen Sammlung und Verwertung von Verkaufsverpackungen das Recycling von Elektro- und Elektronikaltgeräten sowie von Transportverpackungen. Der Grüne Punkt, eine Marke des DSD, ist weltweit geschützt und wird derzeit in 28 Ländern genutzt.

QR-Code 6-1

Hier wird hinter die Kulissen einer Sortieranlage geblickt und die Schritte zur Herstellung von Rezyklat-Granulat, ausgehend von gebrauchten Kunststoffprodukten, gezeigt. Das Rezyklat-Granulat kann dann zur Herstellung von neuen Produkten eingesetzt werden.

http://www.ikt.uni-stuttgart.de/links/Videolinks/Sortieranlage

Die Aufgaben der Sammlung, Sortierung und Verwertung von gebrauchten Verkaufsverpackungen werden über die Beteiligungsentgelte der Produzenten finanziert, die Verkaufsverpackungen in Verkehr bringen und sich an einem dualen System beteiligen. Die Entgelte richten sich nach Material und Gewicht der Verpackungen. Grob kann gesagt werden: Je leichter der Werkstoff zu recyclen und je geringer das Gewicht der Verpackung, desto niedriger ist das zu zahlende Entgelt.

Dies hatte bereits Auswirkungen auf den Entwicklungsprozess von Produkt und Verpackung. Verpackungen wurden leichter (Bild 6.2), überflüssige Umverpackungen wurden oft weggelassen und schwer trennbare Blisterverpackungen (Folie auf Kartonträger) werden seitdem weniger eingesetzt.

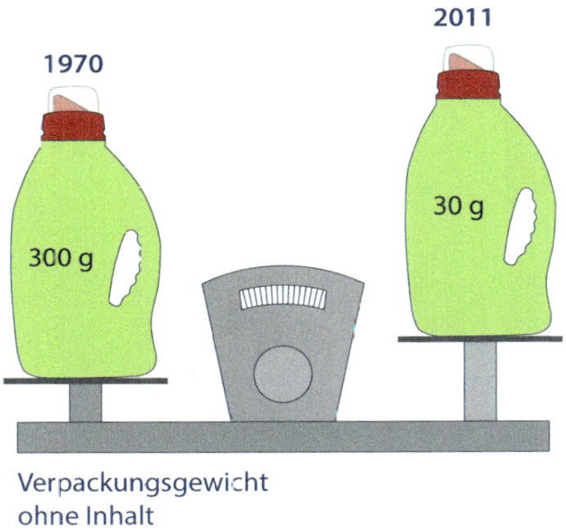

Bild 6.2
Reduktion des Gewichts einer 4-Liter-Waschmittelflasche ohne Inhalt [3]

Stoffliche und energetische Verwertung

An dieser Stelle soll ein Blick auf die Kunststofffraktion im Müll geworfen werden. Eine Studie im Auftrag des Verbands Plastics Europe hat gezeigt, dass ca. 99 % der Kunststoffabfälle in Deutschland verwertet werden (das ist, gemeinsam mit Österreich und der Schweiz, Weltrekord), wobei in Deutschland 43 % stofflich (werkstofflich und rohstofflich) und 56 % energetisch verwertet werden.

QR-Code 6-2

Hier wird das Recycling von Getränkeflaschen aus Polyethylenterephtalat (PET) dargestellt.

http://www.ikt.uni-stuttgart.de/links/Videolinks/PET_Recycling

Hinzu kommt, dass Kunststoffabfälle Wertstoffe geworden sind, die inzwischen gehandelt werden. So wird die stoffliche Verwertung immer attraktiver. Aber es ist auch klar, dass es Kunststoffabfälle gibt, die sich stofflich nicht sinnvoll verwerten lassen wie z. B. Mehrschicht-Folien mit Barrierewirkung, lackierte, beschichtete, stark verdreckte und anders kontaminierte Bauteile (z. B. in der Medizin). Durch die Verbrennung, (energetische Verwertung), von nicht sinnvoll trennbarem Kunststoffabfall wird zum einen Energie gewonnen (sog. Sekundärenergieträger) und zum anderen der Einsatz von fossilen Ressourcen (Primärenergieträger) reduziert.

Wenn in Deutschland die Abfallentsorgung gegenüber anderen Ländern recht vorbildlich geregelt ist, ist es erschütternd, wie sorglos manche Menschen doch mit ihrem Abfall umgehen: Schauen wir nach Indien, einem demokratischen Staat mit wenig konsequentem Umweltschutz, dort sieht es schlimm aus (Bild 6.3). In China gibt es einen staatlich verordneten Umweltschutz, aber dennoch wild entsorgten Müll (Bild 6.4).

Bild 6.3
Müll am Straßenrand in Indien

Bild 6.4
Wilde Müllkippe in China (Qingdao, Weststadt)

Es hat zwar einige Wochen gebraucht, doch auch in Stuttgart wurden Studenten fündig und haben eine wilde Müllkippe gefunden (Bild 6.5). Es gibt also überall – auch im Musterländle – Menschen, die wohl aus Faulheit und mangelnder Disziplin Abfälle in der Umwelt entsorgen.

Bild 6.5
Wilde Müllkippe in Stuttgart

Verschmutzung der Meere

Müll im Meer ist ein ernstes und stetig wachsendes Problem, nicht neu, aber es erhält derzeit besondere Medienpräsenz. Die Meeresverschmutzung bedroht marine Ökosysteme, die Meerestiere und dadurch evtl. den Menschen selbst. Einige Kunststoffe sind leichter als Wasser, dadurch evtl. besonders sichtbar und gelangen verstärkt in den Fokus. Im Meer schwimmende Kunststofffolie und Schaumstoffe werden durch Umwelteinflüsse nach und nach zu kleinsten Fragmenten zersetzt, zu Kunststoff„staub“, und von Vögeln und Fischen mit Nahrung verwechselt. Ist das Fragment noch zu groß, kann es zur Blockade des Verdauungstraktes kommen und die betroffenen Tiere verenden.

Auf Initiative des deutschen Naturschutzbundes (NABU) sammeln seit August 2012 Fischer in Norddeich/Niedersachsen Abfälle aus der Ostsee, um sie anschließend umweltgerecht zu entsorgen. Die Analyse des Nordseemülls in den Jahren 2013/14 zeigte einen relativen hohen Kunststoffanteil. Neben Folien, Tragetaschen und Verpackungen, war der Anteil von Netzen und Seilen aus Chemiefasern ebenfalls hoch [4].

Der Müll stammt - so oder so - stets vom Festland und gelangt meist durch falsches Verhalten, seltener durch Unfälle, ins Meer. Bereits laufende Strandsäuberungen in Europa sensibilisieren Küstenbewohner und Touristen für das Problem. Der „GESAMP“, der Wissenschaftsbeirat der UN zum Schutz des marinen Ökosystems, schätzt, dass 80% der Meeresabfälle von Fehlverhalten an Land stammen, der Rest stammt von Fehlverhalten auf Schiffen und wird illegal entsorgt. Bei den Mittelmeeranrainerstaaten schätzt man, dass 50% der Abfälle von Badegästen verursacht werden. GESAMP erhebt eine Studie zur Auswirkung von Kunststoffpartikeln. Hierbei wurden folgende Maßnahmen ergriffen [5]:

- Hotspots identifizieren (z. B. nach Bevölkerungsdichte, Schifffahrtrouten, Tourismus),

- physikalische, chemische und biologische Prozesse untersuchen, welche die Fragmentierung und den Abbau beeinflussen,
- biologische Auswirkungen und Aufnahme durch Organismen untersuchen,
- Schätzungen der Menge an Kunststoffkleinstpartikeln (z. B. UV-zersetzte Kunststofffolie, Granulate, Schleifmittel, Peeling-Kügelchen) und größeren Kunststoffprodukten.

Die Europäische Union will 70 % des Strandmülls beseitigen, indem sie zehn Wegwerfprodukte, die einen Großteil ausmachen, verbietet. Darüber hinaus steckt sie sich mit 55 % ein neues Recyclingziel für Verpackungsabfälle, überlegt dazu eine Steuer auf nicht-recycelte Kunststoffverpackungen und möchte, dass die Mitgliedsstaaten ihren Tragetaschenverbrauch von 90 auf 40 % bis 2026 reduzieren. Weiterhin wird mehr werkstoffübergreifender Druck ausgeübt in Bezug auf die Haltbarkeit, Reparierbarkeit und Rezyklierbarkeit von Produkten.

Der BUND führt in [6] auf, welche Produkte unseres alltäglichen Lebens kleine Kunststoffkügelchen enthalten. Das IKT arbeitet derzeit in einem Projekt mit dem IBBS der Universität Stuttgart an der Untersuchung der Auswirkungen der Meeresverschmutzung mit Kunststoffen auf Meereslebewesen. Hierbei sollen ausgewählte Biokunststoffe gezielt an Kleinstlebewesen verfüttert und deren Verdauung beobachtet werden.

Die führenden Kunststoffverbände der Welt haben sich zusammengeschlossen und arbeiten bereits in ca. 140 Projekten an der Beseitigung des Mülls und an der Sensibilisierung der ihn verursachenden Menschen. Abfälle im Wasser korrelieren mit einem schlechten Abfallmanagement im jeweiligen Land und an Bord von Schiffen. Die Regierungen aller Länder sollten das Thema Wasserverschmutzung in ihre nationale Abfallgesetzgebung aufnehmen. Es muss herausgefunden werden, wie der Müll wieder beseitigt werden kann und was die nicht mehr entfernbaren Abfälle verursachen können.

Was kann jeder von uns tun?

Jedes Stück Abfall hat seinen Besitzer. So ist Umweltverschmutzung stets eine Angelegenheit der persönlichen Verantwortung und muss in die Köpfe aller Konsumenten Europas und der Welt gelangen. Wie viel Abfall entsteht, hängt auch von unseren Lebensgewohnheiten ab. Neben den Verpackungen sind es oft kleine und überflüssige Dinge wie Wegwerfprodukte oder auch Peeling-Kügelchen aus Polyethylen, die einen sinnlosen Beitrag zum Kunststoffabfallaufkommen beitragen. Kunststoff ist zum Wegwerfen zu schade!

6.2 Sind Kunststoffe giftig?

Kunststoffe sind Chemieprodukte und werden in manchen Medien gelegentlich als giftig bezeichnet. Doch kann es wirklich sein, dass wir Verbraucher offensichtlich nicht vor Giftstoffen geschützt werden?

Kunststoffgegenstände des täglichen Bedarfs, welche mit Menschen direkt oder indirekt in Kontakt gelangen (siehe Tabelle 6.1), sogenannte Bedarfsgegenstände, wurden durch den früheren EU-Kommissar Luigi Rossi besonders betrachtet und geregelt. Hierdurch gehören Kunststoffe nun zu den am besten geregelten und am strengsten kontrollierten Stoffen in Europa. Seine Nachfolgerin, Anette Schäfer, legt den Fokus nun z. B. auf Klebstoffe und Farben.

Tabelle 6.1 Beispiele für Bedarfsgegenstände nach dem Lebensmittel-, Bedarfsgegenstände- und Futtermittelgesetzbuch (LBFG) [7]

Rechtliche Einteilung	Beispiele
Gegenstände mit Lebensmittelkontakt	Verpackungsmaterial (Dosen, Flaschen, Becher), Geräte zur Lebensmittel-Zubereitung (Töpfe, Toaster)
Verpackungen für kosmetische Mittel	Dosen, Schachteln, Gläser
Gegenstände mit Schleimhautkontakt	Zahnbürste, Beißringe und Schnuller für Säuglinge
Gegenstände zur Körperpflege	Kämme, Schwämme, Handtücher
Spielwaren und Scherzartikel	Bausteine, Spielzeugautos, Puppen
Gegenstände mit nicht nur vorübergehender Körperberührung	Bekleidung, Bettwäsche, Matratzen
Reinigungs- und Pflegemittel	Putzmittel, Autopflege, Waschmittel
Imprägnierungsmittel und sonstige Ausrüstungsmittel	Schuhcreme, Imprägnierspray, optische Aufheller
Mittel und Gegenstände zur Geruchsverbesserung in Räumen	Raumduftspray, Beckensteine, Ätherische Öle

Alle Bedarfsgegenstände in Deutschland unterliegen dem Lebensmittel-, Bedarfsgegenstände- und Futtermittelgesetzbuch (LBFG) und seinen Verordnungen. In der deutschen Umsetzung der EU-Richtlinien, der Bedarfsgegenständeverordnung (BedGgstV), ist festgelegt, welche Werkstoffe für Bedarfsgegenstände und Lebensmittelbedarfsgegenstände zulässig sind und wie hoch z. B. die Migration aus dem Produkt in Lebensmittel oder auf den menschlichen Körper sein darf. Es wird ergänzt durch eine Liste mit Stoffen, die beim Herstellen bestimmter Bedarfsgegenstände nicht verwendet werden dürfen [8]. Die Höhe der Grenzwerte wird durch europäische Expertengremien nach der gesundheitlichen Bewertung der Stoffe festgelegt.

Kunststoffe im Kontakt mit Arzneimitteln und als Werkstoff für Medizinprodukte werden durch das Europäische Arzneimittelbuch und das Medizinproduktegesetz geregelt [9] [10]. Die EU-Chemikalien-Richtlinie REACh (Registration, Evaluation, Authorisation and Restriction of Chemicals) ist seit Juni 2007 in Kraft. Sie betrifft nicht nur die Sicherheit von Chemikalien, sondern u.a. auch jedes Glieds der Kunststoff-Wertschöpfungskette: Hersteller von Polymeren, von Zusatzstoffen, von Kunststoffen und von Produkten aus Kunststoff [11].

Wie in Abschnitt 2.3 beschrieben, bestehen Kunststoffe aus Polymeren und Zusatzstoffen. Polymere selbst gelten nicht als schädlich. Sie können wegen ihrer hohen Molmasse (> 1000 g/mol) nicht aus dem Kunststoffprodukt migrieren (wandern). Nur Substanzen mit einer Molmasse kleiner 1000 g/mol gelten als migrationsfähig (Bild 6.6).

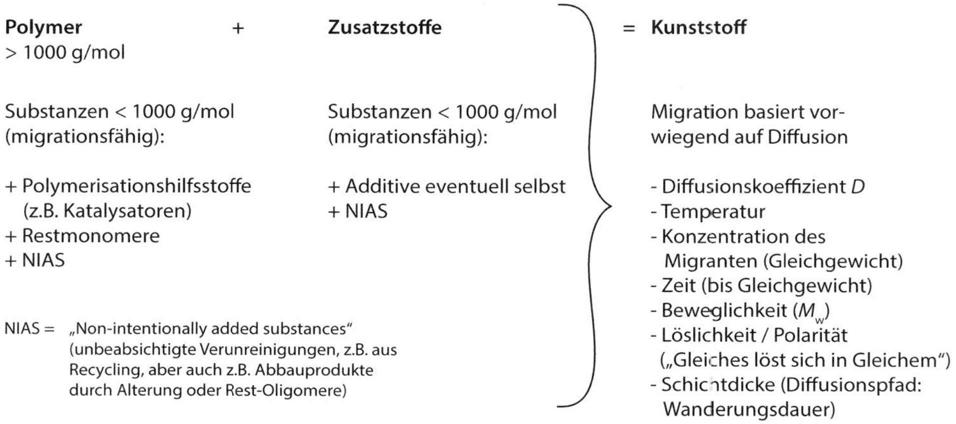

Bild 6.6 Aus Kunststoffen migrationsfähige Substanzen

Das von Kunststoffen ausgehende Risiko auf Menschen korreliert mit der Schädlichkeit der herausmigrierenden Substanz. Die Migration der Substanzen basiert vorwiegend auf der Diffusion und ist damit abhängig vom Diffusionskoeffizienten *D*, der Temperatur, der Konzentration des Migranten, der Zeit, der Beweglichkeit, der Löslichkeit bzw. der Polarität und der Schichtdicke.

Kleiner als der Migrationsgrenzwert von 1000 g/mol und damit migrationsfähig sind z.B. Restmonomere und andere Chemikalien aus der Synthese von Polymeren. Diese können giftig sein: so gilt Benzol (Ausganssubstanz für die Herstellung von Benzolderivaten, z.B. Styrol für PS) als krebserregend, das Styrol selbst als fortpflanzungsschädigend. Acrylnitril (für z.B. ABS) und Formaldehyd (für z.B. POM) gelten als giftig. Es muss also während der Polymersynthese sichergestellt sein, dass diese Vorprodukte möglichst vollständig zu Polymeren umgesetzt sind oder spätestens bei der Aufbereitung zum Kunststoff durch die Entgasungszone möglichst vollständig abgezogen werden.

Bisphenol A wird bei der Herstellung von u.a. Polycarbonat (PC), Polyetherketon (PEK), Polysulfon (PSU) und Epoxidharz (EP) eingesetzt. Es gilt nicht als giftig, sondern als eine Substanz mit hormonähnlicher Wirkung, welche im menschlichen Körper innerhalb von wenigen Stunden umgewandelt und über die Niere ausgeschieden wird. Daher wird Bisphenol A auch als endokriner Disruptor bezeichnet. Polycarbonat wird zur Herstellung von Lebensmittelbehältnissen, Epoxidharz z.B. zur Beschichtung von Weißblechdosen eingesetzt. In den Kunststoffen verbliebenes monomeres Bisphenol A kann also bei genügend langer Kontaktzeit in geringen Mengen herausmigrieren und in Lebensmittel und Getränke übergehen.

Die Europäische Behörde für Lebensmittelsicherheit [12] hat das Risiko durch den Verzehr („ernährungsbedingte Exposition") von Bisphenol A seit 2002 mehrmals untersucht. Sie kommt zum Schluss, dass diese Chemikalie kein Gesundheitsrisiko darstellt, auch nicht für Säuglinge. Die Weltgesundheitsorganisation (WHO) kommt in einer unabhängigen Bewertung 2010 zum gleichen Schluss [13]. Eine amerikanische Studie im Jahr 2013 hat aufgezeigt, dass die ernährungsbedingte Exposition etwa 30-mal niedriger ist als in einer europäischen Studie aus dem Jahr 2006 [14].

Das Schweizer Bundesamt für Gesundheit stellt fest, dass ein Verbot von Bisphenol A eventuell dazu führen würde, dass die Produzenten auf andere Stoffe ausweichen, deren Gefährdungspotential weniger gut untersucht wurde [15]. Das deutsche Bundesinstitut für Risikobewertung (BfR) bewertet Bisphenol A in Polycarbonat oder Epoxidharz inzwischen als unbedenklich [16]. Die EFSA kommt 2014 zu dem Schluss, dass Verbraucher weniger Bisphenol A zu sich nehmen als bisher angenommen.

Zusatzstoffe wie Antioxidantien, UV-Stabilisatoren und Flammschutzmittel können ebenfalls kleiner 1000 g/mol sein und unter Umständen aus dem Kunststoff migrieren und eventuell eine Gefahrenquelle bilden. Besonders bekannt wurden verschiedene Weichmacher für Polyvinylchlorid (PVC), welchen im Laufe der Jahrzehnte hormonähnliche Wirkungen nachgewiesen wurden. Die Weichmacher wirken ähnlich wie das Bisphenol A als sog. endokriner Disruptor. So gelten nach REACh (s.o.) derzeit die Phtalate Dioctylphtalat (DEHP), Dibutylphtalat (DBP), Benzylbutylphtalat (BBP) und Diisobutylphtalat (DIBT) als reproduktionshemmend und dürfen in Spielzeug und Babyartikeln nicht in Konzentrationen über 0,1 M.-% enthalten sein.

Sie wurden in Europa meist durch Diisononylphtalat (DINP) und Diisodecylphtalat (DIDP) ersetzt. Diesen wurde zwar noch keine Gefährdung nachgewiesen, jedoch vorsorglich ebenfalls der Einsatz in Spielzeug und Babyartikeln verboten. Allen diesen Weichmachern wurde keine krebserregende Wirkung nachgewiesen, aber bereits in einigen Medien dennoch so behauptet. Die meisten Lebensmittelverpackungen weltweit bestehen aus Polyethylen und Polypropylen (siehe Abschnitt

3.7). Diese Kunststoffe enthalten weder Weichmacher noch Bisphenol A. Auch Getränkeflaschen aus PET sind frei von Phtalaten und Bisphenol A.

Trotz all dieser Regulierungen werden von einigen NGOs (Non Governmental Organizations) Kunststoffe als gefährliche Stoffe deklariert und Studien, welche im Auftrag von Industrieverbänden durchgeführt wurden, grundsätzlich in Frage gestellt. Der Autor empfiehlt, die Quellenangaben der NGOs zu erfragen, durchzulesen und sich selbst ein Bild zu machen. Zugleich werden auch Studien, die von staatlichen Stellen und Umweltschutzinstituten initiiert wurden, ohne Gegenstudie in Frage gestellt. Diese Verunsicherung nutzen manche quotenträchtige Fernsehsendungen aus, um mit vermeintlich investigativem Journalismus Zuschauer zu binden.

Während der Recherchen zu diesem Kapitel wurden viele Internetseiten und Literaturstellen geprüft. Besonders erstaunlich war, dass zahlreiche natürliche Lebensmittel ebenfalls giftige oder hormonaktive Substanzen enthalten. In Pistazien, Mohn und Erdnüssen wurden Aflatoxine gefunden, die mit 1 bis 10 mg/kg Körpergewicht auch einen Menschen töten können [17]. Champignons enthalten die toxische und krebserregende Hydrazin-Verbindung Agaritin [18]. In Waldmeister und Zimt steckt der Aromastoff Cumarin, der mit maximal 2 mg/kg in zubereiteter Speise enthalten sein darf [19]. In Himbeeren steckt 4-(4-Hydroxyphenyl)-butan-2-on, ein natürliches Phenol, welches laut EU als gesundheitsschädlich gilt. Darüber hinaus das Keton Jonon und der Alkohol Geraniol mit allergischem Potential sowie Aldehyde [20].

Viele Gemüsesorten enthalten hormonaktive Substanzen mit östrogenartiger Wirkung. Bild 6.7 zeigt eine Darstellung aus [21], welche aus verschiedenen Quellen den Gehalt von pflanzlichen Lebensmitteln an hormonaktiven Substanzen zusammenträgt. Der derzeit gültige Grenzwert für das gebrandmarkte Bisphenol A liegt bei 0,6 mg/kg Lebensmittel und es gilt in Reinform 10 000-mal weniger wirksam als das Östrogen 17β-Östradiol. Dieser Grenzwert ist im Bild nicht darstellbar.

Es ist wichtig – nicht nur in Bezug auf Kunststoffe – mögliche Substanzen, die wir in unseren Körper aufnehmen, zu kennen und zu wissen, in welcher Konzentration sie ein Risiko darstellen. In einem Interview mit DIE ZEIT betont Ortwin Renn, ehemaliger Stuttgarter Professor und Leiter des Zentrums für interdisziplinäre Risiko- und Innovationsforschung (ZIRIUS) und früherer wissenschaftlicher Berater des EU-Kommissionspräsidenten: „Mehr als 70 % der Deutschen fürchten sich vor Pestizidrückständen, Antibiotika oder Hormonen in Fleischwaren, gentechnisch veränderten Lebensmitteln und chemischen Konservierungsmitteln. Auf all diese Dinge sind aber nur etwa 15 tödliche Krebserkrankungen im Jahr zurückzuführen. Mehr als 70 000 Menschen hingegen sterben an tödlichen Krebserkrankungen, die durch ungesunde Ernährungsgewohnheiten veranlasst sind: das heißt durch zu viel Essen, zu viel Fleisch, zu viel Fett, zu viel Zucker. Doch diese mehr als tausendfach höheren Risiken werden als gering und wenig besorgniserregend eingestuft,

54 % der Deutschen sehen darin gar keine beunruhigende Gefahr. Wahrgenommene und tatsächliche Gesundheitsrisiken liegen hier also weit auseinander." [22]

Bereits im Jahr 1538 sagte Paracelcus:

„Alle Dinge sind Gift, und nichts ist ohne Gift;
allein die Dosis macht's, dass ein Ding kein Gift sei."

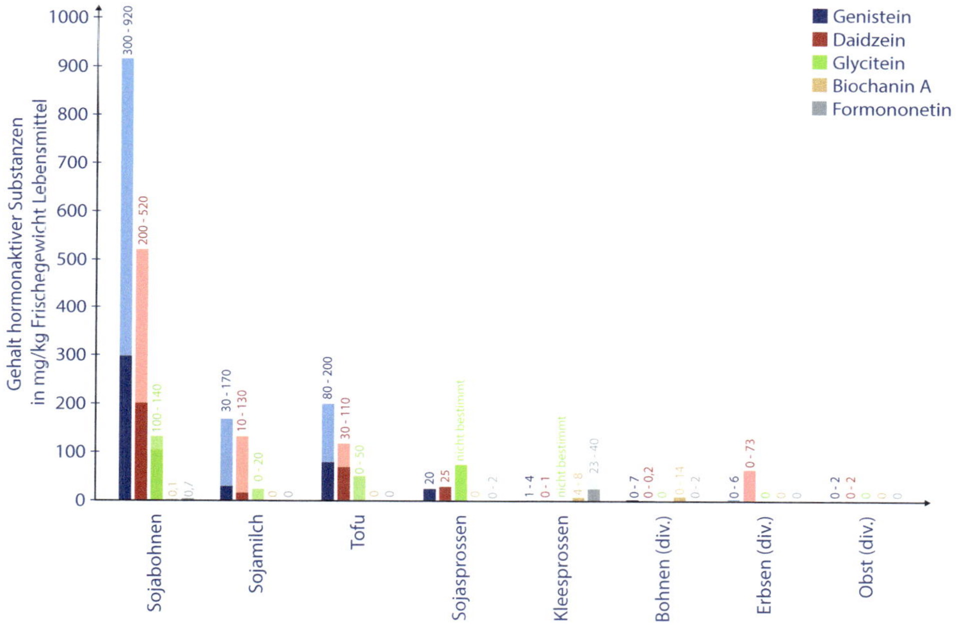

Bild 6.7 Gehalt an hormonaktiven Substanzen (in mg/kg Frischegewicht Lebensmittel); nach [21]

■ 6.3 Biopolymere und Biokunststoffe

Biokunststoffe sind in aller Munde und erzielen in der Regel eine positive Reaktion bei Konsumenten, die sich nachhaltig verhalten möchten. Befasst man sich mit der Thematik näher, wird schnell deutlich, dass der Begriff „Biokunststoff" ein Überbegriff ist, welcher die Eigenschaften biologische Abbaubarkeit und biologischer Ursprung vereint und dabei verschweigt, dass beide Eigenschaften nicht immer zugleich in einem Biokunststoff vorliegen (Bild 6.8).

Es ist trotz der attraktiven Vorsilbe „bio" wichtig zu verstehen, welchen Nutzen sie für den nachfragenden Verbraucher und damit für die Kunststoffbranche hat. Um den Nutzen zu verstehen, muss klar kommuniziert werden, wofür das Präfix „bio" jeweils steht.

Bioabbaubare Kunststoffe (fossiler oder nachwachsender Kohlenstoff)

„Bioabbaubar"
Biologischer Prozess organischer Materie, welche durch Mikroorganismen (Bakterien und Pilze) vollständig zu Wasser, CO_2/Methan, Energie und neuer Biomasse umgewandelt wird.

↓

Alternativer Entsorgungsweg

Biobasierter Kunststoff (ausschließlich nachwachsender Kohlenstoff)

„Nachwachsend"
Auf Rohstoffe bezogen, welche nach spätestens zwei Wachstumsperioden geerntet werden (z.B. Mais, Weizen, Gras, Bakterien)

↓

Reduktion von fossilem CO_2
Unabhängigkeit von Erdöl

Bild 6.8 Verschiedene Ausprägungen von Biokunststoffen

6.3.1 Bioabbaubare Kunststoffe

Die biologische Abbaubarkeit von Kunststoffen ist eine Werkstoffeigenschaft. Diese Kunststoffe bestehen nahezu ausschließlich aus bioabbaubaren Polymeren und Zusatzstoffen (*nahezu*, denn EN 13432 lässt Spuren von nichtabbaubaren Substanzen zu).

Biologisch abbaubare Polymere können durch Mikroorganismen (Bakterien und/oder Pilze) verstoffwechselt werden. Dabei besiedeln spezifische Bakterien die Oberfläche eines Kunststoffbauteils (Bild 6.9; links oben) und produzieren passende Enzyme, mit denen sie den Biokunststoff benetzen (Bild 6.9, rechts oben). Während übliche Alterungsprozesse wie Medien- und Strahlungsangriff die Polymerketten schwächen, sind die Enzyme in der Lage, derart kleine Bruchstücke herauszu„schneiden", welche die Bakterie durch sog. Tunnelproteine in sich aufnehmen kann (Bild 6.9, links unten).

Dort werden die Polymerkettenfragmente als Energieträger vollständig zu Biomasse (die Bakterie wächst), Wasser und CO_2 oder Methan verstoffwechselt. Nach genügend Zellwachstum bilden sich Tochterzellen, die direkt von Beginn an das richtige Enzym bilden und das bioabbaubare Kunststoffbauteile dann verstärkt angreifen (Bild 6.9, rechts unten). Der Nachweis der Verstoffwechselung wird über spezielle Versuche, welche die CO_2-Bildung mit der Probeneinwaage korrelieren, stichhaltig geführt. Es gibt bioabbaubare Polymere, die von Bakterien alleine verstoffwechselt werden können und welche, die hierzu zusätzlich Pilze benötigen. Weiter gibt es welche, die höhere Temperaturen benötigen. Sie werden vorher durch Hydrolyse bereits geschädigt, um dann angreifbar für die Enzyme zu werden. So kommt es, dass eine Gruppe von bioabbaubaren Polymeren sogar unter Meerwasserbedingungen abbauen, unter denen wenige aktive Bakterien zu erwarten sind (siehe Bild 6.10). Bild 6.10 wurde in Zusammenarbeit mit Michael Carus vom Nova-Institut, Hürth, und Bruno de Wilde von OWS, Gent, erstellt.

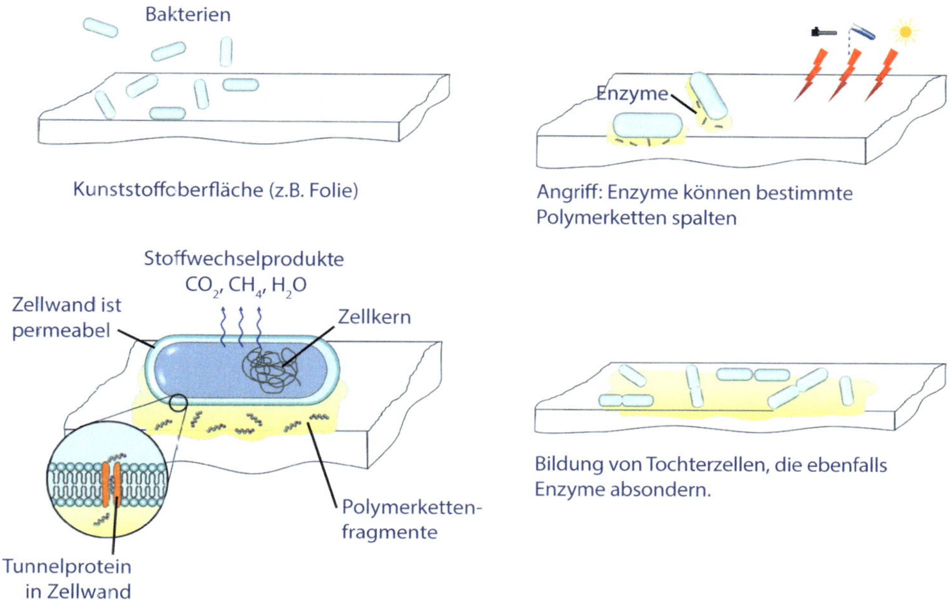

Bild 6.9 Verschiedene Stadien des Angriffs durch Bakterien auf biologisch abbaubare Polymere

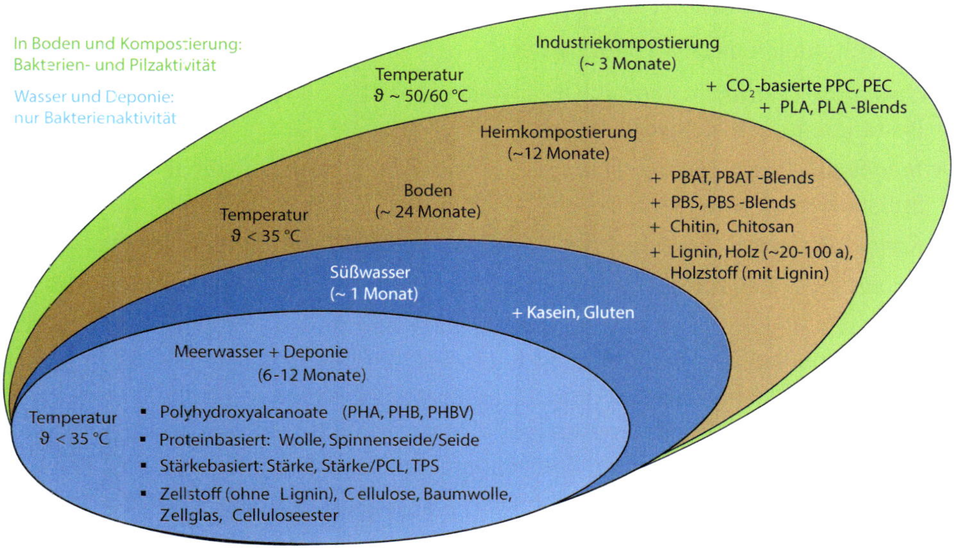

Bild 6.10 Biologisch Abbaubarkeit von Polymeren unter verschiedenen Umweltbedingungen

Bereits in Süßwasser gibt es eine größere Bakterienvielfalt, so dass der biologische Angriff schneller erfolgt. Gibt man biologisch abbaubare Polymere in die Heimkompostierung, gibt es zusätzlich zum bakteriellen Angriff auch Pilzbefall, welcher zusätzliche Polymere angreifbar macht. Die besten Bedingungen bestehen in der industriellen Kompostierung. Hier sind die Temperaturen höher, erlauben dadurch nicht nur einen schnellere Verstoffwechselung, sondern auch die Hydrolyse vor Befall, die z. B. für die Abbaubarkeit von Polylaktid (PLA) wichtig ist. Befürchtungen, biologischer Abbau könne während des normalen bestimmungsgemäßen Gebrauchs, z. B. eines Küchengeräts, auftreten, gelten als unbegründet.

Leider wird mit dem Begriff „Bioabbaubarkeit" Schindluder betrieben und es gibt herkömmliche Kunststoffe auf dem Markt, welche entweder mit geringen Mengen biologisch abbaubaren oder anderen rasch zerfallenden Substanzen versetzt sind. In der Umwelt zerfallen diese unter geeigneten Bedingungen in kleinere, kaum sichtbare Bestandteile, für die aber noch nie die vollständige Verstoffwechselung per CO_2-Bildung nachgewiesen werden konnte. Die Kunststoff-Fragmente – eigentlich „Kunststoff-Staub" – dieser nicht wirklich abbaubaren Kunststoffe reichern sich im Laufe der Zeit in unserer Nahrungskette an. Es muss deutlich darauf hingewiesen werden, dass es keine biologisch abbaubaren Polyethylene (PE), Polypropylene (PP), Polyethylenterephtalate (PET) und Polyamide (PA) gibt.

Die Begriffe „Kompostierung" und „Kompostierbarkeit" stellen eine Produkteigenschaft dar, die in der europäischen EN 13432 und der amerikanischen ASTM D6400 eindeutig definiert sind. Ein biologisch abbaubarer Kunststoff bildet somit nur die notwendige Grundlage für Kompostierbarkeit. Kompostierbarkeit ist definiert als „die mikrobielle Umwandlung eines bioabbaubaren Materials bzw. eines Produkts unter kontrollierten Bedingungen zur Erzeugung von Kompost" [23] [24].

Die Bedingungen der EN 13432 lauten:

- *chemische Charakterisierung:* Organischer Anteil > 50 %, Grenzwerte für giftige Bestandteile, z. B. Schwermetalle,
- *Bioabbaubarkeit:* Labor-Test: max. 5 % nicht biologisch abbaubar bzw. 1 % pro Substanz. Rest baut ab zu CO_2, H_2O, Salzen und Biomasse,
- *Kompostierbarkeit:* Feld-Test: 90 % der Fragmente < 2 mm nach 12 Wochen
- *Ökotoxizität:* Keimrate spezieller Pflanzen > 90 % der des unbehandelten Bodens.

Um in den Boden gelangen zu dürfen, darf der Biokunststoff also bestimmte Schwermetallkonzentrationen nicht überschreiten und den Boden nicht in seiner Fruchtbarkeit einschränken. Schließlich muss das gesamte Kunststoffbauteil in 12 Wochen zu 90 % in Fragmente kleiner 2 mm zerfallen sein, um wirtschaftlichen und störungsfreien Betrieb von Kompostieranlagen zu ermöglichen. Meist erfüllen nur Folien von unter 0,1 mm Dicke dieses Kriterium. Ähnlich wie der Ast eines Baumes müssen dickere Produkte aus Biokunststoff vor dem Einbringen in die Kompostieranlage auf derart kleine Maße gebracht werden, um schnell genug verstoffwechselt werden zu können [23] [24].

Wird die oben vorgestellte europäische Norm von einem Produkt aus Biokunststoff erfüllt, ist – gegen jährliche Gebühr – das Tragen des europäischen Keimling-Logos erlaubt. Dieses soll bei der eindeutigen Produktkennzeichnung helfen. Es sind in verschiedenen Ländern andere Logos in Gebrauch (Tabelle 6.2).

Tabelle 6.2 Zertifikate für die Kompostierbarkeit

Organisation	Ort	Norm	Logo
DIN CERTCO/ European Bioplastics	Deutschland	EN 13432 ASTM D6400	
AIB Vincotte	Belgien	EN 13432	
BFI/USCC	USA	ASTM D6400 ASTM D6868	
Jätelaito-syhdistys (FSWA)	Finnland	EN 13432	
Avfall Norge	Norwegen	EN 13432	
JBPA	Japan	GreenPla certification scheme	

Somit wird deutlich, dass der Begriff „bio“ in „biologisch abbaubar“ dafür steht, dass der Kunststoff wieder zu Natur, also zu „bio“ wird. Der gesellschaftliche Nutzen und somit auch der Nutzen für den nachhaltig handelnden Konsumenten besteht in einer zusätzlichen Entsorgungsoption über den Bioabfall. In Deutschland liegt die Entscheidung, ob Biokunststoffe mit dem Bioabfall entsorgt werden dürfen, in der Hand der Kommunen. Es wird erwartet, dass mit Hilfe von biologisch abbaubaren Müllbeuteln der grüne Küchenabfall konsequenter vom Hausmüll getrennt werden kann.

Beispiele für biologisch abbaubare Polymere sind Polylactid (PLA), Polyhydroxybutyrat (PHA), Cellulosederivate wie Celluloseacetat (CA) und Celluloseacetobutyrat (CAB), thermoplastische Stärke, aber auch erdöl-basiertes Polybutylenadipat (PBAT) und erdöl-basiertes Polybutylensuccinat (PBS). Diese Biopolymere bilden die Basis für bioabbaubare Kunststoffe.

6.3.2 Biobasierte Kunststoffe

Wenden wir uns der anderen Gruppe der Biokunststoffe zu. Bei den sogenannten biobasierten Kunststoffen steht die Vorsilbe „bio“ für aus der heutigen Natur gewonnene, nachwachsende Rohstoffe. Zur Verwirrung führt, dass die biobasierten Kunststoffe nicht zwangsläufig biologisch abbaubar sein müssen.

„Biobasiert“ ist eine Werkstoff- und zugleich eine Produkteigenschaft. Sie beschreibt, dass die Kohlenstoffatome, aus denen die Molekülketten bestehen, aus der heutigen Natur entnommen, also „bio“ sind. In Abschnitt 2.1 wurden bereits die verschiedenen Möglichkeiten des biogenen Ursprungs von Polymeren erläutert und auch viele der Urkunststoffe (Abschnitt 1.1) werden oftmals aus Biopolymeren gewonnen.

Fossile Kohlenwasserstoffe versus nachwachsende Rohstoffe

Doch warum ist das so wichtig – sind die fossilen Kohlenwasserstoffe aus Erdöl, Erdgas und Kohle nicht auch einmal Natur gewesen?

Richtig, Kohlenstoff gibt es seit Ursprung des Universums und ist als Molekül, meist mit Wasserstoff, Ursprung allen irdischen Lebens. Algen im Meer gibt es seit 540 Mio. Jahren (Zeitalter Kambrium), Pilze und Flechten sowie erste Tiere seit etwa 440 Mio. Jahren (Zeitalter Silur). Nach ihrem Tod sanken Algen und kleine Meerestiere über Millionen von Jahren zu riesigen Mengen auf den Meeresgrund ab (Bild 6.11). Im Zeitalter Trias trocknete dieser Meeresgrund aus und wurde als Erdboden durch geologische Veränderungen von anderen Schichten überdeckt. Dabei wandelten Bakterien unter Sauerstoffausschluss in vielen Jahrmillionen diese Biomasse in fossile Kohlenwasserstoffe um. (Es handelt sich hierbei um andere Bakterien als beim biologischen Abbau!)

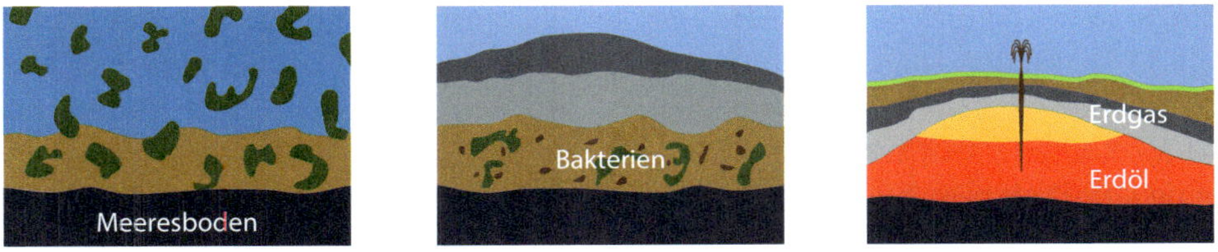

Bild 6.11 Entstehung von fossilen Kohlenwasserstoffen (Erdöl, Erdgas, Kohle)

Die Menschheit fördert aktuell jährlich die im Zeitraum von 1 Mio. Jahren gesammelte Biomasse in Form von fossilem Erdöl, Erdgas und Kohle und bringt sie damit ins Heute. Die Verbrennung solcher fossilen Kohlenwasserstoffe erzeugt ein Kohlenstoffdioxid, welches vor hunderten Millionen Jahren der Atmosphäre der damaligen Zeit von Lebewesen beim Wachstum entnommen wurde. Hierdurch wurde und wird die heutige Atmosphäre in starkem Maße aufkonzentriert und führt zu den Problemen bekannten Ausmaßes. Es gibt also ein „gutes" und ein „böses" CO_2 – das aus dem Heute und das aus dem Gestern, welches nicht in die heutige Zeit gehört.

Beim Einsatz nachwachsender Rohstoffe, also Kohlenstoffatomen aus dem Heute, wird der Atmosphäre beim Wachstum der Pflanze exakt so viel Kohlenstoffdioxid entzogen, wie später beim biologischen Abbau (siehe Bild 6.12, links) oder bei der thermischen Nutzung (rechts) wieder an die Atmosphäre abgegeben wird. Dieser Stoffkreislauf ist CO_2-neutral.

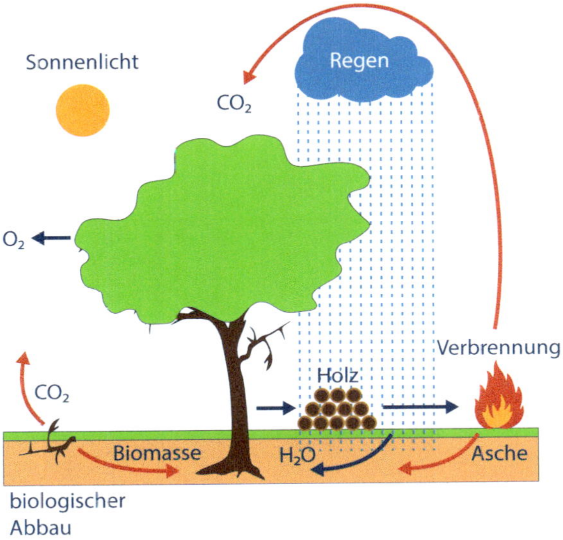

Bild 6.12
Geschlossener CO_2-Kreislauf durch Nutzung nachwachsender Rohstoffe

Ein weiterer Grund, nachwachsende Rohstoffe einzusetzen, ist die Verknappung von Erdöl. Ist der Autor zu seinen Schulzeiten bereits damit konfrontiert worden, dass fossile Kohlenwasserstoffquellen endlich sind, scheint es beim Erdöl nun wirklich immer schwieriger, den Bedarf zu decken. Seit ca. 2006 werden weniger neue Ölvorkommen gefunden als alte versiegen. Unangenehm dabei ist, dass die heutige globale Gesellschaft vollständig von diesem Energieträger abhängig ist.

Der Preis von Erdöl ist seit jeher abhängig von Angebot/Nachfrage und Spielball der Spekulation. Das Bild 6.13 zeigt das ständige Auf- und Ab des Preises vor dem Hintergrund von Krisen und Kriegen. Seit 2006 bis zur großen Weltwirtschaftskrise erklomm der Ölpreis bis dahin unbekannte Höhen. Nach einem kurzzeitigen Verfall während der Krise stieg er wieder auf dieses hohe Niveau, um – wohlmöglich aus politischen Gründen – im Winter 2014/2015 wieder auf Tiefststände zu fallen. Ist der Ölpreis hoch genug, lohnt es sich Erdöl durch Fracking zu fördern und dadurch neue Quellen zu erschließen.

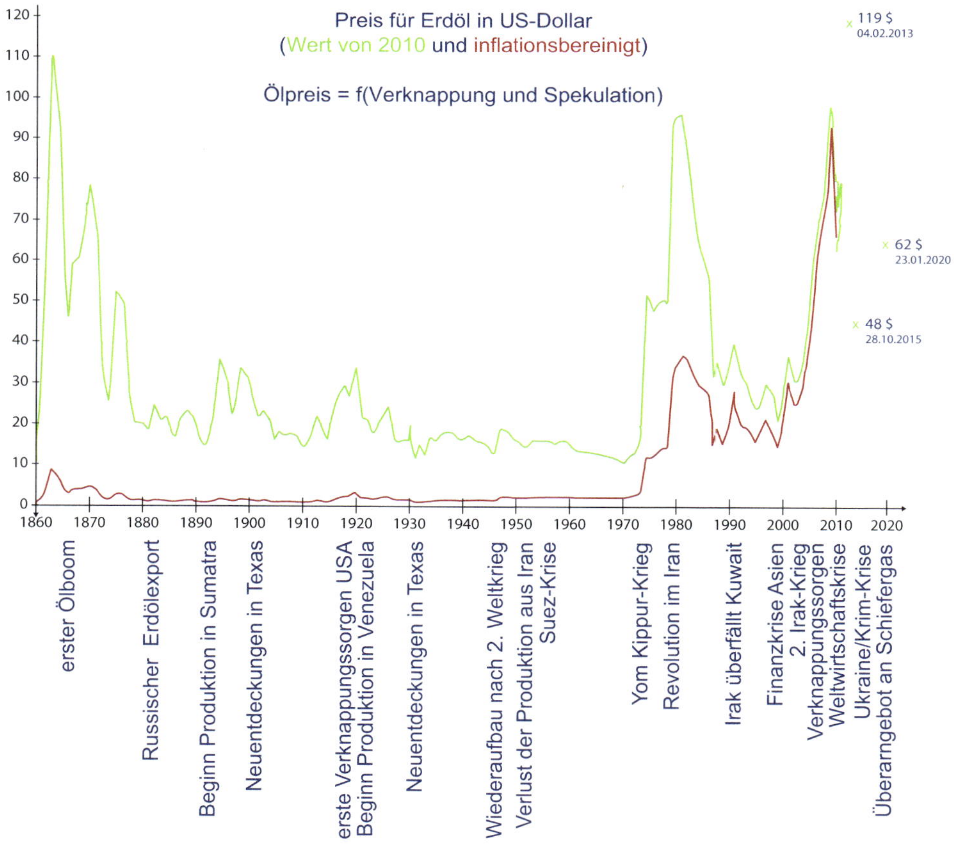

Bild 6.13 Ölpreis wird durch Angebot/Nachfrage und Spekulation beeinflusst (Bildquelle: BP mit Aktualisierungen des Autors)

Die globale Gesellschaft tut also gut daran, sich aus der Abhängigkeit von Erdöl zu lösen. Die Bestrebung der vergangenen Bundesregierungen, den Energiehunger immer weniger mit Erdöl zu decken, ist erfolgreich (siehe hierzu auch Abschnitt 6.4.3).

Bild 6.14 macht es deutlich: Es werden nur 6 % des deutschen Erdölbedarfs für die Herstellung polymerer Werkstoffe eingesetzt. Bei einer Polymerproduktion in Deutschland von 20,70 Mio. t werden 10 080 Mio. t (48,7 %) für Klebstoffe, Harze und Lacke und nur etwa 8842 Mio. t (42,7 %) für die Produktion von Kunststoffen eingesetzt. Auf den Ölbedarf übertragen, werden 2,6 % des Erdöls für die Produktion von Kunststoffen eingesetzt [25].

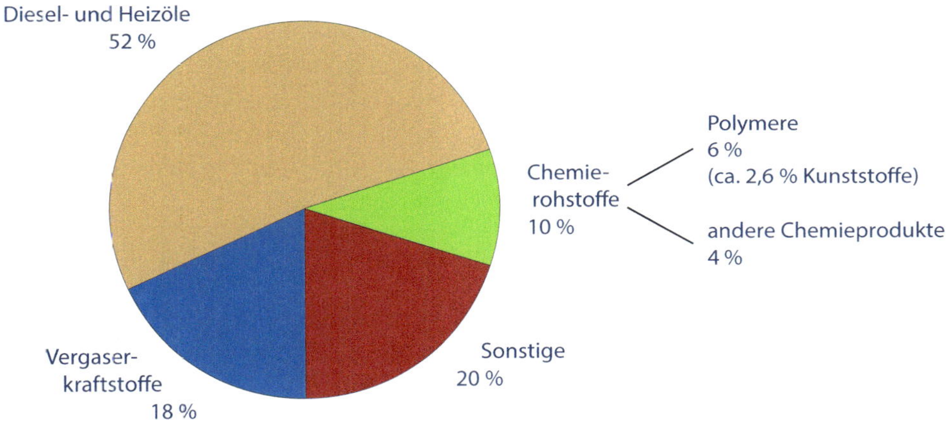

Bild 6.14 Nutzung von Erdöl in Deutschland [nach PlasticsEurope und eigenen Recherchen]

Somit ist der gesellschaftliche Nutzen biobasierter Kunststoffe, für die Zeit „nach dem Erdöl“ zu sorgen. Zum einen werden weniger fossile Kohlenwasserstoffe verwendet und damit weniger „gestriges“ CO_2 in die Umwelt eingebracht. Zum anderen wird die Unabhängigkeit von immer knapper werdenden fossilen Rohstoffen vorangetrieben. Es muss allerdings darauf hingewiesen werden, dass die Kunststoffindustrie trotz zunehmendem Einsatz nachwachsender Rohstoffe kaum zur Ölschonung beitragen wird, denn Erdöl wird ja nur zu wenigen Prozenten zur Herstellung von Kunststoff eingesetzt. Sie werden in der Welt in weit größerem Ausmaß zur Energieerzeugung und zum Transport verwendet (siehe oben). Die Kunststoffindustrie kann also gar nicht „die Welt“ mit dem Einsatz nachwachsender Rohstoffe retten! Aber sie kann sich selbst retten, denn wenn das Erdöl immer knapper und teurer wird, kann die Kunststoffindustrie auf nachwachsende Rohstoffe ausweichen.

Biobasierte Polymere findet man teilweise in der Natur, diese werden großtechnisch u.a. aus verschiedenen Kohlenhydraten gewonnen: Zucker, Stärke, Proteine, Cellulose, Lignin, Fette und Pflanzenöle. Beispiele für kommerziell verfügbare, biobasierte Polymere sind auch hier wieder Polylactid (PLA), die Gruppe der Polyhydroxyalkanoate (PHA), Cellulosederivate wie Celluloseester (CA) und Cellulosebutyrat (CAB) sowie auch Stärkederivate. Diese Biopolymere bilden die Basis für biobasierte Kunststoffe.

Zu Biokunststoffen gehört aber auch z.B. Bio-Polyethylen, welches in Brasilien aus Zuckerrohr gewonnenem Bioalkohol gewonnen wird. Dieses Bio-Polyethylen von der brasilianischen Firma Braskem ist vollständig aus nachwachsenden Rohstoffen, hat Eigenschaften wie ein herkömmliches Polyethylen, ist aber keineswegs biologisch abbaubar. Von großen Polyamidherstellern wie BASF und Evonik werden Bio-Polyamide auf Basis von nachwachsenden Rohstoffen angeboten, die ebenfalls nicht biologisch abbaubar sind. Neu ist auch das biobasierte Polyethylenfuranoat (PEF), welches als PET-Ersatz für Getränkeflaschen angepriesen wird. Mitte 2015 hat Coca-Cola auf der Weltaustellung in Mailand die erste PET-Flasche aus 100% nachwachsenden Rohstoffen vorgestellt. Der Autor wird die weitere Entwicklung beobachten und ist gespannt, wie es weitergeht.

Lebensmittelknappheit

Befürchtungen, Lebensmittelknappheiten würden durch Nutzung der Kohlenhydrate für Biokunststoffe entstehen, sind unbegründet. Hier wird die Tatsache, dass der Weltenergiebedarf nicht mit pflanzlichen Kohlenstoffquellen gedeckt werden kann, verwechselt mit dem weit geringeren Bedarf an Kohlenhydraten, um Kunststoffe herzustellen.

Um sämtliche Kunststoffe auf Basis von Biomasse herzustellen, würde man nur 5% der gesamten Nutzagrarflächen benötigen, was weniger als der normalen jährlichen Ertragsschwankung entspricht [26]. 2008 wurden 0,72 Mio. t/a Biokunststoffe produziert, wobei etwa 0,02% der weltweiten Agrarflächen genutzt wurden (Bild 6.15) [27].

Es gibt Quellen, die errechnet haben, dass sogar die brachliegenden Ackerflächen in Europa für Europas gesamten Kunststoffbedarf ausreichen würden. Dann stünden wir vor einem Erfolgsmodell, unsere Landwirtschaft subventionsfrei und voll ausgelastet betreiben zu können. Auch wird bei all diesen Berechnungen vergessen, dass die Meere voller Kohlenhydrate in Form von Algen sind, deren Trocknung allerdings zu viel Energie benötigt.

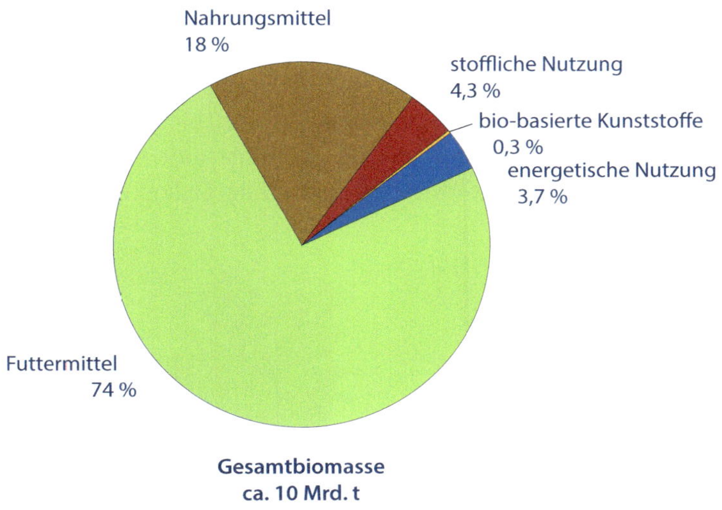

Bild 6.15 Biokunststoffe: Naturraumbeanspruchung [27]

6.3.3 Von Biopolymer zu Biokunststoff – Aufbereitung von Biopolymeren

Es gibt hier und da noch die Überzeugung, dass Biokunststoffe noch „nichts taugen", welche jedoch sicherlich aus glücklosen Versuchen mit reinen Biopolymeren der „ersten Stunde" stammen. Aufbereitete Biokunststoffe weisen nämlich sehr wohl sehr gute und eigenständige Eigenschaftsprofile auf, solange die Biopolymere miteinander oder/und mit Zusatzstoffen geblendet werden. Das Mischen/Blenden durch schonende Compoundierung mit geeigneten Zusatzstoffen ist der Schlüssel des derzeitigen Markterfolgs (Bild 6.16).

Bild 6.16 Biopolymere werden zu verarbeitungsfähigen Biokunststoffen aufbereitet

Haben Biokunststoffe erste Erfolge in reißfesten, biologisch abbaubaren Abfallbeuteln, Mulchfolien und bruchfestem Wegwerfbesteck erfahren, werden Sie nun in großem Maßstab für biologisch abbaubare Tragetaschen in Südeuropa eingesetzt. Immer anspruchsvollere Verpackungslösungen aus bioabbaubarem Kunststoff folgten und seit einiger Zeit werden biobasierte Kunststoffe sogar dauerhaft in Automobil- und Konsumelektronik-Anwendungen erfolgreich eingesetzt (Bild 6.17).

Bild 6.17 Anwendungen von Biokunststoffen [Bildquelle: © European Bioplastics]

Marktdaten des Verbandes „European Bioplastics" zeigen ein jährliches Wachstum von 20 % [28] (Bild 6.18). Dies natürlich auf Basis eines geringen Ausgangswertes: Biokunststoffe repräsentieren erst 0,4 Prozent der Weltkunststoffproduktion.

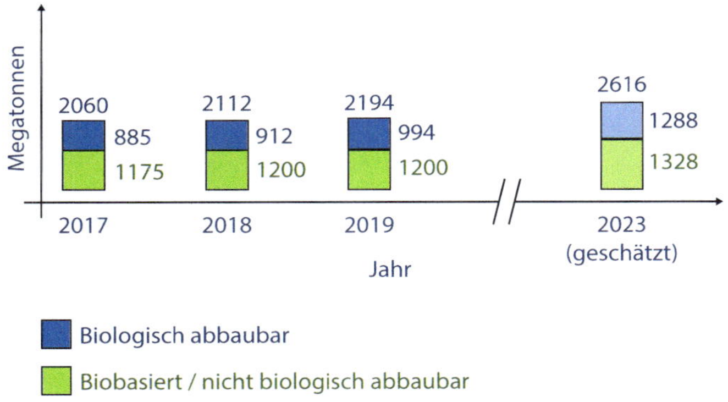

Bild 6.18 Weltproduktion von Biokunststoffen – Prognose bis 2023 [28]

6.4 Ressourcenschonung mit Kunststoffen

6.4.1 Herkunft des Begriffes der „Nachhaltigkeit"

Der Begriff Nachhaltigkeit wurde 1713 vor dem Hintergrund einer zunehmenden überregionalen Holznot von Hans Carl von Carlowitz (1645–1714), Oberberghauptmann in Kursachsen, verwendet: Er plädierte in seinem Werk „Sylvicultura Oeconomica" für eine pflegliche bzw. „nachhaltende" Waldnutzung und legte damit den Grundstein für die auch heute noch nachhaltige Forstwirtschaft.

> *„Wird derhalben die größte Kunst/Wissenschaft/Fleiß und Einrichtung hiesiger Lande darinnen beruhen / wie eine sothane Conservation und Anbau des Holtzes anzustellen / daß es eine continuierliche beständige und nachhaltende Nutzung gebe / weil es eine unentberliche Sache ist / ohne welche das Land in seinem Esse (im Sinne von Wesen, Dasein, d. Verf.) nicht bleiben mag." (S. 105 - 106 der Quelle).*

Nachhaltigkeit ist ihrem Ursprung nach also ein forstwirtschaftlicher Begriff, der seit einiger Zeit von Politik, Industrie und Gesellschaft auch auf andere Wirtschaftszweige ausgeweitet wird.

6.4.2 Der Brundtland-Bericht und das Kyoto-Protokoll

Die Informationen dieses Abschnitts sind im Wesentlichen [29] und [30] entnommen und gekürzt wiedergegeben.

Im Jahr 1983 gründeten die Vereinten Nationen als unabhängige Sachverständigenkommission die Weltkommission für Umwelt und Entwicklung (WCED). Ihr Auftrag war die Erstellung eines Perspektivberichts zu langfristig tragfähiger, umweltschonender Entwicklung im Weltmaßstab bis zum Jahr 2000 und darüber hinaus.

Die Sachverständigenkommission setzte sich aus Bevollmächtigten aus 18 Ländern weltweit zusammen. Zur Vorsitzenden wurde die frühere Umweltministerin und damalige Ministerpräsidentin von Norwegen, Gro Harlem Brundtland, gewählt. Die Kommission veröffentlichte 1987 ihren auch als Brundtland-Bericht bekannt gewordenen Zukunftsbericht „Unsere gemeinsame Zukunft". Der Abschlussbericht ist deswegen so bedeutend für die internationale Debatte über Entwicklungs- und Umweltpolitik, weil hier erstmals das Leitbild einer „nachhaltigen Entwicklung" vorgestellt wurde:

„Nachhaltig ist eine Entwicklung, die den Bedürfnissen der heutigen Generation entspricht, ohne die Möglichkeiten künftiger Generationen zu gefährden, ihre eigenen Bedürfnisse zu befriedigen und ihren Lebensstil zu wählen."

Im Kyoto-Protokoll von 1997 verpflichten sich die unterzeichnenden Industriestaaten verbindlich dazu, ihre Emissionen der sechs wichtigsten Treibhausgase – u.a. Kohlenstoffdioxid (CO_2), Methan (CH_4), Fluorchlorkohlenwasserstoffe (FCKW) – im Zeitraum 2008 bis 2012 um mindestens 5% unter das Niveau von 1990 zu senken. Dabei haben die einzelnen Länder unterschiedliche Verpflichtungen zur Emissionsminderung akzeptiert (z.B. Japan 6%, Russland +/− 0%). Die EU mit ihren damals 15 Mitgliedstaaten (EU-15) hat ihre gemeinschaftliche Kyoto-Verpflichtung von 8% innerhalb der EU umverteilt, so dass z.B. Deutschland 21%, Großbritannien 12,5% und Frankreich nur +/− 0% erbringen müssen.

Das Protokoll ist ein Meilenstein in der internationalen Klimapolitik, da es erstmals völkerrechtlich verbindliche Emissionsreduktionsziele für Industrieländer festlegt und mit einem klaren Zeitrahmen versieht. Konkrete Details zur Umsetzung des Protokolls hatte die Klimakonferenz jedoch noch nicht geklärt. Diese Fragen waren Gegenstand späterer weiterer Verhandlungen. Zwischenzeitlich sah es so aus, als ob die Verhandlungen noch scheitern würden, weil die Positionen der verhandelnden Staaten zu weit auseinander lagen. Zentraler Streitpunkt waren dabei Art und Umfang der verschiedenen Möglichkeiten, Treibhausgase zu mindern.

Einen weiteren Rückschlag erlebten die Verhandlungen Anfang 2001, als die damals neu gewählte US-Regierung unter Georg W. Bush erklärte, sie würde das von der Clinton-Regierung mitverhandelte Kyoto-Protokoll nicht mittragen. Trotz der Enthaltung der USA konnten die Umweltminister von über 180 Staaten sich in Bonn im Juli 2001 in den strittigsten Fragen auf einen politischen Kompromiss einigen. Inzwischen haben 191 Staaten das Kyoto-Protokoll ratifiziert, darunter alle EU-Mitgliedstaaten, Kanada, Neuseeland, Norwegen, Japan, aber auch seit 2007 Australien sowie wichtige Schwellenländer wie Brasilien, China, Indien, Mexiko, Südafrika und Südkorea. Die USA sind damit das einzige verbleibende Industrieland, das die Ratifizierung des Kyoto-Protokolls seit Anfang an ablehnt.

Nach dem derzeitigen Stand wird Deutschland sein Kyoto-Ziel (21%) deutlich übererfüllen: Bis Ende 2010 konnten die nationalen Treibhausgasemissionen bereits um knapp 25% gegenüber 1990 gesenkt werden. Auch die Europäische Union (EU-15) wird ihre Kyoto-Verpflichtung (8%) aller Voraussicht nach erfüllen: Bis 2010 betrug der Rückgang der Emissionen der EU-15-Staaten 10,6% gegenüber 1990. Die heute 27 EU-Mitgliedstaaten (EU-27) haben ihre Emissionen bis 2010 sogar um 15,5% gesenkt - und das bei stetig steigendem Wirtschaftswachstum. Damit wird deutlich, dass innerhalb der EU eine Abkopplung von Wachstum und Emissionen erreicht wurde.

Im Vergleich dazu sind die Gesamtemissionen aller Industriestaaten mit Kyoto-Verpflichtungen zwischen 1990 und 2008 lediglich um 6,1% gesunken. Weltweit zeigt der Emissionstrend zudem in eine ganz andere Richtung: Bis 2006 ist der globale Treibhausgasausstoß um rund 24% gegenüber 1990 angestiegen. Dafür verantwortlich sind neben einigen uneinsichtigen Industrieländern insbesondere die wirtschaftlich rasch wachsenden Schwellenländer wie China und Indien, deren Emissionen kontinuierlich stark anwachsen. Dies macht deutlich: Wenn die gravierenden Folgen des Klimawandels verhindert werden sollen, muss die gesamte Weltgemeinschaft entschlossener handeln als bisher.

G7-Gipfel auf Schloss Elmau (7./8.6.2015) und UN-Klimakonzerenz 30.11. bis 12.12.2015 in Paris

Der G7-Gipfel in Deutschland auf Schloss Elmau im Juni 2015 hatte vorrangig eine klimapolitische Botschaft: das gegen den Widerstand Japans beschlossene Bekenntnis der G7-Staaten zum Zwei-Grad-Ziel der Erderwärmung und jenes zur Dekarbonisierung der Weltwirtschaft bis zum Ende des 21. Jahrhunderts, also dem schrittweisen und vollständigen Verzicht auf fossile Energieträger wie Kohle, Erdgas und Erdöl. Die G7-Staaten wollen diese Ziele mit eigenen Beiträgen und einem Fonds für Entwicklungsländer von jährlich 100 Millionen US-Dollar finanzieren. Von G7-kritischen Organisationen wie Oxfam und Greenpeace kam unerwartetes Lob [31].

Die 21. UN-Klimakonferenz Anfang Dezember 2015 in Paris war gleichzeitig das 11. Treffen zum Kyoto-Protokoll. Hierbei wurde sich auf das erste Klimaschutzabkommen geeinigt, das alle Länder in die Pflicht nimmt. Mit dem Abkommen bekennt sich die Weltgemeinschaft völkerrechtlich verbindlich zum Ziel, die Erderwärmung auf unter zwei Grad zu begrenzen. Es legt auch fest, dass die Welt nach 2050 treibhausgasneutral werden muss [31].

Das Abkommen zeigt auch einen konkreten Weg auf, wie das Ziel erreicht werden soll: Ab 2020 werden die Staaten alle fünf Jahre neue Klimaschutzpläne vorlegen, die so ambitioniert wie irgend möglich sein müssen. Für diese Pläne gilt das verbindliche Prinzip, dass sie nicht abgeschwächt werden dürfen, sondern immer ehrgeiziger werden müssen. Außerdem muss jedes Land über seine Treibhausgasemissionen berichten, damit die Fortschritte nicht nur auf dem Papier stehen, sondern auch der Realität entsprechen [31].

Im November 2019 verkündete die gerade neu gewählte Präsidentin der Europäischen Kommission, Ursula von der Leyen, dem Europäischen „Green New Deal“. Dieser soll zum einen der Europäischen Union Wirtschaftswachstum bringen und zugleich umweltschädliche Emissionen vermindern. Die Schaffung eines klimaneutralen Europas und der Schutz des natürlichen Lebensraums sollen sich dabei positiv auf die Menschen, den Planeten und die Wirtschaft auswirken. Die Ziele sind, bis 2050 die Klimaneutralität zu erreichen, dabei durch die Eindämmung der Umweltverschmutzung das menschliche Leben und die Tier- und Pflanzenwelt zu schützen sowie zugleich Unternehmen zu unterstützen, im Bereich „saubere Produkte und Technologien“ globale Marktführer zu werden.

6.4.3 Ressourcenschonung mit Kunststoffen

Die fossilen Kohlenwasserstoffträger (Erdöl, Erdgas, Kohle), die weltweit zur Energieerzeugung eingesetzt werden (siehe Bild Bild 6.14; allein in Deutschland werden ca. 70 – 80 % des Erdölbedarfs zur Energieerzeugung eingesetzt), sind zum einen endlich, werden knapper und dadurch immer teurer, zum anderen verstärken die bei der Energieerzeugung entstehenden Abgase (Kohlenstoffdioxid, Methan u. a.) die Klimaerwärmung, welche durch das Kyoto-Protokoll eingedämmt und umgekehrt werden soll.

Energiesparen ist also ein wichtiger Weg, die Unabhängigkeit von fossilen Kohlenwasserstoffquellen zu erhöhen und zugleich die klimaschädlichen Gase zu reduzieren. Schon heute geht kaum ein Land so sorgfältig mit Energie um wie Deutschland. Während die Wirtschaftsleistung über knapp 30 Jahre betrachtet deutlich zugelegt hat, ist der Energieverbrauch um rund ein Zehntel gesunken (Bild 6.19). Schon heute ist Deutschland einer der produktivsten Industriestandorte der Welt. Zusammen mit Japan gehört es international zur Spitze der großen Industrienationen beim Thema Energieeffizienz. Und die Möglichkeiten sind längst nicht ausgereizt. Bis zum Jahr 2050 soll der BIP-spezifische Energieverbrauch in Deutschland um die Hälfte weiter sinken.

Es gibt mehrere politische Maßnahmen, um die Energieeffizienz in Deutschland zu steigern. Ein Förderschwerpunkt ist die Entwicklung energieeffizienter Fertigungstechnologien und deren Einsatz in der Produktion. Ein weiteres Handlungsfeld ist die energetische Gebäudesanierung privater Haushalte sowie die Anreizsetzung für kraftsparende Kraftfahrzeuge.

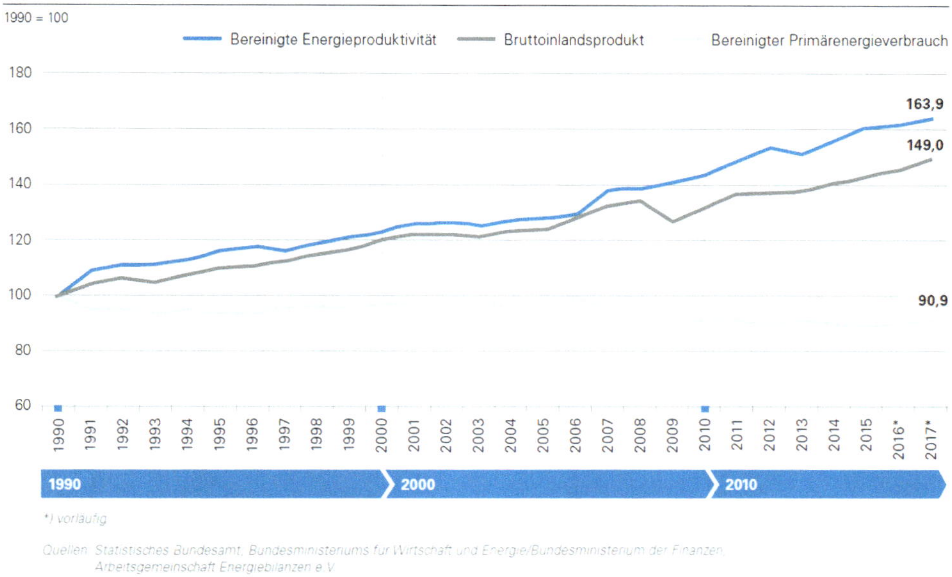

Bild 6.19 Entwicklung von Bruttoinlandsprodukt, Primärenergieverbrauch und Energieproduktivität in Deutschland [Bildquelle: AG Energiebilanzen e. V.]

Kunststoffe sind ideale Werkstoffe, um Ressourcen zu schonen. Sie finden Verwendung als Dämmstoff in Gebäuden (z. B. EPS = expandiertes Polystyrol, Bild 6.20) und in Kühlgeräten (z. B. Isolation aus Polyurethan, Bild 6.21). Mit Hilfe einer Wärmedämmung lassen sich viel Heizöl und Erdgas sparen. Die zwischen 1980 bis 1995 eingebauten Wärmedämmstoffe führten im Jahr 1995 zu 9,2 Millionen eingesparten Tonnen Rohöläquivalenten. Dies entsprach 1995 ungefähr 7 % des deutschen Mineralölverbrauchs.

Bild 6.20
EPS als Wärmedämmstoff an Gebäuden

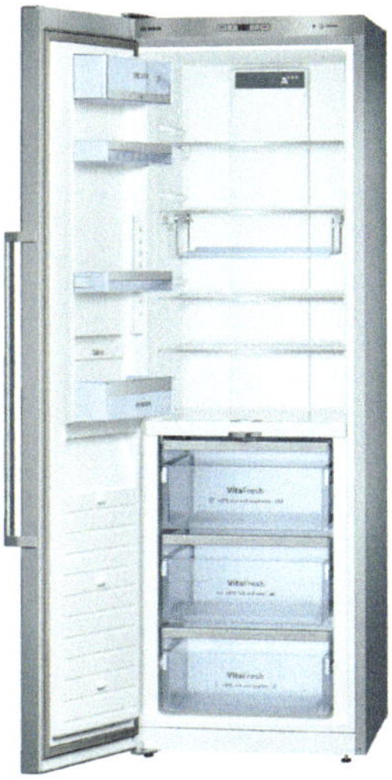

Bild 6.21
Polyurethan als Isolator in einem Kühlschrank [Bildquelle: Bosch]

Für den Individual-Personentransport werden Kunststoffe und Faserkunststoffverbunde immer mehr eingesetzt, weil sie mit ihren geringen Massenkräften auch die Massenträgheit reduzieren. Wird die Massenträgheit reduziert, kann die Motorleistung und damit auch der streckenbezogene Energieeinsatz stark reduziert werden. So spart ein PKW pro 100 kg weniger Masse 0,15 bis 0,4 Liter Benzin pro 100 km (Bild 6.22). Ein Verkehrsflugzeug spart pro 100 kg reduzierter Masse 300 000 kg Treibstoff über 60 000 h (Bild 6.23).

Bild 6.22
Leichtbau im Automobilbereich [Bildquelle: BMW Group]

Bild 6.23
Leichtbau in der Luftfahrt
[Bildquelle: Airbus AG]

CO_2-Effizienz und Ökobilanz

Den Energieeinsatz für den Betrieb eines Gebäudes und eines Fahrzeuges zu reduzieren ist mindestens ebenso wichtig, wie den für die Herstellung eines Produktes. Der Energieeinsatz für die Herstellung eines Produktes ist allerdings nicht nur abhängig von dessen energieeffizienter Fertigung. Das relative Treibhauspotential (engl. Global Warming Potential GWP) gibt auch an, wie viel fossile Kohlenwasserstoffe im Lebenslauf eines Produkts hierfür verwendet wurden. Als Vergleichswert für die im Kyoto-Protokoll betrachteten Treibhausgase wird jeweils ein Bezug auf Kohlenstoffdioxid gewählt. Die Abkürzung lautet CO_2e (e für „equivalent").

Der CO_2-Fußabdruck hat in den letzten Jahren an Bedeutung gewonnen, da er ein hilfreiches Mittel sein kann, um die Klimaauswirkungen von Produkten, Dienstleistungen und anderen Geschehnissen im Alltag eines jeden Menschen zu ermitteln. Eine deutschlandweit (nicht international) akzeptierte Definition für den CO_2-Fußabdruck von Produkten ist folgende [32]:

Der Product Carbon Footprint (CO_2-„Fuß"abdruck von Produkten) bezeichnet die Bilanz der Treibhausgasemissionen entlang des gesamten Lebenszyklus eines Produkts in einer definierten Anwendung und bezogen auf eine definierte Nutzeinheit.

Der Produktlebenszyklus soll die gesamte Wertschöpfungskette umfassen:

- Gewinnung, Aufbereitung und Transport der Vorprodukte,
- Produktion und Logistik der Produkte,
- Nutzung der Produkte und
- Entsorgung/Recycling nach Nutzung der Produkte.

Der CO_2-Fußabdruck von Produkten könnte geeignet sein, die Umweltschädigung eines Produktes in einem Wert darzustellen und dem Konsumenten die Entscheidung für oder gegen ein Produkt zu erleichtern. Auch kann hierdurch zukünftig eine Besteuerung stattfinden.

Ein Life Cycle Assessment (LCA), auch bekannt als Ökobilanz, ist meist umfangreicher und aussagekräftiger. Der CO_2-Fußabdruck ist Bestandteil einer Ökobilanz, welche eine systematische Analyse der Umweltwirkungen von Produkten während des gesamten Lebensweges („from cradle to grave" = „von der Wiege bis zur Bahre") oder bis zu einem bestimmten Zeitpunkt der Verarbeitung („from cradle to factory gate" = „von der Wiege bis zum Fabriktor"). In einer Ökobilanz/LCA wird jedoch nicht allein die Auswirkung auf die Klimaerwärmung (CO_2-Fußabdruck) erfasst, sondern auch Wasserverschmutzung, Pestizideinsatz, der Anfall radioaktiver Abfälle und Auswirkung auf das Ozonloch. LCAs gelten als multidimensional, der CO_2-Fußabdruck als eindimensional. LCAs sind aber nicht in einem Wert darstellbar.

Bei einer LCA wird keine Gewichts- oder Volumeneinheit Werkstoff mit einem anderen verglichen, um dessen Potential zur Ressourcenschonung zu erfassen, sondern es wird stets das Endprodukt aus Kunststoff im Vergleich zu den Endprodukten aus anderen Werkstoffen betrachtet, die den gleichen Zweck erfüllen. Die Wiederverwendung und das eventuelle Recycling gehören ebenso zu einer LCA.

Seit dem Kyoto-Protokoll wurden weltweit zahlreiche LCA durchgeführt, welche komplette Produkte bewerten, wie sie der Endkonsument kauft. Besonders geprüfte LCA von Kunststoffprodukten (und Werkstoffen) können der Datenbank Probas auf den Webseiten des Umweltbundesamts entnommen werden.

Beispiele für besonders ressourcenschonende Wirkung von Kunststoffen können in [33] und [34] nachgelesen werden: In [33] wird sehr klar formuliert „Die bestehenden PET-Mehrwegsysteme sind gegenüber den bestehenden Glas-Mehrwegsystemen bei Mineralwasser und CO_2-haltigen Erfrischungsgetränken aus Umweltsicht vorzuziehen." Die Webseiten für nachhaltiges Bauen [34] führen aus, dass im ökologischen Vergleich Systeme mit expandiertem Polystyrol (EPS) und Graphit („graue" Platten) am besten abschneiden, gefolgt von EPS ohne Graphit, Steinwolle und Kork.

Eine Studie der Environment Agency in England [35] führte eine Ökobilanz (LCA) an verschiedenen Tragebeuteln durch. Aus dieser Studie wird auch zum Erstaunen des Autors deutlich, dass Papierbeutel etwa 3-mal mehr, Jute-Beutel etwa 131-mal mehr wiederverwendet werden müssen, um mit der normalen, nur einmal benutzten Kunststofftragetasche aus PE-HD ökologisch konkurrieren zu können. Wird die Tasche aus Kunststoff nur zweieinhalbmal wiederverwendet – wie in Deutschland durchschnittlich üblich – müsste eine Tasche aus Papier 7,5-mal und aus Jute 328-mal wiederverwendet werden, um ökologisch gleichwenig Schaden anzurichten. Eine davon unabhängige Studie in Dänemark kommt zu sehr ähnlichen Ergebnissen.

Interessant ist auch der Hinweis des deutschen Interessensverbands Kunststoffverpackungen in Bad Homburg, welcher hervorhebt, dass mit jedem kg Nahrungsmittel, welches mit Kunststoffen verpackt nicht verdirbt, ein größerer Beitrag zum Klimaschutz geleistet wird, als mit dem Verpackungsstoff an Klimaschaden verursacht wird. Die Tabelle 6.3 zeigt die CO_2-Äquivalente verschiedener Nahrungsmittel im Vergleich zu denen einiger Verpackungen [36]. Zu einem ähnlichen Schluss kommt die Denkstatt GmbH in einem Bericht [37], der zeigt, dass durch den Einsatz von Kunststoffverpackungen bei frischen Lebensmitteln CO_2-eingespart werden kann, da weniger Lebensmittel verderben.

Ein Artikel auf SpiegelOnline vom 20.4.2019 hebt hervor, dass ungeschützte Gurken lediglich drei, durch Kunststoff geschützte Gurken hingegen etwa 20 Tage halten, bevor sie verderben.

Tabelle 6.3 Kunststoffverpackungen vermeiden CO_2 nach [36]

Nahrungsmittel	CO_2-Äquivalent		Verpackung	CO_2-Äquivalent
0,5 kg Rindfleisch	6,65 kg CO_2 e		0,5 ltr. PP-Fleischschale	0,084 kg CO_2 e
1 kg Kaffee	8,50 kg CO_2 e		1,5 ltr. PET-Flasche	0,085 kg CO_2 e
0,5 kg Pommes Frites	2,85 kg CO_2 e		0,5 ltr. PS-Schale	0,065 kg CO_2 e
0,5 kg Quark	0,98 kg CO_2 e		0,5 ltr. PP-Quarkbecher	0,073 kg CO_2 e
0,5 kg Nudeln	0,46 kg CO_2 e		0,2 m^2 LDPE Folie 12μ	0,010 kg CO_2 e

6.4.4 Regenerative Energieerzeugung mit Kunststoffen

In Abschnitt 6.4.2 wurde bereits diskutiert, dass Energiesparen ein wichtiger Weg ist, die Unabhängigkeit von fossilen Kohlenwasserstoffquellen zu erhöhen. Ein anderer ist die Erzeugung von Energie ohne fossile Kohlenwasserstoffquellen, also aus erneuerbaren (sog. regenerativen) Quellen. Dies sind Quellen, die nahezu unerschöpflich zur Verfügung stehen oder sich relativ schnell wieder erneuern. Zu ihnen zählen Wasserkraft, Windenergie, solare Strahlung, Erdwärme und das Verbrennen nachwachsender Rohstoffe.

Während bekannt ist, dass nachwachsende Rohstoffe den Energiehunger der Menschheit mit derzeit 7,75 Milliarden Menschen nicht stillen können, können sie dennoch zum stofflichen Einsatz dienen und helfen, den Einsatz von Erdöl, Erdgas und Kohle zu vermeiden. In Abschnitt 6.3 wurden die Grenzen und Möglichkeiten biobasierter Kunststoffe näher erläutert.

Im Jahr 2018 sind Kapazitäten für 591 GW Energie aus Wind weltweit installiert [38]. Es werden täglich mehr Großwindanlagen (Bild 6.24) mit immer größeren Flügeln eingesetzt. Nur durch die Kombination von geringer Dichte und hoher Festigkeit von Faserkunststoffverbunden (siehe auch Abschnitt 3.3.1), sind diese großen Flügel möglich. Flügel aus metallischen Werkstoffen würden durch die Zentrifugalkraft reißen. Am Institut für Polymerchemie (IPOC) und am Institut für

Textil- und Fasertechnologie (ITFT) der Universität Stuttgart wird an immer festeren Fasern geforscht. Die Institute greifen im Bereich des Leichtbaus die Prinzipien aus der Natur auf, um so immer leichtere Strukturen mit hervorragenden mechanischen Eigenschaften herzustellen.

Bild 6.24 Windkraftanlagen

Fotovoltaik ist ein anderes Beispiel der regenerativen Energieerzeugung. Das modernste Freiflächen-Solarkraftwerk Europas wurde in Brandenburg errichtet. Es versorgt 36 000 Haushalte in Berlin mit Strom und entlastet gleichzeitig die Region um 90 000 t/a Kohlenstoffdioxidemission. Das auch in dichter besiedelten Regionen, wie z. B. im Ballungsraum Stuttgart, großflächige Fotovoltaikanlagen möglich sind, zeigt Bild 6.25. Bestimmte Funktionspolymere wie Polyacetylen, Polypyrrol, Polyphenylensulfid und Polythiophen sind elektrisch leitfähig. Das Besondere ist, dass sie als dünne Schichten recht gut verformbar sind und den Aufbau von Solarzellen auf Kunststofffolien erlauben. Somit können prinzipiell sehr preisgünstige und hochflexible Solarzellen hergestellt werden, die jedoch in elektrischer Leistung und Dauereinsatz den bekannten anorganischen Solarzellen noch hinterherhinken.

Bild 6.25
Solare Energieerzeugung auf dem Messeparkhaus in Stuttgart [Bildquelle: Bosch]

Allerdings wurden bei den polymerbasierten Solarzellen in den letzten Jahren deutliche Fortschritte durch Entwicklung neuer Materialien und Optimierung der Zellstrukturen erreicht. Am IPOC der Universität Stuttgart wird an der Synthese von stark verzweigten Polythiophenen für organische Leuchtdioden und für die organische Fotovoltaik geforscht. Darüber hinaus arbeitet das Institut an der molekularen Ordnung in dünnen Folien aus diesen halbleitenden Funktionspolymeren.

Auch Brennstoffzellen gehören zu den emissionsarmen Energieerzeugern (Bild 6.26). Bei den weitest verbreiteten Niedertemperatur-Brennstoffzellen kann auf Polymere nicht verzichtet werden: Bei der chemischen Reaktion, auch kalte Verbrennung genannt, wird zunächst Wasserstoff elektrochemisch an der Anode oxidiert. Die Wasserstoffionen H^+ können durch eine Polymermembran wandern und Sauerstoff an der Kathode reduzieren. Zugleich werden die Elektronen an den Stromkreis abgegeben und gelangen so zur Anode. Als Produkt dieser Reaktion entsteht Wasser.

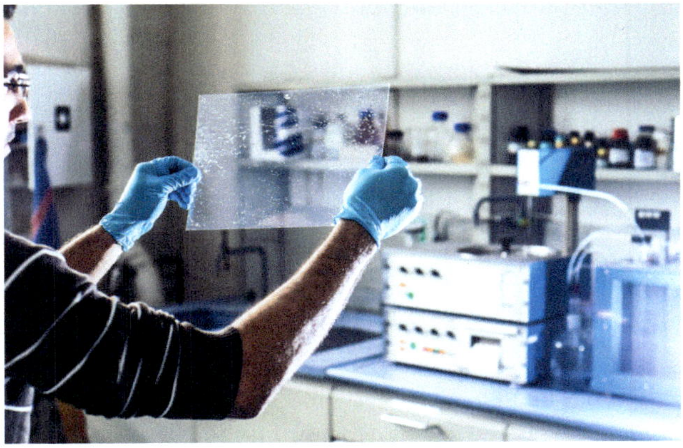

Bild 6.26
Verwendung einer Folie in der Brennstoffzelle als Membran

Die Polymermembran ist mehrere 100 µm dünn, muss gasdicht sein, aber protonenleitend. Somit wirkt sie als Elektrolyt. Nach ersten Erfolgen mit sulfoniertem Polystyrol (PS, bei der Sulfonierung werden Säuregruppen eingebunden) wurden weitere Entwicklungen auf Basis von sulfoniertem Polytetrafluorethylen (PTFE) durchgeführt. Derartige Funktionspolymere gehören zur Gruppe der sog. Ionomere, da sie ionendurchlässig sind.

6.5 Fazit

Der Leser möge bitte selbst sein Fazit nach Studium der vielen angegebenen Quellen ziehen. Der Autor sieht es so:

- *Müll:* Nicht der Werkstoff, sondern der Mensch ist für die Umweltverschmutzung verantwortlich. Abfälle in der Umwelt entstehen meist aufgrund von Faulheit und mangelnder Disziplin. Es hat aber auch etwas mit unserer Lebensgewohnheit zu tun: Wir leben in einer Wegwerfgesellschaft, umgeben von überflüssigen Einwegprodukten und Wegwerfprodukten. Umweltschutz fängt also bei jedem Einzelnen von uns an! Kunststoffe sind zum Wegwerfen zu schade!
- *Toxizität:* Augenmaß halten, aber auch Augen aufhalten! Von Medien verbreitete Schreckensgeschichten über giftige Kunststoffe brauchen keine schlaflosen Nächte zu bereiten, allerdings ist es zugleich beruhigend zu wissen, dass laufend Studien erstellt werden, die die möglichen Einflüsse von Kunststoffen bzw. den darin enthaltenen Zusatzstoffen auf unseren Körper oder unsere Nahrungskette stets neu bewerten. Auch beruhigend ist, zu wissen, dass Kunststoff der wohl umfassendst-reglementierte und kontrollierte Werkstoff europaweit ist.
- *Biokunststoffe:* Sie werden nicht die Welt retten, aber auch keinen Hunger verursachen. Hauptnutzen von biobasierten Kunststoffen ist, dass sie keine fossilen Rohstoffe verbrauchen und damit bei Verbrennung auch kein „böses" CO_2 abgeben. Vor allem werden sie die Branche auf die Welt „nach dem Öl" vorbereiten. Der Nutzen von biologisch abbaubaren Kunststoffen liegt in einer besonderen Entsorgungsalternative, allerdings sollte dies niemanden dazu bewegen, Produkte hieraus achtlos in die Umwelt zu werfen.
- *Ressourcen-Schon-Stoff:* Kunststoffe liefern weltweit einen großen Beitrag zur Ressourcenschonung. Die Einsparung von Energie wird immer wichtiger, um unabhängiger von fossilen Kohlenwasserstoffquellen zu werden und um Emissionen zu reduzieren. Die Ökobilanzen von Kunststoffprodukten sehen oft günstiger aus als die von Produkten aus anderen Werkstoffen. Kunststoffe reduzieren in Form von Dämmstoffen enorme Mengen an fossilen Brennstoffen, aber auch als Leichtbauwerkstoff.
- *Regenerative Energieerzeugung:* Regenerative Energieerzeugung wäre ohne Kunststoffe teils gar nicht möglich. Folien aus Funktionspolymeren werden als flexible und kostengünstige Fotovoltaikschichten, andere als Membran in Brennstoffzellen verwendet. Nur der extreme Leichtbau ermöglicht die großen Flügel der sauberen Windkrafträder, andere Werkstoffe würden durch die Zentrifugalkraft reißen.

QR-Code 6-3

Dieses Video zeigt, warum Kunststoff zum Wegwerfen zu schade ist und greift einige Aspekte dieses Kapitels auf.

http://www.ikt.uni-stuttgart.de/links/Videolinks/Zum_Wegwerfen_zu_schade

6.6 Literaturverzeichnis

[1] Bundesgesetz, Gesetz zur Förderung der Kreislaufwirtschaft und Sicherung der umweltverträglichen Bewirtschaftung von Abfällen (Kreislaufwirtschaftsgesetz - KrWG), 2012.

[2] S. Bundesamt, „Ergebnisbericht - Umwelt - Erhebung über Haushaltsabfälle, bei den öffentlich-rechtlichen Entsorgungsträgern," 2011.

[3] N. N., „Nachhaltigkeitsbericht 2012," IK e. V. 2012.

[4] NABU, „*www.NABU.de*" 3 August 2012. [Online]. [Zugriff am 23. September 2013].

[5] GESAMP, „*www.gesamp.org,*" [Online]. Available: *http://www.gesamp.org/*. [Zugriff am 26. September 2013].

[6] Bund für Umwelt und Naturschutz Deutschland e. V. (BUND), „BUND Friends of the earth Germany," 13 Januar 2014. [Online]. Available: *http://www.bund.net/fileadmin/bundnet/pdfs/meere/131119_bund_meeresschutz_mikroplastik_produktliste.pdf*. [Zugriff am 27. Januar 2014].

[7] Lebensmittel-, Bedarfsgegenstände und Futtermittelgesetzbuch (LFGB), 2005.

[8] Bedarfsgegenständeverordnung, 1992.

[9] Europäisches Arzneibuch, 2012: Deutscher Apotheker Verlag.

[10] Bundesgesetz über Medizinprodukte (Medizinproduktegesetz - MPG), Deutschland, 1994.

[11] REACH, 2006R1907-EN-09.10.2012-014.001-1 Registration, Evaluation, Authorisation and Restriction of Chemicals (REACH), 2012.

[12] E. F. S. A., „*www.efsa.europa.eu,*" [Online]. Available: *http://www.efsa.europa.eu*. [Zugriff am 27. September 2013].

[13] W. H. O., „Toxicological and Health Aspects of Bisphenol A," 2012.

[14] U. S. F. D. A., „U.S. Food and Drug Administration," 30 März 2013. [Online]. Available: *http://www.fda.gov/newsevents/publichealthfocus/ucm064437.htm#current*. [Zugriff am 14. Januar 2014].

[15] B. f. G. B. Schweiz, „Faktenblatt - Bisphenol A," 2011.

[16] Bundesamt für Risikobewertung, „Fragen und Antworten zu Bisphenol A in verbrauchernahen Produkten," [Online]. Available: *www.bfr.bund.de/cm/343/fragen-und-antworten-zu-bisphenol-a-in-verbrauchernahen-produkten.pdf*. [Zugriff am 20. August 2013].

[17] Bayerisches Landesamt für Gesundheit und Lebensmittelsicherheit, „Bayerisches Landesamt für Gesundheit und Lebensmittelsicherheit," 14 März 2013. [Online]. Available: *http://www.lgl.bayern.de/lebensmittel/chemie/schimmelpilzgifte/aflatoxine/*. [Zugriff am 16. Januar 2014].

[18] D. S. Kreibe, „Hochschule Augsburg," 2008. [Online]. Available: *http://www.hs-augsburg.de/~skreibe/downloads/grundlumwelt8risikomanagement.pdf*. [Zugriff am 18. Januar 2014].

[19] Deutsche Gesellschaft für Ernäherung e. V. , „Deutsche Gesellschaft für Ernährung e. V.," 02 Juni 2008. [Online]. Available: *http://www.dge.de/modules.php?name=News&file=article&sid=834*. [Zugriff am 07. Januar 2014].

[20] W. Krämer, „Der Tagessspiegel," 16. September 2011. [Online]. Available: *http://www.tagesspiegel.de/wissen/lebensmittel-leckeres-gift-seite-2/4616986-2.html*. [Zugriff am 08. Januar 2014].

[21] Kulling, „Phytoöstrogene," Ernährungs-Umschau 50, Bd. 50, Nr. Heft 6, 2003.

[22] O. Renn, Interview in „Die Zeit," Nr. 16, 2014.

[23] EN 13432, Verpackung – Anforderungen an die Verwertung von Verpackungen durch Kompostierung und biologischen Abbau – Prüfschema und Bewertungskriterien für die Einstufung von Verpackungen; 2000.

[24] ASTM D6400. International, Standard Specification for Labeling of Plastics Designed to be Aerobically Composted in Municipal or Industrial Facilities, 2012.

[25] R. Essel, Consulting Marketing & Industrieberatung GmbH, „Produktion, Verarbeitung und Verwertung von Kunststoffen in Deutschland 2011," 2012.

[26] Bundesministerium für Ernährung, Landwirtschaft und Verbraucherschutz, 29. August 2013. [Online]. Available: *http://www.bmelv.de/SharedDocs/Downloads/Landwirtschaft/Markt-Statistik/Ernte2013_Bericht+Anlagen.pdf?__blob=publicationFile*. [Zugriff am 17. Januar 2014].

[27] R. Essel, „Biobasierte Kunststoffe – Eine ökologische Alternative?," Kunststoffe, Nr. 08, 2012.

[28] European Bioplastics Dezember 2013. [Online]. Available: *http://www.bmelv.de/SharedDocs/Downloads/Landwirtschaft/Markt-Statistik/Ernte2013_Bericht+Anlagen.pdf?__blob=publicationFile*. [Zugriff am 09. Januar 2014].

[29] Lexikon der Nachhaltigkeit, [Online]. Available: *http://www.nachhaltigkeit.info/*. [Zugriff am 30. Dezember 2013].

[30] Bundesministerium für Umwelt, Naturschutz, Bau und Reaktorsicherheit, [Online]. Available: *http://www.bmub.bund.de/*. [Zugriff am 30. Dezember 2013].

[31] http://www.bmub.bund.de/presse/pressemitteilungen/pm/artikel/klimaschuetzer-schreiben-geschichte/.

[32] Bundesministerium für Umwelt, „*www.bmu.de*," Dezember 2009. [Online]. [Zugriff am 15. August 2013].

[33] Bundesumweltministerium, „Hintergrundpapier: Ökobilanz Getränkeverpackungen für alkoholfreie Getränke und Wein," 2000.

[34] N. N., „*www.nachhaltiges-bauen.de*," [Online]. Available: *http://nachhaltiges-bauen.de/baustoffe/*. [Zugriff am 05. August 2013].

[35] C. Edwards; J. Meyhof, „Lifecycle Assessment of supermarket carrierbags,", Environment Agency England 25. September 2015. [Online].

[36] BKV, Plattform für Kunststoff und Verwertung, „Mit Kunststoff in die Zukunft. Zur Nachhaltigkeit von Kunststoffverpackungen," 2011.

[37] H. Pilz, „Die Auswirkungen von Kunststoffen auf Energieverbrauch und Treibhausgasemissionen in Europa," 2010.

[38] World Wind Energy Association (WWEA), „2013 Half-year report," 2013.

A Anhang: Empfehlungen zur Abfassung einer Bachelor-/ Masterarbeit am IKT

A.1 Unterschiedlicher Anspruch an eine Bachelor-, Master- und Doktorarbeit

Laut Prüfungsordnung der Universität Stuttgart soll die Bachelorarbeit zeigen, dass Studierende in der Lage sind, innerhalb einer vorgegebenen Frist eine Aufgabenstellung aus dem Bereich der Kunststofftechnik selbständig mit wissenschaftlichen Methoden zu bearbeiten und die Ergebnisse sachgerecht darzustellen. Gleiches gilt für die Masterarbeit, jedoch ist die Erwartung an die Selbständigkeit und fachliche Tiefe dort höher. Beides sind keine wissenschaftlichen Arbeiten. Die erlernten wissenschaftlichen Methoden sollen Absolventen unterstützen, auch Aufgaben außerhalb der Wissenschaft erfolgreich zu bearbeiten. Spätestens mit dem Abschluss „Master" ist ein Ingenieur berufsfertig und geht in die Wirtschaft. Die Wenigsten schreiben eine Doktorarbeit und promovieren zum Dr.-Ing.

Eine Doktorarbeit grenzt sich von einer Bachelor- oder Masterarbeit nicht nur in ihrem Grad der Selbstständigkeit ab. Sie ist eine selbständige wissenschaftliche Forschungsleistung („wissenschaftliche Arbeit"; s. u.), die zum übergreifenden Erkenntnisfortschritt im jeweiligen Fachgebiet beiträgt und publiziert werden muss. Mit der Doktorarbeit in den Technikwissenschaften werden in der Regel zusätzliche Kompetenzen erarbeitet, die ebenfalls für Aufgaben außerhalb der Wissenschaft nützlich sind. Der Autor ist Befürworter der Promotion nach mehrjähriger vollbezahlter wissenschaftlicher Mitarbeit im Institut oder Lehrstuhl (sogenannte „Assistenz-Promotion"). Wissenschaftliche Kompetenz wird hierbei durch zusätzliche Kompetenzen in Akquisition, Projektmanagement und erster Personalführung ergänzt, welche für leitende Aufgaben in- und außerhalb der Wissenschaft vorbereiten.

In den vergangenen Jahren der Betreuung von Studenten und wissenschaftlichen Mitarbeitern ist deutlich geworden, dass die Ähnlichkeit der Begriffe „wissenschaftliche Methode" und „wissenschaftliche Arbeit" für Verwirrung sorgen kann. Daher soll nachfolgend der dennoch große Unterschied verdeutlicht werden.

A.2 Wissenschaftliche Methoden

Wissenschaftliche Methoden sind planmäßige, systematische, zielgerichtete und überprüfbare Vorgehensweisen, um Forschungsergebnisse zu erarbeiten, aber auch Aufgaben aus dem Berufsalltag außerhalb der Wissenschaft zu lösen. Verschiedene Wissenschaften nutzen unterschiedliche Methoden. In den Technik- und Naturwissenschaften ist meist der Einsatz von Quellen-untersuchenden Methoden, theoretischen Methoden und empirischen Methoden erforderlich.

A.2.1 Quellen-untersuchende Methoden

„Vermutlich werden zahlreiche Forschungsanstrengungen nur deshalb unternommen, weil der Forschende und auch der die Forschung Finanzierende nicht wissen, dass dieser Forschungsgegenstand bereits erforscht wurde.“[1] Die Kompetenz des Forschers erfordert also die Kenntnis über den Stand des Wissens, der Forschung und der Technik, die er eigentlich nur durch Quellenuntersuchung (Literatur, Patente, Expertengespräche) erlangen kann.

Quellen sollten von verschiedenen Autoren und Arbeitsgruppen stammen und müssen bis zur Primärquelle hin recherchiert, beschrieben, analysiert sowie interpretiert werden. Evtl. ist die Auswahl auch zu begründen. Quellen dienen oft auch der klaren Begriffsdefinition und -abgrenzung eines Fachgebietes.

Die einzelnen Methoden heißen:

- Quellenauswahl,
- Quelleninterpretation,
- Quellenvergleich und auch
- Quellenkritik.

In der schriftlichen Abfassung müssen Quellen stets nachprüfbar und als Zitate (z. B. [5, S. 678]) oder Entlehnungen (z. B. im „in Anlehnung an [5]“ oder „nach [5]“) deutlich gekennzeichnet sein.

A.2.2 Theoretische Methoden

Als Theorie gilt der Entwurf eines Ursache-Wirkungszusammenhangs, welcher der experimentellen Bestätigung vorausgreift. Unter einem Beweis versteht man die strikt logische Rückführung einer Theorie auf bewiesene Wahrheiten. Im stren-

[1] Schmachtenberg, E. „Ingenieurwesen und Technikwissenschaften – eine Standortbestimmung.“ Vortrag auf dem 23. Kunststoffkolloquium, 6. 3. 2013, Stuttgart

gen Sinne gibt es solche Beweise nur in der Mathematik. Andere Wissenschaften arbeiten in diesem strengen Sinne mit Hypothesen und Modellen von Ursache-Wirkungszusammenhängen, die so gut wie möglich überprüft, aber nicht exakt bewiesen werden können. In dieser strengen Auslegung der Begriffe sind z. B. die Relativitätstheorie und die Higgs-Boson-Theorie keine Theorien, sondern Hypothesen.

Die eingesetzten Methoden in diesem Zusammenhang heißen:

- Analogie im Sinne der Übertragbarkeit und
- Kausalität im Sinne von „Ursache und Wirkung".
- Deduktion geht von einem Entwurf eines allgemeinen Ursache-Wirkungszusammenhangs aus und sucht nach Beweisen (→ Empirie), die den Entwurf bekräftigen sollen.
- Induktion hingegen zieht viele Einzelbeobachtungen zusammen, um hieraus einen allgemeinen Ursache-Wirkungszusammenhang zu formulieren.

A.2.3 Empirische Methoden

Empirie (griech.: empeiria = „Erfahrung") wird als Sammlung von systematisch ermittelten, nachprüfbaren Informationen verstanden. Meist dienen sie in den Technik- und Naturwissenschaften dazu, o. a. Hypothesen oder Modelle zu untermauern (→ Deduktion) oder hierauf erst eine Hypothese oder ein Modell aufzubauen (→ Induktion).

Technik- und Naturwissenschaftler sind oft Heuristiker. Die Heuristik (altgriech.: heurisko = „ich finde") ist das analytische Vorgehen bei unzureichendem Wissen mit Hilfe von Spekulationen Schlussfolgerungen über einen Ursache-Wirkungszusammenhang zu treffen. Technik- und Naturwissenschaftler gehen auch ganz ähnlich an ihre wissenschaftliche Arbeit heran: Sie arbeiten z. B. mit Abgrenzungen des betrachteten Systems („Bilanzgrenzen"), um Ursache und Wirkung hierin zu betrachten. Sie planen Versuche derart geschickt, dass mit geringem Aufwand Hypothesen überprüft, verworfen oder angepasst werden können, um iterativ (also deduktiv und induktiv im Wechsel) zu einer beständigen Aussage zu kommen.

Empirie nutzt folgende Methoden:

- Bilanzgrenzen definieren,
- unvoreingenommenes Beobachten,
- Analyse bestimmender Einflussgrößen,
- deren gezielte Variation in Experimenten und
- reproduzierbares Beschreiben.

A.3 Wissenschaftliche Arbeit

Eine wissenschaftliche Arbeit hat den Anspruch an Erkenntnis, welche nicht rein durch Nachdenken abgeleitet werden kann. Sie versucht Klarheit zu geben, inwieweit Aussagen über Wirklichkeits„splitter“ verallgemeinerbar sind, dient also der Erkenntnis allgemeiner Zusammenhänge und Gesetzmäßigkeiten. Sie ist keine zufällige Entdeckung, sondern systematische Suche nach dem allgemeingültigen Zusammenhang mit Hilfe o. a. wissenschaftlicher Methoden.

Die Anwendung der wissenschaftlichen Methoden (s. o.) alleine ist keine wissenschaftliche Arbeit. Diese erfordert mindestens folgende zusätzliche Schritte:

- Interpretation der Ergebnisse vor dem Hintergrund der „Hypothese“ bzw. des „Modells“,
- Betrachtung und Diskussion der Fehlermöglichkeiten,
- Abgleich, Diskussion und Abgrenzung der Ergebnisse mit Ursache-Wirkungszusammenhängen der Quellenarbeit,
- Positives Fazit: Entscheidung zur Einbettung in den allgemeinen Ursache-Wirkungszusammenhang und dadurch dessen Erweiterung.
- Negatives Fazit: Verwurf der Hypothese oder des Modells mit Begründung und somit Infragestellung des Ursache-Wirkungszusammenhangs. Wissenschaftliche Arbeit ist also auch ein Akt „schöpferischer Zerstörung“.

Die Anwendung o. a. wissenschaftlicher Methoden zur Erreichung einer technischen Verbesserung ist aus Sicht des Autors keine wissenschaftliche Arbeit (auch nicht „angewandte Forschung“ o. ä.), vielmehr „Entwicklung“. Sie können sich dennoch derselben Methoden bedienen, siehe Bild A.1. Beispielsweise sind großangelegte Parameterstudien ohne Interpretation vor dem Hintergrund eines Modells oder einer Hypothese und ohne „Einbettung“ nur Methodenanwendung.

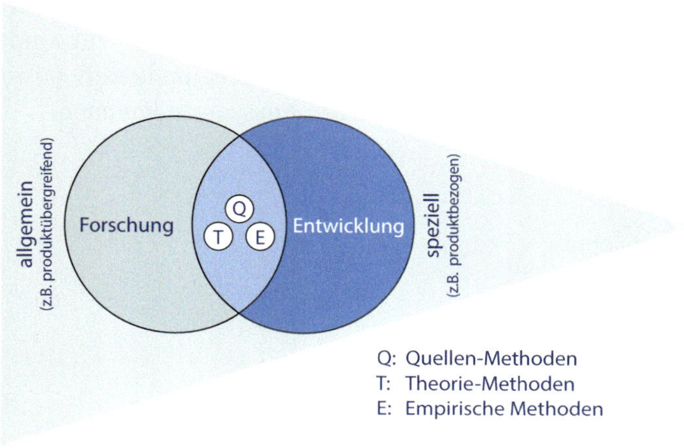

Bild A.1 Abgrenzung von Forschung und Entwicklung

A.4 Bachelor- oder Masterarbeit

Am IKT freuen wir uns natürlich über die Kreativität unserer Studenten, doch sie sollte sich auf die Problemstellung der Arbeit konzentrieren und nicht auf die Struktur der schriftlichen Abfassung.

Die Struktur einer Bachelor- oder Masterarbeit ist wie eigentlich jede Veröffentlichung aus Wissenschaft und Technik aufgebaut und in DIN 1422 recht gut beschrieben. Auch naturwissenschaftliche Zeitschriften wie „Nature" oder „Polymer" erwarten in etwa die gleiche Struktur einer eingereichten Veröffentlichung, sodass es sinnvoll ist, diese auch in Stuttgart den Studenten einzuprägen. Die grundlegende Struktur ist wie folgt:

- Inhaltsverzeichnis (Struktur: max. 3. Ebene),
- Bild-, Tabellen-, Symbol- und Abkürzungsverzeichnisse, Glossar (wenn erforderlich),
- Zusammenfassung/Abstract,
- Einleitung,
- 3 Hauptteile (Ausgangssituation/Zielsetzung, Lösungsweg, Ergebnisse/Diskussion),
- Schlussbemerkungen (Fazit/Ausblick),
- Literaturverzeichnis,
- Anhang (wenn erforderlich).

A.4.1 Zum Titel der Abschlussarbeit

Während meiner Industriezeit und auch als Institutsleiter erhielt ich von Bewerbern bereits so manches Abschlusszeugnis mit Fächernamen, die ich mir erst einmal erklären lassen musste, sowie auch mit wenig aussagekräftigen Titeln von Abschlussarbeiten. Seitdem achte ich sehr darauf, dass die Titel zumindest der Masterarbeiten einerseits nicht zu akademisch klingen, andererseits auch alleine aussagekräftig sind, ohne den gesamten Inhalt und die Ziele wiederzugeben.

A.4.2 Zum Inhalt der Arbeit

Zu einer erfolgreichen Bearbeitung der Aufgabenstellung gehören natürlich in erster Linie neue, sorgfältig erarbeitete Ergebnisse. Jedoch nützen diese nichts, wenn sie in der schriftlichen Ausarbeitung nicht genauso sorgfältig niedergeschrieben und damit für interessierte Leser nachvollziehbar sind.

Wichtig ist daher, dass die Arbeit einen „roten Faden“ enthält. Dies ist nur dadurch zu erzielen, dass neben den Ergebnissen auch die vorausgehende Ausgangsproblematik und der komplette Lösungsweg dargestellt werden. Nachfolgend wird gezeigt, welche inhaltlichen Aspekte in den einzelnen Bestandteilen einer Bachelor- oder Masterarbeit erfasst werden sollten.

A.4.2.1 Zusammenfassung

Fachleute wenden etwa 30 % ihrer Zeit für das Lesen auf. Da somit tagtäglich eine Flut an Lesestoff auf diese zukommt, z. B. in Form von Fachveröffentlichungen, Rundschreiben, Briefen, Aktennotizen etc., wird es immer wichtiger, wesentliche Informationen zielorientiert auswählen zu können und die relevanten Texte rationell zu erschließen. Eine Zusammenfassung wird daher stets zuerst gelesen und bildet damit die Entscheidungsgrundlage, ob ein Text vollständig gelesen wird oder nicht.

Sie soll daher den Leser vorab über wesentliche Aspekte der Arbeit – Einleitung, Status-quo, Ziel und Vorgehensweise – informieren, sowie kurz und klar die prinzipiellen Schlüsse und Empfehlungen aus dem Inhalt der gesamten Arbeit wiedergeben, ohne verschiedene Ergebnisse gegeneinander abzuwägen. Die Zusammenfassung sollte alleine stehen können und auch ohne die restliche Arbeit verständlich sein.

Insgesamt sollte sie nicht mehr als eine, bei Master- und Doktorarbeiten maximal zwei Seiten umfassen. Internationalen Interessenten der Arbeit dient der englischsprachige Abstract. Eine Zusammenfassung nennt in der Regel keine Markennamen, keine konkreten Zahlenwerte und nutzt nur allgemein bekannte Abkürzungen.

Deskriptoren sind beschreibende Kurzbegriffe, die den Inhalt der Arbeit repräsentieren und mit denen die Arbeit in Literaturdatenbanken verknüpft wird, um sie leichter auffindbar zu machen. Sie sind am IKT zu Beginn der Zusammenfassung aufgelistet.

A.4.2.2 Einleitung

Die Einleitung soll dem Leser auf ein bis maximal zwei Seiten einen raschen Einstieg in das speziell betrachtete Forschungsgebiet ermöglichen. Hierfür kann beispielsweise die Einbettung in die Kunststofftechnik beschrieben werden, ohne jedoch auf die konkrete Aufgabenstellung einzugehen.

A.4.2.3 Hauptteil

Der Hauptteil bildet den Kern jeder Bachelor- und Masterarbeit. Ihm sollte daher besondere Sorgfalt bei der Ausarbeitung bedacht werden. Um den besagten „roten

Faden" der Arbeit zu erzielen, sollte der Hauptteil möglichst in drei Hauptkapiteln nach folgendem Schema aufgebaut sein:

Erstes Hauptkapitel: Ausgangssituation und Zielsetzung

Neues Wissen von bereits bekanntem abzugrenzen, bedarf einer umfassenden Quellenarbeit (Literatur, Patente, Expertengespräche) und der Darstellung des Status-quo. Zitate und Entlehnungen müssen selbstverständlich gekennzeichnet werden. In der Arbeit sollten folgende inhaltliche Aspekte erarbeitet und dargestellt werden:

- Stand des Wissens (z. B. „Grundlagen und Stand der Technik"),
- offene Fragestellungen,
- hieraus abgeleitete Idee zur Beantwortung der offenen Fragen/„Zielsetzung".

Zweites Hauptkapitel: Lösungsweg

Im zweiten Hauptkapitel wird der Lösungsweg beschrieben und damit die Vorgehensweise, die zur Erreichung der Zielsetzung gewählt wurde. Bei theoretischen Arbeiten liegt der Schwerpunkt auf der Quellen- und Theoriearbeit. Folgende inhaltliche Aspekte sollten bei einer praktischen Arbeit dargestellt werden:

- Erläuterung und Begründung der für die Versuche eingesetzten Werkstoffe, Verarbeitungsmaschinen, Analyseverfahren und -methoden.
- Exakter Versuchsaufbau und Versuchsdurchführung mit Erläuterung von Schwierigkeiten, Besonderheiten und wie damit umgegangen wurde.

Der Inhalt muss derart dargestellt werden, dass jeder nachfolgende Bearbeiter sie nachstellen kann und zu den gleichen Ergebnissen gelangt.

Wichtiger Hinweis: Markennamen bzw. Herstellerbezeichnungen von eingesetzten Werkstoffen sollen nur einmal zu Beginn erwähnt werden. Für den weiteren Verlauf der Arbeit werden leicht einprägsame, sinnvolle Abkürzungen gewählt.

Drittes Hauptkapitel: Ergebnisse und Diskussion

Den beiden ersten Hauptkapiteln, die sozusagen die Pflicht sind, folgt nun die Kür der Arbeit. Hier werden die Arbeitsergebnisse wertfrei dargestellt, dann diskutiert und vor dem Hintergrund der Zielsetzung und Quellensituation (1. Hauptkapitel) bewertet.

Der Schwerpunkt soll dabei auf den wichtigsten Erkenntnissen liegen, somit wird der „Blick für das Wesentliche" geschärft. Darüber hinaus schmälern ehrliche Angaben zu Unsicherheiten oder eine kritische Fehlerdiskussion die Arbeit keineswegs, sondern sind Ausdruck der selbstkritischen Diskussion.

A.4.2.4 Schlussbemerkungen

In den Schlussbemerkungen (Fazit/Ausblick) sind Folgerungen aus den wesentlichen, neu erzielten Arbeitsergebnissen und für notwendig erachtete Anschlussarbeiten darzustellen.

A.4.2.5 Anhang

Die Kapitel des Hauptteils sollen sich eindeutig auf die Kerninhalte und den „roten Faden“ der bearbeiteten Aufgabenstellung beziehen. Dokumentationen, längere mathematische Herleitungen, Detailbilder, Datenblätter, Messdaten etc., die durch ihre Ausführlichkeit oder Menge den Fluss der Darstellungen im Hauptteil stören würden, sollen daher in den Anhang gesetzt werden.

A.4.3 Zum Umfang der Arbeit

Strukturieren Sie den Stoff frühzeitig und protokollieren Sie Probleme und Entscheidungen in einem Laborbuch stets „online“, also während der praktischen Arbeiten. Fügen Sie Ergebnisse bereits während der Versuche z. B. in eine Excel-Datei und visualisieren Sie sie in sinnvollen Diagrammen. Beginnen Sie nicht erst nach Abschluss aller praktischen Arbeiten mit dem „Zusammenschreiben“.

Der Umfang ist kein Maß für die Qualität einer Arbeit. Die Arbeit sollte kurz, knapp, jedoch hinreichend deutlich formuliert sein. Ein Umfang von 40 bis 70 Seiten (ohne Anhang) ist für eine Bachelor- und Masterarbeit angemessen, 100 Seiten (ohne Anhang) sind auch bei Doktorarbeiten der Technikwissenschaften ein guter Richtwert.

A.4.4 Zum Schreibstil der Arbeit

Obwohl es bei studentischen und wissenschaftlichen Arbeiten hauptsächlich auf den Inhalt ankommt, sind so scheinbar nebensächliche Aspekte wie Rechtsschreibung, Interpunktion und Formatierung sehr wichtig. Unzulänglichkeiten in diesen Bereichen würden dem gebildeten Leser auffallen, ihn ablenken und den Lesefluss beeinträchtigen. Im Extremfall könnten sogar die Forschungsergebnisse an Bedeutung verlieren, wenn der Leser den Eindruck gewinnt, dass der Autor seinem Werk nicht genügend sprachliche Aufmerksamkeit gewidmet hat. Angemessene Formatierung und korrekte Rechtschreibung sowie Grammatik sind daher nicht nur schmückendes Beiwerk, sondern ebenso Qualitätsmerkmal wie die Inhalte.

Bachelor- und Masterarbeiten sind in Stuttgart in der Regel in deutscher Sprache nach der gültigen Rechtschreibung anzufertigen. Jeder hat seinen persönlichen

Schreibstil, den er auch gerne beibehalten soll. Dennoch sollte für ein besseres Verständnis der Arbeit einiges beachtet werden:

Der Inhalt einer Bachelor- oder Masterarbeit muss knapp und klar und dem logischen Gedankengang folgend formuliert werden. In jedem Fall muss die Arbeit so exakt dargestellt sein, dass Dritte die von Ihnen durchgeführten Untersuchungen und Experimente nachvollziehen können. Verständlichkeit und Exaktheit sind daher meist wichtiger als ein geschliffener Schreibstil.

Es sollen zudem nur solche Fachwörter Verwendung finden, deren Verständnis beim Leser gesichert erscheint. Bei einer Bachelor- bzw. Masterarbeit am IKT sollten Sie darauf abzielen, dass ein Ingenieur aus der Kunststofftechnik oder fachlich nahen Fachdisziplinen Ihre Arbeit versteht. Neu eingeführte oder weniger verbreitete Begriffe oder Benennungen sollen dabei definiert werden (Abkürzungen oder Glossar). Diese Begriffe oder Benennungen sind dann konsequent in der gleichen Bedeutung zu verwenden. Wortwiederholungen, die im Deutschaufsatz noch verpönt waren, sind bei Fachworten angebracht, um sie dem Leser einzuprägen.

Bei aller Exaktheit muss eine Arbeit dennoch nicht langweilig und trocken formuliert sein. Es ist durchaus möglich, einen solchen Text auch interessant darzustellen.

Konkrete Schreibstil-Empfehlungen

- Vermeiden Sie umgangssprachliche Formulierungen. Nicht: „Die erstellte Software lief echt super."
- Verwenden Sie kurze leicht verständliche Sätze, anstelle von Schachtelsätzen. Nicht: „Der Rechner, in dem sich die ..., wodurch dann der ..."
- Schaffen Sie eindeutige Bezüge: „Der Strom I fließt durch den Widerstand R. Dieser ist relativ klein." Ist I oder R gemeint?
- Verwenden Sie klare aussagekräftige Formulierungen. Nicht: „recht aufwändig", „fast linear", „relativ gering" usw.
- Wählen Sie eindeutige Bezeichnungen für dasselbe Objekt. Bleiben Sie bei einer Benennung! Wiederholungen sind hier ausdrücklich gewünscht! Nicht: „Die Eingangsstufe ...; In der Vorstufe ...; Bei der 1. Stufe ..." usw.
- Veranschaulichen Sie Ihren Text mit Bildern und Diagrammen. Zu viel Text kann verwirren. Nicht: „Die zweitoberste Bohrung der Gestängehalterung befindet sich genau 3,4 mm unterhalb der mittleren Sicke des dritten Montageblechs, wobei der seitliche Kantenabstand von links ..."
- Verwenden sie englisch/deutsche Vermischungen nur, wenn es sich nicht vermeiden lässt. Englische Verben mit deutschen Endungen sind ein Tabu. Nicht: „Die gecoatete Linse wird beim Assembly gepackaged." Englische Fachworte werden in Anführungszeichen geschrieben. Zudem ist die Groß- und Kleinschrei-

bung vor und nach dem Bindestrich zu beachten, wie z. B. bei „Scale-up“ oder „Know-how“ aber „Best-Practice“. (Substantive großschreiben, auch nach dem Bindestrich!)

- Verwenden Sie Fremdworte sinnrichtig. Häufige Verwechslungen sind: dediziert/dezidiert, ökonomisch/ökologisch, statisch/statistisch usw.
- Vermeiden Sie interne Bezeichnungen oder erklären Sie diese. Nicht: „Die Messungen erfolgten mit unserem bewährten RUDI-Messsystem.“
- Verwenden Sie das Präsens als Erzählzeit. Statt „Um das Schwingen zu verhindern, lötete ich noch einen Kondensator an (...)“. Besser: „Der zusätzlich eingelötete Kondensator C reduziert die Schwingneigung.“
- Vermeiden Sie die erste Person („ich“ und „wir“) und verwenden Sie lieber die „Man“-Form. Besser ist z. B.: „Man startet die Software durch einen Mausklick.“, als: „Ich starte die Software durch einen Mausklick.“
- Vermeiden Sie die Passivform, wenn möglich. Besser ist z. B.: „Ein Mausklick startet die Software“, als: „Die Software wird durch einen Mausklick gestartet.“

Index

A

B

N

O

P

Q

R

S

W

Z